解読 関孝和

天才の思考過程

杉本敏夫

海鳴社

序　文

　この論文集は，私が明治学院大学一般教育部に在職中(1968〜1990)，和算について，なかでも関孝和を中心にして，塵劫記を含めて，継続的に書いた論文を中心に集めた。

　私は，ガウス(C.F.Gauss)と関孝和にかんする研究を平行して進めてきた。論文の発表については，初期にガウスについて二編と途中で一編を書いたまま中断し，和算のほうを多く発表した。ところが，1990年に日本女子大学人間社会学部心理学科の創設に加わり，多忙にまぎれ，関や和算についてはずっと中断していた。日本女子大学移籍後は，ガウスについての論文を学部紀要に連載した（1997年定年退職）。これは別途，論文集にまとめたい。

　私の関孝和と和算についての論文は，「明治学院論叢，総合科学研究」という一般教育部所属教員の成果の載るローカルな雑誌であったため，同学の士にも，近ごろ和算研究に参加の方々にも参照が困難な状況にあり，私の退職後しばらくして一般教育部も解体したため，さらに困難となった。

　論文集を編みたいという希望を持ちながら，ご覧のような大部になるので，ほとんど諦めかけていた。今年が関孝和没後三百年に当たるため，畏友九州大学の高瀬正仁氏のお勧めにより，海鳴社の辻信行氏に出版のことを相談した。幸いご理解を得て出版が可能となった。また，山西正夫氏には版下製作を手伝っていただいた。お三方に衷心から感謝します。

　論文集の編集のために行なった変更は，つぎの通りである。

　＊　第一論文は「ガウスと関の開平」（1980年9月）を改稿し，「関の求円周

率術考」と改題した。第二論文は，「関の求円周率術考（続）」と改題した。大きな変更はこれだけである。

＊　他の論文もいま読み返すと，殊に初期の論文には手を入れたい箇所が目立つ。しかし，なるべく元の形を残す趣旨から，第三論文以下は，誤植を訂正し，僅かな体裁の変更を行なったほか，内容はほぼ元のままを保った。

＊組み直しの代りに，旧版の印刷面に修正を施したため，印刷の濃淡や字体の不揃いが残った。読みにくい点をお赦し下さい。

＊　大きな補遺に相当するものは，新たな論文を書き下ろし，新稿の論文五編（22., 26.〜29.）を加えた。

＊　必要に応じて，本文中に＃印と番号を付し，巻末に訂正と内容の補足を行なった。

＊　初期の論文は，初めに論文の簡単な梗概を書いたり，途中に「まとめ」を入れたり入れなかったりした。しかし筆者がその論文で強調したい点，新しく発見した事実が何かを読み取りやすくするため，新たに「要旨」を挿入した。

＊　中国語の論文二編には，翻訳の代りに詳しい日本語要旨を付した。

＊　正，続，補などと連載したものは，文献表を整理して最後の論文にのみ付し，正などの論文の末尾に，文献表の頁を示した。

＊　論文はなるべく執筆順に並べたが，内容の連続のため一部順序を替えた。巻末の初出一覧表を参照のこと。

＊　索引は網羅をやめ，重要語句にしぼった。

私が和算に興味をもったきっかけは，1号論文の§10〜§11に述べたように，関の求円周率術を復元した或る研究のなかに，関の計算に誤りがある旨の記述を見付け，疑問を抱いたことによる。さっそく『関孝和全集』を見て検算したところ，関が正しいことを確認した。これに動機づけられて，関の全集のなかの幾つかの論述を徹底的に検討し，やがて批判は和算全般に拡げられた。

序　文

　　関孝和の原文は「漢文」で書かれている．文脈は正に漢文である．しかし日本人の書く漢文には日本訛りがあり，故吉川幸次郎先生は「和臭」と呼んだ．その一例は，637頁の「坪積」を私は長らく「つぼせき」と呼び，友人に尋ねても分からず，三年後にたまたま『塵劫記』を見て，「つぼのつもり」という日本語であることが分かった（同所参照）．まさに和臭である．512頁と515頁の「是伸孤環而*去中之孤壔…」の解釈にも悩んだ．而を所と読めないか，と《都合のよい読み方》を中国語の同僚に尋ねたが，「中国語としても漢文としても難点がある」と否定された．そこで指摘に従う解釈に留まって，ようやく従来の説を覆す新解釈に落ち着いた．和算研究に伴う困難の一例である．

　　私の方法論は，或る意味で単純である．後世の発達した数学の立場から評価することと西洋数学史の目で批判することは，第26論文を除き，避けることにした．もちろん，関の数学と西洋数学の客観的な比較は妨げないが，後者の立場に立って評価するのは不適切であろう．代わりに，できるだけ原著の時代に身をおき，また当時の数学を取り巻く社会生活を背景として考える．こうして残された計算や説明図の跡を追体験するつもりで丹念に辿れば，関の思考の流れが次第に理解できるようになる．私は数学が専攻でなく，心理学，特に発見の心理を研究する立場に立つので，他の数学専攻の方々にはない見方を提出できたかと自負している．これが私の取り柄かもしれない．総表題の『解読・関孝和』も，副題の「天才の思考過程」も私の立場の表明である．

　　前橋工科大学の小林龍彦氏には，つねに鋭い批判を賜り，特に「関の求積問題の再構成」は連載中から有益な指摘を受けた．記して感謝致します．

　　故下平和夫先生には，和算研究の初めから懇切な指導を賜わったが，ご批判を伺うべき余地が残った．先生にたいする尽きぬ想いは，『追悼集』（1996，研成社）に一端を記した．真先にお目にかけるべきであった本書を，慎んで先生に捧げます．

故平山諦先生には，文通によりご指導を賜ったが，私の発見にたいするご高見を伺う機会はなかった。平山先生編集の『全集』や「孝和」研究に多くのお蔭を蒙りながら，結果としてご高説に反する内容が得られた。事実追求のための真意に免じて，ご寛容を祈るのみです。

2008年 7 月 7 日

著　者

目　次

序　文 …………………………………………………… *i*
1. 関の求円周率術考 …………………………………… *1*
2. 関の求円周率術考（続） …………………………… *27*
　〔要旨〕関の求円周率術考（正・続） …………… *67*
3. 関の角術の一解釈 …………………………………… *69*
4. 関の角術の一解釈（続） …………………………… *98*
　〔要旨〕関の角術の一解釈（正・続） …………… *158*
5. 孫子の算法 …………………………………………… *160*
6. 関の零約術の再評価 ………………………………… *184*
　〔要旨〕孫子の算法・関の零約術の再評価 ……… *227*
7. 塵劫記の開立問題の考察 …………………………… *228*
　〔要旨〕塵劫記の開立問題の考察 ………………… *267*
8. 塵劫記の日に一倍問題の解明 ……………………… *268*
　〔要旨〕塵劫記の日に一倍問題の解明 …………… *289*
9. 関の授時発明への注意 ……………………………… *290*
　〔要旨〕関の授時発明への注意 …………………… *323*
10. 関の授時発明への注意（続） ……………………… *324*
　〔要旨〕関の授時発明への注意（続） …………… *351*
11. 関の授時発明への注意（補） ……………………… *352*
　〔要旨〕関の授時発明への注意（補） …………… *369*
12. 関の授時発明の折衷性 ……………………………… *370*
　〔要旨〕関の授時発明の折衷性 …………………… *400*

13. 対授時暦的若干表格的訂正……………………402
　　〔日本語要旨〕………………………………………411
14. 関于用于授時暦的沈括的逆正弦公式的精度…………412
　　〔日本語要旨〕………………………………………424
15. 関の求積問題の再構成（一）……………………426
16. 関の求積問題の再構成（二）……………………450
17. 関の求積問題の再構成（三）……………………478
18. 関の求積問題の再構成（四）……………………520
19. 関の求積問題の再構成（五）……………………547
20. 関の求積問題の再構成（六）……………………581
21. 関の求積問題の再構成（七）……………………605
22. 関の求積問題の再構成（八）（新稿）……………635
　　〔要旨〕関の求積問題の再構成……………………653
23. 眉の作図――関の求積問題への補説………………683
24. 円錐台に三角孔――関の求積問題への補説………691
25. 球切片の定積分――関の求積問題への補説………711
26. 西洋流の求積――関の求積問題への補説(新稿)……719
27. 円理とは何か――関の求積問題への補説（新稿）…735
28. 楕円の周の長さ――関の求積問題への補説（新稿）…746
29. 関の求弧背術の限界（新稿）………………………754
　　〔要旨〕関の求積問題への補説……………………779
　　　訂正と補足………………………………………791
　　　初出一覧表………………………………………804
　　　口頭発表の一覧表………………………………805
　　　その後の研究発表………………………………806
　　　索　　引…………………………………………808

解読・関　孝和

1 関の求円周率術考

§1. 序……………………… 1
§2. 初期の和算の円周率…… 2
§3. 画期的な算俎………… 2
§4. 規短術の検算………… 3
§5. 環短術の検算………… 4
§6. 算俎の検算…………… 5
§7. 二つの計算の照合………… 8
§8. オイラーの開平法………… 10
§9. 塵劫記の開平……………… 13
§10. 関の円周率計算…………… 16
§11. 開平の桁数………………… 18
§12. 開平の算譜………………… 24

§1. 序

　この論文は，旧稿「ガウスと関の開平」(1., 1980年9月)を改稿したものである。旧稿は二つの部分から成っていた。

　Ⅰ. ガウスが『数論考究』[#1](2.)第六編317節で与えた例題，$\sqrt{23}$の近似分数をどのように求めたかを知るために，従来の（なかでもオイラー(3.)の）いろいろな開平の方法を比較し，とくにガウスが用いた「連分数による近似分数を加速する方法」を詳しく検討した。(§2～§8)

　Ⅱ. 関孝和(4.)は，精密な円周率を求めるために，多数回の開平をおこなった。その計算過程の復元を目指すある研究（§10～§11で述べる）に疑問の余地が見出されたので，検討を試みた。(§9～§12)

本稿は，ガウスにかんする第Ⅰ部と，関にかんする第Ⅱ部とを分離独立させることを企てた。そのため旧稿の§2～§7の代わりの新稿を起草して第Ⅰ部とした。新稿は，日本数学史学会第25回年会・総会(1986年5月11日)において，

資料（同年4月1日付）を配付しておこなった口頭発表
「規矩要明算法の円周率計算—それは算俎から独立か？—」
を主要な内容としている。第Ⅱ部(1980年)よりも後の内容を先立てたため，木に竹をつないだ結果になったかもしれないが，関の先行研究を扱うという意味では許容されよう。なお，第Ⅱ部でしばしばオイラー(3.)を参照するので，旧第Ⅰ部にあった彼の開平法を要約して§8とした。

§2. 初期の和算の円周率

あと（§9）で解説する吉田光由の『塵劫記』(6.)(1627年)には円周率πの近似値 3.16 および円積率 $\frac{\pi}{4}$ の近似値 0.79 が用いられている(13., p.130, 注(16))。『明治前日本数学史』第一巻(5.)によると，これらの近似値はその少し以前の数学書に出ている数値をそのまま用いたものであり，$\pi \fallingdotseq \sqrt{10} \fallingdotseq$ 3.162 および $\frac{\pi}{4} \fallingdotseq \sqrt[3]{0.5} \fallingdotseq 0.7937$ などから出たものであろう，と推測されている (p.125, 177, 220)。しかしその平方根や立方根がどこから来たのか根拠は不明である。ともかく，これらの近似値は1650年代まで使われた。

§3. 画期的な算俎

1663年に出た村松茂清の『算俎』(8.)は，円周率の計算方法を確立し，従来のあやふやな近似値の精度を一挙に更新したという意味で画期的である。

「巻四，円率の条で，はじめて，円周率πを出すに，正八角形より次第に
角数を2倍にして，ついには $2^{15}=32768$ 角形の周を計算し，もって小数点
以下21桁を出し$\pi=3.14159\ 26487\ 77698\ 86924\ 8$ とした。」(5., p. 315)
底本として学士院本と照合した結果，その通りである。正確な計算の結果では
$\pi=3.14159\ 26535\ 89793\ 23846\ 2$ となるから，小数点以下7桁まで合う。

計算方法は，要するに直角三角形における三平方の定理をくり返し用いるのであり，和算独自の用語で書かれている。用語を『算俎』のままでなく，あと

1 関の求円周率術考

の『規矩要明算法』の用語法に近づけて説明する。右図において，AB＝正八角形の玄（弦），AO＝BO＝CO＝半径，CM＝矢，AM＝半玄，MO＝半**离**（離）径，AC＝正十六角形の玄と呼ぶ。計算は，AMを自乗し，… MO² が得られるとそれを開平してMOを求めて，と克明に書かれているが，いくつかの段階を要約すれば，MO＝$\sqrt{\text{AO}^2-\text{AM}^2}$，CM＝CO－MO，AC＝$\sqrt{\text{AM}^2+\text{CM}^2}$ であり，計算方法は妥当である。計算の実際は§6で取りあげる。矢は一つ前の角の所に繰りあげて示す。

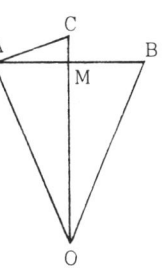

§4．規矩要明算法

平山諦氏(7., p.2)によれば，『規矩要明算法』(7.)のなかに書かれた円周率計算，すなわち「環矩術」(p.3)は，『算俎』に接した若き関孝和（25歳）が，<u>計算をやり直したもの</u>とされ，さらに平山氏(4., p.25～26)は，「これ〔環矩術〕は孝和の独創ではない。… 孝和の計算と算俎の数値を比較してみると，少しずつ違う所がある。… おそらく，青年孝和は「算俎」を手にして，胸を躍らせてこの計算をしたに違いない。… 」と述べておられる。[#2]

　『規矩要明算法』の「環矩術」を直訳する。尺，寸などの単位は省略した。
「いま円があり，径が1のとき，周を問う。
　　　答えに言う，径が1ならば周は3.1416 である。径が113 ならば周は355 である。
　術〔計算法〕に言う，たとえば径が1の円に正方形を内接させると，方〔辺〕は 0.7071067811 86547524，矢は 0.1464466094 07626 となる。矩曲術によって，正8角形から正 32768 角形まで計算すると，つぎのようになる。〔以下，§6に掲げる矢，玄，周の一覧表が続く。〕
　零約術によって，径が113，周355を得て終わる。」

　矩曲術とは，『算俎』のところで述べたように，离径 MO＝$\sqrt{\text{AO}^2-\text{AM}^2}$，矢 CM＝CO－MO，次玄 AC＝$\sqrt{\text{AM}^2+\text{CM}^2}$，周＝次玄×$2^n$ の公式をつぎつぎに用いて，連

鎖的に内接正多角形の矢，玄，周を計算していく方法である。零約術とは，当該の値を二つの粗雑な分数で挟み，次第に両側の分数を精密化する方法である。ここでは 3.1416 を 3/1 と 4/1 で挟み，次第に精密化してゆき，ついには近似分数 355/113 に達する。ただし『規矩要明算法』には，零約術がなにかを説明していない。底本の一つ学士院本「筭法記」(第二門サ1596)と『全集』(7.)とを対校し，相互に不一致なる箇所を見出した。§6の一覧表の注を見よ。

§5. 環矩術の検算

　この節では『算爼』(8.)の計算は一切参照せずに，「環矩術」(7., p.3)の数値のみを与件として，ある程度まで「環矩術」の内部検証が可能なことを示す。
　ところでそのまえに，使う概念の微妙な差異をきちんと整理しておく。
　(1)　筆者自身が正四角形から正確に計算した値（§6の表を参照）を根拠にして，「環矩術」の数値の正否を判定する。ふつう「検算」と言うときは，この意味で用いられるが，筆者はあえて「外部検証」と呼ぶことにする。
　(2)　<u>円周率の計算は連鎖的である。</u>たとえば，正八角形の玄（辺）a が「環矩術」で得られたとき，出発値 a が正しいか否かにかかわらず，上記の計算の順序にしたがって正十六角形の玄 a' を求めることができる。局所的ではあるが，$a \to a'$ の計算そのものが，正しいときと誤っているときがある。このような計算の正否を問題にしているとき「内部検証」と呼ぶ。もちろん出発値 a が「外部検証」の立場から誤りを含んでいれば，同じく a' も「外部検証」の立場からも誤りを含むことになる。しかし<u>筆者がいま問題にしているのは，あくまで $a \to a'$ の計算過程の正否を問う「内部検証」</u>である。
　(3)　予想外のことと思われるかもしれないが，いま一つ起こり得る誤りがある。それは権威に拠りかかり，みずからの計算結果が正しいにもかかわらず，先駆者の数値に近づける誤りである。これは計算者の自信の無さを物語る。すでに村松茂清の場合，『算爼』(8.)において小数点以下7桁まで正しい数値 π= 3.1415926 を求めておきながら，「これを祖沖之の 22/7=3.142857 と比較

して，両者の一致する部分 3.14 をもってπの値としてゐる。せっかくより精密な値を与へながら 3.14 で止めてゐるのは惜しい。」(5., 一, p.78)この場合を「権威者への依存」と呼ぶことにする。

さて，筆者が「環矩術」を「内部検証」した結果を，§6の一覧表に付した注に示す。簡明のため，外接円の直径を1としてある。例えば，正八角形の玄（辺）を8倍すれば正八角形の周となる。また正八角形のことを，和算の例にならって簡略に「8角」と呼ぶことにする。

出発値の4角の矢と方，および8角の玄と周まではよい。ところがその値を用いて<u>8角の矢</u>を計算すると，0.03806 02337 44358 6<u>22</u> となり，どうしても「環矩術」の値…6<u>48</u> と合わず，どこか誤りを含む（§7で明らかにする）。続きは内部検証の立場から，この値 …6<u>48</u> が正しいものと仮定して計算した。

検算の例を二，三あげる。
256角の矢→512角の矢　例。
$\sqrt{1-0.0000376490\ 8042772954\ 04} = \sqrt{0.9999623509\ 1957227045\ 96}$
$\qquad\qquad\qquad\qquad\qquad\qquad = 0.9999811752\ 8260114265\ 638$
$1-\sqrt{\cdots} = 0.0000188247\ 1739885734\ 362,\ (1-\sqrt{\cdots})/2 = 0.0000094123\ 5869942867\ 181$
となって，「環矩術」の矢の…4<u>4</u>867 19 が誤りなることが分かる（注ト）。
1024角の矢→2048角の矢　の例。（末位を少し縮めて示す）
$\sqrt{1-0.0000023530\ 9512} = \sqrt{0.9999976469\ 04788} = 0.9999988234\ 51702$
$1-\sqrt{\cdots} = 0.0000011765\ 48298,\ (1-\sqrt{\cdots})/2 = 0.0000005882\ 74149$
となって，「環矩術」の矢の…7<u>1</u>490は4が脱落したことが分かる（注リ）。

せっかく自分で計算したならば，それを一覧表にするさい，もっと慎重に書き写すはずであるのに，どうも誤りが多すぎて，強い違和感をおぼえる。

§6．算俎の検算

『算俎』(8.)について同じく内部検証の立場から計算してみたのが次に掲げ

		環矩術	算俎(11桁～)イ	正確(11桁～)イ
4角	矢	0.14644 66094 06726	06726 2378	06726 23779 9577
	方	0.70710 67811 86547 5	86547 5244	86547 52440 0844
8角	矢	0.03806 02337 44356 648 ロ	44356 64899 6 ハ	44356 62193 5908
	玄	0.38268 34323 65089	65089 77173	65089 77172 8459
	周	3.06146 74589 20718	20718 17384	20718 17382 7679
16角	矢	0.00960 73597 98384 7759	98384 77596 4	98384 77543 6908
	玄	0.19509 03220 16128 2 ニ	16128 27313 83	16128 26784 8284
	周	3.12144 51522 588 ホ	58052 37021 3	58052 28557 2557
32角	矢	0.00240 76366 63901 557	63901 55701	63901 55687 7581
	玄	0.09801 71403 29560 604	29560 60468 29	29560 60199 4195
	周	3.13654 84905 45939 349 ヘ	45939 34985 3	45939 26381 4258
64角	矢	0.00060 22718 97413 80366	97413 80366	97413 80364 2614
	玄	0.04906 76743 27418 01	27418 01560 43	27418 01425 4954
	周	3.14033 11569 54753	54753	54752 91231 7118
128角	矢	0.00015 05906 51897 88994 7	51897 88994 7	51897 88994 2117
	玄	0.02454 12285 22912 28	22912 28838 595	22912 28803 1734
	周	3.14127 72509 32772 91	32772 91340 16	32772 86806 2019
256角	矢	0.00003 76490 80427 72954 04	80427 72954 04	80427 72953 9176
	玄	0.01227 15382 85719 92628	85719 92628 3	85719 92607 9408
	周	3.14151 38011 44301 128	44301 12844 8	44301 07632 8515
512角	矢	0.00000 94123 58699 44867 19 ト	58699 42867 19	58699 42867 1504
	玄	0.00613 58846 49154 47545 9	49154 47545 93	49154 47535 9640
	周	3.14157 29403 6709	67091 43516 2	67091 38413 5800
1024角	矢	0.00000 23530 95211 91424 25	95211 91424 25	95211 91424 4209
	玄	0.00306 79567 62629 65976 3 チ	62965 97633 456	62965 97627 0145
	周	3.14158 77252 77159 7	77159 76659	77159 70062 8854
2048角	矢	0.00000 05882 71490 45030 6 リ	74149 04503 06	74149 04503 5487
	玄	0.00153 39801 86284 75914 7	86284 75914 7117	86284 76561 2303
	周	3.14159 14215 12867 333 ヌ	11186 73329 6	11199 97399 7971
4096角	矢	0.00000 01470 68558 89041 88	68558 89041 88	68558 89041 9885
	玄	0.00076 69903 18742 7013	18742 70133 695	18742 70452 6938
	周	3.14159 23455 70104 67	70104 67614 72	70117 74234 0376

1 関の求円周率術考

8192角	矢	0.00000 00367 67141 07442 74	67141 07442 74	67141 07442 7634
	玄	0.00038 34951 87571 39416	87571 39410 6063	87571 39558 9072
	周	3.14159 25765 84880 65 ル	84860 51686 81	84872 66568 1606
16384角	矢	0.00000 00091 91785 3531	91785 3531	91785 35309 5826
	玄	0.00019 17475 975	97310 70269 66	97310 70330 7439
	周	3.4159 26343 38555 98 ヲ	38552 98	38562 98909 5478
32768角	玄	0.00009 58737 99099 921 ワ	99095 99911 1	99095 97734 5870
	周	3.14159 26487 69886 9248 カ	77698 86924 8	76985 66948 5110

注イ．小数点以下10桁までは環矩術と同じなので，11桁以下を載せた．

ロ．末位の 648 は誤りである．本文の八角の矢についての説明を見よ．

ハ．末位の 64899 6 は誤り，62193 6 に訂す．この誤りが下に引き継がれる．

ニ．61128 2 は全集の誤り．底本〔本文を見よ〕により 6128 2 と訂正する．

ホ．底本，全集とも末位の 588 は誤り，5805 に訂す．

ヘ．底本，全集とも中間の桁に 4 を欠く．筆者がこれを補う．算俎は正しい．

ト．底本，全集とも中間の 44876 19 は誤り，42876 19 に訂す．

チ．底本，全集とも中間の 62629 65897 3 の 62 は衍字，62965 8973 に訂す．

リ．底本，全集とも中間 71490 45030 6 に 4 を欠く，74149 04503 06 に訂す．

ヌ．12867 333 を 11186 733 に訂す．

ル．84880 65 を 84860 65 に訂す．

ヲ．底本の 38555 98 は誤り，全集は 38552 98 に訂している．

ワ．99099 921 は誤り，算俎を見よ．

カ．69886 9248 は誤り，算俎を見よ．

る一覧表である．「環矩術」の値は矢と玄と周の値だけであり，途中の計算は略されていたが，『算俎』の場合は§3に解説したように途中の値が克明に記録されているので検算が容易である．上位の桁の誤りは，それが誤植によることは容易に分かるから，いちいち断らずに訂正しておいた．それらを除けば誤りはすべて末位で生じている．実は，それらの誤りは8角の矢を求める途中に原因がある．すなわち8角の玄から半玄^2＝0.03661 16523 51681 55945 まで正しく計算し，半径^2＝0.250 から引くとき 0.21338 83476 48318 44055 とな

るはずを …4<u>1</u>555 とまちがえた。これを平方根に開き，半径 0.50 から引いたものが 8 角の矢となるから，0.03806 02337 44356 6<u>2193 6</u> となるべきところ，末位が一覧表の値 …6<u>4899 6</u> となってしまった（注ハ）。<u>これからあとの計算には，すべてこの末位の誤りが引き継がれた結果</u>，上に指摘したとおり末位に誤りを含む結果となった。筆者は，そのほかにも 64 角，256 角，4096 角，8192 角の計算において，末位の丸め方を超えた誤りがあることを内部検証によって明らかにし，その誤りが途中のどこで生じたかを突き止めた。しかし当面は「環矩術」の批判的な検討を目的とするから，詳細は省略する。

§7．二つの計算の照合

『算俎』(8.) の円周率は，村松茂清が自分で計算したことは明らかであろう。前節に解説したように，誤植を除き末位に 1 桁～10 桁ていど見られる誤りの原因は，8 角の矢を求める途中の計算まちがいに由来した。前々節とあわせて，これまで別々に内部検証してきた二つの円周率計算を照合してみよう。

たとえば「環矩術」(7., p.3) の 32 角の周の 84905 の 4 の欠字（注ヘ）は計算でも確かめられ，『算俎』からも分かる。「環矩術」の 1024 角の玄は 62 が衍字（注チ）であるが，『算俎』の 62965 を 62<u>62</u>965 と重ねて写したものである。

「環矩術」の 2048 角の周の 1<u>2</u>867 は，『算俎』の 1<u>11</u>867 の写しちがい（注ヌ，ワ）である。漢数字一，二，三は縦に並ぶとき，筆写のさい誤りやすい。

このように両者を細かく比較するとき，<u>誤りには一定の傾向がある</u>。

(a) 「環矩術」の途中の桁での数字の誤りは，すべて『算俎』によって訂せる。

(b) 「環矩術」の数字に，『算俎』の数字を数個分脱落させたものがある（注ヘ，リ，カ）。また『算俎』から書き写すとき，別の数字に変えてしまうことがある（注ホ，ト，ル，ヲ，ワ）。これを第一種の誤りと呼ぶ。

(c) 「環矩術」の末位の数字の誤りは，『算俎』のある桁の数字を丸めたと

き生じた。いちいち注記することを略した。両者を比べてみれば，一目瞭然である。これを第二種の誤りと呼ぶ。

(d)「環矩術」の8角の矢の誤った値は，§5で述べたように末位が …648 であったが，前節で検討した『算俎』の誤り …64899 6 を引き継いでいる。これを第三種の誤りと呼ぶ。

このような一定の傾向は何を意味するか？ 筆者の指摘した「権威者への依存」に当てはめてみれば，答えは自ずから明らかであろう。『算俎』の計算結果を或る人が自分の手控えのため書き写そうとした。そのとき末位の数字を省略または誤写したり（第一種の誤り），または適当な桁に丸めた（第二種の誤り）。とくに重視すべき点は，その人は自ら計算をしないことである。もしも計算したならば，8角の矢を求めるという連鎖的な計算の早い段階で，誤りが発見できたはずであり，それを訂正せず，誤りのまま継承する（第三種の誤り）ことは考えにくい。ではその「或る人」とはだれか？ 私には到底それが関孝和であるとは考えにくい。一歩ゆずって関の手控えがあったとしても，この底本（学士院本）はまことに粗略な写本であり，正しく伝えたとは考えられない。

内部を詳細に検討したかぎり少なくとも，「環矩術」の円周率は『算俎』の計算をやり直したものとは到底考えられない，という結論になった。

関孝和研究の第一人者の平山諦氏が，『規矩要明算法』は「環矩術の計算などからして，孝和が数学を研究し始めた25歳頃に書いたものと判断」(7., p.2)されたからには，それに異議を唱えることはむずかしい。しかし同氏が根拠とされた「環矩術」が，以上の検討によって関の行なった計算である可能性が崩れ去ったのであるから，『規矩要明算法』そのものの素性までも疑わしくなったことは否定できない。私は「環矩術」以外の部分にもかなりの疑問をもつが，関の著書であることを外部資料によって積極的に否定するだけの根拠を，今はもたない。ここに筆者の見解を表明して，判断は識者にゆだねたい。

(1986年4月1日記，1995年8月20日補訂)

§8．オイラーの開平法

西洋数学の開平法を概観するため，オイラーの『代数学』(3.)を覗いてみる。

まず『代数学』第一部第二編第七章「合成量より平方根の導き方」(p.150-154)に，**第1法**が述べてある。数値はオイラーのものでなく，例として$\sqrt{23}$を求めることとし p.154 の数値例の形式に合わせて書けば，つぎの通り。[#3]

```
    √23.00 | 00 = 4.79
       16  |
    87 | 7 00
       | 6 09
   949 | 91 00
       | 85 41
         5 59
```

これを現行の筆算法（後文§9の用語では《商実法》とよぶ）に書きなおせば，つぎの通り。

```
                4. 7 9
                √23.00 00
     4          16
     4          ───
    ───          7 00
    87           6 09
     7          ─────
    ───         91 00
   949          85 41
     9          ─────
   ───           5 59
   958
```

現行の筆算法（商実法）は，左側で掛け算の形をこしらえ，掛け算が済むとそのまま足し算をおこなう巧妙な方法である。これにくらべれば，上のオイラーの記法は，いいささか簡略に思われる。いずれにせよ，この第1法においては，たとえば3〜4行目の

```
    8□           700
     □
```

を求める段階を例にとれば，□になにを立てるか？── 86×6＝516 では700よりも小さすぎ，88×8＝704 では 700 をこえてしまってまずい。700 をこえない最大の値として87×7＝609 が求まる。ここが急所である。

つぎに『代数学』第一部第二編第十二章「無限級数による無理数の展開」(3., p.171-174) には二つの方法が述べてある。**第2法**は《級数展開》そのものである。以下，原文から離れて，記号や例も改めて解説する。$\sqrt{a}$ を求めるのに，a に近い平方数 b^2 を見つけて $a = b^2 + c$ とおく。そうすれば，

$$\sqrt{a} = \sqrt{b^2 + c} = b + \frac{1}{2} \cdot \frac{c}{b} - \frac{1}{8} \cdot \frac{c^2}{b^3} + \frac{1}{16} \cdot \frac{c^3}{b^5} - \frac{5}{128} \cdot \frac{c^4}{b^7} + \cdots$$

がえられる。ここで，第2項以下の展開係数は，交互に正負の符号が現われるが，その絶対値

$$\frac{1}{2},\ \frac{1}{8},\ \frac{1}{16},\ \frac{5}{128},\ \cdots\cdots$$

は，

$$\frac{1}{2},\ \frac{1}{2}\cdot\frac{1}{4},\ \frac{1}{2}\cdot\frac{1}{4}\cdot\frac{3}{6},\ \frac{1}{2}\cdot\frac{1}{4}\cdot\frac{3}{6}\cdot\frac{5}{8},\ \cdots\cdots$$

つまり，分母は偶数，分子は奇数という規則にしたがって作られているので，いくらでも先まで係数を作ることができる。

われわれの数値例 $\sqrt{23}$ に適用すると，$23 = 4^2 + 7$ または $23 = 5^2 - 2$ であるが，後者をえらぶ。そのわけは，

$$\left|\frac{7}{4^2}\right| = \frac{7}{16} = 0.4375, \quad \left|\frac{-2}{5^2}\right| = \frac{2}{25} = 0.08$$

であって，後者のほうが収束が早いからである。そこで，$b = 5$，$c = -2$ であって，

$$\sqrt{23} = 5 + \frac{1}{2}\cdot\left(\frac{-2}{5}\right) - \frac{1}{8}\cdot\left(\frac{4}{125}\right) + \frac{1}{16}\cdot\left(\frac{-8}{3125}\right) - \frac{5}{128}\cdot\left(\frac{16}{78125}\right) + \cdots$$

$$= 5 - \frac{1}{5} - \frac{1}{250} - \frac{1}{6250} - \frac{1}{125000} - \cdots$$

となる。

　たとえば第5項までとると

$$\sqrt{23} \doteqdot 5 - \frac{1}{5} - \frac{1}{250} - \frac{1}{6250} - \frac{1}{125000} \doteqdot \frac{599479}{125000} [=4.795832]$$

などとなり，真の値

$$\sqrt{23} \; [=4.7958312523\cdots]$$

に近づく。[……]内は筆者による。オイラーは，すべて分数で表記している。

　オイラーは，上述の級数法の続きで，あまり目立たぬ形ではあるが，**第3法**を述べている(3., p.173)。かれの数値例ではなく，われわれの$\sqrt{23}$に当てはめて紹介すれば，つぎの通り。ただし表現は少し書きかえた。

　第2項までとったときの$\frac{24}{5}[=4.8]$はすでに$\sqrt{23}$にきわめて近いから，

$$23 = \frac{576}{25} - \frac{1}{25}$$

とおくことができる。$b = \frac{24}{5}$と考えて，$a = 23$からb^2を引くと $c = -\frac{1}{25}$ が求まるのである。そこでこの値$\frac{24}{5}$を用いて，ふたたび級数第2項までとって$\sqrt{23}$を求める。

$$\sqrt{23} \doteqdot \frac{24}{5} + \frac{1}{2}\left(-\frac{1}{25}\right) \bigg/ \left(\frac{24}{5}\right) = \frac{24}{5} - \frac{1}{240} = \frac{1151}{240}[=4.7958333\cdots]$$

この第3法は，どこかで見た覚えがある。文字式になおして書いてみれば，

$$\sqrt{23} = \sqrt{b^2+c} \doteqdot b + \frac{1}{2} \cdot \frac{c}{b} = \frac{b}{2} + \frac{b}{2} + \frac{1}{2} \cdot \frac{c}{b} = \frac{1}{2}\left(b + \frac{b^2+c}{b}\right) = \frac{1}{2}\left(b + \frac{a}{b}\right)$$

これは，いわゆる《ニュートン法》にほかならない！　**公式**として取りだせば，

$$\sqrt{a} = \sqrt{b^2+c} \doteqdot \frac{1}{2}\left(b + \frac{a}{b}\right)$$

であり，計算もこの公式にそって

$$\sqrt{23} \doteqdot \frac{1}{2}\left(5 + \frac{23}{5}\right) = \frac{24}{5} \; [=4.8]$$

$$\sqrt{23} \fallingdotseq \frac{1}{2}\left(\frac{24}{5}+23 \Big/ \left(\frac{24}{5}\right)\right) = \frac{1}{2}\left(\frac{24}{5}+\frac{23\times 5}{24}\right) = \frac{1151}{240}[=4.795833\cdots]$$

などど書いておこなわれる。

オイラーによる開平の方法をまとめると，

 第1法 《商実法》

 第2法 《級数展開》

 第3法 《ニュートン法》

となる。

§9. 塵劫記の開平

 藤原氏『明治前日本数学史』によると，わが国の数学者の著書で現存するもののなかで，開平の算法を明確に説明したのは，吉田光由『塵劫記』(1627)が初めてのようだ(5., 第1巻, p.39-48; p.190-216.とくにp.214-215)。

 吉田は明の程大位『算法統宗』(1593)に学んで，その著をあらわした。日常生活に役立つ問題を網羅し，ソロバンの計算方法を懇切丁寧に説明し，どんな初学者も先生なしでも容易に学べるように書かれたので，大いに流行し，各階層に侵透し，塵劫記は数学書の代名詞にまでなった（5., 第1巻, p.40)。

 『塵劫記』の巻三，第十九「開平法を商実法にて除し之事」(6., p.240-244)に，開平計算のすすめ方が具体的な数値を用いて説明されている。(オイラーの『代数学』(3.)と同様に，実用の便をはかることがねらいである。)《商実法》なる言葉は，ここに出ているが，大矢氏の注解(p.243-244)によれば，

 「商実法——ここではソロバン固有の開平法・開立法に対して，算木による開平法・開立法を「商実法」と称している。図のようにソロバンを使ってはいるものの，これは算木を並べるかわりに何丁ものソロバンを使っただけのものである。商・実・法の意味は，図で明らかであろう。……」

 この本は，現在たやすく入手できるので，原文と原図はそれを見ていただく

こととして，ここでは《算法》を追ってみる．数値は原文の $15129=123^2$ （ここでも数値例はオイラーと同様に開き切れる場合である）を用いるかわりに，われわれの $\sqrt{23}$ を求める計算の一部として，230000 を用いることにする．原図に相当する図を，左側に示す．もちろんソロバン珠のかわりに算用数字を用いる．右側には，計算の手順の説明をおく．これは原文の忠実な翻訳ではなく，意味の通ずる自由な文とした．

(i)

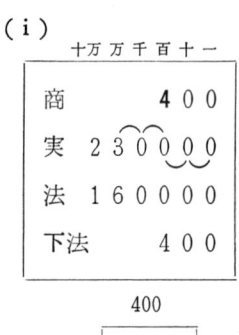

《実》に 230000 とおき，まず位を見る．〔下の桁から〕一，十，百；一，十，百；と数え上げていくと，二度百に達するから，《商》は百の位が立つときめて，《商》に 400 をおく(*)．さて《下法》にも〔同じく〕400 をおく．そこで《商》と《下法》とを掛けて，上の《法》に 160000 と入れて，これを《実》から引けば，《実》に 70000 が残る．

注(*) 原文には，400 を立てる理由の説明はない．

(ii)

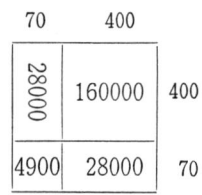

《商》の百の位のつぎに 70 をおく(*)．さて，《下法》の百の位の 400 は 2 倍して 800 とおき，位を下げて〔上記の〕70 をおく．そこで《商》の 70 を《下法》の 870 に順々に掛けて(**)，上の《法》を 60900 として《実》から引けば，《実》に 9100 が残る．

注(*) 原文には，なぜ 70 が立つのか，の説明はない．
注(**) 原文では，ソロバン流の掛け算で，「七八，五万六千；七七，四千九百」という具合に珠を入れていく．

1 関の求円周率術考

(iii)

```
            千 百 十 一
      商        4 7 9
      実      9 1 0 0
      法      8 5 4 1
      下法       9 4 9
```

	9	70	400	
3600	28000	160000		400
630	4900	28000		70
81	630	3600		9

《商》の十の位のつぎに 9 をおく(*)。《下法》の十の位は 2 倍して〔じつは 70 を 870 に足せばよい〕，位を下げて〔上記の〕9 をおく。さて，《商》の 9 を《下法》の 949 に順々に掛けて(**)，上の《法》を 8541 として《実》から引く。〔われわれの数値例では，《実》に 559 が残る(***)。〕さて《商》を見れば 479 が立っている。

注(*) 原文には，なぜ 9 が立つのか，の説明はない。
注(**) 原文では，「九九，八千百；四九，三百六十；九九，八十一」と珠を入れる。
注(***) 原文の例では，開き切れて，残りは出ない。

『塵劫記』では，以上の算法について，なぜそうしなければならないか，の理由を，各段階ごとに付された面積の図（原文では《坪》の単位が付されている）によって悟らせようとしている。《下法》（原図と原文では《下方》とも）で，各段階ごとに 2 倍する理由は，面積の図に同形の長方形が（縦むきと横むきとで）2 枚づつ出てくることによってわかる。

さて，この『塵劫記』の算法つまり《商実法》は，§8 で見たオイラーの第 1 法と同じであることがわかる。オイラーおよび現行の筆算法が，《左側》に《商》の 2 倍に相当する数を作るところが，こちらでは《下法》と呼ばれている。算木を並べるか，ソロバンに珠をおく計算方法は，筆算とちがい，《実》も《商》も《下法》も同じ位置におかれた数値が，段を追うごとに変化していく。計算の経過はあとに残らないが，各段階でどのように《手を動かせばよいか》は明確にきまっている。（筆者は，ソロバン一挺のなかに四つの個所を作り，珠をおくことにより，またマッチ棒を算木のかわりに並べることにより，上記の計算を試み，自得するところがあった。）

§10. 関の円周率計算

筆者は，たまたま，小堀憲氏の労作『18世紀の数学』(9.) の第5章「日本の数学」を読んでいて，一つの疑問につき当った．小堀氏は，関孝和の『括要算法巻四』(7., 『全集』, 本文 p. 343-370) のなかの「求円周率術」の復元を試みておられる (9., p.175-180)．『括要算法』四巻は，関 (1642? -1708) の没後，正徳2年 (1712) に弟子が出版した．

その疑問を述べるまえに，関の「円周率を求むる術」の要点を紹介する．詳細は，小堀氏の著書 (9.) を参照されたい．直径1（原文では1尺だが，以下では単位を省略する）の円に内接する正方形の全周からはじめて，つぎつぎに内接する正八角形，正十六角形，……，つまり2倍の角をもつ正多角形を作り，その全周を求め，円周率 π に近づけていく方法である．

まず，正方形の一辺「弦」（小堀氏の記号では c_1）は，「勾股の術」（「ピタゴラスの定理」に相当する）によって，

$$c_1 = \sqrt{\left(\frac{1}{2}\right)^2 + \left(\frac{1}{2}\right)^2} = \sqrt{\frac{1}{2}}$$

となるから，全周は $4c_1 = 2\sqrt{2}$ となる（次頁の図）．

つぎに，正八角形の一辺「弦」(c_2) を求めるため，中間に「勾」（小堀氏の記号では s_1）を考えると，

$$s_1 = \frac{1}{2}(1-c_1), \qquad c_2{}^2 = s_1$$

なる関係がえられる．c_2 は開平によって求められる．

$$c_2 = \sqrt{s_1}$$

こうして，全周は $8c_2$ となる（次頁の図）．

さらに，正十六角形の一辺「弦」(c_3) を求めるため，中間に第二の「勾」(s_2) をおくと，

1 関の求円周率術考

$$\left(\frac{1}{2}-s_2\right)^2=\frac{1}{4}(1-s_1), \qquad c_3{}^2=s_2$$

なる関係がえられる。c_3 を求めるためには，開平を二回おこなわなければならない。

$$\frac{1}{2}-s_2=\sqrt{\frac{1}{4}(1-s_1)}, \qquad c_3=\sqrt{s_2}$$

こうして，全周は $16c_3$ となる。

筆者が興味をもったのは，以上に出てくる四回の開平である。簡単のために，

$$g=\frac{1}{2}-s_2, \qquad f=\frac{1}{4}(1-s_1)$$

とおいて再記すれば

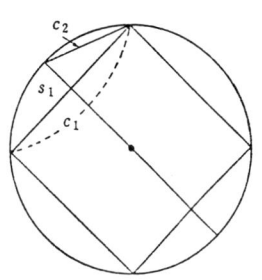

① $\quad c_1=\sqrt{\dfrac{1}{2}}$

② $\quad c_2=\sqrt{s_1}$

③ $\quad g=\sqrt{f}$

④ $\quad c_3=\sqrt{s_2}$

である。こうして，関が求めた各値（7.『全集』，本文 p.346）を，一覧表としてかかげる。[……] 内は筆者（杉本）による推定値。

弦　$(c_1)=0.7071067811\ 865475244$ 微強

周　$(4c_1)=2.8284271247\ 461900976$ 微強

勾　$(s_1)=0.1464466094\ 067262378$ 微弱

弦　$(c_2)=0.3826834323\ 650897717$ 強

周　$(8c_2)=3.0614674589\ 207181738$ 強

[$f=0.2133883476\ 483184406$ 弱]

[$g=0.4619397662\ 556433781$ 弱]

勾　$(s_2)=0.0380602337\ 443566219$ 強

弦　$(c_3)=0.1950903220\ 161282678$ 強

周　$(16c_3)=3.1214451522\ 580522856$ 弱

結論を先に述べれば，関の求めた値はすべて正しい（§11）。なお，右方に付された《微強，微弱，強，弱》などの用語の意味は，つぎの通り（7.『全集』，本文 p.491）。《強，弱》は現行の《四捨五入》と同様である。《微強》は次位が0で切り捨てたとき，《微弱》は次位が9で切り上げたときに付す。たとえば，上の数値から例をとり，小数1桁目で丸めれば，つぎの通り。

$c_1=0.7$ 微強
$s_1=0.1$ 強
$c_2=0.4$ 弱
$c_3=0.2$ 微弱

§11. 開平の桁数

この論文のねらいを《円周率》よりも《開平》に向ける。関孝和および円周率には，しばらく背景にしりぞいてもらい，《開平》の主題に焦点をしぼる。

筆者が，小堀氏の復元の記述（9., p.175-180）のなかで，どうも腑におちないと思ったのは，つぎの個所である。あとの考察のため，少し長めの引用をお許しいただきたい。〔……〕のなかは，筆者（杉本）による敷衍である。①，②等は前節（前頁）を参照のこと。また，関の数値と区別するために，小堀氏が求めた数値には符号（′）をつけることにする。

（i）「……弦〔c_1〕は，

① 　　$c_1'=0.7071067811\ 86547$ [原注]

となるが，関は上記〔§10の一覧表の c_1〕のように，さらに4桁も多く計算している。その労力はたいへんであったと思う。……

…………

───────────────────────────────
原注）数学辞典（岩波版，1968年）の数表による。　　」（p.176）

1 関の求円周率術考

(ii) 「……関は

$$c_1 = 0.7071067811\ 865475244\ 微強$$

と算出しているので，

$$s_1 = 0.1464466094\ 067262378\ 微弱$$

を得る。……これを開平すると，

② $\quad c_2' = 0.382683432$

となる。しかし，関は s_1 の値をさらに多くの桁数を算出していたものとみえて $[c_2=]\ 0.3826834323\ 650897717\ 強と算出している。」(p.177)$

(iii) 「したがって，これ〔関の c_2〕を用いて

$$2^3 c_2' = 8c_2' = 3.0614674589\ 207181736\ 強$$

が出てくる[原注]。

原注) 『括要算法』においては，最後の数値は8となっている。これは誤記であろう。　　　　　　　　　　　　　　　　　　　　　　」(p.177)

(iv) 「すなわち……

$$[f'=]\ 0.2133883476\ 483184405$$

したがって，これの平方根を計算すると

③ $\quad [g'=]\ 0.461939766$

ゆえに

$$s_2' = 0.038060233$$

となる。関は $[s_2=]\ 0.0380602337\ 443566219$ 強と算出しているが，……」(p.178)

(v) 「これ〔関の s_2〕を用いても

④ $\quad c_3' = 0.1950903220$

だけしか計算できないが，関は s_2 の値をこれ以上の桁数を出していたのであろう

$$c_3 = 0.1950903220\ 161282678\ 強$$

を算出している。」(p.178)

(vi) 「これ〔関の c_3〕を用いて

$$2^4 \times c_3' = 3.1214451522\ 580522848$$

を得る。しかし，『括要算法』では

$$[2^4 \times c_3 =]\ 3.1214451522\ 580522856\ 弱$$

と算出していて，最後の2桁の数値が著者〔小堀氏〕の計算とは合致しない。」(p.178)

　小堀氏の記述は，つぎの二つの型にまとめることができると思われる。
（Ⅰ）「数値 a（小数部分19桁）を開平すると，

　　　　b'（小数部分9桁）

だけしか計算できない。b（小数部分19桁）を算出するためには，関は a の値をこれ以上の桁数を出していたのであろう。」
これには，上の引用文の (ii), (iv), (v) が該当する。
（Ⅱ）「数値 c（関の数値であって，小数19桁目まで出ていて，それに《強》とか《弱》が付いている）を用いて，$8c$（もしくは $16c$）を求めると

　　　　$8c'$（小数部分19桁で，《強》，《弱》は付いていない）

になるが，これは関の数値 $8c$（同19桁，《強》付）とは合致しない。」
これには，引用文 (iii), (vi) が該当する。とくに (iii) では，関の数値は「誤記であろう。」と指摘しておられる。
　じつは，筆者がはじめ違和感をもったのは，「関の誤記」の指摘であった。はたして，関孝和ともあろう人が，計算まちがいをおかすであろうか。または，転記のさいに写しちがうことがあるだろうか。──じつは，あとになって，関にも誤りがあることを知った (7.『全集』,「編者の序」, p.(5))。しかし，『全集』を披見できたのでは，ごく最近[#4]のことである。──この違和感から，その記述の前後を綿密に読んでみて，これはどうも小堀氏の錯覚ではないか，と考

1 関の求円周率術考

えるようになった。同氏にたいして，はなはだ失礼な言葉を用いて申しわけないが，ご容赦をいただきたい。以下の考察も，この点をあげつらうことが目的でなく，一つの思考過程の実例として取りあげ，そのよってきたる原因を解明しようとする立場に立つ。

われわれは，関自身が上記の円周率の計算のさいに，各段での開平をじっさいにどの方法によったかを知りたい。ところが，関は様々な方法を述べている。「開方算式」：高次方程式のいわゆるホーナー法を発見している。とくに「通商」：中国算法 $\sqrt{b^2+c}=b+\dfrac{c}{2b+1}$ （§8 のニュートン法と分母が少しちがう）を発展させた。「零約」：平方根の近似分数もえている。など。以上は，『全集』の解説（7.）および『明治前……史』第2巻（5.）による。いまの筆者には，かれがどの方法を用いたか，わからない。

小堀氏のは《商実法》を用いられたものと思う。その推測の根拠は，いまから明らかにする。もしも現行の小数を用いるニュートン法によられたならば，各回の割り算において小数19桁目まで割ってゆき，足して2で割った結果も19桁目までえられたであろう。これは，ニュートン法を用いられなかったであろうと推測する根拠である。

I 型の記述が生じた状況を再現してみると，つぎのようになると思われる。ただし，紙面の節約のため，引用文（ii）のなかの数値（s_1）の桁数を縮めて

$a=0.1464$ 強

とおく。しかし《強》の字は，しばらく棚上げし，これを商実法で開平する。

```
              0. 3  8
        √0.14 64
   3          9
   3         ─────
  68         5 64
   8         5 44
             ─────
               20
```

計算は，ここまでで止めて，《商》に2桁目までの数値 $b'=0.38$ がえられた。なぜ，ここまでで止めたのか？——《実》は 0.1464 であって，末尾の4のつぎの数字は不明だから，これ以上開平を続けても無意味に思われる！

21

《実》が23のごとき整数であったなら，われわれは《商》に4が立っただけでは満足できずに，小数以下へ計算を進めるであろう。《実》が1464という整数であったときも，《商》に38が立っただけで，そこで止めないであろう。なまじ，a が小数部分だけからなる《近似値》として与えられたので，ある桁から先の計算は無意味であろうという《先入観》が，その先を続ける気持を抑圧するのではあるまいか。《構え》の作用(10.)！ <u>これが，Ⅰ型の記述が生ずる原因について，筆者が推測する根拠である。</u>また，商実法によったからこそ，このような状況が生じたのだ，ともいえる。

　もはや，ここまでくれば，状況がご理解いただけたと思う。じつは，開平はまだ先まで続けられるのである。

```
                0. 3  8  2  6
     3      √0.14 64 00 00
     3          9
    ――         ―――
    68          5 64
     8          5 44
   ―――         ―――――
   762         20 00
     2         15 24
  ―――――        ―――――
  7646          4 76 00
     6          4 58 76
                ―――――――
                  17 24
```

　なぜ続けられるか？――《実》の末尾の数字4は，たとえ丸められた結果であっても，3回目の《実》の残り476の先頭の数字としては生きているからである。しかし，《商》が小数4桁目まで求まってから，さらに計算を続けることは，こんどは本質的に無意味である。よって， $b=0.3826$ がえられた。

　この考察は，不等式を使えばさらに明らかになる。《強》をつけていない $a=0.1464$ は，それが四捨五入の結果えられたものと考えれば

$$0.14635000 \leqq 0.1464 \leqq 0.14644999$$

である。Ⅰ型の考えに立っていたとしても，両側の数値は小数8桁目まであるから，開平は小数4桁目までおこなえて，

$$0.3825 \leqq b \leqq 0.3826$$

となる。じっさいには，左側の数値は 0.38255…… であり，右側の数値は 0.38268…… であるから，$b=0.3826$ と考えたとしても，誤差はさいごの桁で 1 単位以内におさまる。a に《強》の字がついていたときは

$$0.14641000 \leqq 0.1464強 \leqq 0.14644999$$

となり，平方根の範囲はさらに限定される。Ⅰ型の考えでも $0.3826 \leqq b$．

以上を**要約**すると，

「<u>商実法による開平の計算は，与えられた《実》の数値の有効数字の桁数とほぼ同じ桁数まで，《商》を求めることができる。</u>」

Ⅱ型に見られる記述の生ずる原因は，もはや詳述する必要がないであろう。たとえば，引用文 (iii) は，関の $c_2=$ ……717 の末尾の数字 7 のつぎについている《強》の字を棚上げして計算したところから生じた。7 のつぎに，四捨五入によって切り捨てられた 3 がついていたと仮定すれば

$$……7173 \times 8 = ……7384 = ……738強$$

となる。じつは c_2 は ……71728 であるから，これでよい。

検算 筆者は，次節で述べるような方法で，検算を試みた。つごうにより，小数24桁目までの数値とする。さいごの数字は，丸めの誤差が含まれている。紙面の節約のため，小数17桁目からあとだけをかかげる。

$$\sqrt{2} = ……\overset{2024}{48801689} \qquad 1-s_1 = ……\overset{2024}{62200422}$$
$$c_1 = ……24400844 \qquad f = ……40550106$$
$$4c_1 = ……97603377 \qquad g = ……78064092$$
$$1-c_1 = ……75599156 \qquad s_2 = ……21935908$$
$$s_1 = ……37799578 \qquad c_3 = ……67848285$$
$$c_2 = ……71728460 \qquad 16c_3 = ……85572558$$
$$8c_2 = ……73827680$$

これを，§10 に一覧表としてかかげた，関の数値と比較してみれば，関の計算結果がすべて正しいことがわかる。さらに c_1，$4c_1$，s_1 などの《微強》《微弱》などの意味が，明瞭にわかる。たとえば，c_1 は ……244008 が ……244微強 と記されたわけであり，《微》の字の微妙さが興味深い。ところで，関が，じっさいには何桁の数値

を用いて計算したか，いまの筆者にはわからない。上例の c_1 などを見れば，少くとも小数 22 桁目までは求めていた，と思われるのであるが。

§12. 開平の算譜

小堀氏（9., p.176）は §11 の引用文（i）のなかで同情的に，関孝和が c_1 の値を小数 19 桁目までに《微強》を付して求めていることにたいして，「その労力はたいへんであったと思う。」と述べておられる。関の円周率の計算法は，毎回求めた数値をつぎの回で利用する方法であるから，どこか途中で誤りが生ずれば，それ以後の計算は無効になる。つねに細心の注意をはらうことが強いられ，その心的緊張は多大のものであったろう。

関は，この方法を正 131072 角形，つまり正 2^{17} 角形まで続けてゆき，その全周を

$$2^{17}c_{16} = 3.1415926532\ 889927759 弱$$

と算出した。これを円周率の真の値 $^{(*)}$

$$\pi = 3.1415926535\ 8979323846\cdots\cdots$$

と比較すれば，小数 9 桁目まで一致している。さらに一種の《加速法》ともいうべき「求定周」なる方法により，

$$3.1415926535\ 9 微弱$$

まで求めている。四捨五入して《微弱》を付したところを考慮すれば，11, 12 桁目は 89 となるわけであり，12 桁目まですべて正しいことがわかる。「求定周法」の理論も驚嘆に値いする。しかし，これは，『全集』の解説（7., p.182-184），『明治前……史』（5., 第 2 巻, p.180-181），小堀氏の著書（9., p.179-180）のいずれかにゆずる。

注（*） 筆者は少年期に，語呂あわせ「産医師異国に向う，産後薬なく，産に産婆，四郎……」を教わり，約 40 桁を記憶した。検算のときなど便利である。

さて，引用文（i）に戻るが，これを $\sqrt{2}$ の小数 20 桁の開平計算に限定するならば，筆者は商実法により筆算を試みたが，さほどの苦労は感じられなか

1　関の求円周率術考

った。商実法による開平は，

(1)　《商》につぎの位の数を立てること
(2)　立てた数（1桁）を《下法》（多桁）に掛けること
(3)　できた《法》（多桁）を《実》（多桁）から引くこと
(4)　《下法》（多桁）に，立てた数（1桁）を足すこと

の反復である。このうち，筆算で多少とも躊躇を感ずるのは (2) の計算である。それとても，多桁×1桁の掛け算だから，とくに困難とはいえない。

　　さいきんは，ポケット電卓が目覚ましく発達した。ヘンリチ『ポケット電卓による計算解析』(11.) のなかで，同氏が愛用し，また訳者の一松氏も「HP-25 ミニは，プログラム可能な電卓の傑作の一つ」(11., 訳者あとがき，p.210) と推奨された機械は，そのプログラム（算譜）が一冊の本として出版され，翻訳もされたほどである。ただし，HP-25 は容量が小さいので，簡便さの半面，限界があった。

　　筆者は，HP-25 の後継機種である HP-41C を入手し，愛用しているが，容量も飛躍的に増加し，周辺機器も豊富である (12.)。筆算結果の検算のため，という口実のもとに，商実法の算譜をこしらえた。一度できあがると，その便利さのゆえに，ついに筆算をやめて電卓に頼ることになった。前節末の検算は，じつはその結果である。筆算に多大の労苦をはらわれた先駆者たちに，まことに申しわけない気持がする。

　　以下に，その算譜（それ自身をのせることは略す）の着想を，数値例を通じて解説する。HP すなわちヒューレット・パッカード社の電卓は，共通して「10桁の仮数に 10 を底とする 2 桁の正負の指数をもつ数値」が使用される (12.)。この精度を充分生かした。（反復計算を得意とする電卓にとっては，むしろ級数法が適していると思われるが，以下は商実法を下敷にしている。）

　　《実》は最大 26 桁の整数部分に，2桁の小数部分がつく。$x=10^4$, $y=10^8$ とおくとき，《実》は 23 を 10^{24} 倍した数値にして計算をすすめるから，

$$Ay^2+By+C$$

と表わされる。A は 10 桁，B は 8 桁の整数，C は整部 8 桁，小数部 2 桁の小数とする。《商》はこれに対応して，

$$ax^2+bx+c+d/x+e/x^2+f/x^3$$

と表わされる。a は 5 桁，$b \sim e$ は 4 桁の整数，f は整部 4 桁の小数（小数部は 2 桁までしか用いない）とする。さいしょに，10 桁の有効数字を一杯にとった《実》の平方根 g を求め，《下法》による割り算の部分では，$2g$ を効果的に使うこととした。あとは，つぎの数値例をご覧いただきたい。$2ab$ を A と B に振り分けて引くとこ

ろなどは，周知の技巧を用いる。e, f が割り算で求まったら，計算はそこで止めればよい。これは，けっきょく，公式
$$(a+b+c+d)^2 = a^2+2ab+b^2+2(a+b)c+c^2+2(a+b+c)d+d^2$$
を用いたことに相当し，さいごは，《実》の残り
$$Ay^2+By+C-(ax^2+bx+c+d/x)^2$$
を《下法》$2g$ で割ったところで計算を打ち切ったわけである。

```
                      A    |    B    |    C
              23 0000 0000 0000 0000 0000 0000.00
    a²······  22 9996 9764
               3 0236
    2ab······  3 0232 7232
                  3 2768
    b²······         993 5104                    ——→(*)
                  3 1774 4896
    2ac······     3 1767 3792
                         7 1104
    2bc······           2087 8848
                      6 9016 1152
    c²······              1096 9344
                      6 9016 0055 0656
    2ad······         6 9011 5620
                           4 4435 0656
    2bd······                4535 7280
                           3 9899 3376
    2cd······                     4765.97
                           3 9898 8610.03
    d²······                         .52
                           3 9898 8609.51       ——→(**)

    g······           4 7958.3152 3       a=4 7958
                   √ 23 0000 0000.        b=  3152

    (*)              3312.7195 41         c=3312
                2g) 3 1774 4896.          d=7195

    (**)             4159.7438 07         e=4159
                2g) 3 9898 8609.5         f=7438.07
```

こうして，小数26桁目までの平方根が求まった。
$$\sqrt{23} = 4.7958315233\ 1271954159\ 743807$$

(1980年7月7日記)

〔文献は66頁〕

2　関の求円周率術考（続）

§13. 残された問題……………27　　§17. 計算過程の復元…………44
§14. 半九々による開平………28　　§18. 加速法…………………………53
§15. アルキメデス……………31　　　文献……………………………66
§16. 丸めの誤差………………35

§13.　残された問題

　この続稿は，前稿でみずから発した疑問に，みずから答えようとする意図をもつ．その疑問は，つぎの二つに要約される．

　(1)　関孝和は，どんな方法によって開平をおこなったか？
　(2)　かれは，円周率を求めるため，じっさい何桁の数値を用いて計算したか？

(1)については，「半九々による開平」を取りあげるが，十分な解答に達したとはいえない．

　この続稿の大半は，(2)への解答を目指す．§11 の冒頭で
「この論文のねらいを《円周率》よりも《開平》に向ける．」
と宣言した．しかし，意に反して《円周率》ばかりを扱うはめになった．表題を「求円周率術考」としたのは，これによる．

　じつは，筆者の意図は，いま一つあった．
　(3)　関の結果を検算しようとする

ことである。この(3)が(2)と密接に結びつくことは，当然である。ところが，検算の末に，関の結果に，一部，誤りがある，という，はなはだ重大な発見に導かれた。もちろん，筆者のほうに非があろうと考え，円周率の種々の計算方法を工夫し，検算を繰り返えした。「アルキメデス」「丸めの誤差」の二つの節がそれである。しかし，結果は意外にも，筆者のほうに分があった。そこで観点をかえて，関がどこで誤差の累積を招いたかを考察し，「計算過程の復元」を試みた。新しい知見を加えることができたと思う。

さらに，関の「加速法」についても，批判的な復元をおこなった。ここにも，いささかの訂正を盛れたものと思う。

この続稿においても，《発見的推論》を基調とし，筆者の 思考過程の再現につとめた。

和算については，知識が乏しいため，思わぬ誤解があるかもしれない。ご批判とご教示を賜わることを期待する。

§14. 半九々による開平

　§11に小字で，関孝和が開平のためにどの方法を用いたかわからない，と述べた。その後，平山諦氏『東西数学物語』(13., p. 328-333) を読んで，ソロバン固有の開平法を知った。それは，明暦3年(1657)に，藤岡茂之が『算元記』にはじめて述べた方法である。これは，藤原氏『明治前……史』(5., 第1巻, p. 103; p. 270) に原文と解説がある。藤岡の原文を自由な文に訳し，それを平山氏の解説で補って，紹介する。

　藤岡の方法は，「半九々」，つまり n を1から9までの整数とするとき，その平方の半分 $\frac{n^2}{2}$ を呼ぶ掛声を用いる。

　　「一一が半，二二が二，三三が四半，……九九四十半」

半は，もちろん 0.5 を示す。「三三が九」の半分 4.5 を，「四半」と呼ぶ，等々。

　§9で解説をした『塵劫記』の開平と対比させるため，図をそえて，右側に計

2 関の求円周率術考（続）

算の手順をおく．数値例は，前と同じく，230000 とした．

(i)

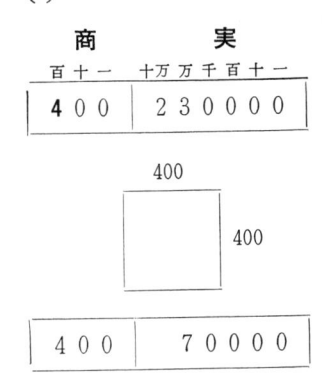

商	実
百十一	十万万千百十一
4 0 0	2 3 0 0 0 0

```
     400
  ┌──────┐
  │      │ 400
  └──────┘
```

| 4 0 0 | 7 0 0 0 0 |

《実》に積 230000 がおいてあるとき，その辺に相当するのは，まず数の位を見ると，〔下の桁から〕一，十，百と数えあげてゆき〔二度百に達するから〕，《商》に 400 を入れる．これに《下法》(*)の 400 を四四の十六万と掛けあわせて，積から引くと 70000 が残る．

　注(*)　《下法》という言葉が使われているが，《商》のところだけで用はたりる．

(ii)

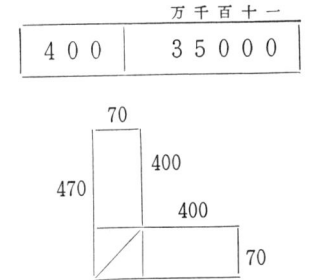

	万千百十一
4 0 0	3 5 0 0 0

```
      70
   ┌─┬─────┐
   │ │ 400 │
470│ ├─────┘
   │ │ 400
   ├─┘
   │/│  70
   └─┘
   470
```

《実》に積の 70000 が残っているが〔これは図の矩尺（かねじゃく）の形に相当するから〕その半分〔△▭の形〕を考えるため，2 で割って，35000 を次の計算に残しておく(*)．

　注(*)　『塵劫記』の開平では，矩尺の形のままで計算をおこなうから，この (ii) の段階がない．

(iii)

	千百十一
4 8 0	3 0 0 0

| 4 7 0 | 7 0 0 0 |

残りの 35000 を《商》の 400 で割ってみると 80 が立つ．〔その積 32000 を引いた残りの 3000 から，80 の半九々，八八三十二，つまり 3200 を引きたいが，3000 から引けない．元に戻して〕80 の代りに 70 を立てる．400 と 70 の積 28000 を引くと 7000 が残るが，小三角の

29

|　4 7 0　|　　4 5 5 0　　|

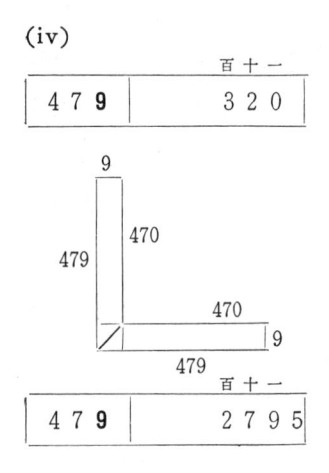

凸部〔△〕を考え，70の半九々，七七二十四半，つまり2450を引いて，4550を次の計算に残す。

(iv)

|　　　　　|　　百十一　　|
|　4 7 **9**　|　　3 2 0　　|

```
            9
      ┌─────────┐
      │         │
 479  │   470   │
      │         │
      │         ├──────────┐
      │   470   │          │
      └─────────┤    9     │
           479  │          │
                └──────────┘
```

|　　　　　|　　百十一　　|
|　4 7 **9**　|　　2 7 9 5　　|

残りの4550を《商》の470で割ると9が立つ。まず，四九三十六の3600を引き，つぎに七九六十三の630を引くと，320が残る。小三角の凸部〔△〕として，9の半九々，九九四十半，つまり40.5を引くと279.5が残る(*)。

　　注(*)　原文の例では，平方数が《実》にあったから，原文では残りは出ない。

筆者の数値例では，(iii)のところで，80を立てて元に戻し，70を立て直すところがあった。一見して面倒に思われるかもしれないが，じっさいソロバンで計算すれば，珠を戻すことは容易である。

『塵劫記』の開平と比較するとき，いくつかの長所が考えられる。①ソロバン上に，《実》と《商》の二個所を作ればよい。②《下法》に《商》の2倍を作る必要がない。③矩尺の形とその半分の△▭の形とは《直観性》をそなえている。④各段階で，《商》で《実》を割ってみれば，次の位になにが立つかがすぐわかる（上記のように，元に戻す必要が生ずる場合はあるが）。

筆者は，この《半九々》による開平を，圧縮して書けば，《筆算》に直すことが可能だと考えた。次に，その実例をお目にかけよう。3段目で，残りを2で割るところが目新しいだけで，あとはふつうの割り算のように進められる。たとえば，47×7のところは，七七二十四半，つまり24.5のうち数字45を書いておき，2は繰り上げて，四七二十八の28と合わせて，30と書く，

という具合にやればよい。

```
        4. 7  9  5  8
      √23.00 00 00 00 00
        16
     2) 7 00
        3 50
        3 04 5      …40×7+7²/2
          45 50
          42 70 5   …470×9+9²/2
           2 79 50
           2 39 62 5  …4790×5+5²/2
             39 87 50
             38 36 32  …47950×8+8²/2
              1 51 18 00
```

なお，平山氏は，江戸時代の数学者が，開平の計算をソロバンでおこなった，と述べておられる（13., p.332）。しかし，いまの筆者には，関孝和がじっさいにどんな方法を用いたか，依然としてわからない。この点を，ご教示いただけば幸いである。

§15. アルキメデス

アルキメデスの《求円周率術》である『円の計測』（14., p.482-487）は有名である。かれは「命題三」として

$$3\frac{1}{7} > \pi > 3\frac{10}{71}$$

という結論を述べている。小数にすれば

$$3.1428\cdots > \pi > 3.1408\cdots$$

であり，小数2桁目まで正しく，3桁目も0か1か2に限定される近似値がえられている。かれは，どんな方法によったか？

関孝和の算法と比較するため，アルキメデスの算法を簡単にまとめておこう。かれは，直径1の円に内接・外接させた正六角形から出発し，正十二，二十四角形と角を増しつつ正九十六角形にいたって，上記の不等式をえた。つまり，

円周の長さを，円に内・外から接する正多角形の全周によって《はさみうち》していくやり方である．正六角形から出発することは，本質的でない．関のように，正方形から出発してもよい．

正多角形の辺を増すとき，周はどのように変化するか？——ここでは，デリーの解説（15., 英訳，p. 184-188) を参照して，要点を述べる．いま，

外接正 k 角形の辺を α, 周を a とおけば， $a = k\alpha$,

内接　〃　〃　β, 〃 b 〃 ， $b = k\beta$,

である．つぎの正 $2k$ 角形の辺，周には，それぞれ符号 $(')$ をつけると，

$$a' = 2k\alpha',$$
$$b' = 2k\beta'.$$

そこで，α, β と α', β' との関係を求めるため，ここでは三角法を用いる．（アルキメデスも関も，相似三角形の辺の比を用いるが，結果は同じことである．）

円の半径は $\frac{1}{2}$ であるから，右図のように，正多角形の中心角の半分を θ とおくとき，つぎのようになる：

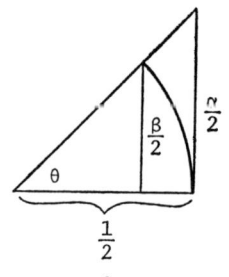

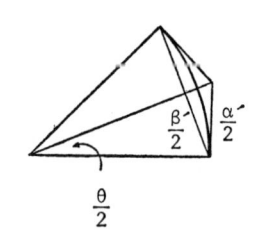

$$\alpha = \tan\theta, \quad \beta = \sin\theta, \quad \frac{\beta}{\alpha} = \cos\theta,$$

$$\alpha' = \tan\frac{\theta}{2}, \quad \beta' = \sin\frac{\theta}{2}.$$

三角法の公式によって変形すれば，

$$2\alpha' = 2\tan\frac{\theta}{2} = 2\sqrt{\frac{1-\cos\theta}{1+\cos\theta}} = \frac{2\sin\theta}{1+\cos\theta} = \frac{2\beta}{1+\frac{\beta}{\alpha}} = \frac{2\alpha\beta}{\alpha+\beta},$$

$$2\beta' = 2\sin\frac{\theta}{2} = 2\sqrt{\frac{1-\cos\theta}{2}} = \sqrt{\frac{2\sin^2\theta}{1+\cos\theta}} = \sqrt{\frac{2\beta^2}{1+\frac{\beta}{\alpha}}} = \sqrt{\frac{2\alpha\beta}{\alpha+\beta}\cdot\beta}$$

$$= \sqrt{2\alpha'\cdot\beta}.$$

これを周の関係におきかえれば，

① $\quad a' = \dfrac{2ab}{a+b},$

② $\quad b' = \sqrt{a'b},$

がえられる。これが，アルキメデスの算法である。文末65頁の補遺を参照。

関の算法は，外接正 k 角形を用いないので，α，α' なしに直接 β と β' の関係が必要になる。

$$\beta' = \sin\dfrac{\theta}{2} = \sqrt{\dfrac{1}{2}(1-\cos\theta)} = \sqrt{\dfrac{1}{2}(1-\sqrt{1-\sin^2\theta})}$$

つまり

③ $\quad \beta' = \sqrt{\dfrac{1}{2}(1-\sqrt{1-\beta^2})}$

が，関の算法といえる。（くわしくいえば，多少，式の形がちがうが，次節で扱う。）

平均法 デリーを参照したのは，わけがある。ホイヘンス C. Huygens が，1654年に『発見された円の大きさについて』De circuli magnitudine inventa [*] のなかで述べた一種の《平均法》は，かなり複雑であった。デリーはこれを改良したが，その考え方は平易であり，しかもすぐれた近似値がえられる。あまり注目されていないので，ここに紹介の労をとる。

注[*] 西欧には，《円周率》という簡潔な言葉はないようである。ラテン語については，小野忠信教授のご教示を仰いだ。記して感謝する。

まず，式①の a' は a と b の調和平均 $H(a,b)$ であり，式②の b' は a' と b の幾何平均 $G(a',b)$ に相当することは，式の形から明らか。一般に正の数 x と y の算術平均 $A(x,y)$ をも加えると，$x \neq y$ ならば有名な不等式

④ $\quad A(x,y) > G(x,y) > H(x,y)$

が成立する。じっさい

$$(\sqrt{x}-\sqrt{y})^2>0 \quad \therefore \quad x+y>2\sqrt{xy} \ .$$

この両辺を 2 で割れば $A>G$ が，両辺に $\dfrac{\sqrt{xy}}{x+y}$ を掛ければ $G>H$ がえられる。デリーは，式④のうち右側の不等式だけを用いて，巧妙に《平均法》を導く。

まず，外接正多角形の場合。a と b の幾何平均 $\sqrt{ab}$ と調和平均 a' について

$$\sqrt{ab}>a' \quad \therefore \quad ab>(a')^2.$$

一方，式②から $a'b=(b')^2$ これを上の不等式の両辺に掛けて

$$aa'b^2>(a'b')^2 \quad \therefore \quad ab^2>a'(b')^2.$$

この両辺の立方根を A, A' とおけば

⑤ $\qquad A=\sqrt[3]{ab^2}>\sqrt[3]{a'(b')^2}=A'$

がえられた。さらに

⑥ $\qquad a=\sqrt[3]{a^3}>\sqrt[3]{ab^2}=A$

も成立する。

つぎに，内接正多角形の場合。a' と b の幾何平均 b' と調和平均 $\dfrac{2a'b}{a'+b}$ について

$$\dfrac{2a'b}{a'+b}<\sqrt{a'b}=b' \quad \therefore \quad \dfrac{a'+b}{a'b}=\dfrac{1}{a'}+\dfrac{1}{b}>\dfrac{2}{b'}.$$

いま，式①を書きかえて $\dfrac{1}{a}+\dfrac{1}{b}=\dfrac{2}{a'}$ これを上の不等式の両辺に加えれば

$$\dfrac{1}{a}+\dfrac{2}{b}>\dfrac{1}{a'}+\dfrac{2}{b'} \quad \therefore \quad \dfrac{a'b'}{2a'+b'}>\dfrac{ab}{2a+b}.$$

この両辺の 3 倍を B', B と書けば，

⑦ $\qquad B'=\dfrac{3a'b'}{2a'+b'}>\dfrac{3ab}{2a+b}=B$

がえられた。さらに $\dfrac{3}{b}>\dfrac{1}{a}+\dfrac{2}{b}=\dfrac{3}{B}$ から

⑧　　　$B > b$

も成立する。

三数 a, b, b についての幾何平均 A と調和平均 B の関係から，

⑨　　　$A > B$

も成立する。

以上の不等式を順々に用いると，三つの不等式の系列がえられる：

⑩　　　$a > a' > a'' > \cdots > \pi > \cdots > b'' > b' > b,$

⑪　　　$A > A' > A'' > \cdots > \pi > \cdots > B'' > B' > B,$

⑫　　　$a > A > \pi > B > b,$ etc.

（ここで，ガウスが少年時代に計算した算術幾何平均 $M(a, b)$ についての不等式の系列と比較することも，興味深い。）

電卓 HP-41C を用いて，$a = 4$, $b = 2\sqrt{2}$ から出発して，試みに π の近似値を求めると，下のようになる。さいごの桁に誤差が累積している（これは，有限桁の電卓の宿命である）。しかし，正 256 角形で，A, B は小数 8 桁目まで一致し，はなはだ有効な算法であることが，明瞭に読みとれる。（a, b についての多桁計算の結果は，§16 の一覧表の第 6 欄，阿を参照。）

k	a	A	B	b
4	4.000000000	3.174802104	3.134446498	2.828427125
8	3.313708500	3.143338841	3.141169899	3.061467460
16	3.182597878	3.141697708	3.141566593	3.121445153
32	3.151724908	3.141599159	3.141591031	3.136548491
64	3.144118386	3.141593060	3.141592554	3.140331158
128	3.142223630	3.141592679	3.141592648	3.141277252
256	3.141750370	3.141592656	3.141592654	3.141513802

§16. 丸めの誤差

筆者は，§11 末の小字部分の検算を続行した。その結果，筆者の数値はある所から先，関の数値と一致しないことに直面し，はなはだ困惑した。そこで，

いろいろと算法を変えて検算を試みたが，やはり一致しない。約一ケ月にわたる苦労の末に，ようやく一つの結論がえられたが，それは次節にゆずる。

ここでは，筆者の工夫をも含めて，いろいろな算法をまとめておく。

関の「求円周率術」は，かれの独創ではない。青年期に先駆者から学んだものと思われる，——『全集』(7., 解説 p.88-89) および平山氏『関孝和』(4., p.23-26) による。それは，村松茂清の『算俎』(1663) であり，「巻四　円率の条」に算法とその結果が述べてある，——藤原氏『明治前……史』(5., 第1巻, p.78-79; p.315-316) による。

村松の算法は，小堀氏の復元 (9., p.176-178) とも一致し，つぎの式①, ②に要約される。以下では，記号は筆者のもの (§15) を用いることとして，正 k 角形の場合

$$勾：\beta^2, \quad 弦：\beta, \quad 周：b = k \cdot \beta = 2^n \cdot \beta$$

とおく。これをもとに，求められた正 $2k$ 角形のそれには，符号（ $'$ ）を付す。なお，関は股の数値をも示すが，これは正 $\frac{k}{2}$ 角形の弦の半分にほかならないので，以下では省略する。

① $\quad (\beta')^2 = \frac{1}{2} - \sqrt{\frac{1}{4}(1-\beta^2)}$,

② $\quad \beta' = \sqrt{\frac{1}{2} - \sqrt{\frac{1}{4}(1-\beta^2)}}$.

関も，この村松と同じ算法によったものと思われるので，以下では《関の原式》とよぶ。

さて，この式②は，前節の式③，すなわち

③ $\quad \beta' = \sqrt{\frac{1}{2}(1-\sqrt{1-\beta^2})}$

を少し書きかえたにすぎない。しかし，以下では，この式③を杉本の原式（略：杉零）とよぶ。式③は，β^2 が小ならば $\sqrt{1-\beta^2}$ はほぼ1に近く，$1-\sqrt{1-\beta^2}$ は0に近づき，そのまま無批判に用いると《桁落ち》が生ずる。式②について

2 関の求円率術考（続）

も同様。

そこで，式③の括弧のなかの《分子の有理化》を試みると

$$1-\sqrt{1-\beta^2}=\frac{1-(1-\beta^2)}{1+\sqrt{1-\beta^2}}=\frac{\beta^2}{1+\sqrt{1-\beta^2}}$$

であるから，

④ $\quad (\beta')^2=\frac{1}{2}\cdot\frac{\beta^2}{1+\sqrt{1-\beta^2}}$

がえられる。これは，勾 β^2 から勾 $(\beta')^2$ が直接に求まる公式であり，杉本第一式（略：杉壱）とよぶ。もちろん，この勾 $(\beta')^2$ の値を開平すれば，弦 β' が求まる。

さらに，式③の別の変形を考える。そのため

$$(\sqrt{x}-\sqrt{y})^2=x+y-2\sqrt{xy} \quad \therefore \quad \sqrt{x}-\sqrt{y}=\sqrt{x+y-2\sqrt{xy}}$$

を求めておき，

$$x=1+\beta, \quad y=1-\beta$$

とおくと，式③の二重根号が一つはずせ：

$$2\beta'=\sqrt{2-2\sqrt{1+\beta}\cdot\sqrt{1-\beta}}=\sqrt{1+\beta}-\sqrt{1-\beta},$$

ここで，ふたたび《分子の有理化》をほどこせば，

$$=\frac{(1+\beta)-(1-\beta)}{\sqrt{1+\beta}+\sqrt{1-\beta}}=\frac{2\beta}{\sqrt{1+\beta}+\sqrt{1-\beta}}$$

つまり

⑤ $\quad \beta'=\frac{\beta}{\sqrt{1+\beta}+\sqrt{1-\beta}}$

がえられた。これは，弦 β から弦 β' が直接に求まる公式であり，杉本第二式（略：杉弐）とよぶ。勾 $(\beta')^2$ は弦 β' を自乗すれば求まる。

このほか，前節のアルキメデスの算法（略：阿）

$$\begin{cases} ⑥ & a' = \dfrac{2ab}{a+b}, \\ ⑦ & b' = \sqrt{a'b}, \end{cases}$$

も使える。これは，<u>周 b から周 b' が直接に求まる公式</u>である。

なお，もし円周率 π の値が《既知》であれば，正 k 角形の周 b を直接に（その前の結果を用いずに）求めることができる。それには，正弦の級数展開を用いればよい。すなわち，$k = 2^n$，$x = \dfrac{\pi}{k}$ とおけば，

$$\sin x = x - \frac{x^3}{3!} + \frac{x^5}{5!} - \frac{x^7}{7!} + - \cdots$$

そこで

$$⑧ \quad b = k \cdot \sin x = \pi\left(1 - \frac{x^2}{3!} + \frac{x^4}{5!} - \frac{x^6}{7!} + - \cdots\right)$$

がえられる。われわれは，あらかじめ π の値を多数桁知っているので，それを用いて正 k 角形の周が求められる。しかし，これは，あくまで《検算》のために用いるのが妥当であり，円周率 π の値を《発見的》に求める立場からいえば，本末顛倒である。

また，杉壱，杉弐は割算が必要となるので，それだけ困難さが増すが，《桁落ち》を回避するためには止むをえない。アルキメデス法（阿）でも，割算が必要となるが，その代り，周 b から周 b' が直接に求まる長所がある。（§18に述べる機械計算によるならば，割算は時間がかかるだけのことである。しかし，筆算によるならば，割算はやはり手間がかかる計算である。）

これらの諸公式を用いて計算した結果を，次々頁の表に示す。（§12までは，10桁ごとに空白を入れたが，以下では，筆者が算譜化した印刷形式に合わせて，8桁ごとに空白を入れる。）計算は，一般に小数32桁目までおこなった。

2　関の求円周率術考（続）

掲載にさいして，杉壱，杉弐については，小数 16 桁目までを省略した。省略部分は，第 2 欄の関推定値と一致するからである。

　この表においては，杉零（式(3)）の結果は省略した。それは，勾 β^2 の値が杉壱と末位で 1 単位以内しかちがわないからである。

　また，級数法による検算の結果も省略した。それは，えられた周 b の値が阿の内周とよく一致し，末位において 3 単位以内しかちがわないからである。この，級数法と阿の内周との一致は，重要な意味をもつ。

(1) 級数法は，各正 k 角形の周 b を独立に求めている。阿では，まえの正 $\frac{k}{2}$ 角形の内周を元にして，つぎの正 k 角形の内周 b を求めている。つまり，順次，結果を累積させつつ，あとの内周を求めている。これは，まったく別の計算法によった二つの結果の一致である。これから推論すれば，正 k 角形の周の値は，小数 31 桁目まで正しいと考えられる。

　さて，この小数 31 桁目までの阿の内周 b の値を規準にして考えれば，杉壱，杉弐の結果は，それぞれ超過をもつ。表の数値の 23 桁目以下を比較していただきたい。あとにいくほど超過が大きくなる。さいごの正 131072（2^{17}）角形を例にとれば，杉壱は小数 23 桁目，杉弐は小数 27 桁目以下が，それぞれ阿の内周よりも大である。

　このことは，二つの意味をもつ：

(2) 杉壱，杉弐は，おそらく丸めの誤差が累積してゆき，しだいに超過を生じたのであろう。これは，その途中で，開平を積み重ねてきたことに原因が求められるであろう。より詳細な考察が必要である。

(3) しかし，もっと重要な意味は，その一致の部分である。数値の不一致の部分（さいごの正 2^{17} 角形を例にとれば，小数 23 桁目以下）を除いて考えれば，それぞれ異なる三つの算法：杉壱，杉弐，阿による結果が一致したことである。さらに，杉零，級数法も考慮に入れれば，<u>五つの異なる算法による結果の一致である</u>。これらの数値の一致した部分は，少くとも正しいと断定

角数	関（推定値）（勾，弦，周）	丸め直前（§17末）
2^2	0.50000000 00000000 00000000 00	
4	0.70710678 11865475 24400844 00	24400844 36210485
	2.82842712 47461900 97603376 00	
2^3	0.14644660 94067262 37799578 00	37799577 81894758
8	0.38268343 23650897 71728460 00	71728460 22058679
	3.06146745 89207181 73827680 00	
2^4	0.03806023 37443566 21935908 00	21935908 45429408
16	0.19509032 20161282 67848284 00	67848283 82972328
	3.12144515 22580522 85572544 00	
2^5	0.00960735 97983847 75436909 00	75436908 77862240
32	0.09801714 03295606 01994200 00	01994196 16616657
	3.13654849 05459392 63814400 00	
2^6	0.00240763 66639015 56877582 00	56877581 55310486
64	0.04906767 43274180 14254960 00	14254959 83303935
	3.14033115 69547529 12317440 00	
2^7	0.00060227 18974138 03642614 00	03642614 31690282
128	0.02454122 85229122 88031730 00	88031730 50316432
	3.14127725 09327728 68061440 00	
2^8	0.00015059 06518978 89942117 00	89942117 12574692
256	0.01227153 82857199 26079400 00	26079401 12482973
	3.14151380 11443010 76326400 00	
2^9	0.00003764 90804277 29539180 00	29539176 71060679
512	0.00613588 46491544 75359900 00	75359904 71138363
	3.14157294 03670913 84268800 00	

2 関の求円周率術考（続）

杉壱（勾，弦，周）	杉弐（勾，弦，周）	阿（上：外周； 下：内周）
00000000 00000000	00000000 00000000	
24400844 36210485	24400844 36210485	4.00000000 00000000 00000000 00000000
97603377 44841940	97603377 44841940	2.82842712 47461900 97603377 44841940
37799577 81894758	37799577 81894759	
71728459 98403041	71728459 98403042	3.31370849 89847603 90413509 79367759
73827679 87224326	73827679 87224333	3.06146745 89207181 73827679 87224319
21935908 40530161	21935908 40530161	
67848284 86847704	67848284 86847704	3.18259787 80745281 10585561 96231482
85572557 89563272	85572557 89563266	3.12144515 22580522 85572557 89563236
75436908 88193289	75436908 88193288	
01994195 56388868	01994195 56388866	3.15172490 74292560 98470320 68132248
63814258 04443778	63814258 04443701	3.13654849 05459392 63814258 04443654
56877581 52344527	56877581 52344526	
14254954 97694280	14254954 97694270	3.14411838 52459042 62741972 56136408
12317118 52433950	12317118 52433253	3.14033115 69547529 12317118 52433170
03642614 19762046	03642614 19762045	
88031734 52945940	88031734 52945930	3.14222362 99424568 45386208 50699633
68062019 77080320	68062019 77078991	3.14127725 09327728 68062019 77078822
89942117 17516692	89942117 17516691	
26079408 26195132	26079408 26195102	3.14175036 91689664 59107213 62797334
76328515 05953816	76328515 05946146	3.14151380 11443010 76328515 05945683
29539176 75440182	29539176 75440181	
75359640 23459105	75359640 23459039	3.14163208 07031818 05718715 18787116
84135800 11061748	84135800 11027930	3.14157294 03670913 84135800 11027077

角数	関（推定値）（勾, 弦, 周）	丸め直前（§17末）
2^{10}	0.00000941 23586994 28671505 60	28671505 59255058
1024	0.00306795 67629659 76270280 00	76270278 81982994
	3.14158772 52771597 00766720 00	
2^{11}	0.00000235 30952119 14244210 10	14244210 14186699
2048	0.00153398 01862847 65612360 00	65612356 77803795
	3.14159142 15111999 74113280 00	
2^{12}	0.00000058 82741490 45035487 20	45035487 18562680
4096	0.00076699 03187427 04526974 00	04526974 47869584
	3.14159234 55701177 42485504 00	
2^{13}	0.00000014 70685588 90419886 00	90419885 90490207
8192	0.00038349 51875713 95589214 00	95589214 40529138
	3.14159257 65848726 66841088 00	
2^{14}	0.00000003 67671410 74427634 30	74427634 28686367
16384	0.00019174 75973107 03307545 00	03307545 13563651
	3.14159263 43385629 90817280 00	
2^{15}	0.00000000 91917853 53095826 55	53095826 55238697
32768	0.00009587 37990959 77345910 00	77345910 68175504
	3.14159264 87769856 70778880 00	
2^{16}	0.00000000 22979463 43554514 05	43554514 04785559
65536	0.00004793 68996030 66884722 00	66884721 83330582
	3.14159265 23865913 57140992 00	
2^{17}	0.00000000 05744865 86218663 35	86218663 35024520
131072	0.00002396 84498084 18218810 00	18218810 48672559
	3.14159265 32889927 75864320 00	

2 関の求円周率術考（続）

杉壱（勾, 弦, 周）	杉弍（勾, 弦, 周）	阿（上：外周； 下：内周）
28671504 78113572	28671504 78113572	
76270145 36549228	76270145 36549093	3.14160251 02568089 46763689 65849267
00628854 26409677	00628854 26271604	3.14158772 52771597 00628854 26270193
14244209 93714995	14244209 93714994	
65612303 69715220	65612303 69715028	3.14159511 77495890 50353092 23598171
73997971 76771257	73997971 76376607	3.14159142 15111999 73997971 76374085
45035487 14491424	45035487 14491424	
04526938 56836284	04526938 56835796	3.14159326 96293073 10789458 78682800
42340376 01420908	42340375 99420744	3.14159234 55701177 42340375 99415739
90419885 89113063	90419885 89113062	
95589072 46169531	95589072 46168120	3.14159280 75996445 76528254 43596061
65681606 20800135	65681606 09235819	3.14159257 65848726 65681606 09223790
74427634 25964632	74427634 25964631	
03307439 90958788	03307439 90956201	3.14159269 20922543 74228419 55718091
89095478 68780030	89095478 26390027	3.14159263 43385629 89095478 26362781
53095826 54229856	53095826 54229855	
77345870 51728845	77345870 51721099	3.14159266 32154084 16232179 19009010
69485110 50792960	69485107 96979069	3.14159264 87769856 69485107 96927720
43554514 03343020	43554514 03343020	
66884549 00404968	66884549 00399051	3.14159265 59961970 26269283 16277131
45803529 39982848	45803525 52208449	3.14159265 23865913 45803525 52105799
86218663 34610273	86218663 34610272	
18218729 18668051	18218729 18657718	3.14159265 41913941 84999569 31883587
65271956 58780672	65271943 04467473	3.14159265 32889927 65271943 04217377

せざるをえない。（さいごの正 2^{17} 角形の場合でも，少くとも小数 22 桁目までは正しい。）

この結論(3)から，系題として，つぎの結論が導かれる。

(4) われわれの計算結果が正しいとすれば（そのことは確信をもって主張できるのであるが），関孝和の計算結果は，われわれの計算結果の一致部分よりも，もっと上位の桁において喰い違うのであるから，正しいとはいえない。われわれの結果は，少くとも小数 22 桁目までは正しいのであるから，関の正 $512(2^9)$ 角形以後の周の値は正しくない。

これは，はなはだ重大な結論である。

いまだからこそ，筆者は自分の計算に確信をもっているが，はじめてこの結果をえたときの衝撃は大きかった。何度も自分の計算過程を検討したが，間違いは見当らない。一方において，関への信頼はゆるがない。この局面を打開するために，上記のような種々の算法を考えて，検算を試みたのである。

関孝和ともあろう人が，計算の誤りをおかすはずがない！ （そうは，断定できないことは§11 p.*20* 辺に述べた。） むしろ，誤りというよりは，丸めの誤差の累積などに原因があるのではあるまいか？――この原因の究明がつぎの節の主要な目標となる。

§17. 計算過程の復元

まず，関孝和の計算結果は，『全集』(7., 本文 p.346-348)，平山氏『関孝和』(4., p.165-166)，および藤原氏『明治前……史』(5., 第 2 巻，p.179-180) に再録されている。『全集』と平山氏著には，勾，股，弦，周の値が，正 4～131072 角形のすべての場合について掲げられている。照合の結果，これらの数値はすべて一致している。（ただし，後述の，松永・藤田による二個所の訂正が必要である。）

『明治前……史』には，正十六角形以下は省略され，正 32768～131072 角形の周だ

2 関の求円周率術考（続）

けが再録されている。ただし，正 65536 角形の小数 11 桁目の 5 は 8 に訂正すべきである。

この関の計算結果を，そっくりここに再録すればよいのであるが，上に掲げた表における筆者による推定値（第 2 欄）を，小数 19 桁目までで丸めれば再現できるので，それは省略した(*)。そして，丸めた結果に，関は四捨五入後の《強》《弱》および《微強》《微弱》を付している。その意味は次のとおり。

$0.5 \leq$ 弱 $< 0.9 \leq$ 微弱 $<$ 整（端数なし）$<$ 微強 $< 0.1 \leq$ 強 < 0.5

注(*) 股は，前節の初めに述べたように，すぐその前の弦の値の半分であるので，再録は省略した。

さて，このように小数 19 桁目までで丸めれば，<u>関の勾と弦の値はすべて正しい</u>。われわれの計算結果のいずれとも一致する。<u>関の周の値は，正 256 角形まで正しく，正 512 角形以下に超過をもつ</u>。前節末に指摘した通りである。では，いったい，その原因はなにか？

平山氏『関孝和』の「増補訂正」(4., p. 272-274) に，興味深い記述がある。戸谷清一氏は，関の 正二十角形までの方程式（『括要算法巻三』のいわゆる角術）の解を検討し，関の誤りを指摘されたのみならず，その誤りの原因をも解明された (1960年)，という。その論法は，関の計算の途中における，小数のある桁での打ち切り方に原因を求めておられる。『全集』の解題 (7., 本文 p. 310) にも，この点に簡単に触れてある。

筆者はこの記述に貴重な示唆をうけた。そのことを，ここに感謝する。

そこで，筆者は**仮説**

「<u>上記の関の周の値の超過は，計算の途中の段階における丸めの誤差の累積によるものであろう。</u>」

をたてて，試行錯誤による原因究明に取りかかった。この仮説は，§11 の末尾において発し，§13 で(2)として再提起した疑問

45

「関は，じっさいには何桁の数値を用いて計算したか？」

とも，密接な関係をもつ．丸めは，ある特定の桁でなされるからである．そして，結果的に，この疑問にも自然に答えがえられた（後文）．

検討に取りかかる前に，松永・藤田による，関の結果の二個所の訂正を述べておく．これは，『全集』では本文 p.367 に藤田貞資によるとして，平山氏『関孝和』の「増補訂正」p.274-275 では松永良弼によるとして，指摘されている．

(イ) 正八角形の股で，関は末位を ……622 としているが，ここには《微強》を補う．

(ロ) 正 256 角形の周で，関は 9 桁目以下を …11430107 633弱 としているが，これには 4 が抜けていて …11443010 7633弱 が正しい．

この(ロ)の訂正は，筆者にとって，とくに有難かった．関の周の値は，すべて小数 19 桁目までで丸めてあるのに，この訂正(ロ)を認めれば，正 256 角形については小数 20 桁目までの値と，付された《弱》とが利用できるからである．

筆者の用いた**論法**は，つぎの通り．

(1) 関の原式（§16）は，まず勾 β^2 から勾 $(\beta')^2$ を求める：

① $\quad (\beta')^2 = \dfrac{1}{2} - \sqrt{\dfrac{1}{4}(1-\beta^2)}$ ．

そして，この勾 $(\beta)'^2$ の値を開平して弦 β' を求め：

② $\quad \beta' = \sqrt{\dfrac{1}{2} - \sqrt{\dfrac{1}{4}(1-\beta^2)}}$ ，

さいごに，これを $2k = 2^{n+1}$ 倍して周 b' を求める：

③ $\quad b' = 2k \cdot \beta'$ ．

(2) 周の値に問題があるとすれば，その前の弦の値に問題があるはずである．しかし，残念なことに，関の弦の値は小数 19 桁目までで丸めてあり，そこに《強》《弱》等が付されているとはいえ，われわれの知りたいそれに続く

2 関の求円周率術考（続）

数字が伏せられている。

たとえば，正 131072(2^{17}) 角形を例にとれば，この k の値は 6 桁の数字をもつ。周の小数 20 桁目の値を知りたければ（そこで丸めたいので，ぜひ知りたい），弦の値は小数 26 桁目までなければならない。しかし，関は小数 20 桁目以下の数字を伏せている。

(3) 関の弦の値が使えないので，止むをえず，われわれは関の周の値を《原資料》とせざるをえない。それらの周の値は，小数 19 桁目までで丸めてあり，それに《強》《弱》等が付されている。松永・藤田の訂正 (ロ) を認めれば，正 256 角形の場合には，もう 1 桁余計に手に入れることができる（この点は微妙であるが，あとの(12)に見るように，決定的な役割をはたす）。

(4) 関の《原資料》である周の値を，角数 k で割ったものが，関の用いた弦の値の《推定値》として使えることになる。

たとえば，上例の正 2^{17} 角形についていえば，関の《原資料》は

④　　$b = 3.14159265\ 32889927\ 759弱$

である。《弱》の意味を解釈すれば，前々頁に述べたように，

⑤　　$\cdots 758500 \leqq b \leqq \cdots 758899$

である。もし《微弱》なら，同所のように，

⑥　　$\cdots 758900 \leqq b \leqq \cdots 758999$

となるはずであるが，そうではない。一つ上の不等式⑤の両側の数値を $k = 131072$ で割ると，弦 β は

⑦　　$\cdots 18218809\ 9 \leqq \beta \leqq \cdots 18218810\ 2$

となる。（小数 16 桁目までの数値は，関とまったく同じであり，前節の一覧表の第 2 欄に見る通りであるから，省略した。ここには，17桁目から25桁目までを示したが，末位は丸めてある。）

これを見れば，関が用いたと推測される弦の値が，ごく狭い範囲のなかに限定されることが，わかるであろう。

(5) さらに，この弦の値についての不等式の両側の数値を自乗すれば，勾 β^2 についての不等式がえられる。上例について，

⑧　　…86218663 349971≦β^2≦…86218663 349986

（小数 16 桁目までは，上と同様に省略し，17 桁目から 30 桁目までを示した。末位は丸めてある。）

ここでも，推測される勾の値が，狭い範囲に限定されることがわかる。

(6) このような弦と勾とについての《推定値》の不等式⑦，⑧を，各正 k 角形ごとに求めた。(1)で述べたように，関の原式によれば，勾 β^2 から勾 $(\beta')^2$ が直接に求まる。そこで，これらの《推定値》を《利用可能な資料》として，試行錯誤によって，これらの勾や弦の値の不等式のあいだを，《うまく》すり抜けていくような計算過程を《復元》しようとする。

以上が，筆者が関の計算過程の解明のためにえらんだ論法である。

ここで筆者は，関孝和の身になって，復元の**方針**をたてた。そのなかには，みずからに課した戒めも含まれている。

(7) 関の原典を尊重する。すなわち，たとえ関の周の値が筆者の推論にとってつごうがわるくとも，みだりに数値を改めない(*)。（途中で，一二個所，止むをえずこの禁をおかすことになるかもしれないと覚悟した。じじつ，その誘惑にかられたこともあった。しかし，けっきょく，この禁を守り通すことができた。）

注(*)　文献学においては，原典の文字や語を 恣意的に改めない 立場を，Sensus litteralis（直解主義）という。この概念を吉田泰教授にご教示いただいた。記して感謝する。

(8) 関は，おそらく，できうる限り簡単な原則によったはずである。無原則に，各正 k 角形ごとに異なる丸めの桁数を用いたりはしなかったであろう。関の『括要算法』における円周率の計算は，少くとも 二回目 である。青年期の

2 関の求円周率術考(続)

『規矩要明算法』において,すでに一度,円周率を計算している,#6——『全集』(7., 本文 p.3-5)による。(この「簡単な原則による」という方針だけは,筆者は貫くことができなかった。止むをえず,正 k 角形ごとに異なる丸めの桁数を用いたところがある。この点は,(7)の方針と拮抗するからである。つまり,筆者は(7)を立てて,この(8)には目をつむったのである。もちろん,万止むをえない場合に限ったが。)

(9) 関は,おそらく,<u>必要最小限の桁数を用いた</u>であろう。《必要》という言葉遣いは,じつはおかしい。関は,ただ自分の意図にしたがって,その桁数を用いたのにすぎない。これを<u>復元しようとする筆者の立場</u>から,《必要》という言葉が生まれるのである。つまり,(6)に述べたように,《うまく》勾や弦の不等式をすり抜けていくために《必要》な桁数を指すのである。

しかし,反面,関がその勾や弦の値をつぎつぎに求めていったとき,少い桁数を用いたことも事実である。なぜなら,もし,かれが多い桁数を用いて計算したならば,《桁落ち》または《丸めの誤差》があれほど累積するはずがなく,筆者の計算結果に近づいてしまうからである。(復元の結果を見れば,かれは《意外に少い桁数で》丸めをおこなっていたのである。)

(10) 関は,たとえば 24 桁の《有効数字》から出発して,<u>あとにゆくほど桁数を減らしてゆく方針をとった</u>と推測する。(この推測は見事にはずれた。筆者は《桁落ち》の回避を重視していた。その立場からすれば,開平の前には,できうる限り多くの有効数字を確保し,開平もその有効数字とほぼ同じ桁数がえられるまでおこなうべきだと考えた。§11 の末尾の要約を参照のこと。ところが,復元の結果から見れば,関は《桁落ち》の心配はせずに,むしろ平気で,各正 k 角形においてほぼ同じ《絶対桁数》のところで,丸めていたのである。これは,一種の,筆者による《思い過ごし》であった[*]。)

注[*] 言葉をもじって引用するのは畏れ多いが,筆者の気持はつぎの通り。
「あれは関に騙されてゐたのです。騙されたといふのは悪いけれども,つまり

こっちが勝手に騙されてゐたのです。ミスリードされたのです。」(16. 高木『史談』, 附録, p. 184)

一ケ月余にわたる, 筆者の試行錯誤の詳細を, ここに述べる余裕はない。いくつかの**考量**をあげるにとどめる。

(11) 《有効数字》の桁数を一定に決めて丸める；丸めでなく, 《打ち切り》とする；はじめは多くの桁数を用い, しだいに桁数を減らしてゆく。これらの試みは, (10)に述べたように, いずれも《失敗》であった。

(12) これらの失敗を通じて, 関の計算過程に, いくつかの《節（ふし）》ともいうべき個所があることが判明した。

その第一は, 正 256(2^8) 角形から正 512(2^9) 角形への移行の個所である。前者には, 松永・藤田による訂正(ロ)があって, 周は小数 20 桁目までと《弱》が付されている。弦, そして勾の推定値を求めるためには1桁多いので, 推定値は狭い範囲に限定される。この推定値から, 後者の勾, 弦, 周を求めようとすると, どうしても関の値よりも不足する。——

具体的に説明しよう。関の正 256 角形の周は（小数 16 桁目までを略す, 以下同様），

$b = \cdots 7633$ 弱

である。これを不等式に直せば

⑤　　$\cdots 76325000 \leq b \leq \cdots 76328999$

この両辺を $k = 256$ で割れば,

⑦　　$\cdots 26079394\ 53125 \leq \beta \leq \cdots 26079410\ 15234375$

この両辺を自乗すれば（ただし, 結果は小数 26 桁目までで丸めて示す），

⑧　　$\cdots 89942116\ 84 \leq \beta^2 \leq \cdots 89942117\ 22$

これが, 《狭い範囲の不等式》である。

これから, 途中で丸めをおこなわず, 関の原式にしたがって, 正 512 角形の勾 $(\beta')^2$ を求めれば（結果は小数 26 桁目までで丸めて示す），

⑧′　　$\cdots 29539176\ 67 \leq (\beta')^2 \leq \cdots 29539176\ 77$

これを開平して弦 β' を求めれば,

2　関の求円周率術考（続）

⑦′　　…75359633 37 ≦ β′ ≦ …75359641 18

この 512 倍が周 b' になる：

⑧′　　…84132284 85 ≦ b' ≦ …84136284 08

これは明らかに，関の　$b'=$…843弱　よりも不足している。

　関の値に到達するためには，大幅な《切り上げ》が必要となる。丸めだけでこれを実現しようとすれば，かなり高い《絶対桁》のところで丸め，しかも四捨でなく五入が生ずるのでなければならない。――

　　関の正 512 角形の周：
　　　　$b'=$…843弱

に到達するためには，前記の不等式 ⑧′ の両側の数値 …29539176 ― を，<u>小数 23 桁目までで丸め</u>なければならない。こうすれば《五入》が生じて，勾は

　　　　$(β')^2=$…29539180

となる。これを開平すれば（結果は，小数 26 桁目まで示す），弦は

　　　　$β'=$…75359904 71

となり，これを 512 倍すれば，周

　　　　$b'=$…84271211 52

がえられ，ようやく目標に到達する。

こうして，関が高い《絶対桁》で<u>丸めていた</u>という推測がえられた。

　第二の節は，正 2^{12} 角形から正 2^{13} 角形への移行の個所，第三は正 2^{15} 角形から正 2^{16} 角形への移行（本節末小字），第四はさいごの移行である。ここでも，上記と同様な事情があった。

⒀　さらに，丸めをいつ挿入すればよいか，つまり各正 k 角形の周を求めるための計算の途中で，どの《段階》で丸めるかが問題となる。

　関の原式を，できうる限り細かな段階に分解すれば，つぎの六つの段階がある：

(i)　　$1-β^2$

(ii)　　$\frac{1}{4}(1-β^2)$

(iii)　　$\sqrt{\frac{1}{4}(1-β^2)}$

(iv)　　$(\beta')^2 = \dfrac{1}{2} - \sqrt{\dfrac{1}{4}(1-\beta^2)}$

(v)　　$\beta' = \sqrt{\dfrac{1}{2} - \sqrt{\dfrac{1}{4}(1-\beta^2)}}$

(vi)　　$b' = 2k \cdot \beta'$

　ここでも，試行錯誤の末に，(iv) と (v) の段階の《あと》のところ，この二個所に丸めを挿入すればよいことが判明した。

　以上のごとき検討の結果は，つぎの表に要約される。そして，関の計算過程の復元は，§16の一覧表の第2欄（関推定値）と第3欄に示した。第3欄は，(iv) と (v) の各段階で，丸める直前の数値を示す（小数 16 桁目までは，第2欄と一致するので，省略した）。そのほかの段階での数値は，この表では省略したが，それを読者が再現することは容易である。

関推定値の丸めの桁数

	絶対桁数		有効数字桁数	
n	(iv)	(v)	(iv)	(v)
2	—	24	—	24
3	24	24	24	24
4	24	24	23	24
5	24	23	22	22
6	24	23	22	22
7	24	23	21	22
8	24	23	21	22
9	23	23	19	21
10	25	23	20	21
11	25	23	20	21
12	25	24	19	21
13	24	24	18	21
14	25	24	18	21
15	26	23	18	19
16	26	24	18	20
17	26	23	17	19

(i) は直前の勾 β^2 を 1 から引いたもの，(ii) はそれを 4 で割ったもの。4 で割ったときの末位 2 桁は，25, 50, 75, 00 のいずれかであるが，(iii) の開平をおこなう前には，これらの数字は丸めない。唯一の例外は，正 2^{16} 角形を計算する直前に，末位の 50 を繰上げて，…26550 を …26600 とすることである。この個所が，(12) で述べた第三の節に相当する。ここで，大幅な繰上げが必要であった。

(iii) の開平の結果は，第 3 欄にある，(iv) の丸め直前の 数値から 逆に再現できる。つまり，この数値を 0.5 から引けばよい。

筆者は，この復元が唯一のものであるとは主張しない。しかし，いま自分がなしうる限りの《尤もらしい》復元であると信じている。比喩として適切を欠くかもしれないが，スキーの回転競技を思わせる。関から与えられた勾や弦の推定値の不等式を，ごく幅の狭い旗門に見立てると，これらを《うまく》すり抜けることは，高度の技術を要する。一個所の旗門（数値の不等式）に焦点をしぼると，つぎの旗門からそれてしまう。技術に相当するのは，「どの段階で，何桁目で丸めるか」の選択である。

筆者の試行錯誤の結果は，すべてを公開し，識者諸氏のご批判を期待するものである。

§18. 加速法

われわれは，アルキメデス法（阿）によって，正 $131072 (2^{17})$ 角形の外周 a と内周 b の値を手に入れたから，§15 の 平均法 で述べたデリーの算法を適用しよう。それは

① $\quad A = \sqrt[3]{ab^2}$,

② $\quad B = \dfrac{3ab}{2a+b}$,

であった。

このうち，A を求めるには，立方根の計算が必要になる。われわれは §8 の第 3 法，平方根を求める《ニュートン法》の公式

③ $\quad \sqrt{y} \fallingdotseq \frac{1}{2}\left(x+\frac{y}{x}\right)$

を取り扱った。立方根の場合，これに相当する《ニュートン法》の公式は

④ $\quad \sqrt[3]{y} \fallingdotseq \frac{1}{3}\left(2x+\frac{y}{x^2}\right)$

なる式の形をとる。われわれの場合，A の第 1 近似値 x として 10 桁ぐらいの立方根をとれば(*)，ほぼ 2 回の反復で A が求まることを確かめた。

注(*) 電卓 HP-41C では，有効数字 10 桁の立方根は，直ちに求まる。

§16の一覧表の，阿の欄の正 2^{17} 角形の外周 a と内周 b の値を用い，デリーの算法を適用して，つぎの値がえられた：

A=3.14159265 35897932 38485684

B=3.14159265 35897932 38456883

これを見れば，両者は小数 19 桁目まで一致し，そのつぎにくる π の真の値の数字 6 をはさむ不等式関係が成立していることがわかる。元の a, b の数値が，小数 8 桁目までしか一致していなかったことを考慮すれば，デリーの算法は，外周と内周による，まことに巧妙な《平均法》である。

《加速法》とは，数列，級数，反復算法による結果などの収束が遅い場合に，それまでに求められた数値を用いて，極限値への近づき方を早める算法のことを指す（11. ヘンリチ，p.113-114）。

この立場から考えると，§12 の初めに触れた，関孝和の「求定周」法は，まさしくこの《加速法》の名に値する。

関は，『括要算法巻四』の「求円周率術」の直後に，「求定周」なる短い主題を述べた（7.『全集』，本文 p.348）。その内容を，われわれの記号を用いて式の形に書けば，つぎの通り。ただし，

2 関の求円周率術考(続)

$$\begin{array}{ll}\text{正 } 2^{15} \text{ 角形の内周を } b \\ \quad \text{〃 } 2^{16} \quad \text{〃} \quad b' \\ \quad \text{〃 } 2^{17} \quad \text{〃} \quad b''\end{array} \Big\} \begin{array}{l}\text{その差を } d=b'-b \\ \quad \text{〃} \quad d'=b''-b'\end{array}$$

とおくとき,

⑤ $\qquad \pi \fallingdotseq b' + \dfrac{d \cdot d'}{d-d'}.$

この式⑤は,差の比を $u=\dfrac{d'}{d}$ とおけば,

⑤′ $\qquad \pi \fallingdotseq b' + \dfrac{d'}{1-u}$

という簡単な式の形にまとめられる。

さて,筆者は,関がいかにしてこの「求定周」なる公式⑤に到達したかを,数値的に,試行錯誤によって考えてみた。ただし,以下の計算の資料には,筆者の求めた 一覧表 の阿の内周を用いた。関の求めた内周 b は,前述(§17)のように,正 2^9 角形以下で,小数 19〜17 桁目に超過をもつ。しかし,以下の d や u の値にかんしては,筆者の場合とさほど変わりはないので,推論の進め方に影響は及ばないと思う。

筆者の計算した d と u の値は,次頁の通り。しかし,数値から,ある《規則性》が読みとれればよいと考えたので,紙面のつごうもあって,ここには小数 16 桁目までで丸めた結果を掲げた。(なお第 4 欄の w は,後述)

面白いのは,比 u の値である。あとにいくほど明瞭に看取されるが,u はほぼ $\dfrac{1}{4}$ の値(それより大きい)である。u はもちろん変数であるが,n が大きいとき,定数 $\dfrac{1}{4}$ に等しいと仮定しよう。b や d の値をふたたび,上記のように正 2^{15} 角形から正 2^{17} 角形までの内周とその差を表わすものとすれば,

⑥ $\qquad \begin{cases} b, \\ b'=b+d, \\ b''=b'+d'. \end{cases}$

n	d (b の差)	u (d の比)	w (v の比)
2			
	0.23304033 41745281		
3		0.25737043 99703433	
	0.05997769 33373341		0.24637936 85851269
4		0.25181592 43460878	
	0.01510333 82878870		0.24909601 78540039
5		0.25045233 95233346	
	0.00378266 64088136		0.24977407 81164230
6		0.25011298 26874365	
	0.00094609 39780200		0.24994352 41350634
7		0.25002823 92910641	
	0.00023655 02115282		0.24998588 13216795
8		0.25000705 94240646	
	0.00005913 92227903		0.24999647 03484151
9		0.25000176 48310988	
	0.00001478 49100683		0.24999911 75882285
10		0.25000044 12062174	
	0.00000369 62340403		0.24999977 93971274
11		0.25000011 03014570	
	0.00000092 40589178		0.24999994 48492862
12		0.25000002 75753582	
	0.00000023 10147549		0.24999998 62123218
13		0.25000000 68938392	
	0.00000005 77536903		0.24999999 65530805
14		0.25000000 17234598	
	0.00000001 44384227		0.24999999 91382702
15		0.25000000 04308649	
	0.00000000 36096057		0.24999999 97845694
16		0.25000000 01077162	
	0.00000000 09024014		
17			

2 関の求円周率術考（続）

われわれは、この先の b''' の値を知らないが、それが求められたと仮定すれば、

⑥′ $\quad b'''=b''+d''=b'+d'+d''=b'+d'+d'u'$

となる。以下、厳密には u' を用いるべきだが、u で代用すれば、《帰納》によって、その《極数》は

⑦ $\quad \pi \fallingdotseq b'+d'+d'u+d'u^2+d'u^3+\cdots\cdots$

$\quad\quad\quad =b'+d'(1+u+u^2+u^3+\cdots\cdots)$

$\quad\quad\quad =b'+\dfrac{d'}{1-u}$

となるはずである。よって、

⑤′ $\quad \pi \fallingdotseq b'+\dfrac{d\cdot d'}{d-d'}$

がえられた。もちろん、関は、幾何級数の総和公式を知っていたから（次頁下段）、上記の式の変形は直ちにできたであろう。

以上が、筆者による、関の思考過程の尤もらしい《復元》である。そこには、なんの《よどみ》もなく、作った数表を眺めているだけで、ごく自然に導かれる。

そこで、この「求定周」法の公式 ⑤′ を使って、π の近似値を求めてよう。まず、われわれの阿の内周 b' を用い、u を定数 $\dfrac{1}{4}$ に等しいと仮定した場合、

$b'=\quad$ 3.14159265　23865913　45803525

$\pi \fallingdotseq b'+$ 0.00000000　12032018　92624557

$=\quad$ 3.14159265　35897932　38428082

これは、π の真の値と、小数 19 桁目まで一致し、つぎの桁で 4 単位以内の不足をもつにすぎない。u として、前頁の表の第 3 の欄の最下の数値（それが、式 ⑤′ における u の値である）を用いて計算すれば

$$\pi \fallingdotseq b' + 0.00000000\ 12032018\ 92797363$$
$$= 3.14159265\ 35897932\ 38600888$$

これは，小数 18 桁目まで一致し，つぎの桁で 2 単位以内の超過をもつ。

では，関はどんな値を求めたか？ ——関の内周の推定値（§16の一覧表）の b' を用いて計算すると，まず u が定数 $\frac{1}{4}$ に等しいと仮定したとき，

$$b' = 3.14159265\ 23865913\ 57140992$$
$$\pi \fallingdotseq b' + 0.00000000\ 12032018\ 91631104$$
$$= 3.14159265\ 35897932\ 48772096$$

u を d, d' から求めた場合，

$$\pi \fallingdotseq b' + 0.00000000\ 12032018\ 90356793$$
$$= 3.14159265\ 35897932\ 47497785$$

となる。関の b' の値は，§17で述べたように，すでに小数 17 桁目以下に超過をもつから，上の二つの π の近似値が同じ桁において超過をもつことは当然である。しかし，積極的にいえば，関の π の近似値は，小数 16 桁目までは正しいのである。かれは，「求定周」の項で　(7. 『全集』，本文 p.348)

「　　3.14159265 359微弱

を得，定周となす。」

と述べているが，じつはかれ自身は，上記のように，小数 16 桁目までの正しい値をえていたのである。

　さて，関孝和が「求定周」の公式をえた思考過程を，筆者は上述のように推測し《復元》したのであるが，文献的には，藤原氏『明治前……史』(5., 第 2 巻，p.180-181) に解説されている。

　藤原氏の原文では，a, b, c になっているが，以下では筆者の記号に改めて b, b', b'' とおく。その他はほぼ原文通り。

　「ここに記された関係式は如何にして得られたかは説明してないが，『括要算法』の巻貞〔四〕の註解書である松永良弼の『起源解』なる稿本によれば，増約術〔無限等比級数の和を求める方法〕によったものである。

2 関の求円周率術考（続）

これによれば，b, b', b'' は等比級数をなすものと仮定して
$$b' = b + br, \qquad b'' = b + br + br^2$$
とし，これに対し
$$b + br + br^2 + \cdots = \frac{b}{1-r}$$
をもってその極数としたのである。

すなはち
$$b' - b = br, \qquad b'' - b' = br^2$$
$$b' + \frac{(b'-b)(b''-b')}{(b'-b)-(b''-b')} = (b+br) + \frac{br \cdot br^2}{br - br^2} = \frac{b}{1-r} \quad \rfloor$$

この藤原氏の解説は，平山氏『関孝和』（4., p.167; p.275）にも，小堀氏『18世紀の数学』（9., p.179-180）にも，そのまま踏襲されているが，<u>これは正しくない</u>。試みに関の推定値
$$b = 3.14159264\ 87769856\ 70778880$$
$$b' = 3.14159265\ 23865913\ 57140992$$
$$b'' = 3.14159265\ 32889927\ 75864320$$
を用いて，$\dfrac{b'}{b}, \dfrac{b''}{b'}$ を求めると，
$$\frac{b'}{b} = 1.00000000\ 11489731\ 76954473$$
$$\frac{b''}{b'} = 1.00000000\ 02872432\ 92995925$$
である。ところが b', b'' の藤原氏の定義によれば，
$$\frac{b'}{b} = 1 + r, \qquad \frac{b''}{b'} = 1 + \frac{r^2}{1+r}$$
であるが，上記から
$$r = 0.00000000\ 11489731\ 76954473$$
$$r^2 = 0.00000000\ 00000000\ 01320139$$
となる。明らかに $\dfrac{b''}{b'}$ の値はこの r^2 を用いて計算すれば，上記の数値にならない。やはり，筆者の式の導き方が正しいのである。

『全集』（7.）の解説 p.183-184 では〔a, b, c を筆者の b, b', b'' とする〕，
「さて括要算法巻四の注解書である 松永良弼の 起源解には b, b', b'' が等比級数をなすと仮定して説明している。」
とある。「b, b', b'' が等比級数をなす」という表現は，上記の藤原氏のように
$$b' = b + br, \qquad b'' = b + br + br^2$$

と解するのが，正しかろう。ところが，『全集』のその先の解説を見ると〔kを筆者のuとする〕，

$$\frac{b''-b'}{b'-b}=\frac{b'''-b''}{b''-b'}=\cdots=u$$

となっている。この式の意味は，「b, b', b''の差の比が一定であり，uに等しい」であって，「等比級数をなす」という表現とは矛盾する。しかし，『全集』の解説は，この「差の比が一定」という仮定から，筆者とまったく同じ推論を続けて，正しく，式⑤を導いている。

ところで，奇妙なことに，同じ『全集』の英文解説 p.58-59 においては，ふたたび上記の藤原氏の誤った解説が踏襲されている。

なぜ，このようなことが生ずるのであろうか？――松永の『起源解』の記述は，藤原氏『明治前……史』(5., 第2巻, p. 180-181) に再録されているが，原文通りかわからない。ところで，それを引用して解説を書かれた方々が，おそらく，ご自分で数値を確かめずに，《式の上だけ》で直ちに《増約術》に結びつけようとなさった，のではあるまいか。

さて，上掲の表を，ふたたびご覧いただきたい。それはuの値相互の関係である。これは，nが大きいところで，より明瞭となる。それにはまず，uはほぼ$\frac{1}{4}$に近く，これよりわずかに大きいのであるから，

⑧ $\begin{cases} u=\frac{1}{4}+v, \\ u'=\frac{1}{4}+v', \\ \cdots\cdots \end{cases}$

とおく。つぎにvとv'の比

⑨ $\quad w=\dfrac{v'}{v}$

を求めてみると，この比wがふたたび$\frac{1}{4}$に近いのである（上掲の表の第4欄参照）。uの最下の値を，あらためてuとおけば，

$\quad v=0.00000000\ 01077162$

である。これを出発値にとり，上記の比wが定数$\frac{1}{4}$に等しいと仮定すれば，

2 関の求円周率術考（続）

以後の u の値は

⑩ $\begin{cases} u = \dfrac{1}{4} + v, \\[4pt] u' = \dfrac{1}{4} + \dfrac{v}{4}, \\[4pt] u'' = \dfrac{1}{4} + \dfrac{v}{16}, \\[4pt] \cdots\cdots \end{cases}$

と考えることができる。

　式⑦では，u を一定として，π の近似式を作ったが，u が変数だとすれば，次式⑪が成立する。ただし，式⑥′のところで指摘したように，式⑪は厳密には u' からはじまるのである。（u と u' はともに $\dfrac{1}{4}$ に近いが，後者のほうがわずかに小さい。）

⑪　　　$\pi \fallingdotseq b' + d'(1 + u' + u'u'' + u'u''u''' + \cdots)$.

括孤のなかの級数の和

⑫　　　$s = 1 + u' + u'u'' + u'u''u''' + \cdots$

を求めることができれば，もっと精密な π の近似値がえられるはずである。

　そこで，式⑨の比 w が定数 $\dfrac{1}{4}$ に等しいと仮定した式⑩ で定義される u', u'', u''' … を用いて，式⑫の級数の和 s を計算してみた。結果は

　　　$s = 1.33333333\ 33716324\ 39099842$

この s を式⑪に代入して，π の近似値を求めてみると，

　　　$\pi \fallingdotseq b' + 0.00000000\ 12032018\ 92659117\ 86222911$

　　　$=\ \ \ \ \ 3.14159265\ 35897932\ 38462643\ 38328710$

となる。これは π の真の値と，小数 28 桁目まで一致し，つぎの桁における超過は 1 単位以内である。驚くべき一致！

　なお，式⑫の和 s を求めるには，先のほうまでゆけば $\dfrac{v}{4^i}$ は小さくなり，$u^{(i)}$ はほぼ $\dfrac{1}{4}$ に等しいと考えられる。そこで，必要な桁数を確保できるまで

式⑫によって部分和を求め、あとは幾何級数の総和公式を用いて

$$u^{(i)} \cdot \frac{1}{1-\frac{1}{4}} = \frac{4}{3} \cdot u^{(i)}$$

を加えて s とした。

さらに，式⑫の級数 s を変形すれば，

$$s = 1 + \left(\frac{1}{4} + \frac{v}{4}\right) + u'\left(\frac{1}{4} + \frac{v}{16}\right) + u'u''\left(\frac{1}{4} + \frac{v}{64}\right)$$
$$+ u'u''u'''\left(\frac{1}{4} + \frac{v}{256}\right) + \cdots$$

これから $\frac{s}{4}$ を引けば

⑬ $\quad \frac{3}{4}s = 1 + \frac{v}{4}\left(1 + \frac{u'}{4} + \frac{u'u''}{16} + \frac{u'u''u'''}{64} + \cdots\right).$

括弧のなかの級数を

⑭ $\quad t = 1 + \frac{u'}{4} + \frac{u'}{4} \cdot \frac{u''}{4} + \frac{u'}{4} \cdot \frac{u''}{4} \cdot \frac{u'''}{4} + \cdots$

とおけば、この級数 t のほうが、級数 s よりも早く収束する。計算の結果，

$t = 1.0666666\ 66739617\ 34431678$

がえられ、この t の値を，式⑬を変形した

⑬′ $\quad s = \frac{4}{3}\left(1 + \frac{vt}{4}\right)$

に代入すれば、先ほどと同じ s の値がえられた。

　関孝和は、はたして、この u の値にかんする《規則性》に気がついたであろうか？——少くとも、『全集』(7.) を見たかぎりでは、どこにもその痕跡はない。平山氏『関孝和』(4., p.164-165) によれば、関は

　　「……円周率と円周率を精密に算出する公式をえようとしたが、その目的は達せられなかった。……」

とある。筆者には、いま、関がどこまで到達したか、判断がつかない。

2 関の求円周率術考（続）

　前節および本節に述べた大量の計算は，もちろん，筆算ではとても叶わない。§12 で述べた電卓 HP-41C の利用によって可能であった。
　算譜可能な小型電卓の長所は，①手許で使え，②算譜の修正がすぐにでき，③計算の途中経過を見ていつでも打ち切りができ，④数値の入れ直しが容易である，などであろう。その反面，短所は，①′容量が小さい，②′計算時間が長い，などであり，これらは致命的な場合もある。しかし，筆者の試みたような検算の範囲では，まずまず手頃であったといえる。短所の①′は，周辺機器の一つ，磁気紙片読取器で補い，短所の②′は同じく，印刷器で補った（計算の途中の数値を印刷させるので，器械につきっきりでなくてすむ）。時間がかかることだけは，止むをえなかった。
　じっさいの検算に取りかかるまえに，副譜（サブルーチン）の整備に，意外な手間がかかった。§12では，小数 26 桁目まで平方根を求める算譜のことに触れた。こんどは，小数 32 桁目までの計算を可能にするため，4 桁または 8 桁の整数を基本にする《多桁計算》の道具立てを作った。詳細は略し，概要のみ記す。

　　多桁の四則演算と開平（これには，桁ずらしの副譜が必要である）
　　記憶領域相互での移動（小型電卓には必要）
　　印刷形式（8 桁を四回打ち出し，零も補充する）
　　丸め・打ち切り（任意の有効数字桁数でも可能）
　開平は《商実法》でなく，《半九々による開平》を算譜化した。
　一カ月の試行錯誤に要した計算時間数は記録しなかったが，おそらく 60 時間をこえたものと思う。記録用紙 (24m) 6 本を要した。あとになれば，無駄な計算が多かったと反省しているが，じっさいには，それだけかかった。

加速法の発展　関孝和の後継者，建部賢弘 (1664-1739) は，新しい加速法を考案し，『綴術算経』探円数第十一，および『大成算経』巻十二，円率第一に述べた，——『明治前……史』(5., 第 2 巻, p.28; p.296-298; p.421-423) による。
　その要点を，以下に再録する。ただし，記号は筆者のものとして，b, b', b'' および d, d' は，本節初めに述べたように定め，さらに正 2^{14} 角形の内周を $'b$ とおき，$'d = b - 'b$ と定める。
　ところで，建部は周巾の差 $(b')^2 - b^2$ 等を用いて推論を続けるが，周の差 $b' - b$ 等を用いても，推論の本筋に変わりはない。以下，便宜，周の差 d 等を用いる。
　ここで差の比である各 u が定数 $\frac{1}{4}$ に等しいと仮定すれば，極数の式⑦から

$$\text{⑮} \quad \pi \fallingdotseq b' + \frac{d'}{1 - \frac{1}{4}} = b' + d' + \frac{d'}{3} = b'' + \frac{d'}{3}$$

がえられる。同様にして，近似値

⑮′ $\quad \pi \fallingdotseq b + \dfrac{'d}{3}$,

⑮″ $\quad \pi \fallingdotseq b' + \dfrac{d}{3}$

もえられる。§16の一覧表の第6欄の阿の内周の値を用いて，小数 32 桁目まで求めると，これらの近似値は，元の $'b, b, b', b''$ よりも π に近く，相互の差も $'d, d, d'$ よりも小さい。

そこで，それぞれの差

⑯ $\quad e = (b' + \dfrac{d}{3}) - (b + \dfrac{'d}{3})$,

⑯′ $\quad e' = (b'' + \dfrac{d'}{3}) - (b' + \dfrac{d}{3})$

を求めると，

$\qquad e = 0.0^{16} 08294680\ 16715792$

$\qquad e' = 0.0^{16} 00518417\ 51089411$

となる（0.0^{16} とは，小数点のつぎに，0 が 16 個ならぶことの略記）。この差の比 $\dfrac{e'}{e}$ は，ほぼ $\dfrac{1}{16}$ である。そこで，この比が定数 $\dfrac{1}{16}$ に等しいと仮定して，上と同様に推論すれば，

⑰ $\quad \pi \fallingdotseq (b' + \dfrac{d}{3}) + \dfrac{e}{15}$,

⑰′ $\quad \pi \fallingdotseq (b'' + \dfrac{d'}{3}) + \dfrac{e'}{15}$

となる。

さらに，この二つの近似値の差を

⑱ $\quad f' = (b'' + \dfrac{d'}{3} + \dfrac{e'}{15}) - (b' + \dfrac{d}{3} + \dfrac{e}{15})$

とおき，これを求めると

$\qquad f' = 0.0^{24} 00047652$

となる。上と同様に推論すれば

⑲ $\quad \pi \fallingdotseq (b'' + \dfrac{d'}{3} + \dfrac{e'}{15}) + \dfrac{f'}{63}$

となる。計算すれば，

$\qquad \pi \fallingdotseq 3.14159265\ 35897932\ 38462643\ 38327953$

がえられ，これは，さいごの桁を除いて，π の真の値（さいごの桁は 0）と一致する。ここまでの計算は，筆算で十分可能である。

前記のように，建部が《周の差》ではなく，《周巾の差》を用いた理由は，「勾 β^2

2 関の求円周率術考（続）

を k^2 倍した周巾 b^2 を用いて計算すれば，毎回開平して弦 β を求める必要がなく，さいごに一回だけ，求まった π^2 の近似値を開平すればよい」からである。

以上は，関の「求定周」法の，ごく自然な拡張であり，その考え方が平明なわりに，精密な近似値がえられることが特色である。建部は，この算法を，正 2^{10} 角形までの内周に適用して，π の値を四十桁余り求めたという（5., 第2巻, p.297-298)。

これは，実質において，《ロンバーグの算法》（11. ヘンリチ, p.113-120) にほかならない。§16 で述べた 正弦級数の式⑧が，この算法の条件に適合するからである。

補 遺

われわれは，§15 において，式①，②がアルキメデスの算法であると述べたが，これはデリー（15.) による近代化である。

アルキメデスの原文（14., p.484-487) によれば，かれは外接図形と内接図形を独立に扱い，辺 α から直接に辺 α' を，辺 β から直接に辺 β' を導く：

⑬ $\qquad \alpha' = \dfrac{\alpha}{\sqrt{1+\alpha^2}+1},$

⑭ $\qquad \dfrac{1}{\beta'} = \sqrt{(\dfrac{1}{\beta}+\sqrt{\dfrac{1}{\beta^2}-1})^2+1}.$

これらは，三角法により，容易に導ける。かれは，すべてを不等式の連鎖として導くが，これは算法に入りこむ無理数を，そのつど有理数で近似して処理するからである。

（1980年10月10日記）

文 献

1. 杉本敏夫:ガウスと関の開平,明治学院論叢,第302号,総合科学研究8,1980.
2. C.F. Gauss: Disquisitiones Arithmeticae, 1801. Translated into English by A.A. Clarke, Yale Univ. Press, 1966. Übersetzt ins Deutsche von H. Maser, 1889; Reprinted, Chelsea, 1965.
3. L. Euler: Vollständige Anleitung zur Algebra, 1770; Neuausgabe, Reclam, 1959.
4. 平山諦:関孝和,恒星社厚生閣,初版1959,増補訂正版1974.
5. 藤原松三郎(日本学士院編):明治前日本数学史,全5巻,岩波書店。第1巻,1954;第2巻,1956;… 新正版,全5巻,野間科学医学研究資料館,1979.
6. 吉田光由著・大矢真一校注:塵劫記,寛永四年(1627),岩波文庫,1977.
7. 関孝和著・平山諦・下平和夫・広瀬秀雄編著:関孝和全集,全1巻,大阪教育図書,1974.
8. 村松茂清:算爼,日本学士院蔵書,第1門サ 0406,0407.
   [佐藤健一:算爼-現代訳と解説-,研成社,1987.]
9. 小堀憲:18世紀の数学,(数学の歴史Ⅴ),共立出版,1979.
10. A.S. Luchins: Mechanization in problem solving: the effect of Einstellung, *Psy. Monogr.*, 1942, 54, No. 248, 1-95.
11. P. Henrici: Computational Analysis with the HP-25 Pocket Calculator, John Wiley, 1977. 松信訳:ポケット電卓による計算解析,現代数学社,1978.
12. Hewlett-Packard Company (ed.): The HP-41C, Owner's Handbook and Programing Guide, 1979.
13. 平山諦:東西数学物語,恒星社厚生閣,初版1956,増補1版1973,増補2版1978.
14. J.L. Heiberg (ed.): Archimedis Opera Omnia, Teubner, 1910. 三田博雄編訳:アルキメデスの科学,(世界の名著,9巻,ギリシアの科学,p.383-505),中央公論社,1972.
15. H. Dörrie: Triumph der Mathematik, Physica, 1958. Translated into English by D. Antin: 100 Great Problems of Elementary Mathematics, Dover, 1965.
16. 高木貞治:近世数学史談,共立出版,初版1979,3版1960。
   [本文における引用のページ数は,翻訳のある場合,それによった。]

〔要旨〕関の求円周率術考

1）村松茂清の『算俎』は，円の内接正 2^n 角形の周を円周の近似値とし，$n=16$ にまで至ることにより，非常に近似度の高い円周率を計算する方法を確立した，という意味で画期的である。

2）関の青年期の著作とされる『規矩要明算法』のうち，円周率計算に関する「環矩術」に示された円の内接正 2^n 角形の周の値を検算し，$n=3$ の段階ですでに誤りを含み，その他にも多くの誤りを見いだした。『算俎』の計算と照合することにより，「環矩術」は『算俎』の計算を誤写した著述にすぎないという結論に至り，平山諦氏の「関の青年期の著作」説の根拠が崩れた。

3）オイラーの『代数学』にある開平の方法は，商実法，級数展開，ニュートン法の三つである。これと塵劫記の商実法を比較した。和算にはさらにソロバンのための《半九々による開平》があるが，筆者は筆算用に書き直した。

4）或る数学史家による関の円周率計算の検討の中に，「n 桁の小数を開平すれば $n/2$ 桁になる」という誤りを見いだし，「関の誤記」まで指摘されたため，筆者は「n 桁の小数を開平しても n 桁が求まる」，「関の誤記とするのは奇零表現についての考慮を欠いたためである」と批判し，関を擁護した。

5）この批判を出発点として，筆者は関の円周率計算を徹底的に検討した。根拠となる精密な円の内接正 2^n 角形の周を得るため，多様な方法を用いた。その方法の一つとしてアルキメデスの方法，デリーの平均法をも検討した。これらの方法による精密な値と比較したところ，<u>関の原文の値は正2^9 角形以下の末位に超過をもつ</u>ことが明らかにされた。筆者は，末位の超過の原因は計算の途中段階における丸め誤差の累積による，との<u>仮説</u>を立てた。

6）関の円周率計算は，正 2^n 角形の勾と弦の値を用いて正 2^{n+1} 角形の勾と弦の値を求める連鎖的な方法であるから，まず勾と弦の値の末位が必要となる。

しかし関の原文に示された勾と弦の値は，筆者が知りたい末位の数字が伏せられていて，検算の役に立たない。そこで，原文に示された周の値から逆に弦の値の末位を推定するまったく新しい方法を開発した。それは周の値に付された奇零表現の《強・弱・微強・微弱》を利用して，周や弦や勾の値を不等式の形で表現する。この方法によれば，正 2^n 角形から正 2^{n+1} 角形へ移行できるのみならず，逆に正 2^{n-1} 角形に遡ることも可能となる。

7）前項の伏せられた数字を掘り起こす新方法によって，関の末位の超過の原因が丸め誤差の累積によるという筆者の仮説が確かめられた。関は途中段階において，勾や弦の値を意外に上の桁で丸めていたことが判明した。丸め誤差は次々に累積してゆき，4項に述べたような結果が生じたのである。

8）関の原文の値をあくまで尊重する方針をとり，筆者は，関が丸める直前の値まで復元した。関の原文の値に到達するためには，関がいくつかの節ともいうべき段階で，意外に上の桁で丸めていた，と推定せざるを得ない。

9）関が正 2^{15}，2^{16}，2^{17} 角形の三つの値に一種の加速法である《増約術》を施すことによって非常に精度の高い円周率の値を得たことは，先駆者たちの研究により明らかにされている。筆者は関がいかにして増約術の公式に到達したか，それは関が自分で求めた周の値の差に注目し，或る種の法則性を見いだしたことによる，という推定を述べた。この方法を推し進めれば，さらに精度の高い円周率の値を得る方法を発見することもできるが，関はそこまでは到達しなかった，と論じた。

10）〔論文集を目指した，1999年においては常識に近いが，〕本論文を執筆した1980年の当時，ヒューレット・パッカード社のプログラム電卓ＨＰ-41Ｃに《多桁計算》のプログラムを組むことにより，筆者は以上の計算を実行した。プログラムの骨子は，多桁の数値相互の四則演算，半九々による開平，記憶領域間の移動，印刷形式，丸め・打ち切りなどから成る。

3 関の角術の一解釈

§1. 序……………………69　　§5. 作図題の解明……………85
§2. 問題の所在……………70　　§6. 方程式の組立……………89
§3. 典型的な図形…………72　　　　文献…………………… 157
§4. 諸公式の証明…………78

§1. 序

　この論文の目的は，関孝和の「角術」すなわち正多角形の解法のなかで説明なしに用いられた一公式について，その《幾何学的》な解釈を新たに示すことにある．さらに，「角術」の方程式における関の思考の流れを分析した．

　筆者は前稿『ガウスと関の開平』(1.)において，両者の開平の算法を論じ，また関の円周率の計算過程を復元した[#7]．さらに『ガウス復元』(2.)の続稿において，ガウスの正多角形論を取り上げる予定である[#8]．その比較のために，関の「角術」を読み，これが独自の理論であることを知った．この理論は古来難解とされ，多くの註解書がかかれたにもかかわらず，なお不明の個所が残されている．筆者はこれに挑み，一案をえたので，ここに発表する．この解釈が，関の業績解説の一間隙を埋めることになれば幸いである．

　簡潔を旨とすれば，「問題の所在」とその解答を示せば足りる．しかし，「角術」の解説を省けば，問題の位置づけが読者に理解されぬ恐れがある．また，解説の仕方にも，筆者は多少の工夫を加えうることと思う．そこで，「典型的

な図形」を補題として，「諸公式の証明」を詳細に述べることにした。とくに問題となる公式は「作図題の解明」の形で示した。また「方程式の組立」における関の見通しを詳細に論じた。

平山諦氏の諸著作から，多くのことを学んだ。ここに深く感謝する。しかしまた，意に反して，同氏に批判の矢をむけることになってしまい，はなはだ心苦しい思いである。関孝和の功績を再評価しようとする筆者の微意に免じて，どうかご寛容な看過をねがう次第である。

§2. 問題の所在

関孝和の『括要算法巻三』の主題は，いわゆる「角術」である（3.『全集』，本文 p.309-342）。すなわち，正多角形の一辺 a を与えて，その内接円の半径 r，外接円の半径 R を求める方法である。かれは a, r, R のあいだに成りたつ諸関係をもとにして，a と r にかんする方程式，a と R にかんする方程式をそれぞれ導き，$a=1$ と仮定したときの r の値，R の値を，それぞれ数値的に求めた。

数値解法の部分は，数字係数方程式についての，いわゆるホーナー法を用いている。じつは関はこの方法を貞享二年（1685）の著作のなかで用いているから，ホーナーがはじめて発表した1819年よりも百年以上も先行している。ホーナーの名を冠するのは，明治以後のわが国の数学が西欧の伝統を継承しているからである，——『全集』(3., 解題 p.(40), p.(52), 本文p.140) による。

筆者にとって興味があるのは，関が正多角形の図上における a, r, R のあいだの《幾何学的》な関係を積み重ねて，順次，方程式を組み立てていく過程である。《幾何学的》な諸関係の大半は，ユークリッド幾何学の初歩を知るものにとっては容易にわかる。以下，§3で準備をした上で，§4でそれらの公式を導こう。ところが，関が図のなかに示した，ある三角形の《幾何学的》な意味が古来難解とされてきた。p.87の図のなかの △K$\alpha\beta$ と △G$\kappa\lambda$ が問題の三

3 関の角術の一解釈

角形である。

まず，藤原氏『明治前……史』(4., 第2巻, p.174) によると，

「……この e_3, e_5, … は〔中略〕括要算法ではその半分がある直角三角形の斜辺として示されてゐる。しかしこれには説明がないので，図を見ただけでは了解に苦しむものである。」

正十一角形の場合。これは『全集』に，図入りで解説がなされているが (3., 解説, p.177), その p.178 には，

「……2巳＝2R＋辰 とおいたことがわかる。しかし，巳の幾何学的意味は判明しない。」

さらに，p.179 には，

「……2巳＝2R＋辰 とさきに定義されてあったが，これを図形上で使って孝和の意図した所を解釈した人は今日まで一人もいない。われわれは別の方面から寄左の式の正しいことを知るのみであった。」

とある。その図中の三角形の記号でいえば，△BSR が問題のそれである。

正十三角形の場合。『全集』の英文解説 p.52 に図形が示され，p.53 には，
(SEKI obtained $2DN=2R+b_3$ from this transformation by use of the triangle END, but it cannot be read off the Figure how SEKI reached the result.)

とある。平山氏『関孝和』(5.) の p.158 には木版の原図[#9]が再録され，p.159 には記号入りの解説図があり，p.162 には，

「ここ〔2午＝2R＋巳〕が孝和の解のうち最もむずかしい点である。蓑田高志は上のように数式から解釈したが，図の中で「午」で示した直角三角形NPD を使って，直接に幾何学的に解釈する解法はまだ得られないでいる。」

とある。その図中の三角形の記号では，△DNP が問題のそれである。上記の英文解説の △END は誤植であろう。(もし，誤植でなければ，NP が点Eを通ることになり，これは誤りである。後文 p.89 を参照のこと。)

筆者は，この問題の三角形が旗の形を連想させるので「旗」と呼びたい。以上を要約すれば，関が説明なしに用いた「旗」の公式が，いまだ純粋に《幾何学的》には証明されていないのである。筆者が今回挑んだのが，この問題であり，§5にその解決を示すつもりである。

§3. 典型的な図形

　これから，証明の準備に取りかかる。ところで，藤原氏は『明治前……史』において，関孝和の「角術」の解説を述べておられるが（4., 第2巻, p.172-178），そのp.173に，

　「かかる線分の間には簡単な幾何学的の関係が存在する。」
として，関が用いた諸公式を導かれた。さらにp.175に，つぎのように述べておられる。

　「……以上の証明においては，〔自分は〕等弧の円周角の等しいことを用ひたが，和算では角の概念を使用しないのであるから，〔関が〕如何にして関係式(1)^(*)を出したか不明である。恐らく直観によって認めたのではなからうか。」（下線は筆者による）

　　注(*)　筆者には「関係式(1)」が，別の式，たとえば式(4)を指すように思われる。
　　　　　あるいは，誤植ではあるまいか。

　そこで，筆者は，次節・次々節の証明においては，なるべくユークリッド幾何学の用語と論法を抑える方針をとり，とくに「角の概念の使用」を避けたいと思う。それに代って，関が用いた論法（と筆者が推測するもの）に依拠したい。関がいくら図形の直観によって公式を導いたとしても，そこに論理的な裏付けがなかったはずがない。「角の概念の使用」がなければ，「線分の間の幾何学的な関係」を根拠としたであろう。しかも，それは簡潔かつ対称的な図形（ゲシタルト心理学のPrägnanzの法則！）のなかに，明々白々ともいえる関係として浮び上ってくるような性質でなければならない。和算には，和算固有

3 関の角術の一解釈

の流儀があった，と考えてよい。p.97の補遺を参照。

藤原氏『明治前……史』(4., 第4巻 p.180-182) より，「和算の性格」についての評価を一部引用する。

「直観偏重と論理の欠如。和算の著しい一つの性格は，直感を重んじて論理に疎なる点である。すなはち直感にたより過ぎて論理的に基礎付けしてゐない。和算家が好んで用ゐた帰納法は直覚的であって，論理的でない。……

直感を重んずべきことは洋の東西を問はない。ことに新らしい理論の開拓において然りとする。我邦の学者で直感に秀でた人は頗る多い。……この帰納力のすぐれた例はその外に枚挙に遑がない。しかし帰納法はあるが，一つも完全帰納法がない。すなはち帰納の結果を論理的に確かめることは一つも行ってゐない。これは和算の長所と短所とを併せ示したものである。……

我邦に「重箱の隅をほじくる」といふ語があるが，これは多くは大局を忘れて，細事に拘泥することを警しめる時に用ゐられる。……しかじか，くどくど言はずとも分ってゐる，言外の意を汲めば，自ら解せられる等といふ気持で，事実の叙述論証を含蓄的にすすむといふのが，和算に現はれた我邦の学者の態度であった。重箱の隅をさらって，徹底的に論じ尽すといふ気風の欠けてゐた我邦の学者は，自然不徹底で厳密性を失ふやうになったのである。これも和算の一つの根本的の欠点であらうと思ふ。

幾何学の諸性質中，簡単な，しかも基本的な事実を公理にまで深く切り下げることは，ユークリッド幾何学の重点を置く所である。しかるに和算にあっては，かかる基本的事実は明白なこととして，これを承認し，その上に立って枝葉的の複雑な事実だけを証明してゐる。すなはち和算にも幾何学の定理の証明がないのではないが，どこまでを仮定し，承認し，どこから証明を要するといふ点が頗る曖昧模糊として，論理的の厳密さが欠けてゐるのである。……」

さて，関の論法の手掛りを，かれの『求積』(3.『全集』p.219-250) に求めよう。[#10] ここには，典型的な図形（立体図形も含む）と，その求積の方法が述べてある。当面の論証に必要なものだけを抜き出して，近代化して解説する。「…」のなかは，関の用語もしくは説明文の自由訳である。かれは，それを数値例の形式で示し，その面積（または体積）の計算方法とその根拠を図解の形式で説明している。筆者が引用しようと思うのは，<u>関が図形の幾何学的な性質を，どのように捉えているか</u>，その側面だけである。以下，線分は数値の代り

に記号で示す。

「平方」…正方形。「これは平面図形の基本である」という。なお，後文の「角術」においては「四角」ともよんでいる。

「直」…矩形。「これは「方」で長短のちがいをもつ形である」という。「方」なる言葉は，四つの直角をもつ図形をさす。縦・横が等しい場合が「平方」である。和算では，対称性の多いほど，その図形に愛着をもつ傾向があると思われ，特別の名称をつけている。

「勾股」…直角三角形。かれの説明図は，ここに掲げる図版の△ABMに相当する形をおき，AMを「勾」，MBを「股」と名付けている。つまり，直角三角形の短辺が「勾」，長辺が「股」である。（斜辺は「弦」とよぶ。）「これは斜めに切った「直」の半分の形である」という。矩形を対角線で切った形を指す。面積も，したがって，「勾」「股」を掛けて2で割る，という周知なやり方で求める。筆者は，この関の説明の仕方のなかに，《直角三角形の図形としての性質》すなわち，

《同型の二つの直角三角形を，一方を回転して，斜辺どうしを重ねれば矩形となる》

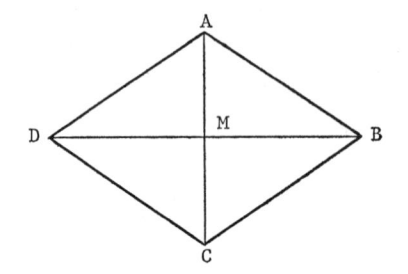

が表明されているものと考える。なお「勾」と「股」が等しい場合は「半方」（直角二等辺三角形）という特別の名称を与えている。

「圭」(*)…二等辺三角形。かれの説明図では，ここの図版の△ABC（AB=BC）に相当する形をおき，MBを「長」（高さ），ACを「濶」（はば，つまり底辺）と名付ける。「これは「勾股」が二つ接した形である」，さらに「この形の両側の斜辺を「面」という」と述べている。和算では辺を「面」という言葉でよぶ。筆者はここに《二等辺三角形の図形としての性質》すなわち，

74

3　関の角術の一解釈

《頂角の二等分線は底辺を垂直二等分する》

ことは，以上の図形の構成の仕方のなかに含まれているものと見たい。なお，同じ二等辺三角形でも，図版の △ABD(AB＝AD) に相当する形，つまり「高さが底辺の半分よりも短い場合は，これを名付けて「半梭」という。」

「梭」(ひ)(*)…菱形(等辺平行四辺形)。かれの説明図は，上の図版の ◇ABCD 全体をおく。「これは二つの「圭」があい接した形である」という。直角三角形から順々に「梭」を構成していく過程のなかに《菱形の図形としての性質》すなわち，

《二本の対角線は直交し，互いに他を二等分する》

《対辺は平行であり，四辺が等しい》

ことが，自明の理として表明されている，というのが関の立場であろう。

> 注(*)　「圭」は古代の玉の形，「梭」は織機の部品の形である。かれの用語には，中国書から伝来した具体物の形に由来するものが多い。以下にもそのような例が出てくる。(3., 解説 p. 134; 4., p. 238; 5., p. 114)

「三斜」…一般の三角形。後文（p.76）を見よ。

「三角」…正三角形。「角術」のさいしょに出てくる対称な図形である。

「梯」…等脚梯形。「これは「圭」の上端を切り取った形であり，「大頭」と「小頭」をもつ」とある。「大頭」は下底，「小頭」は上底のことである。一般の梯形でなく，等脚な図形である。すなわち，左の図に示したように，上底と下底それぞれの中点を結ぶ線を軸として，左右が対称である。「「梯」の半分の形を「牆」(しょう，かきね)という。」

「箭翎」（やばね）。右の図に示した形。われわれには，野球の本塁の形というほうが，なじみ深い。

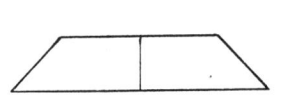

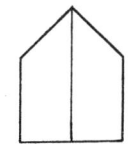

「これは二つの「牆」が「大頭」のがわであい接した形である」という。左の図の中央の軸で二つに切り，右の図のように下底のがわでつなげた形を指す。

この構成のなかに《等脚梯形の図形としての性質》すなわち，

《上底と下底のそれぞれ中点を結ぶ軸にたいして，左右対称である》

《したがって，この軸は上底，下底とそれぞれ直交する》

ことが，当然の理として含まれている，というのが，かれの立場だと考えたい。これで，『求積』からの抜き書きを終る。

つぎに，関の青年期の『規矩要明算法』[#11] (3.『全集』, p.1-10) から，《図形の性質》を述べた二つの記述を引く。いずれも，図形の対称性は乏しい。

「勾股弦の術」，(「勾股の術」とも)…これは「ピタゴラスの定理」にほかならない。「勾の自乗に股の自乗を加え，それを開平すれば弦がえられる」という趣旨を，数値例の形で示している。かれは，この定理を《等積変換》の方法，つまり勾巾の図と股巾の図を並べ，斜線で切って並べなおして弦巾の図を作る構図で《証明》した。この「定理の証明は孝和の創始にかかるものである。」(3.，解説 p.88) もちろん，ユークリッド『原論』第1巻，定理47の図 (6., p.33) とは，異なる構図である。いずれも，図版は省略する。

「双弦股の術」…これは，図に示したような一般の三角形「三斜」の三辺を与えて，頂点から下した垂線の足によって底辺を二つの部分に分ける算法である。三辺は図のような位置におかれ，$a<b\leqq c$ が仮定されている。垂線 h の足で底辺 c を d と e の二つの部分 ($d<e$) に分け，d が a に，e が b に対応する。問題文は欠けているが，「a, b, c が与えられとき，d と e を求めよ」と問うていることは明らか。

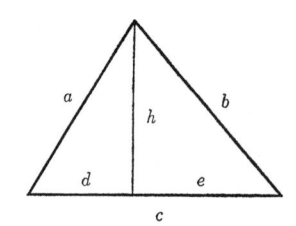

「術にいう。b を自乗し b^2 をえ，それから a の巾 a^2 を引いて b^2-a^2 をうる。c の巾 c^2 を足し $b^2-a^2+c^2$ をえ，これを半分にして $(b^2-a^2+c^2)/2$ をうる。これを被除数として c で割れば e が求まる。」

3　関の角術の一解釈

すなわち
$$e = (b^2 - a^2 + c^2)/2c$$
なる関係を述べている。関が根拠として掲げた説明図は，必ずしもわかりよくない。われわれは，計算によって示せばたりる。「勾股の術」により，
$$b^2 - e^2 = h^2 = a^2 - d^2$$
$$\therefore \ b^2 - a^2 = e^2 - d^2 = (e+d)(e-d) = c(e-d)$$
$$\therefore \ b^2 - a^2 + c^2 = c(e-d+c) = 2ce$$
これは《第二余弦律》にほかならないが，関の解説に《三角法》を持ちだすのは，不適当かもしれない。e が求まれば，$d = c - e$ として d が求まる。

さて，筆者は，上の証明の途中に出た**公式**
$$b^2 - a^2 = c(e-d)$$
および，さいごの式
$$b^2 - a^2 + c^2 = 2ce$$
において，$b = c$ なる特別の場合に相当する**公式**
$$2b^2 - a^2 = 2be$$
が，とくに関の算法の鍵として重要である，と考えている。このことは，後文 (p. 82, 83) で明らかになる。二つの公式を「双弦股の術」として引用しよう。

さいごに，これは『全集』(3.) のなかに見当たらないが，筆者はつぎの図を用意した。これは《平行四辺形の図形としての性質》すなわち，

《AB の中点 L と DC の中点 N を結べば，AD∥LN∥BC となる》

《LN と対角線 AC との交点 M は LN も AC もともに二等分する》

ことを示す。関は，この定理を明示してはいないが，かれにとっては自明の理であったろうと推測し，後文で用いることと

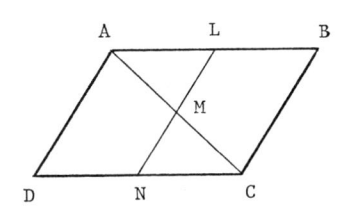

したい。

以上で，証明の準備はととのった。

§ 4. 諸公式の証明

関孝和は，その「角術」（3.『全集』，本文 p. 309-342）において，正三角形から正二十角形にいたる図形をきれいに描き，一つ一つの図形ごとに，a と r にかんする方程式，a と R にかんする方程式を導いた。ここで，a は正多角形の一辺（関の用語では「面」），r は内接円の半径「平中径」，R は外接円の半径「角中径」である。（具体的な図形に即した a, r, R の説明は，次ページの図と，線分の定義を参照のこと。）

さて，関は，それらの方程式を組み上げていくさい，図中の線分のあいだに成立する幾何学的な関係を表わすところの諸公式を，説明なしに使用している。$4R^2=4r^2+a^2$ のように「勾股の術」（ピタゴラスの定理）によることが明白な公式は，よい。なかには，一見しただけでは，どこから公式が出てきたか捉えにくいものもあって，関の「角術」について多くの註解書が書かれた，——『全集』(3., 解説 p. 181-182) にその一覧表が掲げられている。近代的な立場で関の「角術」を解説したものに，藤原氏『明治前……史』(4., 第 2 巻, p. 172-178)，平山氏『関孝和』(5., p. 152-164; p. 272-274)，および『全集』(3., 解説 p. 169-182; 英文解説 p. 46-57) がある。藤原氏著には，さらに建部賢弘による註解（同 p. 410-417），註解のまた註解（同 p. 417-421），松永良弼による註解（同 p. 489-491）なども解説されている。

以下，これらの諸公式を《幾何学的》に導こう。そのうち，公式群(a), (b), (c), (f)は，藤原氏，平山氏の証明とまったく同じである。公式群(d), (e)および，次節に回わした(g)が，今回，筆者のえた《新解釈》である。

さて，公式群を導くにあたり，建部の『大成算経』(4., 第 2 巻, p. 410-417)

3 関の角術の一解釈

のように一般化して述べることも可能である。しかし，なるべく関の原文に即して推論するためには，関がやったように具体的な場合を取り上げるのがよい。さらに，n が合成数なる正 n 角形は，その素因子 p の正 p 角形の場合を用いて短縮できるから，正 p 角形の場合を詳細に考察すればよい。

正方形は容易だから除く。20以下の奇素数は 3, 5, 7, 11, 13, 17, 19 である。7 以下は図形が簡単すぎる。そこで，正 11 角形の場合を《典型的》な例として取り上げよう。推論のすすめ方の本質は，それ以外の場合と変わりはない。素数 11 に固有な性質は，それを用いるさいに断わることにする。

図のなかの点の記号と，必要な線分の長さを表わす記号は，上記の『明治前

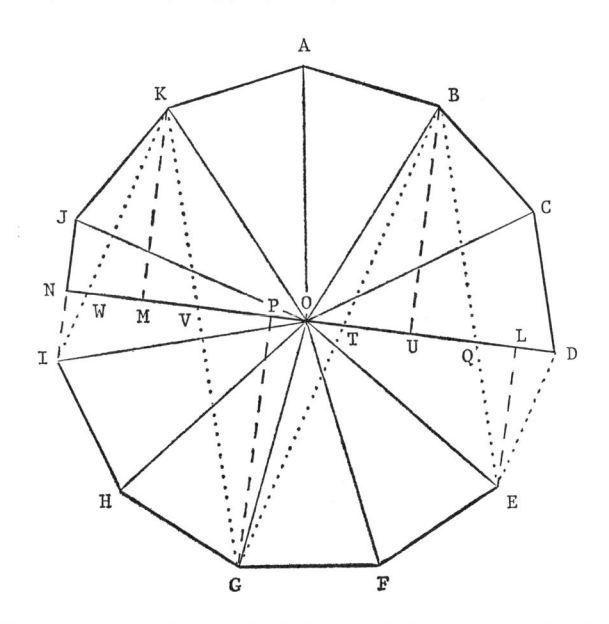

ON=r=r_1（平中径）	JI=DE=a（面）	OD=R（角中径）
OL=r_2（子）	CE=KI=a_2（午）	OW=b_2
OM=r_3（丑）	KH=BE=a_3	OQ=b_3（辰）
OU=r_4（寅）	BF=KG=a_4	OV=b_4
OP=r_5（卯）	AG=BG=a_5	OT=b_5（未）

……史』，『関孝和』および『全集』のそれを，できるだけ踏襲することにした。しかし，補助線の引き方は，筆者に意があって一部を変更したので，それに伴って，当然，点の記号には加除と意味の変更がなされている。

括弧のなかの漢字は，関が用いた記号である。このほか「巳」があるが，次節にゆずる。添字については，a の系列を例にえらべば，法（modulus）11 で $i \equiv -j$ ならば，線分の長さとしては $a_i = a_j$ であるから，

$$a_6 = a_5, \ a_7 = a_4, \ a_8 = a_3, \ a_9 = a_2, \ a_{10} = a = a_1.$$

これは，一般の奇素数 p の場合も同様に，法 p で考える。（そこで，法13ならたとえば，$a_6 = a_7, \cdots$ であるから，注意が必要である。）

筆者の図の特色
（1） 辺 JI の中点Nと中心Oを結ぶ。これは OD の延長と一致し，とくに「中心軸」と名付けたい。
（2） 折線 IKGBED を点線で示した。折線の各頂点から中心軸に下した垂線 IN，KM，GP，BU，EL は破線で示した。このうち，右半，つまり折線 GBE と垂線 BU は原図の通り。左半は，関の意図（と筆者の推測するところ）を鮮明に表わすため，原図の随所に散在している補助線を，一つながりの折線に結んだ。
（3） このような図の描き方により，中心軸 ND 上に底辺をおいて並ぶ「圭」（二等辺三角形）が，明瞭に看取されることになった。各三角形が「圭」なることは，公式群（a）のところで示す。
（4） 点の記号のうち，頂点 A，B，…，K および中心 O は，『明治前……史』，『全集』と同じ。中心軸上の点 T，U，Q も同じ。点 M，P，L は，それに相当する点の位置を中心軸上に移し，点 W，V は筆者が新たに加え，点 N は意味を変更した。
（5） 筆者が「旗」と名付けた，原図の △BSR は上図から取り除いた。これは次節で別個に扱う意図からである。

公式群は，その導き方によって，つぎのように分類される。
(**a**) 線分計算によるもの。

一例として，$2r_2 = R + b_3$ を取り上げる。まず □BCDE は「梯」（等脚梯形）であるから BE∥CD．CF を結べば同理により CF∥DE．そこで中心

3 関の角術の一解釈

軸 ND にかんする対称の理により，◇CDEQ は「梭」（菱形）となる。前節で述べた《菱形の図形としての性質》により，対角線 CE, QD は点 L で直交し，互いに他を二等分する。 ∴ QL=LD. ∴ 2OL=OD+OQ. 線分の長さに直せば， $2r_2=R+b_3$ となる。

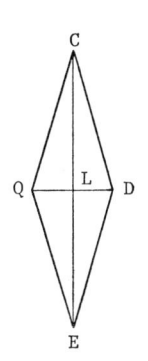

「圭」△KVW については，「梯」□IKAH を考えて，同様に推論すれば， $2r_3=b_2+b_4$ となる。このように推論してゆき，次の**公式群**がえられる：

(a$_2$)　　$2r_2=R+b_3$

(a$_3$)　　$2r_3=b_2+b_4$

(a$_4$)　　$2r_4=b_3+b_5$

(a$_5$)　　$2r_5=b_4-b_5$　$(b_5=b_6)$

さいごの (a$_5$) については，点 T が中心 O にかんして点 V, P の反対側にあるので，b_5 の符号が負になる。この公式群は，$p=11$ 以外の p についても，適宜必要な修正を施せば成立する。

(**b**) 比例関係によるもの。

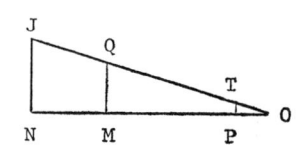

これは，OD を OJ に重ねると考えやすい．

$$\frac{r}{R}=\frac{r_3}{b_3}=\frac{r_5}{b_5}$$

これから**公式**

(b$_3$)　　$rb_3=Rr_3$

(b$_5$)　　$rb_5=Rr_5$

が出る。

$p=13, 17, 19$ では**公式**

(b$_7$)　　$rb_7=Rr_7$

(b$_9$)　　$rb_9=Rr_9$

も必要になるが，それも同理による。

(c) 面積計算によるもの。

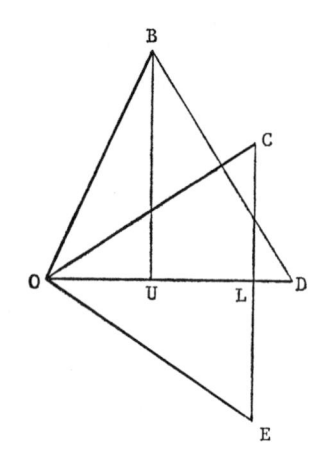

一例として，△OCE と △OBD を比較すれば，明らかに両者の面積は等しい。

$$\triangle OCE = OL \cdot CE/2 = r_2 a_2 /2$$
$$\triangle OBD = OD \cdot BU/2 = Ra_4/4$$
$$\therefore\ 2r_2 a_2 = Ra_4$$

同様な推論により，次の**公式群**がえられる：

(c$_1$)　　$2ra = Ra_2$

(c$_2$)　　$2r_2 a_2 = Ra_4$

(c$_3$)　　$2r_3 a_3 = Ra_5$　　$(a_5 = a_6)$

(c$_4$)　　$2r_4 a_4 = Ra_3$　　$(a_3 = a_8)$

(c$_5$)　　$2r_5 a_5 = Ra$　　$(a = a_{10} = a_1)$

この公式群も，$p=11$ 以外の p の場合，適宜必要な修正を施せば成立する。

(d) 「双弦股の術」によるもの。

一例として，つぎの図の △EOD の場合（天地を逆にした），$LO = r_2$ だから「双弦股の術」(p.76)によって，《直ちに》

(d)　　$2R^2 - a^2 = 2Rr_2$

がえられる。

従来この公式は，（下の図のように，点 J から IO への垂足を X とおくとき）

△OIN∽△JIX　および

$IX = R - r_2,\ NI = a/2$

を用いて，《いったん》

(d′)　　$a^2 = 2R(R - r_2)$

を導き，この右辺を展開してから移項によって示したのだ，という解釈がなさ

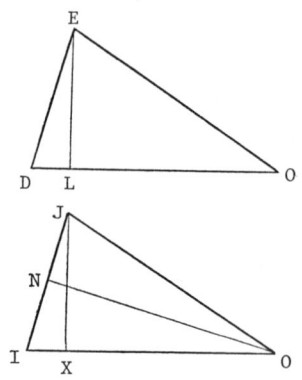

れていた，——藤原氏（4.），平山氏（5.）および『全集』（3.）など．

　筆者は，この解釈の仕方に疑問を抱いた．それは，関孝和が方程式を組み立てていくさいの式の変形において，いとも無雑作に公式(d)を用いているからである．かれにとっては，もっと直接の，自明な公式であったに相違ない！
　(d′)を介するような《回りくどい》方法を使ったはずがない！　そこで，直接に公式(d)を導く示唆がえられないかと，『全集』を渉猟するなかで「双弦股の術」に出会ったのである．この《新解釈》は，えられてみれば《コロンブスの卵》，関の思想圏のなかでは《熟知》の公式であったろう．

　同じような推論によって，いまえた公式も含めて，次の**公式群**がえられる：

(d$_1$)　　$2R^2 - a^2 = 2Rr_2$

(d$_2$)　　$2R^2 - a_2^2 = 2Rr_4$

(d$_3$)　　$2R^2 - a_3^2 = 2Rr_5$　　　$(r_5 = r_6)$

(d$_4$)　　$2R^2 - a_4^2 = 2Rr_3$　　　$(r_3 = r_8)$

(d$_5$)　　$2R^2 - a_5^2 = 2Rr$　　　$(r = r_{10} = r_1)$

$p = 11$　以外の p についても同様．

(e)　「双弦股の術」および「勾股の術」によるもの．

(e$_1$)　　$R^2 - a^2 = Rb_3$

この公式は，筆者の《新解釈》によれば，前ページ下段の上の図に「双弦股の術」を用いて，《直ちに》

$$R^2 - a^2 = R(\mathrm{LO} - \mathrm{DL})$$

を導き，括弧内は，つぎの図の　$\mathrm{QO} = b_3$　にほかならない，と考える．

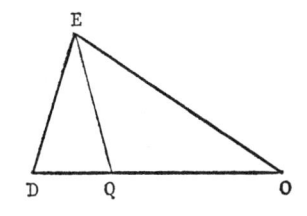

この公式も，従来は，左の図において，

　　$\triangle \mathrm{ODE} \backsim \triangle \mathrm{EQD}$　および

　　$\mathrm{DQ} = R - b_3$

を用いて，《いったん》

　　$a^2 = R(R - b_3)$

を導き，右辺を展開してから移項したもの，と解釈されてきた，——上記の諸氏。筆者の《新解釈》のほうが，より自然な筋道ではなかろうか。関には，この式の変形は《暗算》でできたはずである！

(e$_2$)　　$2R^2-a^2=2Rr_2$

は (d$_1$) にほかならない。

つぎに，次節 (p. 88) で

(g$_3$)　　$2R+b_3=e_3$

を示す。これを前提とすれば，

(e$_3$)　　$3R^2-a^2=Re_3$

も，(e$_1$) の両辺に $2R^2$ を加えて，

$$3R^2-a^2=2R^2+Rb_3=R(2R+b_3)$$

から直ちにえられる。

さらに，自明なことではあるが，「勾股の術」を線分の長さで表現すれば，

(e$_4$)　　$4R^2-a^2=4r^2$

となる。

(f)　公式の積み重ねによるもの。

(f$_5$)　　$R^5=2^5r_1r_2r_3r_4r_5$　　$(r_1=r)$

これは，公式 (c$_1$)〜(c$_5$) をある順序で積み重ねて用いた結果であると解釈された，——上記の諸氏。筆者もこれに同調する。

(c$_1$) $2ra=Ra_2$ の右辺の a_2 を消すため，(c$_2$) $2r_2a_2=Ra_4$ を辺々に掛けあわせて，$2^2rr_2a=R^2a_4$．さらに右辺の a_4 を消すため (c$_4$) $2r_4a_4=Ra_3$ を云々。これを続けてゆき，さいごに，(c$_5$) $2r_5a_5=Ra$ を用いて，左辺の a が消えて (f$_5$) がえられる。(c$_i$) を用いる順序は

$$1,\ 2,\ 2^2=4,\ 2^3=8\equiv 3,\ 2^4=16\equiv 5,\ 2^5=32\equiv -1\ (\text{mod.}\ 11)$$

なる関係に基く。さいごに $a_1=a=a_{-1}$ を用いる。

一般の奇素数 p の場合を考えよう。いま $p=2n+1$ とおく。ここで

$a_1=a=a_{-1}$ に注意すれば，2 を n 乗したとき《はじめて》

$$2^n \equiv +1 \text{ または } -1 \pmod{p}$$

となれば，上とまったく同じ推論が成立して，(f_5) を一般化した**公式**

(f_n)　　　$R^n = 2^n r_1 r_2 r_3 \cdots r_n$

が成立する。関が扱った範囲では

①　　　$2^n \equiv +1 \pmod{p}$

が成立するような奇素数 p は 7 のみである。このとき 2 は法 p で《巾数 $n=(p-1)/2$ に属する》。また，

②　　　$2^n \equiv -1 \pmod{p}$

が成立するような奇素数 p は 3，5，11，13，19 である。このとき 2 は法 p で《巾数 $n=p-1$ に属する》，つまり 2 は法 p の《原始根》である。

残る $p=17$ の場合は，$n=8$ より小なる巾数 4 で，

③　　　$2^4 \equiv -1 \pmod{p}$

が成立するから，公式

(f_8)　　　$R^4 = 2^4 r_1 r_2 r_4 r_8$

が成立する。

《巾数》や《原始根》など，数論的な概念は，筆者『ガウス復元(1)』(2. 論叢283号，p.42-44) で扱った。ここでは，既知としておく。

§ 5.　作図題の解明

いよいよ，本稿の核心である「旗」の公式 (p.72) の証明に取りかかろう。#12

まず，e_3, e_5 を

①　　　$\dfrac{a}{R} = \dfrac{a_3}{e_3} = \dfrac{a_5}{e_5}$

によって《定義》する。臨時に，その半分を

②　　　$f_3 = e_3/2$,　　$f_5 = e_5/2$

と表わすことにする。

作図Ⅰ

KM の中点を β，KO の中点を γ とし，$\beta\gamma$ を結べば $\beta\gamma /\!/ NO$ かつ KM$\perp\beta\gamma$．$\beta\gamma$ の延長上に点 α をとり，K$\alpha /\!/ JO$ ならしめる。

JO と KM の交点を δ とおくとき，$\delta O = b_3$ が与えられている。（前節の JI$=$KJ$=a$，JO$=R$，KM$=a_3/2$ は既知とする。）そのとき，

③ $\quad$ K$\alpha = f_3 = R + b_3/2$

を主張する。（f_3 が関の「巳」である。）

証明

前節の(a)の証明と同理により，◇KδIJ は a を一辺とする「梭」（菱形）である。

δO の中点を ε とし，M と ε を結ぶ。△δOM は「勾股」（直角三角形）であるから，△$\delta\varepsilon$M は「圭」，△εOM は「半梭」となり，M$\varepsilon=\delta\varepsilon=\varepsilon O=b_3/2$．

つぎに △KOδ を考えれば，《平行四辺形の図形としての性質》(p.77) の応用として，$\gamma\varepsilon /\!/ K\delta$，$2\gamma\varepsilon = K\delta = a$．そこで $\varepsilon\gamma$ の延長と Kα との交点を η とすれば，K$\eta=$M$\varepsilon=b_3/2$ であり，□$\eta\varepsilon$MK は「梯」（等脚梯形）となる。$\beta\alpha$ は「梯」の下底 KM を垂直二等分するから，上底 $\eta\varepsilon$ をも点 γ で垂直二等分する（《等脚梯形の図形としての性質》による）。

そこで，$\eta\varepsilon$ を「竿」とする「旗」△$\eta\alpha\gamma$ は，JI を「竿」とする「旗」△JON を移したものにほかならない。よって，

$\quad$ K$\alpha = f_3 = K\eta + \eta\alpha = b_3/2 + R$．

これが求める関係式③であった。

（注意）$\beta\alpha$ が KD の中点（KD と OB の交点）を通ることは，容易にわかる。

作図Ⅱ

PG の中点を λ，OG の中点を μ とし，$\lambda\mu$ を結べば $\lambda\mu /\!/ OD$ かつ

3 関の角術の一解釈

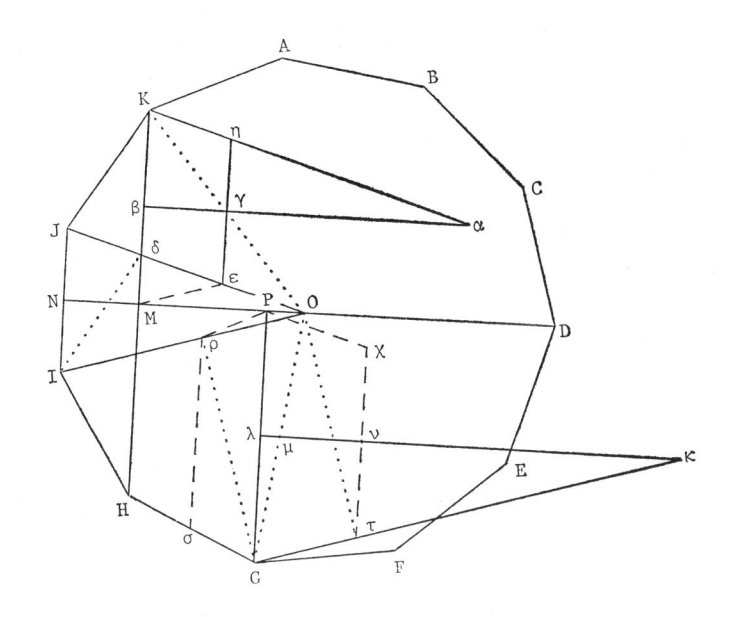

$\lambda\mu \perp PG$. $\lambda\mu$ の延長上に点 κ をとり，$G\kappa \parallel IO$ ならしめる。

KG の中点を ρ とすれば，IO は KG と点 ρ で直交する。そこで $\rho O = r_4$ が与えられたとすれば（および f_3 は作図 I の $K\alpha$ として），

④ $\qquad G\kappa = f_5 = f_3 + r_4$

を主張する。（f_5 が関の正十九角形の「鬼」に相当する。）

証明

△GKA を考えれば，ρ, P はそれぞれ辺の中点であるから，$\rho P \parallel KA$, $2\rho P = KA$. HG の中点を σ とし，$\rho\sigma$ を結ぶ。△KGH を考えれば，同理により，$\rho\sigma \parallel KH \parallel PG$, $2\rho\sigma = KH = a_3$.

□$\sigma\rho PG$ は「梯」となり，上底 $\rho\sigma = a_3/2$，下底 $PG = a_5/2$ である。（この「梯」は，□HKAG なる「梯」の寸法を半分に縮めたものである。）

$G\kappa$ 上に点 τ をとり，$\rho G \parallel O\tau$ ならしめる。□$\rho O\tau G$ は明らかに「直」（矩形）である。$G\tau = \rho O = r_4$. さて，μ はこの「直」の中心であり，τ は ρ の対

心点である。同じく点μにかんするσの対心点をχとすれば，対称の理により $\chi\tau=\rho\sigma=a_3/2$．

$\Box\chi\tau GP$ は「梯」となる。$\lambda\kappa$ は下底 PG を垂直二等分するから，上底 $\chi\tau$ をも垂直二等分する。$\chi\tau$ の中点を ν とするとき，$\tau\chi$ を「竿」とする「旗」 $\triangle\tau\kappa\nu$ は，明らかに，作図Ⅰの KM を「竿」とする「旗」$\triangle K\alpha\beta$ を裏返して移したものである。よって，

$$G\kappa=f_5=G\tau+\tau\kappa=r_4+f_3.$$

これが求める関係式④であった。

（注意） $\lambda\kappa$ はまた GD の中点をも通る。また （a_4） $2r_4=b_3+b_5$ を用いれば， $r_4=b_3/2+b_5/2$．これと $f_3=R+b_3/2$ を用いれば，
$$f_5=R+b_3+b_5/2.$$

以上の結果をまとめると，この節のはじめの②により，**公式**

(g_3)　　　$e_3=2R+b_3$

(g_5)　　　$e_5=2r_4+e_3=2R+2b_3+b_5$

がえられる。また，この節のはじめの $e_3,\ e_5$ の定義①により，

(h_3)　　　$ae_3=Ra_3$

(h_5)　　　$ae_5=Ra_5$

もえられる。

上記の作図題は，正十一角形に固有な性質を用いないで証明されたので，直ちに正十三，十七，十九角形にも適用できる。

批判

正十一角形の図は，『全集』(3.) の解説 p.177 と『明治前……史』(4.) の第2巻，p.175 に，同じ記号をつけて再録されている。以下，記号はその図に即して述べることとする。$\triangle$BSR が，筆者の作図Ⅰの「旗」$\triangle K\beta\alpha$ に相当するのであるが，明らかにその図には誤りがある。すなわち，SR は BI の中点（BI と KO との交点）および BO の中点を通るべきであるが，そのように作図されていない。『明治前……史』では，SB が AI の中点 M を通っているが，これも明らかに誤りである。Rは

3 関の角術の一解釈

$BE=a_3$ の上から 1/4 の高さの点であるべきである。

　正十三角形の図は，『全集』の英文解説 p.52 と平山氏『関孝和』(5.) の p.159に，同じ記号をつけて再録されている。（平山氏著 p.158 には木版の原図の写真複製ものっている。）以下，記号はその図に即して述べる。△DNP が筆者の作図Ⅰの「旗」に相当するのであるが，これにもやはり誤りがある。まず，英文中の triangle END は PND に正すべきである（p.*3*）。さて NP が LD の中点を通ることは正しい。しかし，NP が DG と直交せずに頂点Eを通るように描かれている点は，明らかに誤りである。Pは DG の上から 1/4 の高さの点であるべきである。

　正十七，十九角形の図は，『全集』の本文 p.328, p.333に原図として掲げられている。（正十九角形の木版の原図は，『全集』の口絵写真の p.13 に複製されている。）いずれも，筆者の作図Ⅰの「旗」に相当する三角形の描き方に誤りがある。さらに，正十九角形の「鬼」，つまり筆者の作図Ⅱの「旗」に相当する三角形の描き方にも誤りがある。

　では，これらの図における誤りは，どこで生じたのか？――筆者には，木版の原図を披見する機会がない（正十三，十九角形のみ例外）。そこで，以下に述べることは，あくまで想像に基く。[13]

(1) 関の自筆本――それには正しい図が描かれていたことは，確実であろう。
(2) 正徳二年（1712）の刊本。荒木村英検閲，大高由昌校訂。――この刊本を用意するさいに，版下の図が誤った可能性が大きい。荒木・大高には，図のなかの「旗」の幾何学的な意味が，おそらく理解できなかったのではあるまいか。
(3) 『明治前……史』，平山氏『関孝和』，『全集』のなかの復刻図。――これは，木版の図の写真複製ではなく，新たに版下の図を用意したものと思われる。（『明治前……史』と『全集』の正十一角形の図が，すでに喰違っていることが，その証拠である。）これらの復刻図の版下を用意された編者者の方々は，おそらく木版の図の「旗」を修正するだけの判断，または自信がもてなかったのであろう。

　図の誤りの原因を，筆者はこのように推測した。

§ 6. 方程式の組立

　関孝和にしたがって，a, r の方程式，または a, R の方程式を求めよう。ここでも，《典型的》な正十一角形の場合を詳細に扱えば十分であろう。

　ところで，藤原氏もいわれるように（4., 第2巻, p.175），

「R, r, a の関係は $4R^2=4r^2+a^2$ である。これによって角径式〔a, R の間の方程式〕から平径式〔a, r の間の方程式〕が導かれ，逆に平径式か

ら角径式が導かれるが，角径式の方が 簡単に 得られるに拘はらず，〔関の〕本篇では平径式を前に求め，角径式を後にしてゐる。」

さらに，関は平径式がいったん求まっても，それに $R^2=r^2+a^2/4$ を代入するというやり方は採らず，奇妙なことに，またはじめから角径式を求めている。これには，わけがありそうだ！

われわれは，藤原氏が簡単だとされる角径式のほうを先立てることにしよう。それでもなお，関が角径式を組み上げていった過程は（原文に即する限り）複雑である。どんな見通しに立って，そのような過程を辿ったのかは，俄にはわからない。線分のあいだの関係式をいじっているうちに，いつしか方程式に到達した，——というのは，さいしょの試行錯誤の場合である。かれは，正三角形から正二十角形までを，一定の方針のもとに扱っていることは確実である。

筆者は，藤原氏の解説 (4., 第2巻, p. 177-178) のなかに，関の着想の核心が述べられていることを知った。同氏の原文には，誤植が含まれているので，それを訂正して再録しよう。正十九角形について，

「 $2ar=Ra_2$, $2a_2r_2=Ra_4$, $2a_4r_4=Ra_8$, $2a_8r_8=Ra_{16}=Ra_3$, $2a_3r_3=Ra_6$,
$2a_6r_6=Ra_{12}=Ra_7$, $2a_7r_7=Ra_{14}=Ra_5$, $2a_5r_5=Ra_{10}=Ra_9$, $2a_9r_9=Ra_{18}$
$=Ra$

より

$$R^9=2^9 rr_2r_3r_4r_5r_6r_7r_8r_9$$

が得られるが Ra_5 で止めると

$$R^7a_5=2^7 rr_2r_4r_8r_3r_6r_7a$$

となるから

$$R^9=2^2r_5r_9\cdot R^7a_5/a$$
$$=2^2R^6e_5r_5r_9$$
$$=2^2R^4e_5r^2b_5b_9 \qquad 」$$

引用の下から3行目からつぎへの変形には (h_5) $Ra_5=ae_5$ が，そのつぎの

変形には （b_5） $Rr_5=rb_5$，（b_9） $Rr_9=rb_9$ が用いられている。これから
$$R^{18}=R^7b_9 \cdot R^3b_5 \cdot R^3e_5 \cdot 4r^2$$
がえられる。関の正十九角形の角径式のさいごの段階，寄左の式を見れば，上の右辺の四つの項の積から組み立てられていることがわかる。

藤原氏のこの解説の仕方を，正十一角形の場合に適用しよう。§4の公式群（c_i）と（f_5）のところ（p.16）で述べたように，
$$2ra=Ra_2,\ 2r_2a_2=Ra_4,\ 2r_4a_4=Ra_8=Ra_3,\ 2r_3a_3=Ra_6=Ra_5,$$
$$2r_5a_5=Ra_{10}=Ra.$$
これから順々に積を作れば，**公式**

（f_5）　　$R^5=2^5rr_2r_3r_4r_5$

が出る。この積を作るのを Ra_3 までで止めると，
$$R^3a_3=2^3rr_2r_4a$$
すなわち
$$R^3a_3/a=2^3rr_2r_4$$
となる。この式の右辺と式（f_5）の右辺を比較すれば，

（i）　　$R^5=2^2r_3r_5 \cdot R^3a_3/a$

となる。この右辺に （h_3） $Ra_3=ae_3$ を用いれば，
$$R^5=2^2r_3r_5 \cdot R^2e_3=2^2 \cdot Rr_3 \cdot Rr_5 \cdot e_3$$
となり，さらに （b_3） $Rr_3=rb_3$，（b_5） $Rr_5=rb_5$ を入れれば，**公式**

（j）　　$R^5=b_5b_3e_3 \cdot 4r^2$

が出る。この（j）の両辺に R^5 を掛けて，整理すれば

（G）　　$R^{10}=R^3b_5 \cdot Rb_3 \cdot Re_3 \cdot 4r^2$

がえられる。この右辺の四項のうち，あとの三項は§4の公式に含まれていて

　　　　（e_1） $Rb_3=R^2-a^2$，　（e_3） $Re_3=3R^2-a^2$，　（e_4） $4r^2=4R^2-a^2$

であった。これらの式の右辺は，すべて R と a しか含まない。残るところは

第一項 R^3b_5 を，R と a しか含まない式の形に直すことである．しかし，

$$Rb_5 = 2Rr_4 - Rb_3 \qquad (a_4 \text{ による})$$
$$2Rr_4 = 2R^2 - a_2^2 \qquad (d_2 \text{ による})$$
$$a_2^2 = 4r^2a^2/R^2 \qquad (c_1 \text{ による})$$

という見通しさええられれば

$$R^2 \cdot Rb_5 = 2R^4 - (4R^2 - a^2)a^2 - R^2(R^2 - a^2) = R^4 - 3R^2a^2 + a^4$$

となって，目的を達する．そこで，式（G）を書き直せば，

(G′) $\qquad R^{10} = (R^4 - 3R^2a^2 + a^4)(R^2 - a^2)(3R^2 - a^2)(4R^2 - a^2)$

がえられる．

　関の角径式（R, a の方程式）は，いまここでおこなった式の変形を，ちょうど逆に辿った筋道をとっている．<u>かれは，まず，藤原氏が復元されたような思考の流れによって，あらかじめ到達すべき目標を定めておいて，あとはこの目標にいたる各段階の式の組立を，順々におこなっていったのであろう．</u>

　関の時代の数式表現の一例として，後文に近代化して再録する部分のはじめのところを，原漢文を読み下し文に直してお目にかけよう．その文のすぐ下側に，説明のための記号を添えることにした．多項式を表す算木の式は，本来，縦組みである．以下の再録で横組みに直すことは不都合であるが，この点を看過ねがいたい．

　「角中径を求むる術に曰く．天元の一を立てて角中径となす，〇|，四たびこれを
　　　　　　　　　　　　　(未知数)　　　　R　　　　$0+R$　　　　R^5
自乗し，平中径に因る，子に因る，丑に因る，寅に因る，三十二箇の卯となす，
　　　　　　　(r)　　　　(r_2)　　　　(r_3)　　　　(r_4)　　　　($32r_5$)
〇〇〇〇〇|，甲位に寄す」
$0+0+0+0+0+R^5$　(A)

　（注）「四たび自乗す」は5乗を意味する．「平中径に因る」から「三十二箇の卯となす」までは，$32rr_2r_3r_4r_5$ なる積を作り，これを R^5 に等置せしめることを意味する．「甲位に寄す」とは，式（A）として別置することを意味する．算木の式「〇|」とは，$\alpha \cdot a + \beta \cdot R$ なる式の係数が $\alpha = 0$，$\beta = 1$ なることを意味する．あとの（C）に出てくる「十〇|||」は $\alpha \cdot a^2 + \beta \cdot aR + \gamma \cdot R^2$ なる式

3 関の角術の一解釈

の係数が $\alpha=-1$, $\beta=0$, $\gamma=3$ なることを意味する。斜線は負数なることを示す。その他も同様に考えればよい。

「角中径を列し，これを自し，うち面巾を減じ，余り角中径に因る辰となす，十〇|,
　　R　　　　R^2　　　R^2-a^2　　　　　　Rb_3　　$-a^2+0+R^2$
乙位に寄す」
(B)

「角中径を列し，これを自し，得たる数これを倍す，乙位に寄せたるを加入し，角
　　R　　　　R^2　　　$2R^2$　　　　　　$2R^2+$(B)
中径に因る二箇の巳となす，十〇|||，丙位に寄す」
　　$2Rf_3$　　　$-a^2+0+3R^2$　（C）

関の角径式にいたる，各段階の式を，以下に近代化して再録する。しかし，算木の式に相当する，R, a の式は省略する。文字式から文字式へどのような変形が施されたかを知るためには，R, a の式の裏付けがないと，それは辿りにくい。しかし，われわれの目的は，関がどのように文字式を変形し，組み上げつつ角径式に到ったかを知ることにある。その目的のためには，むしろ，各段階の R, a の式を省略したほうが，見通しがえられやすい，と考えた。

(A)　$R^5=32rr_2r_3r_4r_5$　　　　　　　　　　　　　　　(f_5 による)(*)

(B)　$R^2-a^2=Rb_3$　　　　　　　　　　　　　　　　　(e_1 による)

(C)　$2R^2+$(B)$=2R^2+Rb_3=R(2R+b_3)=2Rf_3=Re_3$　　(g_3 による)

(D)　$4r^2a^2=R^2a_2^2$　　　　　　　　　　　　　　　　(c_1 による)

(E)　$2R^4-$(D)$=R^2(2R^2-a_2^2)=2R^3r_4$　　　　　　　(d_2 による)

(F)　(E)$-R^2\cdot$(B)$=R^3(2r_4-b_3)=R^3b_5$　　　　　　(a_4 による)

(G)　(F)$\cdot$(B)$\cdot$(C)$\cdot 4r^2=R^5b_5b_3e_3\cdot 4r^2=R^5\cdot R^5=R^5\cdot 32rr_2r_3r_4r_5$
　　　　　　　　　　　　　　　　　　　　　　　　　　(j, f_5 による)

(G′)　$R^{10}=(R^4-3R^2a^2+a^4)(R^2-a^2)(3R^2-a^2)(4R^2-a^2)$
　　　　$=12R^{10}-55R^8a^2+77R^6a^4-44R^4a^6+11R^2a^8-a^{10}$

よって R, a の方程式（角径式）

(H)　$11R^{10}-55R^8a^2+77R^6a^4-44R^4a^6+11R^2a^8-a^{10}=0$

がえられた。

 注(*)　(f_5 による) などの註解は，筆者が付したものである。原文には，一切，説明はない。さらに，各段階における式の変形も，いきなり両端の式を示しているだけである。中間の式は筆者による敷衍である。上に引用した読み下し文と比較すれば，わかるであろう。

こうして眺めてみれば，角径式を組み立てていく過程のなかで，手間がかかっているのは（F）$R^3 b_5$ を導く筋道であることが，よくわかる。

関の「角術」が難解とされた理由は，

(1) 各段階での式の変形が，説明なしにおこなわれ，かれが，どこから変形のための公式を持ち出したのか，見当がつかないこと，

(2) とくに冒頭で，いきなり，式(A)を提出したこと，

(3) 式(G)のなかに含まれる公式(j)も唐突であり，どこから来たかわからないこと，

(4) そして，最大の困難が，上述（p.*90*）のように，かれが角径式をどんな見通しに立って組み上げたか，わからないこと，

であろう。

さらに，従来，平山氏（5., p.163）(*) や『全集』（3., 解説 p.179）は，公式 (j) が用いられたとする代りに，式(G)の

$$R^5 \cdot 4r^2 b_3 b_5 e_3 = R^5 \cdot 32 r r_2 r_3 r_4 r_5$$

の両辺から共通項 $R^5 \cdot 4r$ を去った**公式**

 (k) $r b_3 b_5 e_3 = 8 r_2 r_3 r_4 r_5$

が用いられた，と解釈された。筆者には，関が公式 (k) を用いたという解釈は，どうもあまりに天降りであって，関の着想を隠蔽してしまうように思われる。いかがであろうか。

 注(*)　平山氏著は，正十三角形を解説しておられるから，ここにあげる (k) とはもちろん公式が違うが，ここでは，その趣旨をとった。

筆者が，藤原氏の解説に基く《関の着想の核心》(p.*90*)　のほうを高く評価

3 関の角術の一解釈

する理由は,

(1) 関が最終的に辿りつく式の形が,まさに

$$(F)\cdot(B)\cdot(C)\cdot 4r^2 = R^3b_5\cdot Rb_3\cdot Re_3\cdot 4r^2$$

であり,しかも,この形こそ R と a のみを含むところの四つの式の積の形になっていること,

(2) 公式 (j) は,先の (f_5),(i),(j) という過程によって,ごく《自然》に導かれるのにたいして,公式 (k) は天降りの感が深いこと,

(3) この観点に立ったときはじめて,関の角径式を組み上げる過程が,うまく説明できること,

である。しいて難点をいえば,R^3b_5 が R と a のみの式で確実に表わされる,という見通しが俄にはえられないこと,であろう。

つぎに,平径式 (r, a の方程式) の場合にすすもう。関は角径式の場合と同様に,各段階で算木の式 (r, a の式) を展開している。これを無視して,文字式から文字式への変形だけを辿ると,その本質は,角径式を求めた過程となんら変わりはないのである! p.93に掲げた,近代化した再録を,そっくりそのまま辿っている (一点だけ違いがあるが,それは後述する――p.96)。

さいごに

(G) $(F)\cdot(B)\cdot(C)\cdot 4r^2 = R^{10}$

がえられる。しかし,今回は,積を構成する各項を,r と a のみにかんする式の形に書きかえねばならない。$4r^2$ は,このままでよい。残りの三項は,それぞれに,(e_4') $R^2 = r^2 + a^2/4$ を代入した形に直さなければならない。その結果は

$$(F) = R^4 - 3R^2a^2 + a^4 = r^4 - \frac{5}{2}r^2a^2 + \frac{5}{16}a^4$$

$$(B) = 3R^2 - a^2 = 3r^2 - \frac{1}{4}a^2$$

$$(C) = R^2 - a^2 = r^2 - \frac{3}{4}a^2$$

となる。これを（G）に代入すれば

(G′)　　$R^{10} = 12r^{10} - 40r^8 a^2 + \frac{59}{2} r^6 a^4 - 5r^4 a^6 + \frac{15}{64} r^2 a^8$

がえられる。

ところで，一方，R^{10} を今回は （e_4'）　$R^2 = r^2 + a^2/4$　によって書きかえねばならない。《二項展開》によって

(G″)　$R^{10} = (r^2 + \frac{1}{4}a^2)^5 = r^{10} + \frac{5}{4} r^8 a^2 + \frac{5}{8} r^6 a^4 + \frac{5}{32} r^4 a^6 + \frac{5}{256} r^2 a^8 + \frac{1}{1024} a^{10}$

がえられる。平径式は，（G′）と（G″）の差をとればえられる：

(H)　　$11r^{10} - \frac{165}{4} r^8 a^2 + \frac{231}{8} r^6 a^4 - \frac{165}{32} r^4 a^6 + \frac{55}{256} r^2 a^8 - \frac{1}{1024} a^{10} = 0$

ここで，《一点の違い》（p. 95）を指摘することが必要である。関は，分数を避けるため，各段階において分母に入りこむ2の巾を掛けて，係数を整数化している。(F) は 16 倍，(B) と (C) は 4 倍された形をとっている。さらに $4r^2$ の 4 が掛かるので，(G′) は 1024 倍された形をとり，(G″) の 1024 倍と調子があう。(H) はもちろん 1024 倍された形になっている：

(H′)　　$11264 r^{10} - 42240 r^8 a^2 + 29568 r^6 a^4 - 5280 r^4 a^6 + 220 a^8 r^2 - a^{10} = 0$

こうしてみると，関は

(1)　はじめ角径式によって理論を構成し，

(2)　つぎに平径式は，　$R^2 = r^2 + a^2/4$　を代入して構成した，

というのが，<u>かれの本来の思考の流れであった</u>と推測される。

『括要算法巻三』にまとめるとき，平径式のほうを先に述べた理由はわからない。しかし，<u>平径式を先立てたことにより，かれの「角術」に難解さが増したことは事実である。</u>

3 関の角術の一解釈

(1) 平径式を組み立てる過程の下敷は，じつは角径式である。後者の R, a の式を順々に変形してゆく過程は，前者の r, a の式の変形に置き換えられたとたんに，式も複雑になり，余計に見通しが悪くなる。

(2) さらに，関は分数を避けるため，2 の巾を掛けて係数を整数化した。(これは，算木の式を用いるため，止むをえないかもしれない。)しかし，この 2 の巾が掛かっていることが，平径式の組立の過程をさらに隠蔽する効果をもった。たとえば，式 (H′) を見れば，その大きな整係数に眩惑されるであろう。

(3) 角径式の場合に，(G′) の R^{10} を移項することは容易である。これにたいして，平径式の場合には，(G″) でいったん $(r^2+a^2/4)^5$ を《二項展開》し，それから (G′) との差を求めるという手間をかけねばならない。ここに，やりきれない晦渋さが生じたのであろう。

では，いったい，関はなぜ平径式を先立てたのであろうか？——それは，いまの筆者に残された謎である。

補 遺

角の概念がなければ，斜線の傾きをどう表わしたか？——大矢真一氏による『塵劫記』への注 (7., p. 168) のなかに説明があるので，引用させていただく。

「わが国には角度の観念がなかった。したがって傾斜は水平に一尺進む間にどれだけ高くなるかで表わした。すなわち勾配である。…」

これによれば，和算においては，「股」にたいする「勾」の割合を用いたわけであり，「勾股」(直角三角形) が，いかに基本的な図形であったかがわかる (p.74)。

(1981年1月11日記)

〔文献は157頁〕

4　関の角術の一解釈（続）

§7. 残された問題 …………… 98
§8. 角術の由来 …………… 100
§9. 星形の図形 …………… 105
§10. 角術の原型 …………… 109
§11. 角術の原型（再）…… 113
§12. 角術の原型（参）…… 116
§13. 角術の復元 …………… 120
§14. 角術の復元（再）…… 126
§15. 方程式の解法 ………… 132
§16. 計算過程の復元……… 139
§17. 関の円理の擁護……… 150
　　　文献………………… 157

§7. 残された問題

　この続稿は，前稿でみずから発した疑問にたいする解決の一案である。疑問の核心は，前稿で謎として指摘した，

（1）　いったい関孝和はなぜ平径式（r と a との方程式）を先立てたのか？（§6 の p.97）

である。しかし，この謎と関連して，いくつかの疑問が残る。

（2）　関は平径式と角径式（R と a の方程式）を別個の式として扱ったのであろうか？　それとも両式の内的関係（$r^2 = R^2 - a^2/4$）を利用したのであろうか？（後述）

（3）　ガウスなど西欧流のやり方が，「角中径」R を1として，それから「面」（つまり辺）a を求めるのにたいして，関はなぜその逆に「面」を1として，それから「角中径」R や「平中径」r を求めるやり方をとったのか？（後述）

など。さらに，

4 関の角術の一解釈（続）

(4) 「術」（解法）の冒頭で，いきなり式 (A) として，公式
   (f_5)　　$R^5 = 2^5 r r_2 r_3 r_4 r_5$
を提出するのはなぜか？　（§6 の p.94）

(5) そもそも，関の角術の《着想》の核心は，公式 (f_n) であるが，この《着想》は，いったいどこから来たのか？　（§4 の p.84）

(5)′ これを敷衍すれば，つぎの通り。正十一角形以降の場合は，§4 の p.84-85；§6 の p.91 で述べたように，<u>公式 (c_i) の積み重ね</u>によったはずである。しかし，(f_5) のごとき《きれいな》公式が，《ひとりでに》思い浮ぶことがありえようか？——いや，ありえない。正五角形の (f_2) $R^2 = 4 r r_2$；正七角形の (f_3) $R^3 = 8 r r_2 r_3$ などの簡単な場合が，なんらかの方法によって《直接》えられたことは，十分考えられる。そこで，関はこれら (f_2) や (f_3) の公式を正十一角形以降の場合に一般化できないか検討しているうちに，公式 (f_5) に到達し，これから一般公式 (f_n) を予想したのであろう。——これが筆者による，関の《着想》についての推測である。はたして，筆者の推測は成立するであろうか？

(6) 関は，正三角形から正二十角形までを，一定の方針のもとに扱っている，という見通しを述べた（§6 の p.90）。はたして，関の角術にはそのような一貫した扱いがなされているであろうか？

本稿においては，まず「角術の由来」において関の先行著作を概観し，正多角形の面積を求める目標から，必然的に平中径 r を求めねばならなくなった経緯を扱った。関みずから正多角形の解法に目を向けたのは，「星形の図形」の内接五角形の辺を求めよ，という礒村の遺題に取り組んだ結果であろう。関の「角術の原型」は，冒頭の公式 (f_n) を変形して角径式を導くやり方にある。筆者は，正五・七角形の場合に (f_2) や (f_3) が直接に導かれることを示し，この《典型的》な場合を挺子として関が「角術」の構想をねったであろうとい

う推測を提出した。続く「角術の復元」の二つの節において，正奇数角形の角径式の組立が，どのような共通の着想に基いて一貫した扱いがなされているかを示し，正偶数角形の解法のむしろ偶発的な由来を指摘した。

　このようにして組み立てられた数字方程式（平径式・角径式）の根は，いわゆるホーナー法とニュートン法によって求められる。もちろん，関は中国書の示唆により，西欧の伝統とは独立に，「方程式の解法」を作り上げた。この節では関の解法の実例を分析し，関の計算結果の末位の表現から，逆に関の計算過程の復元の手掛りがえられる可能性を述べた。つぎの「計算過程の復元」の節において，関が辿ったかもしれない計算過程を，試行錯誤によって追求しつつ，上に発した疑問の二，三に答えようと努めた。

　なお，さいごの節で，和算にかんする近著を紹介した。なかでも，村田全氏(15.)の関批判に答えて，「関の円理の擁護」を行なった。

　　　前稿で一つ書きもらしたことがある。§5 の p.88-89 の「批判」なる項において，『全集』(3.)，『明治前……史』(4.)，平山氏『関孝和』(5.) の正多角形の原図のなかの，補助線の引き方の誤りを指摘した。そのところで，筆者が「なぜ図の誤りに気付いたか」を述べなかった。それは，じつは簡単である。上記の諸著作の原図は，かなり大きめに，しかもていねいに描かれていた。そこで筆者は《物差》で図のなかの f_3（正十一角形の「巳」）や f_5（正十九角形の「鬼」）の長さを測ってみて，
　　　③　$f_3 = R + b_3/2$,　④　$f_5 = f_3 + r_4$
が成立していないことを知った。逆に f_3 や f_5 の長さを作図して図中に当てはめると，§5 の p.87 の図の $K\alpha$，$G\kappa$ はぴたりと筆者の「旗」の構図に納まった！

§8. 角術の由来

　関孝和の「角術」の萌芽は，和算の初期の文献に見られる。その系譜を詳しく尋ねることは，それ自身一つの大きな課題となり，いまの筆者の手に余る。ここでは，藤原氏『明治前……史』(4.) の第一巻から，主要な著作を引き，概観し，とくに「正多角形の問題が，どんな観点から扱われたか」という論点

4 関の角術の一解釈（続）

に的をしぼりたい。

- （い）　百川治兵衛『諸勘分物』（1622）……藤原氏の　p. 186-187
- （ろ）　吉田光由『塵劫記』（1627）…………　〃　p. 119-120
- （は）　今村知商『竪亥録』（1639）…………　〃　p. 120; p. 220-224
- （に）　田原嘉明『新刊算法起』（1652）……　〃　p. 240-241
- （ほ）　山田正重『改算記』（1656）…………　〃　p. 279-281
- （へ）　柴村盛之『格致算書』（1657）………　〃　p. 120; p. 261
- （と）　礒村吉徳『算法闕疑抄』（1661）……　〃　p. 120; p. 297-302
- （ち）　村松茂清『算俎』（1663）……………　〃　p. 120; p. 315-318
- （り）　関孝和『括要算法巻三』は，関の没後の出版（1712）であるが，その原稿は天和三年（1683）には完成していたという，——『全集』（3., 解題 p. (20), p. (52)）による。

#14
正多角形はもともと，「求積」すなわち面積計算の文脈のなかで扱われた。（ろ）吉田を例にとれば，「検地」のため種々の形をした田地の面積を測るとして，多くの例題があげられた。なかに，正三・四・六・八角形が取り上げられている（7., p. 113-131）。しかも，「一辺 a を与えて正多角形の面積 S を求めるのに，正方形の面積 a^2 に一定の比率 h を掛ける」という論法を用いる。一定の比率 h は「何角の法」とよばれ，

　　　三角の法　$h=0.433$　　　（$\sqrt{3}/4=0.4330127\cdots$　に相当する）
　　　六角の法　$h=2.598$　　　（$3\sqrt{3}/2=2.598076\cdots$　〃　）
　　　八角の法　$2/h=2/0.4142$　（$2/(\sqrt{2}-1)=2/0.414213\cdots$　〃　）

が与えられている。八角の法の場合は，「2倍して $h=0.4142$ で割る」方法が述べてあるが，『塵劫記』の校注者大矢真一氏が正八角形のある分割（7., p. 130）を推定されたのにたいして，戸谷清一氏は文献（い）百川と比較して，別の図形分割を提案された（8., p. 8-13）。

(は) 今村では一歩すすめて，正三角形から正十角形までについて，関の用語「角中径」R，「平中径」rを用いて表わせば，「正多角形の一辺aから，奇数角形の場合は「勾」$R+r$を，偶数角形の場合は「角勾」$2R$と「平勾」$2r$を求めるための比率」を与えている．もちろん「aから$S=ha^2$を求めるための比率h」も，(ろ)と同様に与えている．(数値の引用は省略する．)

　(に) 田原では，「何角の法」つまりa^2に掛けるべき比率hの根拠を，つぎのように説明している．正六角形を例にとると，

　「正六角形において2.598を掛ける理由は，一辺が1なる正六角形は6つの正三角形に分けられ，各正三角形の高さは0.866だから，その半分の0.433に6を掛ける．」(直訳でなく趣旨)

という．つまり，一辺がaなる正k角形の面積Sは

$$S=\frac{ar}{2}\cdot k$$

として求められることを，明瞭に述べている．つぎの図は，(ほ) 山田による．

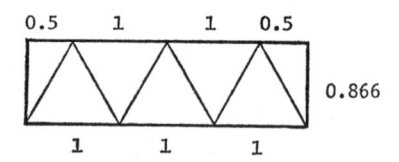

　われわれは，以上の「角術」に共通な考え方を見るとき，§7の冒頭で提出した疑問のうち，(3)と(1)についての一つの回答がえられたと思う．つまり「一辺aを与えて面積Sを求めよう」とすれば，その中間で必然的に正k角形を対角線によりk等分してできる「圭」(二等辺三角形)の高さrを求めねばならない．こうして

　　　一辺a ⟶ 三角形の高さr ⟶ 三角形の面積$\frac{ar}{2}$ ⟶ 正k角形の面積$S=\frac{ar}{2}\cdot k$

4 関の角術の一解釈（続）

という計算順序をふまなくてはならない。関孝和も，これらの伝統の延長に立っているとすれば，（3）aからrを求めることも，（1）平径式（aとrの方程式）を先立てることも，十分なる必然性があった，といえる。

　（ヘ）柴村になると，これまでと方向が逆になり，「Rから，$a, R+r, S$を求めるための比率」を与えている。つまり「角中径」Rが出発点となる。（ト）礒村では，「奇数角形の場合，Rからaを求める算法の論拠」を詳述している。そのなかで「弧矢弦の法」が必要になる。

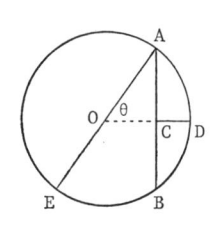

左図のように，中心 O，直径 AE$=d(=2R)$ なる円において，弦 AB$=a$ と弧 $\widehat{ADB}=b$ からなる「弓形」を考える。弦 AB の中点 C を通る半径 OD を引き，弓形内の部分 CD を「矢」とよび，その長さをcとする。このとき，四つの長さ d, a, b, c の間に成り立つ関係式を表わすのが「弧矢弦の法」である。筆者『ガウスの復活祭公式』(9., p. 44)で触れた関孝和の「弧矢接勾股の法」もその精密化であり，いずれ取り上げねばならない，と考えている。[#15]

　ここでは，叙述に必要な範囲に留め，公式の導出などは省略して，結果のみを示す。
（ハ）今村は，**公式**

① $\quad b^2 = 4c\left(d + \dfrac{c}{2}\right)$

を与えている。aとdの間には

② $\quad a^2 = 4c(d-c)$

なる関係があるので，（ト）礒村が述べたように，①は**公式**

③ $\quad b^2 = a^2 + 6c^2$

に書き直せる。さらに，弓形が「半円」である特別の場合（$d=a=2c$）には，

④ $\quad b = \dfrac{\pi d}{2} = \dfrac{\pi a}{2} = \pi c$

であるから，①または③から

⑤ $\quad \pi^2 = 10, \ \pi = \sqrt{10} = 3.16227\cdots$

となり，（ハ）は円周率πについて《近似値》$\sqrt{10}$ を用いていたことがわかる。[#16]

　近代的な表現によれば，$\angle AOC = \theta$ ラジアンとおくとき，

⑥ $\quad b = \theta d, \ c/d = \sin^2(\theta/2), \ (\theta/2)^2 = (\arcsin\sqrt{c/d})^2$

であるから，逆正弦の級数展開を用いて，

⑦ $\quad b^2 = 4cd\left\{1 + \frac{2}{1\cdot 3}\cdot\frac{1}{2}\left(\frac{c}{d}\right) + \frac{2\cdot 4}{1\cdot 3\cdot 5}\cdot\frac{1}{3}\left(\frac{c}{d}\right)^2 + \frac{2\cdot 4\cdot 6}{1\cdot 3\cdot 5\cdot 7}\cdot\frac{1}{4}\left(\frac{c}{d}\right)^3 + \cdots\right\}$

が≪正しい≫公式である。この級数を { } のなかの第2項までで打ち切れば

⑧ $\quad b^2 = 4c\left(d + \frac{c}{3}\right)$

となる。ただし，これは級数についての知識に依存した公式であり，初期の和算家が用いたわけではない。試みにいくつかの c/d の値にたいする b^2 の値を比較してみよう。有効数字5桁になるように丸めた。

c/d	0.5	0.4	0.3	0.2	0.1	0.05	0.01
① の b^2	2.5	1.92	1.38	0.88	0.42	0.205	0.0402
⑦ の b^2	2.4674	1.8754	1.3439	0.85988	0.41409	0.20343	0.040134
⑧ の b^2	2.3333	1.8133	1.32	0.85333	0.41333	0.20333	0.040133

これを見ると，弓形が半円に近いとき（c/d が 0.5 または 0.4 のとき）は，公式①も（誤差の方向は逆ではあるが）公式⑧と近似のていどは，さほど変わらない。しかし，c/d が小ならもちろん公式⑧のほうが優れていることがわかる。#17

さて，(と)にもどり，正五角形を例にとる。その一辺を上図の弦 AB=a として，外接円の直径 d を =1 とおく。礒村は，つぎのように推論をすすめる。弧 $\widehat{ADB}$=b は円周 π の 1/5 である。ただし，(は)と同様に π の近似値として $\sqrt{10}$ を小数3桁目までとった 3.162 を用いるから，$b=0.6324$．これと $d=1$ を公式①に入れれば，$2c^2+4c=0.6324^2$ となるから，これを c について解いて，$c=0.0954$．この c と上の b を公式③に入れれば，$a^2+6\times 0.0954^2=0.6324^2$，これを a について解けば，$a=0.5876$ になるが，礒村は $a=0.5875$ としている。

(と) 礒村は，上例のように，直径 $d=2R$ から正奇数角形の一辺 a を求めるのに，その奇数を k とおくとき

$$\text{円周 } \pi d \longrightarrow \text{弧 } b = \frac{\pi d}{k} \longrightarrow \text{矢 } c\text{（公式①）} \longrightarrow \text{弦 } a\text{（公式③）}$$

という過程を辿る。この方法の長所は，原理的に k がどんな奇数の場合にも適用できる一般性をもつことである。短所は，円周率 π の近似値の取り方と，近似公式①，③の採用によって，誤差が避けられないことである。

(ち) 村松では，π の近似値が精密化され，公式①の係数 1/2 と，公式③の係数 6 とがそれぞれ精密化されているが，a を求める過程は（と）とまったく同じである。しかし，村松はその方法の欠陥をよく自覚し，

「弧矢弦の法は大凡なる故，角法も同前」[#18]

と述べている。

以上が，関孝和以前の「角術」の概観である。（と）礒村や（ち）村松は，「角術」のかなり一般的な方法に到達しているが，R と a, r と a の間の精密な関係式を求めることはできなかった。それを完成したのが（り）関である。関の独創性は，a と R，または a と r の中間に，補助の線分 $a_2, a_3, \cdots$; $b_3, \cdots$; $r_2, r_3, \cdots$ をおき，それらの線分の間に成立する幾何学的な関係を厳密に打ち立てて，角径式または平径式を導いた点にある。「角術」にかんする限りは，近似的な「弧矢弦の法」を用いようとしなかった。これは前稿に見た通りであるし，次節以下で再び詳しく扱う。関が角径式や平径式のような次数の高い数字方程式に帰着させることを厭わなかったのは，「開方算式」（方程式の数値解法）を完成させ，さらに数字的な計算に長じていたからであろう（後文，§15 で詳論する）。このように，関の「角術」は，それだけが他の研究と分離した思想圏には属さなかったのである。

なお，（と）礒村は，次節の主題となる星形図形の問題を提出しており，それが関に影響を与えるという役割をはたしたことに，一言注意を与える。

§9. 星形の図形

これから，関孝和の「角術」の《原型》として，正五角形の場合を詳しく検討しようと思う。そのため，この節では準備をする。まず二，三の言葉を設けよう。

次頁の図の △ABC は AB=CB なる「圭」（二等辺三角形）とし，CB 上

に点Dをとって，AD=CD ならしめれば，△ADC ももちろん「圭」であるが，∠C を共有することから，

①   △CAD∽△ABC.

この図形は，いわば母の「圭」が子の「圭」を孕んだ形であるから，「子持圭」（こもちけい）と呼びたい。これは筆者による造語であって，もちろん関が用いたわけではない。しかし，この言葉を用いると，関の「角術」の見通しがよくなる。

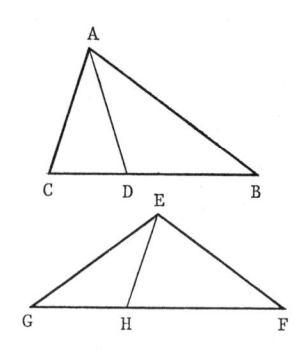

関は，同じ二等辺三角形でも，高さが底辺の半分より短い場合は，「半梭」と呼んだ（§3のp.75）。上図の △EFG は EF=EG なる「半梭」である。GF 上に点 H をとって，EH=GH ならしめれば，△HGE も「半梭」となる。∠G の共有から，

②   △HGE∽△EFG.

この図を，上と同様に「子持半梭」と呼ぶことにしよう。

 §3のp.75で，関が中国書にならって，典型的な図形に具体物の名前をつけたことを述べた。現代の幾何学は，二等辺三角形とか等脚台形のごとき不粋な言葉を用いるが，それを「圭」とか「梯」と呼んだほうが，どれほど簡潔であり直観的であろうか？ もちろん，菱形を「梭」と呼ぶのは，あまりに時代離れしているから，菱形でよい。いまの時代に即した言葉を探せばよい。
 ユークリッド『原論』第2巻，定義2（6., p. 35）において，「グノーモーン」なる図形を定義している。「グノーモーン」とは矩尺（かねじゃく）の形である（1., 論叢 308 号, p. 3-4）が，それが古代ギリシャにおける天文観測のための重要な器械であったことを知れば（10., p. 21），この言葉の必然性と適切さがわかる。[#19]

さきに§3の p.76 で「双弦股の術」を定式化し，それを用いて§4の p.82-84 で公式群（d），（e）を証明した。「双弦股の術」は，「三斜」（一般の三角形）において成立するのであるが，公式群（d），（e）の証明においては，「子持圭」なる特別の場合に適用したのであった。

前頁の図において，AC=AD=b，AB=CB=a，DB=f とおけば，この図形の場合の「双弦股の術」は

③　　　$a^2-b^2=af$

である。じっさい，CD=g とおくとき，上の式①から $b^2=ag$ が出て，この両辺を a^2 から引けば $a^2-b^2=a^2-ag=a(a-g)=af$ となって，直ちに③がえられる。

正五角形の関連問題を『全集』のなかで捜すと，関の青年時代の『闕疑抄答術』第卅八に，「五斜の術」ともいうべき星形図形の問題が見つかる（3., 本文 p. 24）。これは，前節末で触れたように，磯村吉徳が『算法闕疑抄』（4. 『明治前……史』第1巻，p. 299）に遺題百問を与えたなかで，その第卅八問として提出した。（磯村は，星形図形を「晴明の判形」と名づけたという。）かれの「問題は従前の遺題に比すればすこぶる複雑困難なものが多く，関孝和の研究を刺戟してゐる点が認められる。」（4., p. 299）

関の『…答術』は，磯村の遺題への解答であって，この星形図形については以下のように解いている。（右の図は，関の掲げた図であり，実線と破線の区別は原図のまま。その図のなかに直接，「斜，子，…」の言葉が記入されているが，ここでは図の下の注の括弧のなかに記した。いま筆者は，引用の便宜のために図にアルファベットの記号を付した。）

問と答：

「いま図のような「五斜」〔星形 ACEBD〕があり，各「斜」〔斜めの辺 EB 等〕が1である。「内五角の面」〔内側の正五角形

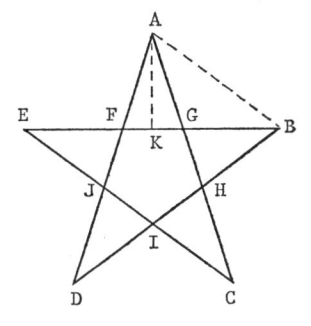

EB=1　（斜）
AG=b　（子）
AK=c　（丑）
AB=a　（外面）
FG=x　（内面）

FGHIJ の一辺 FG の長さはどれだけか。

答にいう。「内五角の面」は 0.236068 弱[*]。」
その術（解法）の部分は，近代化して続けることにする。

「求める FG を $=x$ とおくとき，
$$(1-x)^2=(2b)^2, \quad (1-x)^2-x^2=4b^2-x^2=4c^2 \cdots\cdots ④$$
$$(1+x)^2=(2a)^2, \quad (1+x)^2-1^2=4a^2-1=4c^2 \cdots\cdots ⑤$$
④と⑤を差し引きして，
$$\{(1+x)^2-1^2\}-\{(1-x)^2-x^2\}=(2x+x^2)-(1-2x)$$
$$=x^2+4x-1=0 \cdots\cdots ⑥$$
なる方程式をうける。方程式⑥を解けば [$x=0.23606797\cdots$] 問に合う。」

注(*) 微弱とすべきであろう。

「術」の部分は，筆者が途中の計算を補った。それにしても，これだけの記述では，関がどのように解いたのか，わかりにくい。筆者がいささか解説を加えておく。かれは，この「術」のなかで，△ABF に AG を加えた図形が「子持圭」なることを説明なしに用いている。△AGF が「圭」なることは，星形図形の対称性から出る。△ABF が「圭」なることは，AB∥EC から △BFA ∽△EFJ≡△AGF，したがって AB=FB，と示せる。

さらに関は，正五角形に随伴する「子持圭」が AG=GB=b なる特別の性質をもつことを用いている。（一般の「子持圭」では，AG=GB は成立しない。）この正五角形の特有性質は，星形図形の対称性から直ちに出る。したがって △GAB は「半梭」である。（AE を結べば，△ABE に AF を加えた図形が「子持半梭」なることも明らか。）

これだけを前提とすれば，関による「五斜の術」が，どのような考えに基くかは，容易にわかる。EB=1 から真中の FG=x を引けば EF=b と GB=b が残るから $1-x=2b$; EB=1 に FG=x を加えれば $1+x=2(x+b)=2a$. あとは「勾股の術」（ピタゴラスの定理）により，④と⑤をうる。

4 関の角術の一解釈（続）

△ABF に AG を加えた図形が「子持圭」なることを用いれば，「術」は関よりもさらに短縮される。上図では $a > b$ だから，「双弦股の術」により，
$$ab = a^2 - b^2 = (a+b)(a-b) = 1 \cdot x$$
一方で，$ab = \dfrac{1+x}{2} \cdot \dfrac{1-x}{2} = \dfrac{1-x^2}{4}$
よって $x^2 + 4x - 1 = 0$ ………⑥

さて，この関による星形図形の問題への解答を取りあげた理由は，

（1） 『全集』を見渡したかぎり，「角術」の萌芽と考えられること，

（2） 正五角形に随伴する「子持圭」がとくに AG=GB なる性質をもち，同じく「子持半梭」がとくに EF=AF なる性質をもち，正五角形はこの特有性質によって特徴づけられること，

（3） かれの正五角形の「角術」は，じっさいに，この特有性質に依存していること，

などである。

§10. 角術の原型

『括要算法巻三』の正五角形の解法を，できるだけ原文（3., p. 312-313）にそって見てみよう。右図の線の引き方は，（実線・破線の区別を含めて）すべて原図のままである。原図には「子，丑」などの言葉が直接記入されているが，ここでは図の下の注の括弧のなかに再録した。また，点の記号は『全集』の解説 p. 170 に準じて記入し，筆者が点 F の記号を追加した。以下の再録に当っては，§6 の p.93 で扱ったように近代化する。しかし，推論の筋書きは，関のすすめた通りである。まず

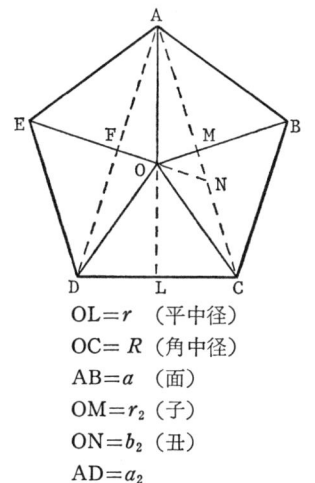

$OL = r$ （平中径）
$OC = R$ （角中径）
$AB = a$ （面）
$OM = r_2$ （子）
$ON = b_2$ （丑）
$AD = a_2$

「平径式：

(A) 　　$a^2+4r^2=4R^2=16rr_2$ 　　　　　　　　　　　(e_4, f_2 による)

(B) 　　$4a^2-4R^2=-4r^2+3a^2=4Rb_2$ 　　　　　　　(e_1 による)

(C) 　　$16r^2 \cdot (B)=-64r^4+48r^2a^2=64Rr^2b_2=64R^2rr_2$ 　(b_2 による)

(D) 　　$4R^2 \cdot (A)=16r^4+8r^2a^2+a^4=64R^2rr_2$

よって，(C) から (D) を引いて，平径式をうる：

(E) 　　$-80r^4+40r^2a^2-a^4=0.$ 　　　　　　　　　　　」

ここで一区切りしよう。(A) では，係数を簡約すれば，(f_2) $R^2=4rr_2$ が用いられている。(f_2) は，§6 で述べたのと同様に，唐突に提出されているが，これはあとで詳しく扱う。

(B) では，(e_1) $a^2-R^2=Rb_2$ が用いられている。前頁の図に即していえば，まず，前節の「五斜の術」で知ったように，AN=AB=AE=a であり，△ANE は「圭」（二等辺三角形）となる。これが関の正五角形の解法の核心である，と思われる。かれが ON=b_2（丑）を図中の当該の位置においたことが，その証拠である。AF はこの「圭」を二つの「勾股」（直角三角形）に分かつ。よって △ANF≡△ABM。△ANF を △ABM の位置に重ねれば，点Oは左図点Pの位置に来て，OM=MP=r_2, PB=ON=b_2 は見易い。よって，AO=AP=R, AB=a にたいして「双弦弧の術」を施せば，$a^2-R^2=R(MB-OM)=Rb_2$. 正五角形では，$R<a$ および $b_3=b_2$ なる関係があるので，(e_1) はこの形をとる。

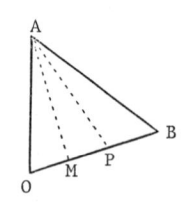

(C) では (b_2) $rb_2=Rr_2$ が用いられている。元の図に即していえば，二つの「勾股」△OMN∽△OLD から求めたと考えられる。

以上のように見てくれば，関の元の図における補助線（破線）の引き方は，ほぼ過不足がないことがわかる。つぎに

「角径式：

4 関の角術の一解釈（続）

(A)　　　$R^2 = 4rr_2$ 　　　　　　　　　　　　　　　　　　　　(f_2 による)

(B)　　　$a^2 - R^2 = Rb_2$ 　　　　　　　　　　　　　　　　　(e_1 による)

(C)　　　$4r^2 \cdot$ (B) $= (4R^2 - a^2) \cdot$ (B) $= -4R^4 + 5R^2a^2 - a^4$
　　　　　　　　$= 4Rr^2b_2 = 4R^2rr_2$ 　　　　　　　　　　　(e_4, b_2 による)

(D)　　　$R^2 \cdot$ (A) $= R^4 = 4R^2rr_2$

よって，（C）から（D）を引いて，角径式をうる：

(E)　　　$-5R^4 + 5R^2a^2 - a^4 = 0.$ 　　　　　　　　　　　」

角径式を求める過程と平径式のそれを比較すれば，後者は，係数における分数を避けるために，2の巾が掛かっているだけであって，二つの筋道がまったく同じことがわかる。さきの指摘

「平径式を組み立てる過程は，角径式のそれを下敷にしている」（§6の p. 95-97）が，ここでも支持された。p. 98 の疑問（2）への一つの解答となる。

そこで残る疑問は，関がどんな思考の流れを辿って公式（f_2）に到達したか，である。他の式を組み合わせることなく，直接に（f_2）が出てこないか？

問題　公式（f_2）$R^2 = 4rr_2$ を直接に示せ。

図は，なるべく p.109 の原図を生かすこととし，（ただし ON は消し）筆者が新たに追加する補助線は，点線で示すこととした。筆者は三通りの証明法を考えた。

第一証明（図の左半を用いる）

AO の中点 G と F を結び，△AOD を考えれば，GF∥OD, GF=OD/2=GO. ∴ △GOF は「圭」。OD 上に点 H をとり，HL∥FO ならしめる。△OLH と △GOF を考えれば，すべて辺が平行な関係にあるから，

①　　△OLH∽△GOF.

∴　△OLH は「圭」。

OD の中点 I と L を結べば，OI=IL=$R/2$ は明らか。そこで，△OLH

111

に IL を付加した図形は，正五角形に随伴する「子持圭」（p.108）となり，HL=IL=$R/2$ となる。相似な関係①により，HL·GO=OL·FO． よって

② $(R/2)^2 = rr_2$

がえられたが，②は（f_2）と同値である。（了）

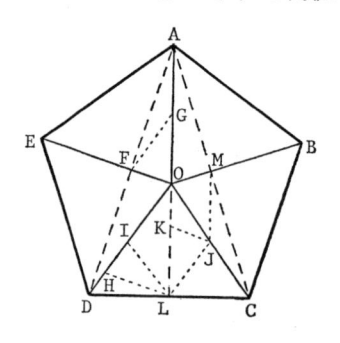

第二証明（図の右半を用いる）

OC の中点 J と M を結び，△ACO を考えれば，MJ∥AO，MJ=AO/2=$R/2$=OJ． ∴ △JOM は「圭」。OL 上に点 K をとり，KL=JL ならしめれば，JL=$R/2$=MJ から，△LKJ≡△JOM． KJ=OM=r_2.

そこで △JLO に KJ を付加した図形を考えれば，正五角形に随伴する「子持半棱」(p.108) なることがわかる。OK=KJ=r_2． よって △OJK∽△OLJ． これから JL·OJ=OL·KJ． よって再び

② $(R/2)^2 = rr_2$

がえられた。（了）

第三証明（計算による）

第一証明により OH−IH=OI，もしくは第二証明により OL−OK=KL，いずれにせよ $r-r_2=R/2$． OB 上の線分計算（p.110 の図で，OB−PB=OP）により，$R-b_2=2r_2$． そこで，

$$\frac{r}{R} = \frac{r_2}{b_2} = \frac{r-r_2}{R-b_2} = \frac{R/2}{2r_2} \quad \therefore \quad R^2 = 4rr_2.\text{（了）}$$

以上の三つの証明のうち，関はどれを用いたであろうか？——これは，なんとも決め手がない。しかし，関の一般的な思考の流れを考慮に入れて，筆者が敢えて推測すれば，かれはなんらかの方法で

$$r = \mathrm{OL} = \mathrm{OK} + \mathrm{KL} = r_2 + R/2$$

なる関係を手に入れることができて，それから直ちに第三証明のように《計算的》に (f_2) をえたであろう，これが尤もらしく思われる．

§11. 角術の原型（再）

正七角形の解法を，原文 (3., p. 313-314) にそって見てみる．右の図の線の引き方は原図の通り．点の記号は『全集』の解説 p. 174 に準じ，それに点 Q の記号を追加した．まず

「平径式：

(A) $\quad (4R^2)^2 = (4r^2+a^2)^2 = 16r^4 + 8r^2a^2 + a^4 = 16R^4 = 128Rrr_2r_3$

$\hfill (e_4, f_3 \text{ による})$

(B) $\quad 4R^2 - 4a^2 = 4r^2 - 3a^2 = 4Rb_3$

$\hfill (e_1 \text{ による})$

(C) $\quad 4R^2 - 2a^2 = 4r^2 - a^2 = 4Rr_2$

$\hfill (d_1 \text{ による})$

(D) $\quad 32r^2 \cdot (B) \cdot (C)$

$\quad\quad = 512r^6 - 512r^4a^2 + 96r^2a^4$

$\quad\quad = 512R^2r^2r_2b_3 = 512R^3rr_2r_3$

$\hfill (b_3 \text{ による})$

(E) $\quad 4R^2 \cdot (A) = 64r^6 + 48r^4a^2$

$\quad\quad + 12r^2a^4 + a^6 = 512R^3rr_2r_3$

よって，(D) から (E) を引いて，平径式をうる：

(F) $\quad 448r^6 - 560r^4a^2 + 84r^2a^4$

$\quad\quad - a^6 = 0.$ 」

(A) では (f_3) が用いられている．

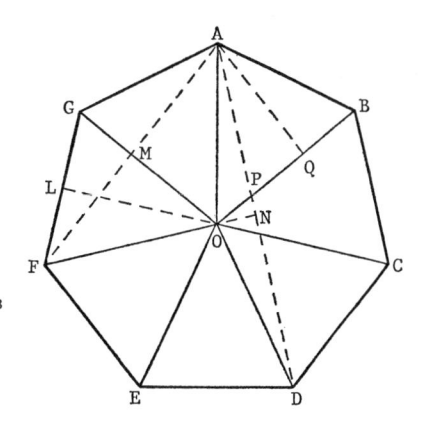

$\mathrm{OL} = r$ （平中径）
$\mathrm{OD} = R$ （角中径）
$\mathrm{CD} = a$ （面）
$\mathrm{OM} = r_2$ （子）
$\mathrm{ON} = r_3$ （丑）
$\mathrm{AF} = a_2$
$\mathrm{AD} = a_3$
$\mathrm{OP} = b_3$ （寅）

あとで詳しく扱う。

　(B) では (e_1) $R^2-a^2=Rb_3$ が用いられているが，これは原図に即していえば，△ABO に AP を付加した図形が「子持圭」であり，これに「双弦股の術」を用いたものと思われる。OP=b_3（寅）を，図中の当該の位置においたことが，その証拠である。図に破線 AQ が書きこまれているのは，△ABP が「圭」なることを強調するためであろう。

　(C) では (d_1) $2R^2-a^2=2Rr_2$ が用いられている。これは原図に即していえば，△AOG に「双弦股の術」を用いたものと思われる。OM=r_2（子）を図中の当該の位置においたことが，その証拠である。

　(D) では (b_3) $rb_3=Rr_3$ が用いられている。原図に即していえば，二つの「勾股」△OPN∽△OFL から出る。

以上を見て，関の補助線（破線）が，必要十分なることがわかる。つぎに，
「角径式：

(A)　　　$R^3=8rr_2r_3$　　　　　　　　　　　　　　　(f_3 による)

(B)　　　$R^2-a^2=Rb_3$　　　　　　　　　　　　　　(e_1 による)

(C)　　　$2R^2-a^2=2Rr_2$　　　　　　　　　　　　　(d_1 による)

(D)　　　$4r^2\cdot$(B)$\cdot$(C)$=8R^6-14R^4a^2+7R^2a^4-a^6$
　　　　　　　　　　　　　$=8R^2r^2r_2b_3=8R^3rr_2r_3$　　(b_3 による)

(E)　　　$R^3\cdot$(A)$=8R^3rr_2r_3$

よって，(D) から (E) を引けば，角径式をうる：

(F)　　　$7R^6-14R^4a^2+7R^2a^4-a^6=0.$　　　　　　」

ここでも，平径式の係数を 2 の巾の割れば，角径式とまったく同じ筋道を辿っていることは明らか。§6 の p. 95-97 の指摘が再び支持された。

問題　公式 (f_3) $R^3=8rr_2r_3$ を直接に示せ。

　図は，前頁の原図を生かし，筆者が追加する補助線は点線とした。なお，図

を見易くするため,原図のなかの二,三の線を消した。

第一証明 (図の左上を主として用いる)

AO の延長上の点Hをとり,FH∥LO ならしめる。FC が AD に相当することを考えれば,OH=$2r_3$,かつ △FOH が「圭」なることがわかる。AO 上に点Iをとり,LI∥FO ならしめる。二つの「圭」△LIO∽△FOH は明らか。いま IO=c とおけば,FO·IO=OH·LO,

③　　$Rc=2r_3r$.

さて,△GOF において,L は GF の中点だから,LI と GO の交点 J もまた GO の中点である。∴ JO=$R/2$. FO 上に点Kをとり,JK∥IO ならしめれば,GO にかんする対称の理により,KO=IO=c. よって,◇JIOK は「梭」(菱形)となる。IK を結べば JO との交点 W は JO を垂直二等分する。∴ WO=$R/4$.

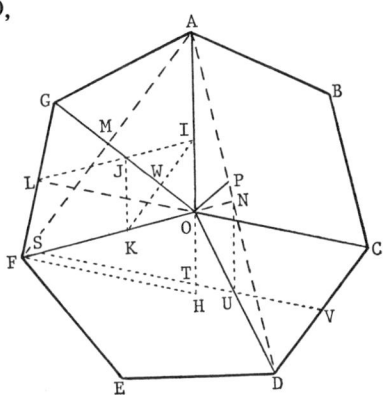

明らかに二つの「勾股」△AOM∽△IOW. よって,AO·WO=MO·IO,

④　　$R(R/4)=r_2c$

が出る。③と④の辺々を掛け合わせて,

⑤　　$R^3/4=2rr_2r_3$

をうる。⑤が (f_3) と同値なることは明らか。(了)

第二証明 (図の右下を主として用いる)

第一証明の △LIO を △SOT に移し,S が FO 上に,T が OH 上にくるものとする。OD の中点 U と CD の中点 V を結べば,UV∥OC. UV の延長と OH の交点 T′ を考えれば,これは第一証明の I に類似する点であるから,Tと一致せざるをえない。よって STUV は一直線上にある。

NU を結び △ADO を考えれば,NU∥AO,NU=$R/2$=OU. そこで三つ

の「圭」△SOT∽△SNU∽△UON． △SNU に OU を付加した図形は「子持圭」である．ON=r_3 であったから，OU・NU=ON・SN，

⑥　　　$(R/2)^2=r_3(r+r_3)$

が成り立つ．

二つの「勾股」△OPN∽△OFL から，$\dfrac{R}{r}=\dfrac{b_3}{r_3}=\dfrac{R+b_3}{r+r_3}$．ここに線分計算 $R+b_3=2r_2$ を用いて，

⑦　　　$\dfrac{R}{r}=\dfrac{2r_2}{r+r_3}$

が出る．⑥と⑦の辺々を掛け合わせて，

⑧　　　$\dfrac{R^3}{4r}=2r_2r_3$

がえられる．⑧が（f_3）と同値なることは明らか．（了）

§ 12.　角術の原型（参）

前二節で準備が整ったので，正五角形と正七角形についての，関の「角術」の《着想》を復元してみよう．

ところで，藤原氏もいわれるように（4., 第2巻, p. 175）

「角径式の方が簡単に得られる．」

さらに筆者も § 6 で確認したように

「平径式を組み立てる過程の下敷は，じつは角径式である．」（p.97）

「関は，はじめ角径式によって理論を構成し，つぎに平径式は $R^2=r^2+a^2/4$ を代入して構成した，と推測される．」（p.96）

そこで，以下では角径式（Rとaの方程式）に限定して考察をすすめよう．

前二節で見たように，関は正五角形の（f_2）と正七角形の（f_3）を直接に証明したものと推測される．《証明》とはいっても，必ずしもユークリッド幾何

学と同じ水準の厳密さを考えなくともよい。§3 の p.72〜 で述べたように，和算固有の流儀によって，公式の成立を《確認》した，と考えればよい。しからば，関はこの二つの正多角形に共通な公式，しかも《きれいな》公式を，誇らしげに冒頭に提出したことは，十分考えられる。(もっと積極的な理由があるかもしれないが，いまの筆者には思いつかない。) ともかく，さいしょに，

公式

(A$_5$)　　$R^2 = 4rr_2$　　　(正五角形では $r_2 = r_3$)

(A$_7$)　　$R^3 = 8rr_2r_3$

を提出する。この先のねらいは，右辺の r, r_2, r_3 を，R と a のみの式に変形することである。

まず思いつくのは，$4r^2$ が「勾股の術」によって，いつでも

$$4r^2 = 4R^2 - a^2 \cdots\cdots (e_4)$$

とおきかえられることである。そこで (A$_5$), (A$_7$) の右辺に含まれる **r** の変形は後回わしにしてもよい。

次に，関は正五角形の場合は p.109 の図の △ONM，正七角形の場合は p.113 の図の △OPN に注目する。このいずれの「勾股」も，R を弦，r を勾とする「勾股」と相似なることが，すぐわかる。(後者の「勾股」は，正五角形の △ODL，正七角形の △OFL がそれである。) これから比例によって

$$Rr_3 = rb_3 \cdots\cdots (b_3)$$　　　(正五角形では $Rr_2 = rb_2$ となる)

が直ちに出る。これを利用するためには，(A$_5$), (A$_7$) の両辺に R を掛けておけばよい。

(A$_5'$)　　$R^3 = 4r \cdot Rr_2 = 4r^2 \cdot b_2$

(A$_7'$)　　$R^4 = 8rr_2 \cdot Rr_3 = 8r^2 r_2 \cdot b_3$

と変形され，その結果はつごうのよいことに，右辺に $4r^2$ が自然に出てくる。

そこで b_2 または b_3 を R と a のみの式に変形することが必要になる。p.109 の正五角形において，△ABO に「双弦股の術」を施すと，p.110 の図の

ように考えて，直ちに

$$Rb_2 = a^2 - R^2 \cdots\cdots\cdots (e_1) \qquad (ただし正五角形の場合の e_1)$$

がえられる。p.113 の正七角形の場合は，もっと簡単に，△ABO に AP を付加した図形が「子持圭」なることから，「双弦股の術」により直ちに，

$$Rb_3 = R^2 - a^2 \cdots\cdots\cdots (e_1)$$

がえられる。これを利用するためには，(A_5'), (A_7') の両辺に R を掛けておけばよい。

(A_5'') $\qquad R^4 = 4r^2 \cdot Rb_2 = (4R^2 - a^2)(a^2 - R^2)$

(A_7'') $\qquad R^5 = 8r^2 r_2 \cdot Rb_3$

正五角形の場合は，この変形によって，最終の式（C）に導かれた。(A_5'') の右辺を展開して，R^4 を移行すれば角径式（E）がえられる。

正七角形の場合は，まだ r_2 の処理が残っている。しかし，それも △ABO に AP を付加した図形を「子持圭」として，「双弦股の術」を別の形で施せば，

$$2Rr_2 = 2R^2 - a^2 \cdots\cdots\cdots (d_1)$$

であり，これは使える。そのために，(A_7'') の両辺に R を掛けておき，

(A_7''') $\qquad R^6 = 4r^2 \cdot 2Rr_2 \cdot Rb_3 = (4R^2 - a^2)(2R^2 - a^2)(R^2 - a^2)$

となる。これは正七角形の最終の式（D）であり，右辺を展開して R^6 を移行すれば，角径式（F）をうる。

以上が，筆者による関の《着想》の尤もらしい復元である。ひとたび正五・七角形の解法が一つの《典型》として組み立てられれば，あとの正 p 角形の場合もこの《典型》を手本にして解くことができる。じつは，p が奇素数の場合だけでなく，合成数である奇数（正九・十五角形など）の場合も，同様にすすめることができる。それは次節に述べる。

§6 の p.93 で述べたように，われわれは近代的な文字式の変形計算に馴れているから，たとえば (A_7) に順々に (b_3), (e_1), (d_1) を用いて変形してゆき，さいご

4 関の角術の一解釈（続）

の（A_7'''）にいたってはじめて右辺を展開するやり方のほうが，理解しやすい。

しかし，関の場合は§6の p.92～93に見本を掲げたように，

「角中径を列し，これを自し，うち面巾を減じ，余り角中径に因る辰となす，$|○|$，乙位に列す。」

という文章による計算であるから，算木の式 $|○|$ をいちいち並べないと計算が辿れない。この算木の式を R と a の式に翻訳すれば，$-a^2+0+R^2$ である。しかし，いまのわれわれにとっては R と a の式を，いちいち書いて辿ることがかえって≪わずらわしい≫。

<u>関の思考の流れを辿るのが筆者の目標である</u>。しかし≪原文に即して≫理解しようとするとき，この点に異和感を覚える。上のようにアルファベットの文字式に直して計算することが，はたして関の計算を追体験することになるであろうか？——筆者の一抹の不安を，ここに告白しておく。

似たような事情は，たとえばルネッサンス期，カルダノの≪三次方程式の解法≫を読む場合にも生ずる（11., p. 62-69; 12., p. 21-26）。それはまったく≪幾何学の言葉≫つまり≪図形を使った計算≫である。

ラテン語の原文を英訳したストルイク氏は，序文で

「古風な香りをどれだけ残すべきかの判断が，殊に記号法において，むつかしかった。古風な姿を留めるときは注で説明し，近代化した部分では原文の様子を紹介する，という中間の道を選ぶことにした。挿図も理解を助けるであろう。」(11., p. x)

と述べておられる。

邦訳した中村氏は，いちど直訳を示し（文脈を明確にするため，「　」を多用するなどの苦心を払われ），再び近代の記号によって解説するという手間をかけておられる。中村氏『近世数学の歴史』(12.)は，「記号化の理論」が中心主題の一つであって，筆者は貴重なご教示をうけたことを感謝する。

われわれは，これまで正三角形の場合を抜かしてきたが，それは関の先駆者（に）田原嘉明などによって，すでに解かれている。関の場合，原図は左の通りであり，△OBL が 2OL=OB，つまり $2r=R$ なる特別の性質をもつ「勾股」であることを利用して，つぎのように解いている：

「平径式：

(A)　　$4r^2+a^2=4R^2=16r^2$

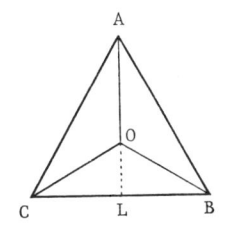

AB=a　（面）
OB=R　（角中径）
OL=r　（平中径）

から

　　(B)　　$-12r^2+a^2=0$

が導かれる。

　角径式：

　　(A)　　$R^2=4r^2=4R^2-a^2$

から

　　(B)　　$-3R^2+a^2=0$

が導かれる。」

ここで $R=2r\cdots(f_1)$ が用いられたと考えれば，正五・七角形と歩調がそろうが，おそらくそこまで考えずにすすめたであろう。

§13.　角術の復元

以下，一般の奇数（合成数も含む）を k で表わすことにする。$2<k<20$ なる奇数 k は，

　　　　3(素), 5(素), 7(素), $9=3^2$, 11(素), 13(素), $15=3\cdot5$, 17(素),
　　　　19(素)

である。このうち，はじめの三つ：3, 5, 7 の場合は前節までに，11 の場合は前稿で詳細に扱った。残る場合を，これまでと同じく図入りで扱おうとすれば，かなりの紙面を要する。

筆者の目標は，関孝和の正 k 角形の解法「角術」が，どんな《共通》の《着想》に基いて構成されたか，を示すことにある。しかも前述（p.116）の理由により，本節では角径式に限定し，さらに各正 k 角形の冒頭の式と最終の式の形に焦点をしぼって，総括的に扱えば十分であろう。

いずれの場合も，冒頭で式（A）として，

　　(f_n)　　$R^n=2^n r r_2 r_3 \cdots r_n$

なる式を提示する。ただし，厳密に (f_n) の形をとるのは，奇素数 p を $=2n+1$ とおくとき，

$$p=3,\ 5,\ 7,\ 11,\ 13,\ 19;\quad n=1,\ 2,\ 3,\ 5,\ 6,\ 9$$

なる場合であり（§ 4 の p. *84-85*），

　(A_3)　$R=2r$,　　(A_5)　$R^2=4rr_2$,　……　(A_{19})　$R^9=512rr_2r_3\cdots r_9$

となる。$p=17$, $n=8$ の場合は（§ 4 の p.*85*），

　(A_{17})　$R^4=16rr_2r_4r_8$

と短縮される。

　k が合成数の場合：$k=9=3^2$ および $k=15=3\cdot 5$ の場合は，次の図に示した。原図から多くの補助線を消したが，それぞれの内接正三角形および内接正五角形だけは，原図のなかに明瞭に看取されるので，原図と同じ位置に再録した。正十五角形の a_6（内接正五角形の a_2 に相当する）だけは，区別のために点線で表わした。

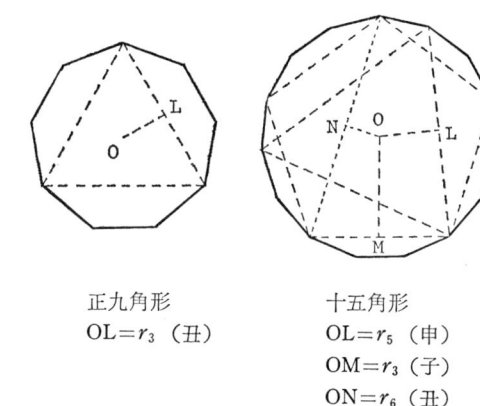

正九角形
OL=r_3 （丑）

十五角形
OL=r_5 （申）
OM=r_3 （子）
ON=r_6 （丑）

それぞれの図形のなかの OL=r_3 または r_5 が，内接正三角形の平中径 r に相当することは明らか。正十五角形の図において，OM=r_3 および ON=r_6 が，内接正五角形の平中径 r および a_2 への垂線 r_2 に相当することは明らか。

　これらの関係を用いれば

(A_9)　　　$R=2r_3$

(A_{15})　　$\begin{cases} R^2=4r_3r_6 \\ R=2r_5 \end{cases}$

は直ちにえられる．とくに，関が (A_{15}) を二通りに表わしている点に注目したい（後述，この頁の下方）．

上のすべての式 (A_k) について，右辺の r_i をつぎつぎに R と a のみの式に変形していった最終の式——いま仮りに (G_k) で代表させる——を，一覧表にして示すと，次の通り．

(G_3)　　　$R^2 = 4r^2 = 4R^2 - a^2$

(G_5)　　　$R^4 = 4r^2 \cdot Rb_2 = (4R^2 - a^2)(a^2 - R^2)$

(G_7)　　　$R^6 = 4r^2 \cdot 2Rr_2 \cdot Rb_3 = (4R^2 - a^2)(2R^2 - a^2)(R^2 - a^2)$

(G_9)　　　$R^6 = 4r^2 \cdot (Rb_3)^2 = (4R^2 - a^2)(R^2 - a^2)^2$

(G_{11})　　$R^{10} = R^3 b_5 \cdot 4r^2 \cdot Re_3 \cdot Rb_3$
　　　　　　$= (R^4 - 3R^2 a^2 + a^4)(4R^2 - a^2)(3R^2 - a^2)(R^2 - a^2)$

(G_{13})　　$R^{12} = R^5 b_7 \cdot 4r^2 \cdot Re_3 \cdot Rb_3$
　　　　　　$= (R^6 - 6R^4 a^2 + 5R^2 a^4 - a^6)(4R^2 - a^2)(3R^2 - a^2)(R^2 - a^2)$

(G_{15})　$\begin{cases} R^7 b_5 = 2R^5 r_6 \cdot Rb_3 = (2R^6 - 9R^4 a^2 + 6R^2 a^4 - a^6)(R^2 - a^2) \\ R^7 b_5 = R^4 \cdot R^3 b_5 = R^4(R^4 - 3R^2 a^2 + a^4) \end{cases}$

(G_{17})　　$R^{16} = R^7 b_8 \cdot 2R^3 r_4 \cdot 4r^2 \cdot 2Rr_2$
　　　　　　$= (-R^8 + 10R^6 a^2 - 15R^4 a^4 + 7R^2 a^6 - a^8)$
　　　　　　　　$\cdot (2R^4 - R^2 a^2 + a^4)(4R^2 - a^2)(2R^2 - a^2)$

(G_{19})　　$R^{18} = R^7 b_9 \cdot R^3 b_5 \cdot R^3 e_5 \cdot 4r^2$
　　　　　　$= (R^8 - 10R^6 a^2 + 15R^4 a^4 - 7R^2 a^6 + a^8)(R^4 - 3R^2 a^2 + a^4)$
　　　　　　　　$\cdot (5R^4 - 5R^2 a^2 + a^4)(4R^2 - a^2)$

二，三の説明を加えよう．

(G_{15}) だけは，$R^8 = \cdots$ の形にせずに，$R^7 b_5 = \cdots$ の形でしかも二通りに表わしている．その理由は，$k=15$ が合成数であり，その素因子 3 と 5 の場合の正三・五角形を用いて《短縮》できるからである（§ 4 の p. 79）．具体的

には，$R^2=4r_3r_6$ の右辺の r_3 を処理する過程で b_3 が，$R=2r_5$ の右辺の r_5 を処理する過程で b_5 が自然に出てくる。R^7b_5 が二通りに R と a のみの式で表わされれば，差し引きして角径式がえられるから，これでよい。

(G_5) の Rb_2 は，一般の Rb_3 に相当するが，右辺の符号が逆になっている理由は $R<a$ による。すでに p. 110 で述べた。

(G_{17}) の R^7b_8，これは一般の R^7b_9 に相当するのであるが，やはり右辺の符号が逆である。その理由は，中心 O から b_8 の長さだけ行った点(*)が，中心の反対側にあるからである。

　注(*) 『全集』の「十七角演段図」(3., 本文 p. 328) における「●亥」の点に相当する。

以上の式 (G_k) の右辺に現われる項のうち，§4 の公式群 (e) に含まれる
① 　　　$Rb_3 = R^2-a^2$, $2Rr_2 = 2R^2-a^2$, $Re_3 = 3R^2-a^2$, $4r^2 = 4R^2-a^2$

の四つの式は，すでに R と a のみの式であるから，これ以上変形の必要はない。残るところの

② 　　　R^7b_9, R^5b_7, R^3b_5

③ 　　　$2R^7r_8{}^*$, $2R^5r_6$, $2R^3r_4$

④ 　　　R^3e_5

の七つの項は，b_9, b_7, b_5, r_8, r_6, r_4, e_5 を含むので，そのままでは R と a のみの式になっていない。(* をつけた $2R^7r_8$ は，上記 (G_k) の一覧表に出てこないが，R^7b_9 を変形する途中で，直ちに出てくる。)

そこで，これらの七つの項の変形が必要になるが，じつは相互に密接な関係があって，より簡単な式の差，またはより簡単な式の巾や積に帰着できるのである。

まず②は，線分計算の公式群 (a) によって，

⑤ $\begin{cases} R^7b_9 = 2R^7r_8 - R^7b_7 = 2R^7r_8 - R^2 \cdot R^5b_7 \\ R^5b_7 = 2R^5r_6 - R^5b_5 = 2R^5r_6 - R^2 \cdot R^3b_5 \\ R^3b_5 = 2R^3r_4 - R^3b_3 = 2R^3r_4 - R^2 \cdot Rb_3 \end{cases}$

と書きかえられる。つぎつぎに書きかえていって，Rb_3 に達すれば①が使える。

つぎに③（それは⑤の変形の途中にも出てくる）は「双弦股の術」の公式群 (d) によって，

$$
\text{⑥} \quad \begin{cases} 2R^7 r_8 = 2R^8 - R^6 a_4{}^2 \\ 2R^5 r_6 = 2R^6 - R^4 a_3{}^2 \\ 2R^3 r_4 = 2R^4 - R^2 a_2{}^2 \end{cases}
$$

と書き直せ，さらに面積計算の公式群 (c) および比例関係の公式群 (b) を用いて，

$$
\text{⑦} \quad \begin{cases} R^6 a_4{}^2 = 4R^4 r_2{}^2 a_2{}^2 = (2Rr_2)^2 \cdot R^2 a_2{}^2 = (2Rr_2)^2 \cdot 4r^2 a^2 \\ R^4 a_3{}^2 = R^2 \cdot (Ra_3)^2 = R^2 \cdot (ae_3)^2 = a^2 \cdot (Re_3)^2 \\ R^2 a_2{}^2 = 4r^2 a^2 \end{cases}
$$

と書き直せる。右辺の各項は，すべて①に帰着する。

さいごに④は，§5 の「旗」の公式 (g_5) によって，

$$
\text{⑧} \quad R^3 e_5 = R^3 e_3 + 2R^3 r_4 = R^2 \cdot Re_3 + 2R^3 r_4
$$

と書き直せ，右辺は①と⑥に帰着する。

以上，ごたごたと述べてきたところを**まとめてみよう**。

（1） 関は冒頭に（A_k）を提出する。これは「角術」を共通の公式で一括し，印象づけるためであると思われる。（なお，この動機については一考の余地がある。）

（2） （A_k）は，§6 の p.90 で紹介した藤原氏の解説の方法により，最終の（G_k）の形まで変形していくことができる。

（3） （G_k）を組み立てている項のうち，①の四つの項は，そのまますでに R と a のみの式である。

（4） ②, ③, ④の七つの項は，公式群 (a), (b), (c), (d), (g) を用いて

4 関の角術の一解釈(続)

書き直しが可能であり，より簡単な項の差や巾や積に帰着する。

（5） それを順々に続けてゆき，R の巾，または①のうちのどれかの項まで達すれば，R と a のみの式で表わされる。

（6） さいごに到達した式（G_k）の形は，p.122 の一覧表の右辺に見られる通りである。

関は，はたして，はじめから「角術」をこのように整理された形で作り上げたであろうか？——それには答えにくいが，筆者の推測では，おそらくそうではあるまい。

§12 の後段（p.118）で述べたように，正五角形と正七角形の《典型的な場合》を深く穿鑿することによって，それ以降の場合を洞察したことは想像に難くない。とくに正九角形については，正三角形についての経験が《もの》をいう。

そのつぎは，二つ飛ばして，正十五角形に取り組んだ可能性が高い。なぜなら，これは正三角形と正五角形の組合せであるから前の技法が応用できる。いま，われわれが関の原著に見るように，（A_{15}）はまさしく二通り，それから導いた（G_{15}）も二通りの表現をとっている。（A）から（G）への変形の途中で R^3b_5 と $2R^5r_6$ を処理するため，必然的に ⑤, ⑥, ⑦ のような変形にせまられ，公式群（a），（b），（c），（d）を導かざるをえなかった。あらかじめ公式群が求められていて，それを利用したというよりは，むしろ逆に，⑤, ⑥, ⑦ の変形のために図中の線分の間に成立する関係を模索するなかで，公式群が抽出されていった，というのが真相であろう。

そして，関はいよいよ正十一角形に挑む。ここでは R^3b_5 に直面するが，この変形はじつは正十五角形ですでに経験済みである。じっさい，正十一角形の解法を詳細に読めば，正十五角形以上の技巧は用いられていない。

つぎは正十三角形，…… 以降はつぎつぎに取り組むであろう。そこには多

くの《試行錯誤》があったと思われる．しかし，筆者は，

「関は，より簡単な場合の経験から，そのつぎを予想し，その解法に潜心する，というゆき方を積み重ねて，しだいに「角術」を作り上げていったのであろう．」

と推測する．正十一角形までを，上記の順序で解いていったとすれば，⑤，⑥，⑦などに見るように，次数の低い式から，次数の高い式を洞察することは易しい．『括要算法巻三』の原稿の形にまとめるにさいして，現行のような k の大きさの順序に並べかえたのであろう．

　ガウスの場合のように，たとえ反故紙のような形でも計算過程が書き残されていれば（2., 論叢 283 号，p. 9），この推測を照合することも可能であろう．関の遺稿の保存状態について，筆者の知るところは少い．この辺の事情をご教示ねがえれば幸いに思う．

　なお，『全集』の解説のなかに，

「ガウスの研究によると正17角形の方程式は 2 次の因子に分解されるが，孝和は気が付かなかったらしい．」(3., 解説 p. 181)

とあるが，この表現は多分の曖昧さを含み，正しいとはいえない．さきの (G_{17}) の右辺を展開して左辺の R^{16} を移行すれば，角径式

(H_{17})　　$-17R^{16}+204R^{14}a^2-714R^{12}a^4+1122R^{10}a^6-935R^8a^8+442R^6a^{10}$
　　　　　　$-119R^4a^{12}+17R^2a^{14}-a^{16}=0$

をうるが，(H_{17}) は有理数を係数とする範囲では，2 次の因子に分解されない．ガウスが示したのは，平方根をつぎつぎに《入れ子》の形に重ねた無理数の範囲に有理域を拡大していって，さいごにこうした無理数を係数にもつ 2 次式の積に分解できること，である．（これは筆者『ガウス復元』の続稿で扱う予定である．）関孝和は，あくまで (H_{17}) を数字係数方程式として捉えているから，このことに《気が付かなかった》のも無理はない．正多角形を複素数平面上の単位円の等分として捉えるガウスとは，基本的な立場がちがうのである．

§ 14.　角術の復元（再）

　これまで，関の「角術」における，正偶数角形の場合を故意に避けてきた．その理由は，k を奇数とするとき，

4 関の角術の一解釈(続)

(1) 正$2k$角形,正$4k$角形は,もちろん正k角形と密接な関係があるが,じっさいの解法においては,必ずしも《中心角の二等分》によってkから$2k$へ,$2k$から$4k$へという展開を辿っていないこと,

(2) 正方形から始まる正2^n角形においても《中心角の二等分》というゆき方をとっていないこと(この点は巻四の「求円周率術」と比較して,奇妙な印象を与えるが,巻三と巻四が別の時期に書かれたためかもしれない,―― 3.『全集』,解題 p. (19)-(20), p. (51)-(52)),

(3) そして,最大の理由が,平径式のほうが角径式より簡単に求まる場合があること(正k角形の場合は角径式のほうが簡単だから,対照的である),

(4) さらに,平径式と角径式とが別個の扱いをなされている場合があること(これも正k角形の場合と対照的である),

などである。

正二十角形までの範囲に,正偶数角形は九つあるが,つぎの四つの系統に分類される。

(i) 2の巾: 4, 8, 16
(ii) 3か9を含む:6, 12, 18
(iii) 5を含む: 10, 20
(iv) 7を含む: 14

以下,この順序にそって,各正偶角形の解法を再録するが,前節までのやり方をとらず,解法の趣旨が簡潔に把握できるように,さらに圧縮した表現をとることにする。「平」は平径式(rとaの方程式),「角」は角径式(Rとaの方程式)の略である。

まず共通にいえることは,正奇数角形の場合とちがい,冒頭に(A)として(f_n)型の公式を提出することは,やっていない。この点も正奇数角形の場合と対照的である。

なお平径式についての記述を簡単にするために，**公式**

⑨ $\begin{cases} 4R^2 = 4r^2 + a^2 & （e_4\text{ である}） \\ 4Rr_2 = 4r^2 - a^2 & （e_2\text{ から直ちに出る}） \\ 4Rb_3 = 4r^2 - 3a^2 & （e_1\text{ から直ちに出る}） \\ Ra_2 = 2ra & （c_1\text{ である}） \end{cases}$

を用いることにする。つまり，左辺のような項に達すれば，それは r と a のみの式に直されたと見做すのである。また角径式の場合は，前節の ⑤，⑥，⑦ のいずれかの表現に達すれば，これも R と a のみの式に直されたとする。

（ⅰ）　2の巾の場合

（四平）　　$r = a/2$

（四角）　　$2R^2 = a^2$

（八平）　　$4r^2 - a^2 = 4R^2 - 2a^2 = 2Ra_2$

（八角）　　$4r^2 \cdot a^2 = R^2 a_2^2 = 2R^4$

（十六平）　$16R^4 - 8R^2 a_2^2 = 16R^3 r_4 = 16R^2 r_2 a_2 = 4Rr_2 \cdot 4Ra_2$

（十六角）　$2R^8 = 2R^6 \cdot 2r_4^2 = (2R^3 r_4)^2 = (2R^4 - R^2 a_2^2)^2$

（四平）と（四角）は，正方形の特有性質（一辺と対角線の関係）そのものである。（八角）と（十六角）では，一般公式以外に

⑩　　　$a_2^2 = 2R^2$　　（八）

⑪　　　$2r_4^2 = R^2$　　（十六）

を用いているが，これも正方形の特有性質そのものである。（十六角）では $2R^3 r_4$ に達しているが，これは前節の ⑥ である。

（ⅱ）　3か9を含む場合

（六平）　　$4R^2 = 4a^2$

（六角）　　$R = a$

（十二平）　$4Ra_2 = 4R^2 = 4r^2 + a^2$

（十二角）　$4r^2 \cdot a^2 = R^2 a_2^2 = R^4$

(十八平)　　　$64R^6 = 4(4R^3)^2 = 4(4R^2a_3)^2 = 4(4Rae_3)^2$
　　　　　　　　$= 4a^2(8R^2+4Rb_3)^2 = 4a^2(12r^2-a^2)^2$

(十八角)　　　$a \cdot Re_3 = R^2a_3 = R^3$

(六平)と(六角)は，正六角形の特有性質（6個の正三角形に分けられる）そのものである。(十二平)から(十八角)までにおいては

⑫　　　$a_2 = R$　　　(十二)

⑬　　　$a_3 = R$　　　(十八)

が用いられているが，これも正六角形の特有性質そのものである。

(iii)　5 を含む場合

(十平)　　　$(4Rb_3)^2 = (4Ra)^2 = 16R^2 \cdot a^2$

(十角)　　　$Rb_3 = Ra$

(二十平)　　$16(Ra_2)^2 = 4R^2 \cdot 4a_2{}^2 = 4R^2 \cdot 4R(R-b_6) = 4R^2(4R^2-4Rb_6)$
　　　　　　　$= 4R^2(4r^2-8ra+a^2)$

(二十角)　　$R^4 \cdot R^2a_2{}^2 = (R^3a_2)^2 = (R^3b_6)^2 = (R^4-R^2a_2{}^2)^2$

ここでは

⑭　　　$b_3 = a$　　　(十)

⑮　　　$b_6 = a_2$　　　(二十)

が用いられている。これは§9で述べた，正五角形に随伴する「子持圭」に特有な性質の表現である。(二十平)ではさらに，

⑯　　　$R(R-b_6) = a_2{}^2$

が用いられているが，これも同様な「子持圭」の特有性質による。

(iv)　7 を含む場合

(十四平)　　$16a^2(4Rr_2)^2 = 4R^2(8ar_2)^2 = 4R^2(4Rb_3)^2$

(十四角)　　$a \cdot 2Rr_2 = 2R \cdot ar_2 = 2R \cdot Rb_3$

ここでは，

⑰　　　$2ar_2 = Rb_3$

が用いられている。これは正十四角形における特有性質を用いて，

$$\frac{a}{R} = \frac{b_3 - a}{b_3} = \frac{b_3}{R + b_3} = \frac{b_3}{2r_2}$$

とおいて求めたものである。 p.113 の正七角形の図において，OL の延長と外接円との交点を X とおき，さらに XA と GO の交点を Y とおけば，YO$=b_3$, LO$=r_2$ である。このとき，YA が再び $=b_3$ となることが正十四角形の特有性質である。ここに，正十四角形を必ずしも正七角形の特有性質に依存せずに解こうとする傾向が見られる。詳細は略す。

以上の九つの正偶数角形を総覧するとき，一つの著しい**発見**がある。それは
「平径式のほうが，じっさい角径式よりも簡単なる実例が与えられた。」
ことである。具体的には
　正四・八・十六・十二・二十角形
の五つの場合である。そこでは平径式の次数が角径式の次数よりも低い。この発見は，§7 で発した疑問（1）（2）への一つの回答を示唆する。つまり
「おそらく関は「角術」を『括要算法巻三』に見る順序（正三角形から順々に角数を増して正二十角形にいたる）にしたがって作り上げたのではあるまい。正四・八・十六角形などの扱い易い場合から手をつけていったのであろう。これらの場合には，<u>平径式のほうが簡単</u>だから，平径式を先立てる必然性が生じた。さらに，正偶数角形では，各図形の特有性質によって，角径式は直接に求まるので，かなり独立した扱いをとった，と推測される。」

われわれは，「角術」の由来が，正多角形の一辺 a を与えて面積 S を求めるための「求積」の問題であることを知った（§8 の p.101）。面積 S を求めるためには平中径 r が必要であり，この立場からすれば平径式（r と a の方程式）を先に解かねばならない。これが疑問（3）への一つの回答であった。

関の場合も，これと同じ傾向が見られる（というより，先駆者たちのやり方を踏襲している）。つまり，かれは平中径 r と角中径 R を求めると同時に，面

4 関の角術の一解釈（続）

積 S をも求めている。多少の文字の異同はあるが、各正多角形（奇数の場合も含めて）の原文は、つぎのように書かれている。ここでは寸などの単位を略し、正五角形の場合を例にとって意訳してみよう。

「いま正五角形があり、各辺が 1 である。平中径、角中径、面積は各々どれほどかを問う。

答にいう。平中径 0.68819096 少弱(*)、角中径 0.850650808 少強、面積 1.7204774 □(*)。

平中径を求める術にいう。未知数 x を立てて平中径に当てる。……〔§ 10 に紹介した式の組立が入るが略す〕……（C）と（D）を差し引きして、方程式 $-80x^4+40x^2-1^4=0$ をうる。四次式の解法によって根を求めて平中径をうる。よって面積をうる。各々問に合う。

角中径を求める術にいう。未知数 y を立てて角中径に当てる。……〔§ 10 の計算を略す〕……（C）と（D）を差し引きして、方程式 $-5y^4+5y^2-1^4=0$ をうる。四次式の解法によって根を求めて角中径をうる。問に合う。」(3.『全集』、本文 p. 312-313)

注(*) 微強に訂す。後述 § 16 の *p.146* および *p.148* をみよ。

これを見れば、関は

「……平中径 r をうる。よって面積 S をうる。……」

という順序で「角術」を書いている。「よって」の一語に、それ以上の説明が付されていないが、もちろん p. 5 で述べた**公式**

⑱ $$S=\frac{ar}{2}\cdot k$$

によっている（正五角形では $k=5$）。つまり関も、かれ以前の「角術」の伝統にしたがっていることがわかる。かれの独創性は、p. 105 でも述べたように、平中径 r を「弧矢弦の法」#20 によって《大凡》求めるのでなく、補助の線分の間に成立する幾何学的関係によって《厳密に》求めたところにある。

この節で述べたことを**まとめておく**。

（１）　正偶数角形の場合は，正奇数角形の場合のような一貫性に乏しい。むしろ，図のなかの線分の関係で使えるものは随時使っていくやり方，つまり臨機応変な方法をとっている。

（２）　正 k 角形（k：奇数）を土台にして正 $2k$ 角形を《中心角の二等分》の図形と考えれば，そこに方法の一貫性がでてくるが，少くとも「角術」では，そのような扱いはなされていない。

（３）　平径式と角径式を別個に扱っている場合がある。

（４）　平径式のほうが角径式よりも簡単な場合があり，平径式を先立てた理由の一つとなる。

（５）　かれは面積も同時に求めているが，これも平径式を先立てた理由の一つである。これは「角術」の伝統にしたがっている。

§ 15.　方程式の解法

　関孝和は，前節までの方法によって，正三角形から正二十角形までのすべての平径式，角径式をえた。その一覧表を掲げるべきであるが，『全集』（3., 本文 p. 309-342；英文解説 p. 46-49）または，もっと簡潔なまとめのある平山氏『関孝和』（5., p. 152-154）にゆずる。後者は，その「増補訂正」（p. 272-274）によって，十九角の平径式の係数を正すべきである。この論文では，平径式と角径式の一部を随所に再録した。

　関はこれらの方程式（関の用語では「開方式」）を解いて根を求めたが，その解法は「数字方程式のいわゆるホーナー法とニュートン法」[*]によっている。関は，二次方程式は「平方にこれを開く」，三次方程式は「立方翻法にこれを開く」，四次方程式は「三乗方翻法にこれを開く」等々と表現する。四乗巾のことを和算では三乗方という，以下同様。関は青年期に中国書『楊輝算法』[**]に，数字係数方程式の解法を学び，それをかれの独創により，正負の数を統一

した代数的処理に改め，発展させた，――『全集』の注（3., 本文 p. 139-140）および平山氏『関孝和』（5., p. 267）による。関の著書としては，『解隠題之法』（3., 本文 p. 131-140），『開方翻変之法』（3., 本文 p. 159-170）に散見し，のちに『開方算式』（3., 本文 p. 257-268）にまとめられた。

> 注(*)　ニュートン（1642-1727）は関と同時代人であるが，もちろん両者は独立に解法をえた。ニュートンの名を冠するのは，明治以後のわが国の数学が西欧の伝統を継承したからである。
>
> 注(**)　楊輝は，十三世紀後半，南宋の人。多くの著作があるなかで，比較的高度な部分が『楊輝算法』の題でまとめられた(1378)。青年関は奈良の寺でこの書を写し取ったという，――『全集』（3., 解題 p. (28), (50)）および平山氏『関孝和』（5., p. 10-11, p. 242-243）による。

「窮商」の項（3., 本文 p. 261-262）にある解法の要旨を近代化して紹介しよう。簡単のため，三次方程式を《典型的》な例にとる。

① $\quad f(x) = ax^3 + bx^2 + cx + d = 0$

の根を求めよう。x に二つの値を入れたとき，$f(x)$ の符号が変われば，二つの値の中間に一根がある。（中間に多くの根がある場合には，x の二つの値を近づけて根を《分離》し，一根しかないようにする。）そこで，根の近似値を仮りに t とおいて，式①を変換

② $\quad y = x - t, \; x = y + t$

によって書き直すと，

③ $\quad g(y) = Ay^3 + By^2 + Cy + D = 0$

となる。簡単な計算により（一般にはテーラー展開により），

④ $\quad \begin{cases} A = a = 6a/6 & = f'''(t)/6 \\ B = (6at + 2b)/2 & = f''(t)/2 \\ C = 3at^2 + 2bt + c & = f'(t) \\ D = at^3 + bt^2 + ct + d & = f(t) \end{cases}$

となる。ここで f', f'', f''' などは，f を各階微分したものを意味する。しかし，微積分の知識は必ずしも前提とされていない。t は近似値であるから，

$D=f(t)$ は一般に $\neq 0$ であるが，t として根に近い値を用いるほど，$D=f(t)$ は 0 に近くなる。これが《ホーナー法》の原理である。

上記の④までの計算の結果を用いて，よりよい近似値を求めるには，

⑤ $\quad u = t - \dfrac{f(t)}{f'(t)} = t - \dfrac{D}{C}$

とおく。このとき u は t よりも近似のていどが高い。これが《ニュートン法》の原理である。

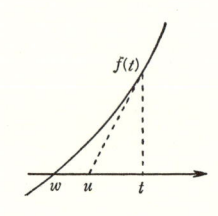

右図で，t に応ずる曲線上 $f(t)$ の点における接線の傾きが $f'(t)$ であるから，接線と横軸の交点を u とするとき，
$$f(t)=(t-u)f'(u).$$
これを変形すれば⑤が出る。u のほうが t よりも根 w（曲線と横軸の交点）に近いことは，この図から直観的にわかる。証明は略す。

ホーナー法を具体的に実行するには，《組み立て除法》によればよい。

$$
\begin{array}{llll|l}
a & b & c & d & t \\
 & at & t(at+b) & t(t(at+b)+c) & \\
\hline
a & at+b & t(at+b)+c & t(t(at+b)+c)+d = D & \\
 & at & t(2at+b) & & \\
\hline
a & 2at+b & t(3at+2b)+c = C & & \\
 & at & & & \\
\hline
a & 3at+b = B & & & \\
\hline
a = A & & & &
\end{array}
$$

具体的な数値例として，正十四角形の角径式（R を x とおく）を取り上げる。

①′ $\quad f(x) = x^3 - 2x^2 - x + 1 = 0$

において，$f(2)=-1$，$f(3)=7$ であるから，2 と 3 の中間に根がある。仮に $t=2$ を根の近似値に選ぶと，

$$
\begin{array}{rrrr|r}
1 & -2 & -1 & 1 & 2 \\
 & 2 & 0 & -2 & \\
\hline
1 & 0 & -1 & -1 \cdots\cdots D & \\
 & 2 & 4 & & \\
\hline
1 & 2 & 3 \cdots\cdots C & & \\
 & 2 & & & \\
\hline
1 & 4 \cdots\cdots B & & & \\
\hline
1 \cdots\cdots A & & & &
\end{array}
$$

4 関の角術の一解釈（続）

つまり，変換

②′ $y = x - 2, \ x = y + 2$

によって，①′は

③′ $g(y) = y^3 + 4y^2 + 3y - 1 = 0$

となる。つぎの近似値は

⑤′ $2 - \dfrac{-1}{3} = 2 + 0.33\cdots = 2.33\cdots$

となる。

そこで近似値の末位を 0.3 にとる。（どのみち近似値であるから，早い段階で多くの桁をとることは無意味である。ここでは有効数字1桁だけとった。）

```
1     4      3        -1    | 0.3
      0.3    1.29     1.287 |
1     4.3    4.29     0.287……D′
      0.3    1.38     |
1     4.6    5.67……C′
      0.3    |
1     4.9……B′
      |
1……A′
```

つまり，変換

②″ $z = x - 2.3, \ x = z + 2.3$

により

③″ $h(z) = z^3 + 4.9z^2 + 5.67z + 0.287 = 0$

となる。そこで次の近似値は

⑤″ $2.3 - \dfrac{0.287}{5.67} = 2.3 - 0.05061\cdots = 2.24938\cdots$

となる。

これを繰り返していくと，平山氏『関孝和』の「増補訂正」(5., p. 247) に引用されている，戸谷清一氏の計算された方程式に達する。すなわち，近似値として小数5桁目までとった 2.24697 を用いると，方程式

③ $R^3 + 4.74091 R^2 + 5.1587425427 R - 0.000049543543127 = 0$

がえられ，これから次の近似値として

⑤ $2.24697 - \dfrac{-0.000049543543127}{5.1587425427} = 2.246979603802228$
#21

がえられる。

この計算を引用したのは意図がある。筆者が前稿 『関の求円周率術考(続)』の §16 「計算過程の復元」において，復元を目指す筆者が「貴重な示唆をう

けた」と述べたのは，じつは戸谷氏のこの計算に関してである．
　関は『括要算法巻三』の「角術」(3., 本文 p. 323) に角中径 R の値として
$$R = 2.246979603 太強$$
を挙げたが，この値は戸谷氏により誤りと指摘された．誤りの原因は，関が上記のように小数5桁までとった近似値 2.24697 を用いて，方程式③を求め，その係数によって次の近似値⑤を求めた段階で計算を止めた結果である，と推測された．真の値は
$$R = 2.246979603717\cdots$$
となるから，
$$R = 2.246979603 太弱$$
でなければならない，というのが戸谷氏のご主張である (1960)．
　のちに，松永良弼・藤田貞資による『括要算法』の訂正本が発見された（千喜良英二氏により，1968) が，松永・藤田も同じく訂正していて，戸谷氏のご主張の正しいことが確認された．ことは「太強」と「太弱」の一字違いである．この概念を明確にしなければならない．
　戸谷氏は，関の「角術」の方程式をすべて解いて，苦心の末に，関の末位の表現を突きとめられた[*]．その結論は
　「小数をある桁までで打ち切ったとき，そのあとの端数が

　　　$\frac{1}{4}$ より小なら少弱，$\frac{1}{4}$ より大なら少強

　　　$\frac{1}{2}$ より小なら半弱，$\frac{1}{2}$ より大なら半強

　　　$\frac{3}{4}$ より小なら太弱，$\frac{3}{4}$ より大なら太強

　　　次位が 0 なら微強

　を付す．」
である，——平山氏著の「増補訂正」(5., p. 272-274) による．

4 関の角術の一解釈（続）

そこで，正十四角形の角中径 R に戻る。関は，上述のように，小数5桁目までの近似値 2.24697 から次の近似値

⑤ $R = 2.24697960380$

を求めた段階で計算を止めた。これは末位が 80 だから …03 までで打ち切れば**太強**を付さねばならない。もしも，関の段階で計算を止めないで，その先まで続けたらどうなるか？——仮りに小数7桁目までとった近似値 2.2469796 から次の近似値を求めれば，

⑤′ $R = 2.24697960371746708$

となる。これは末位が 717 であるから，…03 までで打ち切れば**太弱**を付さねばならない。つまり，関の誤りの原因は，計算を途中の段階で止めたことに基く。これが戸谷氏のご主張の要点であった。

 注(*) 戸谷氏からいただいた私信(1981)によると，これらの計算にはソロバンを使用された。数値が大きいので二つの数を同時にソロバンにおけず，一方の数を紙に書き，他方の数をソロバンにおいて掛算をし，その結果を再び紙に書いて次の計算をするという方法で，ずいぶんご苦労なさったとのことである。
  筆者は，以下の計算を HP-41C なる電卓でおこなったので，算譜の作成に苦心しただけであって，計算が始まりさえすれば，結果は自動的に打ち出される。戸谷氏のご苦労にたいして，敬意を表する。

筆者は，戸谷氏にならって，次のように考えてみた。関の

  $R = 2.246979603$太強

は《誤り》であると考える代りに

 「そこに関が計算を止めた段階が表現されている。」

と見るのである。こうすれば，逆に，関の計算過程を復元する手掛りがえられることになる。

 その準備として，戸谷氏とは独立に，試みに小数 16 桁目までの根の値を求めてみた。次の表が筆者のえた結果である。関の求めた値と比較するために，小数9桁目の次に空白を入れた。末位は，強・弱・微強・微弱の四つとした。

137

計算方法

（1） 二次方程式および奇数次項の欠けた四次方程式の場合は，二次方程式の根の公式を用いて，開平または開平の開平によって根を求めた。（この場合はホーナー法を用いない。）

根 の 一 覧 表

三 r : 0.288675134 5948129弱	十二 r : 1.866025403 7844386強
三 R : 0.577350269 1896258弱	十二 R : 1.931851652 5781366弱
四 r : 0.500000000 0000000	十三 r : 2.028579742 8190582強
四 R : 0.707106781 1865475強	十三 R : 2.089290734 4301885微弱
五 r : 0.688190960 2355868弱	十四 r : 2.190643133 7674115強
五 R : 0.850650808 3520399微弱	十四 R : 2.246979603 7174671弱
六 r : 0.866025403 7844386強	十五 r : 2.352315054 7392271強
六 R : 1.000000000 0000000	十五 R : 2.404867172 3720654弱
七 r : 1.038260698 2861683強	十六 r : 2.513669746 0629241微弱
七 R : 1.152382435 4812433弱	十六 R : 2.562915447 7415062弱
八 r : 1.207106781 1865475強	十七 r : 2.674763752 7548884微強
八 R : 1.306562964 8763765強	十七 R : 2.721095575 8759033微弱
九 r : 1.373738709 7273111強	十八 r : 2.835640909 8088548弱
九 R : 1.461902200 0815436弱	十八 R : 2.879385241 5718168弱
十 r : 1.538841768 5876267弱	十九 r : 2.996335729 2617466強
十 R : 1.618033988 7498948強	十九 R : 3.037766910 4871300微強
十一 r : 1.702843619 4446250微弱	二十 r : 3.156875757 3375216微弱
十一 R : 1.774732766 4421117弱	二十 R : 3.196226610 7498308弱

　　例　三 r : $12r^2-1=0$, $r=\sqrt{3}/6$
　　　　五 R : $5R^4-5R^2+1=0$, $R=\sqrt{1/2+\sqrt{5}/10}$

（2） 一般に奇数次項の欠けた偶数次方程式は，根の平方を根とする奇数次方程式と考えて，これをホーナー法とニュートン法で解き，さらに開平する。

　　例　七 R : $7R^6-14R^4+7R^2-1=0$
　　　　は，R^2 についての三次方程式と考えて解き，開平して根 R をうる。

（3） さらに一般の方程式は，ホーナー法とニュートン法を用いて，根の近似値を≪逐次≫求めていく。一般に小数 n 桁目までの近似値を用いれば，次の段階では小

4 関の角術の一解釈（続）

数 $2n$ 桁目までの近似値が求まり，誤差は末位の 1 単位以内に留まることを確かめた。具体的には，小数16桁目までの近似値を，小数 8 桁目までの近似値から求めたところで，ほぼ目的を達した。

（4） 計算には，HP-41C なる電卓を使用した。これについての詳細は，『関の求円周率術考(続)』§18.加速法の p.63 に述べたので，繰り返さない。

§16. 計算過程の復元

『括要算法』のなかの根は，とくに小数10桁目以下の端数の表現において，前頁の一覧表の根の値と比べて，いくつか喰い違いがある。戸谷氏も，また松永・藤田も，同じく訂正すべき個所を指摘した (p.136)。それは，つぎの十カ所である。

	関 の 原 文	訂 正（その根拠）
三 r	0.288675134強半	半強※
四 R	0.707106781少強	少弱（少弱は 186 に相当す）
五 r	0.68819096少弱	微強（微強は 02 に相当す）
七 R	1.152382435半強	半弱（半弱は 48 に相当す）
十一 R	1.714732766半弱	1 を 7 に訂す※
十三 R	2.0892490734半弱	4 を削る※
十四 R	2.246979603太強	太弱（太弱は 717 に相当す）
十六 r	2.513669746少強	微強（微強は 063 に相当す）
十九 r	2.996335729少弱	少強（少強は 26 に相当す）
二十 R	3.19622661少強	微強（微強は 075 に相当す）

このうち，※印をつけた 三r，十一R，十三R などは，誤字と考えてよい（その根拠は，後文 p.144 に述べる）。それ以外の七カ所は，前頁の一覧表と比べてみて，たしかに松永・藤田のように訂正すべきである。

しかし，筆者は，前節の末尾で述べたように，これら七カ所の《誤り》を関の計算過程を復元するための手掛りと考えたい。すなわち，『関の求円周率術考（続）』の§17. 計算過程の復元（p.44～53）で円周率について行なったのと同様に，《原典尊重》の立場をとり，関の計算した根が，なぜ上記の（訂正以前の）ような表現になったのか，その原因を調べてみようとする[*]。

注(*) 円周率の場合は，前後の数値の間に密接な関連があったから，計算過程の復元のための手掛りは豊富であった。今回は，一つ一つの根はそれぞれ独立な方程式の根である。同じ角数の根相互の関係（あとの式①）を除けば，一つの根を土台にして次の根を求めるというな数値間の関連性に乏しい。そこで，円周率の場合のように，うまくいく保証はない。

筆者が，試行錯誤によって検討したのは，つぎの場合である。

(i) k を奇数とするとき，平径式と角径式がともに r^2 または R^2 を根とする，$2k$ 次の方程式になる場合。（方程式の奇数次の項は欠けている。）

(ii) 平径式が n 次，角径式が R^2 を根とする $2n$ 次の方程式の場合。

(iii) 平径式が r^2 を根とする $2n$ 次，角径式が n 次の方程式の場合。

ここで，とくに r と R の間には「勾股の術」（ピタゴラスの定理）により，

① $\qquad R^2 = r^2 + 1/4$

なる関係があることに注意する。この節では，つねに $\underline{a=1}$ と仮定している。さらに r^2 または R^2 を根とする方程式を解くには，関が『開方算式』の「畳商」の項（3.『全集』，本文 p. 263）で述べたように，まずホーナー法とニュートン法で根の平方を求め，しかるのちにそれの開平を「通商」（同，本文 p. 262）で行なう。「通商」とは，a の平方根 $\sqrt{a}$ の近似値を b とするとき，**公式**

② $\qquad b' = b + \dfrac{c}{2b+1}$, ただし $a = b^2 + c$

によってつぎの近似値 b' を求める[*]。

注(*) 関は「通商」について，
「思うにこれは旧い開分子方である。または開方通分という。」（意訳）
と述べた。公式②に見るように，これは中国算法であって，開平のための一種

4 関の角術の一解釈（続）

のニュートン法にほかならない。ところで、関はじっさいの開平計算のために、ソロバンの「半九々」（1.，本論文集，p.*28-31*）を用いた可能性がある。しかし筆者は方法の一貫性を重んじて「通商」つまり公式②によることとした。「半九々」で計算しても、末位でわずかの違いが生ずるだけであるから、論述に大きな影響は及ばないであろう。

関の計算過程の復元に当り，筆者はつぎの**推測**を立てた。

「関は方程式を解いた経験から，小数5桁目までの根の近似値を用いて（ホーナー法とニュートン法で）次の段階の近似値を求めれば，新しい近似値は小数10桁目までほぼ正しいことを知っていたに相違ない。したがって，ある粗雑な近似値から出発して小数5桁目までの値がえられれば，その次の近似値を求めた段階で計算を打ち切って，これを根の値と見做したであろう。」

さらに，開平についても同様につぎの**推測**を立てた。

「根の平方が小数10桁目まで求まったとして，開平の公式②を用いるさいは，同じく小数5桁目までの平方根の近似値を b として，分母の $2b+1$ は $2b$ に 0.00001 を加えたものを用いたであろう。」

まず手始めに，正方形の角中径，すなわち**四R**を取り上げる。

③ $\quad 2R^2-1=0, \quad R=\sqrt{0.5}$

ここで $\sqrt{0.5}$ の計算は，ふつうにやれば，すなわち $b=0.70710$ として公式②によって，b' を求める。$c=0.00000959, 2b+1=1.41421$ であるから，

$$b'=0.70710678117\cdots$$

がえられて，

$$R=0.707106781少弱$$

が正しい。松永・藤田の訂正も「少弱」にすべきことを指摘した。

しかし，ここであくまで≪原典尊重≫の立場に立って，関がじっさいに「少強」なる値をえたのだと仮定してみる。どんな計算過程を辿れば「少強」に達するか？——筆者は**一案**をえた。それはつぎの通り：

第一近似，$b=0.7$ をとる。$c=0.01, 2b+1=1.41$ であるから，$b'=0.707092\cdots$ となる。

第二近似，$b=0.70709$ をとる。$c=0.0000237319, 2b+1=1.41419$ であるから，$b'=0.70710678126\cdots$ となる。えられた第三近似は，明らかに

$R=0.707106781$少強。

　関自身このような計算過程を辿ったのだ，と考えれば，かれが末位につけた「少強」を頭から《誤り》と決めつける必要はない。関は《計算間違い》を冒したのではなく，ただ各段階での近似値の取り方が，上記のようであったために「少強」に達し，その先を続けなかったから「少弱」に達しなかった，と考えることができる。これを一つの指針として，他の場合に挑むことにしよう。

（i）平径式，角径式がともに根の平方を根とする $2k$ 次方程式の場合。筆者が検討したのは，つぎの八つの場合である。

④
$$\begin{cases} 五\,r：80r^4-40r^2+1=0 \qquad 五\,R：5R^4-5R^2+1=0 \\ 七\,r：448r^6-560r^4+84r^2-1=0 \quad 七\,R：7R^6-14R^4+7R^2-1=0 \\ 九\,r：192r^6-432r^4+132r^2-1=0 \quad 九\,R：3R^6-9R^4+6R^2-1=0 \\ 十九\,r：4980736r^{18}-63504384r^{16}+190513152r^{14}-206389248r^{12} \\ \qquad +94595072r^{10}-19348992r^8+1736448r^6-62016r^4+684r^2-1=0 \\ 十九\,R：19R^{18}-285R^{16}+1254R^{14}-2508R^{12}+2717R^{10}-1729R^8 \\ \qquad +665R^6-152R^4+19R^2-1=0 \end{cases}$$

筆者の試行錯誤の過程は省略して，尤もらしい復元はつぎの通り：

五 r			五 R		
第一	0.5→	0.475	第一	0.7→	0.725
第二	0.475→	0.4736111…	第二	0.725→	0.7236111…
第三	0.47361→	0.47360679777	第三	0.72361→	0.72360679777
開平	0.68819→	0.68819096<u>024</u>	開平	0.85065→	0.85065080<u>836</u>
		微強			少強

矢印→は，たとえば0.5を第一近似値としてホーナー・ニュートン法でつぎの近似値 0.475 が求まること，開平の→も，第三の結果えられた 0.47…77 の開平のため近似値 0.68819 を用いると，公式②により 0.68…024 が求まること，を意味する。

ここで問題は**五r**であった。これは関の「少弱」よりも，松永・藤田の訂正した「微強」を受け入れたい。というのは，五r以外に「微強」の表現をとる個

4 関の角術の一解釈（続）

所を見ると，

　　　九 R：1.461902200 07　　を関は　1.4619022微強　と表わしている。

　　　十九 R：3.037766910 485　　〃　　3.03776691微強　　　〃

つまり，かれは「小数9桁目までの数字0を伏せて「微強」を付ける」方針をとっている。これから類推すれば，五 r も小数8桁目までしか数字を書いていないから，つぎに0がきて「微強」であった，と考えられるのである。

ところで正五角形について，式①の関係

$$r^2+0.25=0.47360679777=R^2$$

が成立していることに注目したい。関は r^2 がえられると，直ちに0.25を加えて R^2 として，上記のホーナー法は省略した，という予想が立つ。

七 r		七 R	
第一	1→　　1.094…		$r^2+0.25=1.3279852777$
第二	1.09→　　1.07826…	開平	1.15238→1.15238243551
第三	1.078→　　1.0779852…		半強
第四	1.07798→1.0779852777	**参考**	
開平	1.03826→1.03826069833	第一	1.32799→1.3279852776
	少強	開平	1.15238→1.15238243547
			半弱

ここで，問題は**七 R** である。それについて興味深い**観察**がえられた。

「関は r^2 が求まると，直ちに公式①に入れて $r^2+0.25=R^2$ とおき，この R^2 を開平して R を求めた，と考えられる。その結果，末位の「半強」なる表現がえられたのだ。

もしも，$r^2+0.25$ を小数5桁目までで丸めた 1.32799 を R^2 の第一近似値として角径式に入れて，《参考》の欄に示したような計算をしたのであれば，末位は「半弱」になるはずである。しかし，かれは「半強」に達したのだから，このような計算過程は辿らなかった！」

七 R の真の値は，丸めればもちろん「半弱」のほうが正しい。しかし，関の《原典を尊重する》立場に立てば，「半強」に導かれるような計算過程を辿っ

たものと推測せざるをえない。

九 r		
第一	2→	1.8997…
第二	1.9→	1.88734…
第三	1.887→	1.887158…
第四	1.88716→	1.8871580426
開平	1.37373→	1.37373870<u>972</u>
		太弱

九 R	
	$r^2+0.25=2.1371580426$
開平	1.46190→1.46190220<u>007</u>
	微強

正九角形の場合は，問題がない。

つぎは正十九角形である。まず，r^{16} の係数の末位は『括要算法巻三』で5になっていたのを，松永・藤田が4に訂した。試みに訂正前の係数 63504385 を使って計算すれば，

$$r^2=8.97802812\cdots$$

となって，小数6桁目が超加する。やはり4に訂すべきである。これから，関自身は正しい係数を用いたことがわかるのである。正徳二年の刊本には，このほか多数の誤植が見出されるのであるが，『全集』(3.) の本文 p. 340-342 に，松永・藤田による訂正の一覧が付載されている。筆者の検算によっても，このすべての訂正が支持された。

このことは，つぎの**推測**を裏付ける。

「関自身は，計算間違いを冒すことは，きわめて稀であった。もし，間違いを冒したならば，「角術」の平中径，角中径の値（計算結果）には，もっと上の桁に誤りが生じているはずであるのに，そうなっていない。p.139 の表の三カ所の※をつけた誤りのうち，「強半」は「半強」であり，十一 R と十三 R については，十一 r と十三 r の値が正しいのであるから，r と R の関係からして，明らかに**誤字**であると断定してよい。

その三カ所を訂正すれば，残る七カ所の《誤り》は，すべて，末位の「少強」などの表現である。これらを頭から強と弱とを取り違えた誤字であると見做すよりも，謙虚に，関が計算した結果は《ことによると》その値に到達

4 関の角術の一解釈（続）

したのかもしれない，と考えるほうが自然である。」
この推測に立って，《原典尊重》の立場を続けよう。

十九 r	十九 R
第一　9→　　8.978…	$r^2+0.25=9.22802780246$
第二　8.98→　　8.9780314…	開平　3.03776→3.037766910<u>485</u>
第三　8.97803→8.97802780246	微強
開平　2.99633→2.996335729<u>259</u>	
少強	

あとの一案との対照のため，1桁多くとって計算した。十九 R はよい。問題は**十九 r** である。上のような計算によれば，松永・藤田の訂正した「少強」に達する。ここであくまで関の「少弱」に達せしめるには，どうすればよいか？——筆者の**一案**を示そう。

r^2 の第四近似値 8.9…246 の末位の 6 を削り，
$$r^2=8.9780278024$$
とする。開平のための近似値は，上の 2.99633 を用いて，$c=0.00000343335$ を $2b+1=5.99267$ で割ると，
$$r=2.996335729\underline{249}$$
となって，かろうじて関の「少弱」に達する。

この計算過程の復元は，いくらか不自然ではあるが，一つの可能性として提出する。後文（p.149）を見よ。

（ii）平径式が n 次，角径式が R^2 を根とする $2n$ 次方程式の場合。
筆者が検討したのは，つぎの八つの場合である。

⑤
$$\begin{cases}
八\ r : 4r^2-4r-1=0 \quad & 八\ R : 2R^4-4R^2+1=0 \\
十二\ r : 4r^2-8r+1=0 \quad & 十二\ R : R^4-4R^2+1=0 \\
十六\ r : 16r^4-32r^3-24r^2 \quad & 十六\ R : 2R^8-16R^6+20R^4 \\
\qquad +8r+1=0 & \qquad -8R^2+1=0 \\
二十\ r : 16r^4-32r^3-56r^2 \quad & 二十\ R : R^8-12R^6+19R^4 \\
\qquad -8r+1=0 & \qquad -8R^2+1=0
\end{cases}$$

復元に当り，筆者はつぎの**推測**を立てた。

「関はまず平径式をふつうのやり方で解いて，r を求めた。つぎにこの r の一部分を用いて r^2 を計算し，$r^2+0.25$ をもって R^2 の第一近似値とし，これを角径式に入れて解いて，えられた R^2 を開平して R を求めた。」
この推定通りの手順で計算した結果は，つぎの通り。

八 r			八 R	
第一	1→	1.25		$1.20710^2+0.25=1.70709041$
第二	1.25→	1.20833…	第一	1.70710→1.7071067812
第三	1.2083→	1.2071077…	開平	1.30656→1.30656296487
第四	1.20710→1.20710678122			太強
	少弱			

これは問題はない。

十二 r			十二 R	
第一	2	1.875		$1.86602^2+0.25=3.7320306…$
第二	1.87→	1.866034…	第一	3.73203→3.7320508077
第三	1.86603→1.86602540380		開平	1.93185→1.93185165261
	太強			半強

これも問題はない。

十六 r			十六 R	
第一	2.5→	2.5138…		$2.51367^2+0.25=6.5685368…$
第二	2.513→	2.51367026…	第一	6.56853→6.5685355923
第三	2.513670→2.513669746063		開平	2.56291→2.56291544774
	微強			太弱

ここで問題は**十六 r** であった。いろいろと試行錯誤の結果，末位はどうしても関の「少強」に達しない。上のように「微強」に達し，松永・藤田の訂正が正しい，ということになった。後文（p. *148*）の（iv）を見ればわかるように，ここはやはり「微強」がよい。この十六 r については，おそらく関の原文は正しかったものを，刊本において「微強」を「少強」と誤ったのであろう。

4 関の角術の一解釈（続）

二十 r
第一　3→　　　3.182…
第二　3.18→　　3.15732…
第三　3.157→　　3.1568757…
第四　3.15687→3.15687575737
　　　　　　　　　　　少強

二十 R
$3.15688^2+0.25=10.2158913344$
第一　10.21589→10.2158645475
開平　3.19622→3.19622661078
　　　　　　　　　　微強

ここで問題は**二十R**であった。ここでも関の「少強」より，松永・藤田の訂正した「微強」のほうを受け入れたい。それは，関が小数 8 桁目までの3.19622661しか数字を挙げていないので，*p.143* に述べたかれの方針に照らして「微強」のほうが適切と思われるのである。

(iii)　平径式が r^2 を根とする $2n$ 次，角径式が n 次方程式の場合。
筆者が検討したのは，つぎの四つの場合である。

⑥ $\begin{cases} 十r : 16r^4-40r^2+5=0 & 十R : R^2-R-1=0 \\ 十四r : 64r^6-336r^4+140r^2-7=0 & 十四R : R^3-2R^2-R+1=0 \end{cases}$

復元に当り，筆者はつぎの**推測**を立てた。

「関はまず平径式を r^2 を根とする方程式と見做して解き，r^2 を開平して r をえた。 R は角径式を解かずに，$r^2+0.25$ を R^2 に当てて，これを開平してえた。」

この推測の手順によって計算すれば，つぎの通り。

十 r
第一　2.5→　　　2.375
第二　2.37→　　　2.36803…
第三　2.368→　　　2.3680339…
第四　2.368034→2.3680339887
開平　1.53884→ 1.53884176857
　　　　　　　　　　半強

十 R
$r^2+0.25=2.6180339887$
開平　1.61803→1.61803398873
　　　　　　　　　太弱

これを見れば，筆者の推測した計算手順は当っている。

十四 r			十四 R	
第一	5→	4.814…		$r^2+0.25=5.0489173397$
第二	4.8→	4.7989178…	開平	2.24697→2.246979603756
第三	4.79892→4.7989173397		**参考**	太強
開平	2.19064→2.19064313380		第一	2.24698→2.24697960372
		太強		太弱

ここでは**十四 R** が問題の焦点であった。筆者の推定した復元によれば「太強」に達し，関の結果と一致する。《参考》に示したように，第一近似値 2.24698 を角径式に入れて R を求めると，「太弱」に達する（松永・藤田の訂正とは合う）。筆者の推測した計算手順による復元のほうが，より自然であろう。

(iv) 面積の値による平中径の検討。

以上述べてきた関のえた値を検討する方法のほかに，いま一つ手掛りがある。それは，関が各正多角形の面積 S の値を与えていることである。面積の**公式**

⑦ $\quad S=\dfrac{r}{2}\cdot k \quad$ （$a=1$ とおいてある）

を用いれば，関の与えた S から逆に r を求めることができる。この検討方法は，つぎの三つの r について使える。

五 r について。関は $S=1.7204774\square$ を与えた。松永は $\square$ に「微強」を補うべしと言ったが，関の $\square$ が欠けたままなので，これは原資料として使えない。一方，S を求めるために，p. 142 の五 r の推定値を用いれば，

$\quad 0.68819096024\times 2.5=1.7204774006$

であるから，$\square$ は松永の「微強」が当たっている。

十六 r について。関は $S=20.109357968$ 半強 を与えた。半強は 1/2 と 5/8 の間にあるので，この両限界を計算すれば，

$\quad 20.1093579685\div 8\ =2.5136697460625$

$\quad 20.109357968625\div 8=2.513669746078125$

となり，いずれにしても「微強」である。p. 146 にも述べたように，刊本の

4　関の角術の一解釈（続）

「少強」は誤りと見ざるをえない。

十九r について。関は $S=28.465189427$ 少強 を与えた。松永は「太強」に訂すべしと言ったが，ここでは関の「少強」を原資料とする立場を守る。少強は 1/4 と 3/8 の間にあるので，この両限界を計算すれば，

$28.46518942725 \div 9.5 = 2.996335729\ \underline{18421}\cdots$

$28.465189427375 \div 9.5 = 2.996335729\ \underline{19736}\cdots$

となり，いずれにしても関の「少弱」と一致する。つまり，関は p. 145 に述べたような計算過程を辿り「少弱」を末位にもつ r をえて，これから公式⑦によって S を求めたと推測される。

松永の S の「太強」は，やはり松永の r の「少強」から求めたのであって，これは一貫している。しかし，<u>筆者は関の S と r の双方の末位を同時に訂すよりは，関の《原文》のままにしておく判断のほうが自然であろう</u>，と考える。（S と r の正しい値を丸めれば，もちろん松永のほうが正しいが，筆者は関の計算過程を論じているので，関の《原文》に執着するのである。）

この節の要点を**まとめ**ておく，
（1）　『括要算法巻三』，「角術」の刊本には多くの《誤り》が認められ，そのうち本節の冒頭の表にあげた十カ所は，r と R の値そのものの《誤り》と指摘された。そのうち※印の三カ所は，たしかに訂正すべきである。
（2）　残る七カ所の値は，末位の表現が《誤り》と指摘されている（正しい値を丸めれば，たしかにこの指摘の通りである）。しかし，関が辿ったかもしれない計算過程を復元すれば，少くとも四カ所はかれの《原文》通りの値に到達できることを示した。つまり《誤り》というよりは，かれの近似値の選び方，計算の打ち切り方によって，当該の結果に導かれた，と考えられる。四R が，その第一の例である。
（3）　このことを他の場合についても実証するために，平径式と角径式の次数

の組み合せによって，三つの場合を区別した．いずれの場合も，関は平径式を先に解いて r^2 または r を求めた．この r^2 に 1/4 を加えれば R^2 になるので（式①），かれは多くの場合角径式は解かずに，この R^2 を直接開平して R を求めた，と考えられる．とくに七 R と十四 R は，このような計算の手順を踏まないと，かれのえた値に到達しない．

（4） 五r，十六r，二十R の三カ所は，関が挙げた数字の桁数と「微強」の付け方の方針との関連から，「微強」を受け入れたほうがよい．

（5） 関の与えた面積 S の値から，式⑦を用いて逆に平中径 r の値を確認できることも示した．しかし，該当する例は少く，十九r がかれの《原文》通りであることを確認したにとどまる．

以上は，関の「角術」の或る復元であり，これが唯一の復元とは限らない．しかし，いまの筆者のなしうる尤もらしい復元である，と考える．じっさい関の《原典尊重》の立場に立たず，あっさりと《誤字》を容認すれば余計な試行錯誤をしなくとも済んだであろうが，そこからはなんらの展開もえられない．「角術」の復元については，いまだ検討の余地が残されていると思われる．#??

§ 17. 関の円理の擁護

さいきん，相次いで和算にかんする重要な著作が刊行された．

平山諦氏『円周率の歴史』(13.) は，改訂新版であり，洋の東西を含めおよそ円周率にかんする研究を網羅した労作である．平山氏の主題に捧げられた情熱に敬服するとともに，大いに鞭韃された．

なお，筆者が別稿 (1., 求円周率術考(続) p.59) で指摘した，関の「求定周」の公式の解説の仕方の誤りは，本書 (p. 163-165) では訂正されている．

遠藤氏著・三上氏編・平山氏補訂『増修日本数学史』(14.) は，和算の網羅的な編年史であり，平山氏のご努力で決定第二版として刊行された．関の「円理」については，後述の村田氏の関批判の原型が遠藤氏の本文にある：

4 関の角術の一解釈（続）

「……且つ曰く，この多角形の周を求めて，而して漸く，円周に迫るの法はその角数多きに若くは無し。然れども，本書の法たる，その多角形常に円内に止まる者なれば，その真数に適合すること何位に及べるやを確知するに由なし。」(14., p. 206)

関の「角術」にかんしては，遠藤氏の本文 p. 201-202 にその摘要と角中径の一覧表が再録されている。（角中径の値は関の原文のままであり，十一角と十三角の誤りについて頭注②に戸谷氏の訂正が掲げられている。さらに戸谷氏による「少弱」など末位の表現の解説もある。）　関の「角術」について遠藤氏の本文は簡略なので引用すべき個所は見当らない。

しかし，同 p. 202 の三上氏による頭注①は問題を含む。三上氏曰く：

「関孝和の角術の価値は，その方程式の作製にあり。数字上の値を挙ぐる如きは，抑も末なり。」

と。はたして，このように断言しうるであろうか？――筆者は意見を異にする。筆者が本論文 §15～16 で述べたように，《数字上の値》から逆に，関の《方程式の作製》の過程を復元する手掛りがえられるのである。　また §8 末尾に述べたように，《数字上の値》を求める手段，つまり「開方算式」を関が完成していなければ，たとえ「角術」を方程式に帰着させてみたところで，ただ高次の方程式を眺めるより仕方がない！　むしろ，話は逆であって，関は高次の方程式を《数字上》解く算法「開方算式」を自家薬籠中の物としていたので，安心して方程式に帰着させることができたのである。

三上氏の頭注①にたいする批判は，同書の後付の平山氏による「本文の訂正と補遺」 p. 165 にもある：

「頭注の三上義夫の言に拘わらず，下平和夫氏は孝和の角術は円理研究の一つの方法ではあるまいかと指摘した。……」

筆者も，この下平氏の見解には賛意を表する。（後述 p. 154）

なお，同じく「本文の訂正と補遺」 p. 166-167 に，関の改暦への情熱とそ

の挫折の経緯が述べてある。まさに《われわれの胸を打つ》念いがする。

　村田全氏『日本の数学　西洋の数学』(15.)は，副題のように「比較数学史の試み」であり，円周率を中心に据えて東西の数学理論の本質の相違を論じられた野心作である。村田氏のご主張は傾聴すべき多くのものを含み，筆者も少からず啓発されたことに感謝する。
　しかし，関孝和にかんする論述については，筆者はいささか異論を挾みたい。それは二点ある。
(1)　円周率の実用的な値。
　村田氏著 p. 17 に，つぎの記述がある：
「……例えば π の値を小数第 10 位，第 20 位と求めるのは，すでに実用の段階を越えている。現代の精密工業でも π の値は 3.1416 の程度で十分であり，前に挙げた〔祖沖之の小数第7位までの〕近似値は，すでにそれ以上である。その上さらに計算が進められたのは，何らかの意味で理論追求の精神が働いていたことに他ならない。……」
末尾の二行のご意見には賛意を表する。しかし，この引用の前半については，村田氏のご意見はあまりに一面的な見方ではあるまいか，と考える。
　関は《暦算》のため，小数第11位までの「定周」が必要であると考えた。[#23] この点について，筆者は別稿 (9., p. 43-44) で，広瀬秀雄氏の論文 (3., 解説 p. 199-216) を引用したことがある。平山氏も上掲の著作のなかで，
「孝和の授時暦経立成では有効数字を9桁算出した。……立成の計算は円周の長さが基礎になる。立成を9桁正確に算出するためには，円周率が12桁か13桁正確でなければならない，と考えたためであろう。」(14., 後付 p. 163)
と述べておられる。同じ趣旨は『円周率の歴史』(13., p. 166-167) にもある。
(2)　π を上下から挾む不等式。
　村田氏の著作の中心主題の一つは，和算の理論的な欠陥を批判するところに

4 関の角術の一解釈（続）

ある，と思われる。わが関孝和の「円理」も槍玉にあげられた：

「……〔関が〕説明なしに与えた結果を書いておくと，……

$$s = b + \frac{(b-a)(c-b)}{(b-a)-(c-b)} = 3.1415926535\underline{}9\ \text{微弱}$$

となる。……

関はこのあと，この値を近似する一連の分数を系統的に求める法式を工夫し，祖沖之の 22/7，355/113，劉徽の 157/50，毛利の 79/25 などをその中に見出している。……祖沖之の不等式

[3.1415927＞π＞3.1415926]

も，関には伝わっていなかったにちがいない。もとより，彼もその種の不等式を自分で出してはおらず，従って彼が小数第十一位まで得た値 s にしても，極端にいえば小数第１位が本当に正しいのかどうかさえ，確立されていないのである。

……πの値を上下から挟む考え方は，それが必要であることすら，最後まで和算家の頭には上らなかったようである。これは，和算の理論面での弱さを示す例として，見逃せぬ点である。」（15., p. 128-129）

村田氏による関批判は，筆者にはどうもなんらかの看過に基くように思われる。それから帰結して《関の円周率 s の値も，小数第１位の正しささえ疑わしい》とまで述べられては，筆者もわが関のために擁護の論陣を張らねばならない義務を感ずる。

まず，関の『括要算法』四巻は，関の没後にその遺稿を整理して，弟子が出版した。それも数学的内容が理解できる高弟建部賢弘でなかったことが惜しまれる。したがって，『括要算法』のなかに関が《述べていない》からといって，《知らなかった》証拠とはなりえない。さきに §3 の p. 73 で引用したように，和算家には《しかじか，くどくどと言はずとも分ってゐる，言外の意を汲めば，自ら解せられる等といふ気持で，事実の叙述論証を含蓄的にすますとい

ふ》態度（4., 第4巻 p. 180-182）があった。 関もその例にもれないかもしれない。しかし，注意深く『括要算法』を読めば，関は《言外に》必要なだけの立論はしているのである。

　まず，巻三「角術」のなかで，かれは角中径 R と平中径 r の両方を求めている。$2R$ は正多角形の外接円の直径，$2r$ は同じく内接円の直径である。正二十角形を例にとれば，§15 の根の一覧表から，

$$2R = 6.39245322, \quad 2r = 6.31375151$$

となる（小数 8 桁目で丸めた）。これは正二十角形の全周 20 に対応する。逆に，円を主体に考えれば，直径 $2R$ の円に全周 20 の正多角形が内接し，直径 $2r$ の円に全周 20 の正多角形が外接している。そこで π を上下から挟む不等式

$$3.16768881 = \frac{20}{2r} > \pi > \frac{20}{2R} = 3.12868930$$

が《自明》のものとして成立している。つまり，3.1 までの数値は《確定》する。関は，《意自ら通ず》と考えて言葉を控えたのかもしれない。

　つぎに，巻四「円理」にうつる。平山氏もしばしば

　《関孝和が「定周となす」と言明した円周率 12 桁の自信が，どこからきたのか？》

を問題にしておられる（3., 解説 p. 183-184; 5., p. 275-276; 13., p. 167-168）。これも，本質において《π を上下から挟む不等式の欠如》と相通ずる疑惑であろう。筆者は，いまからそれに答えようと思う。

　巻四の「求円周率術」において，関はなぜ紋切型のように，

四角	八角
勾, 0.5	勾, 0.1464…
股, 0.5	股, 0.3535…
弦, 0.7071…	弦, 0.3826…
周, 2.8284…	周, 3.0614…

4　関の角術の一解釈（続）

と四つの数値を並べたのか？——その意味を推量すれば，おのずからかれの意図が浮んでくる。右図において，正方形は角中径 0.5 を半径とする円に内接している。したがって，上記の周 2.8284… は，この円の内周と考えられる。では外周はどこにあるか？——正方形は平中径を半径とする円に外接していて，しかも角中径から正八角形の勾 0.1464… を引いたもの（0.5 －勾）が平中径である。したがって，

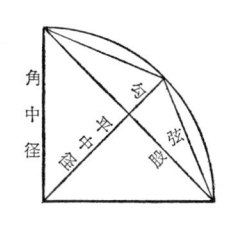

$$外周 = 内周 \times \frac{角中径}{平中径} = \frac{内周}{1-2\times 勾} = \frac{2.8284\cdots}{1-2\times 0.1464\cdots} = 4$$

となる。こうして，不等式

$$4 > \pi > 2.8284\cdots$$

が《自明》のものとして成立している。

　結論を急ごう。筆者『関の求円周率術考（続）』（1., 論叢 308 号）で用いた記号（**p.55**）に合わせ，関の内周の推定値（**p.42**; **p.59**）を再録すれば，

正 2^{15} 角形の内周　$b = 3.14159264\ 87769856\ 70778880$

〃 2^{16} 　〃　　$b' = 3.14159265\ 23865913\ 57140992$

〃 2^{17} 　〃　　$b'' = 3.14159265\ 32889927\ 75864320$

これに対応する外周を，a, a', a'' で表わすことにする。勾は記号を変えてつぎのように書き，関の勾の推定値（1., **p.42**）を再録すれば，

正 2^{16} 角形の勾　　$g' = 0.00000000\ 22979463\ 43554514\ 05$

〃 2^{17} 　〃　　　$g'' = 0.00000000\ 05744865\ 86218663\ 35$

〃 2^{18} 　〃　　　$g''' = 0.00000000\ 01436216\ 46575293\ 015$

g''' は《関の原式》により新たに計算した。こうすれば外周は直ちに求まる：

$$a = b/(1-2g') = 3.14159266\ 32154084\ 17525951$$

$$a' = b'/(1-2g'') = 3.14159265\ 59961970\ 37606750$$

$$a'' = b''/(1-2g''') = 3.14159265\ 41913941\ 95591946$$

外周の値を加速すれば，「求定周」の公式（1., p.57）

$$S = a' + \frac{(a'-a)(a''-a')}{(a'-a)-(a''-a')}$$

によって

$S = 3.14159265\ 35897932\ 49571454$

をうる。また先に求めておいたように，内周の加速値（1., p.58）は，

$s = 3.14159265\ 35897932\ 47497785$

である。明らかに π を上下から挟む不等式：

$S > \pi > s$

が成立している。なお，関の内周の値は《すでに小数 17 桁目以下に超過をもつ》（1., p.58）ので，S も s も同じ桁以下に超過をもつ。いずれにせよ，関は小数 16 桁目（じつは，自己の算出した加速値の超過を知らなかったから 17 桁目）までの円周率の値に，満々たる《自信》をもっていたのである！

(1981年 9 月 9 日記)

文　献

1. 杉本敏夫：ガウスと関の開平（正・続），明治学院論叢，第302・308号，総合科学研究 8・9, 1980.「関の求円周率術(正・続)」と改称。
2. 杉本敏夫：ガウス復元(1)・(2)，明治学院論叢，第283・295号，総合科学研究 3・7, 1979・1980.
3. 関孝和著・平山諦・下平和夫・広瀬秀雄編著：関孝和全集，全1巻，大阪教育図書，1974.
4. 藤原松三郎（日本学士院編）：明治前日本数学史，全5巻，岩波書店。第1巻，1954；第2巻，1956；第3巻，1957；第4巻，1959；第5巻，1960．新訂版，全5巻，野間科学医学研究資料館，1979.
5. 平山諦：関孝和，恒星社厚生閣，初版1959，増補改訂版1974.
6. Euclidis Elementa. 中村幸四郎・寺阪英孝・伊東俊太郎・池田美恵訳・解説：ユークリッド原論，共立出版，1971.
7. 吉田光由著・大矢真一校注：塵劫記，寛永四年(1627)，岩波文庫，1977.
8. 戸谷清一：塵劫記の正八角形の定数四一四二について，数学史研究，通巻63号，1980.
9. 杉本敏夫：ガウスの復活祭公式，明治学院論叢，第318号，総合科学研究11，秋元徹教授定年記念論文集，1981.
10. 荒木俊馬：西洋天文学史，藪内清編『新天文学講座12，天文学の歴史』（I章，p. 19-106），恒星社厚生閣，1964.
11. D.J. Struik (ed.): A Source Book in Mathematics, 1200-1800, Harvard Univ. Press, 1969.
12. 中村幸四郎：近世数学の歴史——微積分の形成をめぐって，日本評論社，1980.
13. 平山諦：円周率の歴史，大阪教育図書，改訂新版，1980.
14. 遠藤利貞遺著・三上義夫編・平山諦補訂：増修日本数学史，恒星社厚生閣，決定第二版，1981.
15. 村田全：日本の数学　西洋の数学——比較数学史の試み，中公新書，1981.

〔要旨〕関の角術の一解釈

1）関の正多角形論である角術について，徹底的な分析を目指した。正多角形内部の線分の諸関係を表す公式を導くため，ユークリッド幾何は抑えて，なるべく和算固有の論法に近づけるため，関の『求積』の中の典型的な図形の性質を用いた。また従来注目されなかった「双弦股の術」を活用した。

2）関の角術は，正多角形の辺と内接円半径《角中径》との関係《角径式》および外接円半径《平中径》との関係《平径式》を，正多角形の弦の諸関係から導いている。筆者はそれらの諸関係を六つの系統にまとめた。ところが従来，筆者が「旗」の公式と名付けた作図題が難解とされ，幾何学的な証明がなかった。筆者が本論文において初めて幾何学的に証明した。

3）諸弦と中心との距離を重ねた積から導かれる基本公式を，関がいかに組み立てたか，関の着想の核心を復元した。角径式と平径式はここから得られる。

4）関の先駆者たちの研究を外観し，正三，六，八角形の求積の問題に角術の由来を尋ねた。星形の図形の場合の，筆者が「子持圭」と名付けた図形が，角術の見通しをよくする。

5）角術の原型として，正五角形と正七角形の場合を多様に検討し，関による他の正奇数角形の角径式の組み立て方を復元した。一般には角径式が容易であるが，正 2^n 角形は逆に平径式のほうが容易であることを発見した。関の角術では正多角形の面積も扱われ，平径式を先立る理由の一つとなる。

6）組み立てられた角径式と平径式を方程式《開方式》と考えて，数値的に根を求める方法は，西欧のニュートン法とホーナー法に相当する。もちろん関は西欧とは独立に中国書から学び，正負の数を統一した代数的処理に改めた。角術はその具体的な応用例である。三次方程式を例として詳細に述べた。

7）筆者は戸谷清一氏から貴重な示唆を受けた。それは数値方程式を逐次解

〔要　旨〕

いていく過程を途中段階で打ち切るとき，末位は種々の値を取りつつ次第に精密な根の値に近づく．関が原文に示した正十四角形の角中径の末位は，奇零表現により 2.246979603太強となっているが，これは根を求める途中段階で打ち切った 2.246979603802 に由来する．根を求める段階を一歩勧めれば，2.246979603717 なる真の根に近い値が得られるから，2.246979603太弱でなければならない．これが戸谷氏の論法である．

8）戸谷氏は従来の奇零表現の《強・弱・微強・微弱》に加え，角術の場合に特有な奇零表現すなわち《太・半・少》と《強・弱》を組み合わせた表現の原則を明らかにし，関の原文のすべての角中径と平中径の値を検算した．

9）筆者は7項と8項の戸谷氏の研究を推し進め，再び関の原文の角中径Rと平中径 r の値をすべて検算した．そして関の原文の値を根の値と比べて関の値が誤りであると決めつける代わりに，根を求める段階を変えることにより関の示した値（奇零表現を含む）に到達する経路があること探した．その結果，十の場合のうち三つ：三r，十一R，十三R は明らかな誤植であり，残る七つの場合のうちの三つ：五R，十六r，二十R は原文を改めるのが適切で，四つ：四R，七R，十四R，十九r は原文の値に到達する経路があることを示した．

10）前項に述べた研究の進め方は，和算の研究方法として重要な意味をもつ．すなわち（特に西欧の立場から）検算を行い，関の原文の値が誤りであると指摘することはたやすい．しかし可能なかぎり《原文尊重》の立場をとって，みだりに《誤字》とは決めつけずに，原文の値に到達する可能な経路を探し求めることは，むしろ原著者の思考の流れを復元する手掛かりとなる．

11）村田全氏『日本の数学　西洋の数学』による，円周率の不必要に多い桁数との批判に対して，和算を擁護した．またπを上下から挟む不等式の欠如という和算への批判に対して，関の内接正多角形の周に角中径と平中径の比を掛ければ外接正多角形の周が得られることを指摘して，村田氏に答えた．

5 孫子の算法

§1. 序 …………… 160
§2. 孫子の算経 …………… 161
§3. 術の根拠 …………… 164
§4. 鍵の発見 …………… 168
§5. 補間の公式 …………… 171
§6. 天文暦法 …………… 173
§7. 上元積年 …………… 174
§8. 秦九詔 …………… 176
§9. ガウス …………… 179
　　文献 …………… 182

§1. 序

　この論文は，数学的思考における，時と所をこえた《動機と着想の類似性》を指摘する，ささやかな試みである。はじめ，藪内清氏『中国の数学』(1.)のなかの「孫子問題」(百五減)と，ガウス『数論考究』(2.)のなかの「ユリウス積年」との類似性の簡単な比較を意図した。ところが，幸い図書室で『中国古代科技成就』なる論文集を手にとり，李文林・袁向東両氏「中国剰余定理」(3.)を見いだしたので，天文暦法にも触れ，とくに秦九詔のすぐれた業績を取りあげることができた。一般教育部図書室が，多方面の専攻領域を集成，開架している長所のおかげである。

　奥行の深い中国文明に開眼してくださった大山正春先生に，この試論をささげる。深表謝忱。

　中国語に不慣れな筆者に，留学前の貴重な時間をさいて，懇切なご指導をたまわった榎本英雄助教授に厚くお礼を申しあげたい。復活祭の公式については，

5　孫子の算法

秋元徹教授のご教示をたまわった。記して感謝する。

§2. 孫子算経

李文林・袁向東両氏の論文「中国剰余定理」(3., p. 111) によると，中国の民衆のあいだに永く伝えられた数学遊戯のなかに，『孫子歌』がある。(右側に大意を示した。)

　　三人同行七十稀　　　三人が七十歳まで共に生きるは稀れ，
　　五樹梅花廿一枝　　　五本の木に廿一輪の梅の花が咲き，
　　七子団円正半月　　　七人の子供が正月十五日（元宵）に団らんする。
　　除百令五便得知　　　百五を引き去れば直ちに答が得られる。

この歌は有名な「孫子問題」の解法を含むが，海をわたり日本にも伝えられた。

「孫子問題」は，中国古代の数学書『孫子算経』（4世紀）のなかに，はじめて記された。(兵法で有名な『孫子』（前4世紀）とはちがう。) その原文は，藪内清氏の『中国の数学』(1., p. 56)のなかに写真復刻されている。ここでは，吉田光由『塵劫記』（江戸時代）の大矢真一氏による翻刻 (4., p. 228-229) に付せられた大矢氏の注のなかから釈文を掲げよう。(答の一行を補った。)

　今、物アリ、ソノ数ヲ知ラズ、三・三トコレヲ数フレバ、アマリ二。五・五トコレヲ数フレバ、アマリ三。七・七トコレヲ数フレバ、アマリ二。問フ、物幾何。

　　答ニ曰ク、二十三ナリ。

　術ニ曰ク、三・三トコレヲ数フルトキノアマリ二ニ一百四十ヲ置キ、五・五トコレヲ数フルトキノアマリ三ニ六十三ヲ置キ、七・七トコレヲ数フルトキノアマリ二ニ三十ヲ置キ、コレヲアハセテ二百三十三ヲ得。二百一十ヲモッテコレヲ減ズレバ、スナハチ得。

　オヨソ三・三トコレヲ数フルトキノアマリ一ナラバ、スナハチ七十ヲ置キ、五・五トコレヲ数フルトキノアマリ一ナラバスナハチ二十一ヲ置キ、七・

七トコレヲ数フルトキノアマリ一ナラバスナハチ十五ヲ置キ、一百六以上
　　　ハ一百五ヲモッテ減ズレバスナハチ得ルナリ。

問，答，術の三部分からなるが，術は《てだて》つまり計算方法であり『塵劫記』では法とも書かれる。

　まず，問の部分を記号で示せば，

$$N=3x+2, \qquad N=5y+3, \qquad N=7z+2$$

という《連立不定方程式》の正の整数解 N を求めることに相当する。もちろん，x, y, z は《不定文字》であって，整数値をとる。答は $N=23$ とあるが，《不定》方程式であるから N は無数の値をとりうるなかで，23 は《正の最小の整数》である。

　さて，答も術も伏せて，問だけ与えられたとき，どのように解けばよいか？——この「孫子問題」に与えられた数値は，幸いに《簡単》だから，試行錯誤により答がすぐ見つかる。もう少し《まし》なやり方は，$3x+2$ で表わされる数が何かを考えることである。それは，

　　　2, 5, 8, 11, 14, 17, 20, 23, ……

そうだ！　初項 2, 公差 3 の算術数列である。同様に，$5y+3$ は，初項 3, 公差 5 の算術数列：

　　　3, 8, 13, 18, 23, ……

であり，$7z+2$ は，初項 2, 公差 7 の算術数列：

　　　2, 9, 16, 23, ……

であることがわかる。三つの数列をくらべれば，共通の 23 が目に入るが，それが求める答 N である。

　李・袁両氏が指摘するように (3., p. 112)，『孫子』はそのようなやり方をしない！　術の前半は，余りが問にいう特別な数：2, 3, 2 である場合の具体的な解法を示し，術の後半は，余りが一般の数として与えられたときの解法を表わしている。N を 3 で割って余り 1 がでるときは数 70 をおくが，上例では

5　孫子の算法

余り2だから70を2倍して140をおく。N を5で割って余り1ならば数21をおくが，上例では余り3だから21の3倍63をおく。N を7で割って余り1ならば数15をおくが，上例では余り2だから15の2倍30をおく。これらを合計すれば，

$$70\times2+21\times3+15\times2 = 140+63+30 = 233$$

つまり233がえられる。この233から105の2倍を引けば，答

$$N = 233-105\times2 = 233-210 = 23$$

がでる。

　この算法は，さいごに105の倍数を引くので，『塵劫記』では「百五減」という。上の解法の威力を見るために，『塵劫記』の数値例を引こう（4., p. 228）。こんどは，与えられた余り：2，1，2である。そこで，

$$N = 70\times2+21\times1+15\times2-105\times1 = 140+21+30-105$$
$$= 191-105 = 86$$

が答である。前半の和が191なので，105の1倍を引けばよい。

　余りが一般に a，b，c と与えられときは，**公式**

$$N = 70a+21b+15c-105n$$

を使えばよい。n は前半の和の大きさにしたがって適当にきめる。

　《数当て》遊びの場面を考えてみよう。出題者は，「いま物があって，その数はわからない。……物の数はいくらか？」と問うて，相手に考えてさせておき，その間にこの公式を使ってすばやく計算し，相手を驚かすことができる。

　解法の《鍵》が，うまい三つの数：70, 21, 15 にあることは明らかである。この《鍵》を記憶するために，前記の『孫子歌』が作られたのであろう。「七十稀」，「廿一枝」，「正半月」がそれである。「正半月」は，榎本氏によれば，旧暦の正月十五日のことであり，「元宵節」をさすのだそうである。また，この歌は，記憶に便利なように定型詩の形をとり，きちんと韻をふんでいるという（私信）。もちろん，歌としては特別な意味をもたず，

3なら70, 5なら21, 7なら15をおけ。あとで105を引けばよい。
ぐらいの内容である。（日本式にやるならば，あらたに七五調の歌を工夫せねばなるまい。）

日本での受容

中国の数学書は，すでに平安朝に伝えられている（1. 藪内, p. 64-65； 9. 藪内, p. 40）。『孫子算経』については，天禄元年(970)に源為憲が著した『口遊』に，『孫子』と同種の問題が採録されている（1. 藪内, p. 57）。『孫子』には，「百五減」という名称は見えないが，室町時代，虎関師錬(1278-1346)の著した『異制庭訓往来』に挙げられた数学遊戯のなかに「百五減」の名称がある（4. 大矢注, p. 228-229）。日本の民衆のあいだに普及したのは，吉田光由の『塵劫記』(4.)の大きな流行（初版，寛永四年(1627)）によるものであろう。

§3. 術の根拠

『孫子算経』の術は，まことにうまい計算方法であるが，《なぜ》このように解けばよいのか，どこから《鍵》の数：70, 21, 15がでてくるのか，その《からくり》を教えてくれない。李・袁両氏は，この問題を《連立一次合同式》と同値だとして，現代数論の立場から説明する（3., p. 111-114）。ニーダム(5., p. 131-135)も，同じく《不定解析》として，現代的に解説する。

筆者は，論文「ガウス復元(1)」(6.)および続稿「ガウス復元(2)」[#26]において，《合同式》を表面にださずに数論の基礎を扱った。合同式を使えば，扱いが《きれい》にいく。しかし，「孫子問題」つまり「百五減」の範囲なら，合同式を使わなくとも解説できると考えた。しかし，この論文の趣旨から考えて，あまりごたごたとした数論の展開は望ましくない。詳細は続稿にゆずり，ここでは上記の《からくり》を大筋において説明しようと思う。（数式が煩わしければ，小字の部分を飛ばしてもさしつかえない。）

「孫子問題」の問は，前述のように，つぎの三つの不定方程式①，②，③を同時にみたす N を求めることである。右側に，この問題を一般化した式を書いておいた。

5 孫子の算法

① $N = 3x+2$ $N = Ax+a$
② $N = 5y+3$ $N = By+b$
③ $N = 7z+2$ $N = Cz+c$

一般化した問題においては，つねに**仮定**

「定数 A, B, C は，二つづつ互いに素である。」

をおく。

現代数論においては，この定数を《法》modulus とよぶ。これはガウスの発明である（2.『数論考究』2節）。上記の仮定をはずしても，ある範囲までは問題が解けることが知られているが，それは煩瑣である。この論文では，つねにこの仮定をおく。さて『孫子』では，A, B, C は 3, 5, 7 といずれも素数であるから，自動的に仮定はみたされている。仮定にいう「二つづつ互いに素」とは，A, B, C が合成数であってもよく，二つづつ組合わせたとき，それぞれ互いに共通な約数をもたないことをいう。

この節では，問題を解く一つの方法——それを**第一解法**と名づける——を紹介する。それは前段・後段にわかれるが，いずれも**定理**

「A と B が互いに素ならば，不定方程式

④ $Ax = By+d$

は必ず解ける。つまり，この不定方程式をみたすところの整数の組 x, y が必ず存在する。」

が根拠となっている。

解法の前段　問題を解く第一歩は，三つの式のうちの二つ，たとえば①と②を組合わせて，

$$3x+2 = 5y+3$$

から，二つの不定文字を含む方程式

④ $3x = 5y+1$ $Ax = By+d$

を作ることである。ただし，右側の式では $d=b-a$ である。上記の定理によって，④をみたす整数の組 x, y が必ず見つかることが保証されている。④の数値例では，一見して

$$x = 2, \quad y = 1$$

とおけばよいことがわかる。A, B がこの例のように《簡単》な数の場合は，たいてい試行錯誤により x, y を求めることができる。しかし，A, B が大きな数になると，もはや試行錯誤ではかなわない。④を解くための，一般的な解法が要求される。（定理は，解の存在を保証するだけであり，解法までは述べていない。）この一般解法については，続稿「ガウス復元（2）」にゆずる。そこでは，いくつかの解法が扱われる予定である。[#27]

上例では，ともかくも $x=2, y=1$ という整数解がえられる。ところが《不定》方程式では，整数解はこの一組だけとはかぎらない。（こんどは一見しただけでは見つけにくいが）

$$x=7, \quad y=4$$

という組もまた整数解である。じっさい

$$3\times 7 = 5\times 4+1$$

だからよろしい。上の**定理の系**はいう。

「不定方程式④をみたす一組の解

$$x=g, \quad y=h$$

が見つかれば，そのほかの解の組は，t を一つの不定文字（変数）として，

$$x=Bt+g, \quad y=At+h$$

である。」

t が 0 のときが $x=g, y=h$ であり，t を 1, 2, 3, …… と究えれば《無数》の解の組がえられる。$x=7, y=4$ は，$t=1$ なる場合にほかならない。解がただ一組だけと限定されないところから，《不定》なる言葉が生じた。

「孫子問題」に戻ろう。われわれは，前段を解くことができる。上の系の $x=Bt+g$ を，元の式①に代入すると

$$N = Ax+a = A(Bt+g)+a = AB\cdot t+(Ag+a)$$
$$N = 3x+2 = 3(5t+2)+2 = 15t+8$$

がえられる。前段を**まとめ**ていえば，つぎのとおり。

「二つの不定方程式

① $\quad N=3x+2 \qquad N=Ax+a$
② $\quad N=5y+3 \qquad N=By+b$

を同時にみたす答 N は，t を不定文字として

⑤ $\quad N=15t+8 \qquad N=AB\cdot t+e$

で与えられる。」

ただし，右側で $e=Ag+a$ とおいた。N は，初項 8，公差 15 の算術数列：

$$8, 23, 38, \cdots\cdots$$

5 孫子の算法

のなかの，どの数でもよい。もしも，N を正で最小な整数に限定すれば，前段の答は 8 となる。

解法の後段 つぎは，いま求めた⑤を，さきに残した③と組合わせて，二つの不定方程式

③　　$N = 7z+2$　　　　$N = Cz+c$
⑤　　$N = 15t+8$　　　$N = AB \cdot t + e$

を同時にみたす答 N を求めることが目標である。前段の経験により，もはや容易である。③と⑤を組合わせて，

$$7z+2 = 15t+8$$

から，二つの不定文字を含む方程式

⑥　　$7z = 15t+6$　　　$Cz = AB \cdot t + f$

が作られる。ただし，右側で $f = e-c$ である。ところが，仮定により，A と C，B と C がそれぞれ互いに素であるから，AB と C も互いに素である。よって，上記の定理の仮定はみたされて，⑥をみたす整数の組 z, t が必ず存在する。

すぐに一つの解の組

$$z = 3, \quad t = 1 \qquad z = j, \quad t = k$$

が見つかる。上記の定理の系により，一般の解の組は，u を一つの不定文字として

$$z = 15u+3, \quad t = 7u+1 \qquad z = AB \cdot u + j, \quad t = Cu+k$$

の形になる。「孫子問題」に戻れば，$z = AB \cdot u + j$ を③に代入して，

$$N = Cz+c = C(AB \cdot u + j) + c = ABC \cdot u + (Cj+c)$$
$$N = 7z+2 = 7(15u+3) + 2 = 105u+23$$

となる。$u=0$ とおけば『孫子』の答 $N=23$ がえられる。N は，初項 23，公差 105 の算術数列：

$$23, \ 128, \ 233, \ \cdots\cdots$$

のなかのどれでもよい。前節の計算の途中にでてきた 233 もここに登場する。そこで N を《正で最小な整数》に限定するとき，「百五減」しなければならず，答は 23 となるわけである。

解法の後段を**まとめ**ておこう。$r = Cj+c$ とおいて

「二つの不定方程式

③　　$N = Cz+c$　　　　$N = 7z+2$
⑤　　$N = AB \cdot t + e$　　$N = 15t+8$

を同時にみたす答 N は，u を不定文字として

⑦　　$N = ABC \cdot u + r$　　$N = 105u+23$

で与えられる。」

以上の第一解法の筋道を図式化すれば，つぎのとおり。

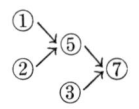

$$\begin{array}{c} ① \searrow \\ ② \rightarrow ⑤ \searrow \\ ③ \nearrow \quad ⑦ \end{array}$$

上記の定理を二度用いて，⑦に到達した。この方法は，ガウスが『数論考究』32節〜35節で述べた方法である。<u>考え方の大筋として，きわめて自然な方法である</u>と思われる。（ただし，ガウスは，A, B, C が二つづつ互いに素でない場合も含めて，詳細に論ずるので，かなり煩瑣である。かれ自身もいうように，二つづつ互いに素なる場合に限定するほうが簡明である。）

§4. 鍵の発見

前節の第一解法では，前段⑤のところに，t の係数として《鍵》の一つ 15 が登場した。そのほかの《鍵》 70 と 21 はでてこなかったではないか！　これではまだ，『孫子』の術の《からくり》が解明されたとはいえない。

それは，ガウスの**第二解法**，つまり『数論考究』36節の方法によって与えられる。後述の秦九韶は，じつにガウスよりも 500 年以上も昔に，この第二解法に到達した。この方法は，三つの不定方程式①，②，③を《同時》にみたす N を《一挙》に求めてしまう，<u>はなはだ巧妙な方法である</u>。こんども，A, B, C が二つづつ互いに素であるという仮定をおく。

　　簡単な例　　第二解法を直接述べるまえに，一度簡単な例により，その《着想》を説明する。前節の「解法の前段」から例を引こう。そこでは，二つの不定方程式
　　①　　　$N = 3x + a$
　　②　　　$N = 5y + b$
を同時にみたす解として，一つの不定方程式
　　⑤　　　$N = 15t + e$
を導いた。第二解法の《ねらい》は，余り a と b をそのまま保存しておいて，うまい係数 10 と 6 を見つけて
　　⑧　　　$N = 15t + 10a + 6b$

5 孫子の算法

の形に書くことである。式⑧は二様に書きなおすことができる。
$$N = (15t+9a+6b)+a$$
$$N = (15t+10a+5b)+b$$
上の式から「N を 3 で割ると余りが a になり」，下の式から「N を 5 で割ると余りが b になる」ことが，ただちにわかる。では，どこからこんな《うまい》係数 10 と 6 を見つけたのか？——この係数は，つぎの特別な性質をもつように選ばれたのである。

	3 で割ると	5 で割ると
10……	余り 1	余り 0
6 ……	余り 0	余り 1

そこで，第二解法の《核心》は，いかにしてこの特別な性質をもつ係数を求めるか，にかかっている。

ところが，上の表にいう条件は不定方程式に書き表わすことができる。まず 10 のほうについていえば，3 で割ると 1 余るのだから $3j+1$，5 で割り切れるから $5k$ の形をとる。そこでまとめて

⑨　　　$3j+1 = 5k$

がえられる。3 と 5，一般には A と B は互いに素であると仮定したから，前節の定理によって解をもつ。上例は
$$j=3, \quad k=2$$
なる正数解をもつ。それを用いて
$$10 = 3\times3+1 = 5\times2$$
が求められる。つぎに 6 のほうも同様に

⑩　　　$5j+1 = 3k$

なる不定方程式をみたす解
$$j=1, \quad k=2$$
から求まる。
$$6 = 5\times1+1 = 3\times2$$

『孫子』の場合　われわれは前節で，三つの不定方程式

①　　　$N = 3x+a$
②　　　$N = 5y+b$
③　　　$N = 7z+c$

を同時にみたす解として，一つの不定方程式

⑦　　　$N = 105u+r$

を導いた。(その途中で，不定方程式⑤を導いたが，いまそれは不要である。)

第二解法の《ねらい》は，上の簡単な例から類推できるとおり，余り a, b, c をそのまま保存しておいて，うまい係数 α, β, γ を見つけて，

⑪　　　$N = 105u + \alpha a + \beta b + \gamma c$

の形に書くことである。結果をあらかじめ述べれば，

$$\alpha = 70, \quad \beta = 21, \quad \gamma = 15$$

となる。そこで上の⑪は，数値的には

⑪　　　$N = 105u + 70a + 21b + 15c$

となる。これは三様に書きなおすことができる。

$$N = (105u + 69a + 21b + 15c) + a$$
$$N = (105u + 70a + 20b + 15c) + b$$
$$N = (105u + 70a + 21b + 14c) + c$$

上の式から「Nを3で割るとaが余り」，中の式から「Nを5で割るとbが余り」，下の式から「Nを7で割るとcが余る」ことが，ただちにわかる。

　上の数値的な式⑪は，《なぜ》三様に書きなおすことができるのか？——それは，《うまい》係数を選んだから。では《どこから》その係数を見つけたのか？——それは，α, β, γ が，つぎの特別な性質をもつように選ばれたからである。

	3で割ると	5で割ると	7で割ると
α ……	余り 1	余り 0	余り 0
β ……	余り 0	余り 1	余り 0
γ ……	余り 0	余り 0	余り 1

それゆえ，これらの特別な性質をもつ係数 α, β, γ を求めることが，第二解法の《核心》となる。

　しかし，これも容易である。まず，α を求める方法を探そう。上の表で，α に要求されている条件は，三つの部分からなる。あとの二つは，「5でも7でも割り切れること」を意味するから，まとめて「積35で割り切れること」が条件である。これとはじめの条件「3で割ると1が余ること」と組合わせると，一つの不定方程式

⑫　　　$3j + 1 = 35k$ 　　　$Aj + 1 = BC \cdot k$

が成立する。右側の式で，A と B，A と C がそれぞれ互いに素であると仮定したから，A と BC は互いに素である。そこで，前節の定理の仮定が成立して，⑫は必ず解けることが保証される。

　数値例は，容易に

$$j = 23, \quad k = 2$$

とおけばよいことがわかる。係数 α は，こうして求まる。

$$\alpha = 3 \times 23 + 1 = 35 \times 2 = 70$$

ここでは，不定方程式⑫の解だから，23, 2 という数の組を求めた。目的を「α を求めさえすればよい」と限定するならば，どうにかして k のほうだけを求めればよい。

5 孫子の算法

同様に考えて，不定方程式

⑬ $\quad Bj+1 = AC \cdot k$

を解くことにより，$\beta = 21$ を，不定方程式

⑭ $\quad Cj+1 = AB \cdot k$

を解くことにより，$\gamma = 15$ をうる。

以上により，『孫子』の術の《からくり》が明らかになった。第二解法の大筋を**まとめ**ておこう。

「問は，三つの不定方程式

① $\quad N = Ax + a$

② $\quad N = By + b$

③ $\quad N = Cz + c$

を《同時》にみたす答 N を求めよ，という。A, B, C には，二つづつ互いに素，という条件が仮定されている。術の《核心》は，上記の表の条件をみたす《うまい》係数 α, β, γ を求めることである。この条件は，⑫，⑬，⑭の三つの不定方程式に表わせるから，これを解いて α, β, γ が求まる。さいごに

⑪ $\quad N = ABC \cdot u + \alpha a + \beta b + \gamma c$

の形に導く。」

「孫子問題」では，（暗黙のうちに）正の最小の整数 N を求めているから，u に適当な負の数を入れ「百五減」して，条件にあう N を答とすればよい。

§5. 補間公式

「孫子問題」の解を，われわれは前節末で式⑪の形に書いた。これはむしろ，ガウスの第二解法の表記に近い。李・裘両氏は，後述の秦九韶の表記にあわせて，つぎの⑯の形に書く (3., p. 113)。A, B, C が二つづつ互いに素なるとき，その積を

⑮ $\quad M = A \cdot B \cdot C$

とし，さらに，《乗率》k, l, m を用いて

⑯ $\quad N = a \cdot k \dfrac{M}{A} + b \cdot l \dfrac{M}{B} + c \cdot m \dfrac{M}{C} - nM$

と書く。⑪との連絡は
$$\alpha = k\frac{M}{A}, \quad \beta = l\frac{M}{B}, \quad \gamma = m\frac{M}{C}, \quad ABC \cdot u = -nM$$
である。「孫子問題」の答としては，⑯のほうが適切かもしれない。数値例では
$$k = 2, \quad l = 1, \quad m = 1$$
である。これらの《乗率》は，余り a, b, c とは《無関係》に，定数 A, B, C によって一意にきまる。この点に注意を与えておく。

「孫子問題」の問を，

「定数 A のところで値 a をとり，定数 B のところで値 b をとり，定数 C のところで値 c をとるような，a, b, c に関する整数値関数 N を求めよ。」

と述べかえると，《補間公式》との類似性に気がつく。

いわゆるラグランジュの補間公式は，

「点 $x = A$ において値 $y = a$ をとり，点 $x = B$ において値 $y = b$ をとり，点 $x = C$ において値 $y = c$ をとるような，x に関する多項式 y を求めよ。」

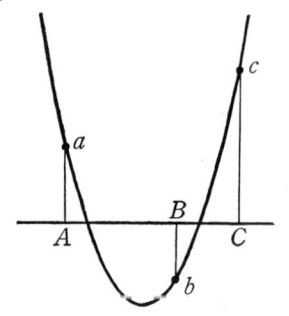

という問に答えるものである。こんどは，x も y も一般に《実数》の値をとるものとする。これは，図では，与えられた三点を通る放物線（二次関数）を求めることに相当する。その解は

$$y = a \cdot \frac{(x-B)(x-C)}{(A-B)(A-C)} + b \cdot \frac{(x-A)(x-C)}{(B-A)(B-C)} + c \cdot \frac{(x-A)(x-B)}{(C-A)(C-B)}$$

である。

この補間公式の《着想》は，

$$\alpha = \frac{(x-B)(x-C)}{(A-B)(A-C)}, \quad \beta = \frac{(x-A)(x-C)}{(B-A)(B-C)}, \quad \gamma = \frac{(x-A)(x-B)}{(C-A)(C-B)}$$

とおくとき，これらの α, β, γ が

	点 A で	点 B で	点 C で
α ……値	1	0	0
β ……値	0	1	0
γ ……値	0	0	1

をとるように，巧妙に作られていることである。前節 p.170 の α, β, γ についての表と比較すれば，その類似性は明らかである。また

$$M = (x-A)(x-B)(x-C), \quad k = \frac{1}{(A-B)(A-C)},$$
$$l = \frac{1}{(B-A)(B-C)}, \quad m = \frac{1}{(C-A)(C-B)}$$

とおいて，上の補間公式を
$$y = a \cdot \frac{kM}{x-A} + b \cdot \frac{lM}{x-B} + c \cdot \frac{mM}{x-C}$$
と書けば，p.171 の式⑯との類似性はいっそう明白となる。「孫子問題」は，ある意味で，数論における《補間公式》を求めているのだ，と考えてもよい。

われわれは，これまでの推論で，つねに《三つの》不定方程式を連立させることに終始した。これは，推論の筋道を直観的に把握するのに十分なていどの《典型的》な場合を扱おうとしたからである。原理的には，補間すべき点がもっと多くとも，同様な推論が成立する。われわれは，いわゆる《準一般的》な推論の方法をとったのである。この点については，「ガウス復元(1)」(6., p.13, p. 18) を参照のこと。

§6. 天文暦法

「孫子問題」の背景を考えるまえに，古代中国の天文暦法についての概観を述べる。能田忠亮氏 (7., p. 93-107)，藪内清氏(8., p. 3-18; 9., p. 7-94; 10., p. 1-67)，ニーダム (11., 18-40) などを参照し，その要点のみ摘記する。

『尚書』「堯典」には，日・月・星の運行から暦をつくり，人民に時を授けたこと，1年を366日とし，閏月を立て，四季を定めたこと，などが見える。《閏月》をおくことは，太陰太陽暦の採用を意味する。《観象授時》つまり天象を観察し人民に農事暦を授けることは，天子の重要な務めである。もちろん，堯は伝説上の帝王であるから，太古のこととはいえても，《いつ》とは定めがたい。

今世紀，殷墟の発掘は，多数の甲骨の出土をもたらし，その上にほられた古代文書《甲骨文》の解読は，古典つまり文献にいう史実を裏づけた。殷王朝は，前16世紀のころにはじまるが，甲骨文による暦日資料は，前14世紀まで遡りうるという。殷代の日付の記し方は十干・十二支によるものであり，十日ごとを区切る《旬》も用いられ，月食の記載もある。

古代の農耕社会にとって，農事を決める暦の作成と治水の事業が，支配者に天から与えられた課題であることはいうまでもない。天文学の誕生とその発展をうながした要因の一つは，このような実用面からの要請であった。しかし，複雑な自然現象のなかでも天体運行の法則性は《天》の摂理の現われであり，異常な天体現象は人間の運命を《天》が支配するという思考をもたらした。ここから《占星術》が生まれるが，中国における特色は，《公的》占星術つまり天象によって国や天子の運命を予言するものが中心をなした。この占星術が，天文学の発展をうながした，いま一つの要因である。(上記の甲骨文の内容も，《まつりごと》の吉凶をうらなう記事が大半をしめる。)

　中国における《革命》の思想は，王朝の交替を正当化した。徳を失った支配者は，天命によって，すぐれた徳をもつ支配者にとって代わられる。新しい支配者は，《受命改制》つまり革命にともなって制度を改めるという思想にのっとり，とくに改暦を実施した。画期的なのは，漢の武帝による《太初暦》（前104）の制定，《渾天儀》（天文観測器）の導入，そして国立天文台の組織の確立の三つであり，とくにそれ以後，二千年にわたって国立天文台が（王朝交替にも引継がれ）存続したことは，世界にまったく類例をみない。

　中国の天文暦法の《公的》な性格は，歴代の《正史》に，律暦志・暦志・天文志と名称はちがうが，《志》として取りいれられたところにも表われている。

　中国の政治組織や社会機構の原型は漢代に確立し，王朝交替によっても引継がれ，外国からの影響もほとんどなく，清末まで保たれた。そこでは，官僚である天文学者において進取の気象に乏しく，天文学もついに暦法の分野に局限される結果となった。

§7. 上元積年

　「孫子問題」が4世紀の数学書『孫子算経』のなかに登場したことは，<u>偶然ではない</u>。李・袁両氏は，《不定方程式》の解法が，天文暦法上の必要にせま

5 孫子の算法

られて進展したこと，いわゆる《上元積年》の計算と密接な関係があることを指摘する (3., p. 114-116)．

一つの暦法は，一つの起算点《暦元》または《上元》を規定しなければならない．魏代の《景初暦》(237)を例にとると，この暦法は「冬至と朔旦（つきのついたちの子（ネ）の刻——まよなか）と甲子（キノエネ）の日の零時の三点が会合する時刻をもって暦元とする」と規定した．当年つまり景初元年の冬至は，暦元から年数を累積していって，何年目にあたるか？——それが《上元積年》である．下図のように，一回帰年を $A\left(365\frac{455}{1843}日\right)$，干支の周期を $B(60日)$，当年の冬至と最近の甲子の日の零時との距りを b（日），求める積年を x（年）とすれば，不定方程式

$$Ax = By + b$$

が成立する．一朔望月（つきのみちかけ）の日数を $C\left(29\frac{2419}{4559}日\right)$，当年の冬至と平朔の時刻（つきのついたち）との離りを c（日）とすれば，不定方程式

$$Ax = Cz + c$$

が成立する．この二つの不定方程式を連立させて解くときの答 x が，求める《上元積年》となる．A と C の数値は，藪内氏の「諸暦の基本定数」の表(8., p. 343-345) より引用した．

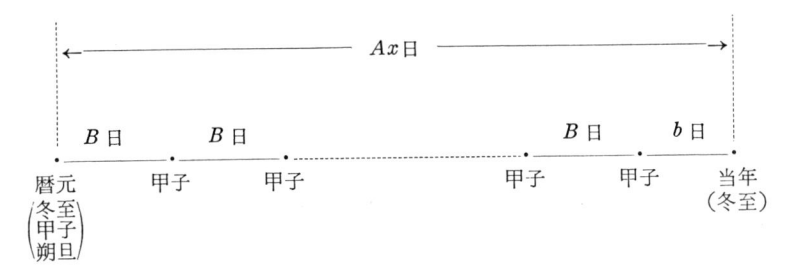

```
←―――――――――― Ax日 ――――――――――→
  B日    B日              B日    b日
暦元   甲子   甲子        甲子   甲子   当年
冬至                                   (冬至)
甲子
朔旦
```

南北朝の時代の，祖沖之（430-510ごろ）の《大明暦》(462)では，暦元にさらに「《日月合璧，五星聯珠》（日・月・五大惑星が同一の方向にそろうこと）および《月》がある特定の位置をしめること」などの条件——気の遠くなりそうな満

款のごとき整合——を要求した。十個の連立不定方程式を解くことに相当するという。$A\left(365-\frac{9589}{39491}\text{日}\right)$, $C\left(29-\frac{2090}{3939}\text{日}\right)$ と定数もかなり複雑になる。

『孫子算経』が書物になった前後の，魏・晋・南北朝の時代には，中国の天文暦算家は，こうした複雑な連立不定方程式を解く能力があったはずであり，その計算方法を完全に掌握していたにちがいない。これより以前，漢代の天文暦算家も，積年の方法を知っていたが，当時の天文観測の精度から考えると，もっと簡単な数値を利用したはずであり，不定方程式もさほど複雑ではなかったであろう。《三統暦》（前1世紀）の上元積年の計算はわずかの試算で求まるていどのものであった。しかし，時代が下るほど，天文観測の精度は高まり，暦法にはさらに精密さが要求され，不定方程式も複雑なものとなり，天文暦算家は不定方程式の《一般的な》計算方法を探索せざるをえなかった。『孫子』の算法は，これらの事実の反映と考えられる。これが李・袁両氏の説（3., p. 114-116）の紹介である。

なお，《三統暦》の積年の計算については，藪内氏の『漢書』「律暦志」の訳注（9., p. 458）に，不定方程式とその答（積年）が示されている。

§8. 秦九韶

『孫子』の算法にたいする多くの天文暦算家の努力の末，13世紀になると，これまでの方法を集大成して，一次不定方程式《論》を完成させた偉大な数学者が現われた。

秦九韶，字は道古，生歿年は不明，13世紀の南宋の時代に生きた。四川の奥地に生まれた秦は，幼いときから数学を好み，若いころ杭州にゆき，天文台の役人から天文暦法を学んだ。モンゴルの勢力が四川を奪うと，秦は長江下流に逃れて，宋朝の役人となった。永年の蓄積と苦心の研鑽をへて，傑作『数書九章』十八巻（1247）を書きあげたが，秦の独創性を発揮したのは高次方程式の数値解法と不定方程式論の二つである。この論文では，後者のみ取りあげる。

5 秦子の算法

秦の経歴などは，李・袁両氏（3., p. 116-119），藪内氏（1., p. 75-76; p. 95-99），ニーダム（5., p. 50-53）を参照した。

秦は『数書九章』のなかで，明確かつ系統的に連立一次不定式を解くための《一般的な》計算順序を述べた。秦の方法は，まさしく『孫子』の算法（第二解法）であるが，かれが扱ったのは，はるかに複雑な問題であり，定数が二つづつ互いに素でない場合をも含み，余すところなくこれを解いた。ここに見られる系統的な論理，周密な考察は，今日の眼にも十分耐えるものであり，秦のすぐれた数学能力と計算技巧を十分に示している。

『孫子』の算法は，§4 末のまとめ (p.171) のところで述べたように，連立不定方程式の解法を，つぎの形の不定方程式に帰着させるものである。（⑬，⑭も同様だが，省略する。）

⑫ $\quad Aj+1 = BC \cdot k$

《定数》A, B, C が二つづつ互いに素であるとき，その積を

⑮ $\quad M = A \cdot B \cdot C$

と書けば，⑫は

⑰ $\quad Aj+1 = k \cdot \dfrac{M}{A}$

と書きなおせる。秦の算法では，この《乗率》k を求めることが《核心》である。定数も乗率も，じつは秦の用語である。

秦の算法の要点は，こうである。$\dfrac{M}{A} = BC$ を G と書けば，ふつうは $G > A$ である。そこで，秦はまず G を A で割って，余り g を求める（$g < A$）。秦は g を《奇数》とよんだ。したがって，不定方程式⑰は

⑱ $\quad Aj+1 = k \cdot g$

でおきかえても同値である。つぎには，不定文字 j, k を含む不定方程式⑱を解かなければならない。その算法の特徴は，A と g を相互に割っていくと，さいごの段階で《余り1》がでるところにある。そこで，秦はその算法を《大衍求一術》と名づけた。余りが1になるところまで求めていくから，求一術である。大衍の意味については，秦は『周易』のなかの《大衍之数》にこじつけた。

秦九韶の時代（13世紀）には，計算はまだ《算籌》（日本では《算木》）を《算盤》（小さな四角の板）の上に並べておこなった。位取りは，一位は縦，十位は横，百位は縦，千位は横，……と，算籌を縦横交互にならべることによって区

別される。たとえば

   2673 は ＝丅⊥Ⅲ

で表わされる。十位の7は⊥であるが，一位に7がくるときは丅となる。空位を表わす〇の記号は，秦の『数書九章』のなかではじめて印刷されたという。「孫子歌」の

   百令五 は Ⅰ〇ⅠⅠⅠⅠ

で表わされるわけである。『孫子算経』の時代（4世紀）には，〇印をおくべき位を，空白のまま残したようである (5., p. 13-27)。

秦九韶の計算過程を，一つの数値例によって示すことにする。《定数》$A = 159$，《奇数》$g = 46$ としよう。計算の各段階は，つぎの図の右側に解説した。はじめ，左上に1をおくが，秦はそれを《天元一》とよんだ。あとは，交互に右側の上と下を，つねに小さな数で大きな数を割り，えられた商を左上（または左下）に掛けあわせて

天元…	1	46	…奇
		159	…定

まず天元（左上）に1, 右上に《奇数》46, 右下に《定数》159 をおく。左下は空白のまま。

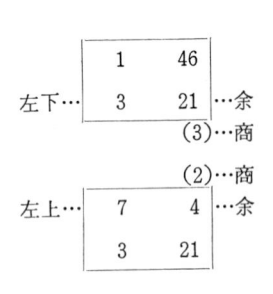

 | | 1 | 46 |
--- | --- | --- | ---
左下… | 3 | 21 | …余
 | | (3) | …商

$159 \div 46$ ……商 3, 余り 21。
商×天元を左下に加えこむ。
$3 \times 1 + 0 = 3.$

		(2)	…商
左上…	7	4	…余
3	21

$46 \div 21$ ……商 2, 余り 4。
商×左下を左上に加えこむ。
$2 \times 3 + 1 = 7.$

 | | 7 | 4 |
--- | --- | --- | ---
左下… | 38 | 1 | …余
 | | (5) | …商

$21 \div 4$ ……商 5, 余り 1*。
商×左上を左下に加えこむ。
$5 \times 7 + 3 = 38.$

		(3)	…商
左上…	121	1	…余
38	1

$4 \div 1$ ……商 3, 余り 1**。
商×左下を左上に加えこむ。
$3 \times 38 + 7 = 121.$

左上が求める《乗率》$k = 121$ である。

5 孫子の算法

左下(または左上)に加えこむ。これをずっと続けていき,右上に1が現われたら止める。
　以下,奇数という言葉は,秦の意味でなく,ふつうの意味(偶数と対になる奇数)に用いる。まず,右上に1が現われたとき(それは割り算を偶数回おこなったときであるが),商×左下を左上に加えこむと,でき上った左上が求める《乗率》kである。
　ところが,右下に1が現われたとき(それは割り算を奇数回おこなったときであるが),その先の手順がちがう。じつは,図の場合がそれであり,割り算3回目に余り1がでた(*印)。このときはもう一度割り算をおこなわなければならない。ただし,この割り算はふつうのやり方で 4÷1 商4,余り0とは計算しない。《形式的》に余りが1になるように, 4÷1 商3, 余り1と計算する(**印)。あとは,商×左下を左上に加えこむと,でき上った左上が求める《乗率》kである。図の例では,$k=121$ となる。
　さて,求まったkは
$$159\times 35+1 = 121\times 46 \ (=5566)$$
であるから,p.177 の不定方程式⑱をみたすことがわかる。($j=35$ は不要だが,確認のために示した。)

　秦九韶は,『数書九章』のなかで,この「大衍求一術」を,工事,賦役,軍隊などの実用問題に応用してみせた。しかし,秦の経歴のところで見たように,「大衍求一術」は,かれ以前の天文暦法における《上元積年》の計算方法を総括した結果であると考えられ,かれの動機も暦法への応用にあったにちがいない。
　以上,数学的な内容は,主として李・袁両氏の論文 (3., p. 116-119) を紹介した。ただし,数値例は(そこに掲げられたものは,数1が多く登場して前後の関係がつかみにくく)筆者があらたに計算したものを示した。

§9. ガウス

　秦九韶の「大衍求一術」は,あまりに時代を超越した高度な内容であったので,同時代人にも十分理解されなかった模様である。その後,ほとんど顧みられず,ようやく清代にいたって再評価された。西欧に秦の業績が紹介されたの

は，19世紀，イギリス人宣教師ワイリの『中国科学摘記』(1852)によってである。秦の業績は，多くの西欧の学者の注目を引き，その評価も高い。『孫子』の算法を一般化したものが，《中国剰余定理》Chinese remainder theorem とよばれるのは，これによる。

さて，西欧で，連立一次不定方程式の本格的な研究がおこなわれたのは，18世紀のオイラー，18世紀末のガウスによるものである。かれらは，もちろん，500年以上も昔に，それも遠隔のくに中国において，こうした立派な研究がなされていたとは，つゆ知らなかった。オイラーやガウスの研究は，かれらの独創である。以下，ガウスに限定して，かれの研究の動機とその着想が，いかほど秦と類似しているかを述べることにしたい。

ガウスの『数論考究』(2.)における，連立一次不定方程式の研究は，すでに§3〜§4で詳細に紹介した。興味深いのは，その動機である。ダニングトンはいう。

「ガウスのヘルムシュテット滞在〔1798-9年〕の成果の一つは，有名な復活祭の公式であった。ガウス自身の話によると，母は彼が生まれた正確な日を教えることができなかったという。彼女が覚えていたただ一つのことは，それはキリスト昇天祭の8日まえの水曜日であったというだけである。これがもとで，ガウスは復活祭の公式を探索しはじめたのである。」(12., p. 64)

『数論考究』の印刷が完了したのは1801年であるが，連立一次不定方程式（ガウスの表現では《連立一次合同式》）を扱った第二編は，すでに1795年ごろには完成していたという推論を，筆者は「ガウス復元(1)」(6., p. 5-7)で述べた。ガウスの数論の目標の一つが，暦法上の問題への応用を目指したことは確実である。とくに，自分の誕生日を定めることは切実であり，そこから復活祭の公式にまで及んだのであろう。[#29]

復活祭は，《春分後の満月の次にくる日曜日》と決められている。七曜は，平年なら1日，閏年なら2日ずれるだけだから簡単である。復活祭の日の決定

5 孫子の算法

の困難さは，太陽暦の《春分》と太陰暦の《満月》が，それぞれ固有の周期をもって，年ごとに移動することが原因である。この年ごとに移動する復活祭が規準になって，そのほかの移動祝日がいっせいに移動する。たとえば，昇天祭は復活祭の39日後と決められている。復活祭の公式が必要な理由は，ここにある。この問題の詳細は，また別の機会にゆずる。[#30]

ガウスは，『数論考究』36節で，第二解法を説明した。かれは不定方程式

⑫　　　$Aj+1 = BC \cdot k$

を，法Aについての合同式によって表わすから，⑫は合同式

$$BC \cdot k \equiv 1 \pmod{A}$$

と同値である。かれは，この合同式の解kを

$$k \equiv \frac{1}{BC} \pmod{A}$$

と書く。さらに，《係数》αをBCとkのふつうの積

$$\alpha = BC \cdot k$$

によって定める。つぎの引用において，$BC=19\times28=532$，$A=15$ だから，$k=13$，$\alpha=532\times13=6916$ である。βやγも，同様な方法で求める。

⑪　　　$N = \alpha a + \beta b + \gamma c + ABC \cdot u$

は合同式表示では

$$N \equiv \alpha a + \beta b + \gamma c \pmod{ABC}$$

である。これにより，さいごにNが求まる。⑪のuは，適当な負の数をえらんで，Nが正の最小の整数になるように調整する。

つぎはガウス『数論考究』36節の後半である。〔　〕内は，筆者による敷衍である。

「……この〔第二〕解法は，法〔即ち定数〕A，B，C 等の値が不変で，随て α，β，γ 等が一定に保たれる時，即ち同様な種類の問題を幾度も解かねばならぬ時，前述の〔第一〕解法よりも優れてゐる。この応用は，以下の暦法上の問題に於て生ずる。ローマ徴税周期，太陰章(金数)，太陽章が与へられたる場合，ユリウス積年を求めよ。この問題に於ては，$A=15$，$B=19$，$C=28$．処で，式 $\frac{1}{19\cdot28} \pmod{15}$ 即ち $\frac{1}{532} \pmod{15}$ の値は 13 であり，由てαは 6916 である。同様にして，βは 4200，γは 4845 を得る。

随て，求むる数は，数 $6916a+4200b+4845c$ の最小剰余に等しい。但し，a は〔当年の〕ローマ徴税年，b は〔当年の〕太陰章，c は〔当年の〕太陽章である。」

《ユリウス始元》——中国式には《暦元》——は，前4713年（戊子）1月1日正午（癸丑）月曜日と定められた。ユリウス積年とは，この《始元》から数えた当年の累積年数である。その周期は，上記の A, B, C の積 $15×19×28=7980$（年）である。ユリウス周期は，3267年まで続くわけであり，古記録の編年整理にとくに便利である。なお，ローマ徴税周期，太陰章（金数），太陽章などは，いずれも西欧の暦日を定めるときの基本的な周期である（7., p. 107-111）。

さきに §5 (p.172) で注意を与えたように，定数 A, B, C が与えられれば，係数 α, β, γ は（余り a, b, c とは無関係に）一意にきまる。そこで α, β, γ を一度だけ求めておけば，余り a, b, c が与えられるごとに，答 N を計算できる。『孫子』の算法では，《鍵》を「孫子歌」によって記憶しておけば，いつでも与えられた余り a, b, c に応じて，すぐ答が求められた。秦九韶が《乗率》を求める算法を確立したのも，そのためであった。ガウスが「同様な種類の問題を幾度も解かねばならぬ時」というのは，まさに同じ状況をさしている。ここに，われわれは，洋の東西，時代の差をこえた《着想の類似性》を見出すのである。

(1979年12月12日記)

文　献

1. 藪内清：中国の数学，岩波新書，1974.
2. C.F. Gauss: Disquisitiones Arithmeticae, 1801. Translated into English by A.A. Clarke, Yale Univ. Press, 1966. Übersetzt ins Deutsche von H. Maser, 1889; Reprinted, Chelsea, 1965.
3. 李文林・袁向東：中国剰余定理，自然 科学史 研究所 主編『中国古代科技成就』(p.111-121.)，中国青年出版社，1978.
4. 吉田光由著・大矢真一校注：塵劫記，寛永四年（1627），岩波文庫，1977.

5 孫子の算法

5. J. Needham & Wan Ling: Science and Civilization in China, Vol. 3, Part 1, *Mathematics*, Cambridge Univ. Press, 1959. 東畑精一・藪内清監修；芝原茂・吉沢保枝・中山茂・山田慶児訳：中国の科学と文明，第4巻，**数学**．，思索社，1975.
6. 杉本敏夫：ガウス復元(1)，明治学院論叢，第283号，総合科学研究3, p.1-59, 1979.
7. 能田忠亮：天文年代学，鈴木敬信編『新天文学講座 9, 天文学の応用』(Ⅲ章, p.93-112.)，恒星社厚生閣，1964.
8. 藪内清：中国の天文暦法，平凡社，1960.
9. 藪内清編・訳：中国の科学，中央公論社・世界の名著（続1巻），1975.
10. 藪内清：中国の科学文明，岩波新書，1970.
11. J. Needham & Wan Ling: Science and Civilization in China, Vol. 3, Part 2, *The Sciences of the Heavens*, Cambridge Univ. Press, 1959. 東畑精一・藪内清監修；吉田忠・宮島一彦・髙柳雄一・橋本敬造・中山茂・山田慶児訳：中国の科学と文明，第5巻，**天の科学**．，思索社。1976.
12. G.W. Dunnington: Carl Friedrich Gauss, Hafner, 1955. 銀林浩・小島毅男・田中勇訳：ガウスの生涯，東京図書，1976.

〔本文における引用のページ数は，翻訳のある場合，それによった。〕

6 関の零約術の再評価

§1. 序 …………… 184
§2. 零約術の起源 ………… 185
§3. 関の原文 …………… 189
§4. 何承天の調日法 ……… 197
§5. 従来の評価 ………… 199
§6. リーマンの定理 ……… 202
§7. ファレイ数列 ………… 205
§8. 平方根の連分数 ……… 210
§9. 諸約の法 …………… 215
§10. 関の達成を妨げた理由 220
　　文献 …………………… 225

§1. 序

　筆者は旧稿（1.）において関孝和の円周率の計算過程を復元し，前稿（2.）において《角術》の発想の源を探り，係わる方程式の解法を分析した．続けて《求弧術》[#31]の考察を進めようとすれば，《零約術》を避けるわけにいかない．

　従来の零約術にたいする評価は，完成した理論である連分数と対置して，それに達せざる素朴な理論というところであった．筆者は発見学（heuristics）の立場に立つので，後世の理論，あるいは同時代の西洋の数学と比較して，関の発見は何々に及ばぬという評価の仕方に，いささか不満をもつ．もちろん，現代のわれわれが，関の用語，算具，算法だけを用いて，かれの思考の流れを追体験することは不可能に近いが，できるだけその時代に即して，論理の筋道を辿ることが望ましい．この立場に立って，関の零約術を再評価することが，本稿の目的である．

　まず文献的に「零約術の起源」を探り，若干の語源を詮索し，ついで「関の

原文」を紹介する。関は正方形の対角線と一辺の比 $\sqrt{2}$ および円周率 π について，その近似分数を求めた——その方法が《零約術》である。ところで零約術と「何承天の調日法」は密接な関係をもつので，これを紹介し，その応用として円周率の近似分数を求めた。さらに上で触れた零約術にたいする「従来の評価」をまとめておく。

残りの節で筆者の説を展開する。まず「リーマンの定理」の証明の論法が，関の論法と酷似することを指摘し，後者の正当さを説く。ついで「ファレイ数列」と調日法の分数列が実質的に同じことを見，関が零約術から一歩踏み出しえなかった第一の理由を考える。平方根の調日法から「平方根の連分数」を導くことは容易である。そこで，零約術，調日法，連分数の相互の関連を探った。関は平方根の零約術の《規則性》に気付き，「諸約の法」の例題のなかで摸索した跡がある。しかし，円周率の連分数は全く《不規則》であって，恐らくこれが「関の達成を妨げた理由」，第二の理由であろう——これが筆者の結論である。

本稿も先学の諸研究に多くを負っている。とくに平山諦先生の諸著作から貴重な教示を得たことに感謝を捧げる。

§2. 零約術の起源

関孝和以前に《零約術》なる言葉は使われなかったようである。さて，零約術では絶えず π の近似分数 355/113 が参照される。後述（§3 p.196）の理由で，この分数を祖沖之の《密率》とよぶことにする。

林鶴一氏は，1909年に，つぎのように述べておられる。

「我国ニテハ π=355/113 ヲ記載セル最モ古キ著書ハ大高由昌ノ編セル関孝和ノ著括要算法（1709）ナリ。又此括要算法ニハ此 π=355/113 及其他ノ値ヲ求ムルニ奇妙ナル方法アリ。…〔中略〕…此分数ノ列ハ全ク関孝和ノ発明ナルカ或ハ支那数学書ニ拠リタルカ今余ハ之ヲ詳ニセズ。恐ラクハ後者ヲ正

シトセン。其出所ハ余ノ大ニ知ラント欲スル所ノモノナリ。」(3., 上, p. 541-542)（下線は筆者）

李儼氏は『中算史論叢』第一集（4.）に再録した論文（1925）の§17「大衍求一術在日本之影響」(p. 109-114)において，つぎのように論ぜられた。ここで「大衍求一術」とは，十三世紀，南宋の秦九韶が集大成した一次不定方程式論であり，筆者『孫子の算法』(5.)において詳論した。文中の「翦管術」とは「百五減」の算法のことである（同上）。

「 §17 大衍求一術の日本への影響

　大衍求一術は，日本にもまたかなりの影響を与え，関孝和（1642-1708）は「研幾算法」$^{(*)}$の序に，その翦管術は唐の穆宗の宣明暦に出ていると述べた。その遺編「括要算法」は，荒木村英の検閲と大高由昌の校訂によって，宝永己丑（1709）に出版された。巻亨〔巻二〕は諸約之法$^{(**)}$を論じ，互約，逐約，斉約，遍約，増約，損約，零約，遍通，剰一，翦管の各条に分けた。…〔中略〕…

　零約術は李鋭の「日法朔余強弱考」$^{(***)}$に述べた所とすこぶるよく似ている。…〔中略〕…

　上に列挙した各条は，増約と損約以外ひとしく大衍求一術と関連があり，翦管術なる語は楊輝に出ており，孫子問題は程〔大偉〕に再録されていて，これらは明らかであり見易い。」（翻訳は筆者）

　　注(*)　「研幾算法」(1683)は建部賢弘の著。
　　注(**)　「諸約之法」は，後文§9で詳述する。
　　注(***)　李鋭の「日法朔余強弱考」については，§4で紹介する。

　林氏，李氏の見解では，関の《零約術》の中国起源を示唆しているが，その後これを否定する見解が有力である。

　藤原松三郎氏は『明治前日本数学史』において，つぎのように述べられた。

「零約術は任意の不尽数の近似分数を定める算法で，これは孝和の創造にな

6 関の零約術の再評価

る。」(6., 2巻, p. 161)

「いずれにしても，祖沖之以来，久しくこれ〔密率 355/113〕を導出する方法が知られなかったのに，零約術なる<u>新しき方法の創案</u>によって初めてこれを出したことは，孝和の業績中特筆すべき一つである。」(同上, p. 182-183)
(いずれも下線は筆者)

平山諦氏は『関孝和全集』の解題のなかで，「関孝和の 数学上の 業績」を列挙されたその第七項として，つぎのように紹介しておられる。

「　　近 似 分 数（零 約 術）
…括要算法巻二の零約は正方形の一辺を一として対角線の長さの近似分数を求めている。…括要算法巻四の求周径率は円周率の近似分数を求めるものである。…孝和の方法は素朴ではあるが，<u>独創になった</u>ものであろう。孝和の零約術は弟子の建部賢明になって西洋の連分数に匹敵するまでになった。」
(7., 解題, p. (41)-(42))（下線は筆者）

平山氏はさらに『全集』の解説のなかで，つぎのように述べておられる。

「零約とは奇零小数（不規則に無限につづく小数）の近似分数を求めることである。この言葉は規矩要明算法のはじめにも見える。」(7., 解説, p. 164)

「次に述べる円周率の近似分数の計算は<u>一見して幼稚のように見えるが</u>，πを挟む分数列が次第に 355/113 なる円周率の近似分数に近づくを見る。355/113 はわが国では池田昌意の数学乗除往来 (1674) にはじめて公にされたが，孝和の規矩要明算法[#32] (1663?) の方が早いか。」(7., 解説, p. 184)（下線は筆者）

平山氏『関孝和』の「増補訂正」

「…孝和は中国から零約術の方法を得たとは思えない。…」(8., p. 280)（この文は，前後を含めて§5で再引用する。）

《密率》のわが国における初出の年，『括要算法』の出版年——正徳二年 (1712)——などは，その後の研究に基き，藤原氏，平山氏によって訂正されている。林氏，李氏から

の引用文も，改めるべきであろう。

なお，関と同時代の記述として，建部賢弘の『綴術算経』(1722) から引用する。文中の賢明は賢弘の兄である。

「始(ハジメ)，関氏零約術ヲ用ルニ，径一周三ヲ累加シテ，各径周ノ率トシ，毎ニ径率ヲ以テ，周率ヲ除シ，得ル所ノ数，定周ヨリ少キニ到ルトキハ，径一周四ヲ加テ，逐一ニ是ヲ求ム。賢明其術ノ煩(ワズラハ)シキヲ厭(イト)ヒ，本術ヲ探リ設タリ。」——『明治前……史』(6., 2巻, p.298-299) および，平山氏『円周率の歴史』(9., p.202-203) を参照した。

以上の引用によって，《零約術》が関孝和の《独創》になることは確かであろう。零約術の内容がいかなるものであるか，上記の引用からも見当がつくが，詳論は次節にゆずる。また，零約術の評価に係わる部分に，筆者は下線を付したが，これは §5 で検討したい。

ここで，諸橋轍次氏『大漢和辞典』(10.) によって，いくつかの漢字の意味を検討しておく。

約……後文(§9)にも「諸約之法」として，互約，逐約，等，「約」の字が多く出てくるが，『大漢和』の「割る。除算」の意味であろう。

零……現代のわれわれは，英語の null, zero の意味に理解しているが，中国の古代数学や和算においては『大漢和』の「あまり。はした，わづか。」の意味に理解すべきであろう。同じく「零整」なる言葉には，「零は一部分。整は全部。分割か一揃ひか。」の説明がついている。つまり零は《皆無》ではなく，《僅少，端数》の意味をもっている。

これから考えれば，関が《零約》なる言葉を使った意味は，上記，平山氏のお説のように「零約とは奇零小数の近似分数を求めること」と理解すべきであろう。

奇……われわれは，偶数・奇数の奇を想い浮べやすいが，『大漢和』の「あまり。はした。畸に通ず。」の意味に理解すべきであろう。「奇零」には「数のあまり。単位以下の端数」の訳がついている。「畸」は「井田に区画することの出来ないはしたの田」が本来の意味で，「はした。あまり。」に使われる。

これらは，和算の研究者には常識であろうが，初心の筆者の手控として記した。

§3. 関の原文

零約術について，関孝和が言及した限りの原文を再録する。
まず『規矩要明算法』[#33](1663)に，《零約術》なる言葉が初出する。
「　　　方　斜　起　率

タトヘバ，イマ方アリ面各一尺，則チ斜ヲ問フ。

　答ニ曰ク，斜弦一尺四寸一分四厘二毛強，方四十一ナレバ斜五十八ナリ。術ニ曰ク，方ノ面一尺ヲ列シ，自乗シテ一百歩ヲ得，コレヲ倍シ二百歩ヲ得テ，実ト為，平方ニ開キ，斜弦一尺四寸一分四厘二毛強ヲ得。零約術ヲ以テ，円周起トス。」(読み下し文に改めた。末尾の円周起は明らかに誤りで，方斜起に改めるべきである。——7.『全集』, p.3)

これは，正方形《方》の一辺《面》を1とすれば，対角線《斜弦》は 1.4142 強となり，《零約術》によって分数に直せば，58/41 となることを述べている。計算法《術》のなかの《歩》は平方寸を意味し，寸単位で $\sqrt{2\times 100}=14.1421$ を求めて，尺単位に戻している。

「　　　環　矩　術[#34]

イマ円アリ，径一尺，則チ周ヲ問フ。

　答ニ曰ク，径一尺ナレバ周三尺一寸四分一厘六毛。径一百一十三ナレバ周三百五十五。

術ニ曰ク，タトヘバ，円径一尺，内容ノ方ノ面ニシテ方七寸〇七一〇六七八

一一八六五四七五二四，矢一寸四分六四四六六〇九四〇六七二六。
　矩曲術ヲ以テ，八角ヨリ，三万二千七百六十八角ニ至ル。コレヲ術レバ，左ノ如シ。
　……〔中略〕……
　三万二千七百六十八角
玄九糸五八七三七九九〇九九九二一
周三尺一寸四分一五九二六四八七六九八八六九二四八
　零約術ヲ以テ，径一百一十三，周三百五十五ヲ得テ已ム。」（読み下し文に改めた。——7., p. 3-5）

　これは，直《径》が 1 なる円の《周》を求めれば 3.1416 となり，《零約術》によって分数に直せば 355/113 となることを述べている。《術》は，直径 1 なる円に内接する正方形《方》の一辺《面》が 0.70710678 11865475 24 で，《矢》つまり直径から一辺を引いた長さの半分が 0.14644660 9406726 なることを出発値とする。《矩曲術》つまり旧稿「ガウスと関の開平」[35](1.) で詳述したやり方で，正 8 角形から正 32768 角形までをつぎつぎに円に内接させ，さいごの《弦》0.00009587 37990999 21 を 32768 倍して《周》3.14159264 87698869 248 を得ている。計算法《術》の部分の引用は省略した。

　以上について，筆者がいささか**注解**を付すれば，
(1) 《零約術》なる言葉は出ているが，それがいかなる算法であるかを述べていない。
(2) 《矩曲術》の矩曲とは，劉徽の「觚」や趙友欽の「曲円」など（銭宝琮氏，11., p. 66, p. 216）と同種の言葉であって，円の内接正多角形を指すものであろう。『括要算法巻四』と同様に，円の内接正方形から始めて，辺を倍々にしてゆき，正 32768 角形までの周を求めている。『括要算法』との違いは，《増約術》(1., 論叢 308 号, p. 32-38) を用いない点である。
(3) 正 32768 角形の弦の下線の部分にすでに誤りを含み，掛算しても上記の周の値にならない。周の下線の部分は『括要算法』の 3.14159264 87769856 708 弱とも違い，筆者が求めた正しい値 3.14159264 87769856 694851…とも違っている。
(4) しかし，《密率》355/113 を求めるためには，上文の「答ニ曰ク」にある「周三尺一寸四分一厘六毛」つまり 3.1416 で十分なのである。それは 3.1416 を連分数に展

6 関の零約術の再評価

開すれば 3+1/(7+1/16) であり，これを分数に直せば 355/113 になることから分かる。関が求めた正 32768 角形の周を，小数 10 桁までで丸めた 3.1415926488 は，《密率》を求めるだけの目的からすれば，十分すぎるほど精密なのである。

つぎに『括要算法巻二』から引用する。巻二の前半は「諸約之法」と題し，互約，逐約，等（後文§9）を挙げたなかに，つぎの文をもつ。以下，読み下し文(*)に改めて引用する。漢字も多くは簡体に改めた。

注 (*) 読み下しにさいして，榎本英雄助教授，井上泰山講師のご教示をえたことを感謝する。そのほか平山氏『関孝和』(8.) も参照させていただいた。

「　　零約

イマ方一尺，斜一尺四寸一分四厘二毛一糸強アリ，零約ノ内外親疎ノ方斜率各々幾何ト問フ。

　　答ニ曰ク，内ニシテ疎ナル方率五，斜率七。

　　　　　　外ニシテ疎ナル方率七，斜率一十。

　　　　　　内ニシテ親ナル方率二十九，斜率四十一。

　　　　　　外ニシテ親ナル方率四十一，斜率五十八。

　　術ニ曰ク，斜率一，方率一ヲ初ト為，斜率ヲ以テ実ト為，方率ヲ以テ法ト為，実ヲ法ノ如ク而モ一ニシテ得ル数 一位ヲ尺ニ定ム，原斜ヨリ少キハ，斜率ニ二，方率ニ一ヲ，原斜ヨリ多キハ，斜率ニ一，方率ニ一ヲ，各々コレニ累加シテ，内外親疎ノ方斜率ヲ得。右ノ外，最モ親ナル者アリト雖モ，方斜率繁ナル故ニコレヲ略ス，コノ術ヲ以テ準知ス可キ也。」(7., p.301)

ここでは《方斜率》つまり正方形の一辺 1 に対応する対角線 1.41421 強を近似する分数を求めているが，答として，

　　　　　下からで粗な分数　　7/5
　　　　　上からで粗な分数　　10/7
　　　　　下からで密な分数　　41/29
　　　　　上からで密な分数　　58/41

の四つを与えている。計算法《術》は，対角線1，一辺1を出発値とする。対角線を分子とし，一辺を分母として，これを割った数《実ヲ法ノ如ク而モ一ニシテ得タル数》が，真の対角線《原斜》より小なら，分子に2，分母に1を加え；真の対角線より大なら，分子に1，分母に1を加える。この手続きを繰り返してゆけば，下からと上からの密と粗の分数を得る，としている。

現代のわれわれにとっては，数式で表わしたほうが理解しやすい。これは要するに $\sqrt{2}$ を上と下とから挟む近似分数を求めており，出発値を 1/1 とおき，得られた一般の分数を a/b とおくとき，

$$\frac{a}{b} < \sqrt{2} \quad \text{なら} \quad \frac{a+2}{b+1} \quad \text{を次の分数}$$

$$\frac{a}{b} > \sqrt{2} \quad \text{なら} \quad \frac{a+1}{b+1} \quad \text{を次の分数}$$

と定めていく算法である。具体的には，

$$\frac{1}{1} < \sqrt{2}, \quad \frac{1+2}{1+1} = \frac{3}{2} > \sqrt{2}, \quad \frac{3+1}{2+1} = \frac{4}{3} < \sqrt{2}, \quad \frac{4+2}{3+1} = \frac{6}{4}$$

$$> \sqrt{2}, \quad \frac{6+1}{4+1} = \frac{7}{5} < \sqrt{2}, \quad \frac{7+2}{5+1} = \frac{9}{6} > \sqrt{2}, \quad \frac{9+1}{6+1} = \frac{10}{7} > \sqrt{2},$$

$$\frac{10+1}{7+1} = \frac{11}{8} < \sqrt{2}, \quad \cdots, \quad \frac{41}{29} < \sqrt{2}, \quad \cdots, \quad \frac{58}{41} > \sqrt{2}, \quad \cdots$$

となる。この分数の系列のなかから，関は，

$$\frac{7}{5} < \sqrt{2} < \frac{10}{7}, \quad \frac{41}{29} < \sqrt{2} < \frac{58}{41}$$

の四つを答とした。このうち，58/41 は，『規矩要明算法』で答とした分数である[#36]。次頁の図を見よ。

さらに，上記の系列の途中で … としたなかに，17/12 と 24/17 という粗と密の中間で，しかもかなりよい近似分数が含まれている。このことは，関も気付いていたはずである。さらに「右ノ外，最モ親ナル者アリト雖モ，方斜率繁ナル故ニコレヲ略ス」と述べているのは，恐らく上記の系列に続く … のな

6 関の零約術の再評価

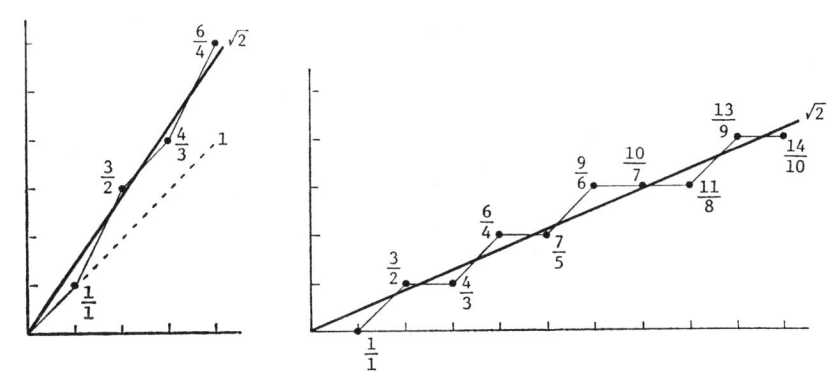

左図は，ふつうの格子点の図。斜めの太線（勾配が $\sqrt{2}/1$ に等しい）を $\sqrt{2}$ 線とよべば，各分数は $\sqrt{2}$ 線にまつわりついて見にくい。

右図は，左図の原点を固定して，左図の点線（勾配 1/1）が横軸にくるようにずらした（アフィン変換）。ふつうの格子点の図としては，小数部分を表わす。つまり斜めの太線は（$\sqrt{2}-1$）線を，各点 a/b は格子点 $a/b-1$ を表わしている。

かに含まれる 99/70 と 140/99 のことを指しているものと思われる。

以上で言及した分数を，小数で表わすと，つぎの通り。ただし，小数 6 桁目までで丸めた。

$$\sqrt{2} = 1.414214$$

$$\frac{7}{5} = 1.4 \quad < \sqrt{2} < \frac{10}{7} = 1.428571$$

$$\frac{17}{12} = 1.416667 > \sqrt{2} > \frac{24}{17} = 1.411765$$

$$\frac{41}{29} = 1.413793 < \sqrt{2} < \frac{58}{41} = 1.414634$$

$$\frac{99}{70} = 1.414286 > \sqrt{2} > \frac{140}{99} = 1.414141$$

これを**観察**すれば，
(1) 不等号の向きが，互い違いになっている。
(2) $\sqrt{2}$ の両側の分数が，a/b と $2b/a$ の形になっている。

(3) 一つの段から次の段へ行くとき，例えば 7/5 と 10/7 から (7+10)/(5+7)=17/12 に移るというような関係が成立している。

(4) いずれの分数も，同じていどの分母をもつ他の分数と比べるとき，優れた近似分数である。例えば，

$$\frac{10}{7}=1.428571 \text{ は, } \frac{9}{6}=1.5 \text{ や } \frac{11}{8}=1.375 \text{ よりも } \sqrt{2} \text{ に近い。}$$

などの興味ある事実が挙げられるが，この観察についての考察は，後文(§8 p.214)にゆずる。

『括要算法巻四』は，旧稿「ガウスと関の開平」[#37](1.)で詳しく触れたように，「第一，円率解」で円の内接正 2^n 角形の周を求め（この過程は，『規矩要明算法』[#38]と同じ），「第二，求定周」で《増約術》によって

《定周》p＝3.14159265 359 微弱

を求めている。そのつぎが《零約術》であり，『規矩要明算法』に欠けていた算法の説明が，ここで詳しく述べられている。引用の方針は，上記の通り。

「　　第三，周徑率ヲ求ム

周率三，徑率一ヲ初ト為，周率ヲ以テ実ト為，徑率ヲ以テ法ト為，実ヲ法ノ如ク而モ一ニシテ得ル数 一位ヲ尺ニ定ム，定周ヨリ少キハ，周率ニ四，徑率ニ一ヲ，定周ヨリ多キハ，周率ニ三，徑率ニ一ヲ，各々コレニ累加ス。其ノ数，後ニ列ス。

	周率	徑率	周数
古法	三	一	三整
	七	二	三五整
	一十	三	三三三三三／三三三／三三強
	一十三	四	三二五整
	一十六	五	三二整
	一十九	六	三一六六六／六六六／七六弱
密率	二十二	七	三一四二八／五七一／四三弱

6 関の零約術の再評価

| 智率 | 二十五 | 八 | 三一二五整 |
| | 二十九 | 九 | 三二二二二 二二二／二二強 |

……〔中略〕……

| | 三百五十二 | 一百一十二 | 三一四二八 五七一／四三弱 |
| | 三百五十五 | 一百一十三 | 三一四一五 九二九／二微強 |

右ノ如クコレヲ求メ，周三百五十五，径一百一十三ニ至テ，コレヲ定周ニ比レバ，微シキ不尽アリト雖モ，コレヲ適合セント欲スレバ，則チ周径ノ率，長繁也，故ニイマコレヲ以テ定率ト為ス也。」(7., p. 348-352。右ノ如ク…以下は，松永良弼の訂正〔同 p. 368〕に従った。)

関は「第二，求定周」において，上記のように，

$$p = 3.14159265\ 359\ \text{微弱}$$

を《定周》と定めた。この算法においては，得られた分数を，この p と比較している。ここでも数式で表わした方が分かりやすい。p を上下から挟む分数を求めるのに，3/1 を出発値にとる。得られた一般の分数を a/b とおくとき，

$$\frac{a}{b} < p \quad \text{なら} \quad \frac{a+4}{b+1} \text{ を次の分数}$$

$$\frac{a}{b} > p \quad \text{なら} \quad \frac{a+3}{b+1} \text{ を次の分数}$$

と定めていく算法である。具体的には，

$$\frac{3}{1} < p, \quad \frac{3+4}{1+1} = \frac{7}{2} > p, \quad \frac{7+3}{2+1} = \frac{10}{3} > p, \quad \frac{10+3}{3+1} = \frac{13}{4} > p,$$

$$\frac{13+3}{4+1} = \frac{16}{5} > p, \quad \frac{16+3}{5+1} = \frac{19}{6} > p, \quad \frac{19+3}{6+1} = \frac{22}{7} > p,$$

$$\frac{22+3}{7+1} = \frac{25}{8} < p, \quad \frac{25+4}{8+1} = \frac{29}{9} > p, \quad \cdots\cdots, \quad \frac{352+3}{112+1} = \frac{355}{113} > p$$

となる。上記の引用では，途中を略したが，関は分母が1つづつ増える分数を，すべて列挙し，さらにその傍に《周数》として，小数の値をすべて付している。「整」の字は，その桁までで割り切れることを意味する。例 $13/4 = 3.25$ 整。

さらに，関は，つぎの分数には，伝承された近似分数の名称を付している。括弧内の注記は，『全集』の解説（7., 解説 p. 185）および銭宝琮氏（11,. p. 65-69；p. 83-90）を参照した。

   3/1　　　古法（下記）

   22/7　　密率（下記）

   25/8　　智術（晋の劉智の意か）

   63/20　　桐陵法（桐陵算法なるものがあったか）

   79/25　　和古法（孝和以前に，毛利重能などに用いられたからか）

   142/45　　陸績率（呉の陸績を指すか）

   157/50　　徽術（下記）

   355/113　〔名称無し〕（下記）

『隋書・律暦志』に「古之九数，円周率三，円径率一，其術疏舛。」つまり，昔『九章算術』（漢代）で用いられた円周対円径の比は 3/1 であって，雑で誤りがある，という。「古法」はこれを指す。三国魏（三世紀）の劉徽が『九章算術』に注を付したが，3/1 は円の内接正六角形の周対円径の比であると批判し，代りに 157/50 を用いた。これが「徽術」である。

さらに『隋書・律暦志』は「宋末，南徐州従事史祖沖之，更開密法。」つまり，南北朝の宋末（五世紀）に，祖沖之がさらに精密な比を発明したといい，周知の不等式

    3.1415927＞π＞3.1415926

を挙げ，「密率，円径一百一十三，円周三百五十五。約率，円径七，周二十二。」つまり，<u>密率 355/113</u> と<u>約率 22/7</u> を与えたと，述べている。しかし，祖沖之の著『綴術』はその後失われてしまい，伝承の途中で「約率」と「密率」の名称すら取り違えられるに至った。関が 22/7 を「密率」とよんだのは，この誤伝を受け継いだものであろう。

われわれは，以下の引用では，正しく，上記の下線を付した通りの言葉を用いることとする。

関の引用文に戻る。関は，さいごに求めた 355/113 を定周に比べれば，ごくわずかの《不尽》つまり端数がある，という。じっさい，

   《定　周》＝3.14159265 359 微強

   355/113＝3.14159292 035 強

を比べれば

　　《不尽》＝0.00000026 676 強

だけ，分数のほうが大きい。しかし，この端数をも近似する分数を求めようとすれば，それは《長繁》となるから，いまはこの比 355/113 をもって《定率》とするのだ，と述べている。後文（§10）で，再びこの件りを考察する。

§4. 何承天の調日法

古代中国では，1未満の端数を分数によって表わそうとした。したがって，実測で得た数値の端数を分数で表わすとき，その分数の選び方はかなり恣意的であったといわれる。南北朝の初め，「元嘉暦」（443）を作った何承天（420-478）は，合理的に分数を定める新しい算法を発明した。それは「調日法」とよばれ，のちに清の李鋭（1768-1817）が洗練した。李儼氏の論文 §12「清・焦循李鋭之論著」（4., p. 87-89）によって，その要点を再録しよう。

一朔望月は29日と約半日の端数からなる。何承天は，この端数が強率 26/49 と弱率 9/17 の間にあるとして，例えば測定値 $r=0.53054221$ が得られたとき，この端数 r を表わす分数 v/u を求めようとした。この分数が得られれば，一カ月は $29\frac{v}{u}$ 日という帯分数で表わされるので，u を日数の分母「日法」，v を朔望月の端数の分子「朔余」とよんだ。

さて，算法はつぎの通り。

$\frac{26}{49} > r > \frac{9}{17}$ から $\frac{26+9}{49+17} = \frac{26\times1 + 9\times1}{49\times1 + 17\times1} = \frac{35}{66} = 0.53030303$

　　　　　　　　　　　　　　　　　　　　　　　　を作ると $< r$

$\frac{26}{49} > r > \frac{35}{66}$ から $\frac{26+35}{49+66} = \frac{26\times2 + 9\times1}{49\times2 + 17\times1} = \frac{61}{115} = 0.53043478$

　　　　　　　　　　　　　　　　　　　　　　　　を作ると $< r$

……これを続けていって……

$\frac{26}{49} > r > \frac{113}{213}$ から $\frac{26+113}{49+213} = \frac{26\times5 + 9\times1}{49\times5 + 17\times1} = \frac{139}{262} = 0.53053435$

　　　　　　　　　　　　　　　　　　　　　　　　を作ると $< r$

$\frac{26}{49} > r > \frac{139}{262}$ から $\frac{26+139}{49+262} = \frac{26\times6 + 9\times1}{49\times6 + 17\times1} = \frac{165}{311} = 0.53054662$

$$\frac{165}{311} > r > \frac{139}{262} \quad \text{から} \quad \frac{165+139}{311+262} = \frac{26 \times 11 + 9 \times 2}{49 \times 11 + 17 \times 2} = \frac{304}{573} = 0.53054101$$

を作ると $>r$

$$\frac{165}{311} > r > \frac{304}{573} \quad \text{から} \quad \frac{165+304}{311+573} = \frac{26 \times 17 + 9 \times 3}{49 \times 17 + 17 \times 3} = \frac{469}{884} = 0.53054299$$

を作ると $<r$

$$\frac{469}{884} > r > \frac{304}{573} \quad \text{から} \quad \frac{469+304}{884+573} = \frac{26 \times 28 + 9 \times 5}{49 \times 28 + 17 \times 5} = \frac{773}{1457} = 0.53054221$$

を作ると $=r$

r を上下から挟む二つの分数から，分母の和を次の分母，分子の和を次の分子として，次の分数を作り，r と比較して次の不等式を作る．これを繰り返してゆけば，r はつねに新しい分数によって上下から挟まれつつ，求める $r=v/u=773/1457$ に到達した．もちろん，あとの分数になるほど，r への近似がよくなる．

筆者は，つぎのように考える．これは，あたかも与えられた見本と同じ緑色を作るのに，青絵具と黄絵具を適当に混ぜて緑絵具を作る．もしも，青味がかっていれば黄を加え，黄味がかっていれば青を加え，ちょうど見本と同じ緑絵具が作られるまで《調合》していくやり方に似ている．「調日法」の調の字も，こんな意味ではなかろうか．

何承天は，さいごの分数における 倍率 28 を「強数」，5 を「弱数」とよんだ．つまり，強率と弱率をどんな割合で《調合》すればよいか，その処方箋が強数と弱数である．

この何承天の「調日法」を算法として取り出せば，円周率を表わす近似分数を求めるのに応用できる．

$4/1 > \pi > 3/1$ だから，$4/1 =$ 強率，$3/1 =$ 弱率 とする．これから

$$\frac{4+3}{1+1} = \frac{7}{2} > \pi, \quad \frac{7+3}{2+1} = \frac{10}{3} > \pi, \quad \cdots, \quad \frac{19+3}{6+1} = \frac{22}{7} > \pi,$$

$$\frac{22+3}{7+1} = \frac{25}{8} < \pi$$

となる．ここまでは，関の零約術とまったく同じである．しかし，零約術がこのあとも引き続いて《しらみつぶし》に分母に 1 を加えた分数を作っていくのにたいし，調日法では

$$\frac{22}{7} > \pi > \frac{25}{8} \quad \text{から} \quad \frac{22+25}{7+8} = \frac{47}{15} < \pi \quad \text{に《飛ぶ》．}$$

$$\left[\frac{47}{15}=\frac{4\times 2+3\times 13}{1\times 2+1\times 13}\right]$$

このあと，調日法では

$$\frac{22+47}{7+15}=\frac{69}{22}<\pi, \quad \frac{22+69}{7+22}=\frac{91}{29}<\pi, \quad \frac{22+91}{7+29}=\frac{113}{36}<\pi,$$

$$\frac{22+113}{7+36}=\frac{135}{43}<\pi, \quad \frac{22+135}{7+43}=\frac{157}{50}<\pi, \quad \cdots\cdots$$

と《飛び飛び》に進む。そのため，零約術と同じく徽術 157/50 に到達するとはいえ，途中の桐陵法 63/20，和古法 79/25，陸績率 142/45 を《飛び越し》てしまう。さらに調日法を進めてゆけば，

$$\frac{22+157}{7+50}=\frac{179}{57}<\pi, \quad \cdots, \quad \frac{22+311}{7+99}=\frac{333}{106}<\pi, \quad \frac{22+333}{7+106}=\frac{355}{113}$$
$$>\pi$$

となり，期待の祖沖之の密率 355/113 には到達する。この分数を書き直せば，

$$\frac{355}{113}=\frac{22\times 15+25\times 1}{7\times 15+8\times 1}=\frac{4\times 16+3\times 97}{1\times 16+1\times 97}$$

であるから，調日法の用語によると，強数＝16，弱数＝97 である。途中の分数は考慮せず，ひたすら 355/113 に達することだけを目標にすれば，零約術よりも調日法のほうが，はるかに《効率がよい》。

筆者は，強・弱の二つの分数に挟まれた目標の数値に順次近づけていくこの調日法が，「オイラーによる対数の導入」と極めて似ている点に興味をもつ。洋の東西，時代の差を越えて類似の発想が浮ぶことが面白い。オイラーについては，筆者『電卓による対数の導入』(12, p. 87-88) を参照されたい。

§5. 従来の評価

関孝和の《零約術》にたいする従来の評価をまとめておく。その歴史的な位置づけにかんする評価は，すでに §2 で引用したので繰り返さない。

林氏 (1909)

「…此括要算法ニハ此 $\pi=355/113$ 及其他ノ値ヲ求ムルニ奇妙ナル方法アリ。

…」(3., 上, p. 541) (下線は筆者)

さらに林氏 (1915)

「…一辺ガ一尺ナル正方形ノ斜即チ対角線ノ長サハ 1.41421 尺ナリ。零約術ニヨリテ過不足共ニ疎密ノ両率ヲ求メヨト云フコトナリ。此ノ問題ニヨレバ $\sqrt{2}$ ヲ乗除シテ解カルベキ問題ハ多カルベケレバ，$\sqrt{2}$ ニ近キ値ヲ有スル分数ヲ得置カバ便利ナルヨリ起コリシモノナルコトヲ知ル。タトヘバπノ代ハリニ 22/7 又ハ 355/113 ヲ用フルガ如シ。」(同上，p. 591)

「此ノ方法ニツキ前ニ余ガ報告ヲナセシトキハ〔Niew Archief, 1905 等〕，何故ニ周ヨリ大ナルトキニハ分子ニ 3，分母ニ 1 ヲ加ヘ，周ヨリ小ナルトキハ分子ニ 4，分母ニ 1 ヲ加フルカノ理ヲ示サザリシガ，今ニ於テ考フレバ，之レ最初ニ周ヲ挟メル二者(一ハ周ヨリ小ニシテ一ハ周ヨリ大ナルモノ)ヲ選定シ，……小ナル方 3/1 ヨリ運算ヲ起コスモノトセルナリ(コノ事前掲セル $\sqrt{2}$ ニ就テモ亦同様ナリ)。大ナルモノト小ナルモノトヲ平均シ行カントノ企ナルベシ。而シテ此ノ方法ヲ繰返シ，3/1 ヨリ数ヘテ幾回目ニ所要ノ位数ダケ適合スルモノヲ得ルカハ極メテ漠然タリ。唯実試ニヨリタルノミニシテ，此ノ数列中ニ諸種ノ率，密率，智術，桐陵法等ニ出遭フモ之レ全ク偶然ニシテ，其ノ起リ来タル位置モ亦更ニ見当付カザルモノナルベシ。」(同上，p. 593)(以上，下線はいずれも筆者。なお，文中，分母・分子の取り違いを正しておいた。)

林氏は，絶えず《零約術》を連分数と比較対照し，これを奇妙な方法とよび，所要の精度をもつ近似分数にいつ出遭うかが漠然とし，それも偶然であると評価された。しかし，大きな分数(強率)と小さな分数(弱率)とを《平均》しようとする企てであるとの見解は，本質をついている(これは，調日法にも当てはまる)。さらに，近似分数の有効性(便利さ)を正当に評価しておられる。

藤原氏『明治前……史』

「約術において特に注意すべきは零約術である。これは不尽のある数に近似

6 関の零約術の再評価

する分数を定める方法で，<u>連分数に達せざる素朴な方法である</u>。」（6., 2巻, p.15）（下線は筆者）

平山氏『全集』の解説

「次に述べる円周率の近似分数の計算は<u>一見して幼稚のように見える</u>が，……」（7., 解説, p.184）（下線は筆者）

平山氏『関孝和』

「孝和のこの方法は<u>極めて原始的</u>なものであるが……」（8., p.149）「この方法は，…零約術と言っているが，<u>まだ連分数と言うほどのものではない</u>。」（同上, p.168）（下線は筆者）

両氏とも，関の零約術を連分数に達せざる素朴な原始的な方法と評価しておられる。

さらに平山氏は『関孝和』の「増補訂正」において，何承天の調日法を紹介し，零約術をつぎのように評価された。

「孝和は得たる近似分数を 3/1 と 4/1 の間に挟んでつぎつぎに分母分子を夫々加えて近似分数を作っていった。しかし，何承天の調日法では，得たる近似分数のうち最も近似度の高いものの間に挟んで計算していく。孝和は中国から零約術の方法を得たとは思えない。むしろ，<u>何承天の調日法の方が優れている</u>。これを図形に画けば一層明瞭となるであろう。このことを<u>孝和は気付かないはずはあるまい</u>。しかし孝和の目的は…<u>古来の近似分数を検討し</u>たかったように思う。特に 355/113 が近似分数の系列に入るか否かを確かめたかったように思う。何承天の方法では分母が飛び飛びに進むから，113 に達しない恐れがある（実際は達するが）。これがため，孝和は<u>廻りくどい方法を取った</u>ものと思う。」（8., p.279-280）（下線は筆者）

つまり，何承天の方法の《効率の良さ》を評価され，関もこれに気付いたはずだとの見解を示しておられる。ここで重要なのは，関が廻りくどい方法をとった理由について，平山氏の示された明析なる推測である。節を改めて論じよう。

§6. リーマンの定理

前節で見たように，関孝和の《零約術》にたいする従来の評価は，その《独創性》は買うが，実質は連分数にはるかに及ばない，といったところであろうか。しかし，本稿の目的は，零約術を再評価することであり，筆者としては，それが一つの《方法》として立派に存在価値を有することを主張したい。

平山氏の説かれるように，何承天の《飛び飛び》の方法では，古来からのいくつかの分数を飛び越してしまう恐れがあり，確かに桐陵法，和古法，陸績率の三つの分数については，この《恐れ》が実現した(§4 p.199)。そこで飛び越しを避けるためには，なんらかの《系統的》な方法が必要になる。そのとき関が選んだのが《しらみつぶし》の列挙法であった。つまり，分母を丹念に1づつ増していく方法である。ところが一方，分子の増し方についても《一定の規準》がなければならぬ。$p=3.14159265\ 359$ 微弱とおくとき，関は，

$\dfrac{a}{b} < p$ ならば $\dfrac{a+4}{a+1}$ を次の分数 $\dfrac{a'}{b'}$ とする

$\dfrac{a}{b} > p$ 〃 $\dfrac{a+3}{a+1}$ 〃 $\dfrac{a'}{b'}$ 〃

と定めた。

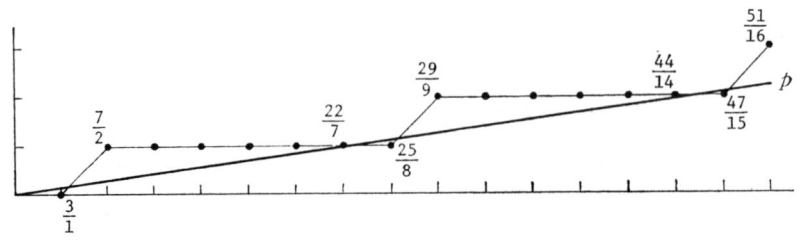

p.193 の右図と同様に，勾配 3/1 の線が横軸にくるようにずらしてある。斜めの太線は $(p-3)$ 線を，各点は小数部分の格子点を表わす。

$\dfrac{3}{1} < p$ のつぎは $\dfrac{7}{2} > p$，このあと $\dfrac{10}{3}, \dfrac{13}{4}, \dfrac{16}{5}, \dfrac{19}{6}, \dfrac{22}{7}$ まではすべて $> p$。

6　関の零約術の再評価

そのつぎの $\frac{25}{8}$ にいたって，はじめて $<p$。そこで $\frac{25}{8}$ のつぎは（分子に 4 を加えて） $\frac{29}{9}>p$ とする，……という方式である。言葉でいいかえれば，

「分数 $\frac{a}{b}$ が $>p$ なる間は， $\frac{a+3}{b+1}=\frac{a'}{b'}$ をもって次の分数とすることを続ける。もしも $\frac{a'}{b'}<p$ となったときは， $\frac{a'+4}{b'+1}=\frac{a''}{b''}$ をもって次の分数とする。」

さて，これと同じ論法が，19世紀ドイツで，いわゆる《リーマンの定理》の証明のなかに見出される！　ここでは高木氏『解析概論』(13., p. 144-146) から要点を引くことにする。とくに証明の部分では，<u>関の論法との類似性を強調するため</u>，証明の筋道を一つの具体的な《交代級数》を例にとって，再録することにしよう。（実例に合わせて，字句を改めた。）

「絶対収束の級数は，……項の順序を変えても，また級数を部分級数に分割しても，〔一定の和を有するという〕この関係は動かない。……〔これに反して〕条件収束の級数は，項の順序を適当に変更して，任意の和に収束せしめ，または収束性を失わしめうることを，デリクレ (1829) が指摘した。」

筆者は，実例として，グレゴリ゠ライプニッツの級数

① $\quad 1-\frac{1}{3}+\frac{1}{5}-\frac{1}{7}+\frac{1}{9}-\frac{1}{11}+-\cdots=\frac{\pi}{4}=0.7853\cdots$

を，典型的な条収束の級数として採用する。つまり，その絶対値の級数は発散：

$$1+\frac{1}{3}+\frac{1}{5}+\frac{1}{7}+\frac{1}{9}+\frac{1}{11}+\cdots\to\infty$$

であり，さらに正項のみの和も，負項のみの和も，同じく発散：

$$1+\frac{1}{5}+\frac{1}{9}+\cdots\to\infty, \qquad -\frac{1}{3}-\frac{1}{7}-\frac{1}{11}-\cdots\to-\infty$$

であり，元の級数①は「正項と負項との配置のためにかろうじて」極限 $\frac{\pi}{4}$ が確定するのである。

そこで，級数①の「項の順序を次のように変更して，任意の正数 c に収束せしめることができる。」ここでは <u>$c=1$</u> を例にとって，その証明の論法を追ってみよう。「まず正項 $1, \frac{1}{5}, \cdots$ を順次に加えて， α に至って，和が初めて c よりも大きくなるとする。次に負項 $-\frac{1}{3}, -\frac{1}{7}, \cdots$ を加えて， $-\beta$ に至って，和が初めて c よりも小さくなる

203

とする。」 すなわち，具体的にこれを実行すれば，

$$1, \quad 1+\frac{1}{5}=1.2>1, \quad 1+\frac{1}{5}-\frac{1}{3}=0.8666\cdots<1$$

「次にはまた和が c よりも大きくなるまで正項を加え，次に和が c よりも小さくなるまで負項を加える。……このような操作を限りなく継続することができる……」

$$1+\frac{1}{5}-\frac{1}{3}+\frac{1}{9}+\frac{1}{13}=1.0547\cdots>1$$

$$1+\frac{1}{5}-\frac{1}{3}+\frac{1}{9}+\frac{1}{13}-\frac{1}{7}=0.9118\cdots<1$$

$$1+\frac{1}{5}-\frac{1}{3}+\frac{1}{9}+\frac{1}{13}-\frac{1}{7}+\frac{1}{17}+\frac{1}{21}=1.0812\cdots>1$$

…　　…　　…

「そのようにして生ずる級数

② $\quad 1+\frac{1}{5}-\frac{1}{3}+\frac{1}{9}+\frac{1}{13}-\frac{1}{7}+\frac{1}{17}+\frac{1}{21}-\frac{1}{11}+\frac{1}{25}+\frac{1}{29}-\cdots$

において」引き続く正項および負項の個数は「少なくとも1以上だから，級数①の<u>すべての項が，いつかは一度用いられて，</u>② は実際 ① の項の順序の変更である。さてこの級数②が c に収束することは，その構成から明らかであろう。……」（下線は筆者）

証明のこれに続く部分は《微妙》である。いま実例によって，その《論法》を再録する。②の先のほうを見れば

③ $\quad 1+\frac{1}{5}-\cdots+\frac{1}{29}=1.0018\cdots\ [1.0018\cdots-1=0.0018\cdots]$

④ $\quad 1+\frac{1}{5}-\cdots+\frac{1}{29}-\frac{1}{15}=0.9351\cdots[1-0.9351\cdots=0.0648\cdots]$

⑤ $\quad 1+\frac{1}{5}-\cdots+\frac{1}{29}-\frac{1}{15}+\frac{1}{33}+\frac{1}{37}+\frac{1}{41}=1.0169\cdots[1.0169\cdots-1=0.0169\cdots]$

⑥ $\quad 1+\frac{1}{5}-\cdots+\frac{1}{29}-\frac{1}{15}+\frac{1}{33}+\frac{1}{37}+\frac{1}{41}-\frac{1}{19}=0.9642\cdots[1-0.9642\cdots=0.0357\cdots]$

のように，次第に目標の $c=1$ に近づくことがわかる。

「実際，今二つの負項 $-\frac{1}{15}$ と $-\frac{1}{19}$ との間に正項 $\frac{1}{33}, \frac{1}{37}, \frac{1}{41}$ が挟まれているとして，それらの項に対する部分和を考察する。そのとき $-\frac{1}{15}$ までの部分和 ④ は c より小さいが，④ と c との差 $[=0.0648\cdots]$ は $\frac{1}{15}[=0.0666\cdots]$ を超えない。そこへ正項

$\frac{1}{33}, \frac{1}{37}, \frac{1}{41}$ を加えて行けば,部分和は増大するが,$\frac{1}{41}$ に達せぬうちは,部分和は c より小(大でない)で,c との差は $\frac{1}{15}$ を超えない。$\frac{1}{41}$ に至って部分和⑤は初めて c を超えるが,⑤ と c との差 $[=0.0169\cdots]$ は $\frac{1}{41}[=0.0243\cdots]$ を超えない。」先の図が,この間の事情を説明する。

「正項の間に挟まれた負項に対する部分和も同様で〔例えば,$-\frac{1}{15}$ は $\frac{1}{29}$ と $\frac{1}{33}$ の間に挟まれた負項であり,③ と c との差 $=0.0018\cdots$ は $\frac{1}{29}=0.0344\cdots$ を超えず,④ と c との差については上記の通り〕,部分和と c との差は,符号の変わるところにある $\frac{1}{29}$, $\frac{1}{41}, \cdots$ や $\frac{1}{15}, \frac{1}{19}, \cdots$ を超えない。然るに,級数② は収束するから,〔項の〕番号が限りなく大きくなるとき,$\frac{1}{29}, \frac{1}{41}, \cdots$ も $\frac{1}{15}, \frac{1}{19}, \cdots$ も限りなく小さくなる。故に ② は c に収束する。」

この証明の論法と関の論法とが酷似していることは明白である。したがって筆者は,

「この《リーマンの定理》の証明の論法が正当な限り,関の論法も立派な存在価値を有する。」

ことを主張する。

関の場合,上記で「証明のこれに続く部分は《微妙》である」と述べた部分,つまり級数②が収束することの証明に対応する**命題**

「あとのほうに行けば,π に限りなく近い分数が得られる。」(次節,定理Ⅲを参照)

を明示的には述べていない。しかし,この命題を《きちん》と証明することは,容易であり,上記の論法を踏襲すればよい。

§7. ファレイ数列

何承天の調日法を精密化したものに,ファレイ数列がある。高木氏の教科書(14.),ハーディとライトの教科書(15.)などを参照して,ファレイ数列の性質をまとめておく。(記号は,必ずしもそれに従わない。)

二つの正なる分数 $a/b < c/d$ の差は

$$\frac{c}{d}-\frac{a}{b}=\frac{bc-ad}{bd}>0$$

であるが，a, b, c, d が正の整数ならば

$$bc-ad\geq 1, \quad \frac{c}{d}-\frac{a}{b}\geq \frac{1}{bd}$$

であり，差の最小値は

① $\qquad bc-ad=1, \quad \dfrac{c}{d}-\dfrac{a}{b}=\dfrac{1}{bd}$

なるときである。このとき，a/b と c/d は《隣り合う》とよぶことにする。

定理 I

二つの分数 a/b と c/d が隣り合うとき，その中間の分数 x/y，すなわち

② $\qquad a/b<x/y<c/d$

で最簡（最も簡単）なものは $(a+c)/(b+d)$ である。簡単とは《分母がより小さい》ことを意味する。

証明 $a/b<c/d$ が隣り合うから

① $\qquad bc-ad=1$

が成立する。そこで**整数** u, v を用いて

$$\begin{cases} x=au+cv \\ y=bu+dv \end{cases}$$

とおけば

$$\begin{cases} u=(yc-xd)/(bc-ad)=yc-xd \\ v=(xb-ya)/(bc-ad)=xb-ya \end{cases}$$

となる。ところで ② により

$$\begin{cases} 0<\dfrac{x}{y}-\dfrac{a}{b}=\dfrac{xb-ya}{yb}=\dfrac{v}{yb} \\ 0<\dfrac{c}{d}-\dfrac{x}{y}=\dfrac{yc-xd}{yd}=\dfrac{u}{yd} \end{cases}$$

y, b, d は正であり，u, v は整数だから，$v\geq 1, u\geq 1$ となる。よって $y=bu+dv$ の最小値は $v=u=1$ なるときである。そのとき $y=b+d$，それが証明すべきことであった。

われわれは文字記号を使って，いとも簡単に式の変形を行ない，定理を証明する。しかし，《傍書法》による代数式の扱いを可能にし，《行列式》をも解いた関孝和ならば，

定理Iを《証明》するのに，どんな一般論を展開したであろうか？——この点は，後文 p.209 で再考する。

0と1の間にあり，正の整数 n を超えない分母をもつ既約分数を大きさの順に並べたものを，第 n 段のファレイ数列（Farey series）とよぶ。0と1は，0/1 と 1/1 として両端に含める。具体的に第1段から第5段までのファレイ数列を作って観察すれば，その性質が明らかになる。

第1段 $\dfrac{0}{1}$ $\dfrac{1}{1}$

2   $\dfrac{0}{1}$ $\dfrac{1}{2}$ $\dfrac{1}{1}$

3   $\dfrac{0}{1}$ $\dfrac{1}{3}$ $\dfrac{1}{2}$ $\dfrac{2}{3}$ $\dfrac{1}{1}$

4   $\dfrac{0}{1}$ $\dfrac{1}{4}$ $\dfrac{1}{3}$ $\dfrac{1}{2}$ $\dfrac{2}{3}$ $\dfrac{3}{4}$ $\dfrac{1}{1}$

5   $\dfrac{0}{1}$ $\dfrac{1}{5}$ $\dfrac{1}{4}$ $\dfrac{1}{3}$ $\dfrac{2}{5}$ $\dfrac{1}{2}$ $\dfrac{3}{5}$ $\dfrac{2}{3}$ $\dfrac{3}{4}$ $\dfrac{4}{5}$ $\dfrac{1}{1}$

定理II

性質 (i) ファレイ数列の隣り合う二つの分数 $a/b < c/d$ においては，

① $bc - ad = 1$

であり，またその逆もいえる。

性質 (ii) 隣り合わせた三つの分数 $a/b < e/f < c/d$ においては

③ $\dfrac{e}{f} = \dfrac{a+c}{b+d}$

が成立し，その逆もいえる。

性質 (iii) 隣り合う二つの分数 $a/b < c/d$ の中間に，新たに第三の分数 $(a+c)/(b+d)$ を挟めば，この分数は少なくとも第 $(n+1)$ 段に属する：

④ $b + d \geqq n + 1$.

証明は，定理Iを用いて，また n についての帰納法によって示せる。

ファレイ数列は，与えられた実数の近似分数を求めるのに有効である。つま

り分母が n を超えない分数で実数を近似することができる。上では分数を 0 と 1 の間に限定した。1 より大きい実数については，その整数部分を棚上げし，小数部分について近似分数を求め，あとで整数部分を加えればよい。

定理Ⅲ

整でない実数の小数部分を $r(0<r<1)$ とおけば，第 n 段のファレイ数列を用いて

⑤ $\quad \left| r - \dfrac{a}{b} \right| \leqq \dfrac{1}{b(n+1)}, \quad 0 < b \leqq n$

ならしめることができる。

証明は，$a/b < r < c/d$ と仮定し，r を $(a+c)/(b+d)$ と比較し，式 ④ を用いる。r と c/d の差についての結論がえられた場合は，c/d と a/b を取り換えればよい。

定理Ⅰ，Ⅱ，Ⅲによって，何承天の調日法が正当化される。いま，π の小数部分を

$$r = \pi - 3$$

とおき，r を次々に第 n 段のファレイ数列で挟んでいく：

$$\dfrac{0}{1} < r < \dfrac{1}{1}, \quad \dfrac{0}{1} < r < \dfrac{0+1}{1+1} = \dfrac{1}{2}, \quad \dfrac{0}{1} < r < \dfrac{0+1}{1+2} = \dfrac{1}{3}, \quad \cdots$$

これを続けて，6 回繰り返せば

$$\dfrac{0}{1} < r < \dfrac{1}{7},$$

7 回目には

$$\dfrac{1}{8} = \dfrac{0+1}{1+7} < r < \dfrac{1}{7}$$

と大小が逆転する。

この次は当然 r を

$$\dfrac{1+1}{8+7} = \dfrac{2}{15}$$

と比較することになるが，2/15 は 1/8 と 1/7 の中間で，しかも最簡な分数で

ある（定理Ⅰ，Ⅱが保証している）。つまり，r の近似分数で分母が 8 と 15 の中間にくるものは存在しない。それゆえ《飛び飛び》に分数を作っても，その中間で有力な分数を洩らす恐れはないのである。

§5 p.201 で，平山氏の評価を引用した。関が何承天の算法に気付いたとしても，この算法を採用しなかった一つの理田は，飛び飛びによって古来の分数を洩らす恐れからである，と。筆者は，しかし，それよりも<u>本質的な理由</u>を推測する。関は<u>定理Ⅰが証明できなかったから</u>，ではあるまいか！

いま「定理の証明」と述べたが，これはそもそも「和算の性格」のなかで欠落した点であるという批判がある。筆者は前稿（2., 論叢 313 号, p.5）で，藤原氏の評価（6., 第 4 巻, p.180-182）を引用した。《和算にも定理の証明がないのではないが，どこまでを基本的事実として仮定し，承認し，どこから証明を要するといふ点が頗る曖昧模糊として，論理的の厳密さが欠けてゐるのである。》この評価を認めて，より正確にいえば，

「関は定理Ⅰの成立について，自信がもてなかったのだ！」

定理Ⅰの概念構成は，かなり複雑であるといえる。a/b と c/d の中間で $(a+c)/(b+d)$ が簡単なことを主張し，しかもこれ以外により簡単なものは存在しないと主張する。それが「最簡」の意味である。「最簡」なものを見付けるには，列挙によるか，または一般論を展開して定理Ⅰを証明せねばならない。そのとき関が選んだのが列挙の道であった。これが筆者の推測である。

r を次々に第 n 段のファレイ数列で挟んでいく：

$$\frac{1}{8} < r < \frac{1}{7}, \quad \frac{1+1}{8+7} = \frac{2}{15} < r < \frac{1}{7}, \quad \frac{2+1}{15+7} = \frac{3}{22} < r < \frac{1}{7}, \quad \cdots$$

これを続けて，14 回繰り返せば

$$\frac{1+14\times 1}{8+14\times 7} = \frac{0+15\times 1}{1+15\times 7} = \frac{15}{106} < r < \frac{1}{7},$$

15 回目には

$$\frac{15}{106} < r < \frac{1+15\times 1}{8+15\times 7} = \frac{16}{113}$$

と大小が逆転する。

調日法により次々に作り出される分数が，しだいに r に近づくことは，定理Ⅲによって保証される。例えば

$$\left|r-\frac{1}{7}\right| \leqq \frac{1}{7\times 8} \fallingdotseq 0.0179 \quad \text{であるが，じっさい} \quad \left|r-\frac{1}{7}\right| \fallingdotseq 0.0013$$

でよい。

$$\left|r-\frac{16}{113}\right| \leqq \frac{1}{113\times 114} \fallingdotseq 0.0000776 \quad \text{であるが，じっさい} \quad \left|r-\frac{16}{113}\right|$$
$$\fallingdotseq 0.00000027 \quad \text{でよい。}$$

さて，上で棚上げしておいた整数部分の3を加えれば，

$$3\frac{15}{106} = \frac{333}{106} < 3+r = \pi < \frac{355}{113} = 3\frac{16}{113}$$

となり，祖冲之の《密率》が得られる。

§8. 平方根の連分数

こんどは，2の平方根の小数部分を
$$r = \sqrt{2} - 1$$
とおけば，
$$\frac{0}{1} < r < \frac{1}{1},$$
これを $\left(\frac{0}{1}, \frac{1}{1}\right)$ と表わすこととし，一般に
$$\frac{a}{b} < r < \frac{c}{d}$$
を $\left(\frac{a}{b}, \frac{c}{d}\right)$ と表わすものと約束する。

前節で見たように，ファレイ数列を作る手続きは，何承天の算法と同じであ

る。結果を示せば，つぎの通り：

$$\left(\frac{0}{1}, \frac{1}{1}\right), \left(\frac{0}{1}, \frac{1}{2}\right), \left(\frac{1}{3}, \frac{1}{2}\right), \left(\frac{2}{5}, \frac{1}{2}\right), \left(\frac{2}{5}, \frac{3}{7}\right), \left(\frac{2}{5}, \frac{5}{12}\right),$$

$$\left(\frac{7}{17}, \frac{5}{12}\right), \left(\frac{12}{29}, \frac{5}{12}\right), \left(\frac{12}{29}, \frac{17}{41}\right), \left(\frac{12}{29}, \frac{29}{70}\right)\cdots\cdots$$

ここに表われた分数のうち，$\frac{1}{2}, \frac{2}{5}, \frac{5}{12}, \frac{12}{29}$ は三回づつ引き続いて表われる。

いまこれらの分数を，形式的に文字でおき代えよう。

$$\frac{a}{b} = \frac{1}{2} = \frac{0+1}{1+1}$$

であるが，これを

① $\qquad \dfrac{a}{b} = \dfrac{1}{2} = \dfrac{1}{\beta}$

と書くことにする。以下も同様に書き直す。

② $\qquad \dfrac{c}{d} = \dfrac{2}{5} = \dfrac{0+1\times 2}{1+2\times 2} = \dfrac{0+a\gamma}{1+b\gamma}$

③ $\qquad \dfrac{e}{f} = \dfrac{5}{12} = \dfrac{1+2\times 2}{2+5\times 2} = \dfrac{a+c\delta}{b+d\delta}$

④ $\qquad \dfrac{g}{h} = \dfrac{12}{29} = \dfrac{2+5\times 2}{5+12\times 2} = \dfrac{c+e\varepsilon}{d+f\varepsilon}$

これらの式を変形する。

②′ $\qquad \dfrac{c}{d} = \dfrac{0+1\cdot\gamma}{1+\beta\cdot\gamma} = \dfrac{\gamma}{\beta\gamma+1} = \dfrac{1}{\beta+1/\gamma}$

③′ $\qquad \dfrac{e}{f} = \dfrac{a+(0+a\gamma)\delta}{b+(1+b\gamma)\delta} = \dfrac{a/\delta+0+a\gamma}{b/\delta+1+b\gamma} = \dfrac{0+a(\gamma+1/\delta)}{1+b(\gamma+1/\delta)}$

④′ $\qquad \dfrac{g}{h} = \dfrac{c+(a+c\delta)\varepsilon}{d+(b+d\delta)\varepsilon} = \dfrac{c/\varepsilon+a+c\delta}{d/\varepsilon+b+d\delta} = \dfrac{a+c(\delta+1/\varepsilon)}{b+d(\delta+1/\varepsilon)}$

① と ②′ を比べれば，① の分母の β が ②′ の $\beta+1/\gamma$ におき代っている。② と ③′ を比べれば，② の分母・分子の γ が ③′ の分母・分子の $\gamma+1/\delta$ におき代り，③ と ④′ を比べれば，③ の δ が ④′ の $\delta+1/\varepsilon$ におき代っている。

そこで，

②′ $\quad \dfrac{c}{d} = \dfrac{1}{\beta + 1/\gamma}$

の γ の場所に $\gamma + 1/\delta$ を入れれば

③″ $\quad \dfrac{e}{f} = \dfrac{1}{\beta + \dfrac{1}{\gamma + 1/\delta}}$

が得られ，③″ の δ の場所に $\delta + 1/\varepsilon$ を入れれば

④″ $\quad \dfrac{g}{h} = \dfrac{1}{\beta + \dfrac{1}{\gamma + \dfrac{1}{\delta + 1/\varepsilon}}}$

が得られる。上記のように

$$\beta = \gamma = \delta = \varepsilon = \cdots = 2$$

である。こうして，$r = \sqrt{2} - 1$ の連分数

⑤ $\quad r = \dfrac{1}{2 + \dfrac{1}{2 + \dfrac{1}{2 + \cdots}}}$

が得られた。簡単のために，⑤ を

⑤′ $\quad r = \dfrac{1}{2} + \dfrac{1}{2} + \dfrac{1}{2} + \cdots$

と表記する。

旧稿「ガウス復元 (2)」§29–§33 (16., p. 2-16) において，《互除法，連分数が，不定方程式

$$ax = by \pm 1$$

の解法に伴って発展した》ことを見た。いままた《ファレイ数列から連分数に移行できる》ことを見た。互除法，連分数，ファレイ数列は，このように密接な関連がある。

ここで，関の零約術を再考しよう。そのため，r の連分数を $\sqrt{2} = 1 + r$ の

6　関の零約術の再評価

連分数

⑥ $\qquad \sqrt{2} = 1 + \dfrac{1}{2} + \dfrac{1}{2} + \dfrac{1}{2} + \cdots$

に書き変えておくと都合がよい。こうすれば，近似分数

$$\frac{a}{b},\ \frac{c}{d},\ \frac{e}{f},\ \cdots$$

を，《帯分数》

$$1\frac{a}{b},\ 1\frac{c}{d},\ 1\frac{e}{f},\ \cdots$$

におき代えたものに相当する。

$$\frac{3}{2}=1+\frac{1}{2},\qquad \frac{7}{5}=1+\frac{1}{2}+\frac{1}{2},\qquad \frac{17}{12}=1+\frac{1}{2}+\frac{1}{2}+\frac{1}{2},$$
$$\frac{41}{29}=1+\frac{1}{2}+\frac{1}{2}+\frac{1}{2}+\frac{1}{2}$$

であることは直ちに分かる。この手続きは《規則的》だから，どこまでも続けられる。一般に平方根の連分数が《規則的》，すなわち《周期的》なことが知られている——いわゆる《ラグランジュの定理》であるが，本稿ではその証明までは立ち入らない。

　関の零約術に登場する分数を，つぎの図のように表示すると分かりやすい。

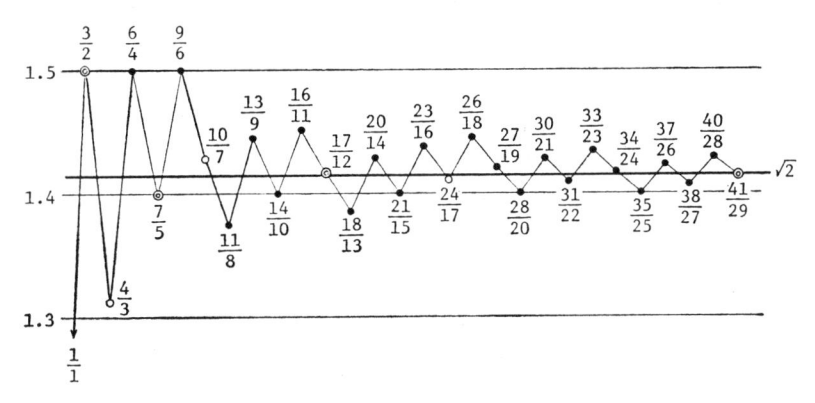

この図は格子点の図ではない。●○◎は零約術に登場する分数。そのうち何承天

の算法に登場する分数は○◎で表わし，さらにそのうち連分数に属するものは◎で表わした。

図のなかで，たとえば

$$\frac{3}{2}=\frac{6}{4}=\frac{9}{6}(=1.5), \quad \frac{7}{5}=\frac{14}{10}=\frac{21}{15}=\frac{28}{20}=\frac{35}{25}(=1.4)$$

などは，それぞれ同値であるが，その分数が初出のとき，つまり分母が一番小さい分数なるとき，近似分数としての価値がある。

零約術の分数は $\sqrt{2}$ の横線の上下を振動しつつ，全体として $\sqrt{2}$ に近づいていることが分かる。調日法の分数は飛び飛びであり，$\sqrt{2}$ に近い分数だけを選んでいる。連分数の近似分数は，さらに飛び飛びであり，$\sqrt{2}$ により近い分数だけを厳選して，しかも上下から振動しつつ $\sqrt{2}$ に近づく様子が読み取れる。

例えていえば，零約術が《各駅停車》なのにたいして，調日法は途中を飛ばして主なる近似分数と中間近似分数に停車する《準急》であり，連分数はさらに途中を飛ばして主なる近似分数だけに停車する《特急》である。

§3の p.193 で指摘した**観察**を裏付けよう。そのためには，主なる近似分数と中間近似分数を，それぞれ二通りに表わせばよい。

$$\frac{3}{2}=\frac{1+1\times 2}{0+1\times 2}\left[=1+\frac{1}{2}\right],$$

$$\frac{4}{3}=\frac{1+1\times 3}{0+1\times 3}\left[=1+\frac{1}{3}\right], \qquad \frac{4}{3}=\frac{0+2\times 2}{1+1\times 2}=\frac{2(0+1\times 2)}{1+1\times 2}=\frac{2\times 2}{3}$$

$$\frac{7}{5}=\frac{1+3\times 2}{1+2\times 2}\left[=1+\frac{1}{2}+\frac{1}{2}\right], \qquad \frac{7}{5}=\frac{3+4}{2+2}$$

$$\frac{10}{7}=\frac{1+3\times 3}{1+2\times 3}\left[=1+\frac{1}{2}+\frac{1}{3}\right], \qquad \frac{10}{7}=\frac{2+4\times 2}{1+3\times 2}=\frac{2(1+2\times 2)}{1+3\times 2}=\frac{2\times 5}{7}$$

$$\frac{17}{12}=\frac{3+7\times 2}{2+5\times 2}\left[=1+\frac{1}{2}+\frac{1}{2}+\frac{1}{2}\right], \qquad \frac{17}{12}=\frac{7+10}{5+7}$$

$$\frac{24}{17}=\frac{3+7\times 3}{2+5\times 3}\left[=1+\frac{1}{2}+\frac{1}{2}+\frac{1}{3}\right], \qquad \frac{24}{17}=\frac{4+10\times 2}{3+7\times 2}=\frac{2(2+5\times 2)}{3+7\times 2}=\frac{2\times 12}{17}$$

ここまで並べれば，つぎの規則性は歴然としている：

$$\frac{a}{b} \to \frac{2b}{a} \to \frac{a+2b}{a+b} = \frac{c}{d} \to \frac{2d}{c} \to \frac{c+2d}{c+d}$$
　　（主）　（中）　（主）　　　（中）　（主）

関は恐らく，この《規則性》に気付いたはずである。しかし，それから連分数の一般論を展開するまでに至らなかった。その理由の考察は，本稿の末節で述べる。

§9. 諸約の法

関孝和は $\sqrt{2}$ の連分数を，完全に把握するまでに至らなかったとしても，それに一歩でも近づく考察を行なった《状況証拠》がある。それは『括要算法巻二』の「諸約之法」(7., p. 295-308) のなかの例題に見出される。まず，諸約の法を概観する (7. の解説，p. 163-169 を参照した)。

「互約」……二つの整数 a, b から，公約数をそれぞれ除いて a', b' を作り，a' と b' は互いに素であって，しかも積 $a' \cdot b'$ が元の a, b の最小公倍数になるようにする。

「逐約」……三つ以上の整数について，互約と同様な約数を求める。

「斉約」……数個の整数の最小公倍数を求める。

「遍約」……数個の整数をその最大公約数で約す。

以上の部分は，いわゆる初等数論に属し，それ自身興味を引く内容であるから，改めて取り上げねばなるまい。しかし，本稿では次の二点を指摘するに止めて，先を急ぐ。

(1) 二つの整数の最大公約数（「等数」とよぶ）を求めるのに，甲と乙を「互ニ減ジテ」という。つまり明らかに《互除法》を用いている。

(2) 二つの整数の最大公約数を求めて「乃テ等数一ヲ得レバ，則チ不約ニシテ止ム。」という。つまり，最大公約数が1になれば，《互いに素》である，という概念をもっている。

つぎは「増約」と「損約」であるが，これは無限等比級数の和を扱っている。「増約術」は，すでに旧稿 (1., 論叢308号, p. *16-18*) で詳細に論じた。「損

約」は「増約」の符号を変じたものにすぎない。ただし，いずれの約術も収束条件（比の限界）を明示している点は，注目に値する。

それに「零約」（本稿の主題であり詳細に論じて来た）「遍通」（分数の通分）「剰一」が続く。剰一の原文の一部を引こう。その第一例は，

「　　剰　一
イマ左リ一十九ヲ以テコレヲ累加シテ得ル数アリ，右二十七ヲ以テコレヲ累減シテ，一ヲ剰ス，左ノ総数イカホドト問フ。

　　　答ニ曰ク，左ノ総数一百九十。

　　術ニ曰ク，……〔下略〕……　　　　　　　　　　　　　　　　　　」

剰一の意味は問いの文から明らか，すなわち，数式で表わせば，左 19 を x 倍して，右 27 の y 倍を引くと 1 が余るのであるから，

①　　　　$19x - 27y = 1$

なる不定方程式が成り立つ。左の総数 $19x$ を問い，答を 190 としている。

答から逆算すれば

　　　　　　$x = 10, \ y = 7$

を求めたのであるが，関はどうやって答に到達したか？——①は周知の不定方程式であり，19 と 27 は互いに素だから整数解をもつ。これは旧稿『孫子の算法』(5.)で詳述したように秦九韶（十三世紀）が完全に解き，『ガウス復元(2)』(16.)で見たように，オイラーもガウスも解法を完全に裏付けた。関は（秦九韶から直接にではなく），あとの「翦管術」を楊輝から学ぶことにより，独力で秦の「大衍求一術」を復元した。——『全集』の解説（7., 解説 p. 167）による。

上で引用のさいに略した術文を，『全集』の解説（7., 解説, p. 165-166）にならって，次のように書くと分かり易い。

6 関の零約術の再評価

	左19	右27	（説 明）
		甲商1，甲不尽8	$\frac{27}{19}=1+\frac{8}{19}$
	乙商2，乙不尽3		$\frac{19}{8}=2+\frac{3}{8}$
		丙商2，丙不尽2	$\frac{8}{3}=2+\frac{2}{3}$
	丁商1，丁不尽1		$\frac{3}{2}=1+\frac{1}{2}$
		乃テ左一ヲ余シテ止ム	（左の分子が1を余したら止める）

  子＝甲商×乙商＋(定)＝1×2+1＝3
  丑＝　子×丙商＋甲商＝3×2+1＝7
  寅＝　丑×丁商＋子　＝7×1+3＝10　（＝x）
  左総数＝　寅×左　　　＝10×19＝190（＝ax）

問は ax を求めているから，＝190 がえられればそれで終る。（$by=ax-1=$ 189 から，$y=7$ が出るが，関はこの y に関心がない。）以上の術文を見れば，《互除法》による不定方程式の解法となんら変わりはない。

関が挙げた第二例は

② 　　　$179x-74y=1$

である。左179が右74より大きいので，あらかじめ $179-74\times 2=31$ を求めて，改めてこの 31 を左として，

③ 　　　$31u-74v=1$

としている。不定方程式③を第一例と同様に解けば，$u=43$, $v=18$ を得る。式②に戻れば $x=u=43$ から，$179x=7697$ が求める左の総数である。（原文では求めていないが，$74y=7697-1=7696$ から，$y=104$ が出る。）

さて，筆者がここで興味をもつのは，不定方程式

④　　　$ax-by=1$，ただし a と b は互いに素

の解法もさることながら，関が挙げた数値例である。第一例を書き直せば

①′　　$\dfrac{x}{y}-\dfrac{27}{19}=\dfrac{1}{19y}$

から，$x/y=10/7$ をえている。ところで

⑤　　　$\dfrac{27}{19}=\dfrac{10+17}{7+12}$

であり，27/19, 10/7, 17/12 は $\sqrt{2}$ の零約術に登場した。そのうち 10/7 と 17/12 は $\sqrt{2}$ の調日法にも登場する分数である（§8 p.214）。さらに 10/7 は，関が $\sqrt{2}$ の零約術において，「外ニシテ疎ナル方斜率」として答に示した分数にほかならない（§3 p.191）。式 ①′ は，ファレイ数列の定理Ⅰ において，27/19 と x/y が隣り合う条件を示している（§7 p.206の式 ① を見よ）。ただし，調日法の立場からいえば，

⑥　　　$\dfrac{10}{7}>\sqrt{2}$, $\dfrac{17}{12}>\sqrt{2}$

であるから，式⑥によって作り出された 27/19 は，$\sqrt{2}$ に《より近づく》ことにはならない。

　第二例は，書き直せば

②′　　$\dfrac{179}{74}-\dfrac{y}{x}=\dfrac{1}{74x}$

から，$y/x=104/43$ を得ている。こんども

⑦　　　$\dfrac{179}{74}=\dfrac{104+75}{43+31}$

であり，75/31, 104/43, 179/74 はいずれも $\sqrt{2}+1$ の零約術に登場する分数である。式 ②′ は y/x と 179/74 が隣り合う条件であるが，

⑧　　　$\dfrac{75}{31}>\sqrt{2}+1$, $\dfrac{104}{43}>\sqrt{2}+1$

であるから，式⑦によって 179/74 を作っても，$\sqrt{2}+1$ に《より近づく》こ

6　関の零約術の再評価

とにはならない。

では $\sqrt{2}+1$ とは何か？——それは一辺が1なる正八角形の「平中径」（前稿『関の角術…』〔2., 論叢328号, p. 145〕の **八r**）の2倍の長さである。つまり，関がここの第二例で取り上げた分数は，《角術》と密接な関係がある。もちろん，第一例の $\sqrt{2}$ も《角術》のなかに登場する一辺が1なる正方形の「角中径」（同上 p.141 の **四R**）の2倍の長さである。

筆者は次のように推測する。《角術》を用いれば $\sqrt{2}$ や $\sqrt{2}+1$ の値は精密に求まる。しかし，実用的には分数で近似的に表わしておけば，それらの数値を乗除するのに便利である（p.200, 林氏からの引用を参照）。そこで，関は $\sqrt{2}$ や $\sqrt{2}+1$ の近似分数を求めようとしたのであろう，と。

ただし，上述のように，第三の《より良い》近似分数を得るためには，例えば $\sqrt{2}$ を上下から挟む二つの分数

⑨　　$\dfrac{a}{b} < \sqrt{2} < \dfrac{c}{d}$

から

⑩　　$\dfrac{e}{f} = \dfrac{a+c}{b+d}$

を作らねばならぬ。ところが，⑥や⑧に見るように，共に $\sqrt{2}$ より大きな二つの分数

⑪　　$\dfrac{a}{b} > \sqrt{2}, \ \dfrac{c}{d} > \sqrt{2}$

から，式⑩によって e/f を作り出したので，得られた e/f は目的を果たせない。$\sqrt{2}+1$ についても同様。

このように，関が $\sqrt{2}$ や $\sqrt{2}+1$ の近似分数を求めた摸索の跡が「剰一」の数値例に表われている，と筆者は考えるのであるが，なにぶんにも例が少ないので，これ以上の推論は差し控えねばなるまい。

『括要算法巻二』の後半は「翦管術解」と題し，前述のように「百五減」の問題（5., p. 4）を取り上げる。その第三問は「孫子問題」そのものである（同上 p. 2）。『全集』の解説（7., 解説, p. 167）によれば，関は『楊輝算法』[*]から問題と術文を得た，という。さらに関は『算法統宗』[**]から引用したことを明記して，『孫子歌』（5.,p. 2）まで掲げている。

注(*) 楊輝は十三世紀後半，南宋の人。その著作の比較的高度な部分が，後にこの題でまとめられた（1378）。

注(**) 十六世紀，明の程大位の著，1592.

平山氏は，『全集』の解題（7., p. 296）において，『括要算法巻二』は「諸約之法」と「翦管術解」の二編から成り，前者は互約から剰一に至る九項目であり，後者はその応用である，という見解を示された。

筆者が見るところ，翦管術の数値例は《角術》とは縁がなさそうである。

§10. 関の達成を妨げた理由

すでに §7 の例題として，$r=\pi-3$ の調日法の分数列（ファレイ数列）を求めた。これを §8 にならって書けば，次の通り。

① $\quad \dfrac{a}{b} = \dfrac{1}{7} = \dfrac{1}{\beta}$

② $\quad \dfrac{c}{d} = \dfrac{15}{106} = \dfrac{0+1\times 15}{1+7\times 15} = \dfrac{0+a\gamma}{1+b\gamma}$

③ $\quad \dfrac{e}{f} = \dfrac{16}{113} = \dfrac{1+15\times 1}{7+106\times 1} = \dfrac{a+c\delta}{b+d\delta}$

④ $\quad \dfrac{g}{h} = \dfrac{4687}{33102} = \dfrac{15+16\times 292}{106+113\times 292} = \dfrac{c+e\varepsilon}{d+f\varepsilon}$

文字 $a, b, \cdots ; \beta, \gamma, \cdots$ だけに注目して，§8 と同様に変形すれば

⑤ $\quad r = \dfrac{1}{\beta} + \dfrac{1}{\gamma} + \dfrac{1}{\delta} + \dfrac{1}{\varepsilon} + \cdots = \dfrac{1}{7} + \dfrac{1}{15} + \dfrac{1}{1} + \dfrac{1}{292} + \cdots$

が得られる。さらに整数部分 $\alpha=3$ を加えて，周知の円周率の連分数：

6　関の零約術の再評価

⑥　　　$\pi = \alpha + \dfrac{1}{\beta} + \dfrac{1}{\gamma} + \dfrac{1}{\delta} + \dfrac{1}{\varepsilon} + \cdots = 3 + \dfrac{1}{7} + \dfrac{1}{15} + \dfrac{1}{1} + \dfrac{1}{292} + \cdots$

が得られる。申すまでもないが、現代のわれわれの立場でπの連分数を扱っているのであり、関孝和が式⑥に到達した、と主張するわけではない。

関は、§3で引用したように、零約術によって祖沖之の《密率》355/113に到達した。恐らくそれからも零約術の歩を進めて、あるいは

$$\dfrac{688}{219} = \dfrac{333+355}{106+113} = 3.14155251 \; 142弱$$

の辺りまで到達したかもしれない。しかし、$p = 3.14159265 \; 359$ 微弱を関の《定周》とすれば、

$p - 688/219 = 0.00004014 \; 217$ 強

であるから、前述(§3 p.197)の

$355/113 - p = 0.00000026 \; 676$ 強

と比べて、688/219の近似度はかえって劣る。分母が大きいからといって、近似度が必ずしも向上しないところに、近似分数の微妙な性質が反映している。

「355/113に至って、これを定周pに比べれば、ごくわずかの端数があるけれども、この端数までも近似させようとすれば、周対径の比率はいたずらに《長繁》になってしまう。」(原文は、§3 p.195 で引用した)

という関の嘆きは、この辺の事情を指すのかもしれない。

現代のわれわれは、式④の g/h に3を加えた

$$\dfrac{103993}{33102} = \dfrac{333 + 352 \times 292}{106 + 113 \times 292} = 3.14159265 \; 301 \; 強$$

の近似度が

$p - 103993/33102 = 0.00000000 \; 058$ 弱

であり、この《緊密率》[#39]ともいうべき近似分数が、祖沖之の《密率》の次にくる主なる近似分数であることを知っている。関はこの《緊密率》103993/33102に到達したであろうか?——筆者には、関があくまで零約術の枠のなかに留ま

っていたとすれば，とても到達できたとは思えない。それは，方法の向上をもって立ち向った，関の弟子建部賢明によって達成された（§2 p. 188の引用文を見よ）。

$\sqrt{2}$ の連分数と π の連分数を比較してみよう。$\sqrt{2}$ の連分数は《ラグランジュの定理》によって，《規則的》つまり《周期的》なことが知られている。具体的には，$\alpha=1$ を除き，以下の部分分母はすべて

⑦ $\qquad \beta=\gamma=\delta=\varepsilon=\cdots=2$

であり，周期的に（とはいっても周期の長さは1であるが） 2だけが登場する。

これにたいして，π の連分数の部分分母は

⑧ $\qquad \alpha=3, \ \beta=7, \ \gamma=15, \ \delta=1, \ \varepsilon=292, \cdots$

であって，全く《不規則》である。換言すれば

「π の連分数は，$\alpha=3$ の次の β は何か，$\beta=7$ が得られたとしてその次の γ は何か，$\gamma=15$ が得られたとしてその次の δ は何か，…，それは全く予想が立たない。」

つまり

「π の小数展開があらかじめ得られなければ，π の連分数は得られない。」

のである。（そのため，π の級数展開のような，連分数とは別系統の算法が探究されることになる。）

では，続く部分分母の予想が立つような，π の連分数は存在しないのだろうか？——部分分子をすべて1とした形のいわゆる《正則連分数》（われわれがこれまでただ《連分数》と言ってきたもの）のなかには存在しない。ふつうの連分数をもう少し一般化して，部分分子に1以外の数を許せば，《きれい》な形の連分数がある。それは

⑨ $\qquad \dfrac{4}{\pi} = 1 + \dfrac{1}{2} + \dfrac{9}{2} + \dfrac{25}{2} + \dfrac{49}{2} + \dfrac{81}{2} + \cdots$

であって，第2項以下の部分分母はすべて2であり，部分分子には順々に奇数

6 関の零約術の再評価

の自乗がくる，という全く《規則的》な形をしている。これなら，望むだけ遠くのほうまで連分数を書き下すことができる（ただし，近似分数列の収束ははなはだ悪いが）。これすなわち「ブラウンカーの連分数」であり，筆者は別稿(17.)で詳しく扱った。(じつは，関の零約術を考えている間に，副産物としてこの別稿がまとまった。)[#40]

関は，式⑥にすら到達しなかったのであるから，ましてやブラウンカーの連分数⑨などは，全く想像を絶したであろう。ここで，西洋近世における円周率の公式を，年表式に並べることも興味深い——平山氏『円周率の歴史』(9.)を参照した。

ヴィエタ (1593)　無限積

⑩ $\quad \dfrac{2}{\pi} = \sqrt{\dfrac{1}{2}} \cdot \sqrt{\dfrac{1}{2}+\dfrac{1}{2}\sqrt{\dfrac{1}{2}}} \cdot \sqrt{\dfrac{1}{2}+\dfrac{1}{2}\sqrt{\dfrac{1}{2}+\dfrac{1}{2}\sqrt{\dfrac{1}{2}}}} \cdots$

ウォリス (1654)　無限積

⑪ $\quad \dfrac{4}{\pi} = \dfrac{3}{2} \cdot \dfrac{3}{4} \cdot \dfrac{5}{4} \cdot \dfrac{5}{6} \cdot \dfrac{7}{6} \cdot \dfrac{7}{8} \cdots$

ブラウンカー (同上)　連分数

⑨ $\quad \dfrac{4}{\pi} = 1 + \dfrac{1}{2} + \dfrac{9}{2} + \dfrac{25}{2} + \dfrac{49}{2} + \dfrac{81}{2} + \cdots$

グレゴリー (1671), ライプニッツ (1673)　級数展開

⑫ $\quad \dfrac{\pi}{4} = 1 - \dfrac{1}{3} + \dfrac{1}{5} - \dfrac{1}{7} + \dfrac{1}{9} - \dfrac{1}{11} + - \cdots$

ニュートン (1676)　級数展開

⑬ $\quad \dfrac{\pi}{6} = \dfrac{1}{2} + \dfrac{1}{2} \cdot \dfrac{1}{3} \cdot \dfrac{1}{2^3} + \dfrac{1}{2} \cdot \dfrac{3}{4} \cdot \dfrac{1}{5} \cdot \dfrac{1}{2^5} + \dfrac{1}{2} \cdot \dfrac{3}{4} \cdot \dfrac{5}{6} \cdot \dfrac{1}{7} \cdot \dfrac{1}{2^7}$
$\quad + \cdots$

これらは，いずれも，アルキメデスの方法から抜け出た，新しい発想によって得られた公式である。

中国では，劉徽（三世紀），祖沖之（五世紀）以来，方法としてはアルキメ

デスと同じく，円の内接多角形の周による近似が主流である．わが国の方法も，この伝統を継承し，関の『括要算法巻四』(1712) に至っている（ただし，執筆は1680ごろといわれる）．関は，みずから求めた円周率の値の近似分数を得んとして，《零約術》を創始したのである．

零約術, 調日法(ファレイ数列), 連分数と並べれば，これは歴史的な発生順序ではない．近似分数の求め方として，より素朴で緩慢なものから，より巧妙で快速なものへの順序，いわば発生論的 (genetic)[#41] な順序である．関が零約術から一足飛びに連分数にまで到達しえなかったのは，筆者は二つの理由からであろうと考える．

一つの理由は，§7 p.206 で考察したように，**命題**
「隣り合う二つの分数 a/b と c/d の中間で最簡な分数は $(a+c)/(b+d)$ である」（定理Ⅰ）
の成立に自信がもてなかったことであろう．関は調日法に気付いたとしても，有力な近似分数を漏らす恐れから，この何承天の算法に踏み切れなかった，と推測される．

いま一つの理由は，本節で見たように，円周率 π の近似分数が全く《不規則》なことであろう．つまり，関は，平方根の近似分数という《規則的》なものと，円周率の近似分数という《不規則》なものと，両極端を扱った．両者から統一的な連分数の理論に至らんとすれば，それを結びつけるのは《互除法》もしくはそれと同類の算法であろう．しかも，関が扱った「剰一」のような有限の算法ではなく，無限に繰り返えしうる算法でなければならない．平方根の連分数は《周期的》だから，途中の段階で連分数を打ち切っても，続く数の予想が立つので不安が少ないであろう．とくに $\sqrt{2}$ の近似分数には，§3 p.193 と §8 p.213 で観察した特殊な《規則性》がある．

村田全氏は，建部賢弘が「微小な弧の長さを級数の形で表わそうとして，そ

6 関の零約術の再評価

の係数に秘められた法則を探り当てた」とき(1722)，ウォリスが「-1 より大きい任意の『実数』p, q, r について

$$x^p \pm x^q, \ x^p \cdot x^q, \ x^p \div x^q, \ (x^p \pm x^q)^r$$

などの積分に相当する計算の仕方を示し，……それらの結果の間に何か法則性が隠されていないかを」探ったとき(1652〜)，《その洞察力の深さ》《数学的法則の存在に対する不抜の信念》に支えられていた，と力説された (18., p. 138; p. 188-189)。筆者も別稿 (17.) で，ブラウンカーの場合も，$4/\pi$ の実在にたいする《不抜の信念》を抱いていた，と主張した。

かれらが求めた係数，積分値，連分数などは，発見されて見れば《規則的》に並んだ数字で表わせる。摸索的にそれらの数値をいじってみて，できるだけ簡単な整数の積や商で表わそうと努め，初めの4項か5項の数字の並び方が手に入れば，容易にその続きが（無限の彼方まで）見通せる。ここに，法則の発見を容易ならしめる好条件がある！

これに反して，円周率のふつうの連分数の場合は，⑧のように全く《不規則》であって，たとえ途中までの連分数が得られたとしても，その次にどんな数が来るのかは深い闇に鎖されている。これは，探究者を困惑させ，大きな不安に陥れる。

関にとっての不運は，片や平方根，片や円周率の零約術を扱ったため，両者に懸隔がありすぎて，連分数の一般論に到達することを妨げられたのではあるまいか？——これが，筆者の本稿で辿りついた結論である。

#42

(1982年10月20日記)

文 献

1. 杉本敏夫：ガウスと関の開平(正・続)，明治学院論叢，第302・308号，総合科学研究 8・9, 1980. 本論文集で改稿・改題。1号・2号論文参照。
2. 杉本敏夫：関の角術の一解釈(正・続)，明治学院論叢，第313・328号，総合科学

研究 10・12, 1981・1982. 本論文集、3号・4号論文参照.
3. 林鶴一：支那ニ於ケル弧背綴術及円周率ニ就テ(1909), 零約術ト我国ニ於ケル連分数論ノ発達 (1915) ——林鶴一博士和算研究集録, 東京開成館, 1937. の上巻 p. 538-552；p. 590-645 に再録. 引用は研究集録の頁数による.
4. 李儼：大衍求一術之過去与未来(1925)——中算史論叢, 第一集, 1928. の p. 61-121 に再録.
5. 杉本敏夫：孫子の算法, 明治学院論叢, 第293号, 総合科学研究5, 大山正春教授記念論集, 1980. 本論文集、5号論文参照.
6. 藤原松三郎（日本学士院編）：明治前日本数学史, 全 5 巻, 岩波書店, 第1巻, 1954；第2巻, 1956；第3巻, 1957；第4巻, 1959；第5巻, 1960. 新訂版, 全5巻, 野間科学医学研究資料館, 1979.
7. 関孝和著・平山諦・下平和夫・広瀬秀雄編著：関孝和全集, 全1巻, 大阪教育図書, 1974.
8. 平山諦：関孝和, 恒星社厚生閣, 初版1959, 増補改訂版1974.
9. 平山諦：円周率の歴史, 大阪教育図書, 改訂新版, 1980.
10. 諸橋轍治：大漢和辞典, 縮写版, 全十三巻, 大修館書店, 1966–1968.
11. 銭宝琮：中国数学史, 科学出版社, 初版1964, 重版1981.
12. 杉本敏夫：電卓による対数の導入, 明治学院大学一般教育部付属研究所紀要, 第 6 号, 1982.
13. 高木貞治：解析概論, 改訂第三版, 岩波書店, 1961.
14. 高木貞治：初等整数論講義, 共立出版, 1931.
15. G.H. Hardy & E.M. Wright: An Introduction to the Theory of Numbers, 4th ed., Oxford, 1960.
16. 杉本敏夫：ガウス復元(1)・(2), 明治学院論叢, 第283・295号, 総合科学研究 3・7, 1979・1980.
17. 杉本敏夫：ブラウンカーの連分数（予報）, 明治学院論叢, 第334号, 総合科学研究13, 1982.
18. 村田全：日本の数学　西洋の数学——比較数学史の試み, 中公新書, 1981.

〔要旨〕孫子の算法・関の零約術の再評価

1）孫子問題は和算の「百五減」に相当し，相手の考えた数を，3，5，7で割ったときの余りを尋ね，その数を当てる数学遊戯である。出題者は鍵の数 70，21，15 を掛けた和から 105 を引いて素早く答えを出して，驚かす。

2）原理は連立一次不定方程式の「中国剰余の定理」に相当する。筆者は合同式を使わずその原理に到達し得ることを示し，補間公式との関連に言及した。

3）これは実は天文暦法で「上元積年」を定める原理と同じであり，秦九韶が不定方程式論を完成させて，一般的な形で解法を示した。ガウスも復活祭の公式を得んとして，同じ解法に到達した。暦法への動機が共通している。

4）関の零約術は不規則な端数をもつ無限小数を分数に直す独自の方法であり，$\sqrt{2}$ と π の近似分数に応用した。従来は「連分数」に劣ると評価された。

5）何承天の「調日法」と比較した。これは近似分数を求める算法であって，零約術が分母を1ずつ増して近づけるのに対して，調日法は分母に一定の数を次々に足していくので，近似分数への到達が早い。さらに連分数は分母に一定の数の何倍かを一挙に加えるので，近似分数への到達は最短である。

6）筆者は，交代級数の項の順序を変えて任意の値に近づける《リーマンの定理》と比較して，論法が同形なことから，関の論法の存在価値を評価した。

7）筆者は，何承天の調日法をファレイ数列と比べ，類似性を指摘した。

8）$\sqrt{2}$ の近似分数を例にとり，以上の諸方法を比較し，優劣を論じた。

9）関の整数論である「諸約の法」を概観した。特に楊輝から学んだ「剰一」で，一次不定方程式を正しく解いていることを指摘した。

10）関がファレイ数列の基本定理に自信がなく，平方根の連分数の《規則性》には気づきながら，ついで不規則な π の近似分数に取り組んだため，連分数の一般論に到達することが妨げられた，という筆者の新見解を述べた。

7 塵劫記の開立問題の考察

§1. 序……………… 228
§2. 開立法…………… 230
§3. 端数の処理………… 236
§4. 金銀千枚の開立…… 239
§5. 昔枡の法………… 243
§6. 今枡の法………… 247
§7. 日に一倍問題…… 255
§8. 疑問と模索……… 261
　　文献………………… 266

§1. 序

吉田光由の『塵劫記』は寛永四年（1627）に初版が出た算書であるが，すでに開立法が記載され，刊年未詳の五巻本（寛永八年以前）には，「日に日に一倍の事」なる表題の条に $A=2^{119}$ の立方根を求める問題が載っている。もちろん A の値（36桁）も正しく，さらに $\sqrt[3]{A}$ の整数部分 a の値（12桁）も正しい。この時代に，なぜこのような見事な計算ができたのか？——これは一つの驚異である。

筆者は，この問題の重要性を戸谷清一氏から指摘され，自分なりに考えてみた。じつは，これらの開立問題を初めに検算されたのは平山諦氏であり，近著「『塵劫記』の諸問題」(1.) にご見解が示された。平山氏の論文が出た上では，徒に屋上屋を重ねることになるかとも思うが，多少の知見を加えうるので，ここに筆者なりの考察を綴る。問題によっては，いまだ十分に解明されたとはいえない。ご批判を賜われば幸いに思う。

まず塵劫記の「開立法」を，平山氏の要約にしたがって再録し，古代中国の

7 塵劫記の開立問題の考察

算法を付載した。開立計算における一つの核心は，次の商の求め方および「端数の処理」である。これに考察を加え，一つの有効な算法を提案した。

塵劫記のなかの，第一の典型的な問題は「金銀千枚の開立」である，その計算過程を検討した。第二の典型的な問題は《枡の法》，つまり一升枡と相似な n 合枡・n 升枡の寸法を定める問題である。まず「昔枡の法」を検算し，《切り捨て原則》の存在を確認した。ついで「今枡の法」を検算し，原文の深さの値に到達するためには，二つの計算方式を仮定せねばならないことを発見した。その第二方式の背景についても，考察を加えた。

第三の典型的な問題が，冒頭で触れた「日に一倍問題」である。平山氏に倣い，再び検算を行なった。ここで最大の疑問は，吉田が，なぜこんな多数桁の開立計算を誤りなく行なえたか，である。そこで「疑問と摸索」の表題の下に，筆者が試みた様々な思考実験を紹介した。その結果ようやく到達した一つの解答は，別稿『塵劫記の日に一倍問題の解明』(2.) にゆずったので，ご参照いただければ幸いである。[43]

本稿が成るには，平山先生と戸谷先生の有益なご指教によるところ大である。ここに感謝を捧げる。

塵劫記の諸版

『塵劫記』には諸版があり，その校勘だけでも大問題であり，筆者はこれに深入りする余裕がない。藤原松三郎氏(3, 第一巻, p.192-206)，山崎與右衛門氏 (4.)，児玉明人氏「吉田光由編者の塵劫記」(5, 論文集 p.43-58)，大矢真一氏 (6, 解説 p.262-267) などを参照して，できるだけ簡明に整理すると，次のようになる。
- (い) 寛永四年，四巻二十六条（初版本）
- (ろ) 刊年未詳，五巻四十八条（五巻本）
- (は) 寛永八年，三巻四十八条（大阪教育図書の復刻本あり——5.）
- (に) 寛永十一年，四巻六十三条（小型本）
- (ほ) 寛永十八年，三巻五十条（遺題本）
- (へ) 寛永廿年，三巻五十六条（岩波の文庫版あり——6.）

括弧内は通称。本稿では，入手しやすい（へ）文庫版の原文を主として引用し，必要に

応じて他の版を参照することとした。

§2. 開立法

『塵劫記』の「開立法」(6., p. 247-251) については，平山氏の論文 (1., p. 29-33) および戸谷氏「塵劫記の珠算」(5., 論文集, p. 59-67) に適確な要約があるので，それを参照すれば十分である。しかし，本稿の立論を進める上で，手許に資料をもつ便宜のため，平山氏から必要な部分を再録させていただく。表記については，多少の変更を施したところがある。

開立すべき《実》を A とする。その根の初めの桁《初商》に α が立てば，まず

① $\quad A-\alpha^3$

を求める。余りが出れば，次の桁《次商》に β を立てて，

② $\quad A-\alpha^3-\{3\alpha(\alpha+\beta)\beta+\beta^3\}$

を求める。平山氏は

「この形が数学的に価値の高いものである。」(1., p. 31)

と評価された。

ところで，平山氏によると，開立の説明図には三種ある。

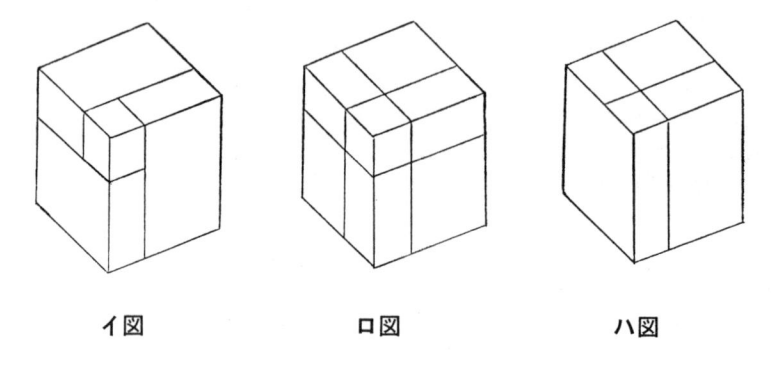

イ図　　　　　**ロ図**　　　　　**ハ図**

イ図は（い）初版本と（は）寛八（復刻本）にある。ロ図は（ほ）寛十八

7　塵劫記の開立問題の考察

（遺題本），ハ図は（ヘ）寛廿（文庫版）にある。平山氏は言われる。

「ロ図のように細切れにすれば，説明はややこしくなるだけである$^{(*)}$。ハ図は全く意味をなしていない。」(1., p. 32)

「初商 α，次商 β とするとき，イ図では，α，$(\alpha+\beta)$，β を辺とする板状の六面体3個と，β を辺とする正立方体1個を観察することができる。……塵劫記の開立の説明は，わが国初めてのものであるから，分りにくいのは当然であるが，塵劫記の著者はイ図の心持ちを十分に理解していたものと思う。

これを考えたのは果して，吉田光由か，と付け加えたい。」(1., p. 32)

筆者が蛇足を加えれば，イ図はニ図のように分解される。このなかには，体積

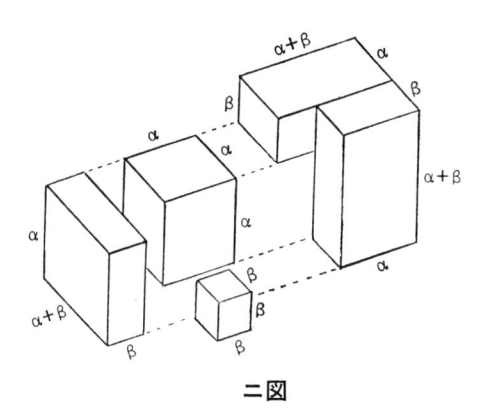

二図

が α^3 なる立方体の外側に，体積が $\alpha(\alpha+\beta)\beta$ なる同型の《板》が3個と，体積が β^3 なる《小角》が明瞭に見られる。《小角》は，『塵劫記』の開立法の用語である (6., p. 249)。

注(*)　後文『九章算術』の開立法の式②′が，ロ図に相当する。そこでは，正方形の《板》$\alpha^2\beta$ が3枚，長さ α の《棒》$\alpha\beta^2$ が3本，それに《小角》β^3 に分解されている。

さて，筆者がかねがね疑問に思っていたのは，①から②へ移行するさい，どのようにして《次商》β を発見すればよいか，である。平山氏は明解に，述べておられる。

「次商 β を求めるには,
$$A-\alpha^3-\{3\alpha(\alpha+\beta)\beta+\beta^3\}=0$$
とおけば,
$$\beta=\frac{A-\alpha^3}{3\alpha^2+3\alpha\beta+\beta^2}$$
となる。β は小さいから〔$3\alpha\beta+\beta^2$ を〕すてて

② $\quad \beta=\dfrac{A-\alpha^3}{3\alpha^2}$

となる。……次商を求めるにはこれ以外にはないから,塵劫記はこれを意識[#45]したと考えざるを得ない。」(1., p. 32)

筆者の考察は後文（次節）に述べる。

さらに《三商》γ を立てたときは,式②の
$$\alpha \text{ を } \alpha+\beta, \quad \beta \text{ を } \gamma$$
と読み替えればよいから,
$$3\alpha(\alpha+\beta)\beta \text{ は } 3(\alpha+\beta)(\alpha+\beta+\gamma)\gamma, \quad \beta^3 \text{ は } \gamma^3$$
となり,けっきょく

③ $\quad A-\alpha^3-\{3\alpha(\alpha+\beta)\beta+\beta^3\}-\{3(\alpha+\beta)(\alpha+\beta+\gamma)\gamma+\gamma^3\}$

を求めればよい。平山氏は言われる。

「この考えは次ぎ次ぎに拡張できる。」(1., p. 32)

さらに平山氏は,この『塵劫記』の開立法を筆算化した実例を挙げておられる (1., p. 32-33)。筆者は,あとで数値を使うため,$\sqrt[3]{2}$ と $\sqrt[3]{4}$ を例題として,平山氏の筆算法を再録する。

7 塵劫記の開立問題の考察

```
   1   2   5   9
   2 000 000 000
   1
   1 000
       720 ……3×10×12×2
         8 ……2×2×2
       272 000
       225 000 ……3×120×125×5
           125 ……5×5×5
        46 875 000
        42 491 250 ……3×1250×1259×9
             729 ……9×9×9
         4 383 021


   1   5   8   7
   4 000 000 000
   1
   3 000
   2 250 ……3×10×15×5
     125 ……5×5×5
     625 000
     568 800 ……3×150×158×8
         512 ……8×8×8
      55 688 000
      52 656 660 ……3×1580×1587×7
           343 ……7×7×7
       3 030 997
```

平山氏の再現された『塵劫記』の開立法は，これで申し分ないのであるが，しかし，その計算の途中で，例えば

$$3×1250×1259×9,\ 3×1580×1587×7$$

のような，多数桁どうしの掛け算が必要になる。

この点について，古代中国でもすでに工夫がこらされていて，掛け算を 多数桁×一桁の形に留める開立法が案出された。それは『九章算術』の「劉徽註」(7., p.136-138; 144-145) に明確な説明がある。

この方法の特色は，途中の段階で出てくる計算の素材を，三つの作業場所（いちいち中国流の名称が付されているが，ここでは略す）に残しておくことである。[#46]

まず

① $A-\alpha^3$

は上記と同じ。次に式②の代りに

②′ $A-\alpha^3-(3\alpha^2+3\alpha\beta+\beta^2)\beta$

と変形した形の計算をする。このとき，β を掛ける以前の三つの素材

$$(3\alpha^2+3\alpha\beta+\beta^2),\ 3\alpha\beta+\beta^2,\ 3\alpha+3\beta$$

を，三カ所の作業場所に保存しておくことが肝腎である。

その次は，式③の第四項を

$$-\{3(\alpha+\beta)(\alpha+\beta+\gamma)\gamma+\gamma^3\}$$
$$=-\{(3\alpha^2+3\alpha\beta+\beta^2)+(3\alpha\beta+2\beta^2)+(3\alpha+3\beta)\gamma+\gamma^2\}\gamma$$

と変形する。これは，作業場所に残しておいた素材を利用して，次の段階を準備するためである。じっさいは，式②′の計算が終ったところで，

$(3\alpha^2+3\alpha\beta+\beta^2)$ に $3\alpha\beta+\beta^2+\beta^2$ を足し込む

という《後始末》をして

$$(3\alpha^2+3\alpha\beta+\beta^2)+3\alpha\beta+2\beta^2=3(\alpha+\beta)^2$$

の値を作っておく。したがって，全体として

③′ $A-\alpha^3-(3\alpha^2+3\alpha\beta+\beta^2)\beta-\{3(\alpha+\beta)^2+3(\alpha+\beta)\gamma+\gamma^2\}\gamma$

なる計算を行なうことに相当する。

ここで第三項と第四項とを比較すれば，

α が $\alpha+\beta$ に，β が γ に

置き換ったにすぎないことが分る。つまり《後始末》によって，次の段階③′での計算が，手前の段階②′でのそれと同型な算法になり，以降の段階が次々に繰り返えしうる，という意味で重要である。

『九章算術』の開立法は，解説すればごたごたした印象を与える（その原文を翻訳で読んでも同様）。その原因は，《後始末》なる段階が付加されたことによる。しかし，そのお蔭で，新たになすべき掛け算は

    γ に γ を掛ける

    $3(\alpha+\beta)$ に γ を掛ける

    $\{3(\alpha+\beta)^2+3(\alpha+\beta)\gamma+\gamma^2\}$ に γ を掛ける

の三回であり，いずれも 多数桁×一桁 の形になっている。

筆者が仮に筆算化したものを示そう。

7　塵劫記の開立問題の考察

```
          (イ)           (ロ)         (ハ)
                                           1   2   5   9
                                           ─────────────
                                           2 000 000 000
     3×1……3               3            1
           ─────────      ─            ─────
           3 ×2………6       3            1 000
                 2×2… 4   64
     3×2…… 6              364  ×2………… 728
           ─────────      ───          ─────
           68             68           272 000
           36 ×5……180     432
                 5×5… 25  1825
     3×5…… 15             1825  ×5……… 225 125
           ─────────      ────         ──────
           1850           1850         46 875 000
           375 ×9……3375   46875
                 9×9……81  33831
     3×9………27             4721331 ×9………42 491 979
           ─────────      ──────       ──────────
           33912          33912        
           3777           4755243      4 383 021
```

```
          (イ)           (ロ)         (ハ)
                                           1   5   8   7
                                           ─────────────
                                           4 000 000 000
     3×1……3               3            1
           ─────────      ─            ─────
           3 ×5………15      3            3 000
                 5×5……25  175
     3×5……15               475  ×5……… 2 375
           ─────────      ───          ─────
           200            200          
           45 ×8…… 360    675          625 000
                 8×8……64  3664
     3×8…… 24             71164 ×8……… 569 312
           ─────────      ─────        ───────
           3728           3728         
           474 ×7……3318   74892        55 688 000
                 7×7……49  33229
     3×7………21             7522429 ×7………52 657 003
           ─────────      ──────       ──────────
           33278          33278        
           4761           7555707      3 030 997
```

解説　(イ) 欄は 3α, $3(\alpha+\beta)$, $3(\alpha+\beta+\gamma)$, … を累加していくための作業場所。

(ロ) 欄は「$3\alpha\beta$ に β^2 を二回足し込む」「$3(\alpha+\beta)\gamma$ に γ^2 を二回足し込む」などの計

235

算を行なうための作業場所。——の意味は，この2本の——で挟まれた計算は《その都度》使ったら払い捨てて，次の段階には《累加しない》ことを示す。

(ハ) 欄は「$3\alpha^2$ に $3\alpha\beta+\beta^2$ と $3\alpha\beta+2\beta^2$ を足し込み $3(\alpha+\beta)^2$ を作る」「$3(\alpha+\beta)^2$ に $3(\alpha+\beta)\gamma+\gamma^2$ と $3(\alpha+\beta)\gamma+2\gamma^2$ を足し込み $3(\alpha+\beta+\gamma)^2$ を作る」など，次々に累加していくための作業場所。

筆算化すれば，さらにごたごたした印象を与えるが，算木またはソロバンを用いれば，

「置いてある数値から，他の数値を何倍かしつつ引き去っていく」

などの作業は《機械的》に行なえるので，見かけほどごたごたしてはいない。

§3. 端数の処理

前節で，《次商》β の求め方について，平山氏のご見解を引用した。じっさいに開立計算を実行するとき頭を悩ますのは，

「各段階で次の商をどう発見するか？」[#47]

である。前節の例題について，平山氏の挙げられた公式②，または公式②の α を $\alpha+\beta$ に置き換えた公式③を適用してみよう。

　$\sqrt[3]{2}$ の場合。

② 　　　$\dfrac{A-\alpha^3}{3\alpha^2}=\dfrac{2-1^3}{3\times 1^2}=\dfrac{1}{3}=0.3333$ 　　　　　（正しい値　0.2599）

③ 　　　$\dfrac{A-(\alpha+\beta)^3}{3(\alpha+\beta)^2}=\dfrac{2000-12^3}{3\times 12^2}=\dfrac{272}{432}=0.6296$ 　（〃　　0.5992）

となり，それぞれ正しい値に比べて，いずれも次の商は大きめに出る。

　$\sqrt[3]{4}$ の場合。

② 　　　$\dfrac{A-\alpha^3}{3\alpha^2}=\dfrac{4-1^3}{3\times 1^2}=\dfrac{3}{3}=1$ 　　　　　　（正しい値　0.5874）

③ 　　　$\dfrac{A-(\alpha+\beta)^3}{3(\alpha+\beta)^2}=\dfrac{4000-15^3}{3\times 15^2}=\dfrac{625}{675}=0.9259$ 　（〃　　0.8740）

となり，いずれも正しい値に比べて大きめに出る。

これは，当然の結果ともいえる。非立方数 A について，$\sqrt[3]{A}$ の不足近似値

7 塵劫記の開立問題の考察

を $a(<\sqrt[3]{A})$ として，真の値との差を $r(>0)$ とおくと，
$$A=(a+r)^3=a^3+3a(a+r)r+r^3, \quad A-a^3=r\{3a(a+r)+r^2\}$$

④ $\quad r=\dfrac{A-a^3}{3a^2+3ar+r^2}$

は正しい式である。しかし，この差 r は真の値 $\sqrt[3]{A}$ が求まったときに初めて求まるのであり，計算の途中では《仮りの商》b しか得られない。そこで，式④の右辺の分母の r の代りに，《仮りの商》b $(\geqq 0)$ を入れて，

⑤ $\quad \beta=\dfrac{A-a^3}{3a^2+3ab+b^2}$

を求めると，β はかなり r に近いといえる。#48

このとき，上記の式②，③に相当する $b=0$ とおいた

⑥ $\quad \beta'=\dfrac{A-a^3}{3a^2}$

を求めると，式⑤と比較して β' はもちろん β より大きくなる。上例で，いずれも次の商が大きめに出た原因は，式⑥を用いたからである。さらに，『関孝和全集』の解説（8., 解説 p.149）に，中国算法の「開分子方」として

⑦ $\quad \beta''=\dfrac{A-a^3}{3a^2+3a+1}$

なる公式が挙げてある。これは式⑤で $b=1$ とおいた式であるが，この 1 は何を表わすか？——いま簡単のため，A を非立方の整数，a を $\sqrt[3]{A}$ の整数部分とおけば，$\sqrt[3]{A}$ との差 r は $1>r>0$ となる。上記の 1 はこの左辺の 1 である。明らかに，式⑦で求めた β'' は，式⑤の β より小さくなる。上例でいえば

$$\dfrac{2-1^3}{3\times 1^2+3\times 1+1}=\dfrac{1}{7}=0.1429 \qquad (\text{正しい値} \quad 0.2599)$$

$$\dfrac{2000-12^3}{3\times 12^2+3\times 12+1}=\dfrac{272}{469}=0.5800 \qquad (\quad 〃 \quad 0.5992)$$

$$\frac{4-1^3}{3\times 1^2+3\times 1+1}=\frac{3}{7}=0.4286 \qquad (正しい値\ \ 0.5874)$$

$$\frac{4000-15^3}{3\times 15^2+3\times 15+1}=\frac{625}{721}=0.8669 \qquad (\ \ ''\ \ \ \ 0.8740)$$

となり，いずれの場合も，小さめの商がえられる。したがって，$r \fallingdotseq 0$ ならば公式⑥を，$r \fallingdotseq 1$ ならば公式⑦を用いれば，β'，β'' はそれぞれ r に近い値が求まることになる。

しかし，一般には $1>r>0$ であり，仮りに $r \fallingdotseq 0.5$ なるとき，三つの式⑥，⑤，⑦を比較すれば，

$b=0$ とおけば $\beta'>r$

$b\fallingdotseq 0.5$ 〃 $\beta \fallingdotseq r$

$b=1$ 〃 $\beta''<r$

となる。これらの考察から，筆者は『塵劫記』の開立の検算を進めるなかで，次の方法を《想定》した。

「ある段階で開立計算を《打ち切る》とき，次の仮りの商 $b(1>b>0)$ の見当をつけておいて，**公式**

⑤ $\qquad \beta=\dfrac{A-a^3}{3a^2+3ab+b^2}$

によって《端数》β を求め，$\sqrt[3]{A}=a+\beta$ とおく。」[#49]

上例(p.235)で示せば，次の通り。

$\sqrt[3]{2000000000}$ の整数部分 $a=1259$ が求まり，$A-a^3=4383021$ が余っている。

$$\frac{A-a^3}{3a^2}=\frac{4383021}{4755243} \fallingdotseq 0.9$$

そこで $b=0.9$ と見当をつけて，

$$\frac{A-a^3}{3a^2+3ab+b^2}=\frac{4383021}{4758643.11}=0.92106529$$

∴ $a+\beta=1259.92106529$

ところで，$\sqrt[3]{A}=1259.921049895$ だから，上で求めた近似値 $a+\beta$ は，小数 4 桁目まで正しい。

$\sqrt[3]{4000000000}$ の整数部分 $a=1587$ と余り $A-a^3=3030997$ があるとき，

$$\frac{A-a^3}{3a^2}=\frac{3030997}{7555707}\fallingdotseq 0.4$$

そこで $b=0.4$ と見当をつけて，

$$\frac{A-a^3}{3a^2+3ab+b^2}=\frac{3030997}{7557611.56}=0.401052234$$

$$\therefore\ a+\beta=1587.401052234$$

一方，$\sqrt[3]{A}=1587.401051968$ だから，近似値 $a+\beta$ は，じつに小数 5 桁目まで一致し，その先の差も小さい。b が r に近いからである。

この端数処理の方法は，計算をある桁までで打ち切ったとき，それまでの計算結果を無駄にせず，最大限に利用する。そこで，開立計算のさい，実用価値がある，と筆者は考える。(あるいは，昔から使われていたかもしれないが…)

さて，筆者はこの端数処理の方法を吉田光由が用いたと強弁するわけではない。『九章算術』の「劉徽註」(三世紀) 以来の算木による開立法，程大位『算法統宗』(十六世紀) のソロバンによる開立法など，いずれも十進法で一桁づつ立方根を求めていく。吉田も，この伝統から踏み出さなかったといえよう。

§4. 金銀千枚の開立

(ヘ) 寛廿 (文庫版) の巻三，第十二条に「金銀千枚を開立にしてつもる事」(6., p.226) という問題がある[*]。「開立にして積る」とは，ある体積を立方体に直す，つまり開立法で一辺の長さを見積ることである。これは典型的な開立法の問題であるから，第一に取り上げよう。その前提として，巻一，第五条「諸物軽重の事」(6., p.21) から，金と銀の密度を引用すると，次の通り。

金 (一立方寸につき) 重さ 175匁[**]　(正しくは　143.2匁)

銀 (　〃　　　)　〃　140匁[**]　(　〃　　77.9匁)

注(*)「金銀千枚」の問題は、(い)初版本にはなく、(ろ)五巻本から登場する。内容は(へ)寛廿(文庫本)まで変わりがないので、ここでは(へ)から引用する。

注(**) じつは、この金と銀の密度の値は、括弧内の正しい値と比べて、金では1.2倍、銀では1.8倍と異常に大きい。この異常な値の原因について、板倉聖宣・中村邦光両氏が詳細な論稿を示された (9, p.193-201)。しかし、筆者は、数値計算の例題として扱っているので、吉田にしたがって『塵劫記』の値のままとしておく。

さて、原文は文庫版で容易に見られるので、いささか意訳を混じえて示せば、次の通り。

「金千枚の重さは44貫目ある。これを175匁で割れば、一立方寸の坪(単位の意味)で、251.428571(坪)となる。これを開立法で割れば(開けばの意味)、6.3115(寸)となる。

銀千枚の重さは43貫目ある。これを140匁で割れば、307.1428571(坪)となる。これを開立法で割れば、6.747(寸)となる。」

1貫目＝1000匁であるから、まず割算の部分は、

$$44000 \div 175 = 251.428571\underline{4286}$$

$$43000 \div 140 = 307.1428571\underline{428}$$

であって、下線の部分を切り捨てれば正しい。つぎに開立計算は、

$$\sqrt[3]{251.428571} = 6.31158\underline{171}$$

$$\sqrt[3]{307.1428571} = 6.747\underline{042927}$$

であるから、原文の金の計算は、下線の部分を《切り捨て》ていることが分かる。銀の計算も、金の場合から類推すれば、042927ではなく0の次の下線の部分42927を切り捨てた、と見做すべきであろう。

この《切り捨て原則》は、『塵劫記』の開平・開立の計算を通じて、一般的に見られる。(多少の例外はある。このことは後述する。)この原則については、大矢真一氏が、すでに文庫版(6.)の注で注意された。

7 塵劫記の開立問題の考察

 例えば，文庫版 p.131 の注 (22) は，(い) 初版本，巻三，第十七条「検地の事」のなかから，長さ35間2尺6寸，横18間4尺の長方形の面積を求める問題を引用された。
「　35間2尺6寸　＝35.4間
　　18間4尺　　　＝18.6間（端数切捨）
　　35.4間×18.6間＝658.44坪
　（ここに少しの端数は切捨て，少しの不足は切上げとあり）　　　　　　　」
じっさいに計算してみれば，当時は　1間＝6尺5寸　だから，
　　　　2.6÷6.5＝0.4　　　（間）
　　　　4÷6.5＝0.61538　　（間）
長さについては正しいが，横については下線の部分を切り捨てている。原文では「又一寸あまりあるをは（端）すてはらふなり」とある（4, p.45; p.111）。
 さらに　35.4×18.6＝658.44坪　を求めたあと，原文は「すこし右のとちがひ有共　かくのことくをきてよき也　見あわせかん用（肝要）なり　一けん（一間）よりうち　尺寸有は六五にてわりて　ちと残て有は（端）すてゝよし　又すこしはたらすともくわへ入て置く也　ことにより時により　いつれも見あわせかん用（肝要）なるへし」（同上）と述べている。上記の大矢氏の解説の通りである。
 筆者が原文のうちで特別に興味をもつのは，「少し端足らずとも加へ入れて置く也」の部分である。後文（§6 p.251）で，開立計算の結果，例えば1.98918が得られたとき，端数を切り上げて 1.99 にする実例に接する。《切り捨て 原則》の例外と考えられる点が興味深い。次の桁の9が「少し端足らず」であろうか？
 文庫版 p.168 の大矢氏の注 (2) は，巻二，第十二条「こうばいののび（勾配の伸び）の事」における開平計算にたいするものである。すなわち
「末位未満はすべて切捨ててある。初版から誤りが多い，開平の計算が困難だったのであろう。」
とある。筆者は，本稿では記述を省略するが，やはり開平計算の検算をして，この《切り捨て原則》を確認している。
 ところで《切り捨て原則》の例外である「加へ入れて置く」処理を，いつ行ない，いつ行なわないのか？——これが本稿で未確認のまま残された論点の一つである。

 さて，吉田は，この問題の開立を，どう計算したであろうか？——平山氏の筆算法によって再現すれば，次の通り。

金の場合

```
          6   3   1
      251 428 571
      216 ……………6×6×6
       35 428
       34 020………3×60×63×3
           27………3×3×3
        1 381 571
        1 192 590 ……3×630×631×1
                1 ………1×1×1
          188 980
```

銀の場合

```
          6   7   4
      307 142 857.1
      216 ……………6×6×6
       91 142
       84 420………3×60×67×7
          343………7×7×7
        6 379 857
        5 418 960 ……3×670×674×4
               64 ………4×4×4
          960 833.1
```

この段階まで求めて、さらに開立計算を続けたと考えるのが普通である。しかし、この段階で公式⑥を用いたと仮定すれば、次の計算が可能である。

金の場合

$$\frac{188980}{3\times 631^2}=\frac{188980}{1194483}=0.15821, \quad \therefore \quad 631.15\underline{821}$$

銀の場合

$$\frac{960833.1}{3\times 674^2}=\frac{960833.1}{1362828}=0.70503, \quad \therefore \quad 674.70\underline{503}$$

いずれも、下線の部分を切り捨てれば、原文の答に一致する。前節末で「十進法で一桁づつ立方根を求めていく」伝統を述べたのであるが、ここではいま一つの端数の処理の仕方を示した。はたしてこの算法が使われたであろうか？

7 塵劫記の開立問題の考察

§5. 昔枡の法

開立法の第二の典型的な問題として，(ヘ) 文庫版，巻二，第六条に「升(*)の法の事」(6., p. 140-143) がある(**)。直方体の体積を与えて，その辺を知る，という問題であるから，当然開立法が必要になる。

注(*) 原文の字遣いは一定しない。以下では枡（ます）と升（しょう）を漢字で区別する。

注(**) 「枡の法の事」は，(い) 初版より各版を通じて登場する。ここでは (ヘ) から引用する。

さて，枡の寸法の変更が，江戸時代の初期に行なわれた。

昔枡（古枡，京枡）……一升枡は，口が五寸平方，深さ二寸五分である。

$$1升 = 5^2 \times 2.5 = 62.5 立方寸$$

今枡（江戸枡）……一升枡は，口が四寸九分平方，深さ二寸七分である。

$$1升 = 4.9^2 \times 2.7 = 64.827 立方寸$$

藤原氏『明治前…』(3., 第1巻，p. 94-95) によれば，

「元和8年 (1622) の割算書および諸勘分物は共に京枡を用ひてゐるが，塵劫記には京枡と江戸枡（古枡と今枡）とを用ひてゐるから，江戸枡の制のはじまったのは，元和8年と寛永4年 (1627) との間にあることが知られる。」

大矢氏の文庫版への注 (6., p. 143) によれば，このことを指摘したのは狩谷棭斎 (1775〜1835) であるとされ，

「しかし『塵劫記』でも計算はすべて昔枡によっている。」

と述べておられる。

さて，思うに，貨幣の改鋳と並んで，為政者の常套手段は，度量衡の改定である。「深さは二分深めるが，口はそれぞれ一分づつ縮めるから大差ない。」という口の裏で，じつは 64.827 − 62.5 = 2.327 立方寸も余計に年貢を徴収するやり口が，見えすいている。吉

田が『塵劫記』のなかに,

　　　今枡の法……一升に 64827坪入る也。
　　　古枡の法……一升に 62500坪入る也。
　　　（ここで坪は, 立方分の単位）

と明瞭に記載している（6., p.144）から,『塵劫記』の読者にとって, その差（古枡にたいして 3.7% も余計）は誤魔化し切れるものではない。

　筆者は, メートル法の制度下で教育を受けたので, 縦・横・深さともに 10 センチの枡が 1 リットル, 1 リットルの水の重さが 1 キログラムという度量衡制度に,《すっきり》したものへの愛着を感じる。フランス式合理主義の恩恵であろうか。ただし, 1 デシリットルはあまりに人工的すぎたのか, 学校教育にしか登場せず, むしろ「1 カップ」という名称の「1 合枡」がいまだに通用しているのは皮肉である。小学生も, 家庭では, 算数の問題を解くとき以外はデシリットルは使わない。むしろミリリットル（cc）単位を使いこなしている（例えば, 牛乳やジュースの容器）。

　さて, この観点から見れば, 昔枡は, 縦・横・深さとも 5 寸の立方体を真二つに切った形であるから, よほど《すっきり》している。『塵劫記』の例題が, 実用よりも数学的な立場から, 昔枡を愛用している点に, 筆者は同感を覚える。

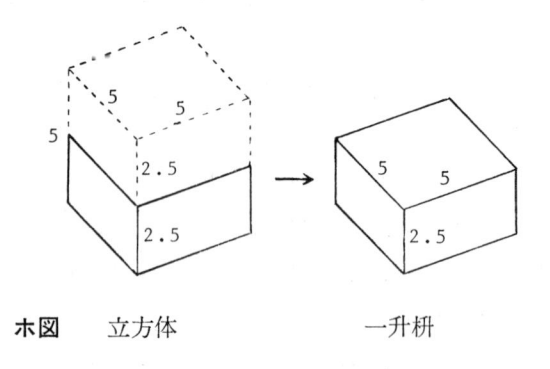

ホ図　　　立方体　　　　　　　一升枡

　開立法の問題に戻る。昔枡のほうが数学的に《すっきり》している, 枡の法の計算例も昔枡についてなされている, などの理由で, 昔枡の法を先に取り上げる。

　『塵劫記』では, 1 合（＝0.1升）, 2 合, …の枡の寸法を計算している。「但一合より割り付け置く。」（6., p.140）という記述について, 大矢氏の注に

7 塵劫記の開立問題の考察

「各種の枡の寸法は一升枡を標準とし，それに相似して計算したもので，このような枡が実在したわけではない。」(6., p.143)

とある。つまり，吉田は，《数学的》に各種の枡の寸法を計算してみせたのである。原文は文庫版で容易に見られるから，ここでは意訳して計算方法を再録する。

「枡を作る方法。一合枡を例にとると，まず一升枡は1立方分の坪（単位）で計って62500坪あるから，一合枡は6250坪ある。〔立方体の形に直して考えるため〕これを一倍（2倍のこと）して12500坪になる。これを開立にて割れば（開立法で開けば），一合枡のひろさ（口の幅）は2.32寸となることが分かる。またこの値を二つに割れば，深さは1.16寸となる。」

1分＝0.1寸 である。したがって，

一升枡　$5 \times 5 \times 2.5 = 62.5$立方寸 $= 62500$立方分（坪）

一合枡　$62500 \div 10 = 6250$立方分（坪）

立方体　$6250 \times 2 = 12500$立方分（坪）

$\sqrt[3]{12500} = 23.207944$分 $= 2.3207944$寸

下線の部分を《切り捨て》て，幅2.320寸

深さ　$2.320 \div 2 = 1.160$寸

すべての計算は正しい。

そこで，ほかの n 合枡の場合も，どのように計算したかが推測される。ここでは簡明のため，単位を立方寸と寸に統一して述べよう。上記の計算方法から類推すれば，**公式**

⑦
$$n\text{合枡の口の幅} = \sqrt[3]{12.5n} \quad （寸）$$
$$\text{〃 深さ} = \sqrt[3]{12.5n}/2 \quad （寸）$$

にまとめられる。この公式によって筆者が検算した結果は，次表の通り。最下段は，一斗（＝100合）枡の場合である。

245

昔枡の法(検算)

n	体 積	立方根	幅*	深さ*
1.	12.5	2.32079	2.32	1.16
2.	25.	2.92402	2.92	1.46
3.	37.5	3.34716	3.34	1.67
4.	50.	3.68403	3.68	1.84
5.	62.5	3.96850	3.96	1.98
6.	75.	4.21716	4.21	2.105
7.	87.5	4.43952	4.43	2.215
8.	100.	4.64159	4.63	2.315
9.	112.5	4.82745	4.82	2.41
100.	1250.	10.772173	10.772	5.386

*幅と深さは原文の値

この表から，次の事実が**観察**される。

(1) 幅(原文)の値を開立の結果(立方根)と比較すれば，一貫して小数2桁目までで《切り捨て》ていることが分かる。

(2) 例外は1斗＝100合の場合であり，これだけは小数3桁目までで《切り捨て》ている。

(3) 8合だけは，幅4.64とすべきところを4.63と誤っている。

(4) 深さ(原文)の値は，一貫して幅(原文)の値を機械的に2で割って求めている。そのため，8合についても，4.63÷2＝2.315と計算している。

この観察から，前述の《切り捨て原則》が，再び確認された。3，5，6，7，9合などでは，端数の7，8，7，9，7が《思い切り良く》捨てられている。8合の4.63は，深さがこの値の半分になっていることから考えて，《誤記》とはいえない，なんらかの《計算間違い》によると思われる。

7 塵劫記の開立問題の考察

なお，文庫版，巻二，第七条に「よろず角成物に升目つもる事」（6., p.144-151）がある。「よろず角なるもの」とは各種の形をした立体であり，各辺または円の直径を与えて体積を求める問題群が集められている。ここでは開立法は使われない。あとで利用するため，二三の体積を引用する。ただし，意訳し，文脈も古枡に沿って改めた。

「古枡の法。一分四方ののり（一辺が1分の内寸法）をもつ立方体の坪（単位）で，一升には62500坪入る。

計算方法は，幅5寸を左右に置いて掛け合わせば，2500（平方分）になる。これにまた深さ2寸5分を掛ければ62500坪となる。

一辺が1尺の立方体の内には，一升枡で1斗6升入るから，いつも16を掛ければよい。」(6., p.144)

前段，1立方分の単位で 1升＝62500坪 はよい。後段は，古枡が一辺5寸の立方体の半分の体積だから，1立方尺＝2^4＝16升 なることを示している。

「一辺が6.5尺の立方体には，古枡で4394升入る。

そのわけは，古枡で計るとき，6.5尺を左右に置いて掛け合わせば42.25（平方尺）になる。さらに6.5を掛ければ274.625（立方尺）になる。これに16を掛ければ4394升と知ることができる。」(6., p.146)

内容はその通りである。ただし注意すべきは，当時の一間は6尺5寸であった。したがって，ここで求めているのは，「一辺が一間の立方体に4394升入る」ことである。

§6. 今枡の法

昔枡の寸法の計算方法が，前節で見たように《一貫した扱い》がなされてい

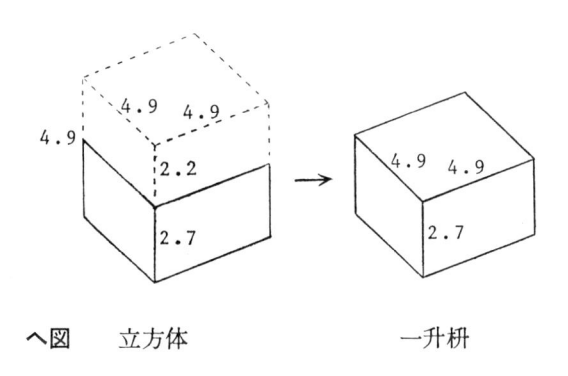

ヘ図　立方体　　　　　　　　一升枡

るからには，今枡の場合もそう扱ったと推論するのが妥当であろう。しかし，原文には，その方法が解説されていないので，昔枡の方法を下敷にして《復元》するより仕方がない。前述のように，今枡は，口の幅が4.9平方，深さが2.7であり，昔枡のような規則性に乏しい。一升枡を標準にして，それと相似な形の n 合枡，n 升枡を作ろうとすれば，やはり一度は立方体を作らねばならない。

口の幅の求め方は，殆んど一通りの計算方法しか考えられない。

    一升枡の元の立方体 $4.9 \times 4.9 \times 4.9 = 117.649$ 立方寸

    一合枡の元の立方体 $117.649 \div 10 = 11.7649$ 立方寸

    $\sqrt[3]{11.7649} = 2.274379$ 寸

    下線の部分を《切り捨て》て，幅 2.27 寸

ここまで，原文は正しい。ところが，深さの求め方は，二通りの可能性がある。

(甲) 一升枡の完全な《相似形》と考える。

    深さ対幅 の比は 27：49 だから，

    $2.27 \times 27 \div 49 = 1.250816$

    下線部分を《切り捨て》て，深さ 1.250 寸

(乙) 同じく《相似形》とは考えるが，公式

    体積＝口面積×深さ ∴ 深さ＝体積÷口面積

によって，深さを求める。(p.39 の補注参照)

    一升枡の体積 $4.9 \times 4.9 \times 2.7 = 64.827$ 立方寸

    一合枡の体積 $64.827 \div 10 = 6.4827$ 立方寸

    幅で二度割る $6.4827 \div 2.27 = 2.855815$

    $2.855815 \div 2.27 = 1.258068$ 寸

    下線の部分を《切り捨て》て，幅 1.25 寸

(甲)を《比例方式》，(乙)を《面積方式》と呼ぶことにする（筆者の命名）。いずれの方式によっても，《理論的》には等しい深さが得られるはずである。しかし，《実際的》には計算誤差，とくに開立結果の《切り捨て》によって，深

7 塵劫記の開立問題の考察

さの値は一致しない。上の一合枡の場合

(甲)比例方式で　1.250816

(乙)面積方式で　1.258068

の答が得られた。下線の部分は明らかに一致しない。それを《切り捨て》ることによって，ようやく両方とも，原文の1.25に到達する。筆者も初めは，(乙)面積方式のような面倒な計算方法など，吉田が行なったはずがない，と考えた。しかし，後述のように，その可能性があることが示される。

　原文では，今枡の場合，5勺（=0.5合）刻みで1合から9.5合までを計算し，あとは1升刻みで2升から1斗までを計算している。これらを，n合枡およびn升枡と呼ぶことにすると，上記の計算方法は**公式**

⑧ $\begin{cases} n\text{合枡の口の幅} = \sqrt[3]{11.7649\,n} \\ n\text{升枡の口の幅} = \sqrt[3]{117.649\,n} \end{cases}$

にまとめられる。

(甲)　比例方式では**公式**

⑨　　　深さ＝幅×27÷49

(乙)　面積方式では**公式**

⑩ $\begin{cases} n\text{合枡の深さ} = 6.4827\,n \div \text{幅} \div \text{幅} \\ n\text{升枡の深さ} = 64.827\,n \div \text{幅} \div \text{幅} \end{cases}$

にまとめられる。これらの計算方式によって，すべての場合を検算した。

　n合枡の幅を立方体の開立によって求めた結果（立方根）と幅（原文）を**照合**する。

(1)　斜体の三ヵ所（2，2.5，9.5合）は，《四捨五入》により繰り上げた値になっていて，《切り捨て原則》が当てはまらない。あるいは《誤り》か？

(2)　太字の三ヵ所（3，4.5，6合）は，原文の値の《誤り》である。とくに3合の場合は，3.28となるべきを3.21と大きく間違っている。

(3)　しかし，あとの結果から見て，これらは《誤記》ではなく，あとの計算

今枡の法 (n 合枡の検算)

n	立方体の開立		幅*	比例方式		深さ*	面積方式		深さ*
	体積	立方根		商	深さ*		体積	商	
1.	11.7649	2.2744	2.27	1.25082	1.25		6.4827	1.25807	1.25
1.5	17.64735	2.6035	2.6	1.43265	1.438		9.72405	1.43847	1.438・
2.	23.5298	2.8655	2.87	1.58143	1.574		12.9654	1.57406	1.574・
2.5	29.41225	3.0868	3.09	1.70265	1.695		16.20675	1.69738	1.695・
3.	35.2947	3.2802	3.21	1.76878	1.887		19.4481	1.88741	1.887・
3.5	41.17715	3.4532	3.45	1.90102	1.906		22.68945	1.90628	1.906・
4.	47.0596	3.6104	3.61	1.98918	1.99		25.9308	1.98976	1.99
4.5	52.94205	3.7549	3.72	2.04980	2.05・		29.17215	2.10806	2.05
5.	58.8245	3.8891	3.88	2.13796	2.15		32.4135	2.15309	2.15・
5.5	64.70695	4.0147	4.014	2.21180	2.21		35.65485	2.21291	2.21
6.	70.5894	4.1328	4.12	2.27020	2.29		38.8962	2.29146	2.29・
6.5	76.47185	4.2446	4.24	2.33633	2.343		42.13755	2.34389	2.343・
7.	82.3543	4.3507	4.35	2.39694	2.397・		45.3789	2.39815	2.397
7.5	88.23675	4.4519	4.45	2.45204	2.455		48.62025	2.45526	2.455・
8.	94.1192	4.5488	4.54	2.50163	2.516		51.8616	2.51614	2.516・
8.5	100.00165	4.6416	4.64	2.55673	2.56		55.10295	2.55940	2.56・
9.	105.8841	4.7309	4.73	2.60633	2.607		58.3443	2.60781	2.607・
9.5	111.76655	4.8169	4.82	2.65592	2.66		61.58565	2.65085	2.66

*幅と深さは原文の値, ・印は本文参照

7 塵劫記の開立問題の考察

ではこれらの数値をそのまま使ったと推測される。

(甲) 比例方式によって求めた結果（商）と深さ（原文）を照合する。

(4) 斜体の五ヵ所のうち，4，4.5，7合の三ヵ所は，それぞれ次の桁の9を繰り上げていて，他の二ヵ所（8.5，9.5合）が次の桁の6や5を繰り上げたのとは性質が違うと思われる。§4(p.241)で筆者が興味をもつと述べた，「少し端足らずとも加へ入れて置く也」という吉田の句は，前者（次の桁の9を繰り上げる）を指すのではあるまいか？ つまり関孝和の《微弱》(8., p. 491) に相当するのではあるまいか？

(5) そのほか，太字の十一ヵ所は，いずれも検算結果から見て，原文の値はかなり喰い違っている。

(乙) 面積方式によって求めた結果（商）と深さ（原文）とを照合する。

(6) 斜体の二ヵ所（4，8.5合）は，(4) で述べた次の桁の9の繰り上げになっている。「少しの端加へ入れて置く」に相当すると考えられる。

(7) 太字の四ヵ所は，いずれも検算結果（商）から見て，原文の値は喰い違っている。

ここで，(甲) 比例方式と (乙) 面積方式とを見較べて，どちらの計算方式によったと仮定した場合に，原文の深さに到達するか？——(甲) と (乙) の優劣の判定をしてみた。表のなかに，有利な側に・印をつけたが，(甲) の側に二ヵ所，(乙) の側に十一ヵ所という結果になった（どちらともいえない場合は，双方に印をつけなかった）。これから総合的に考えてみて，

　　「n 合枡の深さの計算は，(乙) 面積方式によって求めた」

と推測するのがよさそうである。

筆者は旧稿 (10., 論叢308号, p.48; 11., 論叢328号, p.140, p.150) で述べたような《原典尊重》の立場に立っている。原文の数値が筆者の推論にとって都合がわるくとも，みだりに数値を改めようとしない，それを直ちに誤記であると決めつけない，という立場である。これから見ると，上の推測は，二ヵ所

の例外――（甲）比例方式が有利な個所――があるのが弱点である。しかし，（乙）面積方式によると見たほうが有利な個所が十一ヵ所ある点が，推測の根拠である。率直に情況を提示する。

　n升枡の幅を立方体の開立によって求めた結果（立方根）と幅（原文）を**照合**する。
（1′）　斜体の一カ所（6升）は，次の桁の89を繰り上げた値になっている。
（2′）　太字の四カ所（7，8，9升と1斗）は，検算結果（立方根）と比べて原文はかなり喰い違っている。
（3′）　しかし，前記と同じく，あとの計算のためには，この数値をそのまま使ったと見るべきであろう。
　(甲) 比例方式によって求めた結果（商）と深さ（原文）を**照合**する。
（4′）　太字の二カ所（9升と1斗）が，原文の《誤り》である。
（5′）　しかし，この誤りも，0を一桁分脱落させたと見れば，いくらか検算結果に近づく。
　(乙) 面積方式によって求めた結果（商）と深さ（原文）を**照合**する。
（6′）　太字の七カ所は，すべて検算結果から見て，原文の《誤り》である。
そこで，前と同様に，（甲）と（乙）両方式の優劣の判定をしてみると，（甲）の五カ所に有利の・印がつき，（乙）に有利な個所はない。これから明らかに
　　「n升枡の深さの計算は，（甲）比例方式によって求めた」
と**推論**することができる。
　　大矢氏は，文庫版に付された注（6., p.143）において，
　　「各種の枡の寸法は一升枡を標準とし，それに相似して計算したもので，…この寸法には誤りが極めて多い。」（下線は筆者）
と断定された。まさに，仰せのように誤りが多い！　しかし，筆者は「その誤りの情況を客観的に眺め，できることなら，その誤りの原因を突き止めたい」

7　塵劫記の開立問題の考察

今枡の法（n升枡の検算）

n	立方体の開立			比例方式		面積方式		
	体積	立方根	幅*	商	深さ*	体積	商	深さ*
2.	235.298	6.17361	6.173	3.40145	3.401•	129.654	3.40246	3.401
3.	352.947	7.06702	7.067	3.89406	3.894	194.481	3.89410	3.894
4.	470.596	7.77827	7.778	4.28584	4.285•	259.308	4.28628	**4.285**
5.	588.245	8.37888	8.378	4.61645	4.616•	324.135	4.61791	4.616
6.	705.894	8.90389	8.904	4.90629	4.906	388.962	4.90611	4.906
7.	823.543	9.37336	9.372	5.16416	5.164•	453.789	5.16642	5.164
8.	941.192	9.80000	**9.834**	5.41873	5.418•	518.616	5.36272	**5.418**
9.	1058.841	10.19241	**10.164**	5.60057	5.604	583.443	5.64767	5.604
10.	1176.490	10.55673	**10.563**	5.82043	**5.823**	648.270	5.81007	**5.823**

*幅と深さは原文の値，•印は本文参照

と考える。以上，縷々述べてきた検算の試みは，このような意図に基づく。そして，筆者が《復元》したように，深さについて（甲）（乙）二つの計算方式を仮定すれば，いくらか《原文の誤り》を救うことができたのではないかと思う。筆者は，この《復元》が唯一のものであると固執するわけではない。ご批判を賜われば幸いである。

あと残された**論点**が一つある。それは
「n 升枡では（甲）比例方式という順当な計算方法を取ったのに，n 合枡では《なぜ》（乙）面積方式のような回りくどい計算方法を選んだのか？」
である。以下に筆者の考察を述べるが，かなり大胆な推測を含む，一種の《思考実験》に近い。

まず昔枡の場合，その計算方法の流れを見れば，
　　一升枡の体積──その十分の一が一合枡の体積──その幅は直ちには求まらない──元に戻り，一合枡の体積の二倍が《立方体》なることに気が付く──そこで一合枡の体積を二倍した《立方体》を開立して幅を求める──その半分の長さが深さである。（§5のホ図参照）
という思考過程を辿っている。

さらに，第7条「よろず角なるもの…」（6., p. 144）で
「今枡の法。一辺が一分の立方体の体積を坪（単位）として，一升には64827坪入る。」
と述べている。これを見れば，今枡の場合も
　　一升枡の体積──その十分の一が一合枡の体積（6482.7 坪）
の段階まで行って《行き詰った》と考えられる。

この行き詰りから脱するために，
　　《幅が求まりさえすれば，深さは上記の体積（6482.7 坪）を幅で二回割って求まる》

と考えた (p.266 の補注参照) とすると，これは（乙）面積方式につながる。そこで，幅を求める方法の摸索に戻り，

　　一升枡を《立方体化》する──その十分の一の体積が一合枡の元の立方体の体積──この体積を開立すれば一合枡の幅が求まる。（ヘ図参照）

という筋道を辿る。思考の流れには一種の粘着性があるから，幅が求まった段階で，上記の《幅さえ求まれば…》に直結してしまう。これが，（乙）面積方式を取るに到った，ありうる一つの思考の流れであろう。

このような回りくどい計算方式を取らざるをえなかった原因は，今枡の不規則な寸法にあると考えられる。昔枡は《立方体を真二つに切った》規則的な形をしているのにたいして，今枡の 幅対深さ の比は 49：27 のような《割り切れない》比である。この不自然な比が，思考の流れを跛行させたのであろう。

§7. 日に一倍問題[#50]

開立法の第三の典型的な問題，しかも当時の数学の水準から見て驚異的な問題として，（ヘ）文庫版，巻三，第六条に「ひにひに一ばいの事」(6., p. 206-213) がある[*]。そこでは，じつに 36 桁の整数 A を開立して，立方根の整数部分 a（12桁）と余り B（25桁）を誤りなく[**]求めている。この問題については，平山氏がすでに前記の論文 (1., p. 29-30) において詳しく紹介されている。また，文庫版で直接読むことができ，挿図によって，桁外れに大きい立方体と非日常的な《大数の名》溝・穣・秭・垓・京に驚かされる。

　注(*)　この問題は，（い）初版にはなく，（ろ）五巻本に初めて登場した。（は）寛八（復刻本）は解法の示唆を与える貴重な史料である──別稿（2.）でそのことを述べる──が，数値に混乱が多い。（ヘ）寛廿（文庫版）は整った内容をもち，参照にも便利なので，以下では（ヘ）を主として引用する。

　注(**)　B の数値に誤脱があるが，それが看過しうることは後述する。

後文で参照する便宜のため，それを六つの問の形に整理して再録しよう。い

ささか意訳を混じえ，文を改めたところがある．

問Ⅰ．「芥子 (けし) 一粒を〔次の日から〕日に日に一倍（2倍のこと）にして，三十日目には何ほどになるかを問う．〔初日が1で 翌日が2だから，30日目には 1×2^{29}〕

　　　答　　5 3687 0912 粒

ただし，一升に 400 0000 粒入ると仮定すれば，何ほどになるかを問う．

　　　答　　134. 2177 28 升

解法にいう．1粒を5で三十回〔正しくは29回〕割れば，上の答が知られる．また，三十回〔29回〕割る代りに速く知る方法もあって，口伝（くでん）にある．

一升に 400 0000 粒入るというのは，芥子が一分につき4粒並ぶからであり，一立方寸に 6 4000 粒入り，一升には一立方寸の立方体が 62.5 個入るから，$6400 \times 62.5 = 400\ 0000$ 粒入るわけである．」

まず，初めの計算 2^{29} も，割り算して升単位に直した答も，ともに正しい．解法の部分については，大矢氏の注（6., p. 212）が参考になる．

「二倍するかわりに五で割るのである．この方がソロバンの計算は簡単なのであろう．…速い方法とあるは，あるいは八を九乗し，それをまた四倍するような方法であろう．」

$\times 2$ は $\times 10 \div 5$ と同じだが，$\times 10$ はソロバンでは《桁ずらし》にすぎないから「5で割る」と述べても正しい．《速く知る方法》とは 1×2^{29} を $1 \times 8^9 \times 4$ と変形することである．一升枡に一立方寸の立方体が云々は，すでに§5末で扱った．つまり解法の部分も，すべて正しい．なお，問Ⅰでは開立をしていないが，ここにも $\sqrt[3]{2^{29}}$ の計算があったと想定することが許されよう．

問Ⅱ．「芥子一粒を日に日に一倍して，五十日には〔1×2^{49}〕，

　　　　562 9499 5342 1312 粒

これを一升枡で計れば，

7　塵劫記の開立問題の考察

$$1\ 4073\ 7488.\overset{升}{3553}\ 28$$

この升目を開立法で開けば，

$$31\ 間\ \overset{尺}{4.9252}\ 5$$

ただし，一間は $\overset{尺}{6.5}$ であり，縦・横・高さが同じ長さ〔の立方体になる〕と考えている。」

まず 2^{49} も，升の単位への換算も，ともに正しい。次は開立であるが，升の単位に直すまえの 2^{49} を直接に開立すれば

$$\sqrt[3]{2^{49}}=8\ 2570.1859\ (粒)$$

一分に4粒並ぶから，一尺には400粒並び，

$$8\ 2570.\overset{粒}{1859}\div 400 = 206.\overset{尺}{4254}\ 65$$
$$=31\ 間\ \overset{尺}{4.9254}\ 65$$

であるから，原文の答は小数3桁まで正しい。

逆に原文の答を粒の単位に換算すれば，

$$31\ 間\ \overset{尺}{4.9252}\ 5 = 206.\overset{尺}{4252}\ 5$$
$$= 8\ 2570.\overset{粒}{1}$$

であり，上の $\sqrt[3]{2^{49}}$ の値の小数2桁以下859を《切り捨て》たと見れば正しい。しかし，同じく切り捨てるならば粒の単位までを残し，小数部分を切り捨てればよさそうなものを，なぜ《中途半端》な0.1を残したのか？——これは，戸谷氏から筆者に投げ掛けられた疑問の一つである。後述（次節）の摸索のなかで，かなり考えたのであるが，結論は得られなかった。いまでは，この0.1は確かに《余計》であり，原文の答

$$31\ 間\ \overset{尺}{4.9252\ 5}$$

の下線の部分は《衍字》ではあるまいか，という意見に傾いている。

問Ⅲ．「芥子一粒を日に日に一倍にして，百二十日の間の数〔1×2^{119}〕は，開立法で開けば何ほどになるかと問う時に，

答　　15 5392 里 9 町 31 間 1.7275 尺

ここで、一里＝36町，一町＝60間，一間＝6.5尺，一尺に芥子が400粒並ぶと仮定している。

この数〔答の立方〕は，

6646 1399 7891 4414 9233 4824 8296 4679 3171 粒。

〔＝a^3 とおく〕

いよいよ冒頭で述べた，驚異的な計算例が登場した。原文の答を尺の単位に換算し，さらに400を掛けて粒の単位に直せば，

$\{(15\ 5392 \times 36 + 9) \times 60 + 31\} \times 6.5 + 1.7275 = 21\ 8170\ 7393.2275$ 尺

$= 8726\ 8295\ 7291$ 粒

〔＝a とおく〕

である。これを立方すれば，確かに原文の「この数〔a^3〕」になる。つまり，原文の計算は正しい。

直接に $A = 2^{119}$ を求めれば，

$A = 6646\ 1399\ 7892\ 4579\ 3645\ 1903\ 5301\ 4017\ 2288$ （粒）

これを開立すれば，

$\sqrt[3]{A} = 8726\ 8295\ 7291.4448\ 8653\ 6$ （粒）

であるから，原文の答は，粒の単位まで残して小数部分を切り捨てた値であり，確かに正しい。

原文は以下が続いてゆくが，一度区切ったほうが扱いやすい。

問IV.「右の余り〔$A - a^3$〕

1 0164 4411 **7078** 7004 9337 9117 粒〔＝B とおく〕

これを開立法で開けば

答　　16 里 3 町 3 間 3.3975 尺

〔答の立方は〕

1 0164 4409 1520 9315 6345 4679 粒〔＝b^3 とおく〕

7　塵劫記の開立問題の考察

まず，引き算　$B=A-a^3$　は正しい。ただし原文においては，太字 7078 の部分が脱落していて，この事実を指摘されたのは，平山氏（1., p. 29）である。

さて，上記の答を尺の単位に換算し，400 を掛けて粒の単位に直せば
$$\{(16\times36+3)\times60+3\}\times6.5+3.3975=22\ 5832.\overset{尺}{8975}$$
$$=9033\ 3159\ 粒$$

となる。ところが，上記の余り B を開立すれば，正しい立方根は
$$\sqrt[3]{B}=1\ 0054\ 5159.8427\ 12\ (粒)$$

であるから，原文の答は《明らかに誤り》である。これも，やはり平山氏が指摘された（同上 p. 29）。

正しい立方根を粒の単位までで切り捨てた
$$b=1\ 0054\ 5159\ 粒$$

から逆算すれば，答は
$$17\ 里\ 32\ 町\ 31\ 間\ \overset{尺}{1.3975}$$

が正しい（平山氏）。ところで，粒の単位の正しい b の値を立方すれば原文の $b^3=1\ 0164\cdots4679$　と一致する。つまり，原文では，粒の単位では《正しく》計算していたものを，b を里・町・間・尺に換算する段階で誤りが生じた，と考えられる。

問V．「右の余り $[B-b^3]$ を開立法で開けば，

　　答　　$1\ 町\ 53\ 間\ \overset{尺}{1.9}$

〔答の立方は〕
$$2\ 5557\ 6732\ 5081\ 6000\ 粒\ [=c^3\ とおく]　　」$$

まず，引き算すれば
$$C=B-b^3=2\ 5557\ 7689\ 2992\ 4438\ (粒)$$

これを開立すれば，
$$\sqrt[3]{C}=29\ 4560.3675\ 77\ (粒)$$

一方，原文の答を粒の単位に換算すれば，

$$(1\times 60+53)\times 6.5+1.9=736.\overset{尺}{4}=29\ 4560\ 粒$$

であるから，上の立方根 $\sqrt[3]{C}$ の小数部分を切り捨てたと考えれば，正しい。

このことは，再び問Ⅳの B が，一部を誤脱しただけであり，原文の計算がじつは正しかったことを裏付ける。

この続きは，原文紹介の形をとらず，一覧表にして示す。

$$D=C-c^3=956\ 7910\ 8438 \qquad d=\sqrt[3]{D}\text{の整数部分}=4573$$
$$E=D-d^3=\qquad 4702\ 7921 \qquad e=\sqrt[3]{E} \qquad 〃\quad =\ 360$$
$$F=E-e^3=\qquad\quad 37\ 1921 \qquad f=\sqrt[3]{F} \qquad 〃\quad =\quad 71$$
$$G=F-f^3=\qquad\quad 1\ 4010 \qquad g=\sqrt[3]{G} \qquad 〃\quad =\quad 24$$
$$H=G-g^3=\qquad\qquad 186 \qquad h=\sqrt[3]{H} \qquad 〃\quad =\quad\ 5$$
$$I=H-h^3=\qquad\qquad\ 61 \qquad i=\sqrt[3]{I} \qquad 〃\quad =\quad\ 3$$
$$J=I-i^3=\qquad\qquad\ 34$$

この表のうち，E の原文は 4702 7912 であって，上の正しい余り E よりも 9 不足している。したがって，原文では以下の余り $F \sim J$ が，すべて 9 だけ不足した値になっている。この点は，平山氏と戸谷氏が指摘された。

問Ⅵ.「右の芥子一粒を，百二十日の間，日に日に一倍した数〔$A=2^{119}$〕を，百里四方の枡で計ってみれば，

答　3 7521 4802 石 1 斗 9.$\overset{升}{7}$361 37　　　」

百里の長さに芥子が何粒並ぶか考えれば，問Ⅲの換算規準を用いて

$$400\times 6.5\times 60\times 36\times 100=5616\times 10^5\ 粒$$

となる。百里四方の枡はこの立方であるから

$$5616^3\times 10^{15}=1771\ 2558\ 4896\times 10^{15}\ 粒$$

入る。これで $A=2^{119}$ を割れば

37 5221 9072.$\overset{枡}{6}$014 4670 8

が正しい答である。原文の答を斗の単位で考えたとしても，
$$37\ 5214\ 8021.\overset{斗}{9736}\ 137$$
で大きく喰い違い，明らかに《誤り》である。原文の升が百里四方の枡を表わすならば，位取りまで間違っている。すでにどなたか指摘されたであろうか？

§8. 疑問と摸索

平山氏が開平や開立の検算を試みられ，多くの誤りを発見されたのに続き，戸谷氏も再び検算をされた。筆者がこの問題に興味を抱いたのは，戸谷氏からいただいた私信（1982春）によるが，そのなかに大要

「塵劫記のなかで，吉田光由は
$$\sqrt[3]{2^{119}} = 8726\ 8295\ 7291\quad 余り\ 1\ 0164\ 4411\ 7078\ 7004\ 9337\ 9117$$
$$[=B]$$

と見事に計算している。この余りの開立
$$\sqrt[3]{B} = 1\ 0054\ 5159\quad 余り\ 2\ 5557\ 7689\ 2992\ 4438$$

以下の計算も，〔里・町・間への換算のさいの誤りを除き〕これほど大きな数を正確に計算している。一方，容易なはずの開平の数値に，かえって誤刻が多いのが，合点しかねる。そこで，

開立をどんな方法で計算したか？

各段階ごとの根をどのように発見したのか？

を解明したい。」

とのご指摘があった。問Ⅱの《中途半端》な値 82570.1 への疑問も，そのときのもの。

筆者は，この戸谷氏のご指教を，自分に課された一種の《遺題》であると考えて，いろいろと摸索した。以下の論点の見通しをよくするため，次のように整理しておく。

○ 「枡の法」に見られる多くの《誤り》に引き換え，「日に一倍問題」でかか

る多数桁の開立を正確に行なえたのはなぜか？
○ どんな開立法を用いたか？
○ 端数の処理をどのように行なったか？
○ なんらかの計算の簡易化を計らなかったか？

秋に，平山氏の論文（1.）が出て，そこでは，問Ⅲ，問Ⅳ，問Ⅴの検算と誤りのご指摘がなされており，結論として，

「ここで『寛永20年版塵劫記には引き算の僅かな誤脱はあったが，立方に開く計算を完全に遂行した』と認めることができる。」（同上 p.30）
と述べられた。

このような断定的な結論が示された上は，さらに問題を追及することは無駄に思われた。しかし，筆者はそれでもなお，別の可能性を摸索した。多くの試みは失敗に帰したが，ようやく自信のもてる《復元》に成功した。そこに到る過程を，一つの思考過程の実例として，以下に記す。

筆者の出発点は，

「$A=2^{119}=6646\ 1399\ 7892\ 4579\ 3645\ 1903\ 5301\ 4017\ 2288$ のような大きな数（じつに36桁！）の開立計算は，なんといっても澎大である。吉田がいかほどソロバンの名人であったとしても，この計算の遂行には辟易したであろう。恐らくどうにかして《省力化》できないか，考えたはずである。」
という**大前提**に立っていた。そこで，吉田が考えたかもしれない《問題の変形》を，いろいろ摸索してみた。

第一

まず，問Ⅰ，問Ⅱ，問Ⅲを，それぞれ

⑪ $\begin{cases} \sqrt[3]{2^{29}} = \sqrt[3]{2^{27}} \times \sqrt[3]{4} = 2^9 \times \sqrt[3]{4} \\ \sqrt[3]{2^{49}} = \sqrt[3]{2^{48}} \times \sqrt[3]{2} = 2^{16} \times \sqrt[3]{2} \\ \sqrt[3]{2^{119}} = \sqrt[3]{2^{117}} \times \sqrt[3]{4} = 2^{39} \times \sqrt[3]{4} \end{cases}$

と変形してみた。こうすれば，問Ⅰと問Ⅲは $\sqrt[3]{4}$ なる開立計算に，問Ⅱは $\sqrt[3]{2}$ なる開立

7 塵劫記の開立問題の考察

計算に帰着する。つまり，三回の開立は二回の開立に減る。さらに

⑫　　$(\sqrt[3]{2})^2 = \sqrt[3]{4}$

に気が付けば，開立は $\sqrt[3]{2}$ だけの一回に減る。$\sqrt[3]{2}$ の自乗を計算すれば，

1.2599 2104 9895² = 1.5874 0105 1968 52

では $\sqrt[3]{4}$ がある桁まで求まったとして，それに 2^9 を掛けるには，どうすればよいか？
——それは簡単である。とくにソロバンを用いるならば，簡単な応用問題にすぎない。
問Iを例にとると，立方根を小数4桁目までとった

1.5874	1.5874*
を珠におく。これに2を9回掛けていけばよい。さいごの値は	3.1748
$\sqrt[3]{2^{29}} = 812.7493\ 39$	6.3496
と小数2桁目まで一致する。2を9回掛ける代りに，《速く知る方法》	12.6992*
により，8を3回掛ければ，＊印を付けた値を辿って，直ちに結果に	25.3984
到達する。	50.7968
この方法への疑問が，いくつかある。	101.5936*
（1） 吉田がはたして，式⑪のような変形に直ちに気が付いたであろ	203.1872
うか？	406.3744
（2） 吉田が式⑫に気付いて，これを用いたであろうか？	812.7488*

（3） $\sqrt[3]{4}$ のような開立計算を，一体どのように行なったか？
（4） $\sqrt[3]{4}$ なる開立計算を何桁目まで行なえば，それを 2^9 倍もしくは 2^{39} 倍したときに，所期の目標値に達するか？
さらに重大な欠陥があることに気が付いた。
（5） 問Ⅲの $\sqrt[3]{A} = \sqrt[3]{2^{119}}$ は上記の方法でよいとしても，問Ⅳの $\sqrt[3]{B}$ は同じ方法が使えない。つまり，B は $\sqrt[3]{A}$ の整数部分を a としたときの余り $B = A - a^3$ であって，B はもはや 2^n の形をしていない。この場合はどうすればよいか？

上の疑問（1），（2）には答えようがない。推測を先へ進めるためには，「吉田が気付いた」と仮定しておかねばならない。（もちろん，吉田は洋算の式⑪，⑫でなく，和算流に考えたとして。）その上で，疑問の（4）には，次のように解答できる。

問Ⅰ．$\sqrt[3]{2^{29}} \fallingdotseq 812$ を得るためには，$\sqrt[3]{4} = 1.587$ まで求めればよい：
　　　　$1.587 \times 2^9 = 1.587 \times 512 = 812.544$

問Ⅱ．$\sqrt[3]{2^{49}} \fallingdotseq 82570$ を得るためには，$\sqrt[3]{2} = 1.25992$ まで求めればよい：
　　　　$1.25992 \times 2^{16} = 1.25992 \times 65536 = 82570.11712$

問Ⅲ．$\sqrt[3]{2^{119}} \fallingdotseq 8726\ 8295\ 7291 = a$ を得るためには，$\sqrt[3]{4} = 1.5874\ 0105\ 1968$ まで求めればよい：
　　　　$\sqrt[3]{4} \times 2^{39} = 1.5874\ 0105\ 1968 \times 5497\ 5581\ 3888$
　　　　　　$= 8726\ 8295\ 7291.3352\ 2413\ 1584$

つまり，2^n の桁数に応じた立方根の桁数を求めておけばよい。

疑問（3）への解答を摸索するなかで，§3で述べたような端数処理の方法を《想定》したのであった。つまり，$\sqrt[3]{4}$ を途中まで計算して a が求まったとき，次の商を仮りに b と見当をつけて，**公式**

⑤ $\quad \beta = \dfrac{A-a^3}{3a^2+3ab+b^2}$

によって β を求めれば，β は b よりもはるかに真の立方根の端数に近い。

問Ⅰと問Ⅱについては，それに近い端数処理の例題を，§3で述べた。問Ⅲの場合は次の通り：

$\sqrt[3]{4\ 000\ 000\ 000\ 000} \fallingdotseq 1\ 5874$ $\qquad (a)$

$4\ 000\ 000\ 000\ 000 - 1\ 5874^3 = 795\ 2376\quad (A-a^3)$

$3 \times 1\ 5874^2 = 7\ 5595\ 1628 \qquad (3a^2)$

であるから，視察により $b = 0.01$ と見当がつく。

$3 \times 1\ 5874^2 + 3 \times 1\ 5874 \times 0.01 + 0.01^2 = 7\ 5595\ 2104.2201 \quad (3a^2+3ab+b^2)$

$795\ 2376 \div 7\ 5592\ 2104.2201 = 0.0105\ 1968\ 2339 \qquad\qquad (\beta)$

$\therefore \sqrt[3]{4\ 000\ 000\ 000\ 000} \fallingdotseq 1\ 5874.0105\ 1968\ \underline{2339} \qquad (a+\beta)$

（正しい根は，下線の部分が 1995）

第二

重大な欠陥と思われた疑問（5）についても，一つの解答が得られた。B がもはや 2^n の形の数でないとき，$\sqrt[3]{B}$ をどのように求めればよいか？——問Ⅳの B について，次のようにすればよい。

$B = 1\ 0164\ 4411\ 7078\ 7004\ 9337\ 9117$ を2で78回割っておく。《速く知る方法》で，8で26回割るほうがさらによい。この計算は，ソロバンの上では容易である。つまり，珠をおいて次々に2で割っていくか，より速くは次々に8で割っていく（8で割るときは，＊印の値を辿る）。その結果

```
1 0164 4411 7078 7004 9337 9117*
5082 2205 8539 3502 4668 9558.5
2541 1102 9269 6751 2334 4779.25
1270 5551 4634 8375 6167 2369.625*
……  ……  ……  ……  ……
```

$B \div 2^{78} = B \div 8^{26} = 3.3631\ 3146\ 956$

が得られる。ここで，

⑬ $\quad \sqrt[3]{B} = 2^{26} \times \sqrt[3]{B \div 8^{26}}$

と変形できるから，

$\sqrt[3]{B} = \sqrt[3]{3.3631\ 3147\ 0} \times 2^{26} = 1.4982\ 3963\ 4 \times 6710\ 8864$

$\qquad\quad = 1\ 0054\ 5159.847$

が求まる。
　この方法は，問VのCの開立にも適用できる。その前半の，次々に2で割る算法を《日に日に半分》と名付けてもよい。しかし，ここにもまだ，本質的な欠陥が潜んでいることに気が付いた。
　$2^{29}=5\ 3687\ 0912$（9桁）を開立するより，4（1桁）を開立するほうが，一見して容易である。しかし $\sqrt[3]{4}$ を例えば小数3桁目1.587まで求める手間と，$\sqrt[3]{5\ 3687\ 0912}$ を整数3桁812求める手間とは変わらない。同様に，25桁の数 B の開立より，10桁の数 3.3631 3147 0 の開立のほうが，一見して容易である。しかし，$\sqrt[3]{3.3631\ 3147\ 0}$ を小数9桁目1.4982 3963 4まで求める手間と，$\sqrt[3]{B}$ を整数9桁1 0054 5159求める手間とは変わらない。つまり，
（6）　第一や第二のような変形をしても，開立のための計算量は変わらない。
　この欠陥（6）は，かなり致命的に思われた。
　第三
　方向を転じて考えようとした。吉田は粒の単位で開立計算する代りに，例えば一立方間の枡を単位として計算したかもしれない。§5末で，すでに「一立方間に，昔枡で，4394升入る」ことを見た。したがって，一立方間には芥子粒が
$$4394\times 400\ 0000=175\ 7600\ 0000\ 粒$$
入る。ところが，この計算過程を振り返ってみれば，
$$=6.5^3\times 16\times 4\times 10^6=2600^3\ 粒$$
である。したがって，変形の**公式**
　⑭　　　　$\sqrt[3]{A}=2600\times\sqrt[3]{A\div 2600^3}$
が成立する。ソロバン上の計算としては，2桁の数26で A を次々に割っていく。——（へ）文庫版，巻一，第八条「見一の割りこゑ」（6., p. 39-53）を参照した。
　これを例えば，問IIに応用すれば，
$$2^{49}\div 2600^3(=2^{46}\div 1300^3)=3\ 2029.4693\ 57\ （立方間）$$
となる。そこで
$$\sqrt[3]{A}=\sqrt[3]{3\ 2029.4693\ 57}\times 2600=31.7577\ 6381\ 76\times 2600$$
$$=8\ 2570.1859\ 2576\ （粒）$$
が求まる。しかし，この方法も，上記の欠陥（6）は免がれない。

　このように，筆者の摸索はいずれも「日に一倍問題」の《復元》としては失敗に終った。しかし，この摸索の第一と第二は，《復元》への一歩手前まで来ていた。次々に8で割る算法，次々に2を掛ける算法を保存しておき，開立法

をもっと《単純素朴》な形に置き換えれば，「日に一倍問題」は《省力化》されるのである。この問題の解明の部分は別稿（2.）として独立させたので，ご参看ねがえば幸いに思う。

補注 （ヘ）文庫版，巻二，第八条「材木うり買いまわしの事」のなかに「5寸×4.4寸×2間の角材を 5寸×5寸に直せば，長さ1間49.4寸」（6., p.153）という問題がある。その解法の本質は，p.21の公式と同じ算法を使っている。

(1983年1月30日)

文 献

1. 平山諦：『塵劫記』の諸問題，数学史研究，通巻94号，p.22-38, 1982.
2. 杉本敏夫：塵劫記の日に一倍問題の解明，明治学院論叢，第346号，教育学特集5号，小川勝治教授退任記念論文集，1983.
3. 藤原松三郎（日本学士院編）：明治前日本数学史，全5巻，岩波書店。第1巻，1954；第2巻，1956；第3巻，1957；第4巻，1959；第5巻，1960. 新訂版，全5巻，野間科学医学研究資料館，1979.
4. 山崎與右衛門：塵劫記の研究，図録編，森北出版，1966初版，1977再版。
5. 塵劫記顕彰委員会編：塵劫記復刻本全三巻，現代活字版，塵劫記論文集，大阪教育図書，1977.
6. 吉田光由著・大矢真一校注：塵劫記，寛永四年（1627）初版，寛永廿年（1643）版より翻刻，岩波文庫，1977.
7. 川原秀城訳：劉徽註九章算術，藪内清編『中国天文学・数学集』（p.45-271），科学の名著2，朝日出版社，1980.
8. 関和和著・平山諦・下平和夫・広瀬秀雄編著：関孝和全集，全1巻，大阪教育図書，1974.
9. 板倉聖宣・中村邦光：初期和算書における金属と水の密度の値――その伝承と改善――，科学史研究，第19巻，第136号，1980.
10. 杉本敏夫：ガウスと関の開平（正・続），明治学院論叢，第302・308号，総合科学研究8・9，1980. 本論文集では『関の求円周率術考（正，続）』と改稿した。
11. 杉本敏夫：関の角術の一解釈（正・続），明治学院論叢，第313・328号，総合科学研究10・12，1981・1982.

〔要旨〕塵劫記の開立問題の考察

1）吉田光由は『九章算術』に学んだのか，開立のためいわゆる《商実法》の原理を解説した。平山諦氏は，筆算化した。多桁×多桁の計算は，三カ所の作業場所を使えば多桁×一桁の計算に直すことができる。

2）一桁ずつ計算するとき次の桁をどう決めるか，或る桁で打ち切るとき端数をどう処理するかが，問題点である。筆者は様々な考察を行なった。

3）塵劫記には，開立法の応用例が三種類ある。その一は「金銀千枚を開立して立方体の一辺を求める。」これは整数9桁の数を開立して整数3桁と小数2桁の数を求めることに相当する。筆者は端数は割り算によったと推定した。

4）その二は「n 合枡の寸法を求める。」昔枡の一升は，五寸立方を横に半分に切った単純な形をしている。一合枡はその十分の一だから開立に帰する。n 合枡も一合枡の n 倍だから同じく開立に帰し，筆者の検算によれば枡の幅，深さともに一例を除いて正しい。端数は《切り捨て原則》による。

5）今枡は，幅 4.9，深さ 2.7 という半端な形である。そのため，計算が複雑になる。m 合枡（m は 1，1.5，2，2.5，… 9.5）の幅は，$4.93 \times m \div 10$ を開立したとしか考えられない。三カ所は誤っている。《切り捨て原則》に例外がある。それは次の桁が9のときであり，切り上げている。

6）今枡で問題なのは深さの求め方である。筆者は甲，比例方式（一升枡の深さに比例）と乙，面積方式（体積を上面の面積で割る）を仮定した。m 合枡は乙によったと推定される結論を得た。誤りも詳しく分析して知見を得た。

7）今枡では n 升枡（n は 1，2，… 9）も扱う。このときは意外にも甲のやり方によったと推定される結論を得た。誤りも詳しく分析して知見を得た。

8）6項と7項で方法の違いが生じた原因を推測した。

9）その三の「日に一倍の問題」は，次の論文で詳細に扱う。

8 塵劫記の日に一倍問題の解明

§1. 問題の所在…………… 268
§2. 方法の限定…………… 271
§3. 厚さ一粒の壁………… 274
§4. 積み上げ方式………… 278
§5. 方式の一般化………… 282
§6. 塵劫記の教育的意義… 286
　　文献…………………… 288

§1. 問題の所在

　吉田光由は『塵劫記』(*)のなかで,「日に日に一倍の事」という問題を提出して,驚異的な多数桁の開立計算の結果を示した。当時(十七世紀初)の水準から見て,吉田が一体どんな計算方法でこれを遂行したかが,謎に包まれている。筆者は別稿「塵劫記の開立問題の考察」(1.)に示したような摸索の末に,ようやく一つの解決に到達した。[#51]

　この成果を敬愛する小川勝次先生に捧げたい。記念号にふさわしく,平明な記述を旨として,詳細の議論は別稿(1.)にゆずった。本稿は独立に読めるよう,それ自身で完結させようと努めた。

　　注(*)『塵劫記』には多くの版があり,それぞれ出入りがある。本稿では,入手しやすい文庫版(2.)から原文を引き,微妙な議論が必要なときに,他の版を参照した。数値の誤りは,文庫版が比較的に少い。

　『塵劫記』の問題(別稿,問Ⅲ)は,まず,

8 塵劫記の日に一倍問題の解明

「ケシ粒が初めに一粒あるとき,日に日に一倍(2倍のこと)していったら,百二十日目には何粒になるか?」(2., p. 208)
を問うている。初日が1だから,120日目には 1×2^{119} であって,答は

$A=2^{119}=6646\ 1399\ 7892\ 4579\ 3645\ 1903\ 5301\ 4017\ 2288$(粒)

となる。原文の答[*]は全く正しい。つぎに

「この数 $A=2^{119}$ を開立して,立方根を求めよ。」

と問うて,$\sqrt[3]{A}$ の整数部分

$a=8726\ 8295\ 7291$(粒)

および,余り

$B=A-a^3=1\ 0164\ 4411\ \mathbf{7078}\ 7004\ 9337\ 9117$(粒)

を正しく[**]与えている。

注[*] 原文は a^3 を与えている。これに B を加えれば A になる。
注[**] 原文(2., p. 209)では,B の太字の 7078 が誤脱している。これを指摘されたのは,平山諦氏(3., p. 29)である。これに続く計算が正しいことから見ると,吉田自身は B を正しく求め,下版のさいに誤脱したと推測される。

さらに問題(別稿,問Ⅳ,文献 1, 258頁)は,

「この余り B を開立して,立方根を求めよ。」

と問うて,$\sqrt[3]{B}$ の整数部分

$b=1\ 0054\ 5159$(粒)

および,余り

$C=B-b^3=2\ 5557\ 7689\ 2992\ 4438$(粒)

を正しく与えている。以下,このような,「開立とその余り,…」という計算が続く[*]。

注[*] $D=C-c^3$, d までは正しいが,$E=D-d^3$ の原文の値(2., p. 210)は,正しい値 4702 7921 に比べて 9 不足し,末位が **12** となっている。以下の余りも,原文はすべて9不足している。これも,平山氏(3., p. 30)が指摘された。

若干の誤脱と,末位の誤りを除けば,このような膨大な多数桁計算を正しく

遂行したことは驚異である！

平山氏は，

「ここで『寛永20年版塵劫記には引き算の僅かな誤脱はあったが，立方に開く計算を完全に遂行した』と認めることができる。」(3., p. 30)

と結論され，その計算は『塵劫記』の巻末の「開立法」(2., p. 247 - 251) により，すべてをソロバンで遂行したものと推測された (3., p. 29 - 33)。

この謎の存在を筆者に教えて下さった戸谷清一氏は，

「塵劫記のなかの開平計算には誤刻が多いのに比べて，それより難しいこれらの開立計算を，これほど見事に計算しえたのはなぜか？　どの方法によったか？　計算の各段階で，どのように根を発見したのか？」(1982, 私信より要約)

との疑問を提示された。筆者自身もこれを契機に検算を行ない，別稿 (1.) に報告したように，これよりも桁数の少ない開立計算における多くの誤りを見出した。それに引き換え，上記の計算では，戸谷氏のご指摘のように，A（36桁）から a（12桁）を，B（25桁）から b（9桁）を正しく求めえたことは，どうしても腑に落ちない。

ある時代に，ある人が驚くほど見事な計算をしたが，その過程は書き残されていない。現代のわれわれは，後世に発展した有力な武器をもつから，その故人も恐らくわれわれに周知の方法を用いたであろう，と考えがちである。しかし，筆者は発見学 (heuristics) の立場に立つ。可能なかぎりその時代に戻り，当時，使用可能であった武器（用語，算具，算法）を用いて，その計算を《復元》すべきであると考える。筆者は旧稿 (4.) で「ブラウンカーの連分数」の発見過程を，前稿 (5.) で「関孝和の零約術の再評価」を，この立場から考察した。『塵劫記』の「日に一倍問題」についても，このような《復元》を目指したい——これが本稿の目的である。

8 塵劫記の日に一倍問題の解明

§2. 方法の限定

『塵劫記』は，当時（1627）のソロバンの教科書であった[*]。「日に一倍問題」は，その応用問題であった，と考えられる。

注（*）　戸谷氏「塵劫記の珠算」（6., 論文集，p. 59—67）によれば，つぎの通り，「塵劫記に加減の説明はない。……わが国において，そろばんが伝来した初期のころの数学書に，そろばんの使い方の基本である加減についてその記載がないのは，初期のころの算書が一般庶民のために書かれたものではなかったからだと思われる。ちなみに加減法が通俗珠算書に記載されるようになるのは，寺子屋が増加しはじめた江戸時代も半ばを過ぎた1800年ごろからである。」（同上，p. 59）「わが国では，塵劫記以前の数学書である算用記，割算書には乗法の解説は記されていない。塵劫記に初めて除算の商の掛け戻しの形で乗算が除算と並記されて図解されている。……」（同上 p. 60）「……塵劫記ではそろばんの図を掲げ，その下の所へ計算に必要なわり算九々を記し，初心者にそろばんの計算がわかるように編集した。この編集方針は，…おそらく中国の何らかの算書を参考にしたものであろう。そしてこうした図解による計算方法の説明がそろばんの使用を容易にし塵劫記が版を重ね普及していった大きな原因であろう。……」（同上p. 62）

なお，大矢真一氏「序説」（6., 論文集，p. 1 - 6），同氏による文庫版の解説（2., p. 255 - 258），藤原松三郎氏『明治前日本数学史』（7., 第一巻，p. 39 - 43 ; p. 96 - 101）なども参照のこと。

「日に一倍問題」の前段，$A=2^{119}$ を求める過程を考えれば，

① 　　　$1\times2=2$，$2\times2=4$，$4\times2=8$，$8\times2=16$，$16\times2=32$，…

であり，「二の段の掛け算」の応用として，桁の繰り上りを含んだ好適な練習問題なることが分かる[*]。

注（*）　吉田光由は「二の段の掛け算」ではなく，「五の段の割り算」として次々に五で割る，と説明している。$\times2$ は $\times10\div5$ と同じだが，$\times10$ はソロバンでは《桁ずらし》にすぎないから，この説明でも正しい。

さらに注目すべきは，

「五で何たびも割らずに，はやく知る法も有。口伝（くでん）に有。」（2.,

p. 207)

という付言である。文庫版の注（2., p. 212）で，大矢氏は

「速い方法とあるは，八を何乗もし，それををまた四倍するような方法であろう。」

と説明をされた。筆者は，この大矢氏のお説に便乗したい。つまり，「日に一倍問題」では，①の計算の代りに

② $1\times 8=8$, $8\times 8=64$, $64\times 8=512$, $512\times 8=4096$, $\cdots$

なる掛け算をしていって，さいごに 4 を掛けた，と考えるのが妥当である。こう考えることが，また後述のように，謎を解く鍵になる。

筆者は，これに付加して，吉田が上の二つの算法の逆算

③ $a\div 2$, $(a\div 2)\div 2$, $(a\div 2\div 2)\div 2$, $\cdots$

④ $A\div 8$, $(A\div 8)\div 8$, $(A\div 8\div 8)\div 8$, $\cdots$

を自由に駆使したと推測する。③の場合，各段階で余り 1 が出るときは《切り捨て》たと考える。④の場合は，さいごの段階で余り 4 が出るだけであり，途中ではすべて割り切れる。さらに

⑤ $B\div 8$, $(B\div 8)\div 8$, $(B\div 8\div 8)\div 8$, $\cdots$

も駆使したであろう。この場合は，B はもはや 2^n の形の数ではないから，各段階ごとに余りが出る。このとき余りを《切り捨て》つつ，割り算を繰り返しした推測する（なお，後文で詳しく考察する）。

以上の，ソロバンに固有の掛け算・割り算のほかに，吉田は『塵劫記』の巻末の「開立法の事」（2., p. 247-251）に記載した《開立法》を，それよりももっと《単純素朴》な形で使用することによって，「日に一倍問題」の後段を計算した，と筆者は考える。

『塵劫記』の《開立法》の本質部分は，平山氏による要約（3., p. 30-33）が見通しを得やすい。$\sqrt[3]{A}$ を求めるのに，算法の本質は

8 塵劫記の日に一倍問題の解明

⑥ $A - \alpha^3$

⑦ $A - \alpha^3 - \{3\alpha(\alpha+\beta)\beta + \beta^3\}$

である。Aが2桁の数の立方 $(\alpha+\beta)^3$ に等しい場合は，α は十位の数，β は一位の数を表わす。この場合は，これで開き切れる。Aが前節の $= 2^{119}$ の場合には，α は $a = 8726\ 8295\ 7291$ の首桁8，βはaの次桁7を表わし，この場合は開き切れず，余りが残る。

吉田は，この算法の説明図として，イ図とロ図を掲げた[*]。

注（*）　文庫版の挿図（2., p. 249）は「全く意味をなしていない。」とは，平山氏（3., p. 32）のご指摘である。ここのロ図は，平山氏のご指示によって，寛永8年版（6., 復刻本，下巻，廿四丁裏）から取った。もちろん原図は，例題として具体的な数値が記入されているが，ここでは α, β の記号を記入した。文庫版とこのロ図の線の引き方の違いに注目されたい。

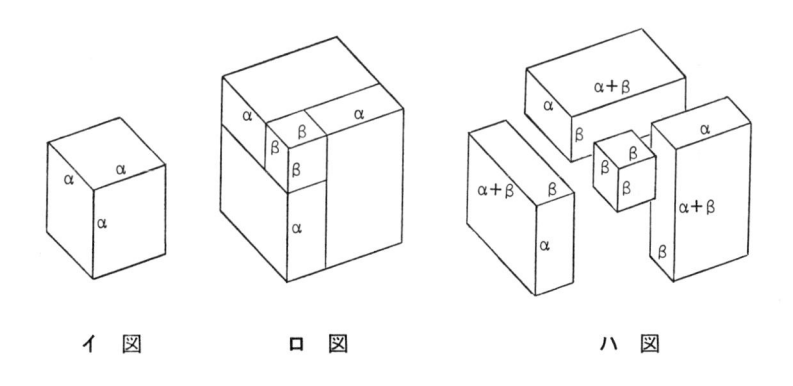

    イ 図   ロ 図   ハ 図

初めに式⑥では，Aから立方体 α^3 を引く（イ図）。その結果，三方の壁が残るが，それを吉田はロ図のように分割した。筆者がその分解（ハ図）を付加すれば，それは三枚の同型・同大の《板》$\alpha(\alpha+\beta)\beta$ と《小角》β^3 に分かれる。これが式⑦の第三項の { } のなかの説明である。平山氏は

「〔式⑦の〕この形が数学的に価値の高いものである。」（3., p. 31）「塵劫記の開立の説明は，わが国初めてのものであるから，分りにくいのは当然で

あるが，塵劫記の著者は口図の 心持ちを 十分に理解していたものと思う。」
　(3., p. 32)
と評価された。

　平山氏は，A が 3 桁の数の立方 $(\alpha+\beta+\gamma)^3$ に等しい場合は，式⑦まででは余りが出るから，つぎは

⑧　　　$A-\alpha^3-\{3\alpha(\alpha+\beta)\beta+\beta^3\}-\{3(\alpha+\beta)(\alpha+\beta+\gamma)\gamma+\gamma^3\}$

である，と述べられた。これは，式⑦の第三項の { } のなかで，

　　　　α を $\alpha+\beta$ に，β を γ に

置き換えたものを第四項にもってきたにすぎない。つまり，式⑦の第三項の計算と，式⑧の第四項の計算は，同じ形の算法になっている。このように，算法が繰り返せる形になっていることが 重要である。前節の $A=2^{119}$ の場合には，式⑧でもさらに余りが出るから，これらの算法を順々に繰り返していけばよい (3., p. 32)。

　ところで，筆者は，「日に一倍問題」に関するかぎり，吉田は式⑧以下を用いずに，式⑦までの段階しか用いなかった。しかも，式⑦のさらに特別な場合

　　　$\beta=1$　　しか用いなかった，つまり

⑨　　　$A-\alpha^3-\{3\alpha(\alpha+1)+1\}$

しか用いなかった，と推測する。

§3.　厚さ一粒の壁

　これから，
　「吉田光由は，前節の式①～⑤の掛け算・割り算のほかには，式⑥と式⑨のはなはだ《単純素朴》な開立法しか使用しなかった。」
と**仮定**するだけで，「日に一倍問題」が十分計算できることを示そう。

　ここで，問題を原題よりも縮小する。つまり，ケシ一粒を日に日に一倍して三十日目の

8　塵劫記の日に一倍問題の解明

$$A = 2^{29} = 5\ 3687\ 0912\ (粒)$$

を求め，これから次々に，

立方根 $\sqrt[3]{A}$ の整数部分を a とし，余りを $B = A - a^3$ とする。

〃　$\sqrt[3]{B}$　〃　b　〃　$C = B - b^3$　〃

……　　……　　……

を求めることとする（別稿，問Ⅰの枠内に問題を縮小しようとしている）。

筆者はもちろん $A = 2^{119}$ の場合について考え，解決を発見したのである。しかし，

（ⅰ）　問題の本質を示すには，$A = 2^{29}$ の場合を扱えば，十分に模型として有効である。

（ⅱ）　さらに実際的な立場からではあるが，$A = 2^{29}$ の場合を扱えば，紙面が少くて済み，しかも計算の隅々まで追うことができる。

これらの理由によって，本稿では問題を縮小するのが適切と考えた。

まず，$A = 2^{29}$ を求めるのは，§2 の式②によって $2^{27} = 1\ 3421\ 7728$ まで求め，それに 4 を掛けて $A = 2^{29} = 5\ 3687\ 0912$ を得た，と考えるのが妥当であろう。この算法のなかに，辺と体積の増加の仕方，「一辺が 2 倍になれば，

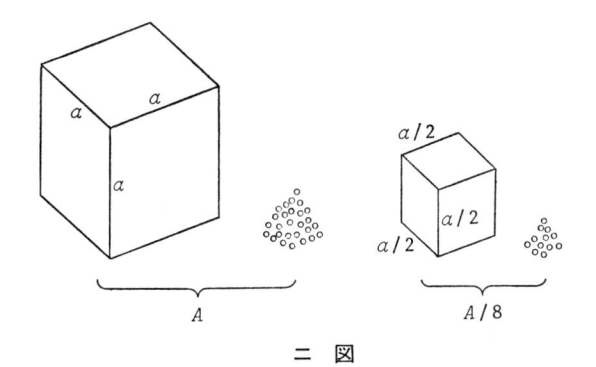

二　図

図において，それぞれ立方体の右横に画いた粒々は，立方体を作ったときのケシ粒の「余り」である。（ホ図も同様）

体積は 8 倍になる」という規則が示唆される。

つぎは，A の立方根 $\sqrt[3]{A}$ を求めなければならない。ここで吉田が試みたであろう摸索について，筆者はいろいろと想像してみたのであるが，文庫版 (2.) の p.208-210 の挿図からヒントを得た。筆者の推測によれば，吉田はニ図のような二つの立方体を比較したに相違ない。

「立方体の一辺が半分になれば，体積は八分の一になる！」

式④のように 8 で割ることを続けていけば，A は立方数ではなく $= 2^{27} \times 4 = 8^9 \times 4$ であるから，さいごの段階で 4 が余る。辺 a のほうは式③により半々になる。ここで吉田に《第一の飛躍》が生じた。

「A の一辺を知るには，この余り 4 から出発して，体積の方を 8 倍，8 倍，…してゆけばよい。辺のほうは 2 倍，2 倍，…になっていく！」

具体的に計算を実行すれば，

体積　　　　4　　　の中からは，立方体　　1^3　　が取れて，　　3　が余る。
　〃　　4×8＝32　　　〃　　　　　　3^3＝27　　〃　　　5　〃
　〃　　32×8＝256　　　〃　　　　　　6^3＝216　　〃　　　40　〃
　〃　　256×8＝2048　　〃　　　　　　12^3＝1728　〃　　320　〃
　〃　　2048×8＝16384　〃　　　　　　24^3＝13824　〃　2560　〃

ホ 図　　　　　　　　　　　　　　　　ヘ 図

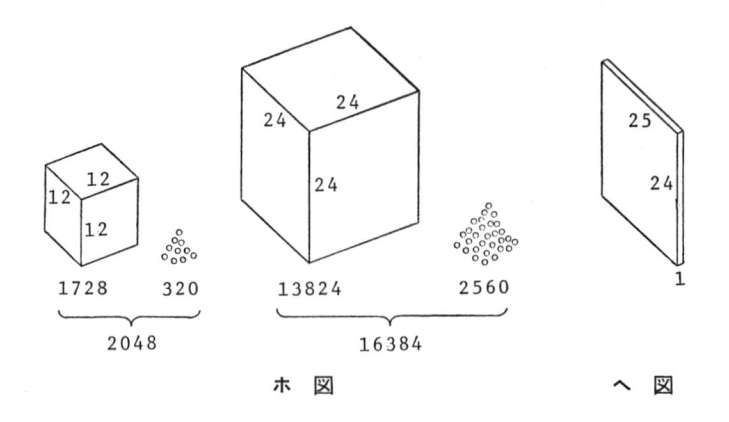

8 塵劫記の日に一倍問題の解明

しかし，この余り 2560 はかなり大きい．

「この余りで三方の壁が作れないだろうか？」

ここで，吉田に《第二の飛躍》が生ずる．ニ図の逆，ホ図を考えてみる．

「24^3 の立方体に三方の壁を付けようとすれば，ヘ図のような板（$24 \times 25 = 600$）が三枚 $600 \times 3 = 1800$ と 小角 1^3 が一個必要である．それらの合計は 1801 だから，余り 2560 の中から取れる！」

つまり，

「体積 16384 の中から，立方体 $25^3 = 15625$ が取れて，余りは 759 となる．」

この《第二の飛躍》は筆者の空想の産物ではなく，実際に『塵劫記』の寛永 8 年版（6.）の復刻本，下巻，十丁表の一行目に，重要な記述がある．これは，「$A = 5\ 3687\ 0912$ の立方根 $a = 812$ が求まり，$a^3 = 5\ 3538\ 7328$ を引くと $B = A - a^3 = 148\ 3584$ が余り，この余り B をさらに開立する」という文脈の個所に相当する．（原文は，もちろん，$A = 2^{119}$ について云々している．）

さて，下平和夫氏による釈文では，小字の右行の字句を「右の三粒」としておられる（6.，現代活字版，p.54，下段）．筆者は，原文の「ニ」と「一粒」の間のわずかの隙を重視し，また論理の必然性からして，「右のに一粒」でなければならないと思う．

筆者の解釈では，まず大字の部分は，

「右のに余るを」とは $B = A - a^3$ を指し，「開立法にして」開立法で開いて

右のにあまるを開立法にして
但あまるといふは右のに一粒ならびをけたらぬゆへに又余りを開立法にして入

277

と，$\sqrt[3]{B}$を求める目的を述べている。小字の部分は，

「但し余ると言ふは，右のに一粒並び置けば足らぬ故に」ただしBだけ余るというわけは，右のに，つまり立方体 a^3 の三方に，ケシ粒で厚さ一粒の壁を付け足そうとすれば足りないから，「又余りを開立法にして入る」また余りBを開立して立方体の中に嵌め込む

と，その理由を述べている。

この筆者の解釈は，ホ図を考えればよく分かる。ホ図の左側の立方体 $12^3=1728$ に三方の壁を付け足そうとしても，

板（$12\times13=156$）が三枚 $156\times3=468$ と小角 1^3

とでは合計 469 となるから，余り 320 の中からは足りない。これこそまさしく「右のに一粒並び置けば足らぬ」に相当する。しかし，ホ図の右側の場合は，立方体 $24^3=13824$ にヘ図のような三方の壁を付け足す余裕があった（上述の通りである）。

数値については寛永8年版（6.）には誤りがあるから，文庫版（2.）がよい。

§4. 積み上げ方式

筆者は「厚さ一粒の壁」に，「日に一倍問題」を解く鍵が潜んでいると考える。つまり，吉田光由は「日に一倍問題」に関するかぎりは，平山氏の推測されたような《開立法》を用いなかった。筆者が《積み上げ方式》と名付ける，もっと《単純素朴》な方法を用いたと思う。言葉でいえば，

「体積4から出発し，次々に8倍していく。それにつれて，立方体の辺は次々に2倍される。ただし，体積から立方体を引いた余りが，さらにケシ1粒の厚さの三方の壁を作るに足りるときは，辺の長さを1だけ増す。」

「各段階での余りが，三方の壁を作るに足りるか否かを判定するには，一辺をαとするとき，

⑩ $\qquad u = 3\alpha(\alpha+1)+1$

8 塵劫記の日に一倍問題の解明

なる数を作って比べてみればよい。」

以上述べたところを，二つの表に示す。ト表は，$A=2^{29}$ から順々に 8 で割ってゆき，さいごに 4 に辿りつくまでを示す。

チ表は，《積み上げ方式》を示す。まず，一辺 $\alpha=1$，体積 $A=4$，立方体 $\alpha^3=1$，余り $B=A-\alpha^3=3$ から出発する。**算法**はつぎの通り：

(i) α は 2 倍，A と α^3 と B は 8 倍する。（B は $A-\alpha^3$ として計算する必要はない。順々に 8 倍すればよい。もしも引き算した値を求めれば，検算になる。）

(ii) 新しい α から，式⑩，つまり $u=3\alpha(\alpha+1)+1$ を計算する。

ト 表
$A\div 8$
536870912
67108864
8388608
1048576
131072
16384
2048
256
32
4

チ 表

α	A	α^3	B	u
1	4	1	3	7
2	32	8	24	19
3	32	27	5	37
6	256	216	40	127
12	2048	1728	320	469
24	16384	13824	2560	1801
25	16384	15625	759	1951
50	131072	125000	6072	7651
100	1048576	1000000	48576	30301
101	1048576	1030301	18275	30907
202	8388608	8242408	146200	123019
203	8388608	8365427	23181	124237
406	67108864	66923416	185448	495727
812	536870912	535387328	1483584	1980469

(iii) B と u を比べて，$B<u$ なら (i) へ進む。[#52]

(iv) $B>u$ ならば，

α を $\alpha+1$ に，α^3 を α^3+u に，B を $B-u$ に

修正してから（i）へ進む。

チ 表で横線を入れた四カ所は，（iv） $B>u$ となって，それぞれ α, α^3, B に修正を加えた個所である。（そのとき，A の値に修正はない。）こうして，さいごに求める $a=812$ が得られた。余り $B=148584$ も自然に求まっている。

この《積み上げ方式》による算法の**特色**は，つぎの通り：

（1） 掛け算は，2倍または8倍する個所と，式⑩により u を求める個所にしか現われない。

（2） α^3 つまり「α を三乗する計算」は，不要である。（新しい α^3 は，8倍によってか，u の足し算によってか，いずれかで求まる。）

（3） 上記の修正個所（iv）では，足し算と引き算しか用いない。

（4） この $\sqrt[3]{A}$ の整数部分 a を求める過程で，A 欄は本質的には不要である。（もしも A 欄を省略することが不安ならば，ト表を書き残しておけばよい。）チ表から A 欄を消すならば，上記の（i）から「A と」を削ればよい。

（5） さらに欄の節約を考えれば，α^3 欄を消してもよい。それは，この算法においては「B と u を比べる」ことが本質的であって，α^3 の値は本来不要だからである[*]。チ表から α^3 欄を消すならば，上記の（i）から「α^3 と」を削り，（iv）からも「α^3 を α^3+u に」を削ればよい。

注[*] ただし，筆者としては，各段階の α^3 の計算が，（2）で述べたように，三乗のための《掛け算》が不要である点に，ぜひ注目していただきたいと思う。

ここで，普通の《開立法》と筆者の《積み上げ方式》を比較しよう。平山氏が筆算化された《開立法》（3., p. 33）にならって，$A=2^{29}$ の立方根を求めてみよう（次頁）。

ここでは，9桁の数 A から立方根の整数部分 a（3桁）を求めたから，こ

8 塵劫記の日に一倍問題の解明

$$
\begin{array}{r}
812 \\ \hline
536870912
\end{array}
$$

$$
\begin{array}{r}
512\cdots\cdots\cdots\cdots\cdots\cdots\cdots 8\times8\times8 \quad 式⑥ \\ \hline
24870
\end{array}
$$

$$
\left.\begin{array}{r}
19440\cdots\cdots\cdots\cdots 3\times80\times81\times1 \\
1\cdots\cdots\cdots 1\times1\times1
\end{array}\right\}式⑦
$$

$$
\begin{array}{r} \hline
5429912
\end{array}
$$

$$
\left.\begin{array}{r}
3946320\cdots\cdots 3\times810\times812\times2 \\
8\cdots\cdots 2\times2\times2
\end{array}\right\}式⑧
$$

$$
\begin{array}{r} \hline
1483584
\end{array}
$$

の《開立法》のほうが一見して有利に思われる。確かに，本稿§3冒頭で問題の縮小を行なったかぎりでは，《開立法》に軍配が上る。

しかし，原題の $A = 2^{119}$ の場合（別稿，問Ⅲ）の開立計算を試みられよ。このような計算が，あと延々と 36 回も続く。掛け算も，上例ですでに

$$3(\alpha+\beta)(\alpha+\beta+\gamma)\gamma = 3\times810\times812\times2$$

のように，3桁×3桁 の場合が現われていた。このあと急速に桁数は増え，さいごの段階では，

$$3\times87268295720\times87268295729\times9$$

のような，11桁×11桁 の場合が現われる。

もちろん《積み上げ方式》でも，さいごは

$$3\times436341478645\times436341478646+1$$

のような，12桁×12桁 の場合が現われる。（しかし，上記の ×9 に相当する掛け算は不要である。）もしも《積み上げ方式》で，あくまで掛け算を回避するならば，式⑩を

⑩′　　$u = 3\alpha^2 + 3\alpha + 1$

と書き直せばよい。つぎの算法が可能になる。

（イ）　α から $\alpha+1$ になるとき，u から

⑪　　　$u' = u + (\alpha+1) \times 6$

によって u' を求め，

(ロ)　　α から 2α になるとき, u から

⑫　　　$u' - 1 = (u-1) \times 4 - (2\alpha) \times 3$

によって u' を求めれば，それが新しい u となる。（この算法は，吉田にとっては《出来過ぎ》であろうか？）

いま一つ，《開立法》で困難なのは，つぎの桁に何が立つか（次商）の発見である。平山氏は，公式

⑬　　　$\beta = \dfrac{A - \alpha^3}{3\alpha^2}$

⑭　　　$\gamma = \dfrac{A - (\alpha+\beta)^3}{3(\alpha+\beta)^2}$

などによって，次々に $\beta, \gamma, \cdots$ を求めたであろうと推測された (3., p. 33)。《開立法》によるかぎり，この推測は正しいと思う。しかし，筆者は，各段階ごとに割り算をしてつぎの桁を定めるのは，かなり煩わしいのではないか，と思う。これに比べれば，《積み上げ方式》のほうが《単純素朴》であり，吉田が「日に一倍問題」を解くのにふさわしい。こう推測することが，より自然ではなかろうか？

§5. 方式の一般化

前節の A の場合は 2^n の形であったから《積み上げ方式》がうまくいった。「右のに余る」B の場合は，もはや 2^n の形をしていないから，この方式は適用できないのではないか？――具体的にいえば

$$B = A - a^3 = 148\ 3584 = 64 \times 23181$$

であるから，B を 8 で 2 回割れば 23181 になって，これ以上 8 で割り切れない。

8 塵劫記の日に一倍問題の解明

ポリアは言う。《一つの工夫も二度使えば方法になる。》(8., 第1巻 p. 75)
筆者は、ここでも吉田光由に《第三の飛躍》が生じた、と推測する。

「なるほど23181は8で割り切れないが、それでも強引に割り算を続けてみる。割る前から、うまくいくか否かを思い悩むべきではない！」

「ただし、割り切れないときは、余りをその都度《切り捨て》て、8で割ることを続けてゆく。念のため、各段階での余りを書き留めておく。」

リ 表

$B \div 8$	余り
1483584	
	0
185448	
	0
23181	
	5
2897	
	1
362	
	2
45	
	5
5	

ヌ 表

β	B	β^3	C	v
1	5	1	4	7
2	45	8	37	19
3	45	27	18	37
6	362	216	146	127
7	362	343	19	169
14	2897	2744	153	631
28	23181	21952	1229	2437
56	185448	175616	9832	9577
57	185448	185193	255	9919
114	1483584	1481544	2040	39331

こう考えて、式⑤の割り算（§2）を実行すれば、リ表のようになる。余りを行と行の中間に書いた理由は、つぎのヌ表の計算でリ表を下から上へ逆向きに読む必要が生ずるからである。例えば、$23181 = 2897 \times 8 + 5$ であるから5が余る。この余り5を23181と商2897との中間の行に記入しておく。

では、立方根 $\sqrt[3]{B}$ を求めるための《積み上げ方式》は、どのようになるか？
——これも実行してみれば、前節のチ表での計算と大差ないことが分かる。ヌ表の一辺 $\beta = 1$、体積 $B = 5$、立方体 $\beta^3 = 1$、余り $C = B - \beta^3 = 4$ から出発する。**算法**はつぎの通り：

（i）　β は2倍、β^3 は8倍する。<u>B と C は8倍してからリ表を見て、そこでの余りを足す。</u>

〔例えば、$5 \times 8 + 5 = 45$, $45 \times 8 + 2 = 362$, …〕

(ⅱ)　新しい β から，

⑮　　　$v = 3\beta(\beta+1) + 1$

によって，v を計算する。

(ⅲ)　C と v を比べて，$C < v$ なら（ⅰ）へ進む。[#53]

(ⅳ)　$C > v$ ならば，

　　　　　β を $\beta+1$ に，β^3 を β^3+v に，C を $C-v$ に

修正してから（ⅰ）に進む。

ヌ表で横線を入れた三カ所は，(ⅳ)　$C > v$ となって，それぞれ β，β^3，C に修正を加えた個所である。こうして，さいごに求める $b = 114$ が得られた。余り $C = 2040$ も自然に求まっている。

　前節の算法と比べれば，（ⅰ）の B と C についての計算が，下線の部分のように変更されただけであり，その他はすべて前節と全く同じである。つまり，《積み上げ方式》の有効性が再び実証され，いわば前節の方法が《一般化》されたわけである。この一般化された方法は，立方根 $\sqrt[3]{C}$ の計算のためにも，そのまま適用できる。

　この一般化された方式の**特色**は，前節で述べたのと，ほぼ同じである。ただし，（4）と（5）は，つぎのように述べ直すほうが適切である。

（4′）　ヌ表のなかに B 欄を設ける必要はない。（その代りにリ表を書き残せば，不安はない。いやそれよりも）リ表の余りの欄が決定的に重要である。

　ヌ表から B 欄を消すためには，上の算法の（ⅰ）の下線の部分を，つぎのように修正すればよい。

　　C については，まず8倍してから，リ表の余りを足す。

　〔例えば，$4 \times 8 + 5 = 37$, $18 \times 8 + 2 = 146$, …〕

（5′）　前節と同様に，ヌ表の β^3 欄を消してもよい。それに応じて，算法の（ⅰ）と（ⅳ）から，β^3 に関する記述を削る。

8　塵劫記の日に一倍問題の解明

　さて，本節で一般化された方式を再び《積み上げ方式》とよぶことにする。そこで，この算法を一挺のソロバンで実行するには，どうすればよいか？
　そのために，『塵劫記』の「開立法の事」の原文(2., p. 247 – 251) を見ると，そこでは四挺のソロバンを縦に並べて用いたように描かれている。平山氏は，この《開立法》を，§2の式⑥，⑦，⑧，および §4 の筆算化した算法に《復元》され，
　「すでに割算書にそろばんによる開平の計算があった。いままた塵劫記に開立の計算がある。和算の光栄の出発と言うべきである。」(3., p. 33)
と結論された。これから拝察すれば，《ソロバン一挺の上の算法》であるとのご意見のように思われる$^{(*)}$。さらに，平山氏，
　「しかるに初版と目すべき塵劫記には，前にあげた開平法を説明して『右之かいへい法本算なり。又一たんにてわれるさんもあり，これは口伝に有』と書き添えてある。前にあげた〔文庫版などの〕開平法では，そろばんを三面か四面必要であるが，そろばん一面でできる開平法がある，との意味である。
　これでみると，塵劫記は開平法の計算法を2通り知っていたことになる……」(3., p. 36)

　注(*)　大矢氏の文庫版への注 (2., p. 244) には，「…図のようにソロバンを使ってはいるものの，これは算木を並べるかわりに何丁ものソロバンを使っただけのものである。…」とある。
　戸谷氏「塵劫記の珠算」(6., 論文集，p. 65 – 67) のなかに，「塵劫記にはそろばんを四挺たてに配列して開平・開立が載せられている。……これは算木による方法をそろばんに適用したものと考えられる。」とある。
　いまの筆者には，判断が下せない。一応，本文のように考えておく。《ソロバン一挺の上の算法》とは，おそらくソロバン上の何カ所かに計算のための作業場所を設けることであろう。ソロバンの桁数さえ十分にあれば，それは可能であり，四挺用いるのと，一挺の上の四カ所の作業場所を用いるのは，本質的に変わらないであろう。この点のご教示を賜われば幸いに思う。

　筆者の《積み上げ方式》も，ヌ表から B 欄を消せば四カ所，さらに β^3 欄を

消せば三カ所の作業場所が必要であるから，《ソロバン一挺の上の算法》として，実現可能であろう。ただし，リ表の計算のさい，各段階の余りを《別紙に記録》しておくことは必要である。

§ 6. 塵劫記の教育的意義

記念号の趣旨にそって，『塵劫記』の教育的意義について，簡単に触れる。藤原氏『明治前…』（7., 第一巻, p. 40）に，適確な評価がある。

「吉田光由は寛永4年（西紀1627）塵劫記を著はしてわが国数学に至大の影響を及ぼした。……この書は算法統宗〔明の程大位の著, 1592〕に拠ったところが多いが，一方当時に残留してゐた数学知識をも採録加味して，中国数学の臭味のすこしも残ってゐない書き振りである。その内容は当時の社会生活に適切なる問題を網羅し，これに加ふるに十露盤〔ソロバン〕の計算方法を懇切丁寧に説いて，いかなる初学者にも師なくとも容易に学び得らるるやうに書かれたから，大に世に用ひられ，江戸時代300年を通じて数学入門書として，あらゆる階級に浸透し，ついには塵劫記といへば数学書の代名詞とまでなるに至ったのである。」

ソロバンの教科書としての意義については，すでに§2で戸谷氏の論文を引用した。この塵劫記顕彰委員会編の『論文集』（6.）には，多くの優れた論文が載せられていて，参考になる。

文庫版の大矢氏の解説（2., p. 259）から，つぎの二点を引用させていただく。

「『塵劫記』は数学の方面においても著しい特徴がある。すなわち，材料は日常生活にとっているが，その取扱いは非常に数学的にすぐれたものがあるのである。たとえば売買についてならば，

単価×数量＝代価
代価÷数量＝単価
代価÷単価＝数量

という三つの関係を一まとめにして取扱い，しかも，その数字も同一のものを用いている。したがって，この問題を解いた読者は，おのずからその規則を会得することができる。…」

「また，長方形の面積の求め方を見れば，

8 塵劫記の日に一倍問題の解明

　　第一問は，たて・よこの長さに間未満の端数のないもの
　　第二問は，たて・よこの一方に間未満の端数のあるもの
　　第三問は，たて・よこの両方に間未満の端数のあるもの
　　第四問は，たて・よこの一方が間単位，他方が尺単位

となっており，これによって，あらゆる場合の面積の求め方に適用できるようになっている。このような心づかいも，各所に見える。」

さいごに，下平和夫氏の傑れた論文（9.）を紹介したい。江戸・明治・大正・昭和・戦後における『塵劫記』にたいする評価の変遷を丹念に跡付けられ，今後の研究課題を提示して結ばれた力作である。

「挿し絵を多くして，…見るだけでも楽しく読むことができる工夫は『塵劫記』によって開発された…」（p. 11）

「…数学百科事典と見なすことができ…初等算数の書物だときめつけてしまうことは…あたっていない…」（p. 11）

「著者の配慮が行きとどいて，やさしい問題からむずかしい問題へ，そして最後に数学遊戯でしめくくっている。最高級の数学が自習できる書物として多くの人たちに受け入れられた…したがって…江戸初期においては，『塵劫記』あるいは著者の吉田光由は畏敬の念をもって見られたのであって，幕末にみられるような低級な『塵劫記』のイメージは江戸初期には存在しなかったのである。」（p. 11-12）

「『塵劫記』の名が多くの学者の 幼少年時代に 勉強した本の中に含まれていることは注意を要する。…単に数学者というばかりでなく，漢学者，国学者，その他あらゆる分野の学者についてである。ましてや数学者が『塵劫記』によって数学への第一歩をふみ出したというのは当然すぎる話である。…関孝和，久留島義太，…安島直円…藤田貞資…」（p. 14）

「佐藤誠実の『日本教育史』〔10., 下, p. 104〕には，毛利勘兵衛が 豊臣秀吉の 命をうけて中国に行き，珠算の術をえてきたこと，その門人に吉田光由がいて，『塵劫記を著し，珠算の術を掲げたる者なり。』とわずかこれだけの 記事である。すなわち，『塵劫記』についての学者の知識というものはせいぜいこの程度のことであったのである。」（p. 15）

「たとえば，中国の数学書には影を利用して木の高さを測る方法が示されているのに，『塵劫記』ではこの方法を採用せず，鼻紙を折って直角二等辺三角形を作り，それで木の高さを測る方法が示されている〔2., p. 194-196〕。この方法は，現在でも小学校や中学校の教科書に採用されている。このような『塵劫記』の影響は探せばもっと多くあるであろう。」（p. 17）

287

筆者が興味を抱いたごく一部分を引用させていただいた。紙面の都合で，これだけに留めたが，多くの読者の目に触れるよう，学会誌などへの再録をぜひ期待したい。

(1983年2月3日記)

文　献

1. 杉本敏夫：塵劫記の開立問題の考察，明治学院論叢，第345号，総合科学研究15，1983.
2. 吉田光由著・大矢真一校注：塵劫記，寛永四年 (1927) 初版，寛永廿年 (1643) 版より翻刻，岩波文庫，1977.
3. 平山諦：『塵劫記』の諸問題，数学史研究，通巻94号，p. 22 - 38, 1982.
4. 杉本敏夫：ブラウンカーの連分数（予報），明治学院論叢，第334号，総合科学研究13, 1982.
5. 杉本敏夫：関の零約術の再評価，明治学院論叢，第340号，総合科学研究14, 1983.
6. 塵劫記顕彰委員会編：塵劫記復刻本全三巻，現代活字版，塵劫記論文集，大阪教育図書，1977.
7. 藤原松三郎（日本学士院編）：明治前日本数学史，全5巻，岩波書店。第1巻，1954. 新訂版，全5巻，野間科学医学研究資料館，1070.
8. G. Polya : Mathematical Discovery, Vol. I & II, John Wiley, 1962. 柴垣和三雄・金山靖夫共訳：数学的問題の発見的解き方，1, 2巻，みすず書房，1964-7.
9. 下平和夫：『塵劫記』はどのように見られてきたか，前橋市立工業短期大学研究紀要，第15号，p. 11 - 18, 1980.
10. 佐藤誠実著・仲新・酒井豊校訂：日本教育史，全二巻，初版，明治23～24；修訂版，明治31；復刻版，平凡社，東洋文庫，1973.

〔要旨〕塵劫記の日に一倍問題の解明

1)「日に一倍の問題」とは,芥子粒を日ごとに二倍していって,例えば合計 $A=2^{29}$ 粒に至ったとき,粒の立方体を開立して一辺の粒数を求める問題である。(2^{49}, 2^{119} もあるが,上の A に代表させる。)

2) 前論文の一見簡単な開立問題に誤りが多いのに対して,この困難な問題を正しく解いたことは驚異である。しかし従来はそれ以上には踏み込まなかった。筆者は,吉田がはたして《商実法》で求めたのか,疑問を抱いた。

3) 例えば,$\sqrt[3]{A}=29\times\sqrt[3]{4}$ と変形できるが($\sqrt[3]{A}$ の整数部分が $\alpha=812$ と求まった後),次の $B=A-\alpha^3$ の開立にはこの変形は役だたない。

4) 筆者がこのような試行錯誤の末にたどり着いたのは,当時の吉田でも実行可能な《積み上げ方式》である。筆者のアイディアは,原文の挿絵および筆者が描いた「右のに余るを」の説明図に基づき,元の問題が次々2倍して A に至ることを逆用する。一辺を次々に2倍した立方体は体積が次々に8倍になる。そこで逆に体積 A を次々に8で割ったら一辺は半々になる。

5) 具体的には A を次々に8で割るたびに,途中の余り(1〜7のどれか)を記録する。8以下の数に到達したら,逆に《下からの積み上げ》を行なう。(記号を乱用して)各回の商も A で表し,α を1から積み上げていくごとに $B=A-\alpha^3$ および $u=3\alpha^2+3\alpha+1$ を計算する。A も B も8倍してから記録した余りを足すと,一段階上の A や B が得られる。B を得るたびに,u の値と比べて $B<u$ ならば次は一段階上の A や B の計算に移る。もしも $B>u$ ならば,α を $\alpha+1$ にし,α^3 を α^3+u にし,B を $B-u$ にして,一段階上の A や B の計算に移る。(数値例は,本文を参照のこと。)

6) 筆者は発見学(heuristics)の立場から,当時の人が考え付きそうな原理に立ち,使用可能な算法を用い,復元を行なうことを目指した。

9   関の授時発明への注意

§1. 問題の所在 …………… 290
§2. 黄赤変換 …………… 292
§3. 沈括の公式 …………… 297
§4. 沈括の公式（続）…… 303

§5. 誤差の相殺 …………… 307
§6. 授時発明の検算 ……… 313
§7. 会円術の由来 ………… 320

§1.　問題の所在

　関孝和の《求弧術》[#55]の考察を進める準備として，本稿は関の『授時発明』(1., 本文 p.377-387) を取り上げる。これは中国元代の天文家兼数学者の王恂や郭守敬らによって作られた「授時暦」(1280年頒布) のなかの数理的部分，詳しくいえば後世・明末に「天文大成管窺輯要」(1652年。以下「天文大成」と略す) としてまとめられた天文書のなかの球面三角法にかかわる三条について，関がみずから図解し注釈を加えたものである (1., 本文 p.378, 同解説 p.200-202)。

　その天文学的な側面については，能田忠亮氏他『明治前日本天文学史』(2.)，藪内清氏『中国の天文暦法』(3.)，山田慶児氏『授時暦の道』(4.) などにゆずり，本稿は数学的な側面に焦点をしぼる。[#56]

　それは，黄道上の太陽の位置を赤道座標系で表わす「黄赤変換」である。数学の言葉でいえば，球面上の直角三角形の解法であり，三角法のごく簡単な応用にすぎない。しかし，三角法を発達させなかった中国流の方法では，近似的な「沈括の公式」によっていったん半弦の長さに直し，それら半弦の間に成立

9 関の授時発明への注意

する立体幾何的な関係を利用して，再び求める半弧の長さに戻すやり方をとる。ここでは，上記の文献3.のほかに，銭宝琮氏『中国数学史』(5.)および広瀬秀雄氏『授時暦の研究（Ⅰ）』(6.)を参照した。沈括（宋代）の公式は，その著『夢溪筆談』(7.)のなかに与えられた。上記の文献5.および今井湊氏『弧矢術考原』(8.)を参照した。

さて問題となるのは，中国の天文家は近似的な「沈括の公式」を用いたのみならず，さらに円周率として昔の『九章算術』にある「古率3」という粗雑な値を採用したことである。関の『授時発明』は「授時暦」の数理の理解のために，関自身が行なった検算であるから，当然この近似公式と古率3を採用している。
#57

従来の評価は，平山清次氏によると，

「……この計算はまた妙なものであって弧背術なる一種の便法を用いた。実は角度を知って正弦余弦を求めることになるが，その正攻法を知らぬため妙な式を用いた。」(2., p.80-81)（下線は筆者による）

銭氏によると

「π＝3によって計算するのは『授時暦』の一つの欠点であり，その精密度に影響を与える。」(5., p.211 脚注)「郭守敬たちの授時暦は新しい方法を導入したのではあるが，〔沈括の〕会円術の弧矢の公式の誤差がひじょうに大きいため，かつπ＝3を用いたため，推算された周天の直径は正確さが不足し，これから出てきた結果もまた不正確なものとなった。」(5., p.214)（翻訳と下線は筆者による）

というように，かなり否定的なものであった。

他方，藪内氏によると

「授時暦における黄赤道の変換には，〔沈括の〕式を使用するが，これは近似的なものである。しかもその途中にかなり複雑な計算を行っていて，数値

の切上げや切捨てが行われている。したがって最終的な結果にいくぶんの誤差が生ずることは当然であるが，しかし実際にはかなりよい結果を得ている。」(3., p. 305-306)（下線は筆者による）
と肯定的な評価を与えておられる。

　筆者は，『九章算術』から遙かに後世の元代に，なぜ古率3を採用したのか，この点に素朴な疑問を抱いた。銭氏の批判を採用して，$\pi=3.1416$ を用いれば，はたして正確さが回復できるだろうか？——この疑問から出発して「黄赤変換」「沈括の公式」「誤差の相殺」の四つの節に述べるような検算の結果，意外な結論に到達した。

　「沈括の公式を用いる限りは，$\pi=3.1416$ を採用するよりも古率3を採用するほうが良好な結果が得られる。」#58, #59

つまり，藪内氏の肯定的な結論と一致するのみならず，その理由が何かも判明した。本稿が与える注意の主眼はここにある。

　さらに関の「授時発明の検算」を実行していくつかの知見が得られたので報告する。関の研究の動機については広瀬先生のご意見に大いに啓発を受けた。故先生にこの小論を捧げたい。末節に沈括の「会円術の由来」をまとめた。

　文献6. の閲覧について東京天文台の早水国子さん，文献8. の入手について下平和夫先生のお手を煩わせた。記して感謝を申し上げたい。

§2. 黄赤変換

　簡単に天球面上の諸関係を復習する。図のように，中心をOとする天球の半径$^{(*)}$をrとおく。赤道 $\widehat{YQX}$ 上の点 Y, X と天の南極 Z をもって座標系を作る。太陽は赤道面と一定の《黄道傾斜》——それは「二至黄赤半弧背」とも「内外極差」とも呼ばれ弧長 $e^{(**)}$ で表わされる——だけ傾いた黄道 $\widehat{TPX}$ 上を移動する。中国流では冬至点Tを起点とするので，春分点Xを起点とする西洋流と異なる。いま太陽が点Tから「黄道半弧背」なる弧長 $l^{(**)}$ だけ隔った

9 関の授時発明への注意

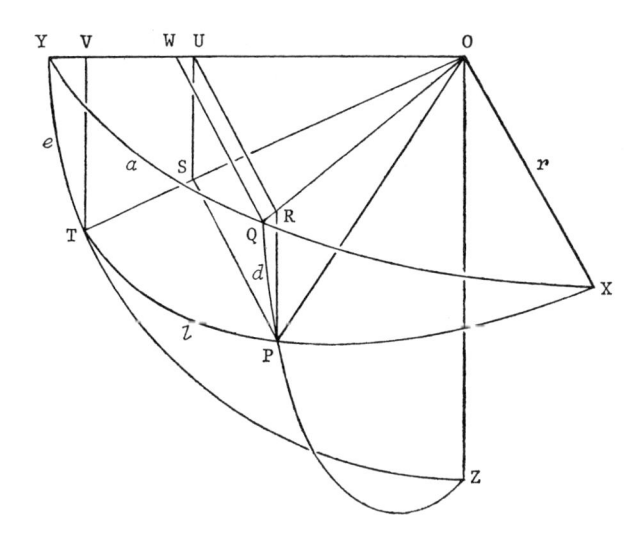

$$OX = YO = OZ = r \qquad UO = w$$
$$\widehat{YT} = e \qquad \widehat{QP} = d$$
$$VT = p_0 = r\sin(e/r) \qquad RP = p_2 = r\sin(d/r)$$
$$VO = q_0 = r\cos(e/r) \qquad RO = q_2 = r\cos(d/r)$$
$$\widehat{TP} = l \qquad \widehat{YQ} = a$$
$$SP = p_1 = r\sin(l/r) \qquad WQ = p_3 = r\sin(a/r)$$
$$SO = q_1 = r\cos(l/r) \qquad WO = q_3 = r\cos(a/r)$$

点Pにあるとき，問題の《黄赤変換》は，e（定数）と l（変数）から「黄赤内外差」つまり赤緯 d[**]と「赤道半弧背」つまり赤経の余弧 a[**]を求めることである。l は 0（冬至点T）から $\pi r/2$（春分点X）まで変化させる。その他の場合は，象限の違いにすぎないから，容易に類推できる。

注[*]　d は別の意味で用いるので，本稿では直径のための特別な記号を用いず，$2r$ で表わす。

注[**]　天文学では，弧長 e に対応する角度を ε，弧長 d に対応する角度を δ で表わすのがふつうである。また，弧長 $\widehat{PX}$ と弧長 $\widehat{QX}$ に対応する角度をそれぞれ λ と α で表わす。上記の l と a とは，いわば λ と α の余弧である。これらの記号の使い方は，広瀬氏（6.）から示唆を受けた。

図中の各長さの間に成立する関係を列挙しよう。まず各 p, q について[*]

① $\qquad p^2+q^2=r^2$

が成立する。《黄赤変換》の問題を解く鍵は，図中で

「□URPS は矩形である」

という関係である。これから

② $\qquad$ UR=SP=p_1, US=RP=p_2

が出る。さらに，二種類の直角三角形の相似関係が使える。すなわち

「△TVO∽△SUO」

から

③ $\qquad \dfrac{p_2}{p_0}=\dfrac{w}{q_0}=\dfrac{q_1}{r}$

および

「△QWO∽△RUO」

から

④ $\qquad \dfrac{p_1}{p_3}=\dfrac{w}{q_3}=\dfrac{q_2}{r}$

が導かれる。

注[*] p は「半弦」つまり正弦，q は「股」つまり余弦に相当する。さらに v は「矢」つまり半径から股を引いた値である。p, q, v は銭氏 (5.) にならった。

銭氏 (5., p. 210-214) にしたがって，「授時暦」の計算順序を要約すると次の通り。

Ⅰ. e から p_0, q_0 が求まる。

Ⅱ. l から p_1, q_1 が求まる。

Ⅲ. d を求めるには，p_2, q_2 が必要である。（三角法を用いれば p_2 だけで用が足りる。しかし，「授時暦」流では p_2, q_2 の両方を用いるので，このようにしておく。）

式③から

9 関の授時発明への注意

⑤ $\quad p_2 = \dfrac{p_0 q_1}{r}$

⑥ $\quad w = \dfrac{q_0 q_1}{r}$

が出る。直角三角形 RUO に《勾股弦の術》(ピタゴラスの定理)を適用して,

⑦ $\quad q_2 = \sqrt{w^2 + p_1^2}$

が求まる。

Ⅳ. a を求めるには, p_3, q_3 が必要である。(上記と同様)

式④から

⑧ $\quad p_3 = \dfrac{p_1 r}{q_2}$

⑨ $\quad q_3 = \dfrac{wr}{q_2}$

が出る。

ところで,「授時暦」の, したがって関の『授時発明』の計算は, a を先に d を後に求める。そこで

$$\text{Ⅱ, Ⅰ, ⑥, ⑦, Ⅳ, Ⅲ}$$

という順序を踏む。

さて, 筆者は, 後述の検算においては, 補助の長さ w を経由せずに,

Ⅲ. において, ⑤のほかに, 式①から

⑩ $\quad q_2 = \sqrt{r^2 - p_2^2}$

Ⅳ. において, ⑧のほかに, 式①から

⑪ $\quad q_3 = \sqrt{r^2 - p_3^2}$

を直接に求める。また添字1の組から, q_2 を経由せずに, 直接添字3の組を求めることも有効である。式④と式⑥から w を消去すれば,

⑫ $\quad \dfrac{p_3}{q_3} = \dfrac{r}{q_0} \cdot \dfrac{p_1}{q_1}$

295

が得られる。r と q_0 は定数であるから，これは添字3の正接と添字1の正接が比例することを示す。

同様に式⑤を

⑤ $\quad p_2 = \dfrac{p_0}{r} \cdot q_1$

と書けば，p_0 と r は定数だから，p_2 が q_1 と比例することを示す。
問題の《黄赤変換》においては，この二つの比例関係が基本である。

さて，半径 $r=1$ の場合には，上記の e, l, d, a は球面上の弧長（ラヂアン単位）である。一般の場合，半径 r （および長さ p, q）の単位系と，弧長の単位系は《別々》であってもかまわない。

直角（四分円）に応ずる弧長は，$\pi/2 = 1.5708$ （ラヂアン）であるが，別の単位系でそれが m であるとすれば，この単位系で測った弧長 x に一定の比

⑬ $\quad k = \dfrac{\pi}{2m}$

を掛けてラヂアン単位に直すことができる。具体的な例をあげよう。

m	90度	91.3125中国度(*)	1.5(**)
k	.01745	.01720	1.0472

注(*) 後述（§5）。 (**) 筆者の数値例。

これを用いれば，弧 x から弦 y へ行くときは

⑭ $\quad y = r \sin kx$,

弦 y から弧 x へ戻るときは

⑮ $\quad x = \dfrac{1}{k} \arcsin \dfrac{y}{r}$

を用いればよい。

式⑭と⑮を用いれば，式⑤は

$$p_2 = r \sin kd = r \sin ke \cdot \cos kl = p_0 q_1 / r$$

であるから，d は

⑯ $$d = \frac{1}{k}\arcsin\frac{p_2}{r} = \frac{1}{k}\arcsin(\sin ke \cdot \cos kl)$$

となる。つまり，e と l から d を求めるとき r は無関係になる。式⑧や式⑫についても同様。これは，重要な事実であるから，注意を与えておく。

§3. 沈括の公式

「授時暦」の計算では，三角関数の代りに近似公式を用いる。これは北宋の人沈括（1031～1095）がその著『夢溪筆談』（7., 中，p. 168-169）のなかで，「会円術」と称して与えた公式である。会円術の由来は §7 で述べる。

梅原郁氏の訳注（同，p. 172-173）および銭氏の解説（5., p. 209-210）を参照して，洋算流の記号に直して再録すれば次の通り。半径 r の円の弧長 x を，半弦 p と矢 v で表わそうとする。ここで矢 v は，半径 r から股 q を引いたもの：

⑰ $v = r - q$

である。まず「勾股弦の術」（ピタゴラスの定理）により

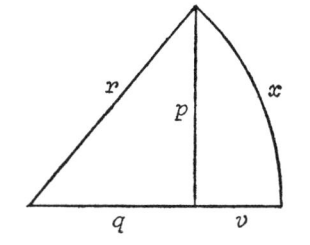

⑱ $p = \sqrt{r^2 - (r-v)^2} = \sqrt{2rv - v^2}$

が成立する。これは《正確な式》である。次に弧長 x は p と v で

⑲ $$x = p + \frac{v^2}{2r}$$

のように表わせるという。これが問題の「会円術」つまり沈括の公式であり，《近似式》にすぎない。円周率を古率 3 とおいたとき，x が半円と四分円（直角）の弧長なる二つの場合にのみ，式⑲が成立する（§7）。

式⑱と⑲から p を消去すれば，四次方程式

⑳ $v^4 + (4r^2 - 4rx)v^2 - 8r^3 v + 4r^2 x^2 = 0$

が得られる。今井氏 (8., p.4) は，この四次方程式への変形は，「授時暦」の天文家の発明であろう，と述べておられる。方程式⑳を x について解けば，上記のように

⑲′ $\qquad x = \sqrt{2rv-v^2} + \dfrac{v^2}{2r}$

となる。しかし，逆に v について代数的に解くことは困難である。「授時暦」の天文家は，関の『開方算式』(1., 本文 p. 257-268) の算法，すなわち「数字方程式のいわゆるホーナー法とニュートン法」によって数値的に解いた。筆者は旧稿 (9., 論叢328号, p.132-139) でこの算法を詳述した。

筆者は，計算の簡素化のため，式⑳を $16r^4$ で割り，

$$\left(\frac{v}{2r}\right)^4 + \left[1-2\left(\frac{x}{2r}\right)\right]\left(\frac{v}{2r}\right)^2 - \left(\frac{v}{2r}\right) + \left(\frac{x}{2r}\right)^2 = 0$$

とし，さらに

㉑ $\qquad v/2r = u, \quad x/2r = t$

と置換して

㉒ $\qquad u^4 + (1-2t)u^2 - u + t^2 = 0$

まで変形した。式㉒を数値的に解くには，まず仮りの根を $u=t^2$ とおくと，第一の近似根 u' は

㉓ $\qquad u' = u - \dfrac{\{(1-2t+u^2)u-1\}u+t^2}{2(1-2t+2u^2)u-1}$

として求まる。式㉓を繰り返して適用すれば，第二，第三，…の近似根 u'', u''', … が求まり，それらは一定の数値に収束する。そこで，引き続く近似根の差が一定の限界内に納まったとき，それを改めて方程式㉒の根 u とおけばよい。式⑲, ⑰, ㉑によって

㉔ $\qquad \begin{cases} p = x - 2ru^2 \\ q = r - 2ru \end{cases}$

が成立するから，根 u から直ちに p, q が求まる。

なお，会円術の公式は，x が半径 r の 3/2 倍に当たる弧長なるとき：$\underline{x = 3r/2}$ が限界であって，それより大きな x の場合に方程式⑳を解いても無意味である。一言注意を与える。

筆者は沈括の公式（厳密にいえば，式⑲は p から x を求める公式であるから，弧長 x から半弦 p を求めるのは公式の逆用といわねばならない）の有効性につ

9 関の授時発明への注意

いて，数値的な試みを行なった．その**目的**は，
　「前節末に述べた三角関数
　　㉕　　　$p = r\sin kx, \quad q = r\cos kx$
を，近似公式⑲で求めた p', q' がどこまで代用しうるか？」
である．(以下，p', q' は近似式⑲による値とする．)

まず変数 x については，ラヂアン単位よりも扱いやすくするため，また沈括の公式に適合させるため，0 から 1.5 にわたらせる．半径 1 なる四分円(直角)の弧長は $\pi/2 = 1.5708$ であるから，x に $k = \pi/3 = 1.0472$ を掛ければ，kx は 0 から $\pi/2$ までにわたることになる．

円周率については，いろいろに変化させて試みたのであるが，後述の結論の印象を鮮明にするため，本稿では次の三つの場合を比較することにした：

　　イ．$\pi = 3.1416$　　ロ．$\pi' = \dfrac{\pi+3}{2} = 3.0708$　　ハ．3

これに応じて四分円(直角)の弧長 1.5 に対する半径 r は

　　イ．$3/\pi = .9549$　　ロ．$3/\pi' = .9769$　　ハ．1

となる．(π や r などの値は，計算のためには有効数字10桁を用い，表示のとき丸めて小数4桁目までとした．)

イとロの場合の結果を次表に示す．紙面の節約のため，x は .25 刻み(ふつうの度では 15 度刻み)とした．略した中間の x にたいする p', q' の値は，後述のように知ることができる．x の最下段の値 1.43 および 1.47 は，前頁で注意を与えた x の限界 $= 1.5r$ の値，詳しくは，1.4324 および 1.4654 である．p', q' の欄は式㉒を数値的に解いて，u を式㉔に入れて求めた．p, q の欄は式㉕で定義された三角関数の値，$\varDelta$ の欄は誤差 $p'-p, q'-q$ をそれぞれ表わしている．

略した p', q' の値は，まず誤差曲線から全体の傾向を把むことができる．さらに誤差は，イの場合，およそ

数表(イの場合)

x	p'	p	Δ	q'	q	Δ
0.00	0.0000	0.0000	(0.0000)	.9549	.9549	(0.0000)
.25	.2494	.2472	(.0023)	.9218	.9224	(-.0006)
.50	.4904	.4775	(.0129)	.8194	.8270	(-.0076)
.75	.7009	.6752	(.0256)	.6486	.6752	(-.0266)
1.00	.8541	.8270	(.0271)	.4271	.4775	(-.0504)
1.25	.9374	.9224	(.0150)	.1822	.2472	(-.0649)
1.43	.9549	.9525	(.0024)	0.0000	.0675	(-.0675)

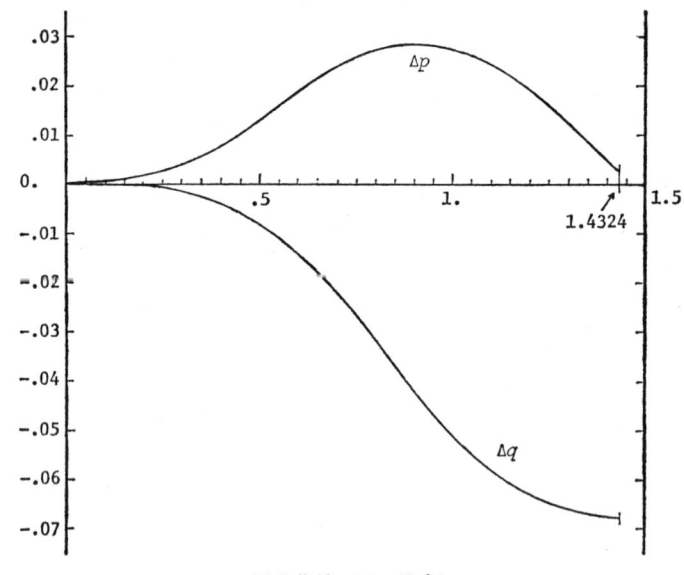

誤差曲線(イの場合)

㉖ $\quad \Delta p \fallingdotseq \dfrac{1}{20}x^2 \sin 2kx, \quad \Delta q \fallingdotseq \dfrac{1}{20}x^2(\cos 2kx-1)$

である。Δp は正で,$x=.9$ の近くで最大誤差 .0284 に達し,全般に p' は当てはまりが悪い。Δq は負で,x が大きくなるにつれ誤差の絶対値は増し,$x=1.4324$ で絶対値最大の誤差 $-.0675$ に達し,q' の当てはまりはさらに悪い。

9　関の授時発明への注意

数表（ロの場合）

x	p'	p	Δ	q'	q	Δ
0.00	0.0000	0.0000	(0.0000)	.9769	.9769	(0.0000)
.25	.2495	.2529	(-.0034)	.9446	.9437	(.0009)
.50	.4910	.4885	(.0026)	.8446	.8461	(-.0015)
.75	.7040	.6908	(.0132)	.6773	.6908	(-.0135)
1.00	.8626	.8461	(.0165)	.4587	.4885	(-.0298)
1.25	.9530	.9437	(.0093)	.2151	.2529	(-.0377)
1.47	.9769	.9763	(.0006)	0.0000	.0354	(-.0354)

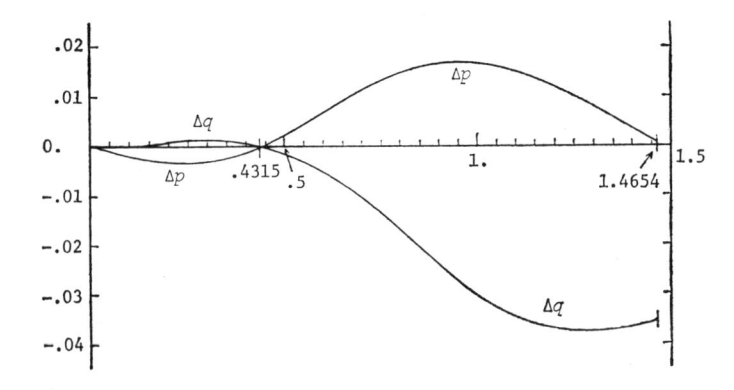

誤差曲線（ロの場合）

また Δp と Δq の誤差曲線が対称性をもたないことは，後述のように球面三角の解に致命的な影響を与える。

筆者は《数値的》に誤差関数を求めてみた。それは式㉖の係数 1/20 を精密化したものである。x の全域にわたる誤差関数は得にくく，区分的なものになった。

㉗ $\begin{cases} 0<x\leqq1 \text{ で } g=.087-.055x \\ 1<x<1.4324 \text{ で } g=.0214+(1.25-x)(.038+.02(1.25-x)) \\ \text{とおくとき } \Delta p \fallingdotseq gx^2 \sinh x, \ h=2.1396 \end{cases}$

㉘ $\begin{cases} 0<x\leqq1.05 \text{ で } g=.0833-.0505x \\ 1.05<x<1.4324 \text{ で } g=.02197+(1.25-x)(.0355+.03(1.25-x)) \\ \text{とおくとき } \Delta q \fallingdotseq gx^2(\cosh x-1), \ h=2.1396 \end{cases}$

これを式㉕の p, q に加えると，p', q' との差は，小数4桁目までで丸めて末位に ±2

単位の誤差をもつ程度となった。実用的には式㉗,㉘で $\varDelta p, \varDelta q$ を求めて $p+\varDelta p, q+\varDelta q$ を作れば, これが p', q' の代用になるとも言える。しかし今日のように計算機が発達した世では, 式㉓による近似根の収束が早いから, 式㉓を繰り返し用いて u を求め, 式㉔によって p', q' に至る道のほうが簡単かもしれない。

すでに「授時暦」の時代の天文家は, 一般に飛び飛びの変数 x の値に対応する関数値 y を求め, 中間の x に対応する y の値は「招差術」と称する《補間法》によって求めていた (銭氏, 5., p. 189-197)。いつの世にも, 実際家は適切な方法の選択によって計算労力の軽減を計っていたものと思われる。[#60]

誤差は口の場合, およそ

㉙ $\begin{cases} \varDelta p \fallingdotseq \dfrac{1}{50}x\ \mathrm{sinc}(x-b), \quad \varDelta q \fallingdotseq -\dfrac{1}{60}\tan(hx)\cdot\mathrm{sinc}(x-b) \\ b=.4315, \quad c=2.9831, \quad h=1.0581 \end{cases}$

である。$\varDelta p$ と $\varDelta q$ は, 中間の $b=.4315$ において 0 となり, 誤差曲線は b で交叉する。その左側で $\varDelta p<0<\varDelta q$ であり, ここではいずれも誤差の絶対値は小さい。b の右側では, 誤差曲線はイの場合と似たような傾向を示す。すなわち, $\varDelta p$ は $x=.95$ の近くで最大誤差 .0168 をもつ。$\varDelta q$ は負の方向に増して, $x=1.3$ の近くで絶対値最大の誤差 -.0378 をもち, $x=1.4654$ で -.0354 となる。口の場合は, イの場合よりは《まし》ではあるが, 全般的に p' や q' の当てはまりは悪い。ここでも, 誤差曲線が非対称なことを指摘しておく。

《数値的》に誤差関数を求めてみた。

㉚ $\begin{cases} 0<x\leqq.35\ \text{で}\ \ g=.02625 \\ .35<x<1.4654\ \text{で}\ \ g=.0166+.02(1-x) \\ \text{とおくとき}\ \ \varDelta p \fallingdotseq gx\ \mathrm{sinc}(x-b) \end{cases}$

㉛ $\begin{cases} 0<x\leqq.7\ \text{で}\ \ g=.015+.02(x-.65) \\ .7<x\leqq 1.15\ \text{で}\ \ g=.01705-.02(x-.9)^2 \\ 1.15<x<1.4654\ \text{で}\ \ g=.0143+.011(1.3-x) \\ \text{とおくとき}\ \ \varDelta q \fallingdotseq -g\ \tan(hx)\cdot\mathrm{sinc}(x-b) \\ b, c, h\ \text{は式}㉙\text{と同じ} \end{cases}$

ここでも区分的なものしか得られなかった。こんども式㉕の p, q に加えると, p' と q' との差は, 小数 4 桁目までで丸めて末位に ±2 単位の誤差をもつ程度となった。

§4. 沈括の公式（続）

古率3を採用した<u>ハの場合</u>は，イやロの場合と全く様相が異なり，《きれいな》結果が得られた。こんどは半径 $r=1$ であるから，比較の三角関数は

㉕′　　　$p=\sin kx, \quad q=\cos kx$

と簡単である。k はこれまでと同様に $=\pi/3$。沈括の公式は，同じく簡単に

㉜　　　$x = p' + \dfrac{1}{2}(1-\sqrt{1-p'^2})^2 - \sqrt{1-q'^2} + \dfrac{1}{2}(1-q')^2$

と書ける。ここで $p'=0$ なら $q'=1$, $x=0$ は明らか。また $p'=1$ なら $q'=0$, $x=1.5$ も明らか。
そこで

㉝　　　$\begin{cases} x=0 \text{ のとき} & p'=0=p, \quad q'=1=q \\ x=1.5 \text{ のとき} & p'=1=p, \quad q'=0=q \end{cases}$

となる。

さらに $p'=q'=\sqrt{2}/2 = .7071$ を式㉜に入れれば，容易に $x=.75$ が確かめられる。$x=.75$ を式㉕′に入れても $p=\sqrt{2}/2=q$ となる。そこで重要な結果

㉞　　　$x=.75$ のとき $\quad p'=p=\sqrt{2}/2=q=q'$

が得られた。また式㉜を変形すれば

$$\frac{3}{2}-x = \frac{1}{2}-p'+\frac{p'^2}{2}+\sqrt{1-p'^2} = \frac{1}{2}(1-p')^2+\sqrt{1-p'^2}$$

これは式㉜の右辺の q' に p' を代入した形になっている。そこでさらに重要な関係式 $[p'(\ ), q'(\ )$ を x の関数として書くとき$]$

㉟　　　$p'\left(\dfrac{3}{2}-x\right)=q'(x), \quad q'\left(\dfrac{3}{2}-x\right)=p'(x)$

が得られた。これは，三角関数における周知の関係式

$$\sin\left(\frac{\pi}{2}-x\right)=\cos x, \quad \cos\left(\frac{\pi}{2}-x\right)=\sin x$$

に相当する。このように，ハの場合の p', q' は《対称性》に恵まれた優良な近似関数なることが分かる。

　ハの場合の数表を次に示す。この表の作り方は，三角関数表における周知の簡略形式を真似て，p' と p は左側の x に対応させて《上から下に》読み，q' と q は右側の x に対応させて《下から上に》読む。誤差 Δ の欄は $p'-p$ とも $q'-q$ とも，いずれにも読めることとした。

　Δp についての誤差曲線は，上記により，$x=0$, .75, 1.5 の三点で $\Delta p=0$ となる。その左半では $x=.35$ の近くで絶対値最大の誤差 $-.0101$ をとり $\Delta p<0$ である。右半では $x=1$ の近くで最大誤差 $.0048$ をとり $\Delta p>0$ である。Δq の誤差曲線は，上記の関係㉟により，$x=.75$ を軸として Δp の《鏡影》になっている。イやロの場合に比べて，ハの場合の誤差の絶対値は全般に小さい。誤差曲線の形は，ロの場合の Δp と Δq の交点がさらに右方にずれて $x=.75$ に移り，曲線の右端が $x=1.5$ の点で再び一致した形に移行したといえる。

　誤差関数を《数値的》に求めてみると，こんどはかなり簡単なものが得られた。[#61]

㊱ $\qquad \Delta p \fallingdotseq -\dfrac{1}{90}\sin 4kx \cdot \cos kx, \quad \Delta q \fallingdotseq \dfrac{1}{90}\sin 4kx \cdot \sin kx$

これは，小数 4 桁目までで丸めたとき，末位で 1 単位以内の誤差しかもたない。式㉕′の p, q にこれらの $\Delta p, \Delta q$ を加えたものは，実用的に十分 p', q' の代用になる。

　以上の数値的な検討から得られた結論は，

　「沈括の公式⑲を（逆向きに）用いる場合，円周率は精密な $\pi=3.1416$ を採用するよりも，粗雑ながら古率 3 を採用したほうが，三角関数

㉕ $\qquad p=r\sin kx, \quad q=r\cos kx, \quad k=\pi/3$

　をよりよく近似する。」

である。[#62]

9 関の授時発明への注意

数表（ハの場合）

$x\downarrow$	$p'\downarrow$	$p\downarrow$	$\varDelta$	
0.00	0.0000	0.0000	(0.0000)	1.50
.05	.0500	.0523	(−.0023)	1.45
.10	.1000	.1045	(−.0045)	1.40
.15	.1499	.1564	(−.0065)	1.35
.20	.1998	.2079	(−.0081)	1.30
.25	.2495	.2588	(−.0093)	1.25
.30	.2990	.3090	(−.0101)	1.20
.35	.3480	.3584	(−.0103)	1.15
.40	.3966	.4067	(−.0101)	1.10
.45	.4446	.4540	(−.0094)	1.05
.50	.4917	.5000	(−.0083)	1.00
.55	.5377	.5446	(−.0069)	.95
.60	.5825	.5878	(−.0053)	.90
.65	.6258	.6293	(−.0035)	.85
.70	.6674	.6691	(−.0017)	.80
.75	.7071	.7071	(0.0000)	.75
.80	.7447	.7431	(.0015)	.70
.85	.7800	.7771	(.0028)	.65
.90	.8128	.8090	(.0038)	.60
.95	.8431	.8387	(.0045)	.55
1.00	.8708	.8660	(.0048)	.50
1.05	.8957	.8910	(.0047)	.45
1.10	.9180	.9135	(.0044)	.40
1.15	.9375	.9336	(.0039)	.35
1.20	.9543	.9511	(.0032)	.30
1.25	.9684	.9659	(.0024)	.25
1.30	.9798	.9781	(.0017)	.20
1.35	.9887	.9877	(.0010)	.15
1.40	.9950	.9945	(.0005)	.10
1.45	.9987	.9986	(.0001)	.05
1.50	1.0000	1.0000	(0.0000)	0.00
	$q'\uparrow$	$q\uparrow$	$\varDelta$	$x\uparrow$

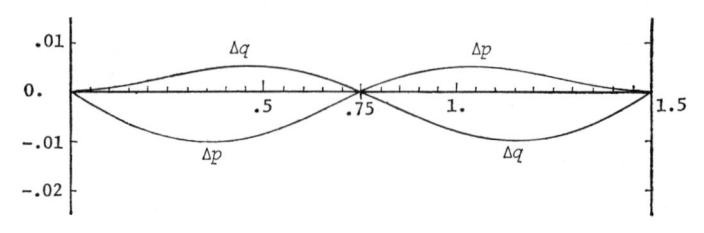

誤差曲線（ハの場合）

　筆者は旧稿(10., p.196)で，関の「零約術」との関連で，中国古代の円周率の値を概観した。劉徽（三世紀）は 157/50＝3.14 を，祖沖之（五世紀）は約率 22/7＝3.1428…，密率 355/113＝3.14159292… を求めた（下線部分は不一致）。それより遙かに時代の下った元代（十三世紀）の天文家が，沈括の公式を用いるとき《なぜ》古率 3 という粗雑な円周率を用いたのか？——筆者には，この時代に逆行する古率 3 の採用が不審であった。しかし，上の結論によってこの疑問は氷解した。

　つまり「授時暦」の編者らは，恐らく精密な円周率の値を知らなかったのではあるまい。ただ沈括の公式を三角関数の代用として用いるとき，《経験的》に古率 3 を採用するとうまく行くことを知っていたからだ！

　これまで「三角関数の代用」という言葉を不用意に用いてきた。これは，二世紀にすでに「弦の表」を作成したプトレマイオス以来の，西欧・西域の数学の流れを中心に考える立場からである。藪内氏によると

　　「…授時暦は…従来の中国暦法を基礎として作りあげられたもので，在来の伝統から遠く逸脱したものでなかった。……授時暦にはイスラム天文学が大量にとり入れられているという説が，漠然と考えられている。しかし，この点は全くの誤解であって，観測に使われた一部の器械はイスラムのそれに基づいて作られたが，授時暦そのものには西方の影響は全く認められない。」
　　(3., p.145)「なお球面三角法は明末に来朝した耶蘇会士の手で輸入され，清初の数学者梅文鼎らによってその研究が行われた……」（同 p.306)

9 関の授時発明への注意

とある。銭氏にも

「古代ギリシャでは，かなり早い頃から球面三角法を使って天文学関係の計算問題を解決した。その後，インドやアラビアの数学者も球面三角法に大きな貢献をした。隋唐以後に，インドの天文学と数学が伝来した。『開元占経』(718年) が収載した『九執暦』は，とくにインドの正弦表を紹介している。にもかかわらず中国の数学者の注意を引かなかった。」(5., p. 209)

とある。つまり「授時暦」の計算家は，《代用》などの意識はさらさらなく，沈括の公式が頼れる唯一の算法であったのだ。これを用いるさいに，できるだけ誤差を少なくするような円周率を採用するのは，実際家として当然のことであったろう。

§5. 誤差の相殺

前節の結論 (p.304) から容易に

「球面の直角三角形を解くとき，沈括の公式を用いる限り，円周率は古率3を採用したほうが，より d や a に近い値が得られるであろう。」

ことが**予想**される。筆者はこの予想を数値的に確かめてみた。

本稿で比較する円周率は前節と同じく

  イ．$\pi = 3.1416$ ロ．$\pi' = \dfrac{\pi+3}{2} = 3.0708$ ハ．3

の三つとし，これに対応して半径も

  イ．$r = 3/\pi = .9549$ ロ．$r' = 3/\pi' = .9769$ ハ．1

の三つとした。(π や r などは，計算のためには有効数字10桁を確保し，表示のとき小数4桁までで丸めた。)

公式は沈括の公式⑲のほか，§2の

⑤ $p_2 = p_0 q_1 / r$

⑩ $q_2 = \sqrt{r^2 - p_2^2}$

⑧　　　$p_3 = p_1 r / q_2$

⑪　　　$q_3 = \sqrt{r^2 - p_3^2}$

の四つを用い，これから公式⑲で弧長に戻して d' と a' を求めた．他方で三角関数を用いて正しい d と a を求めて，結果を比較した．

　ここで一言すれば，『授時発明』で関が用いた黄道傾斜 e は．3926 （次節でこの数値の意味を述べる）であったが，本節ではおよその傾向を確かめればよいと考えて $e = .4$ を採用した．（.3926 と．4 との差は，結論に変更を与えるほど大きくはない．）l は前節と同様に 0 から 1.5 までにわたらせた．しかし，$r \not\doteq 1$ の場合，l は $1.5r$ が限界であることは p.298 で注意を与えた．次の表の下方の（－）は，l が限界を超えたので，空欄としたことを示す．

　二つの表に，計算結果を示す．d および a の欄は正しい値である．紙面の節約のため，「授時暦」流の計算結果の d' や a' は省略し，各 $\varDelta$ の欄に誤差 $\varDelta d = d' - d$, $\varDelta a = a' - a$ を示した．（d' や a' は $d + \varDelta d$, $a + \varDelta a$ として再現できる．）誤差曲線は省略した．

　まず赤経の余弧に相当する a' については，イ，ロ，ハの三つの場合とも，誤差の絶対値は全般的に小さいことが分かる．イの場合は $l = 1.4$ の近くで絶対値最大の誤差 $-.0057$ に，ロの場合は $l = .85$ の近くで $-.0032$ に，ハの場合は $l = .7$ の近くで $-.0040$ に達する．つまり，円周率の違いによる結果の差は目立つほどではない．

　決定的な違いは，赤緯に相当する d' について生ずる．ハの場合は，$l = .96$ の近くを境として左側で $\varDelta d$ は正，右側で負であり，誤差の絶対値の最大は $l = .55$ の近くで $.0037$, $l = 1.25$ の近くで $-.0017$ であって，全般的に誤差は小さいことが分かる．

　ところが，イとロの場合は，それぞれ $l = .32$, $l = .59$ を境としてその左側で $\varDelta d$ は正で，最大誤差も $.0002$, $.0012$ と小さいのであるが，境の右側で $\varDelta d$ は負で，l が増すにつれて誤差の絶対値は増し続ける．ロの場合は右端で

9　関の授時発明への注意

赤緯の計算

l	イ.$\varDelta$	ロ.$\varDelta$	ハ.$\varDelta$	d
0.00	(0.0000)	(0.0000)	(0.0000)	.4000
.05	(0.0000)	(0.0000)	(.0001)	.3994
.10	(.0001)	(.0002)	(.0003)	.3977
.15	(.0001)	(.0004)	(.0006)	.3948
.20	(.0002)	(.0006)	(.0010)	.3907
.25	(.0002)	(.0008)	(.0015)	.3856
.30	(.0001)	(.0010)	(.0020)	.3793
.35	(−.0001)	(.0012)	(.0025)	.3719
.40	(−.0005)	(.0012)	(.0029)	.3635
.45	(−.0010)	(.0011)	(.0033)	.3541
.50	(−.0018)	(.0009)	(.0035)	.3437
.55	(−.0028)	(.0005)	(.0037)	.3324
.60	(−.0040)	(−.0001)	(.0036)	.3202
.65	(−.0054)	(−.0009)	(.0035)	.3071
.70	(−.0070)	(−.0019)	(.0031)	.2932
.75	(−.0087)	(−.0030)	(.0027)	.2786
.80	(−.0106)	(−.0042)	(.0021)	.2632
.85	(−.0126)	(−.0055)	(.0015)	.2472
.90	(−.0145)	(−.0068)	(.0009)	.2305
.95	(−.0164)	(−.0081)	(.0002)	.2133
1.00	(−.0183)	(−.0093)	(−.0004)	.1956
1.05	(−.0200)	(−.0104)	(−.0009)	.1773
1.10	(−.0215)	(−.0114)	(−.0013)	.1587
1.15	(−.0229)	(−.0122)	(−.0016)	.1397
1.20	(−.0241)	(−.0129)	(−.0017)	.1203
1.25	(−.0251)	(−.0134)	(−.0017)	.1007
1.30	(−.0259)	(−.0138)	(−.0016)	.0809
1.35	(−.0266)	(−.0140)	(−.0013)	.0608
1.40	(−.0272)	(−.0141)	(−.0010)	.0406
1.45	(－)	(−.0141)	(−.0005)	.0203
1.50	(－)	(－)	(0.0000)	0.0000

赤経の余弧の計算

l	イ.Δ	ロ.Δ	ハ.Δ	a
0.00	(0.0000)	(0.0000)	(0.0000)	0.0000
.05	(.0002)	(-.0000)	(-.0003)	.0547
.10	(.0004)	(-.0001)	(-.0005)	.1094
.15	(.0005)	(-.0002)	(-.0008)	.1639
.20	(.0006)	(-.0003)	(-.0012)	.2183
.25	(.0006)	(-.0005)	(-.0015)	.2724
.30	(.0005)	(-.0007)	(-.0019)	.3263
.35	(.0003)	(-.0010)	(-.0023)	.3799
.40	(.0001)	(-.0013)	(-.0026)	.4330
.45	(-.0002)	(-.0016)	(-.0030)	.4858
.50	(-.0005)	(-.0019)	(-.0033)	.5382
.55	(-.0009)	(-.0022)	(-.0036)	.5901
.60	(-.0012)	(-.0025)	(-.0038)	.6416
.65	(-.0016)	(-.0028)	(-.0040)	.6926
.70	(-.0019)	(-.0029)	(-.0040)	.7431
.75	(-.0022)	(-.0031)	(-.0040)	.7931
.80	(-.0025)	(-.0032)	(-.0039)	.8427
.85	(-.0027)	(-.0032)	(-.0038)	.8918
.90	(-.0030)	(-.0032)	(-.0036)	.9404
.95	(-.0032)	(-.0032)	(-.0033)	.9887
1.00	(-.0034)	(-.0031)	(-.0030)	1.0365
1.05	(-.0037)	(-.0031)	(-.0026)	1.0840
1.10	(-.0039)	(-.0030)	(-.0023)	1.1311
1.15	(-.0042)	(-.0030)	(-.0019)	1.1779
1.20	(-.0045)	(-.0030)	(-.0016)	1.2245
1.25	(-.0048)	(-.0030)	(-.0013)	1.2708
1.30	(-.0051)	(-.0030)	(-.0010)	1.3169
1.35	(-.0054)	(-.0030)	(-.0007)	1.3628
1.40	(-.0057)	(-.0030)	(-.0005)	1.4086
1.45	(—)	(-.0030)	(-.0002)	1.4543
1.50	(—)	(—)	(0.0000)	1.5000

$-.0141$ に，イの場合は右端でじつに $-.0272$ に達する。つまり，ロやイの場合は，とくに l の大きな値にたいする a' の値は，正しい a の値からの懸隔がはなはだしい。

以上により，この節の冒頭に述べた予想が，数値的に確かめられたわけである。**結論**としてまとめておこう。

「沈括の公式およびその逆を用いて球面の直角三角形を解く限り，換言すれば『授時暦』流の計算方法に依る限り，円周率は $\pi=3.1416$ を採用するよりも古率3を採用するほうが良好な結果を得ることができる。」

前節で見たように，沈括流の正弦や余弦は，ハよりもロ，ロよりもイの場合に大きな誤差を伴う。これが球面三角の解法にも当然影響を及ぼすのであるが，赤経の余弧 a の計算のさいには，うまく《誤差の相殺》が生じ，イ，ロ，ハともさほど大きな影響は生じない。ところが，赤緯 d の計算のさいには，ハの場合にのみ《誤差の相殺》が生じ，ロやイの場合にはとくに後者において《誤差の拮抗》が生じて，結果に大きく反映してしまうのである。

以下，《誤差の相殺》の様相を，一つの具体的な数値例によって示すこととしたい。

$l=1$ に対応する d' の値を求める過程を，イの場合とハの場合を対比させて検討しよう。イの場合，$r=.9549$ と $e=.4$ から求めた $p_0'=p_0+\Delta p_0=.3884+.0077=.3961$ は定数である。したがって式⑤の比例係数 $p_0'/r=.4148$ も定数である。ハの場合，$r=1$ であるから p_0' それ自身が比例定数であり，p.305の数表により $p_0'=.4067-.0101=.3966$ である。両者とも比例定数はほぼ $.4$ に近い。

つぎに $l=1$ から q_1' を求めなければならないが，イの場合，p.300の数表から，$q_1'=.4775-.0504=.4271$，ハの場合 p.305の数表から $q_1'=.5-.0083=.4917$ が得られる。

ここで式⑤ $p_2'=(p_0'/r)q_1'$ を適用して p_2' を計算すると

(イ)　　$p_2'=.4148\times.4271=.1772\ [=.1942-.0170]$
(ハ)　　$p_2'=.3966\times.4917=.1950\ [=.2034-.0084]$

が得られる。[ ] 内の $.1942$, $.2034$ は，後述のごとく正しい p_2 の値である。

l 〈(近似式)―――→q_1' ――(式⑤)―――→p_2'
　(球面三角法)―――→d ――(近似式)―――→p_2''

さて一方，p.309の表から，$l=1$ に対応する正しい d の値は $.1956$ である。これから逆に（ホーナー法または補間法によって）対応する半弦の値（上記の p_2' と区別する

ため'を追加した) p_2'' を求めると

(イ)'　　$p_2''=.1942+.0012=.1954$

(ハ)'　　$p_2''=.2034-.0080=.1954$

である。ここで，.1942 と .2034 は正しい d の値から三角関数によって求めた正しい p_2 の値である (.1942 は .2034 に $r=.9549$ を掛けてある)。

　ここで(イ)と(イ)'を比べてみよう。式⑤を経由して求めた p_2' の値は誤差 $-.0170$ を含んでいる。これは q_1' 自身が含んでいた誤差 $-.0504$ が，比例定数約 .4 を掛けたときに反映したものである。[厳密には，$p_0'/r=.4148=.4067+.0081$ と $q_1'=.4775-.0504$ とを掛け合わせるから，$(.4067+.0081)(.4775-.0504)=.1942-.0170$ と考えなければならない。しかしそれは煩わしい。] 一方で，正しい d から求めた p_2'' の値は誤差 $+.0012$ を含むので，p_2' の含む誤差 $-.0170$ とは《拮抗》する。つまり p_2' から d' に戻したとき，この《拮抗する誤差》が《もろに》反映した。これが，イの場合に生じた d' の大きな誤差の原因である。

　これに反してハの場合は，(ハ)と(ハ)'を比べてみれば，式⑤を経由して求めた p_2' の含む誤差 $-.0084$ (それは q_1' の含む誤差 $-.0083$ に由来する) と，正しい d から求めた p_2'' の含む誤差 $-.0080$ とは《ほぼ等しい》。つまり両者の誤差は《相殺》する。当然 p_2' から d' に戻したとき，この《相殺する誤差》が反映して，d' は d に極めて近いという結果を導いたのである。

　以上述べたことを，$l=1$ 以外の場合も含めて概括的にいえば次の通り。式⑤によって，p_2' は q_1' に比例する (比例定数は $p_0'/r \fallingdotseq .4$)。p.300, 301 の誤差曲線を見れば，イやロの場合，q_1' は大きな負の誤差をもつので，これに .4 を掛けて求めた p_2' も負の誤差をもつ。ところが同じ誤差曲線を見れば，イやロの場合，d に対応する p_2'' は正の誤差をもつから，正と負の誤差どうしが《拮抗》してしまう。これがイやロの場合に生じた d' が大きな誤差をもった原因である。これは前述 (p.300, 301) のように，イやロの場合，<u>誤差曲線が対称性をもたなかった</u>ことに由来する。

　ハの場合は，これに反して，p.306 の誤差曲線に見るように，誤差は絶対値において全般に小さく，しかも<u>著しい対称性をもっている</u>。すなわち q_1' の右半は誤差が負であるが，比例定数 .4 を掛けて得た p_2' は左半に属し，しかも d に対応する p_2'' も誤差は負である。それゆえ誤差どうしの《相殺》が生じたのである。

　l から a' を求めるときは，イ，ロ，ハの三つの場合とも，誤差は比較的に小さかった。その理由の説明が必要であるが，紙数を要するので，概括的に扱うに止める。§2で述べたように，式⑧によって p_3' を求めるときは，中間に q_2' が介入するので議論が煩瑣になる。その代りに比例式

⑫　　$(p_3'/q_3')=(r/q_0')\cdot(p_1'/q_1')$

を用いれば，議論が簡単になる。

この式⑫において，q_0' は e から求まるので定数であり，r/q_0' は比例定数となる。その値を求めると，

- イ．　.9549/.8689＝1.0990
- ロ．　.9769/.8929＝1.0941
- ハ．　1/.9180＝1.0894

となる。三者とも粗くいえば $r/q_0' \fallingdotseq 1.1$ である。

次に，イ，ロ，ハの各場合に，正接に相当する比 p'/q' を作り，$\tan kx$ と比較してみる。紙面の節約のためごく一部を示し，誤差曲線は省略する。各 p'/q' の欄は正接に相当する比を，p/q の欄は $\tan kx$ の値を示し，誤差 $\varDelta$ の欄は $p'/q'-p/q$ を示す。

数表（正接）

x	イ. p'/q'	$\varDelta$	ロ. p'/q'	$\varDelta$	ハ. p'/q'	$\varDelta$	p/q
0.00	0.0000	(0.0000)	0.0000	(0.0000)	0.0000	(0.0000)	0.0000
.25	.2706	(.0026)	.2641	(-.0038)	.1996	(-.0683)	.2679
.50	.5985	(.0211)	.5814	(.0040)	.4917	(-.0857)	.5774
.75	1.0806	(.0806)	1.0395	(.0395)	.9428	(-.0572)	1.0000
1.00	1.9999	(.2679)	1.8803	(.1483)	1.7416	(.0095)	1.7321
1.25	5.1438	(1.4118)	4.4299	(.6978)	3.8735	(.1414)	3.7321

誤差曲線の概要は，
- イ．誤差は正で，ほぼ単調に増大する，
- ロ．誤差は $x=.43$ を境として左側で負，右側で正であるが，全体としてほぼ単調に増大する，
- ハ．誤差は $x=.97$ を境として左側で負，右側で正であるが，全体としてほぼ単調に増大する，

となっていて，この《単調増大》が重要な鍵である。

つまり，p_3'/q_3' は p_1'/q_1' の約 1.1 倍であるから，誤差のほうもほぼ 1.1 倍されることになるが，誤差の増加分は上記の《誤差の単調増大》の傾向と《相殺》する。これがイ，ロ，ハの三つの場合とも，a' が a に近かった原因であった。

§6. 授時発明の検算

いまから，関孝和が『授時発明』（1., 本文 p.377-387）のなかで行なった計算を追うのであるが，それには一つの準備が要る。

中国流の天文学では，天球の全周を 365.25 度とおいた。これは，太陽が黄道上を一日につき1度進むという考え方に由来し，年周期の観測値の向上につれ，全天の度数は変化したという (3., p.294)。しかし，「授時暦」では上記の 365.25 度を採用している。これは西洋流の 360 度を基礎におく方式とは異なるので，ふつうの度と区別するため「中国度」と呼ぶ。さらに西洋流では，度の下の単位の分と秒は六十進法であるが，中国度の分と秒は百進法であり，上記の値を「三百六十五度二十五分」と記している。本稿では煩瑣を避けるため，中国度の場合の分と秒は用いず，もっぱら小数で表示することとした。

　さて，必要な実例をあげよう。まず四分円(直角)の弧長は上の値を4で割った91.3125中国度である。またしばしば述べたように，「授時暦」では円周率として古率3を採用しているから，半径の長さは全周を6で割った60.875中国度となる。このように中国流では，弧長と半径を同一の尺度で表わしていて，あたかもラヂアン単位が半径1の円の弧長を同一の尺度で表わすのに等しい。

　さて，関は「内外極差」すなわち《黄道傾斜》の弧長 e として，23.9中国度を用いている。そこで

$$23.9\text{中国度} = 23.9 \times \frac{360}{365.25} = 23.5565\text{度}$$

$$= 23.9 \times \frac{2\pi}{365.25} = .4111\text{ラヂアン}$$

である。また関は例題として，$l=45$ 中国度の場合を扱っている。これは

$$45\text{中国度} = 45 \times \frac{360}{365.25} = 44.3532\text{度}$$

$$= 45 \times \frac{2\pi}{365.25} = .7741\text{ラヂアン}$$

と換算される。筆者は，この関の e と l の値をそのまま用いて，彼の計算を追ってみた。関の計算に誤りがないか？　「授時暦」流の計算は，球面三角法にどこまで迫れるか？――の二点を検討するために。

9 関の授時発明への注意

　次の表の関の値の欄は，『授時発明』のなかで関が示した値，検算 i は関と同じ r, e, l の値を使って有効数字10桁で全く同じ計算順序を辿った値である。検算 ii は，検算 i の値をすべて一律に半径の 60.875 で割った値であり，これは半径を 1 とした場合の値に相当する。（p.308 で触れた .3926 は，23.9 を 60.875 で割った e の値である。）　三角法の欄は，検算 ii と同じ r, e, l の値を用い，式㉕，⑯などの球面三角法によって計算した。

　まず，関の値と検算 i を比較する。e から「開方算式」つまりホーナー法によって v_0 を求めると 4.8072 になるが，関はそれを丸めた 4.81 として用いている（あるいは，一度は 4.8072 を求めてから後で丸めたのかもしれない）。同じく l から「開方算式」で v_1 を求めると 17.3253 が得られる。関もいった

授時発明の検算

	関の値	検算 i	検算 ii	三角法
r	60.875	60.8750	1.000000	1.000000
e	23.9	23.9000	.392608	.392608
v_0	4.81	4.8072	.078969	.083333
q_0	56.065	56.0678	.921031	.916667
p_0	23.713	23.7102	.389490	.399653
l	45.	45.0000	.739220	.739220
v_1	17.33	17.3253	.284605	.284956
q_1	43.545	43.5497	.715395	.715044
p_1	42.54	42.5346	.698720	.699079
w	40.09	40.1106	.658901	.655457
p_2	16.9623	16.9622	.278639	.285769
q_2	58.453	58.4641	.960396	.958298
v_2	2.422	2.4109	.039604	.041702
d	17.0105	17.0099	.279423	.276747
p_3	44.3043	44.2886	.727533	.729501
q_3	41.75	41.7647	.686073	.683980
v_3	19.125	19.1103	.313927	.316020
a	47.3085	47.2882	.776808	.780742

んはこの値を求めておきなながら，以後の計算では丸めた 17.33 を用いている。筆者は旧稿 (11., 論叢号308, p.44-53) で，「関は《丸めの誤差》の累加を気にせず《意外に少い桁数で》丸めてしまう傾向がある」ことを詳論した。有効数字の《桁落ち》を心配するのは今日の私たちであって，彼の時代にはよほど《おおらか》であったのかもしれない。

関はこのように丸めた v_0, v_1 の値を用いて計算し，さらに各段階で適当な丸めを行ないつつ計算を進めている。そのために，途中の w や各 p, q, v の値が検算 i と一致しないのは当然ともいえる。しかし，詳細にその計算を辿ると，いくつかの疑問が生ずる。つまり，関の値を相互に比べてみて，なぜその値が出てきたのか分からない個所がある。

例えば $e=23.9$ である。始めはこの値を使っているが，後に式⑲ $e=p_0+v_0^2/2r$ を用いて p_0 を求めるときに限り $e=23.903$ として，$p_0=23.903-4.81^2 \div 121.75=23.713$ と計算している。続く式⑤ $p_2=p_0q_1/r=23.713 \times 43.545 \div 60.875=16.96234$ において，p_0 か q_1 の末位を切り捨てれば，p_2 は 16.9623 より不足した値しか求まらない。

例えばその $q_1=43.545$ である。これは $q_1=r-v_1=60.875-17.33=43.545$ として求めた値である。ところが別の個所では，末位の 5 を落として $q_1=43.54$ とおいている。それに続けて式⑥ $w=q_0q_1/r=56.065 \times 43.54 \div 60.875=40.0997$ の計算がくるが，末位 97 は過剰である。$q_1=43.545$ を用いれば，ますます過剰になってしまう。

さらに式⑦ $q_2=\sqrt{w^2+p_1^2}=\sqrt{40.09^2+42.54^2}=58.4539$ の計算でも，さいごに末位を落として $q_2=58.453$ としている。あるいは途中で適当な切り捨てを行なったのか？

筆者が試みた結果ようやく原因が突き止められたのは p_3 である。式⑧ $p_3=p_1r/q_2=42.54 \times 60.875 \div 58.453=44.3026$ となって，関が与えた 44.3043 と一致しない。関が『授時発明』なる注解を書いた元になる原文は「天文大成」であるが，このなかに，「黄赤道ノ差二度三十分八十五秒ヲ得」(1., 本文 p.380, 下段) と書かれている。これは $l=45$ 中国度のときの a との差が $a-l=2.3085$ 中国度であることを示している。つまり，計算の目標値 $a=47.3085$ があらかじめ明示されているわけである。

一方で，「授時暦」の，したがって関の q_3 は式⑨ $q_3=wr/q_2$ によって (p_3 とは独立に) 求められる。関自身の求めた $w=40.09$ と $q_2=58.453$ を使って計算すると，q_3 は 41.7511 になり，関の与えた 41.75 は末位の 11 を切り捨てたと考えても妥当であろう。これから直ちに $v_3=r-q_3=19.125$ が求まる。

ここで，上記の a といま求めた v_3 を用いれば，沈括の公式⑲ $a=p_3+v_3^2/2r$ によっ

9 関の授時発明への注意

て p_3 の値が《逆算》できる。$p_3=47.3085-19.125^2 \div 121.75=44.3043$ となり，これこそ関が与えた値にほかならない。つまり，

「関は p_3 の値 44.3043 については，『天文大成』に示された目標値 $a=47.3085$ に到達させるため，この a から《逆算》して求めた。」

という計算過程が復元された。筆者はこの推測が，かなり《尤もらしい》と考えている。

ここで『授時発明』の性格について考えてみよう。広瀬氏は，

「天文大成の中でも数理的に最も興味深い三条について，特に詳細に解説したものである。……『授時暦』の製作にあらわれた数学問題を解明したという意味で『授時発明』と題されたのであろう。……天文大成の原文は甚だ簡単であり，その計算のすじ道を追うことのできた人は，17世紀末の日本では，孝和以外にはいなかったと思われる。」(1., 解説 p.200-201)

と述べられておられる。筆者も，

「関はこの解説の書を公刊する気はなく，むしろ《計算の筋道を追う》ための覚え書であり，精密な計算を遂行するよりも，《甚だ簡単な原文》に含まれている数理の《解明》に意を注いだかもしれない。」

と考える。こう考えれば，上に指摘した疑問の個所も，さほど《めくじら》を立てて詮索せずに済むかもしれない。しかし筆者は，藪内氏が指摘された，

「…その途中にかなり複雑な計算を行っていて，数値の切上げや切捨てが行われている。…」(3., p.306)

という関の計算過程の実態を知りたくて，多くの検算を試みたのである。

検算 ii と三角法の欄を比較してみよう。前節の数値例では，$e=.4$，$l=.75$ を用いて計算した。関は $e=23.9$ 中国度 $=.392608$，$l=45$ 中国度 $=.739220$ を用いているから，p.309, 310 の表の d や a とは喰い違うのも当然である。

しかし，関の数値 e, l から計算して得られた d や a の値を比較すれば，

$\Delta d = d'-d = .279423 - .276747 = .002676$

$\Delta a = a'-a = .776808 - .780742 = -.003934$

となっていて，藪内氏のご指摘の通り，

「…最終的な結果にいくぶんの誤差が生ずことは当然であるが，しかし実際にはかなりよい結果を得ている。」(3., p. 306)

この《かなりよい結果》が得られた理由は，前節で述べた《誤差の相殺》の結果であり，前節での議論は，この節の計算についても当てはまる。「授時暦」において，したがって関の計算において，円周率に古率3を採用したことが，この好結果を導いたのである。

先に引用したように，「天文大成」の原文に，「黄赤道ノ差」$a-l=2.3085$ の値が記載されている。それに続けて原文には，

「稍、庚午ヨリモ減ズ。是ノ術，循弧宛転トシ実ニ天道ト脗合ス，最モ微妙為リ。古今ニ冠絶スト謂フ可シ。」(1., 本文 p. 429-430 により，関の校訂と訓点にしたがい，読み下し文に改めた。)

とある。「庚午」とは「庚午元暦」のことであろうか，原文で少し前のところに「庚午ノ差二度五十二分」(1., 本文 p. 429) という数値がある。

とすれば，原文は，授時暦において沈括の公式を用いて求めた $a-l=2.3085$ 中国度の値は「庚午の 2.52 中国度と比べてやや不足している。しかし，この授時暦流の計算方法が，弧に沿って緩やかに曲り，まことに天の道とぴったり一致する有様は，最も微妙なことである。これこそ古今の計算方法のなかで一番優れていると言えるだろう。」ほどの意味であろうか。[#63]

いま試みに，三角法で求めた a の値 .780742 を 60.875 倍すると 47.5277 中国度となる。これから 45 中国度を引けば 2.5277 中国度となり，上の庚午の差に近い値となる。

関自身は，はたしてこの「ぴったり一致する」と称する「授時暦」流の計算結果に満足したであろうか？——この疑問への解答として，広瀬氏の見解を引用しよう。

9 関の授時発明への注意

「〔沈括の公式〕⑲は現在から見れば正しくない。しかも，授時暦は三角函数や三角函数表を知らなかったので $\sin^{-1}\theta$ の展開式に当るものを必要とするような数学的要求を持っていたわけである。西洋ではこんな問題を解くためプトレマイオス以来弦の表を持ち，球面三角法の発達を促したが，東洋においては不正確な式⑲に留まったことになる。しかし私はこの式⑲に当る正しい解答を得る努力が関流の円の研究（必ずしも π の値の決定だけを意味しない）となり，そのため円周率の精密値の計算だけを追求するのとは自ら異った発想の下に，弧，弦，矢というようなものを総合して円の性質を究めるという方向に数学が発展し，円理の組織にまで進んだのだと考えざるを得ないのである。円の研究を円周率の精密値の計算としてだけで捉えるなら，こんな方向への発展は期待できないであろう。

関孝和は授時発明で式⑲に尽きる問題の解答について説明している。……その説明文中で孝和は $\pi=3$ という原始的の値を使っている。……孝和が授時発明を著した頃は，わが国では π の値が 3.16 から 3.14 へ移行する時代であるが，孝和は一応元代の値で授時発明の説明を行ない，その後，括要算法の π の値に到達したのであろう。ここでは他の人々とは異り，弧，弦，矢の長さが取り扱われ，π の値としても画期的のものとなった。……」(6., p. 500-501)

筆者もこのご見解に賛成である。とくに広瀬氏が，《和算発達の初期に暦学上の問題から大いに影響されたと見るべきである》(同上 p. 499) との立場から，関の一連の研究の動機を推量された点は貴重だと思う。[64]

筆者の見解「沈括の公式⑲と古率3とは緊密な一式の道具立てである」をすでに述べた。関はもちろん「授時暦」流の計算に満足しなかったものと思う。暦学の場合には，計算結果はつねに観測値と照合され，可否が判定される。そこで全くの想像ではあるが，もしも関が古率3の代りに当時の 3.16 か 3.14 を用いて計算し直してみたと仮定すれば，前節で《イの場合》として示したよう

に，とくに d の値についての大きな喰い違いに直面したことであろう。円周率の精密化は，同時に不可分の関係で，沈括の公式そのものの再検討に向わねばならない。広瀬氏のご見解のように，《弧・弦・矢を総合した円の性質の究明》の方向に関が進んだ動機が，この辺にあったのではないかと推測される。

『括要算法巻四』の「求弧術」については，次の機会に取上げる予定である。[#65]

§7. 会円術の由来

『劉徽註九章算術』(12.)，銭宝琮氏『中国数学史』(5.)，および今井湊氏『弧矢術考原』(8.) などを参照して，沈括の会円術の公式の由来を，簡潔にまとめておく。以下，r はつねに円の半径を表わす。

(1) 円周率3の由来

中国漢代に成立したと推測される『九章算術』に，古来からの「周三径一」が出ている。劉徽は註において，この値は円の内接正六角形の周長と直径の比であると批判した。

会円術との関係では，むしろ円の面積のほうが密接であろう。『九章算術』の「円田術」には「半周ト半径ヲ相乗ズ」（これは理論的に正しい）としながら，実際には半径 r の円の面積を $3r^2$ と求めている。劉徽は註において，これは円の内接正十二角形の面積を円の面積と見做したものだと批判した。

劉徽の正十二角形の面積の説明が興味深いので，ここでは四分円について要点を再録する。図でイは正十二角形の1/12に当たる1区画（セクター）である。イ＋ロ＋ハは3区画分に相当する。ところがロは正三角形（円の内接正六角形の1区画）であるから，ホ＝ハは容易に分かる。ニ＋ホ＝ニ＋ハ＝イ。つまり，四分円の外接正方形の面積は4区画分に相当する。これから直ちに円の内接正十二角形が，円の外接正方形の3/4の面積なることが出る。以上の劉徽の証明は直截である。

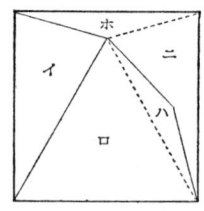

(2) 弓形の面積

図で，半径 OA=r，弦 AB=a，弧 $\widehat{ADB}$=b，矢 CD=c とおく。『九章算術』の「弧田術」には，弓形（弧田）ADBC の面積 M を a と c で表わす公式：

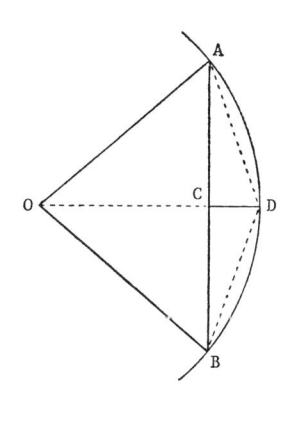

9 関の授時発明への注意

㊲ $$M=\frac{ac}{2}+\frac{c^2}{2}$$

をあげている。劉徽は古率 3 の「円田術」を，半円弧の場合に直したものだと批判する。じっさい半円の面積は $3r^2/2$ であるが，一方そのとき $a=2r, c=r$ であるから，これを式㊲の右辺に入れれば，たしかに $3r^2/2$ となってよい。

また今井氏がご指摘のように，∠AOB が直角の場合，つまり扇形 OADB が四分円の場合にも，古率 3 と仮定すれば式㊲は成立する。まず扇形の面積は前項により $3r^2/4$，△OAB は一辺 r の正方形の半分だから $r^2/2$。よって弓形の面積は

$$M=3r^2/4-r^2/2=r^2/4$$

他方で，∠AOB が直角なら，$a=\sqrt{2}r$。$c=r-\sqrt{2}r/2$, これを式㊲の右辺に入れれば，

$$M=\frac{c}{2}\cdot(a+c)=\frac{2r-\sqrt{2}r}{4}\cdot\frac{2r+\sqrt{2}r}{2}=\frac{r^2}{4}$$

となってよい。

しかし，公式㊲は古率 3 と仮定した上で，この二つの場合以外には，もはや成立しない。『九章算術』では，いつでも成立するかのごとく扱っているので，劉徽は次のように批判した。円の面積に古率 3 を採用したとき，すでに不足があった。半円を弓形と見たときも同様。半円でなく一般の場合には，この公式は粗略なものでしかない，と。[#66]

(3) 弧の長さ

沈括が「会円術」(7., 中，p. 168-169) として与えた弧の長さの公式は，『九章算術』の弓形の面積公式㊲から直接に導かれたものである。

ここでも，つねに古率 3 を仮定し，公式㊲が一般の場合にも成立すると考える。このとき，扇形 OADB の面積 N は，円の面積 $3r^2$ の $b/6r$ 倍であるから，$N=rb/2$。

さて公式㊲の右辺の意味を再考する。第一項 $ac/2$ は△ADB の面積である。そこで $c^2/2$ は弓形 ADBC から △ADB を取り去った残部（弓形 AD と弓形 DB の和）の面積である。再び扇形 OADB に戻り，これから四辺形 OADB（面積は $ar/2$）を取り去ると，上と同じ残部（$c^2/2$）が残る。よって

$$\frac{rb}{2}=N=\frac{ar}{2}+\frac{c^2}{2}$$

これから直ちに沈括の公式の元の形

㊳ $$b=a+\frac{c^2}{r}$$

が出る。§3では，半弧 $x=b/2$ と半弦 $p=a/2$ を用いたから，式㊳の両辺を2で割って，公式

⑲ $\quad x=p+\dfrac{c^2}{2r}$

が出る。(§3では c を v と書いた。)

　いまこの第(2)項と第(3)項では，周知の代数計算によって式の変形を行なった。劉徽や沈括の頭の中では，むしろ今井氏が導かれたような図形に密着した考察を行なったことであろう。本稿では迅速を旨として，代数計算によって導いた。

(1983年7月23日記)

〔文献は368頁〕

〔要旨〕関の授時発明への注意

1）授時発明は，関が中国の授時暦経の原理を解説した「天文大成」を理解するために，自ら図解し，注釈を加えた著作である。黄道上の太陽の位置を，赤道座標で表す「黄赤変換」が焦点であり，球面三角法を要する。

2）しかし中国流の球面三角法では，甲）半弧を半弦に変換し，乙）立体幾何の関係により対応する半弦に変換し，丙）半弦を半弧に変換する。

3）半弧と半弦の相互変換のためには，正弦・逆正弦関数の代わりに近似的な「沈括の会円術にある公式」を用いる。授時暦を編纂した郭守敬らは，沈括の公式を四次方程式に変形して，これを数値的に解いた。（中国流の黄赤変換の各段階は，本文中の図および各式を参照のと。）

4）筆者は数値実験により，沈括の公式を用いる際は$\pi=3.1416$ ではなく，古率3を組み合わせて用いるのが当てはまりがよい，という意外な結果を得た。古率3のときに西欧の逆正弦関数をよく近似し，2項で述べた甲と丙での誤差が相殺されるからである。郭らは，経験的にその事実を知っていた。（筆者の数値実験の結果は，本文中の諸表を参照のと。）

5）筆者はさらに，円周と直径は別々の単位系であってもよい。（例えば円周 360 度と直径の単位は別の単位系である。円周率 3.1416 は，両者を弧度法によって同一の単位で測った際に出てくる。）古率3は円周率というよりはむしろ円周と直径を結ぶ助変数にすぎない，という新見解を述べた。

6）筆者は，関の授時発明の中の計算を検算して，大凡は正しいことを確かめた。しかし関は丸め誤差が累積することは気にせず，かなり少ない桁数で丸めていることを指摘した。授時発明の手控えという性格によるのであろう。

7）沈括の会円術がどんな経緯から生じたか，中国の文献にその由来を尋ねた。

10 関の授時発明への注意（続）

§8. 残された問題 ……… *324* §11. 別の仮定の採用 ……… *337*
§9. 白道赤経の極値の復元 *327* §12. 別の仮定の採用（続） *342*
§10. 復元への疑問 ……… *333* §13. 白道赤経の極値の再建 *347*

§8. 残された問題

関孝和の『授時発明』(1., 本文 p.377-387)は、「天文大成」のなかの球面三角法にかかわる《三条》について、関が加えた注解である（§1. 冒頭）。その三条とは、

I. 「黄赤道ノ差ヲ論ズ」すなわち §2の図における $a = \widehat{YQ}$ と $l = \widehat{TP}$
との差 $a-l$ を求めること。

II. 「黄赤内外差ヲ論ズ」すなわち同図の $d = \widehat{QP}$ を求めること。

III. 「白道ト黄赤道トノ差ヲ論ズ」

であった。関は $l = 45$ 中国度の場合の I と II の問題を扱ったが、筆者は §2〜§6 で詳しくこれを検討した。

残されたのは問題IIIである。その要点を、広瀬秀雄氏の論文 (6.) によって述べる。記号の使い方は改めるが、氏の論旨はできるだけ忠実に再録する積りである。本節では、半径 1 なる球面上の三角

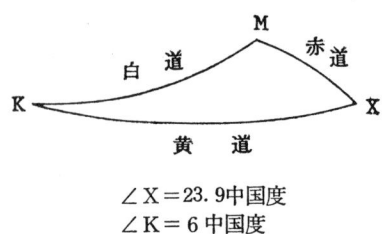

∠X = 23.9中国度
∠K = 6 中国度

10 関の授時発明への注意（続）

形を考える。

「月（太陰）は黄道と傾斜角6中国度だけ傾いた軌道，すなわち白道 $\widehat{KM}$ 上を移動する。問題IIIは，白道と赤道との交点Mが春分点または秋分点（いずれか近い方(*)を考える）から離れる角距離 $\widehat{MX}$ の極値を求めることが主題である。ところが白道と黄道との交点Kは黄道上を周期約18.6年で移動するので，$\widehat{MX}$ の値は変動するが，その極大値を求める。」(6., p.503; p.507)

注(*) 図では交点Mが春分点Xに近い場合を描いてある。

しかるに『授時発明』では，「角距離 $\widehat{MX}$ （赤経）には極大値があって，その値は14.66中国度であることを求めるに留まり，一般的な解答は与えられていない。」(1.『全集』，解説 p.201)

筆者が思うに，問題I，IIは，球面上の直角三角形の解法であるから，§3の沈括の公式⑲を用いて半弧と半弦の間を往復することによって，解答に到達できた。ところが図の△MKXは球面上の（直角な交角のない）一般三角形であるから，三角法を発達させなかった中国流の方法では，その一般的な扱いに苦慮したのであろう。

半弧か交角のいずれかに直角を含めば，中国流でも処理できる。すなわち $\widehat{KM}$ もしくは $\widehat{KX}$ が四分円弧（直角）なる特別の場合には，中国流でも残りの半弧もしくは交角を求めることができるのであって，以下で論ずるのはこの特別な場合である。

広瀬氏は

「$\widehat{KM}$ が直角（四分円弧）なる場合に，$\widehat{MX}$ の極大が生ずる。このことは『授時発明』では直観により自明としている。」(6., p.507)

と言われる。天文学を離れ，純粋な球面三角法の問題として考えても，$\widehat{MX}$ の極大値についての氏の言明は正しい。じっさい，一般三角形の場合，球面三角法の正弦定理により

㊴ $$\sin \widehat{MX} = \frac{\sin K}{\sin X} \cdot \sin \widehat{KM}$$

が成立する。明らかに $\widehat{MX}$ の極大値は $\widehat{KM}$ が四分円弧なる場合に生じ，そのとき

㊵ $$\sin \widehat{MX} = \frac{\sin K}{\sin X}, \qquad \sin \widehat{KM} = 1$$

となる。

ところが筆者は，「天文大成」と関の『授時発明』の計算過程を詳しく追うなかで，

「はたして「授時暦」では，広瀬氏のお説の通り，$\widehat{KM}$ が四分円弧の場合を計算しているのであろうか？」

という疑問を抱いた。筆者の到達した結論を予め述べると，

「$\widehat{KM}$ ではなく，$\widehat{KX}$ が四分円弧なる場合の $\widehat{MX}=14.66$ 中国度を求めたのであって，厳密にはこれは極大値ではないにもかかわらず，『授時発明』ではこの値を極値と見做している。[#67]」(p.349)

「広瀬氏のお考えにしたがって，$\widehat{KM}$ が四分円弧なる場合の $\widehat{MX}$（それが厳密な意味での極大値）を「授時暦」流に求めれば，$\widehat{MX}=15.43$ 中国度であって，これが氏の求められた球面三角法による $\widehat{MX}=15.16$ 中国度に相当する。」(p.330)

である。

微妙な角距離の違いを，殊さら問題視するような印象を与えかねないが，筆者は 14.66 と 15.43 の差は意味のある差であり，「授時暦」流の考え方をいかに復元すべきかの基本的な立場にかかわるものと考える。

まず広瀬氏による「白道赤経の極値の復元」を再録し，次にこの「復元への疑問」を提出する。さらに「別の仮定の採用」の二節において筆者が新たな復元のために根拠とした三つの仮定を提出し，さいごにこの仮定に基づいた『授

時発明』の「白道赤経の極値の再建」を行なう。

この続稿も広瀬先生の論文に負うところが大きい。結果的に批判の矢を向けることになったのは心苦しいが，筆者による復元の当否もまた識者の判定に委ねるよりほかはない。ご批判を賜われば幸いに思う。

§9. 白道赤経の極値の復元

本節では，広瀬氏による問題Ⅲの復元を再録する。その準備として，いくつかの注意を与える。

(1) ふつうの度の記号 ° にならって，中国度を暫定的に記号 ᵒ で表わす。

両者を結ぶには
$$h = \frac{360}{365.25} = \frac{60}{60.875} = .985626$$
なる換算率が必要であって，以下で扱う二つの傾斜角は

　　黄道傾斜（前図∠X）　　$23.^{\mathrm{o}}9 = 23.^{\circ}5565$
　　白道傾斜（前図∠K）　　$6^{\mathrm{o}} = 5.^{\circ}9138$

と表わされる。

(2) 「授時暦」が採用した円周率は古率3であるから，「沈括の公式」を用いる限り，半径 $60.^{\mathrm{o}}875$ および各半弦の長さは，弧長と同じく中国度で表わされ，その体系は一貫している。

(3) しかし，私どもに周知の三角法を適用しようとすれば，いま一つの換算率
$$k = \pi/3 = 1.0472$$
が必要であって，半径1に対して対応して弧長もラヂアン単位で表わすときは，中国度で与えられた値を $r = 60.875$ で割るだけでなく，k 倍せねばならない。

$$23.^{\mathrm{o}}9 = 23.9 \times \frac{1.0472}{60.875} = .411138 \quad \text{ラヂアン}$$

$$6^{\mathrm{o}} = 6 \times \frac{1.0472}{60.875} = .103215 \quad \text{ラヂアン}$$

(4) もしも，半径を60.875としたときの弧長をふつうの度で表わしたければ，(1)で述べた値をさらに k 倍しておかねばならない。

$$23.^{\mathrm{o}}9 = 23.9 \times \frac{360}{365.25} \times 1.0472 = 24.^{\circ}6683$$

$$6^{\mathrm{o}} = 6 \times \frac{360}{365.25} \times 1.0472 = 6.^{\circ}1929$$

以上の注意(1)～(4)は，主として§6で述べたことの繰り返しにすぎないが，二種類の換算率 h と k がからまるので混乱を生じ易い。ここに再記した理由である。

(5) 「授時暦」流の計算法において，古代の『九章算術』のなかの興味深い算法が用いられている，と筆者は考える。『劉徽註九章算術』(12., p. 246-247; p. 261) および銭氏『中国数学史』(5., p. 44) を参照して，その要点を再録する。（記号は，後文で必要になる図に合わせて変更した。）

「いま丸太が壁中に埋まり，その大小が分からない。これを鋸びくと，鋸深が i で鋸道が $2r$ である。丸太の直径 $2R$ はどれだけか？」

AO＝鋸深（i）
KK′＝鋸道（$2r$）
KK″＝直径（$2R$）

これは「勾股弦の術」（ピタゴラスの定理）の簡単な応用にすぎず，容易に

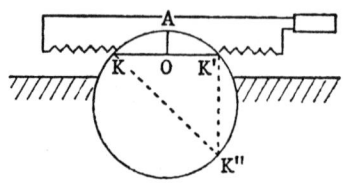

⑪ $\qquad 2R = \dfrac{r^2}{i} + i$

が得られる。以下「鋸びき算法」として引用する。

(6) 関が注釈のために与えた図解 (1. 『全集』，本文 p. 384) は，§10 で再録するが，《天地を逆に》読みかえることにした。その理由は，§2 の黄赤変換の図と照合でき，また広瀬氏の原図（6., p. 509）とも対比できるからである。さらに，今日の私どもは，平面の上方に凸出した立体の透視図を見馴れているからでもある。次は「広瀬氏の復元図」を筆者が描き直した。

(7) §2 の図は赤道面が規準であったが，この図は黄道面を規準にとる。図中の二つの傾斜角は，かなり大きめに誇張して描いた，というのは，さもなければ半弧と半弦が密着してしまい，相互の関係が読み取りにくくなるからである。

10 関の授時発明への注意(続)

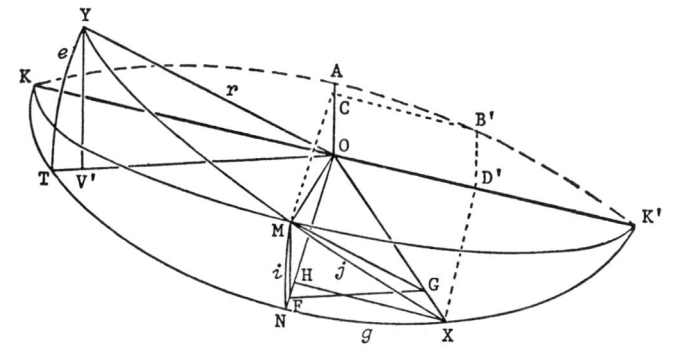

$\widehat{YT}=e$

$YV'=p_0=r\sin(e/r)$

$V'O=q_0=r\cos(e/r)$

$\widehat{MN}=i$

$MF=p_4=r\sin(i/r)$

$FO=q_4=r\cos(i/r)$

$\widehat{MX}=j$

$MG=p_5=r\sin(j/r)$

$GO=q_5=r\cos(j/r)$

$\widehat{YX}=\widehat{TX}=$四分円弧

$\widehat{KM}=\widehat{KN}=$四分円弧

$\widehat{NX}=g$

$HX=p_6=r\sin(g/r)$

$HO=q_6=r\cos(g/r)$

$CO=B'D'=MF=p_4$

$CB'=OD'=HX=p_6$

$FG=t=\sqrt{p_5{}^2-p_4{}^2}$

<u>広瀬氏の復元の前半</u>

図で $\widehat{KTNXK'}$ が黄道, $\widehat{YMX}$ が赤道, $\widehat{KMK'}$ が白道である。$\widehat{YX}$ と $\widehat{TX}$ は §2 と同じく四分円弧である。$\widehat{KM}$ と $\widehat{KN}$ も,広瀬氏の仮定㊵によって,四分円弧であり,したがって $\widehat{MN}=i$ が「白道と黄道のなす傾斜角に相当する弧長」である。そこで求めるものは,赤道上の弧長 $\widehat{MX}=j$ である。

$MF=p_4$ と $MG=p_5$ を図中に示した値とすると,$FG=t=\sqrt{p_5{}^2-p_4{}^2}$ は OX と直交し,TO と平行である。そこで二つの直角三角形の相似

「$\triangle MFG \backsim \triangle YV'O$」

から,二つの関係式

㊷ $\qquad \dfrac{p_4}{t}=\dfrac{p_0}{q_0}=\tan(e/r)$

㊸ $\quad \dfrac{p_4}{p_5} = \dfrac{p_0}{r} = \sin(e/r)$

が得られる。式㊸から直ちに球面三角法の関係式

㊹ $\quad \sin(j/r) = \dfrac{p_5}{r} = \dfrac{p_4}{p_0} = \dfrac{\sin(i/r)}{\sin(e/r)}$

が導かれ，求める弧長 $\overparen{\mathrm{MX}} = j$ は

㊺ $\quad j = r \arcsin(p_5/r)$

と表わされる。

〔数値計算のためには，注意(3)で述べたように，k 倍したラヂアン単位の

$\quad ki/r = .103215$ および $ke/r = .411138$

を式㊹に入れて

$$\dfrac{\sin(.103215)}{\sin(.411138)} = \dfrac{.103031}{.399653} = .257802$$

これを式㊺に入れて

$\quad \arcsin(.257802) = .260747$ ラヂアン

を得る。これも注意(3)のように k 倍した値だから，中国度に換算するためには k/r で割らねばならず，

$$j = .260747 \times \dfrac{60.875}{1.0472} = 15\overset{\circ}{.}1576$$

となる。この値は広瀬氏が，三角法により直接計算された $\overparen{\mathrm{MX}} = 15.16$ 中国度にほかならない (6., p. 510)。このように，球面三角法を用いれば，簡単に解答が得られる。〕

広瀬氏の復元の後半

〔記号を改めたほかは，氏の論旨 (6., p. 507-508) を，文脈に至るまでなるべく忠実に再録する。変更はその都度断わることにする。〕

10 関の授時発明への注意（続）

この〔前半の〕計算には，与えられた i の値にたいし，$\sin(i/r)$ を適当な半弦の長さとして幾何学的に表わす必要がある。『授時発明』では，$r\sin(i/r)$ の値を未知数 x と置き，x に関する二次方程式を導き，これを解いて $r\sin(i/r)$ の値を求めることにしている。

〔中国流では〕三角関数表がなかったので，$\sin(i/r)$ の値を求めるため郭守敬は「以弧中所容直潤之法」#68 でこれを求めている。その方法は，図のように半弦 OK′ の値が周天半径 $r = 60°.875$ に等しく，矢 AO が $i = 6°$ になるような〔大きな〕円を考えている。〔この大円は，KOK′ で黄道面と直交する面内に描かれ，中心を O′ とし，K と K′ を通る。〕
その半径を R とすると，

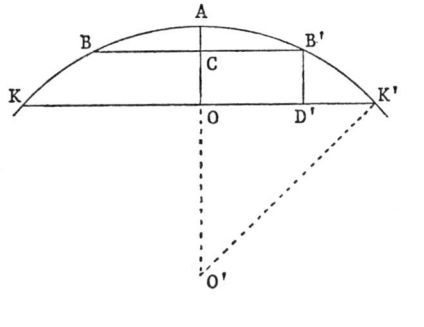

(46) $\qquad R^2 = r^2 + (R-i)^2$

すなわち

(41) $\qquad 2R = \dfrac{r^2}{i} + i$

によって R が計算できる。(*)

注(*) 筆者は，「授時暦」の天文家が式(46)を経由せず，「鋸びき算法」によって直接式(41)を書き下したと考えたい。

図に示したように，この半径 R の大円について，全弦長 $2r$ の弦 KK′ より容潤 $x = r\sin(i/r)$ だけ円周に近い弦 BB′ を考え，その半分に当たる CB′ が容半長 y に等しくなると考えると，

(47) $\qquad y^2 = R^2 - (R-i+x)^2$

すなわち

(48) $\qquad y^2 = (2R-i+x)(i-x)$

となり，y に関する第一式が得られる。[*]

注(*)　筆者はここでも，式㊼を経由せず，「鋸びき算法」により直接式㊽が導かれたと考えたい。後文§12を参照。(p.342)

y に関する第二式として，郭守敬は

㊾　　　$y = \dfrac{q_0}{p_0} \cdot x$

を与えている。式㊾を自乗して，式㊽に等しく置くと，x を求めるための二次方程式が得られる。

〔広瀬氏は，この二次方程式を『授時発明』の数値を用いた数字方程式の形に導かれる。筆者は後文（§13）でそれを再録する。ここでは，文字式の形に扱うので，氏の文脈を部分的に変更する。〕式㊶，㊽，㊾によって

$$\left(\dfrac{q_0}{p_0}\right)^2 \cdot x^2 = y^2 = (2R-i+x)(i-x) = \left(\dfrac{r^2}{i}+x\right)(i-x)$$

整理して，二次方程式

㊿　　　$\left(1+\left(\dfrac{q_0}{p_0}\right)^2\right)x^2 + \left(\dfrac{r^2}{i}-i\right)x - r^2 = 0$

を得る。これを解いて根 x を $p_4 = r\sin(i/r)$ とする。

このようにして $p_4/r = \sin(i/r)$ の値を求めた上で，式㊹によって $p_5 = r\sin(j/r)$ を求め，そして半弦 p_5 にたいする矢 v_5 は正しい関係式

⑰　　　$v_5 = r - q_5 = r - \sqrt{r^2 - p_5^2}$

によって計算し，弧背術〔すなわち沈括の公式⑲〕を適用して $j = \widehat{MX}$ の値を求めることにしている。

以上の計算法に出てくる関係式には，<u>直観からきた誤り</u>がある。

〔批判の第一点〕　式㊽については，弦 BB′ と弦 KK′ との間隔 CO が $x = p_4 = r\sin(i/r)$ であるという保証ではない。

〔批判の第二点〕 式㊾について。〔広瀬氏は，球面三角法の公式を使うが，筆者はp.329の図の線分の関係から導く。ただし，氏の論旨は曲げない。〕図において，$HX=p_6$ は $OD'=y$ に平行に移される。したがって二つの直角三角形の相似

「$\triangle FGO \infty \triangle XHO$」

から導びかれる関係式〔$FO=q_4$, $FG=t$, $OX=r$, $HX=y$〕

㊾ $$\frac{q_4}{r} \cdot y = t$$

に式㊷を組み合せると，

㊾ $$\frac{q_4}{r} \cdot y = \frac{q_0}{p_0} \cdot x$$

が正しい関係式である。式㊾と式㊾を比べると，郭守敬は

㊾ $$\frac{q_4}{r} = \cos(i/r) = 1$$

なる近似をしていることになる。

§ 10. 復元への疑問

広瀬氏による復元の前半，つまり極大値 $j=\widehat{MX}=15°\!.1576$ を求める計算過程は，《今日の立場》から見て正しい。復元の後半も，「$p_4=r\sin(i/r)$ の値を未知数 x と置く」という一点を除けば，『授時発明』の計算過程が正しく解説されている。

筆者も，はじめ広瀬氏の解説に沿って『授時発明』の挿図（後文 p.336）と関による注釈を理解しようと努めた。しかし，どこかに違和感と疑問が残り，氏の掌中にある間は，腑に落ちることができなかった。そして摸索の末に，

「郭守敬は，もしかすれば広瀬氏の復元とは違う，もっと単純・素朴な考えの筋道を辿ったかもしれない。『授時発明』を書いている段階の関も，「天文

大成」の本文を批判せず《そのまま》受け入れて注釈を書いたであろう。」と悟った。そこで，《今日の立場》に拘泥せず，《当時》の天文家が直観に頼ってどう考えたか，そこには直観からきた誤りが含まれていたとしても，その考え方を再現しようと考えた。

筆者の抱いた疑問を挙げる。

(1) 広瀬氏の復元の通りであったとすれば，球面上の△MNX は，∠MNX が直角であるから，球面上の直角三角形である（p.329の図）。これならば，関係式

㊹ $\quad \sin(j/r) = \dfrac{\sin(i/r)}{\sin(e/r)}$

を持ち出さなくても，「授時暦」流の方法，つまり沈括の公式を用いて半弧と半弦の間を往復することにより解ける筈である。

それを実行してみよう。$i=6°$ について，沈括の公式㊵を逆に用いて（四次方程式㊴を数値的に解いて），

$$v_4 = \mathrm{NF} = 0°.2963$$

が求まる。これを式㊳に入れれば

$$p_4 = \sqrt{2rv_4 - v_4^2} = 5°.9993$$

が求まる。二つの直角三角形の相似から得られる関係式

㊸ $\quad \dfrac{p_4}{p_5} = \dfrac{p_0}{r}$

は，「授時暦」の天文家にとって明白！ これによって直ちに

$$p_5 = \dfrac{r}{p_0} \cdot p_4 = \dfrac{60.875}{23.713} \times 5.9993 = 15°.4011$$

が求まる。$p_0 = 23°.713$ は§6の表の「関の値」から取ったが，すでに問題Ⅰの計算の途中で求められていた。(p.316の小字の2行目）

v_5 は式㊱により求まり，式㊳に入れれば求める弧長 $j = \overset{\frown}{\mathrm{MX}}$ が求まる。

$$v_5 = r - \sqrt{r^2 - p_5^2} = 60.875 - \sqrt{60.875^2 - 15.4011^2} = 1°.9804$$

$$j = p_5 + \dfrac{v_5^2}{2r} = 15.4011 + \dfrac{1.9804^2}{121.75} = 15°.4333$$

以上の計算は有効数字10桁を用い，表示のとき小数4桁までで丸めた。

10 関の授時発明への注意（続）

　　このような計算は，問題Ⅰ，Ⅱを解き得た「授時暦」の天文家にとっては，自家薬籠中の物であった筈だ。なぜ，このやり方で $j=15.43$ 中国度を求めなかったのであろうか？

(2)　郭はなぜ，中間に $x=\mathrm{CO}$ や $y=\mathrm{CB}'$ を介在させ，さらに「弧中所容直濶之法」のような《回りくどい》方法を用いたのであろうか？

　　たしかに，広瀬氏のお説のように，「三角関数表がなかったので」(p.331) といえる。しかし，もっと本質的な理由があった筈だ。

　　「天文大成」の原文および『授時発明』を，先入観を離れて素朴に読むとき，$x=\mathrm{CO}$ が直接には求まらないような事情があったとしか思われない。その事情とは何か？

(3)　郭ははたして「$p_4=r\sin(i/r)$ の値を未知数 x と置いた」であろうか？——広瀬氏の批判の第一点 (p.332) も，この点にたいする疑問の表明とも読みとれる。筆者は，実際の数値によって，この点を確かめてみようとした。

　　まず $i=6°$ から p_4 を求めると，(1)で見たように $p_4=5°.9993$ であり，i と p_4 の差は僅少である。

　　他方で，二次方程式⑩を数値的に解くと（詳細は後文），$x=5°.7077$ が得られる。郭も関も，根として $x=5°.70$ を与えている。そこで，この x を半弦とするような半弧 f が半弧 i とは別のところに存在すると仮定して，この f を求めてみる。つまり $x=p_7$ と置いて，沈括の公式⑲によって f の値を計算する。

$$v_7=r-\sqrt{r^2-p_7^2}=60.875-\sqrt{60.875^2-5.7077^2}=°.2682$$

$$f=p_7+\frac{v_7^2}{2r}=5.7077+\frac{.2682^2}{121.75}=5°.7083$$

明らかに $f=5°.7083$ と $p_7=5°.7077$ の差は僅少であって，この $p_7=x$ が $i=6°$ に対応するとは考えにくい。

　　郭も関も $x=5°.70$ なる値になんら疑問を抱いていないところから察すると，x はむしろ半弧 i とは別に存在する半弧 f に対応すると考えたほうが自然であろう。では半弧 f は図中のどこにあるか？

(4)　関の挿図 (1., p.384) を《天地を逆に》して引用する。（天地を逆にする

理由は，前節注意(6)で述べた。）　図の混雑を避けるため，いくつかの線と言葉は略し，また説明の便宜のため文字記号を記入した。

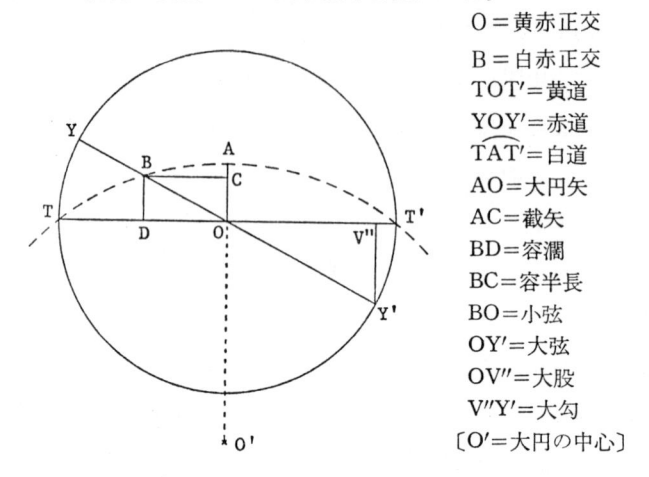

O＝黄赤正交
B＝白赤正交
TOT′＝黄道
YOY′＝赤道
$\widehat{\text{TAT}'}$＝白道
AO＝大円矢
AC＝截矢
BD＝容濶
BC＝容半長
BO＝小弦
OY′＝大弦
OV‴＝大股
V″Y′＝大勾
〔O′＝大円の中心〕

大円の全図は小本〔をはみだす〕ゆえに載せず。

『授時発明』の性格は，すでに§6で見たように関が「天文大成」の《計算の筋道を追う》ため，自ら注解を加えた覚え書であり，挿図も数理の《解明》のために関が自ら描いたもの，と考えられる。つまりこの図には関の解釈が反映している。

　O′を中心とする大円は破線（関の原図では朱線）で描かれ白道を表わす。

(イ)　白道は黄道の両端 T と T′ を通り，T，T′ は冬至点，夏至点を表わす。（関の原図は T′ が冬至点であるが，天地を逆にしたこの図では T が冬至点である。）

(ロ)　白道は A で最高点を通り，線分 AO が「大円矢」と名付けられているので，この図を率直に読む限り AO＝i＝6°である。

(ハ)　白道は点 B で赤道 YO と交わり（原図には「白赤正交」と記入），垂線 BD が「容濶」，TT′ と平行な線分 BC が「容半長」と名付けられている。明らかに BD（＝CO）は AO より短かく描かれ，その差に当たる線分 AC

は「截矢」の名前をもつ。

この原図は広瀬氏の復元図（p.329）と，どうもうまく対応しない。

§11. 別の仮定の採用

前節で筆者が提出した数々の疑問を解消するには，広瀬氏とは別の復元を試みなければならぬと思う。その考え方は，すでに前節の(3)と(4)に示唆されている。すなわち§8で予告したように(p.326)，

(1) 「$\overparen{KM}$ ではなく，$\overparen{KX}$ が四分円弧なる場合の $\overparen{MX}$ を求めている。」

と**仮定**する。この仮定に立つと，復元図は次のようになる。そのとき K, K′ はそれぞれ T, T′ と一致し，$\overparen{KL}$, $\overparen{KX}$ はそれぞれ $\overparen{TL}$, $\overparen{TX}$ に一致して，すべて四分円弧に等しい。これに応じて，同じ記号 M, N, i, g などに，広瀬氏の復元図 (p.329) とは異なる意味を付した。

i は弧長 $\overparen{LX}$ を表わし，当然弧長 $\overparen{MN}=f$ は i より短かい。したがって，弧長 $\overparen{MX}=j$ は極大値ではない！ しかし「授時暦」では弧長 j を極大値と見做している。

この仮定(1)によって，FG は TT′ と，したがって KK′ と平行になるので，広瀬氏の批判の第二点 (p.333) は自然に解消する。

球面三角法

筆者の復元図に基づいて，$j=\overparen{MX}$ の値を求める。この図で著しいのは，

「☐ MFGH が矩形である」

という性質である。(廣瀬氏の図 (p.329) と比較せよ。)これから

(54) $\quad MH=FG=p_6, \quad MF=HG=p_7$

が出る。また二つの直角三角形の相似

「$\triangle MFG \infty \triangle YV'O$」

から

(55) $$\frac{p_7}{p_5}=\frac{p_0}{r}=\sin(e/r)$$

が，また

「$\triangle HGO \backsim \triangle LEO$」

から

(56) $$\frac{p_7}{q_5}=\frac{p_4}{q_4}=\tan(i/r)$$

が出る。式(55)と式(56)を組み合せて，球面三角法の関係式

(57) $$\tan(j/r)=\frac{p_5}{q_5}=\frac{p_7/q_5}{p_7/p_5}=\frac{\tan(i/r)}{\sin(e/r)}$$

が得られた。

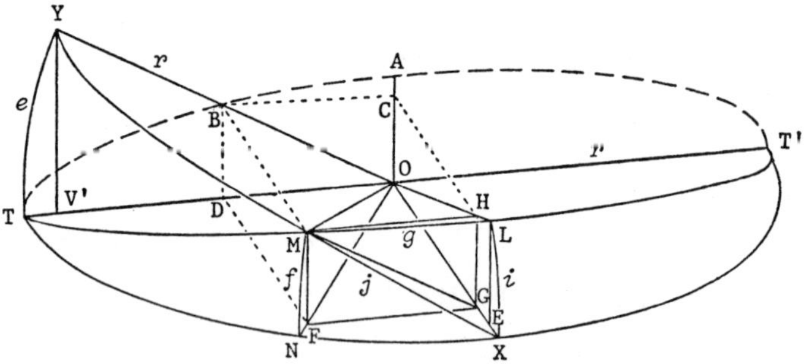

$YO=TO=MO=LO=r$

$\widehat{YT}=e$

$YV'=p_0=r\sin(e/r)$

$V'O=q_0=r\cos(e/r)$

$\widehat{LX}=i$

$LE=p_4=r\sin(i/r)$

$EO=q_4=r\cos(i/r)$

$\widehat{MX}=j$

$MG=p_5=r\sin(j/r)$

$GO=q_5=r\cos(j/r)$

$\widehat{TL}=\widehat{TX}=\widehat{YX}=$四分円弧

$\widehat{ML}=g$

$MH=p_6=r\sin(g/r)$

$HO=q_6=r\cos(g/r)$

$\widehat{MN}=f$

$MF=p_7=r\sin(f/r)$

$FO=q_7=r\cos(f/r)$

$AO=LE=p_4$

$BC=DO=y=p_6=MH=FG$

$BD=CO=x=p_7=MF=HG$

§9注意(3)で述べたような k 倍したラヂアン単位の数値(p.*327*)

$ki/r=.103215$　および　$ke/r=.411138$

を式(57)に入れれば

$$\frac{\tan(.103215)}{\sin(.411138)}=\frac{.103583}{.399653}=.259182$$

$$\arctan(.259182)=.253601 \quad \text{ラヂアン}$$

これを k/r で割って，

$$j=.253601\times\frac{60.875}{1.0472}=14^{\circ}\!.7422$$

この14.7422中国度が，筆者の復元図による $\widehat{\mathrm{MX}}$ の値であり，§9の広瀬氏の復元図による $\widehat{\mathrm{MX}}=15.1576$ 中国度(厳密な意味における極大値)よりも小さい。(p.*330*)

前節の(1)と(3)において(p.*334*)

$i=6^{\circ}$　と　$p_4=5^{\circ}\!.9993$　の差は　$^{\circ}\!.0007$

であって，その差が僅少であることを指摘した。この p_4 は沈括の公式⑲によって i から求めた値である。

三角法によれば，$\sin(.103215)=.103031$ であるから，ラヂアン単位で

$i=.103215$　と　$p_4=.103031$　の差は　.000183

この三角法による値を中国度単位に直せば

$i=6^{\circ}$　と　$p_4=5^{\circ}\!.9894$　の差は　$^{\circ}\!.0106$

となる。沈括の公式によるよりも，三角法によるほうが，半弧と半弦の差は大きいが，しかしいずれにしても i と p_4 が極めて近い値なることは変わらない。

ここで球面三角法を用いて，$p_7=r\sin(f/r)$ と弧長 $\widehat{\mathrm{MN}}=f$ を求めてみる。関係式は容易に分かるように，

(58)
$$\sin(f/r)=\frac{p_7}{r}=\frac{p_5}{r}\cdot\frac{p_7}{p_5}=\sin(j/r)\cdot\sin(e/r)$$

が使える。これに上で求めた数値を入れれば，

$$\sin(.253601)\cdot\sin(.411138)=.250892\times.399653=.100270$$

$$\arcsin(.100270)=.100438 \quad \text{ラヂアン}$$

そこで k/r で割って

$$f = .100438 \times \frac{60.875}{1.0472} = 5^{\circ}_{.}8386$$

が得られた。

ここでも f と p_7 が極めて近いことを指摘しておく。ラヂアン単位では

$f = .100438$　と　$p_7 = .100270$　の差は　.000168

中国度単位では

$f = 5^{\circ}_{.}8386$　と　$p_7 = 5^{\circ}_{.}8288$　の差は　$^{\circ}_{.}0098$

でその差は僅少である。前節(3)で求めた f と p_7 の値とは，計算方法が異なるのではあるが。(p.335)

楕円を用いる方法[#69]

p_7 が先に求まれば，式55によって p_5 を求めることができる。「授時暦」が問題IIIで辿った筋道が，まさにこの順序であった。

p.338の図には，黄道面と直交する面に，白道 $\overset{\frown}{\mathrm{TMLT'}}$ を正射影した《楕円》$\overset{\frown}{\mathrm{TB\Lambda T'}}$ が破線で描いてある。□MFCH は □BDOC に合同に正射影されるから，p_7 を $x = \mathrm{BD}$，p_6 を $y = \mathrm{BC}$ と置いて，二つの未知数 x と y の関係式が得られれば，それから x すなわち p_7 を求めることができる。

この図の $\overset{\frown}{\mathrm{TM'L'}}$ は白道（円弧）に相当し，その正射影は $\overset{\frown}{\mathrm{TBA}}$ なる楕円弧

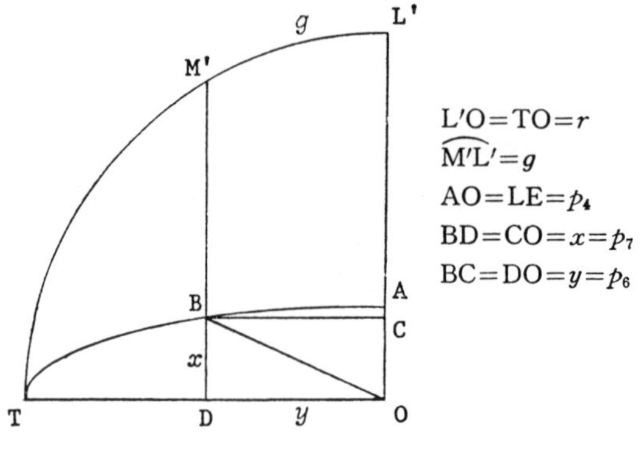
g
L'
M'
B
A
C
x
T
D
y
O
L'O=TO=r
M'L'=g
AO=LE=p4
BD=CO=x=p7
BC=DO=y=p6

である。楕円は円が半短軸 AO の方向に一様に縮んだ形であるから，

$$\frac{x}{\sqrt{r^2-y^2}}=\frac{\mathrm{BD}}{\mathrm{M'D}}=\frac{\mathrm{AO}}{\mathrm{L'O}}=\frac{p_4}{r}=\sin(i/r)$$

なる性質をもつ。したがって，これから x と y についての第一の関係式

⑲　　　$y^2 = r^2 - \left(\dfrac{r}{p_4}\right)^2 \cdot x^2$

が得られる。x と y についての第二の関係式は，既出の

㊾　　　$y = \dfrac{q_0}{p_0} \cdot x$

である。この両辺を自乗して式⑲と等置すれば，

$$\left(\frac{q_0}{p_0}\right)^2 \cdot x^2 = y^2 = r^2 - \left(\frac{r}{p_4}\right)^2 \cdot x^2$$

これを整理して，x を求める公式

⑳　　　$x = \dfrac{r}{\sqrt{\left(\dfrac{q_0}{p_0}\right)^2 + \left(\dfrac{r}{p_4}\right)^2}}$

が導かれる。

　数値的に x を求めてみよう。ラヂアン単位では $r=1$ と仮定している。必要な q_0 と p_0 の値は，§6の表の「三角法」の欄から取って（p.315）

　　　$q_0/p_0 = .916667 \div .399653 = 2.293658$

を用いればよい。r/p_4 は先に求めた p_4 の逆数（p.334）

　　　$1 \div .103031 = 9.705781$

を用いる。これらを式⑳に入れて

　　　$x = 1/\sqrt{2.293658^2 + 9.705781^2} = 1 \div 9.973116 = .100270$

が求まる。これは先に求めたラヂアン単位の p_7 にほかならない。（p.339）

　球面三角法によっても，楕円の性質よっても，図形上は同値であるから，p_7 の値が一致するのは当然である。式の変形によって同値を導くこともできるが，

ここでは省略する。

§12. 別の仮定の採用（続）

前節では，筆者による別の復元図（p.338）に基いて，$j = .253601$ ラヂアン $= 14.7422$ 中国度を求めた。この図は，二つの傾斜角を誇張して大きく描いたため，$\overparen{LX}$ と LE，$\overparen{MN}$ と MF，つまり半弧と半弦の長さに差があるように見える。しかし，半弧 $i = \overparen{LX} = 6$ 中国度は小さい値であるから，実際には白道と黄道は近接している。その間を張る半弧と半弦は密着し，長さの差は僅少である。(p.338)

前節で i と p_4，f と p_7 の差が数値的にいかほど僅少であるかを示した。とくに三角法によるよりも沈括の公式による場合に，この差が僅少なること：
$$i = 6° \quad と \quad p_4 = 5°.9993 \quad の差は \quad °.0007$$
を指摘した。（f と p_7 の差は，これよりも小さい。）そこで

(2) 「郭守敬は，$i = \overparen{LX}$ と $p_4 = $ LE，$f = \overparen{MN}$ と $p_7 = $ MF の長さを，それぞれ等しいと見做した。」

と仮定する。換言すれば，

「厳密には半弦 LE，MF を用いて計算すべきところ，これとそれぞれ極めて近い値をもつ半弧 $\overparen{LX}$，$\overparen{MN}$ の値で代用した。」

と考える。

じつは，今日の私たちは，『授時発明』の挿図（p.336で引用した）において弧長 $i = 6°$ に等しく「大円矢」AOを取ることに違和感を覚える。これは今日の私たちの曲線にたいする直観「有限の長さをもつ円弧はそれを張る弦とは等しくない」から来ている。ところが，計算を中心に考える中国流，そしてその注解を書いている段階の関においては，半弧と半弦の長さの差が無視できる程度に僅少なる場合には，相互に流用しても差し支えないと判断したのであろう。また差を無視した場合に計算に乗せ易い状況にあっては，それを有利であると

考えたのであろう。

この仮定(2)は，後文で提出する仮定(3)と組み合わせたとき，威力を発揮する。しばらくは，仮定(1)と仮定(2)を前提として，$j=\widehat{\mathrm{MX}}$ を求めてみよう。

半弦の代用値を用いる方法

方法は前節の「楕円を用いる方法」によるが，p_4 の代りに i を直接用い，p_7 の代りに f を用いそれを未知数 x とおく点が違う。したがって，式の上では(59)と(60)の p_4 のところに i が入り，(p.341)

(61)　$$y^2=r^2-\left(\frac{r}{i}\right)^2\cdot x^2$$

(62)　$$x=\frac{r}{\sqrt{\left(\frac{q_0}{p_0}\right)^2+\left(\frac{r}{i}\right)^2}}$$

となる。

数値計算のためには，同所のラヂアン単位の p_4 の逆数の代りに，i の逆数

$$1\div.103215=9.688557$$

を直接用いればよく，

$$x=1/\sqrt{2.293658^2+9.688557^2}=1\div 9.956355=.100438$$

この値を $p_7/r=\sin(f/r)$ であると見做して，式(58)から導かれる(p.339)

(63)　$$\sin(j/r)=\frac{\sin(f/r)}{\sin(e/r)}$$

に入れれば

$$.100438\div.399653=.251314$$

$$\arcsin(.251314)=.254038\quad \text{ラヂアン}$$

さらに k/r で割れば

$$j=.254038\times\frac{60.875}{1.0472}=14^{\circ}\!.7676$$

となる。

　この値 j は前節で求めた $j=14°\!.7422$ に比べて $°\!.0254$ だけ大きいが，これは $p_4=5°\!.9894$ を用いるべきところを，$i=6°$ で代用した（$°\!.0106$ だけ大きい）ことの反映である。仮定(2)「半弦の代りに半弧を用いる」の採用が，$°\!.0254$ の過剰な差をもたらしたわけである。

　再び p.338 の筆者による復元図に戻る。白道 $\widehat{\text{TMLT}'}$ の正射影は，前述の通り《楕円の半周》$\widehat{\text{TBAT}'}$ である（破線）。しかもこの楕円は実際はひじょうに《平たい》／　そこで

(3) 「郭は，白道の正射影である楕円半周を，《円弧》$\widehat{\text{TBAT}'}$ であると見做した。」

と仮定する。もちろん厳密には楕円半周と《大円の弧》は重ならない。しかし，その差を無視した立場が，「弧中ニ容ルル所ノ直濶ノ法」[#70] を採用した「授時暦」の計算法である。

　郭は《なぜ》この方法を採用したのか，または採用せざるをえなかったのか，その**理由**を推測してみよう。

　中国流では，球面上の弧長のなかでも $i=\widehat{\text{LX}}$ のように，二つの四分円弧 $\widehat{\text{TL}}$, $\widehat{\text{TX}}$ の両端を結ぶ弧長は計算に使える。ところが $f=\widehat{\text{MN}}$ は四分円でない弧 $\widehat{\text{TM}}$, $\widehat{\text{TN}}$ の両端を結ぶから，弧長 f は《顕わ》には求めにくい。正射影すべき垂直面（TOT' で黄道面と交わる面）にたいして，半弧 $\widehat{\text{MN}}$ は《斜めの位置》におかれているから，中国流でははなはだ扱いにくい。そこで郭は，仮定(2)により $\widehat{\text{MN}}=\text{MF}$ と見做し，さらにその正射影 BD を未知数 x とおくことにした。これが §10 の疑問(2)で見た「x が直接には求まらない事情」である。(p.335)

　つぎに郭は再び困難に直面する。x は《楕円半周》上の点Bと長軸 TT' との《へだたり》であるが，中国流では楕円そのものが扱いにくかったのであろう。

窮余の策として，この楕円が《平たい》ことを利用し，大円の弧で置きかえてみる。こうすれば，$x=$BD は，O′を中心とする大円の弧 $\widehat{\text{TAT}'}$ の二本の弦 BB′と TT′の《へだたり》として表わせる。これが「弧の中の二本の弦の間に挟まれた（容れられた）へだたり（直濶）を使う方法」の意味である。

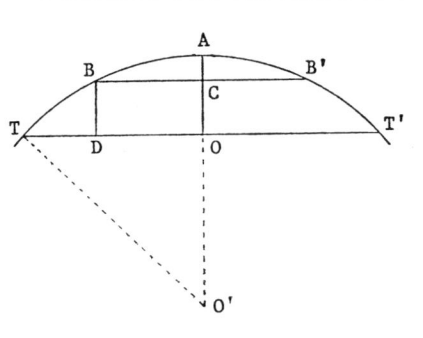

大円の弧ならば，「鋸びき算法」に訴えることができる。ただし，AO は　厳密には長さ LE を当てるべきところ，ここでも仮定(2)により LE$=\widehat{\text{LX}}=i$ と見做して，AO$=i$ とおく。また弦 BB′は，当面未知数 $2y$ としておく。こうすれば「鋸びき算法」は

　　　　鋸道 TT′$=2r$ と 鋸深 AO$=i$ の組
　　　　鋸道 BB′$=2y$ と 鋸深 AC$=i-x$ の組

の二つの組に適用できるから，これから x と y の関係式を導くことができる。

以上が，筆者による，郭の思考過程の推定である。「弧中所容直濶之法」の採用は，このような必然性をもっていたものと思われる。[#71]

大円の弧で代用する方法

『授時発明』と全く同じ計算過程の復元は次節にゆずり，これまでの諸計算と比較するため，ここでは沈括の公式は用いず三角法を用いることにする。

第一組の「鋸びき算法」は，既出の関係式 (p.331)

(41)　　　$$2R=\frac{r^2}{i}+i$$

を導く。第二組の「鋸びき算法」は，

$$2R=\frac{y^2}{i-x}+i-x$$

を導くが，これを変形すれば既出の (p.331)

$$㊽\qquad y^2=(2R-i+x)(i-x)$$

となり，式㊶を代入して(p.331)

$$(64)\qquad y^2=\left(\frac{r^2}{i}+x\right)(i-x)$$

と書くことができる。これは未知数 x と y を含む第一の関係式である。これが p.343 の式(61)に相当する。

y を消去するには，これまでしばしば引用した第二の関係式(p.332)

$$㊾\qquad y=\frac{q_0}{p_0}\cdot x$$

の両辺を自乗したものを用いればよい。こうして

$$\left(\frac{q_0}{p_0}\right)^2\cdot x^2=y^2=\left(\frac{r^2}{i}+x\right)(i-x)$$

が導かれ，整理して x に関する二次方程式

$$㊿\qquad \left(1+\left(\frac{q_0}{p_0}\right)^2\right)x^2+\left(\frac{r^2}{i}-i\right)x-r^2=0$$

が得られる。(p.332)

以上の計算過程は，未知数 x の解釈の違いを除いて，§9 に再録した広瀬氏の復元の後半と同じである。氏の復元では x は $p_4=r\sin(i/r)$ に当てられたが，筆者の復元では x は $p_7=r\sin(f/r)$ に当てられた点に 相違がある。

これまでの計算で使ったラヂアン単位の

$$r/r=1,\ ki/r=.103215,\ q_0/p_0=2.293658$$

を式㊿に入れれば，二次方程式

$$6.26087x^2+9.585343x-1=0$$

が得られる。これを解いて $x=.098047$ が求まる。あとはこれまでの計算と同様に，x を $p_7/r=\sin(f/r)$ と見做して式(63)に入れれば，(p.343)

$$.098047 \div .399653 = .245330$$

$$\arcsin(.245330) = .247860 \quad \text{ラヂアン}$$

さらに k/r で割れば

$$j = .247860 \times \frac{60.875}{1.0472} = 14°\!.4085$$

が求められた。

　この $14°\!.4085$ は，上記「半弦の代用値を用いる方法」で求めた $14°\!.7676$ よりも $°\!.3591$ だけ小さい。これは，仮定(3)「楕円半周を大円の弧で置きかえる」の採用によって，x の値が過小評価されたことに由来する。(p.344)

$$\left.\begin{array}{ll}\text{楕円による} & x = .100438 \\ \text{大円弧による} & x = .098047\end{array}\right\} \text{差} -.002391$$

つまり，大円の弧のほうが楕円半周よりも一層《平たくつぶれている》のである。この x から j を求めると（式㊳を用いる点は同一であるから），ラヂアン単位で

$$\left.\begin{array}{ll}\text{楕円による} & j = .254038 \\ \text{大円弧による} & j = .247680\end{array}\right\} \text{差} -.006358$$

となり，j の過小評価が生じた。

§ 13. 白道赤経の極値の再建

　「授時暦」の，したがって『授時発明』の計算過程は，本質的には前節後半の「大円の弧で代用する方法」と同じである。ただ前節までは「授時暦」の仮定(1), (2), (3)は採用しても，それ以外は三角法を用いたのにたいして，「授時暦」流の計算では沈括の公式⑲を用いる。以下，原文の再録は省略するが，文脈はできるだけ『授時発明』に沿って計算を進めることにする。(1., 382)

　郭太史は「弧の中に入れた二本の弦のへだたり（直濶）を使う方法」によっ

て，弧長 $j = \overparen{MX}$ を求めた。

周天の半径 $r = 60.875$ と大円の矢 AO に当てる白道傾斜 $i = 6°$ を用いて，

(41) $\quad 2R = \dfrac{r^2}{i} + i = \dfrac{60.875^2}{6} + 6 = 623.6276$

と計算して大円の直径 $2R$ とする。

未知数 x を容濶 BD とし，截矢 AC を $6-x$ とし，これから

(48) $\quad y^2 = (2R - i + x)(i - x) = (617.6276 + x)(6 - x)$

(48)' $\quad y^2 = -x^2 - 611.6276x + 3705.7656$

なる式を導いて，容半長巾 y^2 に当てて左に置く。

〔すでに問題Ⅰ，Ⅱのところで $e = 23.9$ から求めてあった，p.336 の図の〕大股 $q_0 = \text{OV}'' = 56.0678$ と大勾 $p_0 = \text{V}''\text{Y}' = 23.7102$ の比〔原文では度差〕2.3647 を未知数 x に掛けた

(49) $\quad y = (q_0/p_0) \cdot x = 2.3647 x$

を容半長 BC $= y$ とし，両辺の自乗

$\quad y^2 = (q_0/p_0)^2 \cdot x^2 = 5.5919 x^2$

を容半長巾 y^2 とし，左に置いた式 (48)' と差し引きして，二次方程式

(50) $\quad -6.5919 x^2 - 611.6276 x + 3705.7656 = 0$

を得る。

この方程式を数値的に開いて，得られる根

$\quad x = 5.7077$

が容濶 p_7 であり，また小勾とする。これを式(49)に入れれば

(49) $\quad y = (q_0/p_0) \cdot x = 2.3647 \times 5.7077 = 13.4972$

となり，容半長 $y = p_6$ である。(p.332 と p.346)

〔p_7 から p_5 への換算は，三角法の公式(63)の代りに，§11の式(55)から変形した下記の式(65)を用いて〕大弦 $r = 60.875$ に小勾 $p_7 = 5.7077$ を掛け，大勾 $p_0 = 23.7102$ で割り，

㊻　　$p_5 = \dfrac{r}{p_0} \cdot p_7 = 60.875 \times 5.7077 \div 23.7102 = 14°\!.6544$

と計算して小弦すなわち $\mathrm{MG} = p_5$ を得る。小弦 p_5 に対応する小矢 v_5 は，

⑰　　$v_5 = r - q_5 = r - \sqrt{r^2 - p_5{}^2} = 60.875 - \sqrt{60.875^2 - 14.6544^2}$

　　　　$= 60.875 - 59.0848 = 1°\!.7902$

と計算し，これを沈括の公式

⑲　　$j = p_5 + \dfrac{v_5{}^2}{2r} = 14.6544 + \dfrac{1.7902^2}{121.75} = 14°\!.6807$

に入れて $j = 14°\!.6807$ が求まる。これが白赤道の交点 M から黄赤道の交点 X までの極大値 $\widehat{\mathrm{MX}}$ である。(p.338 と p.348)

　上で用いた q_0 と p_0 の値は，$e = 23°\!.9$ から沈括の公式⑲を（逆向きに）使って求めた値であり，§6 の表の「検算 i」の欄から取った。(p.315)

　§11 から本節までの計算は，すべて有効数字 10 桁を用い，表示のとき丸めて小数 4 桁目までとした。「授時暦」の，したがって関の『授時発明』の計算は，その途中で《随意に》切り上げ・切り捨てを行ないつつ進めているので，本節における筆者の計算とは一致しない。「天文大成」と『授時発明』が到達した値は $j = 14.66$ 中国度であって，筆者の 14.6807 中国度にほぼ近い。

　これまで三節にわたり，多様な仮定の組み合せのもとに j の値を求めてきた。これを一覧表として示そう。

仮定(1)	(§11 の復元図に基づき三角法による)	14.7422 中国度
仮定(1)+(2)	(p_4 を用いるべきところ，i で代用)	14.7676
仮定(1)+(2)+(3)	(楕円を用いるべきところ，大円弧で代用)	14.4085
仮定(1)+(2)+(3)+沈括公式		14.6807

仮定(1)は 337頁，仮定(2)は 342頁，仮定(3)は 344頁、沈括公式はこの頁を参照。

　仮定(2)は j の過大評価をもたらし，仮定(3)は過小評価をもたらすことは，すでに述べた通りである。沈括の公式を用いた結果は「仮定(1)＋(2)＋(3)＋三角法」の結果に比べて再び過大評価をもたらし，皮肉なことに「仮定(1)＋三角法」の結果14.7422中国度に近づいた。§6で問題Ⅰ，Ⅱについて述べたような《実際にはかなりよい結果》が，ここでも得られたわけである。(p.318)

　しかし，§11で述べたように，仮定(1)のもとに求めた $j=\widehat{MX}$ は厳密な意味での極大値ではない。『授時発明』において《極大と見做された値》であることに注意せねばならない。厳密な意味での極大値は，§10の疑問(1)のところで求めた15.4333中国度である。仮定(1)に直観からきた誤りを含むとはいえ，「授時暦」流の考え方は一つの新しい道を切り開いたものといえる。藪内氏から評価を引こう。

　「…授時暦の真価は，測験に慎重を期したというだけではなかった。さらに計算方面に於ける新しい工夫が行われた。……黄赤道及び黄白道の変換及び黄道内外度の算法に球面三角法に類する方法を使用し…この結果，従来のそれに比べて画期的な進歩が行われ，400年にわたって授時暦を凌駕するものが作られなかったのである。」(3., p.144)

(1983年12月22日記)

〔文献は368頁〕

〔要旨〕関の授時発明への注意（続）

　1）関の授時発明には，「天文大成」が扱っていて，関が手控えを書きたいま一つの主題がある。本論文は，月の白道と太陽の黄道との《へだたり》の最大値という，重箱の隅をつつくような微妙な問題を扱った。詳細は本文の図と各式に譲らざるを得ない。この要旨では問題の焦点を簡略に述べる。

　2）関の全集に授時発明の解説を書いた広瀬秀雄氏は，論文『授時暦の研究』において，この問題を現代天文学の立場から《復元》した。筆者は広瀬氏の復元が，往時の郭守敬らの考えの筋道（関の手控えもその筋道を辿った）の単純・素朴さを超えているのではないか，と疑問を抱いた。

　3）筆者は，単純・素朴さの例として，古代中国の「鋸びき算法」を用いるとき筋道が簡易化される，また西欧流の三角関数がないため，正弦の代わりに近似的に「弧の中の二本の弦に挟まれた直潤（へだたり）を使う方法」を用いた，と考えた。

　4）筆者は，広瀬氏が復元のために提出した図(p.329)の代わりに，関が授時発明に載せた図を基にして，より簡単な復元図(p.338)を描いた。そして，仮定(1) 本文324頁の図の $\overparen{MX}$ の最大値を求める代わりに，$\overparen{KX}$ が四分円弧の場合の $\overparen{MX}$ を求めている，仮定(2) 二種類の短い半弧を半弦に等しいと見なした(p.342)，仮定(3) 白道の正射影である楕円半周を（楕円が平たいので）半円弧と見なした(p.345)，の三つを設けた。これらの仮定のもとに郭らの考えの筋道を復元したところ，授時暦経の計算結果と照合すると，近似の程度も黄赤変換の場合とほぼ同じ程度の，よい近似が得られることを確かめた。もちろん郭らの筋道を辿った関の計算結果も同様である。

11 関の授時発明への注意（補）

§14. 磁針の偏り ……………… 352   §16. 冬至の昼の長さ ……… 362
§15. 影の長さ ………………… 354   文献 …………………… 368

§14. 磁針の偏り

　関孝和の遺稿に『天文数学雑著』（1.『全集』，本文 p. 483-504）がある．その解題において，広瀬秀雄氏は，

　「…本書は孝和が遺したメモの類を一括編集したものと考えられる……天文数学雑著の各事項の成立は，孝和の若い頃から晩年にわたり区々であると考えられる．……暦数関係から見て最も重要な事項は，孝和と円の研究を示す「磁鍼之測験」と，「日景実測」の二項であろう．前者では，

　　　（☆）　　　$\sin 7°30' = 0.130526$ 強

という値が示されており，後者には円周率として，

　　　　　　　$\pi = 3.1415926$

が出ており，

　　　　　　弧矢勾股の法 （arcsin θ を求める法）

を正しく知っていたと推定される資料が見られる．」
と述べておられる．平山諦氏『関孝和』（13.）にも，ほぼ同様な記述がある．

　筆者は，関が『授時発明』を書いた頃からあと，どれほどの進歩を示したかに興味をもち，この二つの事項を検算した．その結果，必ずしも両先生のご意

11 関の授時発明への注意（補）

見どおりとはいえない知見が得られ，また『全集』に再録された数値の若干に訂正すべき点を見出したので，ここに「補遺」として報告する。

まず第一の事項「磁鍼之測驗」(1.，本文 p. 487-488) の要旨は次のとおり。

本草綱目により磁石の製法を述べたあと，磁針が真南を指さず（現代とN，Sを逆にとっている），東に偏って，丙午の交を指す，という。丙午の交とは，挿図によると，円周の 1/48（ふつうの度で 7°30′）偏っている。「算術を以て推し考るに」針の長さ1に対して .130526 強の偏りである，とある。

上記（☆）を物語るこの事項にたいする広瀬氏の評価は

「（☆）という全く正しい値が示されている。6, 7 桁の精度で正弦の値を正しく計算することができたということになる。」(1.，解説 p. 208)

平山氏の評価は

「孝和は五以下を切り棄てた場合を強と記している。この正弦の値（☆）は，恐らく孝和自身の計算であろう。これには円周率 10 桁を必要とする。」(13.，増補訂正 p. 263)

である。

筆者は，この事項にかんする限りは，<u>関が三角関数を使ったと考える必要はない</u>，と思う。関は「角術」（私の第4論文を参照）において，円に内接する正十二角形の辺と半径との関係を扱っている。また関は「求円率術」（私の第2論文を参照）において，一辺から半角に応ずる辺の長さを求めている。

図は，中心O，直径ABが1なる円であり，一辺 AC=x から半角に応ずる辺 AD=x' を求めるために，二つの直角三角形の相似

「△DEA∽△ADB」

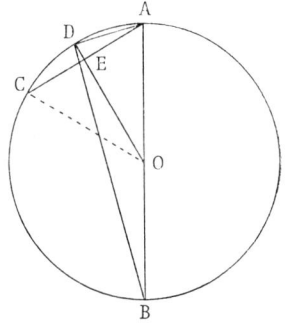

353

から
$$x' : \mathrm{DE} = 1 : x'$$
が出る。DEは△AEOが直角三角形なることを用いて
$$\mathrm{DE} = \mathrm{DO} - \mathrm{EO} = .5 - \sqrt{.5^2 - x^2/4}$$
から，公式

⑯ $\quad x'^2 = .5 - \sqrt{.5^2 - x^2/4}$

が出る。(第2論文 p.36 参照)

正六角形の一辺は半径 .5 に等しいから，正十二角形の一辺 x' は
$$x'^2 = .5 - \sqrt{.5^2 - .5^2/4} = .5 - \sqrt{.1875} = .0669873$$
$$x' = .2588190$$

さらに正二十四角形の一辺 x'' は
$$x''^2 = .5 - \sqrt{.5^2 - x'^2/4} = .5 - \sqrt{.2332532} = .0170371$$
$$x'' = .1305262$$

ところで $x''/2$ が半径 .5 に応ずる半弦であるから，x'' 自身が半径1に応ずる。つまり，公式⑯を二度使うだけで .130526強 が得られた。

この値を関が求めたからといって，必ずしも関が一般的な正弦関数を得た証拠にはならない。§16 で「関の補間公式」を紹介するが，それは弦（または矢）から弧を求める公式であって，弧から弦を求める公式ではない！

§15. 影の長さ

第二の重要事項「日景実測」(1., 本文 p.489-490) の要旨は次のとおり。
武州江戸で冬至と夏至の正午の影の長さを計った観測値が与えられている。[#72]
これから各種の直角三角形の性質を利用して，三つの矢の長さを求め，「求弧背術」[#73]を用いて三つの弧長，すなわち江戸の緯度 $h = 36°5994$ と黄道傾斜 $e = 23°9006$，および冬至円（冬至の太陽が通る円）の地上に出た部分 $j = 132°9595$ を求める。この j を冬至円周 $334°8121$ で割った .397116 日が冬

11 関の授時発明への注意（補）

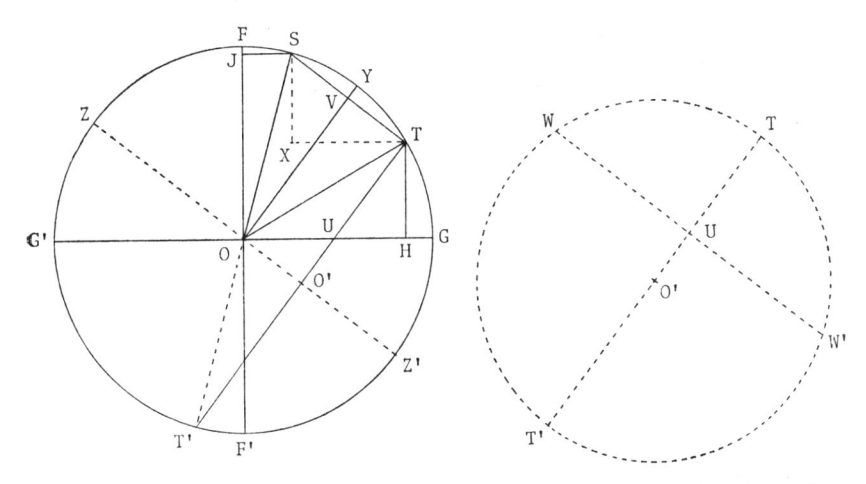

(§2の図との関係で，文字記号Zなどの使い方が慣例に反することになった。)

冬至の正午の日景（表の長さ1に対して）　　1.7065　　（丈）

夏至　　　〃　　　　　　　〃　　　　　　.222　　　〃

二分　　　〃　　　　　　　〃　　　　　　.7285　　〃

$\widehat{ZG'}=h$　　　　武江北極出地　　36.5994　　　　（中国度）

○ $2r\pi$　　　　　　周天　　　　　365.25　　　　　　〃

$G'G=FF'=2r$　　周天径　　　　116.2626　　　　　〃

$YO=GO=FO=r$　周天半径　　　58.1313　　　　　〃

$TH=p_8$　　　　冬至勾　　　　29.390231　[29.3902]　〃

$OH=q_8$　　　　冬至股　　　　50.□154　　[50.1544]　〃

$HG=v_8$　　　　冬至矢　　　　7.9769　　　　　　　〃

$\widehat{TG}=f$　　　　冬至[半]背　　30.8125　　　　　　〃

$JS=p_9$　　　　夏至勾　　　　12.5984　　　　　　　〃

$JO=q_9$　　　　夏至股　　　　56.7497　　　　　　　〃

$FJ=v_9$　　　　夏至矢　　　　1.3816　　　　　　　〃

$\overset{\frown}{FS}=g$	夏至[半]背	12.6988	〃
$\overset{\frown}{SY}=\overset{\frown}{YT}=e$	黄赤道内外度	23.9006	〃
$YV=v_0$	黄赤道内外矢	4.8443	〃
$SV=VT=p_0$	黄赤道内外半弦	23.2325	〃
$[VO=q_0$	——	53.2870	〃]
$TT'=2q_0$	冬至円径	106.5740	〃
○ $2q_0\pi$	冬至円周	334.8121	〃
$TU=v_{10}$	冬至地上矢	36.3622	〃
$[UO'=q_{10}$	地上増減分	16.9248	〃]
$\overset{\frown}{WTW'}=j$	冬至地上背	132.9595	〃
t	冬至昼，夏至夜	.397116	（日）
s	夏至昼，冬至夜	.602884	〃

至の昼間，これを 1 から引いた .602884 日が冬至の夜間である。夏至では昼夜が逆になる。

広瀬氏（1., 解説 p.208）および平山氏（13., 増補訂正 p.263-264）は，関がこの一覧表のなかに示した次の四つの値から二つの比を求めると，関が用いた円周率 π の精度が分かる，とされる：

$$\frac{\text{周天}}{\text{周天径}}=\frac{365.25}{116.2626}=3.1415950$$

$$\frac{\text{冬至円周}}{\text{冬至円径}}=\frac{334.8121}{106.5740}=3.1415927$$

筆者は，後述の理由で，関は祖沖之の密率（第6号論文を参照）

$$\pi=\frac{355}{113}=3.1415929$$

を用いたのであろうと推測した。（後文(ト)を参照）

そのほか検算によって，原文の数値のいくつかを復元できたので，推定され

る関の計算順序に沿って解説を試みよう。まず，関の原図と関の与えた数値の一覧表を再録する。図中の点線と文字記号は筆者が付加したもの，原図には各名称が直接記入されているが，ここでは一覧表のなかに名称と記号を対照して示した。[ ] 内の記載は筆者による付記。

一覧表の初めの三項にある「表」#74 とは，地面に立てた垂直な柱（高さ1丈）であり，その影の長さを実測したのが右側の数値である。したがって，余接に相当する三つの比が与えられたと考えてよい。広瀬氏（1., 解説 p.208）は，このうち第三の二分（春分・秋分）の値は実測ではなく，計算によって求められた，とされた。筆者もこれに同調する（その理由は後文(ホ) p.360 を見よ）。

(イ) 冬至の勾股矢 p_8, q_8, v_8

図において G′G は地平を表わすから，冬至の比 1.7065 は OT の方向を示す余接であり，

㊅⑦　　$q_8/p_8 = 1.7065$

である。これといま一つの関係式（§2, p.294）

①　　$p_8^2 + q_8^2 = r^2$

から p_8 を消去すれば q_8 が求められる：

㊅⑧　　$q_8 = r/\sqrt{1 + 1/1.7065^2} = 58.1313 \div 1.159047 = 50.1543\underline{9}$

下線部を丸めて $q_8 = 50.1544$ が得られる。原文の数値 50.□154 には脱字があり，広瀬氏は 50.1554 と推定された。しかし筆者は §3 の式 (p.297)

⑰　　$v_8 = r - q_8$

によって逆算すると $q_8 = 50.1544$ となるので，これを復元値とすることが妥当だと考える。p_8 は式㊅⑦を変形して

㊅⑦′　　$p_8 = q_8/1.7065 = 50.1544 \div 1.7065 = 29.390213\underline{9}$

として求まる。下線部が関の値と称する 29.390231 と一致しない。筆者は，ほかの数値がすべて中国度で秒単位まで，すなわち小数4桁目まで表示されて

いることから推定して，31 は衍字ではないかと思う。そこで復元値は $p_8=$ 29.3902 としたい。さいごに v_8 が，上の式⑰によって求められたはずである。

検算　$p_8^2+q_8^2=29.3902^2+50.1544^2=3379.2477$
　　　$r^2=58.1313^2=3379.2480$（丸め誤差を除いて一致）

(ロ)　夏至の勾股矢 p_9, q_9, v_9

　　夏至の比 .222 は，図中 OS の方向を示す余接であり，

　　⑲　　　$p_9/q_9=.222$

である。いま一つの関係式

　　①　　　$p_9^2+q_9^2=r^2$

とから p_9 を消去して q_9 が求まる：

　　⑳　　$q_9=r/\sqrt{1+.222^2}=58.1313\div1.024346=\underline{56.74967}$

下線部を丸めれば，原文の $q_9=56.7497$ と一致する。式⑲を変形して

　　⑲′　　$p_9=q_9\times.222=56.7497\times.222=\underline{12.59843}$

下線部を捨てれば，原文の $p_9=12.5984$ と一致する。v_9 は

　　⑰　　$v_9=r-q_9=58.1313-56.7497=1.3816$

として求まる。

検算　$p_9^2+q_9^2=12.5984^2+56.7497^2=3379.2481$
　　　$r^2=58.1313^2=3379.2480$（丸め誤差を除いて一致）

(ハ)　黄赤道内外の半弦 p_0

　　広瀬氏の説明（1., 解説 p.208-210）を読むと，すべてが三角法の記号によって展開されているので，あたかも関自身が三角関数を《駆使》して弧長の関係から図中の ST$=2p_0$ を計算したかのごとき印象をうける。筆者はむしろ

　　　　関はまだ弧と弦の相互の変換を自由に行なえる域には達しておらず，「求弧背術」[#75]による弧長計算は最小限に止めて，もっぱら直角三角形の関係を使って ST$=2p_0$ を求めたのであろう

と推測する。

11 関の授時発明への注意（補）

このように推測する理由の一つは，「求弧背術」による計算が大変面倒なことである（次節）。いま一つは，関がそのように計算した状況証拠による。すなわち，関の原図には「解図云」が付記されていて，その前半に

「冬勾（p_8）を夏股（q_9）から引いて，小勾（q_9-p_8）とし，冬股（q_8）から夏勾（p_9）を引いて，余りを小股（q_8-p_9）とする。」（意訳）

とある。関は，明らかに，筆者が図中に点線で描いた直角三角形 SXT のことを指している。(p.355)

$$\text{小勾}：SX = q_9 - p_8 = 56.7497 - 29.3902 = 27.3595$$

$$\text{小股}：XT = q_8 - p_9 = 50.1544 - 12.5984 = 37.5560$$

勾股弦の術（ピタゴラスの定理）を用いて，小弦 $ST = 2p_0$ が求められる：

㋹　　$2p_0 = \sqrt{27.3595^2 + 37.5560^2} = \sqrt{2158.9954} = 46.46499$

下線部を丸めて $2p_0 = 46.4650$，これから $p_0 = 23.2325$ なる原文の値が出る。

㋥　冬至円の径 $2q_0$

Z は武州江戸における天の北極の高さを示すから，天球は ZZ′ を軸として回転する。冬至の正午に太陽は T の位置にあるから，冬至の太陽は図中の TT′ を直径とする円（筆者が右側に付した点線円）を描く。そこで

「VO∥TT′，ST∥ZZ′，かつ △STT′ は直角三角形」

なる関係から，TT′ = 2VO = $2q_0$ を求めることができる：

㋕　　$2q_0 = \sqrt{4r^2 - 4p_0^2} = \sqrt{116.2626^2 - 46.4650^2} = \sqrt{11357.996}$
　　　　$= 106.57390$

下線部を丸めて原文の $2q_0 = 106.5740$ が出る。そこで $q_0 = 53.2870$ となり，

㋳　　$v_0 = r - q_0 = 58.1313 - 53.2870 = 4.8443$

が求まる。

『授時発明』のなかの値は§6で見たように（p.315）

㋙　　$p_0 = 23.713$，　$q_0 = 56.065$，　$v_0 = 4.81$

であり，これらは中国流天文学のたんなる受売にすぎなかった。そこでの半径

$r=60.875$ にたいして，いまや「日景実測」では半径 $r=58.1313$ を採用し（次節），さらに冬至と夏至の影の実測値から出発することにより，関の値は大いに改善されたわけである。これは和算の自立を示す一駒といえよう。

(ホ) 地上矢 v_{10}

「解図云」の後半に (p.355)

「内外の半弦（p_0）に，小勾（q_9-p_8）を掛け，小股（q_8-p_9）で割って，地上の増減分（q_{10}）とし，これを用いて，容半径（q_0 に等しい）から引けば，冬至の地上（地上矢 v_{10}）を得，容半径（q_0）に加えれば，夏至の地上（q_0+q_{10}）を得る。冬至の場合を使った求め方は上文の通り。」（意訳）

とある。冬至円のうち地上に出た部分（筆者の付図の点線の弧 $\overparen{WTW'}$）を求めることが目標である。そのためには地上矢 $TU=v_{10}$ が必要となるが，関は中間で $UO'=q_{10}$（地上の増減分と称する値）を求めている。ここで関は，筆者が図中に点線で付加した二つの直角三角形の相似

「$\triangle SXT \infty \triangle UO'O$」

を用いている。地上の増減分 $UU'=q_{10}$ は，関のいうとおり

(74) $$q_{10}=p_0\cdot\frac{q_9-p_8}{q_8-p_9}=23.2325\times\frac{27.3595}{37.5560}=16.92\underline{4848}$$

として求まる。下線部を捨てて原文の推定値 $q_{10}=16.9248$ が得られた。冬至の地上矢 $TU=v_{10}$ は

(75) $$v_{10}=q_0-q_{10}=53.2870-16.9248=36.3622$$

となって原文の値が求まる。広瀬氏はこの値を 36.3629 としておられるが，筆者は以上の計算過程の復元によって，関の値のままでよいと考える。

筆者は，三角法によって v_{10} の値を求めてそれが正しいか否かを論じようとしているわけではない。今日のわれわれは（私がすでに検算のために利用しているように）関数電卓が使えるから，いとも容易に三角関数で変換して正しい結果を導くことができる。しかし私が本稿でつねに取っている立場は《原典尊

11 関の授時発明への注意（補）

重》である。すなわち，できるかぎり原文の数値を意改しようとせず，どのような計算過程を辿れば関の値に到達するか，関の身になってそれを復元しようとしている。止むをえず原文の値を変更する場合は，前後の文脈から合理的に判断して，その値でなければならない必然性を説明できなければならない，と考える。（もちろん，この立場を完全に貫くことは困難である。ただ，軽々しく原文の数値を「誤記」であると決めつける態度を避けようと，自戒している次第である。）

なお，式⑭のなかの小勾ＳＸと小股ＸＴの比 (p.360)：

⑯　　　$SX/XT = 27.3595 \div 37.5560 = .728\underline{499}$

を取り出し，下線部を丸めれば $.7285$ が自然に求まる。二分の比は，実測によらず計算で求めたという推定は，ここに根拠をもつ。

(ヘ)　まとめ

以上の計算において，二ヵ所だけ数値を改めた（それは(イ)で理由を付して示した p_8 と q_8 の値である）が，それ以外は関の計算過程が原文どおりに復元された。これを見て気がつくのは，

　　関は，すべての数値を中国度の秒単位まで，すなわち小数4桁目までに丸めてしまっている

という著しい傾向である。（その例外については次節(ト)で述べる。）つまり，以上の線分計算における精度は，さほど高くはなく，むしろ§13 で復元した「白道赤経の極大値の計算」の場合と同じ水準にある，と考えざるをえない。これは予想外の結論である。（関の『授時暦経立成』の精度への期待を，過大に抱きすぎたからかもしれない。）(p.349)

しかし，有効数字という観点から再考すれば，過大な精度である，という逆の結論がえられる。出発値の二つの比は，1.7065 および $.222$ という少い有効数字の桁数であった。ところが，関がそのあとの計算に使っている数値は，中国度の小数4桁目までであり，有効数字でいえば 6～7 桁という多い桁数で

ある。今日から見るとき，そこに一種の不均衡を感ずる。しかし，これは関の時代においては止むをえなかったことかもしれない。

§16. 冬至の昼の長さ

関が『授時発明』を書いた頃よりも 進歩したのは，円周率 π の精密値の採用と，弧長計算のため，沈括の近似公式（§3）に代って「関の補間公式」を採用したことである。

(ト) 祖沖之の密率 $\pi=355/113$ の採用

筆者は，関の「日景実測」の頃までに，すでに『括要算法，巻四』の「求円周率術」(1., 本文 p.345-352) が出来上っていた，という定説に従いたい。「求円周率術」についての考察は，私の論文 11. と 10. で述べた。「日景実測」のなかでは，表記の祖沖之の密率（関はしかしながら祖沖之を知らず，誤伝によって 22/7 に密率の名称を与え，355/113 を「定率」と称した）を用いたものと推測する。

その理由の一つは，関の著書の多くに 見られる，「定率」355/113 への偏愛ぶりであり，これについては「求弧背術」にかんする別稿で詳論する予定である。[#76] 第二の理由は，「日景実測」の数値から推定できることによる。

まず，関は，前節㈡で求まった冬至円の径 $2q_0$ から冬至円周 $2q_0\pi$ へ移行するさい (p.359)

(77)　　　$2q_0 \cdot \pi = 106.5740 \times \dfrac{355}{113} = 334.812\underline{124}$

と計算し，下線部を捨てて $2q_0\pi=334.8121$ とおいたと考えられる。

検算　106.5740 に，もっと粗雑な π の近似値，例えば 3.14, 3.1416, 3.14159 などを掛けてみても 335.8121… なる積は出てこない。3.141593 なる近似値を掛けたときに初めて 334.812\underline{132} が出る。この半端な近似値を用いたと考えるよりは，近似分数 355/113 を用いたと考えるほうが，説得性に富んでいるであろう。小数に直せば 355/113

11 関の授時発明への注意（補）

$=3.141592920\cdots$ である。

つぎに、前節(イ)以下のあらゆる場所で用いられた周天半径 r の値は、周天 365.25（これは中国流天文学の基本定数である——§6）から (p.355)

⑱ $\qquad r = 365.25 \div \dfrac{710}{113} = 58.131\underline{338}$

と計算し、下線部を捨てて $r = 58.1313$ とおいたものと考えられる。

検算 こんども、$365.25 \div 2 = 182.625$ を粗雑な π の近似値、3.14、3.1416、3.14159 などで割っても 58.1313□、□<5 なる商は出てこない。3.141593 で割ったときに初めて 58.131$\underline{337}$ が出る。上記と同様な考察により、近似分数 355/113 を用いたと考えるのが妥当であろう。

ところが、ここに一つの奇妙な数値がある。それは、関が周天径 $2r$ として 116.2626 を採用していることである。もしも

⑲ $\qquad 2r = 365.25 \div \dfrac{355}{113} = 116.262\underline{676}$

と計算したとすれば、当然下線部を繰り上げて 116.262$\dot{7}$ としなければならない。関はなぜ 116.2626 としたのであろうか？——これにたいする筆者の回答は次のとおりである。

　関は、初めに式⑱によって r を求め、$\underline{38}$ を切り捨てて $r = 58.1313$ とおいた。つぎに $2r$ の値は、単純に r を 2 倍することによって $2r = 116.2626\dot{}$ とおいたのである。関は、直接に式⑲によって $2r$ の値を求めることは実行しなかった。

このように筆者が考える状況証拠は、関の『求積』編の随所に見られるのであって、「関の求積問題」にかんする別稿のなかで詳論する予定である。[#77]

実例 『求積』編に見られる一つの数値例（1., 本文 p.239）を（計算の文脈から切り離して）挙げてみよう。

　　　　$a = \sqrt{10} = 3.162\underline{278} \to$ 丸めて 3.1623 となる

　　　　$f = \sqrt{90} = 9.486\underline{833} \to$ 丸めれば 9.4868 となるはず！

ところが、関は平気で $f = 9.4869$ としている。これは

$$f = 3\sqrt{10} = 3 \times 3.1623 = 9.4869$$

と計算した結果である，としか思われない．上記の $2r$ の場合も，これと同様な算法に基づく，というのが筆者の推測である．

§15 の冒頭で紹介した広瀬氏，平山氏のお考え，すなわち

$$365.25 \div 116.2626 = 3.1415950$$

と計算してみて，関が用いた π の近似値を推測するという行き方は，どうも方向が逆のような気がする．

(チ) 「求弧背術」の採用[#78]

関の「日景実測」の頃，同じく『括要算法，巻四』の「求弧背術」(1., 本文 p.352-361) は出来上っていた，という定説に従う．したがって，そこにある「関の補間公式」が利用できたはずである．「求弧背術」の詳論は別稿にゆずり，ここでは《既製》の補間公式をそのまま引用して使うこととしたい．ただし松永・藤田による係数の訂正 (1., 本文 p.368-369) は取り入れた．

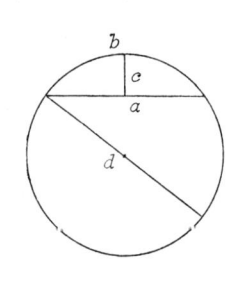

円径 d と矢 c が与えられたとき，弧背 b（つまり弦 a が張るところの円弧の長さ）の平方は次の公式によって求められる：

$$\text{\textcircled{80}} \quad b^2 = \frac{1}{B_8(d-c)^5}(B_1 cd^6 - B_2 c^2 d^5 + B_3 c^3 d^4 - B_4 c^4 d^3 + B_5 c^5 d^2 - B_6 c^6 d - B_7 c^7)$$

$B_1 = 5107600$, $B_2 = 23835414$, $B_3 = 43470240$, $B_4 = 37997429$,
$B_5 = 15047061$, $B_6 = 1501025$, $B_7 = 281292$, $B_8 = 1276900$

求めた b^2 を開平して弧背 b を得る．

この公式は，見ただけでも膨大な計算量なることが予想される．いかに計算力抜群な関といえども，万止むをえないとき以外は，この公式を用いなかったであろう，というのが筆者の推測である．（じっさい，前述の『求積』編のなかにも弧背 b を必要とする多様な問題が含まれてはいるが，関が数値例として採用した弧背 b の値は，意外に少数の例が繰り返し用いられるにすぎない．）[#79]

11 関の授時発明への注意（補）

さて「日景実測」のなかでは，

(1) 冬至矢 $v_8 \longrightarrow$ 冬至背 $2f$
(2) 夏至矢 $v_9 \longrightarrow$ 夏至背 $2g$
(3) 冬至地上矢 $v_{10} \longrightarrow$ 冬至地上背 j

の《三ヵ所》が，万止むをえない場合であろうと思われる。

(ⅰ) 冬・夏至半弧背 f, g

上記の補間公式⑧による計算結果は次のとおり：

(1) $d=116.2626, c=7.9769\,(=v_8)$ から

$b^2=3797.75103, b=\sqrt{3797.751}=61.62590$

$f=b/2=30.81295$, 関は 30.8125 としている。

(2) $d=116.2626, c=1.3816\,(=v_9)$ から

$b^2=645.07504, b=\sqrt{645.075}=25.39833$

$g=b/2=12.699165$, 関は 12.6988 としている。

筆者は b^2 までは有効数字 10 桁を用いて計算し，開平のまえに末位を丸めて以下を計算した。関のは，恐らく途中で適宜丸めていると推測されるので，筆者の結果と末位が喰い違っても止むをえない。あるいはまた，関は原初段階の係数 B を用いたのかもしれない。（じっさい，式⑧を導くさいには，多くの個所で四捨五入を繰り返さなければならず，松永・藤田による係数の訂正も，さらに訂正を加える必要がある，と筆者は考える。――詳細は別稿にゆずる。）[#80]

(ⅱ) 黄道傾斜 e と江戸の緯度 h

半弧 f と g が求まったので（ただし検算の立場から関の数値を用いて），$2e$ を求めることができる。図から明らかに

⑧1 $\quad 2e=\dfrac{2r\pi}{4}-f-g=91.3125-30.8125-12.6988=47.8012$

が求まり，これから原文の値 $e=23.9006$ が得られる。広瀬氏（1., 解説 p. 208）は， $e=23.90015$ を示されたが，筆者は(ⅰ)のような関の計算順序を推定

して，原文の値が出たものと考えたい．

もしも順序が違い，関が黄赤道内外矢 $v_0=4.8443$ から $2e$ を求めたのだと仮定すれば，次のような結果になる：

(4)　$d=116.2626$, $c=4.8443$ $(=v_0)$ から

$b^2=2284.84\underline{829}$, $b=\sqrt{2284.8483}=47.800\underline{087}=2e$

これは，原文の 47.8012 よりも不足する（もちろん関はじっさいには(4)のような計算をしなかったのであるから，この比較は無意味であろうが）．また筆者の求めた $f=30.8130$, $g=12.6992$ を用いて式 ⑧ によって $2e$ を求めると，$2e=47.8003$ であり，(4)の結果はこれとも違う．いずれにせよ，(4)のような計算を関が行なった可能性は少ないのではなかろうか．

武州江戸の緯度は，関の原図の $\widehat{ZG'}=h$ に相当する．図から明らかに，

⑧②　　$h=g+e=12.6988+23.9006=36.5994$

となって $h=36.5994$ が求まり，原文の値と一致する．

検算　洋算流の三角法によって検算するには，§6 と §9 のそれぞれ冒頭で述べたように，ふつうの度への換算が必要である．中国度を ᗪ，ふつうの度を ° で表わすことにする．

(1)′　$p_8=29ᗪ3902 \rightarrow 29.3902 \div 58.1313=.505583$

$\arcsin(.505583)=30°37006 \rightarrow 30.37006 \times \dfrac{365.25}{360}=30ᗪ\underline{81296}=f$

(2)′　$p_9=12ᗪ5984 \rightarrow 12.5984 \div 58.1313=.216723$

$\arcsin(.216723)=12°51664 \rightarrow 12.51664 \times \dfrac{365.25}{360}=12ᗪ\underline{69918}=g$

これらの f, g の値は，筆者が補間公式 ⑧ によって求めた 30ᗪ81295, 12ᗪ699165 と極めてよく一致し，「関の補間公式」の《優秀さ》を示すものといえる．しかし，補間公式には数値的な限界があることも事実であり，より精密な計算を行うときには末位に誤差が嵩むことが示される．この点は別稿にゆずる．[#81]

なお，関の求めた e と h をふつうの度に換算すれば

$e=23.9006 \times \dfrac{360}{365.25}=23°55706$

11 関の授時発明への注意（補）

$$h = 36.5994 \times \frac{360}{365.25} = 36°07333$$

となる。いま手許の『理科年表』を見ると，現代の値はおよそ

$e = 23°26'30'' = 23°44167$ （黄道傾斜）
$h = 35°39'16'' = 35°65444$ （東京麻布の旧天文台）

ではあるが，各種の条件が絡まるので，直接の比較はできない。参考に止める。

(ハ) 地上背 j

筆者の付図の冬至円（点線）において，地上矢 $UT = v_{10}$ から地上背 $\widehat{WTW'} = j$ を求めなければならない。ただし，ここでは円径を $TT' = 2q_0$ と取らねばならない。補間公式⑧による計算は次のとおり：

(3)　$d = 106.5740 (= 2q_0)$, $c = 36.3622 (= v_{10})$ から
　　$b^2 = 17678.30740$, $b = \sqrt{17678.307} = 132.95980 = j$

関は $j = 132.9595$ としている。

検算　三角法による検算は次のとおり：

(3)′　$q_{10} = 16°9248 \to 16.9248 \div 53.2870 = .317616$
　　$\arccos(.317616) = 71°48119 \to 71.48119 \times \frac{334.8121}{360} = 66°47991$
　　$j = 66°47991 \times 2 = 132°95982$

これは，筆者が補間公式⑧で求めた j とよく一致している。

(ニ) 冬至の昼・夜の長さ t, $\overset{\#82}{s}$

上で求めた円弧 j は，冬至円の太陽が地上に出ている時間に相当する。実時間は，j を冬至円周 $2q_0\pi$ で割れば，一日を単位とした時間になる。（関は 10000 を掛けた「分」単位としているが，本質は変わらない。）

⑧　$t = j/2q_0\pi = 132.9595 \div 334.8121 = .39711677$

関は下線部 77 を《切り捨て》て，.397116 をもって t としている（その理由が分からない――なお後文参照）。この t はまた夏至の夜の長さでもある。

冬至の夜の長さ s は，1日から t を引けばよい：

⑧　$s = 1 - t = 1 - .397116 = .602884$

これが原文の値である。s はまた夏至の昼の長さでもある。

関の『授時暦経立成』の巻三「半昼夜分」(1., 本文 p. 411) には，

$$t=.397117, \quad s=.602883$$

として，㊂の下線部を正しく丸めた値を与えている。（さらに，武江北極出地 h は，36度半強としている。これは(ヌ)で求めた詳しい 36°5994 の値を「強」の表現に込めているのであろうか。）

(ワ) まとめ

本節の計算の復元においては，(リ)のところで述べたように，「関の補間公式」を用いるさいの丸め方の違いが絡んでいるので，末位（小数4桁目）において5単位内外の喰い違いが生じた。しかし，全般的に関の計算過程に迫りえたのではないかと思う。関の求めた各弧長を鵜呑みにしてしまえば，関の与えた値は相互に一貫性が保たれているといってよい。

さて，「関の補間公式」を用いて筆者が得た結果と，三角関数を用いた計算結果とは，予想外に一致を示し，「関の公式」の《優秀さ》が実証された。関はいったいどのようにして，この「補間公式」を導いたのであろうか？——これは興味ある主題であり，筆者は「求弧背術」にかんする別稿で，詳細な検討を行なう予定である。[#83]

(1984年7月7日記)

文　献

1. 関孝和著・平山諦・下平和夫・広瀬秀雄編著：関孝和全集，全1巻，大阪教育図書，1974.
2. 日本学士院編：明治前日本天文学史，日本学術振興会，1960. 新訂版，野間科学医学研究資料館，1979.
3. 藪内清：中国の天文暦法，平凡社，1969.
4. 山田慶児：授時暦の道，みすず書房，1980.
5. 銭宝琮：中国数学史，科学出版社，初版1964，重版1981.

6. 広瀬秀雄：授時暦の研究,(I)，東京天文台報，第14巻，第4冊，1969．
7. 沈括著・梅原郁訳注：夢渓筆談，全3巻，平凡社，東洋文庫，1978-1981．
8. 今井湊：弧弓術考原，数学史研究，第52号，1972．
9. 杉本敏夫：関の角術の一解釈（正・続），明治学院論叢，第313・328号，総合科学研究10・12，1981・1982．本論文集の第3，第4論文．
10. 杉本敏夫：関の零約術の再評価，明治学院論叢，第340号，総合科学研究14，1983．本論文集の第6号論文．
11. 杉本敏夫：ガウスと関の開平（正・続），明治学院論叢，第302・308号，総合科学研究8・9，1980．本論文集の「関の求円周率術考（正・続）」．
12. 川原秀城訳：劉徽註九章術，薮内清編『中国天文学・数学集』(p.45-271)，科学の名著2，朝日出版社，1980．
13. 平山諦：関孝和，恒星社厚生閣，初版1959，増補改訂版1974．

〔要旨〕関の授時発明への注意（補）

1）関は『天文数学雑著』において重要な二項目を述べた，と言われる。筆者はその一「磁針の偏り」を検算した。従来は関が小数6～7桁の精度で（西欧流の）正弦を求めていた，と推定されていた。筆者は，ここで扱われた値は角術の中の正十二角形の方法でも求められるから，この一例をもって関が一般的な正弦関数を得ていた証拠にはならないと批判した。

2）その二「冬至，夏至の日の影の長さ」を検算したところ，従来説に反して中国度で小数4桁程度の精度しか得られない，という結論を得た。

この二例を見るとき，関が用いたと推定さる精度への，広瀬秀雄氏や平山諦氏による過度の期待は叶えられない，というのが筆者の考えである。

3）さらに『天文数学雑著』で扱われた「冬至の昼の長さ」を検算した。πの値は 355/113 で小数6桁まで正しい。しかし弧長の計算に「求弧背術」のの補間公式を用いたと推測した。この公式による江戸の緯度や黄道傾斜の精度は，小数4桁程度でしかないことを確かめた。

12　関の授時暦経立成の折衷性

§1．問題の所在……………… *370*
§2．関の参照資料………… *373*
§3．弦の表・矢の表……… *375*
§4．球面三角の問題……… *378*
§5．球面三角の問題（続） *382*
§6．半日周弧……………… *389*
§7．半日周弧（続）……… *393*
§8．折衷性の由来………… *396*
　　　　文献………… *399*

§1．　問題の所在

　関孝和の『授時発明』(1., 本文 p. 377-387) は，元代の「授時暦」に含まれる球面三角形の解法に，関がみずから図解し注釈を加えたものである。この書の段階では，中国の天文暦学の伝統から離れず，沈括による近似的な《半弦を半弧に変える公式》を逆正弦関数の代用としたので誤差を伴った。関はその後，逆正弦関数を精密に近似する「関の補間公式」(求弧背術) [84] を独力で作り上げ，これを『天文数学雑著』「日景実測」(1., 本文 p. 489-490) の問題に適用して，中国流を凌ぐ画期的な成果を納めた。筆者はこれらの経緯を前稿『関の授時発明への注意 (正・続・補)』(2., 論叢 347, 355, 364 号) で詳細に考察した。

　本稿は，関の『授時暦経立成』(1., 本文 p. 395-420) 巻之三「半昼夜分」[85] の検討を目的とする。取りあげる問題の局面を明らかにするため，『全集』の

12 関の授時暦経立成の折衷性

なかの広瀬秀雄氏による解説（1., 解説 p.202-204）を再録する。

「授時暦経」の方法により毎年の暦を計算するには，繰り返しを避けるため常用の数表を作っておくと便利である。これがあれば「立ち所に成る」ので，この種の数表を「立成」と呼ぶ。日本に輸入された「授時暦経」には基本の数表しか記載されず，「立成」が欠けていたので，日本の研究者自身が立成を作った。（その続きを直接引用する。）

「孝和の「授時暦経立成」第三巻は，独特のもので，江戸での一年中の太陽の半日周弧（昼間の半分）の値を示したものである。半日周弧の計算のための基礎資料は，その土地の緯度と赤道に対する黄道の傾斜角とである。……[孝和が求めた]結果の数値は伝統的な，従って近似的な弧矢接勾股の関係式[沈括の公式]によるものではなく，少なくとも小数以下7桁の精度で，$\sin\theta$（半弦長）の値から正しい θ（半弧背）の値を求めること，また当然ながら，π の値も同程度の精度で知っていたことなどを予想しなければ得られないものである。孝和の計算法は「天文数学雑著」の中に示されているが，このことは今まで誰も注意していない。」

以上に筆者の注解を若干加える。「関は π の値も同（小数以下7桁）程度の精度で知っていた……」について，前稿（補）§16で，関は祖沖之の密率(p.362)

$$355/113 = 3.14159292\cdots\text{（正しい }\pi = 3.14159265\cdots\text{）}$$

を用いたことを論証した。括弧内と比べて小数6桁まで正しい。

「関は少なくとも小数以下7桁の精度で $\sin\theta$ から正しい θ の値を求めることができた……」について，前稿の同所で，関は実測値に基づく二つの矢から「関の補間公式」によって，中国度単位（後文§3）で(p.376)

　　　冬至半弧背　$f = 30.8125$（逆正弦関数による値 30.81296）

　　　夏至半弧背　$g = 12.6988$（逆正弦関数による値 12.69918）

を求めた，と述べた。括弧内と比べ，小数4桁目において5〜4単位ていど不足するのみである。関はこの f と g から

江戸の緯度　$h=36.5994$

黄道傾斜　$e=23.9006$（広瀬氏の 23.9002 を改む）

を導いて，これを「半日周弧の計算のための基礎資料」とした。

このように，広瀬氏の解説のなかの関の計算精度は若干割り引きして，

「π は少なくとも有効数字7桁，基礎資料の h と e は少なくとも有効数字5桁の精度をもつ」

と訂正すべきであろう。しかし，これらの精度は，中国流の「沈括の公式」による計算よりも有効数字において2～3桁も精度が高く，優れたものである。

筆者ははじめ，広瀬氏の解説（上記の引用文）を虚心坦懐に読んで，漠然と「半昼夜分」なる数表それ自体も有効数字7桁（割り引きして5桁）の高い精度をもつであろうと期待した。この数表の作成には，一方で高精度の h と e の値を必要とし，それは満たされている。他方で各「黄道積度」l に対する「内外度」d の値が必要である。当然この d の値も関自身が新たに計算し直した高精度の値であろうと予想した。しかし，それは私の思い込みにすぎなかった。

本稿の結論をあらかじめ述べれば，各 d の値は元代の「授時暦経」の数表からそっくり引用したものにすぎず，しかもこの値には欠陥がある（後文）。したがって，関の作った「半昼夜分」は木に竹を接いだような《奇妙》な折衷の産物ということになる。これは意外な知見であった。

以上の議論は一見，天文暦学固有の問題であると思われよう。問題の発生からは，たしかにそのとおりであるが，筆者が扱う範囲はじつは《純粋に数学的な問題》にすぎない。一つは球面上の直角三角形の二つの辺（円弧）どうしの関係（黄赤道の変換の問題はそれに帰着する）であり，いま一つは円周上の二つの円弧どうしの関係（半日周弧の問題はそれに帰着する）である。天文暦学の装いを取り去れば，関が直面したのは「弧と弦の相互変換」の問題に集約される。関は中国から「沈括の近似公式」を学び，それを脱却してはるかに精密

な「関の補間公式」[#86]を独創したところにかれの偉大さがある。しかし，この出来立ての公式をすべての計算に適用する域にまでは達せず，一部は既成の数表を流用したところに上記の《折衷性》が生じたのである。

　本稿はまず「関の参照資料」を概観する。続く「弦の表・矢の表」『球面三角の問題』の三節で元史「授時暦経」の数表を検討し，それがいかなる算法によったかを明らかにする。そのため前稿をしばしば参照しなければならないが，必要事項は重複をいとわず要約して再録した。関の独創性は「半日周弧」を計算するさい発揮されたのであり，ここでも前稿を要約し，別の角度から扱った。さいごの節「折衷性の由来」が本稿の目標であり，旧い数値（元代）と新しい数値（関）がいかに絡むかを明らかにし，関がそうせざるをえなかった背景の事情を考察する。

　小野忠信教授の記念号にふさわしい内容を目指したが，準備期間が短いため，日頃取り組んでいる主題から踏み出す余裕がなく，西洋古代・中世を通じて天文学の権威であり続けたプトレマイオス『アルマゲスト』にわずかに言及するに止まった。この小論を小野先生に捧げる。

§2. 関の参照資料

　元史「授時暦経」の伝達経路と，関に関連深い資料を概観する。『明治前日本天文学史』(3.)，『関孝和全集』(1.)，平山諦氏『関孝和』(4.)，藪内清氏『中国の天文暦法』(5.)，中山茂氏『日本の天文学』(6.)を参照した。また「元史・明史暦志」は便利な中華書局の志彙編 (7.) を用いた。一部『安島直円全集』(8.) を参照した。

1281　（い）　「授時暦」頒布（元代）
1368　（ろ）　「元史暦志」『授時暦議』『授時暦経』[#87]

1368	（は）	「大統暦」頒布（明代）
1652	（に）	黄鼎編『天文大成管窺輯要』（明末）
1672	（ほ）	『改正授時暦経』（江戸）「元史暦志」の訓点本
1673	（へ）	小川正意編『新勘授時暦経及立成』（江戸）
1680	（と）	関孝和『授時発明』稿本
1681頃	（ち）	関孝和『授時暦経立成』稿本
1685	（り）	「貞享暦」頒布（江戸）渋川春海作成
1739	（ぬ）	「明史暦志」『大統暦法』
1769以前	（る）	安島直円『授時暦便蒙』稿本

　（い）「授時暦」は中国伝統の暦法に基づき，精密な天文観測と沈括公式による斬新な計算方法を採用した画期的な暦である。（は）は僅少な手直しを除き（い）の踏襲にすぎず，（い）（は）を通じて400年にわたって使用された。江戸期の寛文（1660年代）から130年にわたり，暦法研究の規範となり，渋川によるわが国最初の（り）「貞享暦」もこれに学んだ。

　関はおそらく（ほ）を通じて（ろ）「元史」を参照したのであろうが，（ろ）の計算方法の説明は簡略であり，1674年頃（に）『天文大成』を入手してはじめて術理を会得し，その研究成果として（と）『授時発明』を書いたのである。（へ）小川編著は「その数値の一部には全く基礎のないよいかげんな数値が使われている」（1.，解説 p.203）ので，関には役立たなかったであろう。そして関は（ろ）に欠けていた（ち）『立成』とくに「半昼夜分」の数表を独自に作り上げた。

　（ぬ）「明史」の『大統暦法』は，正史にはじめて図解と数値計算例を取り入れ，詳細な説明がなされたので，今日のわれわれにも有益である。しかし後年代ゆえに関には利用できず，（と）のなかに苦心して図解と数値計算例を書かねばならなかった。筆者は（ろ）の数表だけからは一部どうしても計算の内幕が

分からず，（ぬ）の計算例を見てはじめて《奇怪》な数値の交錯が理解できた（後文 §4, §5 の小字の部分）。安島は関流の伝統を継ぐ一人であり，筆者は（る）『便蒙』の数値例から示唆をえた（§5 の小字の部分）。

§3. 弦の表・矢の表

西欧では，二世紀にプトレマイオスがギリシャ天文学を集大成して『アルマゲスト』(9.)を書き，イスラム世界にも多大の影響を与え，十二世紀に西欧へ再輸入され，長らく古典的天文学の規範となった。

本稿で扱う範囲と比較対照しうる点を，藪内氏の翻訳 (9.) およびヒース (10.)，ノイゲバウアー (11.)，ヴァン・デル・ウァルデン (12.) などの解説を参照してまとめる。

プトレマイオスは円周を360等分して1度 (°) とし，以下の端数を六十進法で分 (′) 秒 (″) とした。一方，直径は120等分して「部分」(^{p}) とし，以下の端数も同じく六十進法で分，秒とした。円周率は整数3ではなく端数をもつから，当然円周と直径は別個の尺度である。プトレマイオスの計算によれば，1°の弧を張る弦は二つの不等式に挟まれて，

① $\quad 1^p 2' 50'' = \left(\frac{377}{360}\right)^p = 1^p_{\cdot}04722$

なる値よりも精密化できない。したがって円周率は

② $\quad 1^p 2' 50'' \times \frac{360}{120^p} = \frac{377}{120} = 3.14167$

に相当した。（後世イスラム流の円周率の精密化には触れない。）

中国流の考え方を理解するためには，円周360°のほうを基準にとり，度 (°) を角度でなく長さの単位と考えるとよい。あたかもラヂアンが円周と直径を共通の尺度で表わすように，直径 $2r$ も共通の長さの単位の度 (°) で表わすことにすれば，

③ $\quad 2r = 360° \div \frac{377}{120} = 114°_{\cdot}58886$

となる。慣用の考えからは逸れ，直径が端数をもつのは具合がわるいのであるが。

プトレマイオスは，円周を720等分した弧つまり30′刻みで，0°から180°までにわたる弧を張る「弦の表」(^{p}，′，″単位）を作成した。その過程は，典型的な正多角形の辺の計算からはじまり，加法定理・半角定理などにより順々に小弦の長さの計算に進む。この興味深い内容を関の『角術』（私の論文 13.）と対照することも別の機会にゆずるよりほかはない。ともかく「弦の表」は，ふつうの度単位で15′刻みの θ に対応する $\sin\theta$ の表を作ったことに相当する。さらに球面三角法の基本公式も若干与えたので，手間さ

えいとわなければ，球面上の三角形を自由に解くことができた。

　中国流では，周天（円周）を太陽の運行に合わせて 365.25 等分し，同じく度と呼び，端数を百進法で分，秒と表わした。本稿では西洋流と区別するため，中国度と呼び記号 ° で表わし，端数の分，秒呼称をやめて中国度単位の小数で示すこととする。§1 の f，g，h，e もこの中国度単位であった。

　十三世紀の（い）「授時暦」では，円周率として粗雑な古率 3 を採用した。「沈括の近似公式」を用いる限り，古率 3 が誤差を最少に止める有効な率であることを，前稿（正）§3〜5 で詳論した。したがって「授時暦」流の直径 $2r$ は円周と全く同じ単位を用いて (p.297-313)

④　　　$2r = 365°\!.25 \div 3 = 121°\!.75$

と簡明に表わされる。中国度とふつうの度とは，換算率 360/365.25 によって相互に移りあえる。例えばあとの例題で使う $45°$ は

⑤　　　$45° = 45 \times \dfrac{360}{365.25} = 44°\!.3532$

となる。

　十一世紀，宋の沈括が「会円術」と称して与えた近似公式は次のとおり。半径 r が (p.297 ; 320)

⑥　　　$r = 121°\!.75 \div 2 = 60°\!.875$

なる円を考え，半弧 l，半弦 p，股 q，矢 v を図のごとく定めると，

⑦　　　$v = r - q$

⑧　　　$p = \sqrt{r^2 - q^2} = \sqrt{r^2 - (r-v)^2}$
　　　　　 $= \sqrt{(2r-v)v}$

なる関係があり，これは《正確》な式である。p が正弦，q が余弦に相当する。沈括は「弦→弧」を与える《近似式》

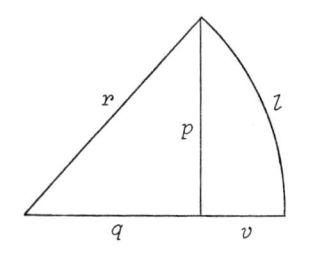

12　関の授時歴経立成の折衷性

⑨　　$l = p + \dfrac{v^2}{2r}$

を与えた。これはいわば逆正弦関数に相当する。「弧→弦(矢)」を求めるには，式⑧と⑨から p を消去した四次方程式

⑩　　$v^4 + (4r^2 - 4rl)v^2 - 8r^3 v + 4r^2 l^2 = 0$

を v について《数値的》に解かねばならない。中国では代数方程式の数値解法(いわゆる天元術)を早くから発展させたので，これが可能であった。「沈括の近似公式」の近似のていどについては，前稿(正)§4 で詳論した。(p.304)

次節を先取りして，l で球面上の「黄道積度」を表わし，これに対応する矢にはとくに添字 1 をつけて v_1 で示す。(ろ)『授時暦経』には重要な数表が掲げられ，「黄赤道率」なる表題の数表には実質的に二つの数表「$l→v_1$」「$l→a$」が含まれる。後者は次節で扱う。数表第一欄は l で 1°刻みで 0°から 91°までと，付加的に象限(直角に応ずる円周の長さ)の値：

⑪　　$365°.25 \div 4 = 91°.3125$（末位を略して $91°.31$）

が与えられている。第五欄は「積差」と称するが，(ぬ)「明史」の指摘どおり誤りであり，実質は「黄道矢度」v_1 を与える。紙面の都合により「$l→v_1$」表の一部を掲げることにする。

筆者がプログラマブル電卓で検算したところ，この表はかなり正確であり，大半は一致し，不一致のところでも末位(小数 4 桁目)において 1～2 単位ていどの誤差をもつだけであった。ここで検算とは四次方程式⑩を解いて v_1 を求めたのであり，三角関数による矢 $r(1 - \cos l°)$ と比較したわけではない。「沈括の公

l	v_1
0	0.
1	.0082
2	.0328
3	.0739
4	.1315
5	.2056
…	……
23	4.4462
24	4.8482
…	……
45	17.3253
…	……
90	59.5625
91	60.5625
91.31	60.8750

式」と三角関数との比較はおのずから別の主題であり，前稿（正）でそれをはたしたのであった。

なお本稿の検算は小数4桁目までに四捨五入した値を用いた。これは（ろ）「元史」や（ち）『立成』の桁数に歩調を合わせたためである。

§4. 球面三角の問題

O（地球）を中心とする天球においてZ（天の北極）とZ'（南極）を結ぶ軸にOで直交する平面の切口（大円）が赤道である。$YO \perp OX$ とおく。太陽は春分点 X でこれと交わる大円（黄道）を一年かけて廻る。赤道と黄道は一定の傾斜角をもつが，中国流は冬至点 T を起点にとるので，Y と T で直交する円弧「黄赤道差」$\overparen{YT}=e$ によって傾斜角を表わす。

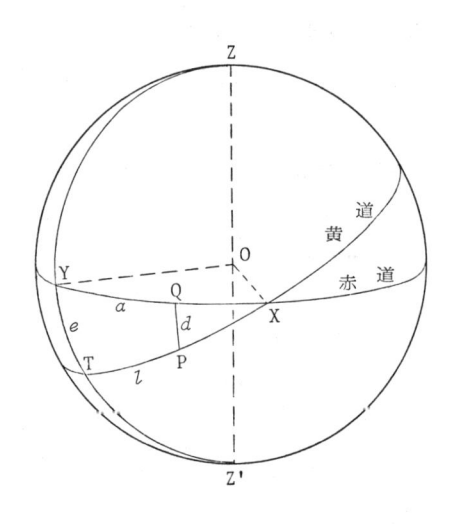

太陽が T から「黄道積度」$\overparen{TP}=l$ だけ行った点 P にあるときその位置を，$\overparen{PQ} \perp \overparen{YX}$ なる対応点 Q をとり，「赤道積度」$\overparen{YQ}=a$ と「内外度」$\overparen{PQ}=d$ で表わすことが基本問題である。△PQX は球面上の直角三角形であるから，純粋な数学上の問題にすぎず，定数 e のもとに「$l \to a$」と「$l \to d$」を解くことに尽きる。（ろ）「元史」では

半弧背 e に対応する半弦 p_0，股 q_0，矢 v_0

半弧背 l に対応する半弦 p_1，股 q_1，矢 v_1

半弧背 d に対応する半弦 p_2，股 q_2，矢 v_2

半弧背 a に対応する半弦 p_3，股 q_3，矢 v_3

12 関の授時歴経立成の折衷性

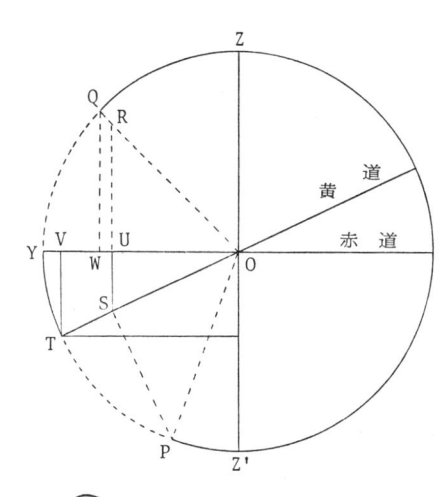

$\overset{\frown}{YT}=e$, $VT=p_0$, $VO=q_0$, $YV=v_0$
$\overset{\frown}{TP}=l$, $PS=p_1$, $SO=q_1$, $TS=v_1$
$\overset{\frown}{QP}=d$, $US=p_2$, $RO=q_2$, $QR=v_2$
$\overset{\frown}{QY}=a$, $QW=p_3$, $WO=q_3$, $YW=v_3$

注 図中に $\overset{\frown}{QP}=d$ は表わされない。また p_2 は PR に等しいのであるが，図中に PR は表わされない。

を定義し（それぞれ固有の中国名称を与える），これらの長さの間に成立する立体幾何学的な関係（比例関係と直角三角形の辺の関係）を用いて解く。詳細は前稿（正）§2を参照。(p.292-297)

関が（に）『天文大成』を読解し（と）『授時発明』のなかにみずから描いた図を再録しよう。図の混雑を避けるため，「地平」線を消し，直接書き込まれた弧，弦，股，矢の名称を消し代りに文字記号（前稿（正）§2の図に対応させた）を記入した。関の原図の朱線は，『全集』の編者にならって点線で示した。関は「朱［点線］を以て経と見，黒［実線］を以て緯と見よ」(1., 本文 p.381)と述べたが，立体を展開した図なので分かりにくい。

この図を厚紙に描き $\overset{\frown}{QY}$ と QO に鋏を入れ YO を折目とし， $\overset{\frown}{TP}$ と PO に鋏を入れ TO を折目としてそれぞれ手前に起こすと，立体関係が把握できる。（図の注に記した $\overset{\frown}{QP}$ と PR は，立体化したときにはじめて意味をもつ。）関はこの図により平面のままで諸関係を考えたのであるから，立体的空間把握の能力は鋭かったと言わねばならない。

関の『求積』(1., 本文 p.219-250)には，さまざまな立体図形が描かれている。曲線が入り組む図形は概して粗略であるにもかかわらず，空間把握は正確である。これらの点は，求積問題についての別稿 (14.) で詳論する。[#88]

話題を球面三角の問題に戻そう。本節では問題「$l\to a$」を扱う。式の導出は前稿（正）§2 にゆずり，（に）『天文大成』の計算順序を要約して掲げる。冬至と夏至の正午に地面に立てた「表」（垂直な柱，西洋流の gnomon に相当）の影の長さを測り，前稿（補）の方法で「黄赤道内外差」e が求まる。（ぬ）「明史」の注「所測就整」により，つぎの事情は明らか。実測では $e'=23°.9$ であったが，「$l\to a$」の計算には四捨五入した $e=24°$ を用いた，という。

前節の表の $l=24°$ に対応する v_1 を読みとり，それを e に対応する v_0 と見なす。さらに式⑦，⑧を用いて q_0, p_0 が求められる：

⑫　　　$e=24$, $v_0=4.8482$, $q_0=56.0268$, $p_0=23.8070$

関が（と）『授時発明』で $l=45°$ の場合を例題として a を求めたのにならって，これを計算してみよう。(p.292〜）上と同様に

⑬　　　$l=45$, $v_1=17.3253$, $q_1=43.5497$, $p_1=42.5346$

が求まる。（に）の「$l\to a$」の計算順序は，補助の長さ $\mathrm{UO}=w$ を挟み，つぎの式をを用いる。

⑭　$w=\dfrac{q_0 q_1}{r}$,　　⑮　$q_2=\sqrt{p_1^2+w^2}$,

⑯　$p_3=\dfrac{p_1 r}{q_2}$,　　⑰　$q_3=\dfrac{wr}{q_2}$,

⑱　$v_3=r-q_3$,　　⑲　$a=p_3+\dfrac{v_3^2}{2r}$

これに上の数値⑫, ⑬を入れて計算すると，

⑭　$w=40.0813$,　　⑮　$q_2=58.4440$,

⑯　$p_3=44.3038$,　　⑰　$q_3=41.7485$,

⑱　$v_3=19.1265$,　　⑲　$a=47.3085$

となる。（ろ）「元史」の「黄赤道率」表の第三欄に a の値が掲げられている。その一部を再録する。$l=45°$ に対応するのは $a=47°.3085$ であり，上の計算結果は

l	a
0	——
1	1.0865
2	2.1728
3	3.2588
4	4.3445
5	5.4294
…	……
45	47.3085
…	……
90	90.1044
91	91.0248
91.31	91.3125

これと一致する。

　（ぬ）「明史」ははるかに親切であり，上の計算の途中に出る p_1, w, q_2, p_3, v_3 の値が l ごとに掲げられている。$l=45°$ の場合，$w=40.0822$, $p_3=44.3058$ とあるが，上の⑭，⑯の数値に訂正すべきである。残りは筆者の検算と一致した。

　関は上記の事情「所測就整」を知らず，$e'=23°\!.9$ だと考え，それに対応する v_0 も粗雑に丸めた $4°\!.81$ とおいた。v_1 も⑬を四捨五入した $17°\!.33$ を用いた。かれは（に）『天文大成』の $l=45°$ に対する記述：

$$a-l=2°\!.3085$$

によって，目標値の $a=47°\!.3085$ を知っている。しかし（に）には途中の数値は略され（時代が降る（ぬ）はもちろん参照できず），検算の手段がない。そのため（と）のなかでは，目標値 a に到達すべく苦心惨憺し，かなり無理な辻褄合わせの四捨五入をしたが，それでも及ばない。前稿（正）§6 の小字の部分に，筆者が述べたごとき始末であった。(p.316)

　筆者は（ろ）「元史」の「$l\to a$」表を，$e=24°$ なる仮定のもとに検算した。その結果は末位（小数4桁目）に1～2単位ていどの誤差をもつだけであり，全般的に正確であることがたしかめられた。ただし $l=73°$ に対応する $a=74°\!.3546$ は，筆者の求めた $74°\!.3539$ に改めるべきである。

復元の一方法

　筆者は，はじめ（ろ）「元史」のみ入手し，図書室が夏休みで（ぬ）「明史」を参照できない時期があった。（ろ）ではどのような計算をしたのか内幕が分からず，とくに e の値を知りたいと思った。一般に，古い数表には計算の内幕が明示されない場合が多いが，与えられた数値だけからそれを復元しうる一つの実践例として，「$l\to a$」表から e の値を推定した筆者の方法の要点を記す。

　三つの式⑭，⑯，⑰から w と q_2 を消去すると，

⑳ $\qquad \dfrac{p_3}{q_3}=\dfrac{r}{q_0}\cdot\dfrac{p_1}{q_1}$

が得られる。p_1 と q_1 は l から求まる（上記）。p_3 と q_3 は（ろ）の数表に与えられた

a の値を与件として，四次方程式⑩を解いて v_3 を求めることにより逆算しうる。また r は定数である。そこで

⑳′ $\qquad q_0 = r \cdot \dfrac{p_1}{q_1} \cdot \dfrac{q_3}{p_3}$

なる値を l ごとに計算してみれば，q_0 の推定値が得られる。これから沈括流の

⑦ $v_0 = r - q_0$, ⑧ $p_0 = \sqrt{(2r - v_0)v_0}$, ⑨′ $e = p_0 + \dfrac{v_0^2}{2r}$

なる計算により，l ごとの e の推定値が得られる。

こうして e の推定値を求めてみると，$l = 91°$ の場合を除き，すべて

㉑ $\qquad 23.9916 \leqq e \leqq 24.0058$

となり，さらに値が偏る10例を除けば残る80例はより狭い

㉑′ $\qquad 23.9980 < e \leqq 24.0020$

なる範囲に納まった。これから（ろ）では高い蓋然性をもって $e = 24°$ を用いた，と結論される。そこで再び $e = 24°$ と仮定して，上記の式⑭～⑲の順序で l ごとの a の値を求めると，$l = 73°$ を除いて筆者の a と（ろ）の表の a とはよい一致を示した。

（ぬ）を入手して見れば，はたして（ろ）で $e = 24°$ を用いたことが判明した。以上の復元の手順を図式化して示そう。l（引数）と a（表値）が与件であり，（ろ）の計算は

$\qquad e$（未知），l（与件）⟶（諸式）⟶ a（与件）

なる順序を辿ったはずである。未知数 e を推定するためには，この順序を逆にして，

$\qquad e$（推定）⟵（復元の諸式）⟵ l（与件），a（与件）

と辿ればよい。

なお，$r = 1$ とおき，e，l，a をふつうの度で表わしたとき，式⑳は

㉒ $\qquad \tan a = \tan l / \cos e$

と書き直せる。これが西洋流に表現された球面三角法の公式である。三角法で求めた a と（ろ）「元史」の方法で求めた a との比較は，前稿（正）§5 の主題であった。(p.307-311)

§5. 球面三角の問題（続）

（ろ）「元史」のいま一つ重要な数表は「黄道出入赤道内外去極度及半昼夜分」なる表題をもつ。第一欄は「黄赤道率」表と全く同じで，1°刻みの l が与えられる。この表のなかで，われわれの議論にとって重要なのは，

12 関の授時歴経立成の折衷性

l	d	$t/2$	$s/2$
0	23.9030	.190796	.309204
1	23.8997	.190805	.309195
2	23.8898	.190834	.309166
3	23.8732	.190881	.309119
4	23.8501	.190947	.309053
5	23.8202	.191032	.308968
...	......	......	......
45	17.0105	.209393	.290607
...	......	......	......
90	.5112	.248826	.251174
91	.1217	.249721	.250279
91.31	——	.250000	.250000

第二欄「内外度」d の表

第六欄「冬昼夏夜」$t/2$ の表（後述）

第七欄「夏昼冬夜」$s/2$ の表（後述）

である。ここでもその一部を掲げる。あとの二つについての検討は次節にゆずり，本節では「$l \to d$」表を主題とする。この数表に重大な欠陥が含まれることが明らかにされる。

前節のはじめの図の球面上で，$l=0°$ ならば $\overparen{QP}=d$ は $\overparen{YT}=e$ に一致することは明らかであり，

㉓　　$l=0$ ならば $d=e$

とならねばならない。ところで，この表の $l=0°$ に対応する d の値を見れば，この表は $e''=23°.9030$ を定数と仮定して d を計算したと考えざるをえない。この仮定のもとに実際に d を計算してみると，$l=15°$ まではほぼ正しいが，$l=16°$ からあと，表値 d は検算値 d よりも不足することが分かった。

そこで仮定を変更して，前節で実測に基づくとされた $e'=23°\!.9$ を定数と仮定してみると，$l=51°$ からあとの d はほぼ正しいが，$l=0°\sim 50°$ のところで（l が小さいほどますます）表値 d は検算値 d よりも過剰である。これら d の喰い違いの様子は，本節末，(イ)，(ロ)，(ハ)の d の表を参照。

さて上文で d を計算する云々と述べたが，(に)『天文大成』に説明された「$l\to d$」の計算順序は，

⑭　　$w=\dfrac{q_0 q_1}{r}$, 　　⑮　　$q_2=\sqrt{p_1{}^2+w^2}$, 　　㉔　　$v_2=r-q_2$,

㉕　　$p_2=\dfrac{p_0 q_1}{r}$, 　　㉖　　$d=p_2+\dfrac{v_2{}^2}{2r}$

であり，そのうち式⑭，⑮は「$l\to a$」のときと共通である。

復元の失敗例

筆者は前節の「復元の一方法」で述べたように，(ぬ)「明史」が入手できない時期に(ろ)「元史」だけから e の値を復元しようと試みた。着想は似ていて，さきの復元とは独立に「$l\to d$」表の場合の e の推定値を導きさえすればよい。

式㉕を書き直して

㉕′　　$p_0=\dfrac{p_2 r}{q_1}$

とおけば，r は定数，q_1 は l から求まり，p_2 は数表の d の値から逆算できる（前節と同じ）。こうして l ごとの p_0 の推定値を求めたら，式⑧を書き直した二次方程式

㉗　　$v_0{}^2-2rv_0+p_0{}^2=0$

を v_0 について解き，式⑨に相当する

⑨′　　$e=p_0+\dfrac{v_0{}^2}{2r}$

に入れて l ごとの e の推定値が求められる。

実際に e の推定値を計算してみると《所により》異なった！

　　$l=1°\sim 10°$　　　ほぼ $23°\!.9030$ に等しい。
　　$l=11°\sim 55°$　　$23°\!.9030$ から次第に減少して $23°\!.9000$ に近づく。
　　$l=56°\sim 87°$　　ほぼ $23°\!.9000$ に等しい。
　　$l=88°\sim 91°$　　再び増加する。

私はこの結果に大いに困惑し，いろいろと原因を探ぐったが分からない。（ろ）の計算の内幕をその数表だけから復元することに失敗したわけである。のちに（ぬ）を見て啞然とした。予想もつかぬ《奇怪》な計算方法であったのだ！

（ろ）「元史」の「$l \to d$」表は，二つの e の値の混交によって作られている。すなわち式⑭と⑮では，さきの「$l \to a$」表と全く同じ**仮定** $\underline{e = 24°}$ に基づいて計算される，つまりさきの q_2 の値をそのまま流用する。したがって式㉔の v_2 も同じ仮定に基づいている。ところが式㉕に用いられる p_0 は，**別の仮定** $\underline{e' = 23°.9}$ に基づいて計算される。そのことを明示するため p_0' と表わすことにする。この p_0' から式㉕によって求める p_2 も，したがって式㉖の d も，これら二つの仮定が交錯した値となっている。われわれから見れば，なんとも解し難い計算方法である。

比例部分の法

第二の仮定 $e' = 23°.9$ に基づく p_0' は $= 23°.7100$ とされたが，この値はいかに導かれたか？――$l = 23.9$ を四次方程式⑩に代入して v_1 を求め，それを v_0 と見なすと

㉘ $e' = 23.9, \ v_0' = 4.8072, \ q_0' = 56.0678, \ p_0' = 23.7102$

が得られるので，末位の 2 を削り 23.7100 としたと考えることもできる。

ところが（る）『便蒙』の「箕宿至後の赤道積度」の計算例（8., p.621-623）を見ると，端数をもつ l の場合，その l を挟む二つの整数 l にたいする積度から《比例部分の法》（直線補間）によって積度を求めている。筆者はこの安島の計算例から示唆をうけ，つぎの計算を試みた。

（ぬ）「明史」に「$l \to p_1$」表がのっている。

$l = 23$　なら　$p_1 = 22.8376$ ⎫
$l = 24$　なら　$p_1 = 23.8070$ ⎬差 .9694
　　　　　　　　　　　　　　　⎭

そこで $l = 23.9$ にたいする値は，簡単な比例によって

$p_1 = 22.8376 + .9694 \times .9 = 23.71006$

となる。末位（小数5桁目）の 6 を削れば 23.7100 が得られる。

またもし，§3 で引用した「$l \to v_1$」表を用いるならば，

$l = 23$　なら　$v_1 = 4.4462$ ⎫
$l = 24$　なら　$v_1 = 4.8482$ ⎬差 .4020

そこで $l = 23.9$ なら同じく比例によって

$$v_1 = 4.4462 + .4020 \times .9 = 4.8080$$

となる。(ぬ)の計算例は，この 4.8080 を粗略に丸めた 4.81 をしばしば用いる。そこで $v_0 = 4.81$ を ⑨′ の変形式に入れて

⑨″ $p_0 = e - \dfrac{v_0^2}{2r} = 23.9 - \dfrac{4.81^2}{121.75} = 23.7\underline{0997}$

が得られる。下線部を丸めて 23.7100 を得たのであろう。

　(ろ)「元史」ではおそらく，これらいずれかの方法によって

㉙　　$p_0' = 23.7100$

を求めた，と推測される。関は『括要算法』巻一の冒頭（1., 本文 p.273）で，直線補間のことを「一次相乗之法（古の相減相乗之法）」と呼んだ。しかし(ち)『立成』では，もっと高次の補間法を用い，一次相乗之法を用いた形跡がない。(る)から用例を探した次第である。

代数方程式と有効数字

　(ろ)(ぬ)(る)のいずれも，四次方程式⑩を解くさい，整数値 l の場合は計算しているが，端数をもつ l の場合は計算を好まなかったと思われる状況証拠がある。(ぬ)の計算例を見ると，式⑩の係数に有効数字を一つも欠かず使っており，仮りの根 v を用いて計算を進める途中では，実に有効数字 17 桁をズラズラと並べている。これは l が整数の場合であり，l が端数をもつときも同様に計算すれば，有効数字の桁数はさらに多くなり，計算は困難になったであろう。これが状況証拠である。

　この律儀ともいえる「有効数字を一つも欠かさず使う」方式は，一見すれば無意味に思われるが，奇しくも現代の《数値解析》の立場から，それは支持されるのである。一松信氏『数値解析』(15., p.62, 65) から要旨を引く。代数方程式の数値解法は，原理的には天元術（§3 で触れたように，中国で古くから発達した方法，ホーナー法に同じ）によって，いつでも可能なはずである。現代の電子計算機により，かえって解きにくくなったという逆説があるが，それは事務用機械が主流なため，扱える数の範囲が狭すぎ，数の精度が不足し，代数方程式の数値計算に不向きだからである。代数方程式の根は係数の微小な変化に敏感なことが多く，計算精度が低いと，入力した係数の末位が捨てられただけで，根が激変することがある。

　十三世紀中国の計算家が，この点を経験的に認識していたかどうかは分からない。しかし，式⑩の解法において多くの桁数を確保しながら，一方で《比例部分の法》によって根 4.808 を求めたり，さらには安易に 4.81 に丸めてしまうなど，無神経な数値の扱いがあり，不均衡が目立つ。やはり「我等未だ楽園に住みし頃」（デュ・ボア・レイモン）の話かもしれない。

12 関の授時暦経立成の折衷性

「$l \to d$」の計算に話を戻す。関の（と）『授時発明』の例題，$l=45°$ の場合を検算してみよう。仮定 $e=24°$ により，

⑭ $w=40.0813$, ⑮ $q_2=58.4440$, ㉔ $v_2=2.4310$

となる。⑭，⑮は前節と同じ，㉔はその帰結である。ところが式㉕では別の仮定 $e'=23°\!.9$ による ㉙' $p_0'=23.7100$ および $l=45°$ に対応する ⑬ $q_1=43.4597$ が用いられて，

㉕ $p_2=16.9620$, ㉖ $d=17.0105$

が得られる。（ぬ）には途中の v_2 と p_2 がのっていて，上の値と一致する。結果の $d=17°\!.0105$ も（ろ）「元史」，（ぬ）「明史」と一致する。

関は（と）の計算例において，目標 $17°\!.0105$ に到達するため，$e'=23.9$ と $e''=23.903$ を《所によって》使い分けたり，辻褄合わせのため勝手に末位を切り捨てたり，かなり強引な計算を行なった。前稿（正）§6 の小字の部分に見たとおりである。

（ろ）「元史」においても，二つの仮定を混用するというこの奇妙な計算方法は $l=0°$ にたいする d を求めるさい，その極に達した。第二の仮定 $e'=23°\!.9$ をそのまま用いれば，

㉓' $l=0$ ならば $d=e'=23.9000$

とならねばならない。ところが $l=45°$ の場合と同様な計算方法を《機械的》に辿った結果，つぎのような経過となった。まず

㉚ $l=0, v_1=0, q_1=r=60.875, p_1=0$

は当然であり，これを順々に式⑭，⑮，㉔に代入すれば，仮定 $e=24°$ に対応する⑫の q_0 を用いて，

⑭ $w=q_0q_1/r=q_0r/r=q_0=56.0268$
⑮ $q_2=\sqrt{p_1{}^2+w^2}=\sqrt{0+w^2}=w=56.0268$
㉔ $v_2=r-q_2=v_0=4.8482$

となり，ここまではよい。つぎは仮定が $e'=23°\!.9$ に切り変わるので，それに

基づく ㉙ $p_0'=23.7100$ を使わねばならない。そこで

㉕ $\quad p_2=p_0'q_1/r=p_0'r/r=p_0'=23.7100$

㉖ $\quad d=p_2+v_0^2/2r=p_0'+v_0^2/2r=23.9030\underline{6}$

という計算を辿り，末位（小数 5 桁目）の 6 を削って（ろ）の $d=23°.9030$ が得られる。（ぬ）の途中の v_2 と p_2 の欄を見ても，上の㉔と㉕の数値がそのままのっているので，このような経路を辿ったことは歴然としている。こうして，理論的に成立すべき㉓′は成立せず，

㉛ $\quad l=0$ ならば $d=e''=23.9030\neq e'=23.9000$

という《奇怪》な結果が得られたのである！

　筆者は，二つの仮定の混用という方式にしたがい，すべての l に対応する d の値を検算した。その結果，（ろ）「元史」の「$l\to d$」表は二つの例外（誤り）を除き，末位（小数4桁目）において1～2単位ていどの誤差しかもたないことを確認した。例外は

$\quad l=51$ のときの 15.1124（15.1127）

$\quad l=52$ のときの 14.7798（14.7802）

をいずれも括弧内の筆者の検算値に訂正すべきである。

　なお参考までに，

(イ) 一貫して $e''=23.903$ を用いて計算した d

(ロ) 二つの仮定 $e=24$ と $e'=23.9$ を混用して計算した（ろ）「元史」の d

(ハ) 一貫して $e'=23.9$ を用いて計算した d

を示しておく。$l=45°$ の場合は

l	(イ)d	(ロ)d	(ハ)d
0	23.9030	23.9030	23.9000
10	23.5707	23.5706	23.5678
20	22.5593	22.5588	22.5565
30	20.8471	20.8462	20.8445
40	18.4470	18.4456	18.4448
50	15.4424	15.4409	15.4405
60	11.9869	11.9854	11.9854
70	8.2582	8.2571	8.2572
80	4.4033	4.4027	4.4027
90	.5112	.5112	.5112

さきに触れたように

　　(イ)　17.0120,　　(ロ)　17.0105,　　(ハ)　17.0099

である。そのほかの l については，紙面の節約のため，$10°$ 刻みの l に対応する d を示した。[#89]

なお，球面三角法の公式は，式㉕において，$r=1$ とおき，e，l，d をふつうの度で表わしたとき，

　　㉜　　$\sin d = \cos l \cdot \sin e$

となる。三角法によって求めた d と（ロ）「元史」の計算順序で求めた d との比較は，前稿（正）§5 の主題であった。(p.307～)

§6. 半日周弧

前節のはじめに（ロ）「元史」の「半昼夜分」（半日周弧）$t/2$，$s/2$ の表を掲げたが，これを関の（ち）『立成』のなかの対応する表と比較することは妥当でない。

理由一　（ロ）では実測に基づく大都（北京）の北極出地（緯度）40度太強を基準にとっているのにたいし，（ち）では関が実測値から導いた武州江戸の緯度 $h=36°\!.5994$ を基準にとった。緯度が違えば比較はできない。

理由二　（ロ）では円周率として古率 3 を採用し，粗雑な「沈括の公式」を用いたのにたいし，（ち）では精密な「関の補間公式」を用いた。両者の精度が違う。[#90]

理由三　（ロ）では，関が求めた弧長 u_0 に相当する弧長 $\bar{u}_0$ を求める過程が複雑であり，しかも幾何学的な仮定が誤まった直観に基づいている（次節の小字の部分）。これにたいして（ち）では正しい推論を進めた。

そこで前稿（補）で述べた関の考えの筋道を要約して再録する。かれは中国流を脱脚し円周率 355/113 を用いたので，半径 r は

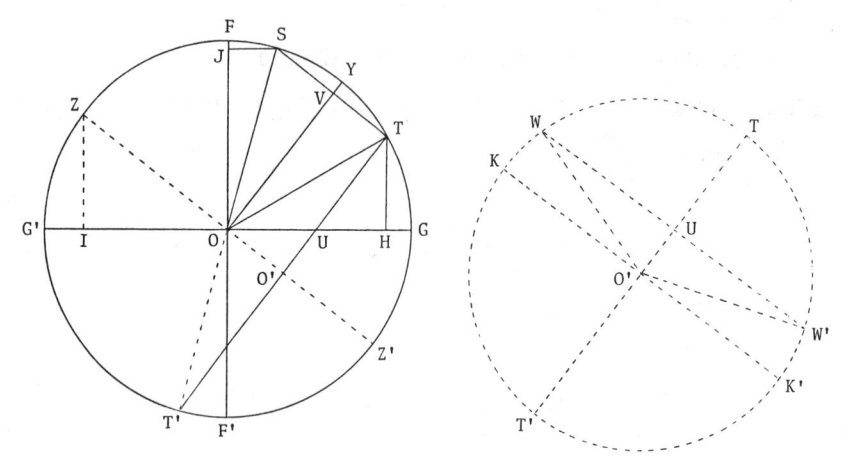

$\widehat{\text{TG}}=f$, HG$=v_8$; $\widehat{\text{FS}}=g$, FJ$=v_9$; $\widehat{\text{ZG}'}=h$, ZI$=p_4$, IO$=q_4$
$\widehat{\text{SY}}=\widehat{\text{YT}}=e$, VT$=\text{OO}'=p_0$, VO$=\text{TO}'=\text{WO}'=\text{O}'\text{W}'=q_0$, TT$'=2q_0$,
$\widehat{\text{WTW}'}=j_0$, TU$=v_5$, UO$'=q_5$; $\widehat{\text{KW}}=\widehat{\text{W}'\text{K}'}=u_0$

㉝ $\quad r=365.25\div\dfrac{710}{113}=58\overset{\circ}{.}1313$

となる。(ろ) の ⑥ $60\overset{\circ}{.}875$ はこれより過剰なことが分かる。

関の「日景実測」の図において G'G は地平，春分・秋分の太陽は Y にあり，OY が赤道の方向を示す。江戸で地上に「表」を立て，冬至の太陽 T，夏至の太陽 S の影の長さを実測し，簡単な計算により二つの矢

㉞ $\quad v_8=7.9769,\ v_9=1.3816$

を求めた。「関の補間公式」は，直径 $2r$ と矢 v からの弧長の計算を可能にする。この方法は『括要算法，巻四』「求弧背術」[#91](1., 本文 p. 352-361) に詳論された。前稿（補）§16 で簡単に紹介したが，別稿であらためて考察する予定である。ともかく㉝,㉞の数値を用いて二つの弧長

㉟ $\quad f=30.8125,\ g=12.6988$

が計算される（精度については §1 を参照）。象限（四分円 $\widehat{\text{FG}}$）⑪ $91\overset{\circ}{.}3125$ は定数ゆえに，f, g から同じ精度で，江戸の緯度と黄道傾斜が直ちに導け

る：

㊱　　　$h = 36°.5994,\ e = 23°.9006$

緯度 h は北京と江戸で違うが，黄道傾斜 e は同一であり，（ろ）の $23°.9$ が関によって精密化されたことが分かる。また二つの影の長さから（弦↔弧の変換を経由せず）直接に，e および h に対応する半弦と股が，それぞれ導ける：

㊲　　　$p_0 = 23.2325,\ q_0 = 53.2870$

㊳　　　$p_4 = 34.2288,\ q_4 = 46.9855$

（添字 4 と後記の添字 5 は，前稿（続）と意味を変更した。）（p.329の図）

冬至の太陽は，図の $\mathrm{TT}' = 2q_0$ を直径とする冬至円 $2q_0\pi$（右側の点線円）を廻る：

㊴　　　$2q_0\pi = 2 \times 53.2870 \times \dfrac{355}{113} = 334.8121$

その地上に出た分 $\widehat{\mathrm{WTW}'} = j_0$ が冬至の昼間である（前稿（補）の j に添字 0 を付す）。関は直角三角形の相似 (p.356の図)

「$\triangle \mathrm{ZIO} \infty \triangle \mathrm{UO'O}$」

を巧みに用いて，冬至円の股と矢

㊵　　　$q_5 = p_0 \cdot \dfrac{p_4}{q_4} = 16.9248,\ v_5 = q_0 - q_5 = 36.3622$

を導いた。冬至円径 $2q_0$ と矢 v_5 に再び「関の補間公式」[#92] を適用して，

㊶　　　$j_0 = 132.9595$（逆正弦関数による値 132.95982）

が計算される。括弧内と比べ優れた精度といえる。冬至の昼の長さ t_0 および夜の長さ s_0 は，1日を単位として

㊷　　　$\begin{cases} t_0 = j_0 / 2q_0\pi = 132.9595 \div 334.8121 = .397117 \\ s_0 = 1 - t_0 = .602883 \end{cases}$

なることは明らか。（前稿（補）では t，s で表わしたが，本稿では一般の場

合の昼，夜の長さを示すこととし，冬至という特別の場合には添字 0 を付すこととする。）(p.355 の図と次頁の表)

　以上の関の推論の進め方は，（ろ）のような幾何学的な仮定の誤りを含まず，今日から見ても正当に評価できる。また計算の精度も，かれの時代においては画期的なものであったといえる。

　あとの議論の準備のため，冬至の昼の長さ（日周弧）の求め方を変更し，弧 j_0 の代りに図中の半弧 $u_0 = \widehat{KW} = \widehat{K'W'}$ を用いることにしよう。j_0 と u_0 は明らかに

㊸　　　$j_0 = 2q_0\pi/2 - 2u_0$

なる関係で結ばれているから，㊷に代入して，

㊹　　　$t_0 = 1/2 - u_0/q_0\pi = .5 - .102883$

となる。関は t_0 そのものよりも

㊹′　　　$u_0/q_0\pi = .102883$

を重視した。いま仮りに「二全（冬至・夏至）の昼夜差」と名付けると，これは二分（春分・秋分）の昼と夜が等しく .5 日であるのにたいして，二至はそれから最大のずれ .102883 日を加減して得られるからである。

　今日のわれわれには，ラヂアン単位の三角関数で書き直したほうが理解しやすい。まず $q_5 = \mathrm{UO'}$ を図中の諸関係を用いて二通りに表わしてみよう。

$$\begin{cases} q_5 = p_0 \cdot \dfrac{p_4}{q_4} = r \sin\left(\dfrac{e}{r}\right) \cdot \tan\left(\dfrac{h}{r}\right) \\ q_5 = q_0 \sin\left(\dfrac{u_0}{q_0}\right) = r \cos\left(\dfrac{e}{r}\right) \cdot \sin\left(\dfrac{u_0}{q_0}\right) \end{cases}$$

両者を等値して変形すれば，

$$\sin\left(\dfrac{u_0}{q_0}\right) = \tan\left(\dfrac{e}{r}\right) \cdot \tan\left(\dfrac{h}{r}\right) = \dfrac{p_0}{q_0} \cdot \dfrac{p_4}{q_4}$$

となり，これから容易に

㊺ $\dfrac{u_0}{q_0\pi} = \dfrac{1}{\pi}\arcsin\left(\tan\left(\dfrac{e}{r}\right)\cdot\tan\left(\dfrac{h}{r}\right)\right) = \dfrac{1}{\pi}\arcsin\left(\dfrac{p_0}{q_0}\cdot\dfrac{p_4}{q_4}\right)$

が導ける。

　この三角関数による表現を用いれば，冬至以外の一般の場合，つまり太陽が例えば $\overparen{YT}$ の中間の点 D にあるとき，弧長を $d=\overparen{YD}$ とおけば，これに対応する中間の円（その半径は $q_2=r\cos(d/r)$ となる）上の弧長 u との間に，上と全く同じ議論が成立する。すなわち一般の場合の昼の長さ（日周弧）を t で表わせば，

㊻　　$t = 1/2 - u/q_2\pi$

ここに一般の場合の昼夜差は

㊼ $\dfrac{u}{q_2\pi} = \dfrac{1}{\pi}\arcsin\left(\tan\left(\dfrac{d}{r}\right)\cdot\tan\left(\dfrac{h}{r}\right)\right) = \dfrac{1}{\pi}\arcsin\left(\dfrac{p_2}{q_2}\cdot\dfrac{p_4}{q_4}\right)$

となる。これが正しい《理論式》である。

　プトレマイオス以来の西洋流の方法は，すでに 15′ 刻みの「弦の表」を有するので，中間の端数にたいする弦の値も《比例部分の法》で補間することができ，また引数（弧）の刻みが細かいので関数値（弦）から逆補間することも可能である。こうして式㊼のままで昼夜差を求めることができる。では，わが関孝和の場合はどのように計算したであろうか？

§7. 半日周弧（続）

　関はこの時期に，ようやく「補間公式」[#93]を確立したばかりであった。しかも前稿（補）§16 で見たように，それは膨大な計算量を伴うので，そう容易には使えない。前節の《理論式》㊼によって，d ごとの昼夜差 $u/q_2\pi$ を計算することは，ひじょうに困難であったろう。(p.362-368)

授時暦経の略算式

　（ろ）「元史」において，すでに一種の略算式が用いられた。しかし（ろ）には解説がな

く，(ぬ)「明史」にその方法が説明されたので，関はそれを知ることができなかった。

それは「二至に出入りする差の半弧背」$\bar{u}_0$ を用いる。これは関の u_0 に相当する弧長であるが，$\bar{u}_0$ を導くさい冬至円上でなく周天上に求めるという幾何学的な誤りを冒している。さらに粗雑な「沈括の公式」を用いたため，数値的にも疎遠な値となった。その公式は，あらかじめ $2\bar{u}_0$ を $e'=23.9$ に対応する p_0' で割った比例定数 $2\bar{u}_0/p_0'$ を作っておき，d ごとの弦 p_2，股 q_2 を用いて，

㊽ $\quad \dfrac{1}{2}-t = \dfrac{2\bar{u}_0}{p_0'} \cdot \dfrac{p_2}{6q_2+1}$

なる値を計算し，これを昼夜差とした。§5 に掲げたのは，これから t を求め 2 で割って「半昼夜分」（半日周弧）の形に導いた $t/2, s/2$ の数表であった。

式㊽の分母になぜ $6q_2+1$ がくるのか，など説明が残っているが，(ろ)についてこれ以上の深入りは止める。ただ一言注意を与える。この計算方法は，二至の場合にのみ一回だけ半弧背 $\bar{u}_0$ を求め，一般の場合は各 d に対応する「出入りする差の半弧背」$\bar{u}$ をいちいち求めない。代りに，d を求める途中に得られた p_2, q_2 をそのまま用いて昼夜差㊽を計算する。つまりこれは《略算式》である。

関の計算に戻る。前節で導いた《理論式》を 2 で割って，半日周弧の形に直しておく。

㊾ $\quad \left.\begin{matrix} t/2 \\ s/2 \end{matrix}\right\} = \dfrac{1}{4} \mp \dfrac{u}{2q_2\pi} = .25 \mp \dfrac{1}{2\pi}\arcsin\left(\dfrac{p_2}{q_2} \cdot \dfrac{p_4}{q_4}\right)$

符号は $t/2$ なら $-$，$s/2$ なら $+$ をとる。この公式のなかで $\tan(h/r)=p_4/q_4$ は定数であるが，$\tan(d/r)=p_2/q_2$ と $\arcsin(\cdots)$ とは d ごとにあらためて計算しなければならない。実質的に三角関数表が必要である。

関は独特な考えに立って，二至の半昼夜差 $u_0/2q_0\pi$ を一回だけ求めておき，一般の場合はもはや「弧↔弦の変換」を計算せずに済ます《略算式》を作り上げた。それは

㊿ $\quad \left.\begin{matrix} t'/2 \\ s'/2 \end{matrix}\right\} = \dfrac{1}{4} \mp \dfrac{d}{e''} \cdot \dfrac{u_0}{2q_0\pi}$

の形をとる。符号は上と同じ。分母の e'' は，関自身が実測値に基づいて求めた�36の $23°.9006$ ではなく，(ろ)「元史」の $l=0°$ に対応する

㉛　　$d=e''=23^{\circ}.9030$

を用いている。その理由は次節で明らかになる。さきに「二至の昼夜差」㊹′ $u_0/q_0\pi=.102883$ が求めてあったので，比例定数 $u_0/2q_0\pi e''=.0021521$ が計算できて，《略算式》は

(50)′　　$\left.\begin{matrix} t'/2 \\ s'/2 \end{matrix}\right\}=.25\mp.0021521d$

の形をとる。これが関の実際に使った式の形である。

この式(50)′は，1942年に平山清次氏が講演のなかで発表された(3.，p. 76-91)。

「関孝和の立成は，なかなか理解が出来なかったので困った。関の独特の方法であったのであろうから，而も和算の大家であったのであるから注意はしていた。その結果［関の立成の数値］からやってみようとしたが解らぬ。その立成の方法は書いてないので相当苦心したが，昨年の今頃は解らなかった。が，かれこれ一箇月ほどかかって今頃になって解った。……」(p. 81)

ここには，はじめて復元された苦心が滲み出ている。さらに広瀬氏によって，『天文数学雑著』「日景実測」との関係が明らかにされ，『全集』の解説（1.，p. 202-204）に示されたものである（§1 の引用文を参照)。

なお，（ろ）「元史」も（ち）『立成』も「半昼夜**分**」を求めている。つまり1日単位でなく，それを10,000倍した「分」単位で表わす。本稿では煩瑣を避けるため，すべて1日を単位とし，小数以下6桁の数値で表わす。

d を 22° から 0° まで変化させたときの，略算式(50)′による $t'/2$ と理論式㊾による $t/2$ を対比して示そう。いずれも筆者が計算した。一行目には $e''=23.903$ に応ずる値を掲げた。一行目は一致するはずのところ不一致であるが，その理由は次節で説明する。さて，略算式は $d=14^{\circ}$ のところで絶対値最大の誤差 $-.0015$ に達する。これをふつうの24時間単位に直すと，約2分の遅れである。関の時代において略算式によるこのていどの誤差は，まず許容の範囲にあったと考えられまいか。

d	$t'/2$	$t/2$	差
e''	.198558	.198552	$-$.000006
22	.202653	.203220	$-$.000575
20	.206957	.207971	$-$.001013
18	.211262	.212561	$-$.001301
16	.215566	.217021	$-$.001455
14	.219870	.221370	$-$.001500
12	.224174	.225625	$-$.001450
10	.228479	.229802	$-$.001323
8	.232783	.233915	$-$.001132
6	.237097	.237979	$-$.000892
4	.241391	.242006	$-$.000614
2	.245696	.246009	$-$.000313
0	.250000	.250000	0.

§8. 折衷性の由来

　関が導いた略算式㊿は，それ自体として立派なものである。もちろん理論式㊾よりいくらか不足した値を生ずるが，式㊿を導く推論の過程は妥当なものと評価できる。そこで，略算式㊿を適用すべき「内外度」 d は，関みずから計算し直した正しい値を用いてこそ，一貫した『立成』が作成されることになる。筆者も §1 に述べたように，漠然とそのように，作成されたものと期待した。

　ところが実際は案に相違した。平山氏の講演の続き (3., p.81) に

　　「立成の結果は暦経に載っている赤緯 $[d]$ に $-.0021521$ を掛け .25 に加えたものである。……」(引用にあたり単位をずらした。)

と指摘されたように，関は（ろ）「元史」『授時暦経』の d の値をそのまま使ったのである。（ち）『立成』の「半昼夜分」表の欄外に，$l=0°$～$10°$ に対応

する $d=23°.9030〜23°.5707$ が記入されているが，これは(ろ)から引き写した値であろうと推測される。

略算式㊿の分母に $e''=23°.9030$ を用いた理由は，（ろ）の d をそのまま使う魂胆からであったことも判明した。すなわち $l=0°$ のときは d に e'' がそのまま代入され，

(51)
$$\frac{t'}{2}=\frac{1}{4}-\frac{e''}{e''}\cdot\frac{u_0}{2q_0\pi}=\frac{1}{4}-\frac{u_0}{2q_0\pi}$$

となり，理論式㊾の $l=0°$ の場合に一致する。いや一致させるためにこそ，分母に e'' を用いたのである。その結果として，関の略算式㊿には奇妙な不整合が含まれることになった！　二至の昼夜差 $u_0/q_0\pi$ を求めるときには，実測値から導かれた関の　㊱ $e=23°.9006$　が使われた，そしてこれは正しい。ところが略算式㊿では（ろ）の d をそのまま使う意図から，分母には（ろ）の $l=0°$ に応ずる d の値 $e''=23°.903$ を入れた。こうして略算式は妥協の産物と化した。またこのことから，前節末の表の一行目の不一致の理由も判明した。理論式の $t/2$ は，前々節の式㊼の $\tan(d/r)$ の d のところに e'' が代入されて計算されるので，略算式の $t'/2$ と喰い違ったのである。正しくは，㊱ $e=23°.9006$ を代入しないと一致しない。

筆者は（ろ）の d の値を関の略算式㊿′に代入して，各 l に対応する $t'/2$ を検算した。その結果，（ち）『立成』の値と末位（小数6桁目）で1単位以内の違いを除いて，大半は検算値と一致した。ただし『全集』(1.，本文 p. 412）の三つの値

$l=13°$ の　$t'/2=.\underline{20}9771$　(.199771)

$l=14°$ の　$t'/2=.\underline{20}996\underline{0}$　(.199966)

$l=14°$ の　$s'/2=.3000\underline{40}$　(.300034)

は下線部が誤りであって，括弧内の検算値に訂正すべきである。

関は略算式㊿（多少の誤差は伴う）までは正しい推論を進めながら，d の値として（ろ）「元史」の値をそのまま用いたのはなぜか？――これは画龍点睛を欠く，というよりも理論的な観点からすれば許し難い妥協であると思われる。§5 で見たように（ろ）の「$l \to d$」表は重大な欠陥を含む《奇怪》な産物であった！

　関はそのことを知らなかったのか，または（ろ）の「$l \to d$」表を検算しなかったのか？――筆者は（ち）『立成』の欄外に記入された $l = 0° \sim 10°$ に応ずる d の値が，かれの検算の跡を示すのではないか，とも考えてみた。ところが残念なことに，§5 末で述べたように，この範囲では(イ)の d と(ロ)の d がほぼ一致していて，これは決め手にならない。関が検算したか，しないかは，こうして結論が下せないのである。

　つぎに，関が（ろ）「元史」の値を用いざるをえなかった事情を考察しよう。関は少なくとも有効数字5桁は正しく p から（v を経由して）l を計算しうる「補間公式」を開発した。しかしこれは「弦→弧」の方向の公式であって，「弧→弦」の方向ではない。関が『立成』のために必要な「$l \to d$」表を，中国流から脱却して新たに計算するためには，プトレマイオスが行なったようにあらかじめ数表を作っておき，「弧↔弦の相互変換」が自由に行なえる環境を整えておかねばならない。§6 末に述べたように，引数の刻みが細かければ関数値からの逆補間さえ可能になる。関の場合，1中国度刻み，できれば1/4中国度刻みの「弦→弧」表を作っておけば，有益な環境が整備されたであろう。しかし，このような数表を個人で作り上げるには莫大な労力を要し，そのうえ肝腎の「関の補間公式」もはなはだ使い勝手がわるかった。

　いま一つ方法論上の問題がある。中国流は周天（円周）の $365°.25$ が基準であり，関の直径 $116°.2626$（詳しくは $116°.262676\cdots$）が基準ではない。もしも引数として弦の値を例えば 1中国度刻みに取ろうとすれば，直径のもつ端数 $.262676\cdots$ の処理に困るであろう。つまり，数表を作成する環境として，「関の

398

補間公式」は《方向が逆》であった！

　筆者はこの辺りに，関が「$l{\to}d$」表，いやその前提としての「$p{\to}l$」表の作成にまで到達しなかった事情を推測する。したがって止むをえず，「元史」『授時暦経』の d の値をそのまま用いるという折衷的な計算に甘んずるよりほかなかったのであろう。これが本稿で到達した結論である。

(1984年10月10日記)

文献

1. 関孝和著・平山諦・下平和夫・広瀬秀雄編著：関孝和全集，全1巻，大阪教育図書，1974.
2. 杉本敏夫：関の授時発明への注意（正・続・補），明治学院論叢，第347・355・364号，総合科学研究16・18・19号，1983・1984.
3. 日本学士院編：明治前日本天文学史，日本学術振興会，1960. 新訂版，野間科学医学研究資料館，1979.
4. 平山諦：関孝和，恒星社厚生閣，初版1959，増補改訂版1974.
5. 藪内清：中国の天文暦法，平凡社，1969.
6. 中山茂：日本の天文学，岩波新書，1972.
7. 中華書局編輯部編：歴代天文律暦等志彙編（全十冊），中華書局出版，1975-1976. 元史暦志（第九冊），明史暦志（第十冊）.
8. 平山諦・松岡元久編集：安島直円全集，全1巻，富士短期大学出版部，1966.
9. プトレマイオス著・藪内清訳：アルマゲスト，恒星社厚生閣，復刻版1982.
10. T.L. ヒース著・平田寛他訳：ギリシア数学史，I・II（原著1931），共立全書，1960.
11. O. ノイゲバウアー著・矢野道雄・斎藤潔訳：古代の精密科学（原著1957），恒星社厚生閣，1984.
12. B.L. ヴァン・デル・ウァルデン著・村田全・佐藤勝造訳：数学の黎明（原著1954, 1961），みすず書房，1984.
13. 杉本敏夫：関の角術の一解釈（正・続），明治学院論叢，第313・328号，総合科学研究10・12，1981・1982.
14. 杉本敏夫：関の求積問題の再構成(1)，明治学院論叢，第368号，総合科学研究20，1984.
15. 一松信：数値解析（新数学講座13），朝倉書店，1982.

〔要旨〕関の授時暦経立成の折衷性

1）関は元代の「授時暦経」とそれを解説した明末の「天文大成」を理解し，1680年に「授時発明」を書き，翌年に本稿の主題である独自の「立成」を書いた。(1685年に「貞享暦」を作った渋川春海は，天文大成の術理が理解できず，授時暦経の立成に依存せざるを得なかった。)

2）授時暦経の方法によって毎年の暦を作るとき，繰り返しを避けるために，常用の数表を作っておくのが便利である。これがあれば「立チ所ニ成ル」ので，この種の数表は「立成」と呼ばれる。

3）要旨としては詳しすぎるが，以下に出てくる諸概念の復習が必要となる。中国流では，円周を 365.25 中国度，直径を 121.75 中国度と定めた。両者をつなぐ古率3は円周率ではなく，むしろ単なる助変数と考えるべきであると「授時発明」論文で詳述した。また中国流の球面三角法は，黄道上の位置（変数）l と黄道傾斜（定数）e から，赤道座標の赤経余弧（変数）a と赤緯（変数）d を求める。半弦から半弧への変換には「沈括の公式」を四次方程式に直して，矢 v を求め，立体幾何の変換を経由して，a と d に至る。標語的に $(l, e) \longrightarrow (a, d)$ と表せる。以上も同論文で詳述した。

4）授時暦経の立成には，まず「$l \to v$」表がある。筆者の検算では，小数4位に1〜2単位の誤差をもつ程度である。次に「$l \to a$」表が来るが，「元史暦志の立成」では，実測した 23.9 中国度の代わりに 24 中国度を用いた。<u>関はこの事情を知らず</u>，後述の計算では 23.9 を精密化した 23.9006 中国度を用いた。筆者が「$l \to a$」表を 24 中国度の仮定のもとに検算したところ，小数4位に1〜2単位の誤差をもつ程度であった。

5）次に元史暦志の立成の「$l \to a$」表には，<u>重大な欠陥が含まれる</u>。それは計算のために <u>24 中国度と 23.9 中国度を所によって使い分けた</u>のである。

〔要　旨〕

このため「$l \to a$」表は，二つの定数の混淆という奇妙な産物になった。筆者がどちらか一方の値を使って検算したところ，表の値と不一致の所が生じた。二つの定数の混淆を前提として筆者が検算したとき，ようやく表の値が得られ，小数4位に1〜2単位の誤差をもつ程度になった。<u>関は全くこの事情を知らず，元史暦志の立成をそのまま引用した</u>のである。（筆者も実はその事情を理解するのに時間がかかった。）

6）ここから関独自の計算が始まる。前論文に詳述した方法により，冬至と夏至の「日影」を江戸で実測して，二つの矢を得る。関は必要な半径のため，365.25 を 2×(335/113) で割った 58.1313 中国度を用いた。さらに自分で開発した「求弧背術」の補間公式により，精密な冬の弧長 f と夏の弧長 g を計算した。この f と g から同じ精度で，江戸の緯度 $h=36.5994$ 中国度と黄道傾斜 $e=23.9006$ 中国度を得たのである。

7）h と e が揃えば，6項の各 d の値を用いて，毎日の「冬の昼の長さ」$t/2$ と「夏の昼の長さ」$s/2$ が計算できる。関は《略算式》を作り上げて実行した。こうして関の「授時暦経立成」の「半昼夜分」の表が完成した。

8）4〜5項に述べた事情（黄道傾斜 e の値の混淆）と6項に述べた精密計算が交錯したため，関の半昼夜分の表は，残念ながら木に竹を接いだような《奇妙》な折衷の産物にならざるを得なかった。平山清治氏が苦心の末「解った」と述べた内容を，今回筆者が細部にいたるまで実際計算によって示したのである。関が折衷せざるを得なかった理由も考察した。

13 对授时历的若干表格的订正[#95]

关孝和（1642？-1708）消化，吸收了来自中国的数学，并加上他自己的研究，创造了别具一格的日本数学即"和算"。他的研究领域之一是天文历学。他致力于更改旧历，专心研究在当时能够得到的极少的文献资料，著述了《授时发明》(1680)[1]，解释了在已知太阳位置的黄经度数的基础上，求其赤经度数和赤纬度数的数理关系。并且在根据观测江户（现在东京）的北纬度数的基础上，计算了《授时历经立成》(1681)[2]。

我为了对关氏创造性的数学进行再评价，将关氏的著作及元史历志中的《授时历》和明史历志中的《大统历》进行了比较，得到了若干结果。这些已经归纳在我的论文《对关氏授时发明的见解》[3]和《关于关氏授时历经立成的折衷性》[4]中。这两篇论文均用日文写成，并定于今年（1987）夏天，在日本召开的《汉字文化圈的数学国际讨论会》[5]上，进行《关于用于授时历的沈括的逆正弦公式的精度》[6]口头报告。

本文的目的在于将《授时历》及《大统历》中的若干表格的验算结果作如下报告。验算有两个方法。

第一。将西洋式的计算方式（理论上严密）与中国式的方式（近似的概数）进行比较。

第二。重复郭守敬等人于《授时历》中的实际计算过程。由于《大统历》有中间阶段的数值的记载，所以可以一一确认。

当然，我对"第一"点也进行了验算，此项予定在上述讨论会上作报告。

13 对授时历的若干表格的订正

本文专就"第二"的验算进行探讨。

就此课题钱宝琮先生在《中国数学史》[7]中,进行了很好的解说。如图所示,在天球上春分点 X 上,黄道以一定的角度与赤道相交。这一角度可以用过冬至点 T 的"黄赤大距"即 YT 弧 = k 来表示。若设太阳位置从冬至点(起点) T 行至 P 点,即太阳在"黄道积度"即黄经余弧 TP = x 上时,课题则是求与此对应的"赤道积度"即赤经余弧 YQ = z 和"黄道内外度"即赤纬 QP = y。这个天文学的问题,实际上是纯粹的数学问题,即是球面直角三角形的解法问题。

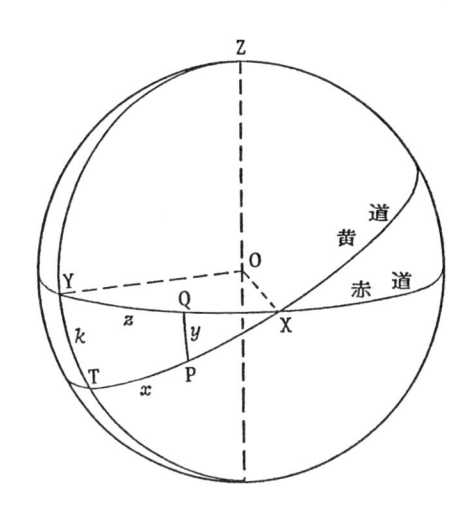

O:地球, P:太阳, Z:北极,
X:春分点, T:冬至点。

《授时历》编纂之际,郭守敬等人创立了别具一格的中国式解法,他们将上述四个半弧换算为与此相应的半弦的长度,运用这四个半弦间成立的立体几何学的关系,解决了这个问题。为了进行从半弧到半弦的变换,从半弦到半弧的逆变换,郭守敬等人没有使用西洋式的三角法,而使用了沈括(宋初)的《会圆术》叙述过的相当于逆正弦函数的近似公式,为求半径 r 的半弧 x,使用图中的半弦 p,股 q,矢 $v = r - q$ 各线段间相互之关系:

(1) $\quad p = \sqrt{r^2 - q^2} = \sqrt{(2r-v)v},$

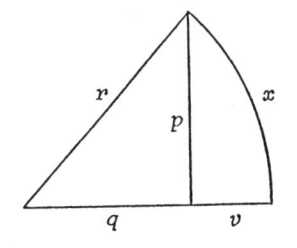

(2) $\qquad x = p + v^2/2r.$

第一个公式是正确的, 而第二个公式只不过是一个近似公式。为了以 x 求 p, 首先按四次方程:

(3) $\qquad v^4 + (4r^2 - 4rx)v^2 - 8r^3v + 4r^2x^2 = 0$

解 v, 然后按第一个公式可求得 p。

若设

与半弧 k 对应的半弦 p_0, 股 q_0, 矢 v_0,

与半弧 x 对应的半弦 p_1, 股 q_1, 矢 v_1,

与半弧 y 对应的半弦 p_2, 股 q_2, 矢 v_2,

与半弧 z 对应的半弦 p_3, 股 q_3, 矢 v_3,

根据两种相似直角三角形各线段间的比例关系, 计算顺序如下。

第一。已知变数 x 及定数 k 求变数 z 的计算顺序。

(4) $\qquad w = \dfrac{q_0\,q_1}{r},\qquad$ (5) $\qquad q_2 = \sqrt{p_1^2 + w^2},$

(6) $\qquad p_3 = \dfrac{p_1\,r}{q_2},\qquad$ (7) $\qquad q_3 = \dfrac{wr}{q_2},$

(8) $\qquad v_3 = r - q_3,\qquad$ (9) $\qquad z = p_3 + \dfrac{v_3^2}{2r}.$

第二。已知变数 x 及定数 k 求变数 y 的计算顺序。

(4) $\qquad w = \dfrac{q_0\,q_1}{r},\qquad$ (5) $\qquad q_2 = \sqrt{p_1^2 + w^2},$

(10) $\qquad v_2 = r - q_2,\qquad$ (11) $\qquad p_2 = \dfrac{p_0'\,q_1}{r},$

(12) $\qquad y = p_2 + \dfrac{v_2^2}{2r}.$

在第一及第二的计算顺序中, 公式(4)及公式(5)是共同的。

13 对授时历的若干表格的订正

在进行验算之前，作为前提我必须说明一个中国式的天文历学的单位系。众所周知，西洋把周天的360等分之1称为"1度"，按六十进制，1/60度称为"1分"，1/60分称为"1秒"。直径的120等分之1称为"1部分"，部分以下的尾数也称为"分，秒"。与此相对按中国式说法，把周天的365.25等分之1称为"1度"，而按百进制，1/100度称为"1分"，1/100称为"1秒"。虽然两个单位系使用的"度，分，秒"看来一模一样，但须注意中国式单位系与西洋式单位系意义完全不同。在中国式中把直径的121.75等分之1称为"1度"，而按百进制称为"分，秒"。虽然周天的单位和直径的单位是同样的，但是应该注意两个单位系全然不同，必须区别于西洋式的"度"和"部分"。（我予定在上述讨论会上详细说明这个论点。）

作为验算的蓝本我使用了中华书局编辑部编的《历代天文律历等志汇编》[8]。在第九册《元史历志三》的"黄赤道率"表格中记载如下。

"至后黄道积度"——相当于上述的记号 x，

"至后赤道积度"——相当于上述的记号 z，

"积差"——相当于上述的记号 v_1。

而在《元史历志四》的"黄道出入赤道内外去极度及半昼夜分"表格中记载如下。

"黄道积度"——相当于上述的记号 x，

"内外度"——相当于上述的记号 y。

在第十册《明史历志二》的"黄赤道相求弧矢诸率立成上、下"表格中记载如下。

"至后黄道积度"——相当于上述的记号 x，

"黄道矢度"——相当于上述的记号 v_1，

"黄道半弧弦"——相当于上述的记号 p_1，

"黄赤道小股"——相当于上述的记号 w，

"赤道小弦"——相当于上述的记号 q_2,

"赤道半弧弦"——相当于上述的记号 p_3,

"赤道矢度"——相当于上述的记号 v_3,

"至后赤道积度"——相当于上述的记号 z。

而在"黄道每度去赤道内外及去北极立成"表格中记载如下。

"黄赤内外矢"——相当于上述的记号 v_2,

"内外半弧弦"——相当于上述的记号 p_2,

"内外度"——相当于上述的记号 y。

在《元史历志》和《明史历志》中，除名称不同，四个数值：x，v_1，y，z 是相同的。在《明史历志》中，可进一步追加如上所述的中间阶段的数值：p_1，w，q_2，p_3，v_3，v_2，p_2。

各表格记载了每1度变数 x 从1度到91度并到91度31分〔25秒〕，而且记载了与此对应的各数值。定数 k 即"黄赤大距"或"二至黄赤道内外半弧背"，注记了"所测就整"，在这个假定上采用了"24度"。然而，如后所述，在所求变数 y 的计算顺序中，在求 q_2 以前同样以"24度"的假定为基础。而在求公式（11）的 p_2 时则采用了 "置测"之"23度90分"的假定。因此，<u>变数 y 是"奇妙的两个假定之折衷"的计算产物</u>。

我使用可程序记忆的袖珍电子计算器进行了与郭守敬等人于《授时历》中所进行的完全一样的计算，与原数值进行了一一对照。为了与《授时历》及《大统历》的表格保持一致，最后一位以为秒单位四舍五入。

验算结果概括如下。<u>我证实了，除最后一位的1或2单位的误差以外，其原表格基本上是正确的</u>。在如所举的正误表中，我省略了对于最后一位(秒位)的 1～2 单位的误差。因为我认为，它可以属于计算误差的范围之内，表格的误差仅限如下附载的正误表中的几处。

但是为求公式（5）的 q_2，可以把与 $k=24$ 度相对应的 $x=24$ 度一样的 $v_1=$

4度84分82秒，$p_1=23$度80分70秒，$q_1=r-v_1=60$度87分50秒 − 4度84分82秒 = 56度02分68秒看作 v_0，p_0，q_0。但是，在求公式（11）的 p_2 时，需要一个与关于 k 的另一个假定 $k'=23$度90分相对应的 p_0' 的值。把 $x=23$度90分放入公式（3），求 v，根据公式（1）求 p，得出 $p=23$度71分02秒。而《元史》及《明史》均均舍去秒单位2，为 $p_0'=23$度71分。在以下的验算中，我使用了与混用这两个假定完全一样的计算顺序。

严密地说，正误表应该与蓝本中表格的纵版式一致。但是这个论文为横版式而订正几处均为数值，所以我使用了阿拉伯数字。

正 误 表

"黄道矢度" v_1 与 "赤道小弦" q_2 没有需订正之处。

"黄道半弧弦" p_1 在以下四处需要加以订正。

x	表中的 p_1（误）	验算所得 p_1（正）
31度	30度45分35秒	30度45分25秒
32度	31度37分60秒	31度37分70秒
42度	40度12分67秒	40度12分77秒
86度	60度64分18秒	60度64分28秒

"黄赤道小股" w 在以下八处需要加以订正。

x	表中的 w（误）	验算所得 w（正）
18度	53度53分89秒	53度53分86秒
23度	51度92分47秒	51度93分46秒
28度	49度92分99秒	49度91分94秒
33度	47度45分33秒	47度49分32秒
45度	40度08分22秒	40度08分13秒

72度	17度70分20秒	17度70分09秒
74度	15度88分76秒	15度88分65秒
87度	3度96分19秒	3度96分89秒

"赤道半弧弦"p_3在以下五处需要加以订正。

x	表中的p_3（误）	验算所得p_3（正）
11度	11度90分69秒	11度90分80秒
15度	16度17分96秒	16度17分87秒
45度	44度30分58秒	44度30分38秒
82度	60度26分74秒	60度26分70秒
89度	60度83分71秒	60度83分78秒

"赤道矢度"v_3在以下四处需要加以订正。

x	表中的v_3（误）	验算所得v_3（正）
9度	0度78分14秒	0度78分68秒
31度	9度32分63秒	9度31分63秒
46度	19度92分65秒	19度92分69秒

"赤道积度"z在以下一处需要加以订正。[#96]

x	表中的z（误）	验算所得z（正）
73度	74度35分46秒	74度35分39秒

"黄赤内外矢"v_2在以下两处需要加以订正。

x	表中的v_2（误）	验算所得v_2（正）
9度	4度74分99秒	4度73分79秒
18度	4度42分06秒	4度41分07秒

13 对授时历的若干表格的订正

"内外半弧弦" p_2 在以下四处需要加以订正。

x	表中的 p_2（误）	验算所得 p_2（正）
1度	23度70分<u>7</u>8秒	23度70分68秒
32度	20度<u>22</u>分78秒	20度31分78秒
51度	15度08分2<u>3</u>秒	15度08分26秒
52度	14度75分2<u>3</u>秒	14度75分27秒

"内外度" y 在以下四处需要加以订正

x	表中的 y（误）	验算所得 y（正）
4度	23度85分<u>4</u>1秒*	23度85分01秒
9度	23度63分<u>4</u>2秒	23度63分40秒
51度	15度11分2<u>4</u>秒	15度11分27秒
52度	14度7<u>7</u>分98秒	14度78秒02秒

*与 $x=4$ 度相对应的 y 值，《元史》中是正确的，《明史》中是错误的。

(注)

1) 平山谛、下平和夫、广濑秀雄编著《关孝和全集》(日文版) 大阪教育图书，1974年——《授时发明》377－387页。

2) 上述《关氏全集》——《授时历经立成》395－420页。

3) 杉本敏夫著《对关氏授时发明的见解（正、续、补）》(日本版) 明治学院论丛，第347，355，364号，1983－1984年。

4) 杉本敏夫著《关于关氏授时历经立成的折衷性》(日本版) 明治学院论丛，第375号，1985年。

5) 群马大学主办，群马县和算研究会、日本数学史学会、日本数学教育学会、珠算史学会协助的《汉字文化圈与近邻诸国的数学史、数学教育国际讨论会》——1987年8月7日～10日，于群马大学工学系。

6) 杉本敏夫《关于用于授时历的沈括的逆正弦公式的精度》——予定于上述讨论会上作报告。

7) 钱宝琮主编《中国数学史》科学出版社，初版1964年，再版1981年。——同书中209－214页。

8) 中华书局编辑部编《历代天文律历等志汇编》中华书局出版，1975－1976年。元史历志（第九册）——该表格在同书中3380－3389页及3405－3414页。明史历志（第Ⅰ册）——该表格在同书中3562－3579页及3584－3592页。

(1987年7月20日)

〔要旨〕授時暦の若干の数表への訂正

　関孝和の『授時発明』と『授時暦経立成』とその源泉である元史暦志の『授時暦』と明史暦志の『大統暦』を比較し，後者二暦の数表を検算した結果を報告する。検算には第一）西洋流の理論的に精密な計算と，往時の中国流の近似的な概数計算を比較する，第二）授時暦作成時，郭守敬らが実際に計算した過程を辿る，の二種があるうち，本稿は専ら第二の立場に立つ。当面の課題は文献7の銭宝琮『中国数学史』を参照。図の天球上，赤道と黄道は春分点 X において，黄赤大距 YT=k の角度で交わる。太陽が冬至点 T から黄道積度 TP=x だけ行った P 点にあるとき，赤道積度 YQ=z と黄道内外度 QP=y を求めることが課題である。天文学よりはむしろ球面三角法の問題である。

　半弧から半弦への変換と逆変換のため，西洋では三角関数と逆関数を用いるが，中国では沈括の「会円術」から逆正弦関数に相当する近似公式を引いた。小図の半径 r の円の半弧 x を求めるのに，半弦 p，股 q，矢 $v=r-q$ の間に成立する関係：式(1)および式(2)を用いる。(1)は正確な式，(2)は近似式。式(2)を逆に解くため，郭らは四次方程式(3)を v について解き，式(1)により p を求めた。いま半弧 k に対応する半弦 p，股 q，矢 v には添字0を，半弧 x に対応は添字1を，半弧 y に対応は添字2を，半弧 z に対応は添字3を付す。比例関係により計算手順は，第一）x と k から y を求めるには式(4)〜(9)を用い（w は中間変数），第二）x と k から y を求めるには式(4)，(5)と(10)〜(12)を用いる。中国流では周天を 365.25 等分して「度」，端数は 100 進法で，1/100 を「分」，1/10000 を「秒」と呼ぶ。直径は 121.75 等分する。西洋流は周天を 360等分して度，端数は 60 進法，直径は 120 等分する。文字は同じでも，意味は全く違う。

　検算の対象は文献8，中華書局『歴代天律暦志彙編』第九冊の「黄赤道率」表のうち，「至後黄道積度」（x に相当），「至後赤道積度」（z に相当），「積差」（v_1 に相当）；「黄道出入…極度及半昼夜分」表のうち，「黄道積度」（x に相当），「内外度」（y に相当）。第十冊の「黄赤道…諸率立成上・下」表のうち，「至後黄道積度」（x に相当），「黄道矢度」（v_1 に相当），「黄道半弧弦」（p_1 に相当），「黄赤道小股」（w に相当），「赤道小弦」（q_2 に相当），「赤道半弧弦」（p_3 に相当），「赤道矢度」（v_3 に相当），「至後赤道積度」（z に相当）；「黄道毎度…北極立成」表のうち，「黄赤内外矢」（v_2 に相当），「内外半弧弦」（p_2 に相当），「内外度」（y に相当）。

　関数電卓を用いて郭らの計算手順を忠実に追い，各数表と照合した。検算の過程で，黄赤大距の角度 YT=k が，式(5)の q_2 を求めるまでは $k=24$ を用いながら，式(11)の p_2 を求めるときは「置測（別に測った）」$k=23.90$ を用いるという，「奇妙な二つの仮定の折衷によって」計算されたことが明らかになった。検算の結果を概括すれば，末位の秒単位における一〜二単位の誤差を除き，概ね正しい，ことが確かめられた。数表の誤り（ただし末位一〜二単位の食い違いは指摘を略す）は，付載する「正誤表」の箇所だけである。v_1 と q_2 は正しい。p_1 は四箇所，w は八箇所，p_3 は五箇所，v_3 は四箇所，z は一箇所，v_2 は二箇所，p_2 は四箇所，y は四箇所の訂正を要する。

14 关于用于授时历的沈括的逆正弦公式的精度

本文是归纳了在《汉字文化圈的数学国际讨论会》[1] 上所作报告的要点，并附加补充篇而成的。与我的前论文《对授时历的若干表格的订正》[2] 有若干重复，几处图表和公式参照前论文，继用了前论文的公式号码。

《授时历》（十三世纪）编纂之际，郭守敬等人解决了在一定的"黄赤大距"（与黄道和赤道的交角对应的定数）k上，已知太阳位置的"黄道积度"（黄经余弧）x，所求其"赤道积度"（赤经余弧）z 和"黄道内外度"（赤纬）y的问题。（参看前论文的天球图。[3]）这是个解球面直角三角形的问题。

在半径 r 的圆中，如图，设与半弧 x 对应的半弦 p，股 q，矢 v。当 x 特指"黄道积度"时，设与其对应的半弦为 p_1，股为 q_1，矢为 v_1。当 x 表示 k 时，设与其对应的为 p_0, q_0, v_0。当 x 表示 y 时，设与其对应的为 p_2, q_2, v_2。当 x 表示 z 时，设与其对应的为 p_3, q_3, v_3 [4]。 该问题即为"黄赤道之变换"的问题，可用下图表表示：

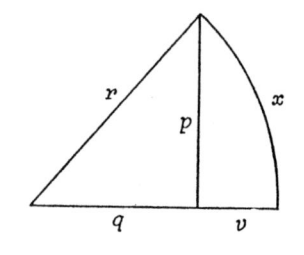

14 关于用于授时历的沈括的逆正弦公式的精度

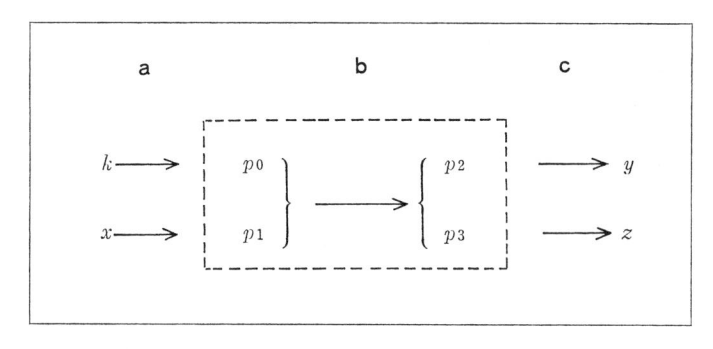

```
       a              b              c
              ┌─────────────────────┐
    k ──→     │  p0          p2     │
              │      }  ──→    {    │  ──→  y
    x ──→     │  p1          p3     │  ──→  z
              └─────────────────────┘
```

步骤a，需要作"从半弧 x 至半弦 p 的变换"即将曲线的长度换算为线段的长度。步骤b，用纯粹的立体几何的关系即勾股弦定理及比例关系，作从线段至线段的变换。步骤c，需要作"从半弦 p 至半弧 x 的变换"即将线段的长度换算为曲线的长度。西洋式数学有自托勒玫（Ptolemy）（二世纪）以来的传统，在步骤a，使用正弦函数sine，且在步骤c，使用逆正弦函数arcsine[5]。与此相对郭等人在步骤a及c，使用了沈括（十一世纪）的《会圆术》叙述过的近似公式和出自这个公式的四次方程。请参看前论文的公式(1)，(2)，(3)[6]。关于步骤b的详细情况，请参见前论文的公式(4)至(12)[7]。

本文的目的在于将在《授时历》中的中国式的计算方式及西洋式的方式作比较（相当于前论文的第一个验算[8]），并证实使用沈括公式的"黄赤道之变换"的计算结果是何等出色。首先归纳、比较中国式方法与西洋式方法之不同。

	授 时 历	托 勒 玫
圆周 $2\pi r$	365度25分00秒	360deg00min00sec
度及deg以下的尾数	百进制	六十进制
圆周率 π	古率 3	3.1416
直径 $2r$	121度75分00秒	120pt00min00sec
半径 r	60度87分50秒	60pt00min00sec
度及pt以下的尾数	百进制	六十进制
半弧→半弦	四次方程（3）	正弦函数sine
半弦→半弧	沈括公式（2）	逆正弦函数arcsine

deg: degree, min: minute, sec: second, pt: part.

如表格所示，《授时历》采用了圆周率365.25／121.75＝3。众所周知，当时已有祖冲之（五世纪）的卓越的"密率"355／113＝3.1415929…[9]，然而，郭等人为什么采用粗糙得多的古率呢？这是一个《授时历》的编纂之谜。关于这一点，钱宝琮先生的评价是否定的，如下：

"按 $\pi = 3$ 计算，这是《授时历》的一个缺点，影响它的精密度。"[10]

"郭守敬等人的授时历虽引入了新的方法，但因会圆术弧矢弦公式误差很大，并且以 $\pi = 3$ 入算，推得的周天直径不够精确，因而其结果也就不十分精确"。[11]

我对钱先生的"沈括公式的误差很有可能使古率3的误差受相辅相成的作用"的结论抱有疑问。事实果真如此吗？

我原封不动地使用了出自沈括的四次方程(3)，根据圆周率的四个假定：

$$h = 2.9292, \quad h = 3.0000, \quad h = 3.0708, \quad h = 3.1416,$$

计算了在每个圆周率上从 x 至 y 的值及从 x 至 z 的值。对于定数 k，我把根据实测得出的《授时历》所采用的"24度"[12]，换算为与西洋式的"23.6550deg"。我的验算的目的在于比较中国式的方法及西洋式的方法，所以二者应居于同一基础之上。故此假定设如下：

圆周＝360.0000°，尾数按十进制表示至小数第四位，

半径 $r = 1.00000$，尾数按十进制表示至小数第五位。

计算结果如下表：

内外度 y

x	$h = 2.9292$	$h = 3.0000$	$h = 3.0708$	$h = 3.1416$	三角法
0°	23.6550°	23.6550°	23.6550°	23.6550°	23.6550°
15	22.9263 (＋.1238)	22.8891 (＋.0865)	22.8507 (＋.0482)	22.8113 (＋.0087)	22.8026
30	20.6912 (＋.3583)	20.5401 (＋.2072)	20.3848 (＋.0519)	20.2255 (－.1074)	20.3329

14 关于用于授时历的沈括的逆正弦公式的精度

45	16.9657 (＋.4839)	16.6377 (＋.1558)	16.3031 (－.1788)	15.9621 (－.5197)	16.4818
60	12.0683 (＋.4954)	11.5469 (－.0260)	11.0204 (－.5525)	10.4893 (－1.0836)	11.5729
75	6.5447 (＋.5840)	5.8551 (－.1055)	5.1642 (－.7964)	4.4725 (－1.4882)	5.9607
90	0.8311 (＋.8311)	0.0000 (.0000)	-0.8302 (－.8302)	-1.6593 (－1.6593)	0.0000

括弧内的数值表示与按三角法的西洋式的计算对应的误差。

赤道积度 z

x	$h=2.9292$	$h=3.0000$	$h=3.0708$	$h=3.1416$	三角法
0°	0.0000°	0.0000°	0.0000°	0.0000°	0.0000°
15	16.1573 (－.1484)	16.2159 (－.0898)	16.2760 (－.0297)	16.3377 (＋.0320)	16.3057
30	31.9476 (－.2760)	32.0282 (－.1955)	32.1092 (－.1145)	32.1905 (－.0332)	32.2236
45	47.2157 (－.2953)	47.2740 (－.2370)	47.3294 (－.1816)	47.3817 (－.1293)	47.5110
60	61.9554 (－.1729)	61.9533 (－.1750)	61.9437 (－.1846)	61.9264 (－.2019)	62.1283
75	76.2213 (＋.0111)	76.1344 (－.0758)	76.0368 (－.1733)	75.9289 (－.2813)	76.2102
90	90.1649 (＋.1649)	90.000 (.0000)	89.8269 (－.1731)	89.6467 (－.3533)	90.0000

括弧内的数值表示与按三角法的西洋式的计算对应的误差。

从以上两个表格，我发现了意外的结果。如误差栏所示，在假定 $h=3$ 的条件下 y 及 z 均与西洋式的结果十分近似[13]。这是为什么呢？

为了追究原因，我倒退一步，计算了按公式(3)从 x 至 p 的值及从 x 至 q 的值，发现了意想不到的结果，即在古率3的条件下 p 及 q 均与西洋式的结果十分近似[14]。请参见在古率3的条件下比较 p 曲线与正弦曲线的图表。在此图表中，虽然夸张地描写了两个曲线的出入，但实际的数值的误差很小。请参看后

面的 p 和 q 的表格。

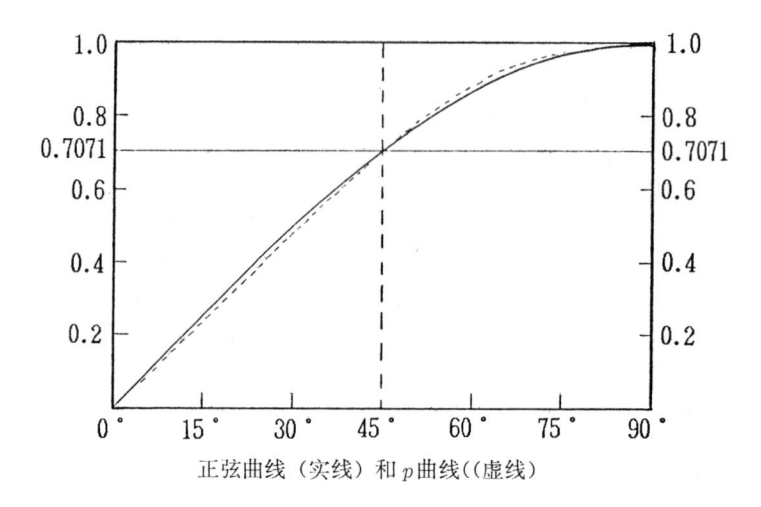

正弦曲线（实线）和 p 曲线（(虚线)

半弦 p

x	$h=2.9292$	$h=3.0000$	$h=3.0708$	$h=3.1416$	正弦函数
0°	0.00000	0.00000	0.00000	0.00000	0.00000
15	0.24365 (−.01517)	0.24950 (−.00932)	0.25535 (−.00347)	0.26120 (+.00238)	0.25882
30	0.48063 (−.01937)	0.49165 (−.00835)	0.50262 (+.00262)	0.51353 (+.01353)	0.50000
45	0.69329 (−.01382)	0.70711 (.00000)	0.72066 (+.01356)	0.73395 (+.02684)	0.70711
60	0.85807 (−.00795)	0.87079 (+.00477)	0.88291 (+.01688)	0.89442 (+.02840)	0.86603
75	0.96037 (−.00555)	0.96837 (+.00245)	0.97546 (+.00953)	0.98162 (+.01570)	0.96593
90	0.99937 (−.00063)	1.00000 (.00000)	0.99937 (−.00063)	0.99749 (−.00251)	1.00000

括弧内数值表示与西洋式的正弦 $\sin x$ 对应的误差。

14 关于用于授时历的沈括的逆正弦公式的精度

股 q

x	$h=2.9292$	$h=3.0000$	$h=3.0708$	$h=3.1416$	余弦函数
0°	1.00000	1.00000	1.00000	1.00000	1.00000
15	0.96986 (+.00394)	0.96837 (+.00245)	0.96685 (+.00092)	0.96529 (−.00064)	0.96593
30	0.87693 (+.01090)	0.87079 (+.00477)	0.86451 (−.00152)	0.85807 (−.00795)	0.86603
45	0.72066 (+.01356)	0.70711 (.00000)	0.69329 (−.01382)	0.67921 (−.02790)	0.70711
60	0.51353 (+.01353)	0.49165 (−.00835)	0.46954 (−.03046)	0.44723 (−.05277)	0.50000
75	0.27871 (+.01990)	0.24950 (−.00932)	0.22020 (−.03862)	0.19083 (−.06799)	0.25882
90	0.03540 (+.03540)	0.00000 (.00000)	−0.03540 (−.03540)	−0.07080 (−.07080)	0.00000

括弧内数值表示与西洋式的余弦 cos x 对应的误差。

我发现了更为重要的关系式。<u>在古率 3 的条件下两个函数有整齐的对称性</u> 15).

(13)　　　$p(x) = q(90°-x)$,　　　$q(x) = p(90°-x)$.

(证明是容易的。) 这个关系式与三角函数的关系式的对应关系如下:

(14)　　　$\sin x = \cos(90°-x)$,　　　$\cos x = \sin(90°-x)$。

在第 413 页的图表中，由于步骤 b 使用线段相互之间所成立的关系，所以中国式的计算也是<u>十分严密的</u>。"黄赤道之变换"的误差发生于步骤 a 及步骤 c。

按西洋式的三角法，从 x 至 y 的变换可表示如下:

(15)　　　$\sin y = \sin k \cdot \cos x$.

$\sin k$ 是定数，因此这公式有 $\sin x$ 与 $\cos x$ 为比例关系的意义。如上述，在古率 3 的条件下从 x 求 y 时，其结果与西洋式的结果十分近似。其原因可考虑为由于 p 与 q 的对称性和从整体看其误差很小。从而可以推测 "a 的误差与 c 的误差所抵消的结果"。

按西洋式的三角法，从 x 至 z 的变换可表示如下：

(16) $\operatorname{tg} z = (1/\cos k) \cdot \operatorname{tg} x$。

$\cos k$ 是定数，因此这个公式有 $\operatorname{tg} z$ 与 $\operatorname{tg} x$ 为比例关系的意义。由于 比 p/q 与正接函数相应，所以在四个假定下这个比可计算如下。

比 p/q

x	$h=2.9292$	$h=3.0000$	$h=3.0708$	$h=3.1416$	正接函数
0°	0.00000	0.00000	0.00000	0.00000	0.00000
15	0.25122 (− .01673)	0.25765 (− .01030)	0.26411 (− .00384)	0.27059 (+ .00264)	0.26795
30	0.54808 (− .02927)	0.56460 (− .01275)	0.58140 (+ .00405)	0.59847 (+ .02112)	0.57735
45	0.96201 (− .03799)	1.00000 (.00000)	1.03949 (+ .03949)	1.08059 (+ .08059)	1.00000
60	1.67094 (− .06112)	1.77115 (+ .03910)	1.88035 (+ .14830)	1.99993 (+ .26788)	1.73205
75	3.44572 (− .28633)	3.88126 (+ .14921)	4.42988 (+ .69783)	5.14393 (+1.41188)	3.73205
90	＊＊＊ (＊＊＊)	＊＊＊ (＊＊＊)	＊＊＊ (＊＊＊)	＊＊＊ (＊＊＊)	＊＊＊

括弧内数值表示与西洋式的正接 $\operatorname{tg} x$ 对应的误差。

在古率3的条件下这个比 p/q 也与西洋式的结果十分近似[16]。如上述，从 x 求 z 时，其结果与西洋式的结果十分近似。其原因在于比 p/q 的误差很小，而又可以推测"a 的误差与 c 的误差所抵消的结果"。(p.413)

如上验算的结果，我得到了推翻钱先生之见解的、新的结论："限于同时使用沈括公式与古率3时，其结果最为近似"。在此就中国式的计算方法我的评价如下：西洋式的三角函数总而言之不过是"半弦⟵⟶半弧"相互变换的函数。若容许误差存在的话，沈括公式也可认为是"半弦⟵⟶半弧"的相互变换。而且在

14 关于用于授时历的沈括的逆正弦公式的精度

"黄赤道之变换"时,误差仅使第2页的图表中的入口 a 和出口 c 受到影响。但虚线方框内的 b 是准确的变换关系,只不过被 a 的误差放大了。(p.413)

至于所测弧长(圆周的一个部分的曲线的长度)的单位系和所测弦长(于直径同种的线段的长度)的单位系尽管全然不同也无关紧要。托勒玫也曾使用过 degree 为圆周又 part 为直径的相互无关的单位。常用三角函数也假设圆周 = 360° 及直径 = 2 。虽然在中国式中圆周的单位和直径的单位使用过同样的"度",但要是推测郭等人的真意,以下的说法是妥当的。3 不是圆周率而是所连圆周和直径的一种参数,并且圆周和直径有各自的单位系。使用古率 3 的沈括公式虽比三角函数逊色,但作为"半弦←→半弧"相互变换的公式具有其充分的价值。因此《授时历》(公元1280年完成)被实质上内容相同的《大统历》(公元1643年以前有效)加以继承,并经得起长达约360年的实用考验[17]。

附 记

钱宝琮先生在《授时历法略论》[18]中,同样详述了"黄赤道之变换",并举出了数值例[19]。本附记的目的在于验算和对钱先生论文作若干评论。为了把符号与我的论文一致,更改如下:

半弧 $s \to x$,周天径 $d \to$ 直径 $2r$,"黄赤大距" $\to k$,黄赤道交角 $\alpha \to K$。

首先,在 $k = 24$ 的假定下,按公式(3)和公式(1)经实际计算 v, q, p,钱先生的 (p.414)

$$v = 4.8482 度, \quad q = 56.0268 度, \quad p = 23.8070 度,$$

除最后一位的 1 单位的误差以外,是正确的。这个值也与《大统历》的例题的值一致[20]。

其次,钱先生有如下叙述:

"又周天 $2\pi r = 365.2575$ 度,以周率 $\pi = 3.1416$ 除,得周天径 $2r = 116.2652$

度，半径 r 应是58.1626度。"[21)]

其中，除法含有错误，r 有误排，所以应更改为58.1326度。另外，他采用了 $2\pi r$ 与《授时历》中的365.25不同的数值，我不能解其意。此外，关于他的：

"如果根据授时历实测所得的数据，$k = 23.90$ 度，化为六十进制，得黄赤道交角 $K = 23°33'23''$。"[22)]的论述，

此处应为：

$$K = k \times 360 / 365.2575 = 23.5560° = 23°33'21.5'',$$

他的数值的最后一位是错误的。关于：

"依照三角法计算得：

$$v = r(1 - \cos K) = 4.8442 \text{度},$$
$$q = r \cos K = 53.2884 \text{度},$$
$$p = r \sin K = 23.2333 \text{度}。"[23)]的论述，$$

按我所推测的 $K = 23.5560°$ 这些数值，除误排的值 p 以外，都是正确的，则 p 必须更改于23.2324度。

根据我的验算结果除就钱先生的数值作如上修正外，仍有一点问题。

"于授时历法计算时他使用 $k = 24$ 度的假定，另一方面于西洋式之三角法的计算时他使用 $k = 23.9$ 度的假定，然后他比较了两个结果。"

遵循钱先生的意图，我重新作了计算，结果如下：固定周天的值，设与授时历一致为 $2\pi r = 365.25$ 度。根据授时历的 $\pi = 3$，半径是 $r = 60.875$ 度，并且根据西洋式的 $\pi = 3.1416$，半径是 $r = 58.1312$ 度。把黄赤道交角按

$$K = k \times 360 / 365.25$$

计算，在 $k = 24$ 度之假定下，为 $K = 23°39'18''$，另一方面在 $k = 23.9$ 度之假定下，$K = 23°33'23''$。我作如下表格：

14 关于用于授时历的沈括的逆正弦公式的精度

	$k=24$度 $K=23°39'18''$	$k=23.9$度 $K=23°33'23''$
授 时 历 法	Ⅰ) $r=60.875$度 $v=4.8483$度 $q=56.0267$度 $p=23.8069$度	Ⅱ) $r=60.875$度 $v=4.8072$度 $q=56.0678$度 $p=23.7102$度
三 角 法	Ⅲ) $r=58.1312$度 $v=4.8843$度 $q=53.2469$度 $p=23.3239$度	Ⅳ) $r=58.1312$度 $v=4.8443$度 $q=53.2869$度 $p=23.2323$度
第 三 个 方 法	Ⅴ) $r=60.875$度 $v=5.1148$度 $q=55.7602$度 $p=24.4248$度	Ⅵ) $r=60.875$度 $v=5.0729$度 $q=55.8021$度 $p=24.3289$度

钱先生的比较恰好相当于Ⅰ栏与Ⅳ栏，因此他作出了如下结论：

"授时历弧矢割圆法，取已知数$2r$和k的近似值不够精密，用沈括会圆术计算v，又不够严格，所以所得的结果误差很大。"[24]

若作比较的话，应该在同样的k之假定下，比较Ⅰ栏与Ⅲ栏或Ⅱ栏与Ⅳ栏。

为了进行比较，既便更改其对应关系，钱先生的比较仍含有<u>一个严重论理上的缺陷</u>。例如，因为授时历法的$p=23.8069$度与$r=60.875$度是相对应的，三角法的$p=23.3239$度与$r=58.1312$度是相对应的，所以纵使直接比较两个p并论其优劣，但在完全不同的基础上的比较，在论理上是无意义的。如我在表格中"第三个方法"栏中所示，在同样半径$r=60.875$度之基础上，使用$K=23°39'18''$求$p=r\sin K=24.4248$度，就应该将p与授时历法的23.8069度作比较。同样应该将Ⅰ栏与Ⅴ栏或Ⅱ栏与Ⅵ栏作比较，论其优劣。钱先生的错误的

原因在于，我们本应在同样半径 r 的单位之基础上测定股 q 和半弦 p，而他却固定圆周 $2\pi r$ 而除以不同的圆周率 $\pi = 3$ 或 $\pi = 3.1416$，从而在不同半径之基础上比较 q 和 p。

我在"第三个方法"栏中提出的比较，相当于在本文的半弦 p 或股 q 的表格中 $h = 3$ 栏与 $\sin x$ 或 $\cos x$ 栏的比较。按照这个比较我们得出了本文的结论，即 p 或 q 的与西洋式的近似是在古率3的假定下大体上是成立的，并且 p 和 q 具有对称性。

（注）

1）群马大学主办，群马县和算研究会、日本数学史学会、日本数学教育学会、珠算史学会协助的《汉字文化圈与近邻诸国的数学史、数学教育国际讨论会》——1987年8月7～10日，于群马大学工学系。
2）杉本敏夫著《对授时历的若干表格的订正》（中文版）明治学院论丛，第415号，1987。
3）上记文献2）2页。
4）上记文献2）3页。
5）托勒玫作了从全弧求全弦的《弦之表》。为了从全弦逆算全弧，他使用了"内插法"。变数（全弧）的差如极小的话，内插法是有效的。阿拉伯天文家作了从半弧求半弦的"正弦函数"及从半弦求半弧的"逆正弦函数"。此后这两个函数传到欧洲。
6）上记文献2）2—3页。
7）上记文献2）3页。
8）上记文献2）1页。
9）钱宝琮主编《中国数学史》科学出版社，初版1964年，再版1981年。——同书中86—87页。
10）上记文献9）211页，脚注。
11）上记文献9）214页。
12）上记文献2）5页。——24度是基于第一个假定。$24 \times 360 / 365.25 = 23.6550°$。
13）有些地方，如在 $x = 15°$ 及 $h = 3.1416$ 时，y 之误差最小。然而我认为与 x 之各

14 关于用于授时历的沈括的逆正弦公式的精度

值对应的 y 之误差在 $h=3$ 的假定下总的来说都是很小的。对 z 也一样。

14) 我的主张的旨趣与注13)相同。
15) 郭守敬等人未能发现与 p 和 q 的对称性。这是因为在授时历中象限不是"90 deg"而是"91.3125度",并且对称性的中点不是"45 deg"而是"45.65625度"。他们求了与整数"45度"对应的 p 和 q,自然不会发现如下的整齐的关系式: $p(45°)=q(45°)$。
16) 我的主张的旨趣与注13)相同。
17) 上记文献9) 190页及231页。
18) 中国科学院自然科学史研究所编《钱宝琮科学史论文选集》科学出版社,1983年。此论文在该书中352—376页。原载《天文学报》四卷二期,1956年12月。
19) 上记文献18) 370—373页。
20) 中华书局编辑部编《历代天文律历等志汇编》中华书局出版,1975—1976年。第十册,3558页。
21) 上记文献18) 371页。
22) 上记文献18) 371页。
23) 上记文献18) 371页。
24) 上记文献18) 372页。

谢词 在翻译之际,得到丁谦女士(东京都立大学大学院学生)的援助,特此表示衷心的感谢。

(1987年8月20日)

〔要旨〕授時暦で用いられた沈括の逆正弦公式の精度

　前論文『授時暦の若干の数表への訂正』と若干の重複がある。授時暦（13世紀）編纂の際，郭守敬らは，前論文のように天球図および関連する諸距離を定めるとき，k と x から z と y を求める「黄赤道の変換」すなわち球面三角法の問題に直面した。小図の半径 r の円の半弧 x と，半弦 p，股 q，矢 $v=r-q$ および天球図に付随する四つの添字 0, 1, 2, 3 を付した各長さも，前論文を踏襲する。

　「黄赤道の変換」は四角な枠内に示した図式にまとめられる。手順 a は半弧 x から半弦 p への変換（曲線から直線への変換），手順 b は純粋に立体幾何学の問題（直線から直線への変換），手順 c は p から x への変換（直線から曲線への変換）である。西洋ではプトレマイオス（2世紀）以来，手順 a で正弦関数，手順 c で逆正弦関数を用いた。これに対して郭らは手順 a と手順 c で，沈括の逆正弦関数に相当する近似公式，すなわち前論文の式(1)～(3)を用いた。手順 b では，前論文の式(4)～(12)を用いた。本項は，中国式計算と西洋式計算の比較を目的とする（前論文の第一の立場）。いま一つ，前論文に述べたように中国と西洋では円周と直径の単位が違うことに注意が必要である。さらに西洋では円周率 3.1416 を用いるのに，郭らは古率 365.25/121.75=3 を用いる。

　この最後の点が本稿の焦点である。文献9の銭宝琮『中国数学史』で，銭氏は，「$\pi=3$ で計算したのは授時暦の一つの欠点であり，精密度に影響した。」（211頁脚注）「郭守敬らの授時暦は新方法を採用しながらも，〔沈括の〕会円術の弧矢公式の誤差が非常に大きく，かつ $\pi=3$ で計算したため，… 結果は不正確となった。」（214頁）と述べた。私はこの「沈括の公式のもつ誤差が，古率3の使用によって相乗的に拡大された」という銭氏の結論に疑問を持った。果して事実は如何か？

　私は，沈括の四次方程式はそのまま用い，円周率には四つの仮定：
$$h=2.9292, \quad h=3.000, \quad h=3.0708, \quad h=3.1416,$$
を設け（二番目が古率），その仮定ごとに x から y へ，x から z への計算をした。表「内外度 y」と表「赤道積度 z」に結果を示した。ただし定数 k は，授時暦が採用した 24 中国度を用い，西洋式の計算ではその k を 23.6550 西洋度に換算し，中国式と西洋式の両方法を比較した。括弧内の誤差は，西洋式の三角法による値（右端）に対応する誤差である。この二つの表から，我々は意外な結果を得た。誤差の欄を見れば，$h=3$ なる仮定のときに y と z は西洋式の値に一番当てはまる。何故そうなるのか？

　原因追求のため一歩手前に戻り，式(1)～(3)により x から p へ，x から q への計算をしたが，ここでも意外な結果，やはり $h=3$ なる仮定のときに一番よく当てはまる，を得た。$h=3$ のときの p のグラフ（点線）と正弦のグラフ（実線）を示した。グラフの中では曲線の差を実際の誤差よりも強調して描いてある。さらに表「半弦 p」と表「股 q」を参照せよ。括弧内の誤差は前の表と同様な意味をもつ。

　さらに重要な発見は，$h=3$ のときに関数 $p(x)$，$q(x)$ は式(13)のような綺麗な対称性をもつことであり，これは周知の三角関数の対称性すなわち式(14)に対応する。

〔要　旨〕

　前掲の枠内の図式のうち，手順 b は立体幾何の線分相互の関係を使うから，中国流に計算しても完全に厳密である。「黄赤道の変換」における誤差は，手順 a と手順 c で生ずる。x から y への変換を西洋流の三角法で表現すれば式(15)であり，$\sin k$ が定数だからこの式は $\sin y$ が $\cos x$ に比例することを示す。上述の $h=3$ のとき x から y への変換がよく当てはまった理由は，p と q の対称性と誤差が小さいため，「手順 a と手順 c での誤差が相殺された」結果であると考えられる。西洋流で x から z への変換は式(16)で表現され，$1/\cos k$ が定数だからこの式は $\tan z$ が $\tan x$ に比例することを示す。中国流では 比 p/q が正接関数に相当するので，表「比 p/q」を計算した。括弧内の誤差は前の表と同様な意味をもつ。ここでも $h=3$ のとき当てはまりがよい。「手順 a と手順 c での誤差が相殺した」結果である。

　西洋流の三角法とは，要するに「半弦←→半弧」の相互変換の関数である。誤差が伴うとはいえ，沈括の公式も郭らの考案により「半弦←→半弧」の相互変換の計算に利用された。しかも「黄赤道の変換」の誤差は，入口 a と出口 c で生ずるだけである。

　そこで極論すれば，弧(曲線)の長さの単位系と弦(直線)の長さの単位系は別々のものであっても構わない。プトレマイオスは，円周を「度」，直径を「部分」で測り，常用の三角関数も，円周を 360度，また直径を2と仮定している。中国流は円周も直径も共通の「中国度」で測るが，弧度法とは意味が異なり，実質の長さは違う。したがって 3 は円周率ではなく，円周と直径をつなぐ一種の径数(parameter)であって，円周と直径は別々の単位で測られた。古率3と組み合わせたときに，沈括の公式は多少の誤差を伴いながら「半弦←→半弧」の相互変換の公式として十分な価値をもったのである。

〔付記〕文献 18 の『銭宝琮科学史論文撰集』(352〜376頁) の中で，銭氏は「黄赤道の変換」を述べ，数値例を挙げた。記号を (本稿に合わせて)
　　半弧 $s \to x$, 周天径 $d \to$ 直径 $2r$, 黄赤大距 $\to k$, 黄赤道交角 $\alpha \to K$
と改める。まず銭氏は $k=24$ の仮定の下，式(3)と式(1)で v, q, p を求めているが正しい。しかし，それに続く一連の計算には誤りが見られるので，それを指摘した。

　次に，銭氏が「授時暦式計算では $k=24$ を用い，西洋式計算では $k=23.9$ を用い…」と述べた部分に対して，私は前者は $K=23\ 39\ 18$ に相当，後者は $K=23\ 33\ 23$ に相当すると考え，付表を計算した。銭氏の趣旨はⅠ欄とⅣ欄を比較したのに相当し，「授時暦は $2r$ と k の近似値が不精密で，しかも沈括の公式を用いたために，誤差が甚だ大きい」という結論は当たらない。Ⅰ欄とⅢ欄またはⅡ欄とⅣ欄を比較すべきであった。

　さらに銭氏の比較には，一つの重要な論理的欠陥がある。授時暦では $p=23.8069$ と $r=60.875$ が対応し，三角法では $p=23.3239$ と $r=58.1312$ が対応する。この両者の p を比較しても無意味である。むしろ私が付表に「第三の方法」と名付けた欄では，半径を $r=60.875$ とし，$K=23\ 39\ 18$ を用いて $p=r \sin K=24.4248$ を，$K=23\ 33\ 23$ を用いて $p=r \sin K=24.3289$ を計算した。このⅠ欄とⅢ欄またはⅡ欄とⅣ欄を比較すべきであった。私は同じ半径 r の単位の下で股 q，半弦 p を測った。それに対して銭氏は，円周 $2\pi r$ は固定したまま異なる円周率 $\pi=3$ または $\pi=3.1416$ を用いたため，異なる半径を基にした比較を行なったことに相当する。そこに氏の錯誤の原因が生じた。

15 関の求積問題の再構成（一）

§1. 序 …………………… 426
§2. 『求積』編の構成 ……… 428
§3. 円と弓形の面積 ……… 433
§4. 錐率三分の一 ………… 440
§5. 錐率三分の一（続）… 446

§1. 序

　関孝和は数学の諸領域において，中国数学を脱却し，独創的な業積をあげたのであるが，平面・立体図形の容積を求める一連の業積が少なからぬ部分を占めている。これら求積問題は，その起源はもちろん中国古代の算書にあり，江戸初期の和算書に引き継がれたものである。関の先行者（和算家）たちもこのいくつかを解き，さらに新たな問題を提出した。古くからの問題（例えば弓形の面積）は解かれたとしても，粗雑な近似値を与えるのみであり，関を待ってはじめて解決を見たものが多い。関自身が問題を提出し，解いたものもある。[101]
　『関孝和全集』(1.)には，初期の修業時代の『規矩要明算法』(1., 本文 p. 1-10)にはじまり，先行者の提出問題にたいする関自身の解答書である『闕疑抄答術』(p. 11-42)，『勿憚改答術』(p. 43-102) など，求積問題を扱った書が並ぶ。本稿では，とくに『解見題之法』(p. 121-130)，『求積』(p. 219-250)，『毬闕変形草』(p. 251-256)の三編を直接の対象とする。この三編の内容概観は次節で与える。[102]

15 関の求積問題の再構成（一）

　さて，関の「求積問題」を通覧するとき，大きな三つの目標があったように思われる。

(一)「円弧環」にかんする一連の問題。これは回転体の体積が主題であって，具体的にはカマボコ型指輪およびその変形の体積を求める。

(二)「十字環」の問題。これは浮輪型の環（トーラス）に十字型の円柱が組み合わさった立体であり，管と管の継ぎ目にいわゆる貫通体が生ずる困難な問題である。

(三)「円台三角空」の問題。これは円錐台に正三角形の穴を突き通してあけ，残りの体積を求める穿去問題である。

そのほかにも，球帽をさらに斜めに切り取った立体，その求積のための補題として球の表面から一部切り取った曲面など，ひじょうに困難な問題がある。

　これらの問題の背後に控えているのは，弓形の弧背長と面積を求める「補題」であり，関はこの「補題」をすべて『括要算法』巻四の「求弧背術」(1., 本文 p. 352–361) にゆだね，必要な数値を「別に得る」として引用するに留めている。筆者は求弧背術について別稿を準備している。[#103]

　本稿は，筆者みずから関の解法を跡付け，かれの考えの筋道を明らかにしようとする試みのなかで得られた知見を報告するものである。筆者の原著に相当する部分だけを，断片的に並べるのも一つの行き方であろう。しかし，関の解法，付された注釈，問題の配列の仕方などを通覧するとき，底には一本の太い思考の流れがあるように思われる。できればこの流れを取り出してみたい。また一方で，私の叙述を進めていく場合にも，たえず一度得られた定理を参照する必要が生ずる。そこで，断片的な報告よりも，体系的な記述が望ましいと考えた。（体系的な記述は，はじめの部分に準備が多く，なかなか本題に這入れないうらみがあるが，このさい止むをえない。）　関ならばこんな順序で考えを積みあげたかもしれない，と思われる筋道に沿って展開するので，表記の題を掲げた。

『関孝和全集』(1.)には，その解説も含めて全面的に依存している。原文の引用の仕方は，原文を読み下して仮訳を付す，翻訳して文字記号を挿入する，内容を要約して式で表わす，など一定しない。原図は，微妙な解釈が絡まる場合にはそのまま引用するが，そのほかは参照の便宜のため投影図におきかえた。筆者による説明図も随所に加えた。

参考書として，藤原松三郎氏『明治前日本数学史』(2.)と平山諦氏『関孝和』(3.)のお蔭をこうむった。私自身の解釈を立てて，必ずしも両先生のご意見にしたがわなかったところがある。それよりもこの両著には「この所意味不明」「孝和が云々と考える理由が判然しない」「孝和がこれを出した方法はすこぶる難解であって，今日までに明確なる解釈を下した人はない」などのご意見が卒直に表明されていて，大いに私の挑戦意欲をかきたてた。この点をとくに感謝したい。

筆者はこれまで，関の計算問題のほうに目を向けがちで，その幾何学については角術にかんする論文 (4.) で扱ったのみである。桐生の小林龍彦・田中薫両氏との文通のなかで，関の求積問題，とくに「立積」に目を開いていただいた。ここに感謝の意を表明する。両氏の論文については，いずれ主題が関係する節において言及する積りである。

草稿をあとのほうまで書いたが，分量が多いため何回かに分けて掲載する。

§2. 『求積』編の構成

本稿の目標は，関の円や球に関連する求積問題がどんな着想と推論によるものかを明らかにすることにある。現存の『求積』編の問題をすべて検討の対象にするわけではない。筆者はかつて関の角術にかんする論文 (4., 論叢313号, p. 5-9) において，平面の直線図形に触れた，例えば三斜（一般の三角形），梭（菱形）など。『求積』編にはさらに四斜（一般の四角形），鼓（梯形を上下に連らねた形）など，立体の直線図形として直堡壔（直方体），楔（くさび形）な

15 関の求積問題の再構成 (一)

どが扱われている。本稿はこれら直線的な図形の考察は省略することにした。[#105]

本節では,『求積』編全体の構成,およびこれと関連する『解見題之法』編,『毬闕変形草』編などの構成を概観しておく。『解見題之法』はいわゆる三部抄(残る二編は,見の代りに隠,伏が入る)のうちの一編であり,「主として図形上に現れた問題を解く基礎となる方法を説く」(1., 解題 p. 122)。その冒頭に計算法概論があるが,ここでは略す。扱われる図形(平面・立体を含む)は,ほぼ『求積』編と重なる。しかし『求積』編のごとくすべての問題を取りあげるわけではなく,基本的な図形を図解によって説明し,応用問題と見なされる図形は「其の余,云々は,皆これに倣ふ」として説明を省略している。また「周径術」や「求背術」を使うべき個所では「別記に載す」として省略している。『求積』編と比較して興味深いのは,方鏦(正方錐)と球欠(球帽)の扱い方が別法によっていることである。これらは該当の個所で詳しく紹介する。『毬闕変形草』編は回転体の体積を扱い,『求積』編とほとんど変わらず,むしろ後者への草稿の一部と見られる観がある。関連の個所で引用する。

『求積』編は序文をもつ。[#106]

「積は,相乗の総数をいふなり。形は,もと縦横高相通の総てを計る。ゆえに形により変じ,その理おのずから隠と見あり。これをもってその技みな形勢の所原を弁じ,もって盈を截り虚を補ふを要とす。また平立おのおの両矩を相具し,よく通変の形〈俗にいふ坪積〉を施すなり。およそ,奇形異常の属は,無窮といへども,その源を審せば,すなはちみな方円の二理に帰す。すべて方はたちまち求め得,ゆえにその理変ずといへども,おのずから暁り易し。円は速かに得難し,ゆえに変ずればすなはちその理隠るるものあり。これをもって平立の二編を分かち,方円の次序を与へ,おのおのその起るところを解き,相対の限をもって形極を釈き,求積の法式となすなり。」(仮訳。面積・体積は各長さを掛け合わせた総数であり,形は本来欠所も含めた縦・横・高さの総体を計る。ゆえに形ごとに術理は異なり,おのずから見え隠れ

している。そこでこれを解く技法はみな，形のよるところをよく見きわめ，出たところを削り，欠けたところを補うことが必要である。平面・立体はおのおの二つの尺度をもつから，等積変換を施すこともある。奇形や偏った形の仲間も無限にあるが，その基本はみな正方形と円に帰着する。正方形は求めるのが簡単であり，変形されていても術理は理解しやすい。円は理解しにくく，変形すれば術理が隠れる場合がある。そこで平面・立体の二編に分け，正方形から円へと順序を進め，その基本を解き，極限の形に説明を及ぼし，求積の公式とする。）

つぎに『求積』編の全問題の一覧表を掲げる。引用の便宜のため通し番号を付し，括弧内に簡単な説明を与えた。49番以下は説明の余白が足りないので略したが，いずれも後文で詳細に説明する。平積（平面図形の面積）編25問，立積（立体図形の体積）編34問，計59問から成り，易しい基本図形から難しい応用図形にいたる，きわめて整然とした編成をもっている。序文にいうように，平積・立積とも前半が直線図形，後半が曲線図形となっている。

筆者の見解によれば，難しい図形への移行の途中に，前問の系題として当然挿入すべき図形が省略されたと見るべき個所が，いくつかある。本稿では，筆者の意見によって，こられら欠けた個所（いわゆるミシング・リンク）を補う積りである。

各問題の述べ方も，ひじょうに整然としていて，四つの部分から成る。

(a) **題文**　「かりに何々があって，各部分の寸法が云々。積を問う。」なる文章が一定している。図を付し，図形と各部分の名称を与え，本文の名称と照合する。筆者は本文の引用にあたり，各部分の名称に対応する文字記号 d などを付記し，長さの単位（多くは寸）を略し，数値は洋数字に直すことにした。引用すべき図は，なるべく原図に近いものを心掛けたが，各部分の名称は消して文字記号を記入した。立体図形は投影図に描き直した場合がある。

15 関の求積問題の再構成（一）

平　積

1. 平方（正方形）
2. 直（矩形）
3. 勾股（直角三角形）
4. 圭（二等辺三角形）
5. 梭（菱形）
6. 三斜（一般三角形）
7. 四斜（一般四角形）
8. 三角（正三角形）
9. 梯（等脚梯形）
10. 箭翎（野球の本塁）
11. 鼓（上下の梯の和）
12. 三広（同上，異形）
13. 曲尺（L字型）
14. 抹角（角欠正方形）
15. 円
16. 環（穴明円）
17. 火塘（四角に円孔）
18. 帯直円(二半円と四角)
19. 側円（楕円）
20. 扇

21. 車輞（車の泥よけ）
22. 弧（弓形）
23. 欖（レモン）
24. 錠（戸締の金具）
25. 眉（三日月）

立　積

26. 立方（立方体）
27. 方堡壔（正方形の柱）
28. 直堡壔（直方体）
29. 方錐（正方形の錐）
30. 直錐（矩形の錐）
31. 方台（29の台）
32. 直台（30の台）
33. 楔（くさび形）
34. 両刃楔（四面体）
35. 茇麦（正四面体）
36. 切籠（十四面体）
37. 方台斜截
38. 直台斜截
39. 円堡壔（円柱）

40. 円錐
41. 円台（40の台）
42. 立円（球）
43. 長立円（長球）
44. 帯堡円(二半球と円柱)
45. 球欠（球帽）
46. 円截籠（球の円截）
47. 円環（浮輪形）
48. 外正弧環（指輪）
49. 外偏弧環（後述）
50. 内正弧環　〃
51. 内偏弧環　〃
52. 円壔斜截
53. 円台斜截
54. 円台斜截
55. 球欠直截（後述）
56. 球欠斜截　〃
57. 十字環　〃
58. 全球寛積　〃
59. 球欠頂寛積　〃

(b) **答文**　「答にいう。積云々」なる文章も一定している。ここに答の数値が記される。筆者は引用にあたり，単位を略した。

(c) **術文または草文**　与えられた長さ，草文の場合は「別に得る」とした数値などを直結して，求めるべき面積・体積を計算する。つまり今日流にいえば，計算公式を与えているのであるが，各部分の面積や体積の結びつきの順序は無視して，括れるだけの式は括り直した形になっている。次節で実例をあげて詳論する。筆者は引用にあたり，原文の順序どおりに再録した場合は，あとで文字式の形にまとめた。簡略に文字式の形にして引用する場合もある。

(d) **解文**　ここでは，問題となっている図形に全般的な見通しを与え，どのように考え，どのように解けばよいか説明を与える。すなわち図形をいくつか

の部分に分け，それぞれの面積・体積の求め方を示し，それらを組み合わせて図形全体の求め方にいたる．複雑な図形の場合には，序文にあったように，顕わには見えていない図形を指摘し，それを「虚積」と名付け，「虚実の総積」からあとで差し引く方法を示している．このような場合には解図を付して，虚積はとくに点線で示すなど親切な描き方をしている．原文と図の引用は(a)に準ずる．

術文と草文の区別

(c)においては，「術にいう…」と「草にいう…」の二種類がある．その違いは何か？——藤原氏の説明（2．，2巻，p. 256，脚注）によれば，

「この求積篇では解〔術に訂す〕曰と草曰と区別してゐる．解答中に出てくる量を別々に既知の方法で計算する必要ある場合にのみ草といってゐる．」

平山氏の説明（3．，p. 120）によれば，

「普通問題の次には，答曰と術曰の二つがあって，必要のときは解曰が付けてあるが，上〔第48問〕の場合は草曰となっている．孝和のほかの著述を見ると，草曰は草稿と言った心持ちが含まれている．」

とある．

筆者はみずからこの区別をたしかめた．その結果は，草曰とした問題は全59問中17問ある．平積のはじめのほうの3問は，一般の三角形において三辺が与えられたとき，それから高さを求める場面で「別に得る」としている．つまり「別に」とは既知の公式を参照しており，ここは西洋流なら《ヘロンの公式》に相当する定理が必要であり，関自身はおそらく『規矩要明算法』の「双弦股術」(1．，本文 p. 7)を用いたのであろう．残る14問は，弧（弓形）の弦と矢を与えて径と弧背を求める場面で「別に得る」としている．つまり「別に」とは，「求弧背術」を必要とするのであり，文字通り別のところで径と弧背を求めておいて，草文中にはその数値のみを引いている．[#107]

このように見ると，藤原氏のお説のように，他の公式の参照を必要とし，し

かも術文中にその公式を顕わに出さず，「別得」として数値のみを引用するとき，術曰でなく草曰としているのである。いいかえれば，このとき術文はそれ自体で完結（セルフ・コンテインド）していないので，平山氏のお説のように，草稿という気持で草曰と書いたのであろう。

(c)術文（または草文）と(d)解文との区別については，次節で実例に即して詳述する。

§3. 円と弓形の面積

(い)　円……『求積』第15問

「かりに円があって，径 $d=70$，積（面積）を問う。

答にいう。積は $3848\frac{51}{113}$.

術にいう。$d=70$ を自乗し，周率 355 を掛けて 1739500，これを四倍の径率 452 で割る。余りの分数は四で約して積を得る。

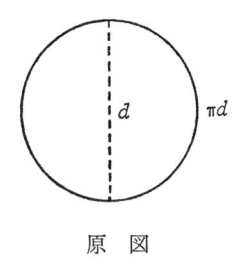

原　図

解にいう。これは角（正多角形）の極まるところであり，中心から圭（二等辺三角形）を重ねればこの形をなす。ゆえに周を圭の底辺と考え，半径を高さと考えてこれを求める。ゆえに円径 d に周率（355）を掛

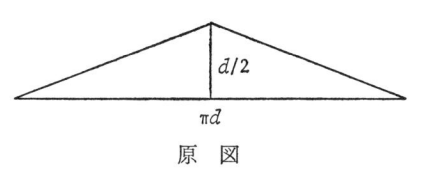

原　図

け，径率（113）で割れば底辺つまり円周（πd）となる。円径つまり圭の高さの二倍（d）を掛ければ圭の面積の四倍になるから，〔$335d \times d$ を〕四倍の径率（452）で割れば，全円の面積となる。……（下略）……」

以上が原文の翻訳であるが，円の面積を O とおくとき，**公式**

① $\qquad O = \frac{\pi}{4}d^2 = \frac{355}{452}d^2$

を提出し（術文），その理由として，解文に付した図のように，底辺 πd，高さ $d/2$ なる圭の面積に等しいことを述べている．解文を長く引用したのは，そこに関の考え方が明確に表われているからである．

すでに関の若いころの『規矩要明算法』[#108]のなかに，右の解図を載せている．これは円を多くの扇形に分割し，各扇形を二等辺三角形と見なし（つまり円を正多角形と考え），それを矩形に並べかえて面積を求める方法である．『求積』編の上記の解文のなかの「正多角形の極まるところ」の意味は，これによって明瞭になる．『解見題之法』には『求積』編とほぼ同じ解術がのり，割注に「周径率を求める術は別記に載せる」とある．「別記」とは『括要算法』巻四の「求円周率術」を指す．『求積』編では，周径率 π として，術文に見たように 355/113 を用いる場合と，もっと粗雑な 3.1416＝7854/2500 を用いる場合がある．後者は円積法 7854/10000 の形で使われる．

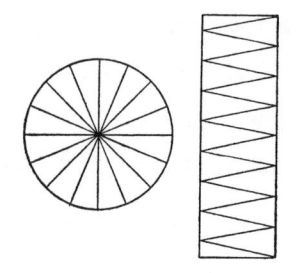

原　図

さて筆者は本稿においては，周：径＝π：1 における π の値を，関がおのずから定まった値であるかのように扱うのに同調して，一種の**公理**のごとく扱うこととする．この π の値を仮定することにより，円や球に関連する問題の大半が，「π を棚上げして計算し，あとで π（の近似値）を掛ける」の形になる．π の値を詳しく求めることは，関の『括要算法』巻四の「求円周率術」にあり，筆者はすでに『ガウスと関の開平（正・続）』[#109](5.) で扱った．

なお，術文のなかの計算について一言すれば，寸単位で $d=70$ とするとき，

$$O=\frac{70^2 \times 355}{452}=\frac{1739500}{452}=3848\frac{204}{452}=3848\frac{51}{113}$$

と計算し，帯分数の分数部分を 4 で約している．51/113＝0.45132743…であるから，O＝3848.45133弱と表示することも可能である．しかし，これは祖沖之

の密率 355/113 を用いたことに起因する誤差がすでに小数 4 桁目に生じている。もしも関のいわゆる「定周」3.14159265359 微弱，つまり 3.141592653589 (8) を用いるならば，$O = 3848.4510006475$ 微強となるはずである。

『求積』編では，このような精密計算をすることよりも，むしろ面積や体積を導く算法に重点がおかれ，π の値そのものは，もっと粗雑な 3.1416 あるいは近似分数 355/113＝3.14159292… などが使われている。関はこの円積問題の解文の末尾に，つぎによような割注を付した。

〈すなはち，積を求むるは，時に事理の速かをもって要とす。必ずしも究術の精粗と数の疎密を択ばず。ゆえに円術みな常率をもってこれを求む。その余は形の属を変じて，あるいは直ちに円積法を乗じ，あるいは収めて不尽を去るなり。これをもって答数おのおの微差あり。〉（仮訳。面積を求めるのに，ときには速算が必要である。算法の精確さと数の精密を問わずに，円にかんする計算は 3.1416 のような略数を用いる。あとで正方形から円に形を変えるため，直ちに円積法 $\pi/4$ を掛けたり，端数を丸めて略したりするから，答の数に微差が生じても止むをえない。）

この割注のなかに，<u>理論家と実際家の両面を兼ね備えた関の哲学が如実に表われている</u>，と筆者は考えたい。

『求積』編，第16問では環，つまり穴明円，第20問で扇，第21問で車輻（車

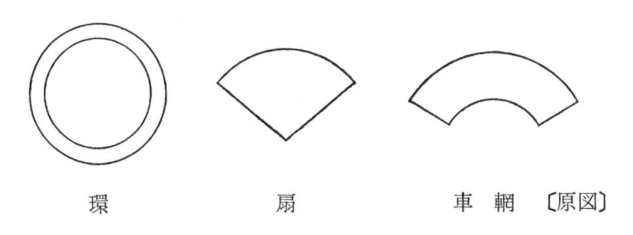

環　　　扇　　　車輻〔原図〕

の外周をつつむ泥よけの形）などを扱っている。しかし，内外周あるいは弧長（関は湾と称する）などの数値をあらかじめ与えているから，（い）の応用にすぎない。例えば環は，外周を下辺，内周を上辺，半径差を高さとする梯（等脚

梯形）の面積に等しい，と論じている。

(ろ)　弧（弓形）……『求積』第22問

「かりに弧があって，矢 c が 2，弦 a が 8，積（面積）を問う。

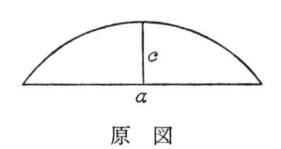

　　答にいう。積は 11.18238 微強。

　　草にいう。〈別に円径 10，背（弦 a に対応する弧長）9.272952 強を得る。〉背 b に円径 d を掛け，〈92.72952 強を得る，〉位に寄せる。円径 d から矢の二倍 $2c(=4)$ を引いた余りを離径 $f(=6)$ とし，弦 $a(=8)$ を掛け 48 を得る。位に寄せた bd から引いて余りを四で割れば積が出る。

　　解にいう。これは円を辺にしたがって切った形である。中心 O から両端までに二本の線を引けば，扇形になる。〈半径 $d/2$ を扇の長さ，背 b を扇の湾とする。〉ゆえに背 b と径 d を掛けあわせ，扇の積（面積）の四倍とする。また弦 a を圭 OAB の底辺，離径 f を圭の高さの二倍と考え，掛けあわせて虚なる圭（あとから引き去るべき圭）の積の四倍として，扇の積の四倍から引き，余り $(bd-af)$ を四で割れば弧積が得られる。……（下略）……」

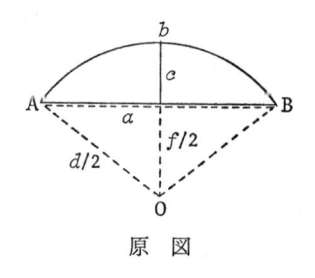

上文で〈　〉で囲んだ部分は，原文では小字の二行割注の形になっている（以下同じ）。さてここでは，弧積つまり弓形の面積 M の**公式**

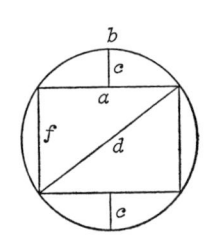

②　　　$M = \dfrac{1}{4}(bd - af)$

を導いていて，その考え方は解文に示される。ここでは，

15 関の求積問題の再構成(一)

図のなかの径 d, 弦 a, 矢 c, 離径 f の間に成り立つ関係式

$$③ \qquad a^2 = d^2 - f^2 = d^2 - (d-2c)^2 = 4c(d-c)$$

が前提となっている。「別に得る」とした径 d は, 式③を変形した

$$③' \qquad d = c + \frac{a^2}{4c}$$

を用いたことが明らかである。$c=2$ と $a=8$ を代入すれば $d=10$ が得られる。

「別に得る」とした弧背 b は, 近代的な逆正弦関数を用いて計算すれば, d と a を用いて,

$$④ \qquad b = d \arcsin(a/d)$$

と表わされ, $b=9.27295218002$ が求まる。関はまだ, 三角・逆三角関数に到達していない。そこで『括要算法』巻四の「求弧背術」のなかで個別に求めた「乙定背」$b=9.27295218$ を用いたのではないかと推測される。この値を用いれば, $M=(92.7295218-48)\div4=11.18238045$ となり, 関の答 11.18238 微強と調和する。

筆者は別稿『関の求弧背術の限界』[#110]を準備しており, このあたりの展開を, さらに詳細に検討する予定である。したがって本稿では, 関の「求弧背術」は**基本定理**であるかのように扱い,

「関は径 d と矢 c が与えられれば《別のある公式によって》弧背 b を求めることが出来た」

ものとして話を進めることにしたい。

ひとたび径 d と弧背 b が得られれば, 関が解文に解図とともに述べたように,

「扇積(実線と点線を合併した面積)$bd/4$ から, 圭積(点線の三角形の面積)$af/4$ を引けば, 弧積 M が得られる」

のであって, これをまとめたものが公式②である。

ここで一言注意を与えると, (c)草文(または術文)と(d)解文の区別である。

関は，解文のほうでは《図形の各部分の面積に即して》，弧積 M が二つの面積の差

$$M = \frac{bd}{4} - \frac{af}{4}$$

であることを明確に主張する。ところが草文のほうでは式の組み立て方の経緯にかかわらず，《与件から直結して答を導く計算公式》の形に括りなおしている。つまり

$$M = (bd - af) \div 4$$

である。この例では，たんなる括弧の括り直しにすぎないが，<u>式が簡素化されるかぎりは，草文において括ってしまう</u>[#111]のが，関の流儀である。

『求積』編では，弧積の応用として，第23問で欖（ケプラーはこの形をレモンと名付けた――ケプラーについては後文参照），第24問で錠，第25問で眉の

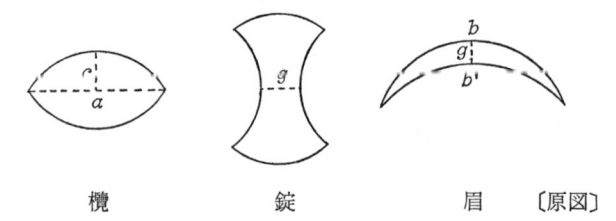

　　欖　　　　　錠　　　　　眉　〔原図〕

面積を扱っている。第一は二つの弧積を合わせたもの，第二は円から二つの欖（つまり四つの弧積）を引いたもの，第三は径の違う二つの弧積の差である，と述べている。

第二の錠では，径 $d=10$ で，引き去るべき弧積は矢 $c=2$，弦 $a=8$ なる形としているから，上記（ろ）の弧積をそのまま使っている。ただし錠の場合は，$b=9.272952$ として強も付さずに引用し，さらに錠の面積を S とすれば，

$$S = O - 4M = \frac{\pi}{4}d^2 - \frac{4}{4}(bd - af) = \frac{\pi}{4}d^2 - bd + af$$

となる。ところが題文では，f の代りに中濶 $g = f - 2c = d - 4c$ が数値として

与えられている ($g=2$) ので，関は f を

$$f=d-2c=\frac{2d-4c}{2}=\frac{d+g}{2}$$

と変形しておいて代入し，公式を

$$S=\frac{1}{2}\left\{\left(\frac{\pi d}{2}+a-2b\right)d+ag\right\}$$

の形にしている（上で述べた，括れるかぎりは括ってしまう草文の特色が，ここに表われている）。さらに半円周 $\pi d/2=15.707964$ とおいているが，これは $3550/226=15.7079646\cdots$ の末位の6を略した値である。公式に $a=8$, $g=2$ を代入し，さらに上記の $b=9.272952$ を代入すれば，$S=33.8103$ となる。

第一の欖においてその半分である弧積として，矢 $c=1$，弦 $a=6$ なる場合を与えている。「別に得る」として，径 $d=10$，弧背 $b=6.435011$ 強が出ている。径 d は式③′によって求めたもの，弧背 b は近代的な逆正弦関数によって求めると，式④により $b=6.4350110879$ であるから，6.435011 微強でなければならない。事実『括要算法』巻四の「求弧背術」のなかには「甲定背」として，正しく $b=6.4350110879$ を与えているから，やはり微強とすべきであろう。このあたりは，別稿で詳論する予定。[#112]

第三の眉では，上湾 b，下湾 b'，中広 g を与え，二つの円径 d, d' と共通弦 a とは「別に得る」としている。与件 b, b', g だけから d, d', a を求めることは，ひじょうに困難であり，本当に「別得」できたか疑わしい。また上湾9，下湾5，中広1という数値では，眉は作図不能である。関が「答にいう。積若干。」として答に相当する数値を示さないのも，これと符合する。筆者が下湾 b' を8と仮定して，逐次近似法によって試算したところ，

$$b=9,\ b'=8,\ a=7.63598,\ d=9.21531,\ d'=15.20510,$$
$$c=2.02823,\ c'=1.02823,\ g=c-c'=1.00000$$

なる作図の解が得られた。

なお，筆者は角術にかんする前稿(4., 論叢313号, p.75;328号, p.106)で述べたことであるが，関は図形にはなはだ適切な具体物の名称を与えている。それらは中国書に由来するもの，関を含めて同時代人の命名によるものなどがある。上に出てきた車輌，欖，錠などは，その実物の形を知れば印象的であるが，今日には通用しない。扇や眉などはいま使ってもおかしくない。今日の用語の例えば二等辺三角形を，関にならって簡潔に圭と呼ぶことは，あまりに時代離れしているであろうか？

筆者は，本稿において関の用語を紹介すると同時に，今日の慣用の語を用い，ときには私の試案を用いようと思う。とくに立体図形は投影図および透視図によっても，その空間的な諸関係が把握しにくい。具体物の名称によって印象的に想起することも大切であろう，と考えた。

§4. 錐率三分の一

われわれは円と球のごとき曲線図形を主題としている。しかし，関は円堡壔（円柱）と円錐という基本的な二つの図形については，角柱と角錐からの一般的な《類推》によって体積を求めているのであって，厳密な立場から見れば，

「円柱の体積＝底面積×高」

「円錐の体積＝底面積×高×(1/3)」

を，どこにも証明していない。

そこで本節では，直線図形に戻って，関が角柱，角錐の体積をどのように扱ったかを，検討しておく。

第26問「立方積（立方体の体積）＝一辺の三乗（関の用語で「方面の再自乗」）」

第27問「方堡壔積（正方柱の体積）＝一辺の自乗×高」

これらは自明である。この第27問に割注の形で重要な付記がある。

〈もし壔形が傾かば，またかくの如く，下面積をもって，正高に乗じ，積を得るなり。のちこれに倣ふ。〉

15 関の求積問題の再構成 (一)

　これは図のように，柱が横にずれて傾いた形であっても，下面積（底面積）に正高（垂直な高さ）h を掛ければ体積が求まることを述べている。つまりここでは《カバリエリの原理》(後文) を証明なしに使っている。
#113

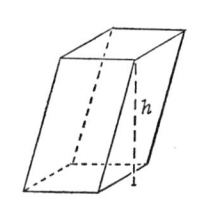

　しかし斜方柱の場合の証明をもし実行しようとするならば，平行四辺形の場合に周知なやり方（等積変換）で進められる。まず一方向にずらした場合（左図）は，垂直な柱に直すことは容易である。つぎに斜めの

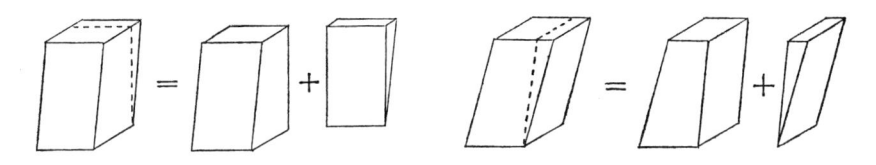

柱を第二の方向にずらした場合（右図）も，同じように考えて，左図の左端の斜柱に直すことができる。関にとっては，これらの操作は自明であって，わざわざ図解してみせる必要を感じなかったのであろう。

　第28問「直堡壔積（直方体の体積）＝縦×横×高」
これもよかろう。ここにも割注で付記がある。
　〈その余の諸形堡壔みなかくの如くこれを求むるなり。〉
この第28問によって，柱形は一般的に「底面積×高」なることが示された，と見なしているのであろう。

　底面が四角でない例は，第35問「蒜麦（あおいの実，蕎麦形ともいう，正四面体のこと）の積」のところで，正四面体を三角柱から導いた三角錐として扱っている。この三角柱の体積を「正三角形の底面×高」とおいている。

　このあと突如（ともいえる）第39問に円堡壔積（円柱の体積）が出てくる。
　「円堡壔積＝径の自乗×高×355÷452」（次節（は））
が公式であり，その理由として
　「解にいふ。これ方壔積に円積法を乗ずれば全積を得るなり。すべて形全円

441

なるは，みなかくの如く，まず方積を求めて，しかるのち
円法を乗じ，すなはち変じて円積となる。ゆえに錐台およ
び立円など，ことごとくこれに倣ふ。……（下略）……」
とある。つまり，方柱（正方形の柱）の体積を求めてから，
円積率 π/4（関は，これを分数で（355/113）/4＝355/452 と
おいている）を掛ければ，円柱の体積になる。すべて円から出来た形は，みな
このように方柱や立方体の体積を求めておいて，あとから円積率 π/4 を掛ける
ことによって，円柱の体積に変えることができる。円錐台や立円（球）もみな
同じ考え方に基づく，という思想の表明である。[#114]

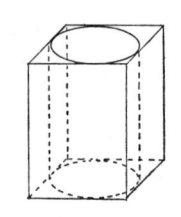

　ここで筆者は一点だけ論じておこう。すなわち関は，
　　「円柱の体積＝円の面積×高」
という一般的なやり方よりも，
　　「正方柱の体積：円柱の体積＝正方形の面積：円の面積」
という特殊な論法を採用している。それによって
　　「どんな底面の形でも，底面積×高，で柱の体積が求まる。」
という一般定理の証明（厳密には積分の考え方を要する）を避けた，ともいえ
る。円柱に正方柱を外接させ，横に平行面で薄切りにすれば，各切片はすべて
円と正方形の面積比になっている。おそらく関の頭のなかでは，横に薄切りに
した切片の積み重ねという図形を，明確に思い浮べているのであろう。[#115]上記の
《カバリエリの原理》の考え方もこれと符合するし，後文の球や球帽の体積の
推論の仕方にもこれが含まれている。

　引き続いて第40問に円錐積が出る。これは次節（に）において再述するが，
術文の割注に注目すべき記述がある。[#116]

　〈あるいは尖の傾くもの，および円形変ずる所のもろもろの錐等は，みな下
　　面積をもって正高に乗じ，〔錐積の〕約法をもってこれを約し，積を得る。〉
つまり，錐頭が傾いた形，および底面が円から楕円に変わった形など，いろい

15 関の求積問題の再構成 (一)

ろな錐は，みな下面積（底面積）に正高（垂直な高さ）を掛け，錐法3で約せば体積が得られる，という趣旨である。この割注には，二つの一般論が含まれている。

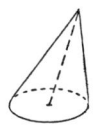

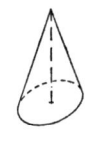

　　　　　　　　　　　　　　　　　　底面は円　　底面は楕円

その一　《カバリエリの原理》によって，立体を横にずらしても（軸が斜めになっても），体積は不変なることを暗黙のうちに認めている（後文）。

その二　底面の形が変わっても，その底面の上に立つ錐は，同じ底面の上に立つ柱の体積の 1/3 の体積をもつ，という一般原理を認めている。

では，この

「錐の体積＝(1/3)×柱の体積」

という一般原理は，どのようにして得られたのだろうか？——『解見題之法』編と『求積』編の二カ所に，正方錐，矩形錐の体積が論ぜられている。これは関の独創ではなく，先行者の解法の踏襲にすぎない。

『求積』第29問方錐積は，山田正重の『改算記』(1656) のやり方（2．，第一巻，p. 278-279）を採用し，立方体を対角線にそって切り，6個の錐体に分かつ。関は，この6個のうち3個の体積を合わせたものが，もとの立方体の体積の半分に等しいことを示し，この半立方体は正方柱であり，底面が正方錐の底面と一致し，高さも錐の高さに等しいことから，

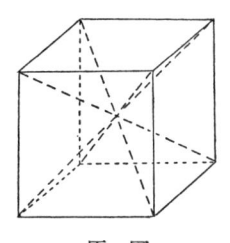

　　　　　　　　　　　　　　　　　　　原　図

「三をもって錐積の約法となす。」

と論じている。

つまり立方体の六分割という特殊例から，錐率 1/3 を導いて，そのほかの場合も《類推》によって一般に成り立つと考えていて，論理の飛躍がある。[#117]

筆者は少年時代に，半立方体から正方錐（ピラミッド）三つを作り出す，つぎの模型（木製）をはじめて見たとき，《魂を奪われるかのごとき》感激をもった。これに刺激された少年は，ボール紙細工で同じ模型を作った／ 数学教育における《巧妙な模型》の展覧が，いかほど学習者を啓発するか，その点を高く評価すべきであると考える。ヒルベルト＝コーンフォッセン『直観幾何学』(6.)やステインハウス『数学スナップショット』(7.)などは，驚くほど巧妙な模型が盛りこまれた宝庫である。関の『求積』編にも，とくに立体図形についてかれの鋭い空間把握を示す挿図がある。もしかすれば関自身も，木片などの材料で模型を作った経験があるのではないか，とすら想像させられる。

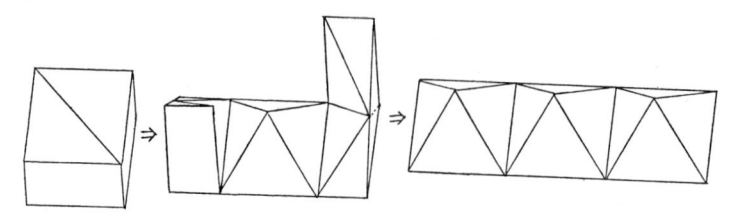

『解見題之法』の《証明》は，村瀬義益の『算法勿憚改』(1673)の方法（2.，第一巻，p. 375-376）によっている。

ここでは関の方法を再録する代りに，その着想は全く同一であり，しかも関の立体のちょうど 1/4 の体積をもつ方錐によるほうが簡明であると考えるので，筆者の方法を紹介する。または《カバリエリの原理》を既知とするならば，関の方錐（軸が垂直）を横にずらして，一稜が垂直になるような形に変形したのだと考えることもできる。

(1)図は，底面が方（正方形）で，一稜が垂直（高さそのもの）なる大方錐で

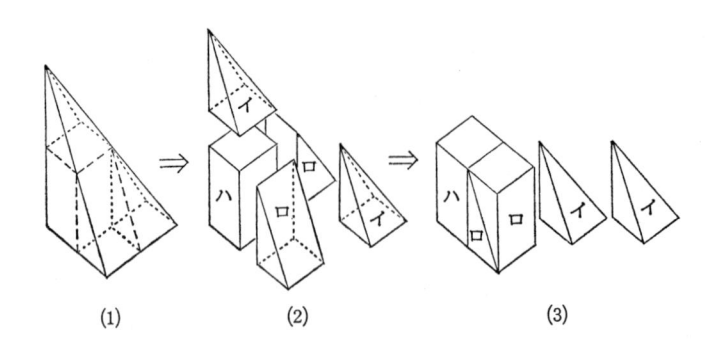

(1) (2) (3)

15 関の求積問題の再構成（一）

ある。この大方錐を高さ 1/2 のところで横に切れば，上部は（縦横高とも 1/2 だから）体積 1/8 の小方錐イである。下部は(2)図のように垂直面で切って，四つに分割する。そのうち一つは小方錐イと合同であるから，体積は 1/8 である。そこでもとの大方錐（全体積）から二つの小方錐イを引き去れば，残りの体積は 1−2/8＝3/4 である。この残りの体積は三つの立体から成り，方柱ハが一つと楔形ロが二つである。

(1)図に戻って，大方錐と同じ底（正方形）をもち，同じ高さをもつ大方柱を考える。(3)図のようにロとロとハを合わせた立体は，底面積が大方柱の 1/2，高さも 1/2 であるから，体積は 1/4 となる。しかるに一方でこの立体は大方錐の体積の 3/4 に相当した。よって大方錐の体積は大方柱の体積の 1/3 となる。

この方法は，立方体の場合よりも高さが任意にとれるだけ一般化されている。しかし，厳密にいえばこれだけで，

「任意底面の錐の体積＝(1/3)×同じ底面の柱の体積」

が《一般的》に証明されたことにはならない。もっと飛躍した方法が必要になる（次節）。

さて，関は（い）円積のところで，「円は角（正多角形）の極まる所」と述べた。そこで正多角形を対角線で多くの圭（二等辺三角形）に分割し，正多角錐が正多角柱の 1/3 の体積をもつことを，「圭錐が圭柱の 1/3 の体積をもつ」という形で示さねばならない。関はその《証明》に触れていないので，筆者が補充する。

三角錐の切り方は，さきの方錐の場合と同様であり，こんどは小三角錐イが二つと，楔形ロが一つ，三角柱ハが一つに分割される。各部分の体積を考えれば，結果として錐率三分の一が出

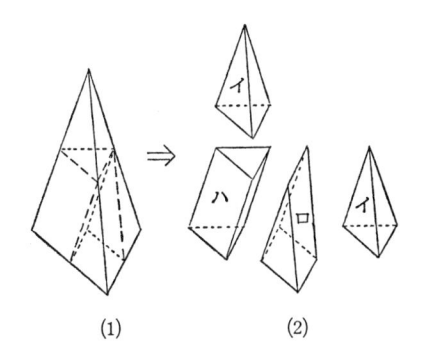

てくる。——あとで村田全氏の『数学史散策』(8., p. 18-19) を見て，イタール氏がこれと全く同じ分割をしていることを知った。

関に戻ると，この補充によって正多角形を底面とする場合が示されたのだから，「その極まる所」として円を底面とする場合もよし，と推論せねばならないであろう。

§5. 錐率三分の一（続）

関の原文に即して，円堡𡒄，円錐，円台をまとめておこう。ただし，原文の数値は略して，文字式で表わすことにする。

(は)　円堡𡒄（円柱）……『求積』第39問

「かりに円堡𡒄（円柱）があって，径（直径）d，高 h，積を問う。

〔答，略〕

術にいう。径 d を自乗し，高 h を掛け，また円周率(355)を掛け，四倍の円径率（452）で割れば，積を得る。」

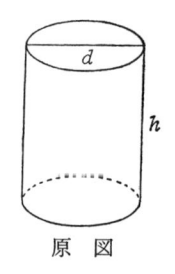

原　図

つまり，公式

⑤　　　$V = \dfrac{\pi}{4} d^2 h$　　$\left(\dfrac{\pi}{4} = \dfrac{355}{452}\right)$

を述べている。術文に割注があり，

〈あるいは傾倒すれば，面の円積をもって正高に乗じ，積を得る。〉

という。前節で正方柱についての割注を引用したが，あれと同趣旨である。

解文はすでに前節で引用した。

(に)　円錐……『求積』第40問

「かりに円錐があって，下周 πd，高 h，積を問う。

〔答，略〕

15 関の求積問題の再構成 (一)

術にいう。下周 πd を自乗し，高 h を掛け，また径率 (113) を掛け，得た数を十二倍の周率 ($355 \times 12 = 4260$) で割れば積を得る。」

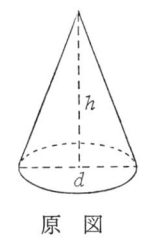

解文で，なぜこのように計算すればよいのか，説明している。その趣旨は，下周 πd とは $(355/113)d$ であるから，下周の自乗は $(355/113)^2 d^2$，これに径率 113 を掛けた $(355^2/113)$ d^2 は円柱の体積の 1420 倍に相当する。そこで 1420 に錐法 3 を掛けた 4260 で割れば，円錐の体積が求まる，としている。ずいぶん持って回わった言い方であるが，筆者が推測を加えれば，関は題文の与え方に変化をもたせ，下周と高を与えた場合にも解けるのだ，ということを示したかったのではあるまいか。

原 図

ふつうの題文なら当然，径 d と高 h を与えるはずであり（上の題図がすでにそうなっている），そのとき**公式**は

⑥ $\qquad V = \dfrac{\pi}{12} d^2 h \qquad \left(\dfrac{\pi}{12} = \dfrac{355}{1356} \right)$

と簡明になる。術文に付された割注は，前節で引用した。

円錐積再考

次節での推論の準備として，円錐積を別の角度から扱ってみる。関の『括要算法』巻一「方躱術解」(1., 本文 p. 282-290) から，「平方躱」(p. 283) を引用する。関が数値例について述べたことを，式の形に書けば

$$S = 1^2 + 2^2 + 3^2 + \cdots\cdots + n^2 = ((2n+3)n+1)n \div 6$$

である。これを周知の**公式**

⑦ $\qquad S = \sum x^2 = \dfrac{n^3}{3} + \dfrac{n^2}{2} + \dfrac{n}{6}$

に書き直して用いることにする。

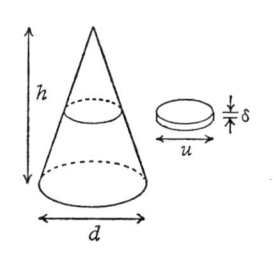

底径 d，高 h なる円錐を横に平行面で n 等分して，径 u，厚さ δ なる薄い円板を重ねたものと考

える。$u=(d/n)x$, $x=1, 2, 3, \cdots, n$; $\delta=h/n$ である。円錐の体積 V は，かかる円板の体積$(\pi/4)u^2\delta$ の和と考えられるから，

$$V=\frac{\pi}{4}\sum u^2\delta=\frac{\pi}{4}\sum\left(\frac{d}{n}x\right)^2\frac{h}{n}=\frac{\pi}{4}\cdot\frac{d^2h}{n^3}\cdot\sum x^2$$

これに⑦を代入して

$$V=\frac{\pi}{4}\cdot d^2h\cdot\left(\frac{1}{3}+\frac{1}{2n}+\frac{1}{6n^2}\right)$$

となる。横切りの枚数 n を大きくしてゆけば，括弧内の $1/2n$ も $1/6n^2$ もともに無視できるほど小さくなる。§3 の円積のところで，「円は正多角形の極まる所」なる句を引用した。関には素朴な極限概念があったと考えてよい。そこで円板の和の「極まる所」円錐となり，式⑥が得られた。

　関はこの方法を『求積』編のどこにも述べていない。しかし，すべてがかれの思想圏に属することを，次節以下で明らかにする。筆者は関に代って《復元》を試みたのである。これと同様な推論を用いれば，

　「任意底面の錐の体積＝(1/3)×同じ底面の柱の体積」

なる《一般原理》が証明され，「錐率三分の一」が承認されることになるのであるが，関はおそらく《類推》によって《自明》なことと考えたのであろう。

（ほ）　円台（円錐の頭を切った**円錐台**）……『求積』第41問

　これも，上径 e と下周 πd および高 h を与えるという，おかしな題文になっている。ふつうの題文なら当然，上径 e，下径 d，高 h を与えるはずである。こうすれば，すっきりした**公式**

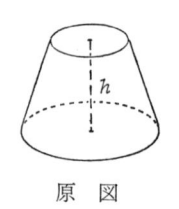

⑧　　　$V=\dfrac{\pi}{12}(e^2+ed+d^2)h$

が導かれる。関の術文は題文と歩調を合わせて，ごたごたしている。それをふつうの題文に対応させると，式⑧になる。

15 関の求積問題の再構成（一）

じつは，公式⑧は，『求積』第31問方台（正方形の錐の頭を切った形）の公式に，円積率 $\pi/4$ を掛けたものにすぎない。そこで方台の解文を見ると，「虚実の総錐積（点線と実線を合わせた大方錐）から虚錐積（点線の小方錐）を引く」ことになっている。ここで虚錐の高 g が必要になるが，割注に，〈五巧之篇に載っている報戴術による〉としている。「五巧之篇」が何をさすか不明であるが，比例関係を用いたことに違いあるまい。(p.476)

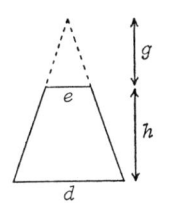

$$\frac{e}{d}=\frac{g}{g+h} \quad \therefore \quad g=\frac{e}{d-e}h, \quad g+h=\frac{d}{d-e}h,$$

$$V=\frac{\pi}{12}\{d^2(g+h)-e^2g\}=\frac{\pi}{12}\left(\frac{d^3h}{d-e}-\frac{e^3h}{d-e}\right)$$

これから

⑧′ $\quad V=\dfrac{\pi}{12}\cdot\dfrac{d^3-e^3}{d-e}h$

が得られる。上の公式⑧は分母・分子を $(d-e)$ で約した形になっているが，筆者は後文のために，約さない式 ⑧′ のほうを保存しておきたいと思う。これにたいして，関の術文の思想は，約せるものは約し，括れるものは括る，であった（§3）。

(1984年9月9日記)

〔文献は651頁〕

16　関の求積問題の再構成（二）

§1．序 …………………… 426　　§6．半球の体積 …………… 450
§2．『求積』編の構成 ……… 428　　§7．括要立円積術 ………… 457
§3．円と弓形の面積 ……… 433　　§8．増約術 ………………… 463
§4．錐率三分の一 ………… 440　　§9．球帽の体積 …………… 466
§5．錐率三分の一（続）… 446　　§10．球帽の別解 …………… 472
　　　　（以上，前回）　　　　　　　　（以上，今回）

今回，§6から§10までは，1984年5月27日，日本数学史学会の総会で要旨を口頭発表した内容を，詳細に文章化したものであり，筆者の原著である。

§6．半球の体積

関孝和の『求積』編・立積の部，第一の主眼ともいえる球の体積が主題である。

（ヘ）　立円（球）……『求積』第42問

「かりに立円（球）があって，径 $d=3$，積（体積）を問う。

答にいう。積は $14\frac{31}{226}$．

術にいう。径 $d=3$ を再自乗（三乗）し27を得，周率（355）を掛け，得る数を6倍の径率（$6\times 113=678$）で割り，積を得る。」

尺単位であるが略した。ここでは径（直径）が d なるときの**公式**

⑨　　　　$V=\dfrac{\pi}{6}d^3$　　　$(\dfrac{\pi}{6}=\dfrac{355}{678})$

を与えている。解文は，その意味をどう捉えるかが問題の焦点となるので，原

漢文を平山氏の読み下しにしたがってそのまま掲げる（3., p. 118）。

「解に曰く。これ六面の円を立て起し，半径に従って上下を界として，円台を累ねれば，すなはちこの形を成すなり。上下の積はおのおのの通じ，二円錐に合す。ゆえに上下の矢〈すなはち半径〉をもって，両錐の高に準じ，弦〈すなはち円径〉をもって，中錐の径に準じ，左右の旁弦を併せて，旁錐の径に準ず。よって円径の自乗を中錐の径冪となし，上下の矢と円径と相乗じ，これを倍し，旁錐の径冪となす。二数相併せ，錐高を乗じ，また円積法を乗じ，錐法三をもってこれを約し，上の二円錐の積を得る。これを倍すれば，すなはち全立円積なり。……（下略）……」

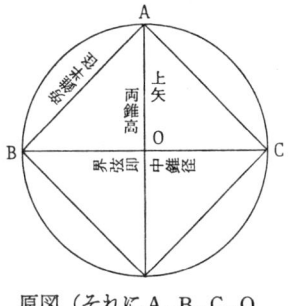

原図（それにA，B，C，Oを付加した）

平山氏（3., p. 118）は

「球の体積は，直径を d とすると，$\frac{\pi}{6}d^3$ になる。孝和もこの通りに述べているが，孝和がこれを出した方法はすこぶる難解であって，今日までに明確なる解釈を下した人はない。」

とされ，つぎを参照せよ，とある。藤原氏『明治前…』（2., 第二巻, p. 242-244）によると，

「この〔解文の〕文面によれば，半球は二つの円錐を併せたもので，一は中錐，一は旁錐と名づけてゐる。中錐とは円錐ABCをさし，その径はBCすなはち直径に等しく，高はAOすなはち半径に等しい。したがって

$$中錐積 = \frac{1}{3} \cdot \frac{\pi}{4}d^2 \times \frac{d}{2} = \frac{\pi}{24}d^3.$$

旁錐の意味が少しく不明である。……（中略）……旁錐径冪は〔$2 \times AO \times BC$ =〕$2 \times \frac{d}{2} \times d = d^2$ としてある。旁錐高は上矢すなはち $AO = \frac{d}{2}$ であるから

$$\left[\text{旁錐積}=\frac{1}{3}\cdot\frac{\pi}{4}d^2\times\frac{d}{2}=\frac{\pi}{24}d^3,\right]$$

〔これに〕中錐積を加へて $\frac{\pi}{12}d^3$ となる。これが半球積である。……（中略）
……いずれにしても、結果は正しいが、半球を中錐と旁錐の和と考へる理由が判然しない。」

これに続き、藤原氏は「孝和当時の智識からすれば、…」として、推測を提出しておられるが、半球の体積が二つの円錐の和になるべきところを、氏の復元式では

$$\text{「半球積}=\frac{\pi}{4}\times 4d\times\triangle\text{ABO}-\text{中錐積」}$$

として差を導き、「しかしこれでは旁錐なる考の生ずる点がわからない。」と結論された。氏の復元は、筆者の見解では、どうも方向が違うように思われる。（上式右辺の第一項は半球に外接する円柱の体積に相当する。）

　筆者は、上記の関の解文（読み下し文）を、できる限り関の考えにそって解釈しようと努め、ついにこの解文に密接していると思われる復元に到達した。
　まず前半と末尾の意味は、言葉を補って示せば、
　（仮訳。解にいう。立円（球）は、立方体に内接させて六方向から眺めれば円に見える。横平面を界として上半・下半は、縦軸の半径にそって円台（§5（ほ））を積み重ねた形と見なすことができる。上半・下半の体積はたがいに等しく、それぞれが二つの円錐の体積を合わせたものである。……（中略、後文で詳述）……上半の二つの円錐を合わせた体積（つまり半球の体積）を得る。これを二倍すれば全立円（全球）の体積となる。）
ほどの内容であろう。
　問題の焦点は、略した中間の部分、すなわち上側の半球の体積を、関がどのように考えたか、である。題文は球の体積を問うているが、主眼は半球の体積

16 関の求積問題の再構成（二）

の求め方である。

「上下の矢〈すなはち半径〉をもって，両錐の高に準じ，弦〈すなはち円径〉をもって中錐の径に準じ，……よって円径の自乗を中錐の径冪となし，……錐高を乗じ，また円積法を乗じ，錐法三をもってこれを約し，上の…円錐の積を得る。」

少し乱暴な引用の仕方であるが，「中錐」の体積に関係する部分だけを抜き出した。また関の解図から

「上矢 AO は両錐高，界弦 BC はすなはち中錐の径」

を読み取っておく。こうすれば「中錐」にかんするかぎりは，なんら紛れるおそれはない。藤原氏の解釈のとおりである。以下，訳文中では冪の代りに略字巾を用いる。

（仮訳。上下の矢，つまり縦の半径 $AO=d/2$ を両方の円錐（中錐と旁錐）に共通の高さと見なす。界の弦つまり横の直径 $BC=d$ を中錐 ABC の底円の直径と見なす。……そこで円径 d の自乗 d^2 を中錐の径巾と考え，……錐高 $d/2$ を掛け，また円積法 $\pi/4$ を掛け，錐法 3 でこれを約せば，上半の…円錐の体積を得る。）

式で書けば，上記の藤原氏からの引用文のなかの「中錐積＝…」となる。

さて難解なのは「旁錐」の解釈である。関の「旁錐」についての言及は，

（甲）「左右の旁弦を併せて，旁錐の径に準ず。」

（乙）「上下の矢と円径と相乗じ，これを倍し，旁錐の径冪となす。」

（丙）解図において，AB および AC が「旁錐半径」と名付けられている。

の三項に尽きる。（甲）と（丙）からすれば，AB と AC が「左右の旁弦」であり，同時に「旁錐半径」である。してみると，旁錐の底円の直径はこの 2 倍の長さということになるが，解図のどこを探しても，そんな大きな円錐を容れる余地はない！

じつは告白すれば，私は何日間も迷ったのであり，関の解文の字面に捉われているあ

いだは，成功しなかった。「発見的思考」を基調とするこの論文において，筆者の摸索の断片をここに記すことも無意味ではあるまい。袋路に入って行き詰った部分を略せば，私の考えの筋道は，およそつぎのようなものであった。

「半球」の意味は明白だ……「中錐」の意味もほかに解釈の仕様がない，これは半球に内接する円錐のことだ……「旁錐」はどこにあるか，関が言うような直径をもった円錐は図のなかに納まらない……待てよ，旁錐を実在の円錐と考えるから無理なのだ……形がたとえどんなものであれ，それだけの体積を占める部分がどこか「傍ら」にあるはずだ……関は初めの部分で「半球は円台を積み重ねた形である」と言っている，半球を横に薄切りにして，それから中錐の薄切りを差し引いたら？……
このような経過を経て，後掲の「穴明円板」の体積を考えるところまで辿りついた。

私の摸索に輪をかけて混乱をもたらしたのは，上記の（甲）と（乙）を文字通り解釈すれば矛盾が生ずることであった。AB，ACの長さは直ちに分かるとおり $d/\sqrt{2}$ である。そこで（甲）によれば，

「AB+AC$=2\times\dfrac{d}{\sqrt{2}}=\sqrt{2}\,d$ が旁錐の径，その自乗 $2d^2$ が径巾」

であるが，（乙）によれば（藤原氏の解釈のとおり）

「$2\times$AO$\times$BC$=2\times\dfrac{d}{2}\times d=d^2$ が旁錐の径巾」

である。どちらが正しいか？——結論を先取りしていえば（乙）が正しい。

（甲）は建部賢弘の『大成算経』のように考えるのが正しい。すなわち『明治前…』（2., 第二巻, p. 243；p. 429）によると

「旁弦 AB，AC を直径とし，上矢 AO を高とする左右2個の円錐を旁錐といってゐる……」

私は関のいわゆる旁錐と区別するため，建部がここに言う旁錐を「半旁錐」と名付けることにした。

しかし，建部の解釈に気付いたのはあとであり，穴明円板に辿りついた私は，遮二無二「計算」に訴えて「半球から中錐を差し引いた残りの立体」の体積 V_3 を求めるうちに，「旁錐」に到達したのである。それは後文のように総和記号を用いて

$$V_3 = 2\left\{\dfrac{\pi}{4}\sum x(d-x)\delta\right\}$$

と表わされる。この式の核である $2\sum x(d-x)\delta$ が $\delta\to 0$ なる極限において $\sum(d-x)^2\delta$ に等しいこと，したがって V_3 は中錐の体積 V_2，すなわち

$$V_2 = \frac{\pi}{4}\sum(d-x)^2\delta$$

に等しいこと，これが決め手となった。旁錐とは要するに，体積が中錐に等しい立体のことである。

ところで関はこの立体をわざわざ「旁錐」という名称で呼んだ，だからかれはその目でなんらかの円錐を見たに違いない，それはどんな形か？——この疑問は，上記の「計算」に導かれたので，容易に解決された。私は「一つの旁錐」の代りに，後掲の図の「二つの半旁錐」に到達したのである。以下，摸索の筋道から離れて，演繹的な形で私の結論を示そう。

筆者による復元はつぎの通り。もっぱら考察の対象を半球にしぼる。

まず§3の式

③ $\qquad a^2 = d^2 - f^2$

において，径 d は定数であるから弦 a は離径 f の関数である。しばらくは離径 f を変数と考えるため，改めて x で表わすことにすれば

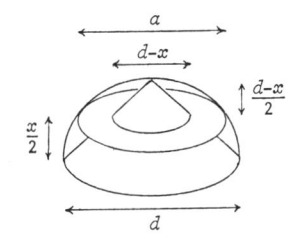

$$a^2 = d^2 - x^2$$

となる。図のように，径 d，高 $d/2$ なる半球に，同径，同高なる円錐を内接させ，関にしたがって「中錐」と名付ける。底面より $x/2$ なる任意の高さのところで，底面に平行な平面で切れば，半球の切口も中錐の切口もともに円なることは明らかである。面積をそれぞれ S_1, S_2 とすれば

$$S_1 = \frac{\pi}{4}a^2 = \frac{\pi}{4}(d^2 - x^2)$$

$$S_2 = \frac{\pi}{4}(d-x)^2$$

であるから，両者の差に相当する環，つまり穴明円の面積 S_3 は，

$$S_3 = \frac{\pi}{4}\{(d^2-x^2)-(d-x)^2\} = 2\left\{\frac{\pi}{4}x(d-x)\right\}$$

となる。（関が『求積』編を通じて示した計算力からすれば，S_3 を導くことは容易であったであろう。）

さてこれから半球から中錐を取り去った残欠の体積を問題とするのであるから，考察の対象を穴明円から厚さ δ なる穴明円板に移す。その体積

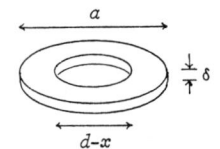

$$2\left\{\frac{\pi}{4}x(d-x)\delta\right\}$$

を保ったまま，二つの帯状の輪（桶のタガの形状）に分解しよう。帯の幅 $x/2$，輪の径 $(d-x)/\sqrt{2}$，厚さ $\delta/\sqrt{2}$ と取れば，一つの輪の体積は明らかに

$$\frac{x}{2}\times\frac{d-x}{\sqrt{2}}\pi\times\frac{\delta}{\sqrt{2}}=\frac{\pi}{4}x(d-x)\delta$$

であるから，二つの輪の体積を合わせるとき，さきの穴明円板の体積と等しい。

底面からの高さ $x/2$ を変化させて，つぎつぎに二つの輪を作り，これらを大きさの順番に重ねると，「筍の頭」のような形になる。刻み幅 δ を細かくしてゆけば，筍の頭は「極まる所」円錐になってしまう。つまり径 $d/\sqrt{2}$，高さ $d/2$ なるこの二つの円錐こそ，左右の「半旁錐」であり，関はこの二つの半旁錐を合わせた体積を，改めて「旁錐」と呼んだのである。

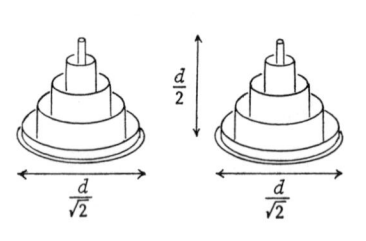

ともかく，関にとっては，「旁錐」とはかくのごとき《明確な意味》を有したのである！

この解釈からすれば，さきに引用した（甲）は，厳密には誤りである。もしくは誤りとまでいかずとも舌足らずであった。また（丙）も「旁錐半径」でなく，「半旁錐径」とすべきであった。

さきのやり方を踏襲し，旁錐に係わる部分を抜き出し，かなり言葉を補った

訳文をお目にかけよう。

「上下の矢〈すなはち半径〉をもって，両錐の高に準じ，……左右の旁弦を併せて，旁錐の径に準ず。よって……上下の矢と円径と相乗じ，これを倍し，旁錐の径冪となる。……錐高を乗じ，また円積法を乗じ，錐法三をもってこれを約し，上の…円錐の積を得る。」（仮訳。上下の矢，つまり縦の半径 AO $=d/2$ を両方の円錐に共通の高さと見なす。……左右の旁弦 AB，AC から〔自乗の和を開平して，つまり $\sqrt{AB^2+AC^2}$ で〕合成したものを，旁錐の径と見なす。そこで……上下の矢 $d/2$ と円径 d を掛け合わせ，これを2倍した d^2 を旁錐の径巾と考える。……錐高 $d/2$ を掛け，また円積法 $\pi/4$ を掛け，錐法3でこれを約せば，上半の…円錐の体積を得る。）[#121]

このように，半球の体積 V_1 が，中錐の体積 V_2 と旁錐の体積 V_3（V_3 はさらに半旁錐の体積二つからなる）に分解されれば，前節の（に）円錐積の公式が適用できる。ただし，高さは $h=d/2$ である。

⑩ $\quad V_2 = \dfrac{\pi}{4}\sum(d-x)^2\delta = \dfrac{\pi}{12}\times d^2\times\dfrac{d}{2} = \dfrac{\pi}{24}d^3$

⑪ $\quad V_3 = 2\left\{\dfrac{\pi}{4}\sum x(d-x)\delta\right\} = 2\times\dfrac{\pi}{12}\times\left(\dfrac{d}{\sqrt{2}}\right)^2\times\dfrac{d}{2} = 2\times\dfrac{\pi}{48}d^3$

あとの式の $(\pi/48)d^3$ が半旁錐の体積であり，[#122] V_3 はその2倍であるから，けっきょく V_2 と同じ $(\pi/24)d^3$ になる。こうして，半球の体積 V_1 は

⑫ $\quad V_1 = \dfrac{\pi}{4}\sum(d^2-x^2)\delta = V_2+V_3 = \dfrac{\pi}{12}d^3$

となる。V_1 の2倍が球の体積 V であり，前掲の式⑨のように $(\pi/6)d^3$ となる。

§7. 括要立円積術

前節に示した筆者による復元においては，式⑪に含まれる $\sum x(d-x)\delta$ なる表現，つまり半旁錐の式に表われるこの和がなにを意味するか，なかんづく和

の各項 $x(d-x)\delta$ が幾何学的になにを表わすか？——それが問題の鍵であった。ここで視点を変えて，§3（い）円積の解文末尾の割注で関が示唆したように，式⑩〜⑫における《円積率 $\pi/4$ を棚上げ》してみよう。この見方に立てば，より直観的な把握が可能になり，<u>自然な思考の流れに沿った第二の復元が成立する</u>。

　まず $\pi/4$ を棚上げすれば，中錐は「方中錐」になる。つまり，底面が一辺 d なる正方形で，高さが $d/2$ なる四角錐となる。これを形状からして「小ピラミッド」と呼ぶことにする。小ピラミッドは，厚さ δ なる正方形の板を積み上げたものと解釈できる。（じっさいにピラミッドを建設したときの工法も，正方形の段を順々に積み上げたであろう。）この小ピラミッドを対角線の方向に，しかも頂点を通る垂直面で真二つに切ると，二つの三角錐に分かれる。この三角錐は半方（直角二等辺三角形）の板（厚さ δ）を積み上げた形と考えることができる。

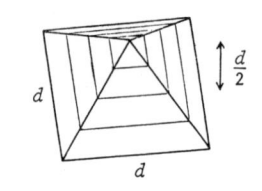

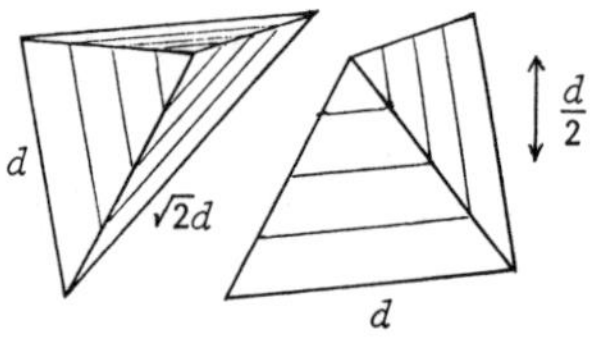

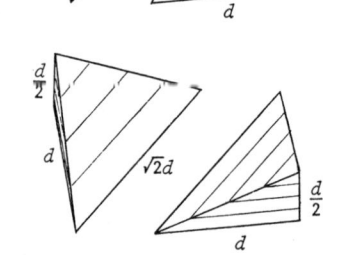

　ここで，《カヴァリエリの原理》（後文）を用いて板を横にずらすことにより，半方の直角のカドが垂直になるような形の，二つの三角錐に作り直す。（関は§4で触れたように，この《ずらし》による変形を随所で使っている。）新たに作られた三角錐は，もちろん体積は変わらず，しかも一辺が $\sqrt{2}d$ なる正方形を底面とし，高さが $d/2$ なる「大ピラミッド」を四等分した三角錐なることが，容易に分かる。

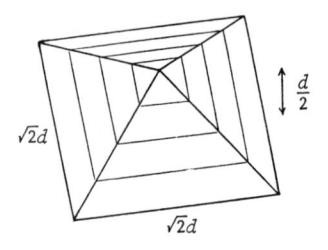

　この新たに作られた三角錐こそ，「半方旁錐」にほかならない，と私は主張する。なぜならば，

西洋では例のパスカルが愛
用した《異なった方向から
切り直す方法》（後文）に
よって，つぎの変形が可能
だからである。いままでの
切り方は，すべて底面に平行な平面によっていたが，こんどは長い辺に沿っ
て，しかも垂直な面で切る。図の右側のようにバラバラに切り離された一枚ず
つの板は，（斜めに削がれたところを平らに直したと考えて，）高さ $x/2$，長さ
$\sqrt{2}(d-x)$，厚さ $\sqrt{2}\delta$ であって，その体積は

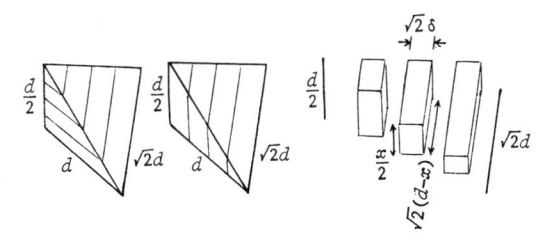

$$\frac{x}{2} \times \sqrt{2}(d-x) \times \sqrt{2}\delta = x(d-x)\delta$$

となる。これこそ，上述の和の各項の幾何学的な表現にほかならない。

　二つの半方旁錐の体積の和は，以上の変形を通じて一定に保たれ，それははじめの方中錐（小ピラミッド）の体積に等しい。こうして，δ を小さくしていったときの極限として，

⑬　　　$\sum (d-x)^2 \delta = 2 \sum x(d-x)\delta$

なる一般的な恒等式が成立する。さいごに《棚上げした円積率 $\pi/4$》を掛ければ，正方形は円になるから，方中錐は中錐に，半方旁錐は半旁錐に置き変わり，前節末に掲げた式⑩〜⑫が自然に導かれたことになる。

　この第二の復元における《円積率 $\pi/4$ を棚上げする》論法は，筆者による空想の産物ではない。関自身がじっさいにこの論法を用いたのである。
　関が『括要算法』巻四に「求立円積術」(1., p.361-370) として載せた《球の体積の導き方》は，広く注目を集め，たとえば村田全氏『日本の数学　西洋の数学』(9., p.131-132) にも，後文の増約術も含めて，紹介されている。ここにその要点を再録しよう。

(ヘ′) 立円（球）……『括要算法』巻四，求立円積術

「かりに立円があって，径 $d=10$，積（体積）がどれほどかを問う。

答にいう。積は $523\frac{203}{339}$.

術にいう。径 d を再自乗（三乗）して，355 をこれに掛け，得た数を分子とし，678 を分母として割り算をし，余りの分数は分母・分子ともに二で約せば，積を得る。問いに合う。」（松永の訂正にしたがった）

寸単位であるが省略した。内容としては，前節の式⑨と同じであるが，関は π の近似分数 355/113 を用いるので，《立円率 $\pi/6$》は 355/678 となり，

$$V = \frac{10^3 \times 355}{678} = \frac{355000}{678} = 523\frac{406}{678} = 523\frac{203}{339},$$

という計算を示している。

解文に相当するのが「立円率解」である。概括的にいえば，立円（球）を横に厚さ δ の薄板（円板）に切って，その一枚ごとの体積を計算し，その合計をもって球の体積の近似値とする論法である。ところが解文を詳しく読めば，いくつか重要な論点が含まれていることが分かるので，一つ一つ取り上げよう。

（一）球の体積を直接に求めるのでなく，半球の体積を求めてから二倍する。この線にそって，もっぱら《半球》を考察の対象としよう。

（二）上で円板の和のごとく述べたが，関の論法はもっと緻密である。一枚ずつの薄板は円板ではなく，上下の円の面積の平均をとり，これに厚さ δ を掛けて体積とするから，じつは《円錐台》の体積を求めることに相当し，これらの和をもって半球の体積の近似値とした。この円錐台の体積の和は，半球に外接する円板の体積の和と内接する円板の体積の和によって上下から挟まれ，しか

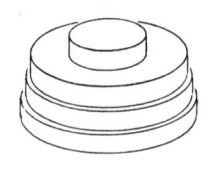

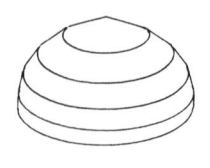

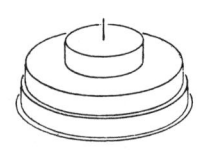

も両者の値の平均になっている。極限に移行するとき，三つの値は相互に近づく。関のように，有限の和でもって半球の体積を近似的に捉えようという立場では，円錐台の体積の和を考えるほうがより半球の形状に密着し，また近似の程度もよいので妥当である。しかし，筆者は以下の考察において，思考の節約のため，おおむね円板の体積の和として論ずることにする。

（三）関は理念としては円板を積み重ねるように述べながら，一枚ずつの体積はじつは正方形の板を計算している。これを積み重ねた極限の立体，つまり真上から見れば正方形状，真横から見れば半円状の立体を，仮に「角型半球」と名付けることにすれば，関が計算したのはこの角型半球の体積であり，二倍してから，さいごに円積率 $\pi/4$ を掛けている。まさに《円積率を棚上げする》論法．／

（四）関は，薄切りの枚数を $n, 2n, 4n$ と三回に分けて切り直し，それぞれ角型半球の二倍の体積の近似値を計算し（初積，中積，後積と呼ぶ），三つの体積の値に一種の加速法である《増約術》（次節）を施して，極限の角型球の体積（約積と呼ぶ）を求めた。$d=10$ にたいして

$$1000 \times \frac{2}{3} = 666\frac{2}{3}$$

である。さいごに $\pi/4 = 355/452$ を掛けて

$$666\frac{2}{3} \times \frac{355}{452} = \frac{710000}{1356} = 523\frac{812}{1356} = 523\frac{203}{339}$$

を球の体積（定積と呼ぶ）とした。また分数

$$\frac{2}{3} \times \frac{\pi}{4} = \frac{2}{3} \times \frac{355}{452} = \frac{355}{678} = \frac{\pi}{6}$$

を「立円率」，分子 355 を「乗率」，分母 678 を「除率」と呼んだ。

以上が「求立円積術」の概観である。ここで「約積」のなかに出てきた分数 2/3 に注目しよう。いま比較のため，底面が一辺 d なる正方形で高さ $d/2$ なる「方柱」，および底面が径 d なる円で高さ $d/2$ なる「円柱」を考える。分数 2/3 とは，体積比

$$\frac{\text{角型半球}}{\text{方柱}} = \frac{\text{半球}}{\text{円柱}} = \frac{2}{3}$$

に等しい。いま一つ，この円柱に内接する「円錐」を考えれば，§5（に）により

$$\frac{\text{円錐}}{\text{円柱}} = \frac{1}{3}$$

であるから，図のように《半球は二円錐の和に等しい》，という結論が得られる。

　　　1　　　2/3　　　1/3　　　1/3

　この結論は，関にも明白であったはずであり，そこから一つの推測が立てられる。関はまず「括要立円積術」の数値的な計算により，半球の体積を知り，半球に外接する円柱，およびこの円柱に内接する円錐の体積との間に，簡明な関係があることを悟った。とくに《半球が二円錐の和》である事実から，『求積』編の《中錐と旁錐の和》という着想を得たのであろう。筆者の見解では，半球の体積を数値的に確かめたあとでなければ，《中錐と旁錐の和》というような大胆な着想は浮んでこない。私は発見心理学の立場から，このように推測したい。

　　アルキメデス（前三世紀）が円柱：球：円錐の体積比が 3：2：1 なることを発見したとき，若き日のかれは粘土（？）で立体を作り，天秤で目方を測ったと推定されている。(10., p. 132)

ブラウンカー (1654頃) が，円積率の逆数 $4/\pi$ を表わす連分数を発見したとき，筆者はかれが $4/\pi$ のかなり精密な数値を用いて模索したであろうと推測した。（11., 論叢 334・354号）

ガウスが楕円関数の一種，レムニスケート関数についての定理を発見したとき，
「後年にガウスも巧妙なる方法を示してゐるが，1798年に於ては数字的計算に由って帰納的に発見されたと想像すべき材料がある。」(12., p.42)

このような例は，いくらでも挙げられるであろうが，典型的な二・三を示すに留めた。

§8. 増約術

筆者はさきに，関の「求円周率術」との係わりで「増約術」を考察した（5., 論叢308号）#125。いま改めて取り上げる。

a, b, c が有限幾何級数（初項 l，公比 r）を部分として含む，つぎの形の数であると仮定する：

⑭ $\quad a = m + l, \ b = m + l + lr, \ c = m + l + lr + lr^2.$

この三つの値から，極限の値

⑭′ $\quad p = m + l + lr + lr^2 + lr^3 + \cdots$

を求めるのが関の「増約術」である。幾何級数の和の公式により，⑭′ の p は

⑮ $\quad p = m + \dfrac{l}{1-r}$

と表わせる。この式を変形すれば

$$p = m + \frac{l(1-r^2+r^2)}{1-r} = m + \frac{l(1+r)(1-r) + lr^2}{1-r}$$

$$= m + l(1+r) + \frac{lr^2}{1-r} = m + l + lr + \frac{lr \cdot lr^2}{lr - lr^2}$$

ここに上記の⑭の b および二つの差 $b - a = lr$，$c - b = lr^2$ を代入すれば

⑯ $\quad p = b + \dfrac{(b-a) \cdot (c-b)}{(b-a) - (c-b)}$

が得られる。関がどんな経路を辿って式⑯に到達したかは明らかでないが，か

れの創始した増約術の公式がこれである。かれは式⑭の a, b, c についての仮定（かくかくの形の数である）を明確に述べていないので，はじめて公式⑯に接したとき戸惑う（古くは松永良弼の『起源解』，近くは藤原氏『明治前…』第二巻の解説に誤りがあった）。

いま松永の『起源解』以来の解説にしたがい，式⑭の a, b, c から極限⑭$'$ の p を補外する公式⑯を「増約術」と称した。しかし関の「求円周率術」「求立円積術」を綿密に読めば，公式⑯には特別な名称は与えられていない。むしろ『括要算法』巻二では，無限幾何級数の和公式を「増約術」と称した (13., p. 32–33)。公式⑯には《補外法》《加速法》などの名称が適切であろう (5., 論叢308号, p. 27–39)。

関は，括要立円積術において，半球（正しくは角型半球）を 25, 50, 100 片に薄切りにした。$n = 25$ とおくとき，$2n, 4n$ 片に切ったわけである。前節で述べたように，かれはそれぞれ二倍した角型球の体積の近似値を，初積，中積，後積と名付け，公式⑯に入れて角型球の極限「約積」を求めたのであるが，ここでは話を簡単にするため，角型半球のこれに外接する方柱 $\left(d \times d \times \dfrac{d}{2} \right)$ に対する三つの体積比を a, b, c とおき，公式⑯によって極限の体積比 p を求めることにしよう。

ところが，補外公式⑯を用いるかぎり，《n とは無関係に》正しい p が求まることを，1944年に藤原氏が指摘された (2., 第二巻, p. 189–191 ; 14., p. 163–165)。藤原氏は，この事実を一般的に証明されたが，筆者は関の方法を追体験することも兼ねて，一つの雛形の場合を計算しながら示してみよう。

もっとも簡単なる場合：$d = 10$，$n = 1$ を a，$n = 2$ を b，$n = 4$ を c としたときを計算してみる。一，二，三…は，それぞれ上から一番目の正方形の面積（弦巾），二番目，三番目，…を意味する。頂点の正方形は面積 0 である。δ は薄切りにした板の厚さ，截積とはその薄板（方台）の体積，和とは角型半球状に積み重ねられた立体の体積，500 は比較すべき方柱 ($10 \times 10 \times 5$) の体積である。関の原文には，丹念に計算された弦巾と截積が並べられてある。ここでは，弦巾の導き方，平均の導き方が分かるように，計算の途中経過も示した。

16 関の求積問題の再構成（二）

$n=1$ の場合。 $\delta=5/1=5$

径巾－離径巾＝弦巾　　平均　　截積＝平均×δ

頂　$100-100\ =\ \ \ 0$　　　　　　　　250
一　$100-\ \ \ 0\ =100$ ⟩ 50

和　250
$a=250/500=0.5=1/2$

$n=2$ の場合。 $\delta=5/2=2.5$

頂　$100-100\ =\ \ \ 0$
一　$100-\ 25\ =\ 75$ ⟩ 37.5　　93.75
二　$100-\ \ \ 0\ =100$ ⟩ 87.5　　218.75

和　312.5
$b=312.5/500=0.625=5/8$

$n=4$ の場合。 $\delta=5/4=1.25$

頂　$100-100\ \ \ =\ \ \ 0$
一　$100-\ 56.25=\ 43.75$ ⟩ 21.875　　27.34375
二　$100-\ 25\ \ \ =\ 75$ ⟩ 59.375　　74.21875
三　$100-\ \ \ 6.25=\ 93.75$ ⟩ 84.375　　105.46875
四　$100-\ \ \ 0\ \ \ =100$ ⟩ 96.875　　121.09375

和　328.125
$c=328.125/500=0.65625=21/32$

$b-a=0.125=1/8$
$c-b=0.03125=1/32$

これらを式⑯に代入して計算すれば

$$p=2/3=0.666\cdots$$

が得られ，p は正確に $2/3$ に等しい。

いま，$n=4$ の場合の計算過程を書き直す。

$$c=\frac{2}{10^3}\times\left\{\frac{10^2-10^2}{2}+(10^2-7.5^2)+(10^2-5^2)+(10^2-2.5^2)+\frac{10^2-0}{2}\right\}\times\frac{10}{2\times 4}$$

$$=\frac{1}{4\times 10^2}\times\left\{4\times 10^2+\frac{10^2}{2}-\frac{10^2}{4^2}(4^2+3^2+2^2+1^2)\right\}$$

$$=1+\frac{1}{2\times 4}-\frac{1}{4^3}(4^2+3^2+2^2+1^2)$$

4 を n とおき一般化して，c を改めて a とおけば

$$a=1+\frac{1}{2n}-\frac{1}{n^3}\Sigma x^2$$

ここに§5の「平方梁」の公式[#126]

⑦ $\sum x^2 = \dfrac{n^3}{3} + \dfrac{n^2}{2} + \dfrac{n}{6}$

を代入すれば，簡単な計算により

$$a = \dfrac{2}{3} - \dfrac{1}{6n^2} = \dfrac{2}{3} - \dfrac{2}{3n^2} + \dfrac{1}{2n^2}$$

が得られる．薄切りの枚数 n を大きくしてゆけば，「極まる所」 a は $p=2/3$ になる．

さて，補外公式⑯を用いるとき，《 n に無関係に》に p が得られることを示すのは容易である． a の式の n の代わりに $2n, 4n$ を入れたものを b, c とおけば

$$b = \dfrac{2}{3} - \dfrac{1}{24n^2} = \dfrac{2}{3} - \dfrac{2}{3n^2} + \dfrac{1}{2n^2} + \dfrac{1}{8n^2}$$

$$c = \dfrac{2}{3} - \dfrac{1}{96n^2} = \dfrac{2}{3} - \dfrac{2}{3n^2} + \dfrac{1}{2n^2} + \dfrac{1}{8n^2} + \dfrac{1}{32n^2}$$

ここで

$$m = \dfrac{2}{3} - \dfrac{2}{3n^2}, \quad l = \dfrac{1}{2n^2}, \quad r = \dfrac{1}{4}$$

とおけば， a, b, c は式⑭の仮定に合致する．よって極限の形⑭′の p は，式⑮により，

$$p = \dfrac{2}{3} - \dfrac{2}{3n^2} + \dfrac{1}{2n^2} \Big/ \Big(1 - \dfrac{1}{4}\Big) = \dfrac{2}{3} - \dfrac{2}{3n^2} + \dfrac{2}{3n^2} = \dfrac{2}{3}$$

となって， p は n に無関係になる．

§9. 球帽の体積

球の一部を平面で切り取った形が，関のいう「球欠」である．アルキメデスは「球の切片」segment of sphere (10., p. 443), ケプラーは「球帽」

spherical cap (15., 中, p. 24) と呼んだようである。平山氏は「盃形」とも呼ばれた (3., p. 119)。ここでは，関の原文を紹介する以外は，直観的な球帽を用いることにする。

(と) 球欠（球帽） …… 『求積』第45問

「かりに球欠があって，矢 $c=2$，弦 $a=8$，積（体積）を問う。

答にいう。積は $54\frac{154}{339}$.

術にいう。弦 $a=8$ を自乗し，三倍し，192 を得る。矢 $c=2$ を自乗し，四倍し，16 を得る。両者を併わせて $(3a^2+4c^2=)208$ を得る。矢 c を掛け，また周率（355）を掛け，24倍の径率（$24\times 113=2712$）で割れば，積を得る。〈あるいは矢 c が半径 $d/2$ よりも大きい場合であっても，またこれと同様である。〉」

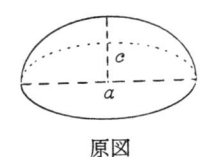

原図

つまり，**公式**

⑰ $\qquad V=\dfrac{\pi}{24}(3a^2+4c^2)c \qquad \left(\dfrac{\pi}{24}=\dfrac{355}{2712}\right)$

を述べている。答は，例によって

$$\frac{208\times 2\times 355}{2712}=\frac{147680}{2712}=54\frac{1232}{2712}=54\frac{154}{339}$$

のように計算したものと思われる。

さて，関の解文は，あまりに簡潔である。筆者が仮りに読み下して，全文を示せば，つぎの通り。

「解に曰く。これ立円を頂より截りし形。ゆえに全〈立円〉形のごとく，両円錐積を求め，相併すれば，すなはち欠積なり。この形，矢と半弦相対し，等しければ，限となす。ゆえに半立円をもって，極形となすなり。」（仮訳。解にいう。これは立円（球）を頂（上端）のところで切った形である。ゆえに完全な形の立円のときと同様に，二つの円錐の体積を求めて，それを合わ

せれば，すなわち欠積（球帽の体積）となる。この形は，矢cと半弦$a/2$とが対応関係をもっていて，両者が等しい場合が限界である。ゆえに半立円（半球）の場合が，極限の形になっている。」

これだけの説明（示唆）で，はたして球帽の体積公式⑰が導かれるであろうか？

従来，この公式の復元は，藤原氏（2., 第二巻, p. 244）によるものである。

「上述〔半球の場合〕の想像説によれば，同一の考で次のごとくになる。

……（中略）……

果して如何なる方法で球欠の体積を出したか，不明なことは遺憾である。」

中略した部分は，公式の導出計算であり，筆者による後掲の図の記号を用いて要点を記せば，

$$球欠積 = \frac{2\pi cd}{a}\triangle \mathrm{ABM} - \left(\frac{2c}{a}\right)^2 中錐積$$

であり，このあと式の変形により，どうにか公式⑰に辿りつくとはいえ，ここでも§6に引用した半球積の復元の場合と同様に，二円錐の和になるべきところを差に導いておられるから，復元としては失敗である。[#127]

筆者は，§6と同様に，できる限り関の 考えにそったと 思われる復元に成功したので，以下にこれを示す。種を明かせば，関が（ヘ）立円積の解文に示した《半球の体積の導き方》[#128]は，（と）球欠積の解文をも包含していたのである。核心の部分を再記すれば，

「……上下の矢〈すなはち半径〉をもって，両錐の高に準じ，弦〈すなはち円径〉をもって，中錐の径に準じ，左右の旁弦を併せて，旁錐の径に準ず。……」

であるが，この文章は《半球の体積》を目標にするにしては冗舌が多い。〈 〉内は原文では二行割注の形で，小字で書かれている。「上矢すなはち半径」と言わずに「半径」でよい。「弦すなはち円径」では「弦」が出てくる必然性はなく，たんに「円径」で用が足りる。「矢」や「弦」は，じつは《球欠積》の解

文のそれに対応し，後者の末尾「ゆえに半立円をもって，極形となすなり。」に呼応させて，「矢の限すなはち半径」「弦の限すなはち円径」と読み解かねばならなかったのである。

　関の「立積」編の構成では，第42問立円と第45問球欠の中間に，第43問長立円（長球）と第44問帯堡円（二半球と円柱）が割り込んでいる。主題の連続性という見方からは，それも一理ある。また第45問のつぎは，第46問円截籠（球体の六旁・上下左右前後から，六つの球欠を切り取った虫籠のような形）であり，ここも連続している。しかし《解法の連続性》という観点からは，半球と球帽の解法が密接していて，前者は後者の極限であると同時に，後者の特別な場合である前者が解けさえすれば，あとは一般化するだけで後者が解ける，という関係になっている。

　筆者による復元を提出しよう。多少の重複は免れないが，立円積の解文を球欠積の解文に適合させて改変すれば，つぎの通り。

　（解図は，Oを中心とし，AD=d を直径とする球を，点Mで直交する平面（断面 BC）で切った。原著には解図がなく，藤原氏の解図を少し改変した。）

「解に曰く。これ立円を頂より截りし形。矢〔AM〕にしたがって，円台を累ねれば，すなはちこの形を成し，二円錐に合す。ゆえに矢をもって，両錐の高に準じ，弦〔BC〕をもって，中錐の径に準じ，左右の旁弦〔AB, AC〕を併せて，旁錐の径に準ず。よって弦の自乗を中錐の径冪となし，矢と円径〔AD〕と相乗じ，これを倍し，旁錐の径冪となす。二数相併せ，錐高を乗じ，また円積法を乗じ，錐法三をもってこれを約し，二円錐の積を得る。すなはち球欠積なり。」

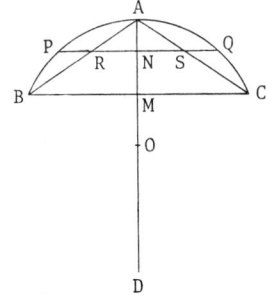

§6　（ヘ）の解文と比較すれば，下線のところを少し書き変えただけであり，
#129

（ヘ）の解文の「円径」は「弦すなはち円径」であったから，この解文の二カ所の「弦」も実質的な書き変えには相当しない。後段の「矢と円径と相乗じ，これを倍し，旁錐の径冪となす。」は，はたしてこれでよいのか，と疑問視される方もあるかもしれぬが，これでよいのである。じっさい，球帽の体積を V_1，弦 BC$=a$，矢 AM$=c$ とおくとき，旁錐の径巾は $2dc$ であり，

$$V_1 = \frac{\pi}{4} \times \frac{1}{3} \times (a^2+2dc) \times c = \frac{\pi}{12} \times \left\{a^2+\left(\frac{a^2}{2}+2c^2\right)\right\} \times c$$

$$= \frac{\pi}{12} \times \frac{(3a^2+4c^2)c}{2}$$

となり，式⑰と一致する。ただし，式の変形の途中で，§3 の 式③′ の両辺に $2c$ を掛けた

$$2dc = 2c^2 + \frac{a^2}{2}$$

を用いた。

前段の「中錐と旁錐の二円錐に合す云々」は，§6（ヘ）の半球の場合における筆者の解釈が，ほぼそのまま通用する。すなわち，球帽の頂点Aから任意の高さ AN$=x$ のところで，弦 BC に平行な平面で切る。球の切口（断面PQ）も，中錐の切口（断面 RS）も，ともに円であり，それぞれの直径が

$$\text{PQ} = \sqrt{d^2-(d-2x)^2}, \quad \text{RS} = ax/c$$

なることは容易に分かる。そこで，それぞれの円の面積 S_1, S_2 から，円積率 $\pi/4$ を《棚上げ》した正方形の面積を T_1, T_2 とおけば，明らかに

$$T_1 = d^2-(d-2x)^2 = 4dx-4x^2, \quad T_2 = a^2x^2/c^2$$

となる。つぎに二つの円の面積の差に相当する環（穴明円）の面積を S_3 とし，円積率を同じく棚上げした穴明正方形の面積を T_3 とすれば，

$$T_3 = T_1-T_2 = (4dx-4x^2) - \frac{a^2x^2}{c^2} = 4cx + \frac{a^2x}{c} - 4x^2 - \frac{a^2x^2}{c^2}$$

16 関の求積問題の再構成（二）

$$=4x(c-x)+\frac{a^2x(c-x)}{c^2}=\frac{4c^2+a^2}{c^2}x(c-x)$$

となる。ただし，変形の途中で式③′を用いた。ここで $(4c^2+a^2)/c^2$ が定係数なることに留意し，厚さ δ（今回は矢 $AN=x$ を変数としたから，δ の意味が §6と違う）を掛けた和 $\sum x(c-x)\delta$ に §7 の恒等式⑬を適用すると，二つの半方旁錐の体積の和 U_3 は， #130

$$U_3=\frac{4c^2+a^2}{c^2}\sum x(c-x)\delta=\frac{4c^2+a^2}{c^2}\cdot\frac{1}{2}\sum (c-x)^2\delta$$
$$=\frac{4c^2+a^2}{c^2}\cdot\frac{c^3}{6}=\frac{(4c^2+a^2)c}{6}$$

となる。方中錐の体積 U_2 は，途中で §5 の円錐積再考と同様な極限移行を用いて，

$$U_2=\frac{a^2}{c^2}\sum x^2\delta=\frac{a^2}{c^2}\cdot\frac{c^3}{3}=\frac{a^2c}{3}$$

となるから，角型球帽の体積 U_1 は

$$U_1=U_2+U_3=\frac{a^2c}{3}+\frac{(4c^2+a^2)c}{3}=\frac{(4c^2+3a^2)c}{6}$$

となる。これに直ちに円積率 $\pi/4$ を掛けて，球帽の体積 V_1 が得られる。

一つ注意を与える。球帽から中錐を取り去った残欠が旁錐の体積に等しい。この残欠の形状は，その断面が図のような二つの弓形から成り，これを矢AMを軸として回転させた洋傘のような形である。体積 V_3 は U_3 に $\pi/4$ を掛けた

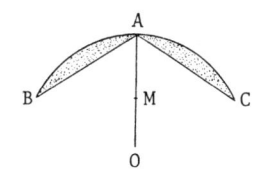

$$V_3=\frac{\pi}{24}(4c^2+a^2)c$$

に等しい。
後文で，関のいわゆる偏弧環の体積を扱う予定であるが，この洋傘状の立体が，偏弧環の実例を与えていることに注目すべきであろう。 #131

§10. 球帽の別解

『求積』編における球帽の体積公式⑰の導き方は，以上の復元に見られる通りであるが，途中の式の変形がいささか複雑である。ところで『解見題之法』に目を転ずると，いま一つ別の導き方（示唆）が示されている。全文を読み下し，解図とともに再録する（1., p. 129）。

（と′）　立円欠（球帽）……『解見題之法』

「かりに立円欠あり，矢若干，弦若干，積を問う。

矢をおき自乗し，これを四し，弦冪三段を加入し，共に得る数，矢をもってこれに乗じ，得る数，立円積法をもってこれに乗じ，四をもってこれを約し，積を得る。

解術。矢を容立円の径となし，立円術により，積を求め，得る数，位に寄す。矢に二分の一を加へ，錐高〈すなはち通高なり〉となし，弦を錐底の径となし，円錐術により，積を求め，位に寄せたるを加入し，立円欠積を得る。」

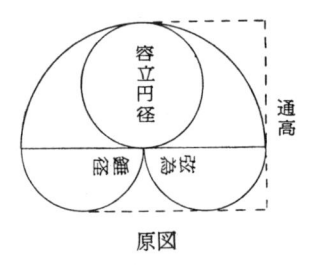

　　（仮訳。かりに立円欠（球帽）があって，矢cが若干，弦aが若干なるとき，積（体積）を求めよ。

矢cを自乗し4倍し（$4c^2$），弦巾（a^2）の3倍（$3a^2$）を足し（$4c^2+3a^2$），これに矢cを掛け，得た数（$4c^2+3a^2$）cに立円積法（$\pi/6$）を掛け，4で割れば，体積$V=\pi(4c^2+3a^2)c/24$が求まる。

解術にいう。矢cを容立円（球帽に内接する小球）の直径と考え，立円術によって体積を求め，得た数（$\pi c^3/6$）を脇に取りおく。矢cにその二分の一（$c/2$）を足したもの（$3c/2$）を，錐高すなわち通高と見なし，弦aを錐の底円の直径と考え，円錐術によって体積を求め，得た数（$(\pi/12)\cdot a^2\cdot(3c/2)=\pi a^2c/8$）に脇に取りおいた数（$\pi c^3/6$）を足しこめば，立円欠（球帽）の体積

16 関の求積問題の再構成(二)

$V=\pi(4c^2+3a^2)c/24$ が求まる。)

『解見題之法』では,具体的な寸法は与えられず,何々若干と記されている。

解術の部分は,仮訳に示したように正しい体積 V が求まるが,従来《なぜ》そのように考えるのか不明である,とされた。例えば,藤原氏『明治前…』(2., 第二巻, p.196)には解術と解図が再録され,

「……結果は正しいが,その理由は不明である。」

と結ばれた。

関の考え方は,すでに§6と§9の復元に示したように,穴明円板の体積の和を考察するところに鍵がある。この見方から上掲の解術を読めば,おのずから復元にいたるのである。それに先立ち,二つの点を指摘する。

(甲) 関の解図は半球についての絵になっているが,解術は一般の球帽の場合に当てはまる。そこで筆者は次図のように,一般の球帽の絵に改めた。

(乙) 関の解図は,下側に二つの小半球(径 $c/2$)が付着していて,この小半球の矢ともとの半球の矢との和 $3c/2$ を通高と称している。私は,これは通高 $3c/2$ を図形として表示するための技巧にすぎず,関の術文の真意を把握するためには,むしろ妨害の役割をはたすものと考える。(藤原氏が「理由は不明」とされたのも,この小半球に惑わされた結果ではなかろうか。)そこで私の解図では不必要な部分は点線で示し,考察から省くこととした。

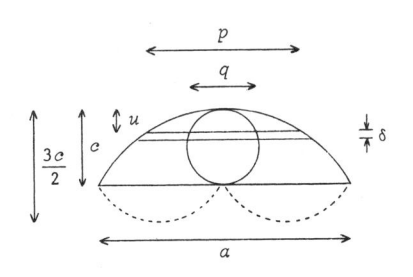

球帽の頂から任意の高さ u だけ下った点で,底面に平行な平面で切る。球帽の切口も,内接小球(径 c)の切口も,ともに円である。それぞれ直径を p, q とおき,厚さ δ を掛けた円板の体積を考える。球帽の体積 V_1 と内接小球の体積 V_2 は,これらの円板を積み重ねたものの極限と考えられるから

$$V_1 = \frac{\pi}{4}\sum p^2\delta = \frac{\pi}{4}\sum(4du-4u^2)\delta$$

$$V_2 = \frac{\pi}{4}\sum q^2\delta = \frac{\pi}{4}\sum(4cu-4u^2)\delta$$

と表わせる。V_2 のほうは，内接小球の頂から底まで《全てにわたる和》であるから，§6 の球積の公式⑨が径 c としてそのまま適用できて

$$V_2 = \frac{\pi}{6}c^3$$

となる。V_1 のほうは，径 d なる全球を矢 c のところで切り取った一部分の体積であるから，《和の範囲は途中まで》であって，直接に計算できない。

したがって，（筆者により復元された）関の常套手段によって，球帽 V_1 から内接小球 V_2 を抜き去った残欠の体積 V_3 を考えることにする。これも穴明円板の体積の和と考えられるから，

$$V_3 = V_1 - V_2 = \frac{\pi}{4}\sum(p^2-q^2)\delta = \frac{\pi}{4}\sum\{(4du-4u^2)-(4cu-4u^2)\}\delta$$

$$= \frac{\pi}{4}\sum 4(d-c)u\delta = \pi(d-c)\sum u\delta$$

と表わせる。ここで $(d-c)$ には §3 の式③′の関係 $= a^2/4c$ を，$\sum u\delta$ には後文「圭䋆」の公式 $= c^2/2$ を代入して，

$$V_3 = \frac{\pi a^2}{4c} \cdot \frac{c^2}{2} = \frac{\pi}{8}a^2 c$$

が得られる。関は，この残欠の体積 V_3 を，あくまで円錐の体積として表現しようとする強い志向をもつ。そのために，§5（に）の円錐率 $\pi/12$ をくくり出し，底面の円径 a なる円錐として表現するため，上記を

$$V_3 = \frac{\pi}{12}\times a^2 \times \left(\frac{3c}{2}\right)$$

と書き直した。ここから必然的に解術のなかの《通高》$3c/2$ が生じたのである。

『解見題之法』では，この立円欠（球帽）の直前に立円（球）がおかれ，立円の公式 $V=\pi d^3/6$ が示されている。(ただし，その解術は「求立円積法術」を参照せよとして省かれているが，おそらく括要立円積術を指すのであろう。) 筆者は，直前に得た立円の公式を，さっそく容立円（内接小球）に適用してみせた関の手腕は見事なものである，と思う。さらに『求積』編の（と）と違い，二つの体積の和が

$$V_1 = V_2 + V_3 = \frac{\pi}{6}c^3 + \frac{\pi}{8}a^2 c$$

のように適切に合併された形になっている点も，よほど簡明であると考えたい。(V_3 をわざわざ円錐の体積に変形するのは，余計な技巧と評価する。)

圭桀術

関の『括要算法』巻一から「圭桀」(1., 本文 p. 282-283) を引用する。関が数値例について述べたことを，式の形に書けば，

$$S = 1+2+3+\cdots+n = (n+1)n \div 2$$

である。これを周知の公式

⑱ $\qquad S = \sum x = \dfrac{n^2}{2} + \dfrac{n}{2}$

に書き直す。

底辺も高さもともに c なる圭（二等辺三角形）を，底辺に平行な短冊を積み重ねた形と考える。高さ c を n 等分すれば，短冊の長さは $u=cx/n$, $x=1, 2, 3, \cdots, n$, 幅は $\delta = c/n$, その面積は $u\delta$ となる。よって圭の面積 T は，

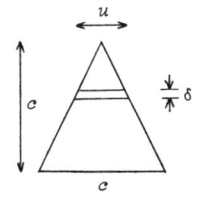

$$T = \sum u\delta = \sum \frac{cx}{n} \cdot \frac{c}{n} = \frac{c^2}{n^2} \sum x = \frac{c^2}{n^2}\left(\frac{n^2}{2} + \frac{n}{2}\right) = \frac{c^2}{2} + \frac{c^2}{2n}$$

となる。短冊の枚数nを大きくしてゆけば，§5と同様な考察によって「極まる所」

$$T = \sum u\delta = \frac{c^2}{2}$$

が得られる。図形に即して考えれば，直ちに$T=c^2/2$が得られるが，ここでは式の変形として導くため，短冊の和を考えた。関にとっては，おそらく図形として自明の事実であったろう。

付 記

前回について，小林龍彦氏よりさっそくお手紙を頂戴した。感謝を申し上げ，主要な項目を再録し，前回への補遺としたい。

§2.

「題曰，答曰，術曰または草曰，解曰」についての筆者の解釈にたいして，小林氏は「大成算経首編の総括の用字例」をご教示された。以下それを再録する。

　法曰〈是術有之辞乃所為本自定而為準者皆註如此而為其技之規模也〉
　術曰〈与前同辞也但其投本無定式而臨機於之者皆用此文而別慇変之義也〉
　草曰〈此辞式術前先得数而後施之或別段而再演其理者皆非真之所為故各如此
　　　書之〉
　解曰〈是又演段之首辞也〉

〈 〉のなかには二行割注。ママは技に改む。私が理解するところでは，法（定式による標準解法），術（臨機応変の解法），草（別の所で得た数を用いる解法），解（計算法）などの意味であって，関の『求積』編と少しく意味のずれがあるように思われる。

§5. （ほ）

「五巧之編」について，筆者は不明と書いたが，小林氏は同じく『大成算経』

巻十四,十五を参照するようご指摘された。『明治前…』(2., 第二巻, p. 430)より該当個所を部分引用すれば,つぎのとおり。

「大成算経巻十四,十五は形巧と題される。

　　……(中略)……

…幾何学図形を截りまたは接ぎ,あるひは容れ,あるひは載せ,あるひは繞らして,長さまたは積を求むる問題を分類して截術,接術,容術,載術,繞術とす。…」

五つの形巧を,あるいは五巧と称したのであろうか？

§3. (ろ)

「眉の問題」は,別稿[#134]を準備しているので,小林氏のご意見はそのなかで引用したい。

(1985年5月5日記)

〔文献は651頁〕

17 関の求積問題の再構成（三）

§ 1. 序 …………………… *426*
§ 2. 『求積』編の構成 ……… *428*
§ 3. 円と弓形の面積 ……… *433*
§ 4. 錐率三分の一 ……… *440*
§ 5. 錐率三分の一（続）… *446*
　　　（以上，第一回）
§ 6. 半球の体積 ………… *450*
§ 7. 括要立円積術 ……… *457*
§ 8. 増約術 ……………… *463*
§ 9. 球帽の体積 ………… *466*
§10. 球帽の別解 ………… *472*
　　　（以上，第二回）

　　　（以下、今回）
§11. 浮輪の体積 ………… *478*
§12. 左右相称の切口 …… *481*
§13. 切口が半円の指輪 … *485*
§14. 『変形草』の構成 …… *488*
§15. 円孔をくりぬいた球… *491*
§16. 「中心」概念の発生 … *496*
§17. 指輪の体積 ………… *500*
§18. レモンの体積 ……… *505*
§19. 指輪の体積（続） … *508*
§20. 蹄の体積 …………… *511*

　今回は，関孝和による一連の回転体の体積を扱う。関の原文への解説については，藤原氏（2.）と平山氏（3.）のそれをこえることはできない。しかし「環積＝面積×中心周」という一般公式の導出過程については，できるかぎり関の考えに即して《再構成》につとめた。さて「円壔斜截」（蹄）は今回はじめて発表する筆者の原著である。そのほか随所に私見を付した。

§11.　浮輪の体積

　これから『求積』編・立積の部の中心課題の一つである回転体の体積を扱う。その典型例は，球とならんで美しい形をした浮輪(うきわ)（トーラス）である。

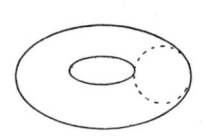

17 関の求積問題の再構成（三）

本稿では直観性のため浮輪という言葉を用いる。しかし，関の用語では，切口の円を輪とよび，全体の輪を環とよび，一貫している。ここにいまの日常語とずれが生ずるが，必要なところではルビを付すことによって区別する積りである。

（ち） 円環（浮輪）……『求積』第47問

「かりに円環 T があって，内周 $q=61$，外周 $p=81$，積（体積）を問う。

答にいう。積は565．

術にいう。外周 $p=81$ から内周 $q=61$ を引き，$p-q=20$ を求めて，これを輪（浮輪の切口の円，径 d）の通周の二倍 $2\pi d$ と見なし，自乗して 400 を求め，脇に取りおく。内周と外周を足した数 $p+q=142$ を求め，これを中心周（後述）の二倍 $2\pi g$ と見なし，脇に取りおいた 400 と掛けあわせ（56800），また径率（113）を掛け，三十二倍の周率（355×32=11360）で割れば，体積が求まる。〈その余の諸形環，みな中心周を求め，これをもって輪面積に乗じ，その環積を得るなり。〉（仮訳。その他いろいろな切口の形をもった環（回転体）もすべて，中心周を求め，これと切口の面積と掛けあわせることによって，その環の体積を得るのである。）」

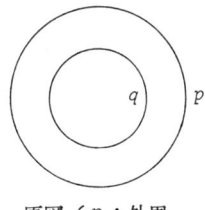

原図（p：外周，q：内周）

術文の内容をまとめれば，**公式**

⑲ $T = \dfrac{1}{32\pi}(p-q)^2(p+q)$ $\left(\dfrac{1}{32\pi} = \dfrac{113}{11360}\right)$

を与えている。しかし，同じ術文中に，$p-q$ は輪の通周の2倍 $2\pi d$ に等しいと述べている。つまり

$$p/\pi - q/\pi = 2d \quad \therefore \quad p - q = 2\pi d.$$

また，$p+q$ は中心周の2倍 $2\pi g$ に等しいとも述べている。つまり

$$p/\pi + q/\pi = 2g \quad \therefore \quad p + q = 2\pi g.$$

そこで上記の⑲を書き直せば，**公式**

⑲′ $\quad T = \dfrac{1}{32\pi}(2\pi d)^2 \times 2\pi g = \dfrac{\pi}{4}d^2 \times \pi g$

が，むしろ浮輪のふつうの体積公式である．なお，この題文では外周 p と内周 q に巧妙な数値が与えられ，$(p+q)/2=(81+61)/2=71=\pi g$ となるように仕組まれ，$1/\pi=113/355$ の分母の因数 71 と約されるようになっている．（外周 p と内周 q を与えるという不自然な題文は，案外このような意図に基づくものと考えられる．）

注目すべき点は，術文末尾の割注のなかに，公式 ⑲′ に対応する**一般公式**

⑳　　　**環積＝面積×中心周**

が明確に提出されたことである．円環（浮輪）の場合は，面積＝$(\pi/4)d^2$，中心周＝πg となっている．では《中心周》とはなにか？――図のようにこれは切口円の中心間の距離，すなわち《中心径》 g に円周率 $\pi=355/113$ を掛けた値である．切口が一般の形状をもった回転体（其余諸形環）の場合，切口の《重心》間の距離の π 倍を意味し，西洋では公式⑳をパプス＝ギュルダンの定理（後文）とよぶ．

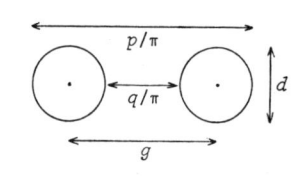

それでは関は，一般公式⑳を一体どんな考えから導いたのであろうか？

「解に曰く．これ円壔回旋して，輪の形を作る．ゆえに輪径をもって壔径に擬へ，中心周をもって，正高に擬へ，面積をもって高に乗じ，積を得る．諸環みなかくのごとく，その形により，壔術にてこれを求むるなり．」
藤原氏の解説（2., 第二巻 p. 252-253）をもって，解文前段の訳に代える．

「この特殊の回転体に対して，パプス＝ギュルダンの法則と同一のものが与へられてゐるのは注目に値する．…(中略)…すなはち円環は円壔を曲げて輪形にしたものと考へ，円環をもとの円壔にもどせば，輪径〔d〕が円壔径となり，円壔の高〔πg〕が円環の中心

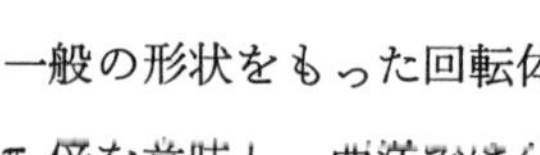

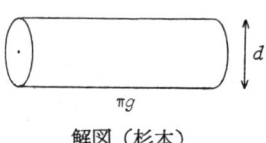

解図（杉本）

周（すなはち廻転円の中心が廻転によって描く円周）であると見做し，したがって円環の体積は廻転円の面積に中心周を乗じて得られるとしたのである。円環を円壔に伸ばすとき体積に増減なきことは，直観的に認めたので，その証明はない。」（下線は引用者による）

後段は，切口が一般の形をした回転体の場合にも，切口の形に応じた壔に伸ばしたと考えて，壔の体積＝面積×高として求めることを述べている。ここで高とは中心周に等しいから，一般公式㉔が広範囲に成立することを，証明なしに主張しているわけである。

§12. 左右相称な切口

まことに藤原氏のお説のように，一般定理㉔の証明は，どこを見ても見当たらない。しかし関が，いくつかの特殊例を計算してみて，そこからこの一般定理を帰納したであろうことは，推測に難くない。（後述の（ぬ）立円旁環では，じっさいに計算過程が残されている。） 本稿は《再構成》を目指すものであるから，こうした関の推論過程の欠けた部分（ミッシング・リンク）を，《あたかも関がそう考えたかのように》復元しなければなるまい。関の知識と技倆に準ずる推論のみを用いて，このことを試みようと思う。[#135]

（い′） 円……再考

関の原著にはこの事項は見当たらない。だがたとえば関の先行者，沢口一之『古今算法記』（16.,巻三46丁オ—47丁オ）に，「円形の板から一定幅 δ の細長い板30枚を切りとれば，長さの合計がいくらになるか」という問題への解答が述べてある。

いま，円径 $d=10$, 幅 $\delta=1$ の場合に簡易化して，原図の縦書きを横書きに直したのがこの図である。図のなかに示した計算によって，長さの合計は 32.96311, 幅 $\delta=1$ を掛け，半円を2倍して全円に

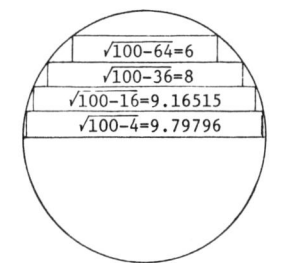

$\sqrt{100-64}=6$
$\sqrt{100-36}=8$
$\sqrt{100-16}=9.16515$
$\sqrt{100-4}=9.79796$

直せば，面積 65.92622 となる．正しい面積 $10^2 \times (355/452) = 78.53982$ からはほど遠い．沢口は30枚でとどまり，極限は論じていないが，幅 δ を小さくしてゆけばいくらでも正しい面積に近づくことが示せる．

さて，関にはおなじみの方法（§10，圭梁術など参照）を用いれば（図は後文（ち′）を参照），径 d なる半円の面積 $O/2$ は，長さ a，幅 δ なる短冊を積み重ねた形と考え，これを既知の $(\pi/8)d^2$ と結びつけて，**公式**

㉑ $\qquad \dfrac{O}{2} = \sum a\delta = \sum \sqrt{d^2 - x^2} \cdot \delta = \dfrac{\pi}{8} d^2$

にまとめることができる．ただし，円の中心から弦 a までの距離を $x/2$ とおいた．

つぎに，§3 では円積の応用として詳論を略した環積を，ここで再論する．

(い，系） 環（穴明円） ……『求積』第16問

「かりに環があって，外周 $p=150$，内周 $q=63$，積（面積）Q を問う．

答にいう．積は 1474.65．

術にいう．〔甲〕$p^2 - q^2 = 22500 - 3969 = 18531$．$18531 \times 113 \div 1420 = 1474.65$．$Q = (p^2 - q^2)/4\pi$．

〔乙〕 $p - q = 87$，$p + q = 213$，$(p-q)(p+q) = 18531$．$18531 \times 113 \div 1420 = 1474.65$．$Q = (p-q)(p+q)/4\pi$．

解にいう．〔甲〕これは内外二つの円から成るゆえに，甲術は外円の面積 $(p^2/4\pi)$ から内円の面積 $(q^2/4\pi)$ を引いた余りを，環（穴明円）の実面積 Q と考えた．

〔乙〕 乙術は，環を伸ばした形を梯（等脚梯形）と見なして，これを求める．すなわち内外の周の差 $(p-q)$ を周径率 $(355/113)$ で割ったものが，実径の二倍 $2h$〈すなわち梯形の高さの二倍〉に相当する．また外周 p を

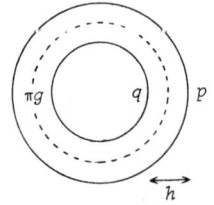

原図（p：外周，q：内周．点線により中心周 πg，実径 h を付加した）

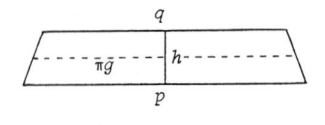

原図（p：外周，q：内周，h：実径．点線で中心周 πg を付加した）

大頭（下辺）になぞらえ，内周 q を小頭（上辺）になぞらえ，これを合わせ $(p+q)$，これに高さの二倍 $2h$ を掛ければ，梯積（梯形の面積）の四倍 $4Q$ となるから，四で割って梯積 Q とするのである。……」（原文では，周率355，径率113を分離して掛けたり割ったりしているので，この仮訳よりもごたごたしている。周径率 $\pi=355/113$ を一まとめとすることにより，訳文を整理した。また原文では，甲術を前術，乙術を後術と述べている。）

甲術は，二つの面積の差を考えているから，常識に近い。思考過程として興味深いのは乙術である。「環を伸ばせば梯の形になる」という一般原理を含んでいる。曲った環を伸ばして，直線図形の梯に直したとき《面積不変》なることは，甲術による計算が保証している。この環積の問題は，平面図形についてではあるが，すでに《中心周》の概念の萌芽を認めることができる。もちろん，関はそのことを明示していないが，p と q との平均 πg が中心周なることは，自明である。よって，実径 h と掛けあわせ，

$$Q = h \times \pi g.$$

またここでも $p+q=213$ が因数71を含むように p，q の値が選ばれ，周率355の因数71と約されるようになっている。

（ち′） 円環（浮輪）……復元

以上の二つ（い′）円積再考，（い，系）環積を補題と考えれば，§6〜10でたびたび考察した「穴明円板の和」の論法によって，（ち）円環（浮輪）の体積が求まる。浮輪の切口の円径を d とおき，円の中心相互の距離つまり中心径を g とおく。浮輪を水に浮べ，ちょうど切口円の半分の深さだけ水中に没したと考える。円の中心が水面の高さにあるから，ここを規準にとって任意の高さ $x/2$ だけ上ったところで，浮輪を水平に切る。切口は明らかに穴明円で

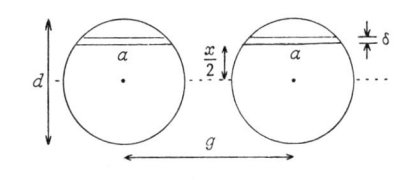

あり，切口の帯の幅（穴明円径の内外半差）を a とおけば，$a=\sqrt{d^2-x^2}$ であり，穴明面の面積 Q は（い，系）により，$Q=a\times\pi g$ となる。例によって厚さ δ を掛けて穴明円板の和を作ると，浮輪の水面上に出た部分の体積 $T/2$ は，

$$\frac{T}{2}=\Sigma a\times\pi g\times\delta=\pi g\times\Sigma\sqrt{d^2-x^2}\cdot\delta=\pi g\times\frac{O}{2}=\pi g\times\frac{\pi}{8}d^2$$

となる。途中で（い′）の式㉑を用いて変形した。全体にわたって2倍すれば，前節の公式 ⑲′ が得られる。

　関が『求積』編で示した思考形式と計算能力からすれば，ここで復元として示した公式 ⑲′ の導出過程は，おそらくかれの思考圏に属したものであろう。

　さらに重要なことは，この「穴明円板の和」による論法は，円環（浮輪）のみならず，もっと一般の場合の公式を含む点である。すなわち，

「切口が縦線にたいして左右相称な形ならば，

　㉑　　　環積＝面積×中心周

なる一般公式が成立する。」

じっさい，上記の導出過程をふりかえってみれば，切口円の中心相互の距離（中心径）g は一定であり，穴明円の帯幅 a の中点はつねにこの中心を通る縦線上に存在している。切口円の面積を考えるとき，「この縦線にたいして円が左右相称な図形の性質をもつ」ことしか利用していない。これは直ちに「切口が縦線にたいして左右相称な図形一般」に拡張される。

　この一般化された公式は，後文（§19）の（わ）双弧環を含んでいる。それは切口が §3（ろ）の応用として引いた『求積』第23問の欖（レモン）を，縦の向きにおいた形となっているからである。関はこれ以上深追いをしないので，筆者があえて二，三の例を追加しよう。切口が同所第24問の錠の場合は，縦向きでも横向きでもよい。第25問の眉の場合は，横向き⌒ならよい。

§13. 切口が半円の指輪

切口が左右相称な図形の場合に，一般公式の成立が示された。では非相称な場合はどうか？

その手始めとして，切口が縦向きの半円である指輪の体積を考える。これは，関が後文§18（る′）外正弧環の解文〔丁〕において，一つの極形として示唆した立体図形である。半円の面積は周知であり，直観的にも扱いやすい（弓形が弦 a と矢 c の二変数で定められるのにたいして，半円は径 d の一変数で決まる）。これは浮輪（切口が円）と一般の指輪（切口が弓形）の間をつなぐ欠けた推論（ミッシング・リンク）に相当する立体図形であり，関もおそらく一度はその体積を考察したであろうと想像される。

（り） 外半円環（切口が半円の指輪）……復元

図のように，切口が径 d なる半円なので，その面積 $O/2 = (\pi/8)d^2$ は直ちに求まる。左右の直径相互の隔り（関のいう虚径）を f' とおく。この半円を切口として，中央の軸のまわりに回転させたとき，切口の「中心」（じつは重心）がどこにあるかは，一見しただけでは分からない。あとで求まるはずの中心相互の距離を，いまは仮りに g' としておく。

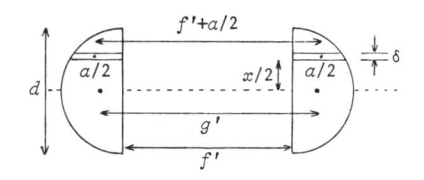

この指輪の体積の求め方は，前節（ち′）における筆者の復元と，本質的には変わらない。高さ d の半分だけ水中に没したと考え，水面上 $x/2$ の高さのところで水平に切れば，切口はやはり穴明円となり，帯の幅は半弦 $a/2 = \sqrt{d^2-x^2}/2$ に等しい。ただ違うのは，この半弦の中点相互の距離が一定でなく，変数 $x/2$ にともなって変化することである。この距離は，$f'+a/2$ と表わされる。そこで指輪の水上に出た部分の体積 $T/2$ は，括弧をほどいて式を変形すれば，

$$\frac{T}{2} = \sum \frac{a}{2} \times \pi(f' + \frac{a}{2}) \times \delta = \pi f' \sum \frac{a}{2} \cdot \delta + \frac{\pi}{4} \sum a^2 \delta = \frac{T_1}{2} + \frac{T_2}{2}$$

のように二つの体積の和になる。第一項は，総和をとるとき前節（い'）と同様な変形を適用して，

$$\frac{T_1}{2} = \pi f' \sum \frac{\sqrt{d^2 - x^2}}{2} \cdot \delta = \pi f' \times \frac{O}{4} = \frac{\pi^2}{16} f' d^2$$

となる。第二項は，$a^2 = d^2 - x^2$ と書き直せるから，§6（ヘ）半球積の公式⑫が適用され，

$$\frac{T_2}{2} = \frac{\pi}{4} \sum (d^2 - x^2) \delta = \frac{\pi}{12} d^3$$

となる。

そこで，水面下の部分も含めるため，すべてを2倍した体積の和に直せば，

$$T = T_1 + T_2 = \frac{\pi^2}{8} f' d^2 + \frac{\pi}{6} d^3 = \frac{\pi}{8} d^2 \times (\pi f' + \frac{4}{3} d) = \frac{O}{2} \times \pi(f' + \frac{4d}{3\pi})$$

が得られた。$O/2 = (\pi/8)d^2$ は前述のとおり切口の半円の面積である。いま

$$g = \frac{4d}{3\pi}, \qquad g' = f' + g$$

とおけば，g' が中心径，$\pi g'$ が中心周ということになる。半円の中心（じつは重心）は，したがって，直径から内側に

$$i = \frac{g}{2} = \frac{2d}{3\pi} \quad (= d \times \frac{2}{3\pi} = d \times 0.21221)$$

約2割ほど入った点に位置することになる。i はのちに関によって「中矢」と名付けられる値であるが，これはなにを意味するか？

　§6（ヘ）の球の体積を再考しよう。球を，蜜柑のように多くの半月状の実(み)の袋から成った立体と考える。この半月状の袋の厚さを薄くしていった極限を考えると，球は心軸（直径）

のまわりに半円を回転させた立体と見なせる。この切口（半円）の中心周 πg は，球の体積を半円の面積で割ればよいから，

$$\pi g = V \Big/ \frac{O}{2} = \frac{\pi}{6}d^3 \Big/ \frac{\pi}{8}d^2 = \frac{4}{3}d, \quad \therefore \quad g = \frac{4d}{3\pi}$$

となり，上記の g にほかならない。つまり半円の中心は，直径から $i=g/2$ だけ内側に入ったところに位置し，指輪の体積を求めるときもこの位置が不変なることが確定した。

そこで指輪の中心径は $g'=f'+g$ となり，上記の諸式を**公式**にまとめて

㉒　　　$T = \dfrac{O}{2} \times \pi g' = \dfrac{\pi}{8}d^2 \times \pi(f'+g) = \dfrac{\pi}{8}d^2 \times \pi(f'+2i), \quad g = \dfrac{4d}{3\pi}$

と書くことができる。これは後文の，切口が一般の弓形である指輪（弧環）の体積公式の特別の場合になっている。

（り′）内半円環……復元（§19（を）内正弧環の極形）

ことのついでに，切口の半円が（り）と逆の向きになった指輪の体積を求めよう。これは（ち）浮輪 T_1 から（り）外半円環 T_2 を引けば，直ちに求まる。ただし，式⑲′の中心径 g を式㉒の f' でおきかえる。

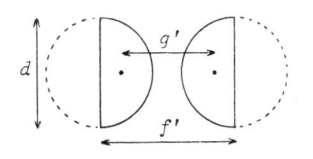

$$T = T_1 - T_2 = \frac{\pi}{4}d^2 \times \pi f' - \frac{\pi}{8}d^2 \times \pi(f'+g) = \frac{\pi}{8}d^2 \times \pi(f'-g).$$

これは（り）の式㉒の g の符号を変えただけにすぎないから，複号を用い式㉒とまとめて

㉒′　　　$T = \dfrac{\pi}{8}d^2 \times \pi(f' \pm g)$　　（外は＋，内は－）

と書ける。（り′）内半円環の中心径は $g'=f'-g$ であり，ここでも一般公式

⑳が成立していることが確かめられた。ポリア（17., vol.1, p.22）の言葉を借りれば，

「〔一般公式⑳が成立するという〕推測は，新たな結果が確証されれば，ますます信頼性を増すものである。」

§14. 『変形草』の構成

いよいよ切口が弧（弓形）なる一般の場合に進むのであるが，この範囲では，『求積』編と同時に『毬闕変形草』が参照される。毬は「けまり」であり，闕は「欠」に通ずるので，毬闕は「球欠」の雅語であろうと思われる。印刷の都合上『変形草』と略して引用する。

平山氏（3., p.127）は，この内容について，

「……書名にも『草』とあるように，孝和も未完成の草稿と做していたものであろう。説明も簡単で，紙数もわずか7枚に過ぎない。……正弧環に関する問題だけ9問簡単に述べている。」

と解説された。

筆者は引用の便宜のため，この9問題に通し番号を付そうと思う。『求積』第59問のつぎの60を欠番とし，『変形草』は第61〜69問とする。これと比較のため，『求積』第47〜52問を再記する。

『求　積』	『変形草』
47. 円環（浮輪形）	61. 外弧環（円孔をくりぬいた球）
48. 外正弧環（指輪形）	62. 外弧環（指輪形，48と同じ）
49. 外偏弧環（帽子のつば形）	63. 外弧環（指輪形，環径が小）
50. 内正弧環（48の変形）	64. 双弧環（切口が欟の指輪）
51. 内偏弧環（49の変形）	65. 内弧環（50と同じ）
52. 円壔斜截（円柱を斜めに削ぎ落とした形。蹄の形。回転体ではないが，解法に48を用いる。）	66. 弧環加錐（どんぐり形）
	67. 弧環減錐（鉾形）
	68. 弧環加台（ふくらんだ円錐台）
	69. 弧環減台（へこんだ円錐台）

17 関の求積問題の再構成（三）

このうち47．円環は，すでに§11（ち）で詳論した。『求積』48～51と『変形草』61～69は，相互に密接な関係がある。

61．外弧環は，球から円孔をくりぬいた指輪（孔の径が大きいとき），または珠数玉（孔の径が小さいとき）の形である。関による詳しい用語では「立円旁周之弧環」または「立円旁環」であり，命名のなかに《この弧環が球にはめた鉢巻状の輪で，しかも球の一部分をなす》ことが示唆されている（§15）。48．外正弧環を解くさい，61は《補題》として扱われる。62．外弧環は，切口の弧（弓形）の形を保ったまま，環としての径を大きくした指輪である。48．外正弧環は，内容として62とまったく同じ（§17）。63．外弧環は，62とは逆に，環としての径を小さくした指輪である（§17）。

64．双弧環は，切口が弓形を二つ合わせた「欖」（レモン）の形をした指輪である（§19）。これは§12末で触れたように，切口が縦線にたいして左右相称だから，47．円環の応用として直ちに求まるはずである（しかし，関は一般公式⑳に依拠している）。『変形草』の構成では，64は65のための補題として扱われ，64から62を引いて，65．内弧環の体積が求まる。内弧環とは，弧背（弓形の曲線部分）が内側に向いた指輪であり，50．内正弧環の内容は65とまったく同じ（§19）。ただし，解法の点では，50は一般公式⑳を用いて直接に導くので，65の導き方と違う（§19）。

66．弧環加錐の形状は，どんぐりである。これは48．外正弧環で極形として扱われる「上下鋭者」（レモン形）の半分の形である。その体積の求め方も48と同じ行き方をとる。しかし，66の名称はむしろ，筆者のいわゆる「洋傘」（49．外偏弧環の特別の場合）と円錐とを《加えた》形になっている。67．弧環減錐の形状は，鉾，または道具の「めうち」である。もしも66が「ふくらんだ円錐」と見なせるとするならば，67は逆に「へこんだ円錐」と見なすことができる。67は，50．内正弧環で極形として扱われる「両旁背相合」を外接する円柱から取り去った残形の半分の形である。しかし，67の名称は，円錐から51．内偏弧

環を《減じた》形を意味している。『変形草』は見かけのうえでは，平山氏のお説（3., p.127）のように「正弧環に関する問題だけ」を扱っているが，筆者はこれら66，67の名称から判断して，これらはむしろ『求積』49，51の外・内偏弧環を求めるための補題ではないかと考える。つまり66，67を求めておいて円錐と差し引きすれば偏弧環の体積が得られるのであるから，関の意図はむしろその方向を目指したのではあるまいか。（以上は§18,19参照）

68．弧環加台と69．弧環減台は，その求め方としては，62の離径 f を変えた二形を組みあわせた形の半分，65の離径 f を変えた二形を組みあわせた形の半分という行き方をとる。しかし，名称から見れば，49．外偏弧環と円錐台を《加えた》形，円錐台から51．内偏弧環を《減じた》形を意味する。筆者の見解では，ここでもやはり外・内の偏弧環を目指したものであろうと考える。おそらく関は，68，69までの段階でそのあまりにも複雑な推論に嫌気がさし，『求積』49，51では，切口の弓形が斜めにおかれた場合においても「面積×中心周」なる一般公式⑳が成立するという高い立場に立って，偏弧環を扱ったものであろう。（後文で詳論の予定）
#136

『毬闕変形草』の名称の由来

この点は従来十分に論ぜられず，わずかに藤原氏（2., 第二巻 p.252）が

「……正弧環およびその変形のみを取扱ひ，偏弧環は論じてない。」（下線は引用者による）

と触れられたにすぎない。

この名称について，筆者はいろいろと考えてみた。「毬闕」は上述のように「球欠」に通ずる。しかし関にとって「球欠」とは「球帽」のみを指すものではなく，もっと広く「球に欠けたもの一般」を意味したのではあるまいか。その典型の一つが「球帽」（球を頂のところで切り取った形）であり，そのほか球を平行な二平面で切り取った太鼓形，また上記のふくらんだ円錐台などが含ま

れる。太鼓から円孔をくりぬけば「立円旁環」が，ふくらんだ円錐台から円錐状の孔をくりぬけば「偏弧環」が得られる。そのほか65，66，67，69なども，一種の変形である。おそらく関は，これらの回転体をすべてひっくるめて，「広義の球欠から変形によって導かれる諸形」と考えたのであろう。「草」は平山氏（3., p. 127）のお考えにしたがう。

§15. 円孔をくりぬいた球

（ぬ）　**外弧環**（円孔をくりぬいた球）……『変形草』第61問

　　　　立円旁環（同上）……『求積』第48問，補題

「いま外弧環（円孔をくりぬいた球）があって，矢 $c=2$，虚径 $f=6$，高（孔の長さ）$a=8$，積（体積）がどれほどかを問う。

　答にいう。積は 268.0832．

草にいう。高 a を再自乗（三乗）し，これに立円積法 $\pi/6 = 0.5236$ を掛け，体積 $T = (\pi/6)a^3$ を得る。

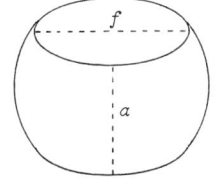

原図（点線を付加した）

くすなはち，立円積法 0.5236 は，これ不尽を収去してこれを用ふ。要は円解を易推ならしむるなり。のちに円積法，周背，みな不尽を収去して，これを用ふ。ゆえに積を求むる所，おのおの微差あり。〉（仮訳。ここで立円積法 $\pi/6 = 3.1416 \div 6 = 0.5236$ は，$355 \div 678 = 0.523598\cdots$ の末位の小数 98… をくり上げて用いるのである。要するに円や球の解法を近似的に容易にするためである。のちに円積法 $\pi/4 = 355/452$ や周背 b なども，みな末位の小数を丸めて用いることにする。その結果，求めた体積に微差が伴うのは止むをえない。）

解にいう。〔§3 の式③ $f^2 = d^2 - a^2 = (f+2c)^2 - a^2$ から $4fc = a^2 - 4c^2$ が出るので〕高 a の自乗から矢巾の四倍を引き，それを矢の四倍で割って，円弧に依存する離径 $f = (a^2 - 4c^2)/4c = 6$ が得られる。これはまた立円欠の外

弧環（指輪の形）を考えたときの虚径（孔の径）とも合致する。〈別に〔c と a から §3 の式③' $d=c+a^2/4c$ を用いて〕満径 $d=10$ と，〔$e=(d-a)/2$ を用いて〕欠矢 $e=1$ を得る。〉

〔球から円孔をくりぬくとき，取り去るべき部分は三つからなる。〕虚径 f を底円の径とし，欠矢 e を矢と見なして，〔§9（と）の公式⑰によって〕立円欠（球帽）の体積 V_2 を求め，〔上下二つあるから〕二倍した $2V_2$ を脇に取りおく。虚径 f を円墻の径とし，孔の高 a を円墻の高と見なして，〔§5（は）の公式⑤によって〕円墻の体積 V_3 を求め，これに脇に取りおいた $2V_2$ を加えたものを，全立円（球）の体積 V_1 より引けば，余りが立円欠の外弧環積（円孔をくりぬいた球の体積）T となる。」

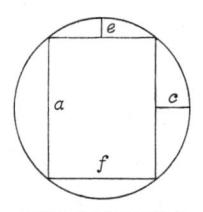

原図（寸法は題文に合わせて変更した。原図には高 a と欠矢 e のみ記入あり。ここに矢 c と虚径 f を付加した。）

以上が関の述べたところである。草文においては，**公式**

㉓ $\qquad T=\dfrac{\pi}{6}a^3$

を提出し，解文においては，その根拠として**公式**

㉓' $\qquad T=V_1-(2V_2+V_3)$

を挙げている。『変形草』には，具体的な数値計算の過程が示されていないので，これを補う。ただし，割注〈 〉のなかの注意によって，円積法は

$\qquad \pi/4=3.1416\div4=0.7854$

なる概数を用いる。公式㉓によれば

$\qquad T=(\pi/6)a^3=0.5236\times8^3=268.0832$

が求まる。一方，公式 ㉓' によれば，

$\qquad V_1=(\pi/6)d^3=0.5236\times10^3=523.6$

$\qquad V_2=(\pi/24)(3f^2+4e^2)e=0.1309\times(3\times6^2+4\times1^2)\times1=14.6608$

17 関の求積問題の再構成（三）

$$V_3 = (\pi/4)f^2 a = 0.7854 \times 6^2 \times 8 = 226.1952$$
$$T = V_1 - (2V_2 + V_3) = 268.0832$$

となり，上記の T と一致する！

　関の述べたことは，こうして数値的に確かめられたのではあるが，全球から円孔をくりぬいた残欠と直径 a なる球とが数値的に一致するという，この《奇妙な一致》について関はどこにもことさら言及していない。これは『求積』第48問（§17）においても同様。したがって，関に代わって，式㉓と式㉓′が同値なることを証明しなければならない。そのため，§3（ろ）の関係

㉝　　　$d^2 = a^2 + f^2, \quad d = a + 2e = f + 2c$

を活用して，式㉓′を変形しよう。

$$T = V_1 - 2V_2 - V_3 = \frac{\pi}{6}d^3 - 2\left(\frac{\pi}{8}f^2 e + \frac{\pi}{6}e^3\right) - \frac{\pi}{4}f^2 a$$

$$= \frac{\pi}{12}\{2d^3 - 4e^3 - 3f^2(a+e)\}$$

括弧 { } 内は

$$2d^3 - \frac{1}{2}(d-a)^3 - 3(d^2-a^2)\frac{d+a}{2} = 2d^3 - \frac{d-a}{2}\Big\{(d-a)^2$$

$$+ 3(d+a)^2\Big\} = 2d^3 - 2(d-a)(d^2+da+a^2) = 2d^3 - 2(d^3-a^3)$$

となって，d はすべて消えてしまい，{ } 内に $2a^3$ が残る。よって

$$T = \frac{\pi}{12} \times 2a^3 = \frac{\pi}{6}a^3$$

に到達する。

　ひもを通すための細い孔をもつ珠数玉でも，指を通す太い孔をもつ指輪でも，それが球の一部であるかぎり，球の径 d に係わらず孔の長さ a だけで体積が

決まることは，意外な事実である。(関は§6(ヘ)の「球の体積が外接円柱の体積の2/3に等しい」という著しい事実についても，淡々と述べるだけで感想を付さない。今回の事実についても同様である。われわれに伝えられた写本のなかに，そうした個人的な感慨を求めることは，場違いな望みであろうか。)

ポリア(17., vol. 1, p. 190-192)は，つぎのように述べた。(柴垣氏の邦訳を参照し，ポリアの趣旨は生かし，しかも表現は関の場合に適合させて改変した。)

「球の径 d および円孔の高さ a を与えて，くりぬかれた球の体積を求めよ。

……与件は未知数を定めるのに十分かな？ それとも不十分かな？ それとも過剰かな？ 与えられた d と a とは，ちょうど十分なように思われる。じっさい，d は球の大きさを定め，a は孔の大きさを定める。d と a を知れば，くりぬかれた球の形も大きさも決定できるし，またその決定のために d と a とが必要だ。

だが，求める体積を計算してみれば，$(\pi/6)a^3$ に等しいことが分かる。おやおや，この結果はまったく不合理だ。いま，くりぬかれた球の形と大きさを定めるのに d と a の両方が必要だ，と納得したばかりなのに，体積を決めるのに d は必要がないという結末になった。これはとうてい信じられない。

だが，なにも矛盾はないのだ。a が一定のまま d が増せば，くりぬかれた球はかなり形を変える。つまり横幅がひろがる(それは体積を増そうとする)が，一方でその外側の表面はひらたくなる(それは体積を減らそうとする)。ただ見た目には，これら二つの傾向がぴたりと均り合っていて，体積が一定に保たれることなど，思いもよらなかっただけである(だって，そんなことは予想するだに起りそうもないことだから)。」

私はピアジェたち(18., 邦訳 p. 15-54)の有名な実験を想い出す。(その趣旨は生かし，しかし実験内容は簡単なものに改変した。)甲図のように，同じ大きさのコップA，Bに同量のミルクが入っていることを，子供に確認させる。乙図のように，子供の見ている目のまえで，Bのミルクを細長いコップCに注ぎ，AとCのミルクの量を比べさせると，幼い子供は「Cのほうが多い」と答える。ピアジェはこれを《量の保存》が成立していない思考様式であると指摘した。コップの形の違いにもよらず，ミルクの量が等しいことを理解できるようになるためには，「コップの太さと高さの両方に注意が向けられ，両

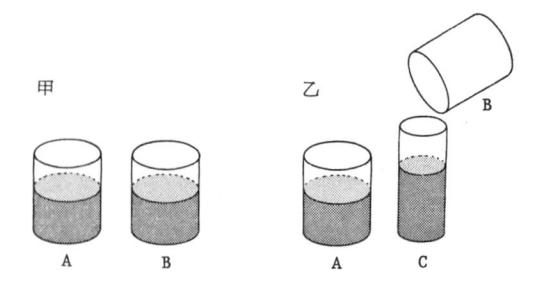

17 関の求積問題の再構成（三）

者が相補的な関係にあることを認められる年齢に達する」ことが必要である。

成人のわれわれにとっては，コップの容量が太さと高さの相補的な関係によって定まることは明白である。しかし，その成人でも，上記の指輪の体積の場合に，それは円孔の径 f と高さ a の相補的な関係に依存しているために，一見したところ，残欠の体積が高さ a のみによって定まることが予想できない。ポリアからの上記の引用は，このあたりの核心を鋭く突いている。

以下は，私の推定による復元にすぎないが，もしも関がこの注目すべき「円孔をくりぬかれた球」の性質を証明しようとしたならば，おそらくつぎのように推理したであろう。§6～§10に復元した関の論法を前提とすれば，それは容易な《証明》であったはずである。

まず円孔をくりぬかれた大球（径 d）と小球（径 a）を同心の位置におく。（円孔を小さく明けた場合は図が込み入るので，ここでは右のように大きな孔を明けた。）いつものように，球心を規準にとり，それから任意の高さ $x/2$ のところで水平な平面で切る。指輪の切口が穴明円であることは明らか。その面積 Q は

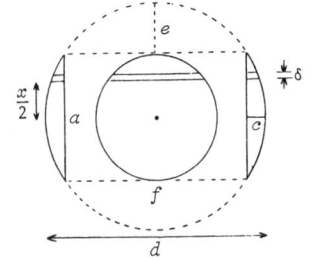

$$Q = \frac{\pi}{4}(d^2 - x^2) - \frac{\pi}{4}f^2 = \frac{\pi}{4}\{d^2 - x^2 - (d^2 - a^2)\} = \frac{\pi}{4}(a^2 - x^2)$$

であり，これに厚さ δ を掛けて和を作れば，指輪の体積 T を得る。他方，同じ平面で小球を切った切口は円であり，その面積 O は明らかに

$$O = \frac{\pi}{4}(a^2 - x^2)$$

である。$Q = O$ であるから，O に厚さ δ を掛け和を作れば，小球の体積は指輪の体積に等しい。

§16. 「中心」概念の発生

しなやかな材料でできた弧環（指輪）を一個所で切り，真すぐに伸ばせば弧墻（カマボコ型の柱）になることは，直観的に理解できる。しかし，この柱の長さがどう決まるかは，そう簡単には分からない。いったい弧（弓形）の「中心」とはなにか？　つまり，その「中心」が中央軸のまわりを回わって円を描くとしたときの，切口の弓形の「中心」とはどこか？——この「中心」を計算によって求めようとするとき，切口が半円ならば§13に見たように d だけでその位置が決まる。切口が一般の弓形の場合，その面積がすでに弦 a と矢 c（または円径 d と矢 c）の二変数によって決まる。関以前の人たちは弓形の精密な面積公式をもたなかったから，弓形の「中心」を考えることはよほど困難であったろう。

関は，§3（ろ）に見たように，精密な面積公式②に到達した。それは「求弧背術」によって，弦 a と矢 c（または円径 d と矢 c）から弧背 b を精密に計算できたからである。すなわち関にいたってはじめて弓形の「中心」が考察の対象とされたのは，和算の発達史から考えて当然のことといえよう。しかし，その関も西洋流の「重心」概念はもたなかったと言われる。——たとえば，藤原氏（2., 二巻 p.255），平山氏（3., p.119）などを参照。本節では，「重心」概念をもたずに，図形の性質だけからいかにして「環積＝面積×中心周」なる一般公式㉑に到達しうるかを，かなり大胆な推測を混じえて考察する。

筆者はまず，前節で見た「円孔をくりぬかれた球」すなわち残欠としての指輪の体積を考察するときに，「中心」概念が発生しうるものと考える。円孔の高さ a を一定にしたまま球径 d を増せば，それに伴って離径（孔の径）f は増し，逆に切口の弓形の面積 M は（弓形が瘠せるので）減る。このことを数値例によって確かめる。関がくり返し引用するのは，径 $d=10$ のとき，弦 $a=8$，矢 $c=2$，離径 $f=6$，欠矢 $e=1$ なる図形である。これを乙図と名付け，指輪の体積 T と弓形の面積 M を求めれば，下表のとおり。乙図を横に回わしたときを甲図とよべば，T，M の値は計

17 関の求積問題の再構成 (三)

算により，下表のとおり。乙の T は前節 (ぬ) に登場し，乙の M は§3 (ろ) に，甲の M は§3 の「欖」に登場した。

　関は，三辺が整数比になる直角三角形を好む。上例は $d:a:f=5:4:3$ であった。いま一つ愛用するのが，$d:a:f=25:7:24$ である。これは『変形草』第68問「弧環加台」に登場する。$d=10$ で，$a=2.8$，$c=0.2$，$f=9.6$，$e=3.6$ なる図形を，仮りに壬図とよべば，T と M は下表のとおり。壬図を横に回わしたときを癸図と名付ければ，T，M は下表のとおり。

	a	d	T	f	M
癸	9.6	10	463.248	2.8	25.455
乙	8	10	268.0832	6	11.1825
甲	6	10	113.0976	8	4.0875
壬	2.8	10	11.494	9.6	0.375

（乙と甲の T，M は関の概算を引用した。癸と壬は筆者の概算による。）

　上記はすべて，径 d を一定 (=10) としたときの値である。こんどは孔の高さ a を一定 (=5) とする。当面必要なのは f と M の関係を大まかに把握することであるから，小数2桁に丸めた。前節 (ぬ) で述べたように，a が一定なら T も一定 (=65.45) となる。

	a	d	T	f	M	(l)	($l \cdot M$)
癸	5	5.21	65.45	1.46	6.91	(3.34)	(23.04)
乙	5	6.25	65.45	3.75	4.37	(5.00)	(21.85)
甲	5	8.33	65.45	6.67	2.84	(7.50)	(21.30)
壬	5	17.86	65.45	17.14	1.20	(17.50)	(21.00)

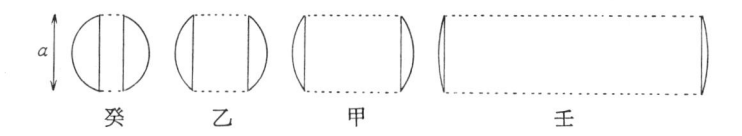

　この表および図を見ると，ごく粗くいって f と M とが反比例しそうである。もしも d と f の中間の長さを用いれば，もっとうまく反比例しそうである。そこでたとえば d と f の平均を l とおく：$l=(d+f)/2$。この l および l と M の積とを計算したのが右側の括弧のなかの値であり，$l \cdot M$ はほぼ一定の値に近い。この $l \cdot M$ と体積 T を比べてみれば，たとえば $65.45 \div 21.00 = 3.12$ であって，これは π の値にきわめ

て近い。つまり d と f の平均 l を径とする円周 πl が，T と M をつなぐ値となりそうな予想が成立する。

　ここで大胆に考えを逆転させる。体積 T を面積 M で割った値を πg とおく。T と M はそれぞれ独立に計算できるから，πg は T と M によって定まる長さである。これをさらに π で割った長さ g が径 d と離径 f の中間にあることは，数値的に容易に確かめられる。そこで $i=(g-f)/2$ なる長さを作れば，これは弦 a の側から弓形の内側に i だけ入った点を指定する。この点を弓形の「中心」と名付けよう。それに伴って i は中矢，g は中心径，πg は中心周の名を与えることにする。そして，T，M，πg の関係を，**公式**
　　（☆）　　　$T = M \times \pi g$
として表わせば，これは二様な意味を表わす。

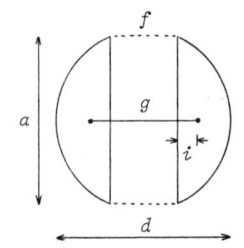

「弓形が中央の軸のまわりを回転して作られる立体（弧環）の体積 T は，弓形の面積 M に中心周 πg を掛けて得られる。」

「環積 T は，底面の弓形の面積 M に墻の長さ πg を掛けて得られる弧墻の体積に等しい。」

　さらに，球の一部である弧環（立円旁環＝円孔をくりぬかれた球）から一歩進めて，切口の弧（弓形）は保ったまま，環としての径を大きくした場合，または小さくした場合を考察する。この場合には，もはや数値的な裏付けが得にくいのであるが，§13（り）で考察した切口が半円なる特別な場合が，好都合な例を与えている。そこで，環径が一般の場合にも，上の公式（☆）が成立するものと，飛躍して考える。ここには，環としての径が変化しても，弓形の「中心」の位置は不変である，という大胆な仮定が含まれている。——このような推論を積み重ねることにより，一般公式㉔に到達する。

　以上は一つの思考実験であって，筆者はもちろん関がこのように考えた，とまで主張する積りはない。しかし，力学的な「重心」概念の裏付けなしに，純粋に図形内部の諸関係だけから「中心」概念に到達するためには，特別な場合における数値例と飛躍した推論がぜひとも必要である。その一つの筋道を想定した次第である。

「重心」の概念

　以下，関の立場から離れて，西洋流の「重心」の概念を考察する。

　厚さと密度が一定（簡単のため単位面積の重さを1とおく）の半円の板を考

17 関の求積問題の再構成 (三)

える。以下の考察は一般の弓形の板の場合にも成立するが，ここでは簡単のため《半円板》に話をしぼる。半円板を糸で吊すとき，⌒の向きなら左右相称だから釣り合って，重心が四分半径上に存在することが分かる。Dの向きに吊すときは，どこで釣り合うかは，一見しただけでは分からない。

さて図のように，半円板を縦に細長い短冊状に切り，それぞれに糸をつけて吊す。（じっさいは隙間がないが，見やすくするため図には隙間をあけた。）左端を原点 O として，右に $x/2$ 寄った位置にある短冊の長さは $a=\sqrt{d^2-x^2}$，幅は一定の δ である。その重さは短冊の面積 $a\delta$ に 1 を掛けた $a\delta$，原点 O のまわりに天秤の竿を下に押し下げる力のモメントは $(x/2)a\delta$ である。

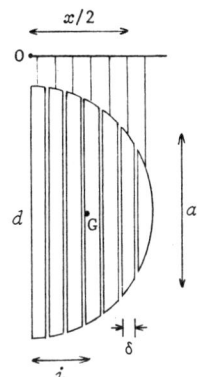

これらすべての短冊のモメントの和 $N=\sum(x/2)a\delta$ を考察する。ところで半円板全体の重さは $M=\sum a\delta=(\pi/8)d^2$ に 1 を掛けた M である。重心 G の位置が原点 O から右に i だけ寄った点にあると仮定すれば，重心とは全体の重さ M が i の位置に集中して下に押し下げるモメント iM をもつような点であり，したがって $N=iM$ となる。

N を

$$N=\sum\frac{x}{2}a\delta=\sum\frac{x}{2}\sqrt{d^2-x^2}\delta$$

と書いてみれば，これは $(x/2)\sqrt{d^2-x^2}\delta$ なる矩形板を積み重ねた立体の体積を表わし，その全体の形は，半円柱を半直角（45度）に切り落したときに頭のところにできる蹄状の立体である（右図左）。これは，『求積』第57問「十字環」の中央部に「丙積」に関連して

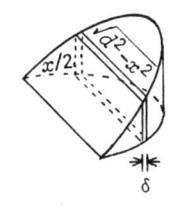

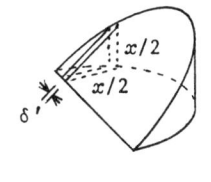

生ずる立体である（後文）。しかし，関は十字環のためこの立体の体積を求めるさい，半円の中矢 i を用いているから，いまから i を求めようとするわれわれの場合には，同義反復になってしまう。[#139]

ここではパスカルが愛用した《異なった方向から切り直す方法》(後文) によって，矩形板 $(x/2)a\delta$ の和から，半方（二等辺直角三角形）板 $(x/2)^2\delta'/2$ の和の２倍に移行する（前図右）。このとき成立する恒等式[#140]

㉔ $N = \sum \dfrac{x}{2} a\delta = 2\sum \left(\dfrac{x}{2}\right)^2 \dfrac{1}{2}\delta' = \sum \left(\dfrac{x}{2}\right)^2 \delta'$

を用い，さらに§5（に）の「円錐積再考」のところで得た関係 $\sum x^2 \delta = (1/3)d^3$ を代入して

$$N = \dfrac{1}{4} \sum x^2 \delta' = \dfrac{1}{12} d^3$$

が求まる。上記の関係 $N = iM$ により，

$$i = \dfrac{N}{M} = \dfrac{(1/12)d^3}{(\pi/8)d^2} = \dfrac{2d}{3\pi}$$

が得られ，この i は§13（り）で考察した「中矢」にほかならない。

一般の弓形の場合には，同様にして半直角の角度をもつ蹄形の立体が生ずる。これは§20において，再び考察する。

§17. 指輪の体積

（る） 外弧環（一般の指輪）……『変形草』第62問

「いま外弧環があって，矢 $c=2$，虚径 $f'=11$，高 $a=8$，積 T' がどれほどかを問う。

答にいう。積は 443.73791．

別に，弧（与件 c, a に応ずる弓形）から復円したときの円径 $d=10$，離径 $f=6$，弧背 $b=9.273$，弧積 $M=11.1825$ を求めておく。

17 関の求積問題の再構成 (三)

草にいう。虚径 f' から離径 f を引いた余りに弧積 M を掛け，六倍し，得る数 $6M(f'-f)$ を脇に取りおく。高 a を再自乗し，これを脇に取りおいたものに足しこみ，得られた和 $6M(f'-f)+a^3$ に立円積法 $\pi/6$ を掛ければ，積 T' が得られる。」

つまり，この草文では，**公式**

㉕ $\quad T' = \dfrac{\pi}{6}\{6M(f'-f)+a^3\} = \dfrac{\pi}{6}a^3 + \pi M(f'-f)$

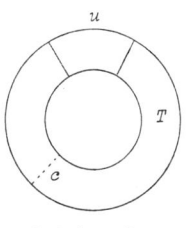

原図（c：矢，T：立円欠外弧環積，u：虚離径差周）

を述べている。しかし，ここには解文はなく，上のような解図が描かれ，解法の根拠を示唆しているにすぎない。立円欠外弧環積とは§15（ぬ）円孔をくりぬいた球の体積 $T=(\pi/6)a^3$ を指す。虚離径差周とは，草文に示唆されている $u=\pi(f'-f)$ を指す。この u と切口の弓形の面積 M との積 uM を上記の T に加えれば，一般の場合の指輪の体積 T' が得られることを，解図は示唆する。$T'=T+uM$. 換言すれば（る）の解法のなかには，環としての径が一般の場合にも「環積＝面積×中心周」なる一般公式㉔が成立することが，《暗黙》のうちに密輸入されている。

第63問は，虚径 $f'=5$（それは離径 $f=6$ よりも小さい）の場合を述べている。そのときは $f'-f=-(f-f')$ であるから，式が

$$T' = \frac{\pi}{6}a^3 - \pi M(f-f')$$

の形になる。関はこのように場合に応じて公式の形を変えているが，代数的に負の数も許せば，上記の公式㉕のままでよい。第63問も簡単な解図が付され，解法を示唆するのみである。

『求積』編に目を転ずれば，そこにはかなり十分な根拠が解文および解図として示されている。つぎの解文は，考察の便宜のため甲，乙，丙，丁の四部に

分け，丁は次節にまわす．

（る′）　外正弧環（一般の指輪）……『求積』第48問

「かりに外正弧環があって，矢 $c=2$，虚径 $f'=11$，高 $a=8$，積を問う．

　　答にいう．積は 443.73791．

草にいう．〈別に，旁円径 $d=10$，弧積 $M=11.1825$ を求めておく．〉

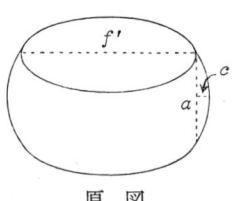

虚径 $f'=11$ に二倍の矢 $2c=4$ を加え，それから旁円径 d を引き，余りに弧積 M を掛け，六倍して $6M(f'+2c-d)=335.475$ を求めて，脇に取りおく．高 $a=8$ を再自乗して，$a^3=512$ を得る．脇に取りおいたものに足しこんで，それに立円積法 0.5236 を掛け，積 T' を求める．

〈もし矢と虚径を併せ，矢を乗じて得る数，環半高冪に適合せば，虚湾と環背の両規が相合するゆえに，すなはち立円旁環なり．〉（仮訳．もしも矢 c と虚径 f' を足して矢 c を掛けた数 $(c+f')c$ が，環の半高 $a/2$ の巾 $a^2/4$ とうまく一致する場合は，虚湾 b' と環背 b の両方の曲線の曲り具合が合致して同一円周上にならぶから，これは立円旁環（円孔をくりぬいた球）という特別の場合に当たる．）」

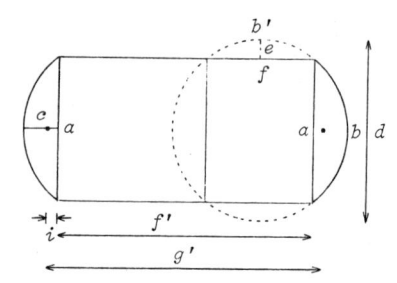

原図（わずかに改変した．原図に「欠弦また墻径，環高また墻高」の記載がある．原図には中心径 g' でなく，中心周 $\pi g'$ の絵が描かれている．環背 b は点線を実線に改めた．）

草文は全体として

㉕　　　$T'=\dfrac{\pi}{6}\{6M(f'+2c-d)+a^3\}=\dfrac{\pi}{6}a^3+\pi M(f'-f)$

を述べているから，上記（る）の公式㉕とまったく同じ内容である．ただし，

17 関の求積問題の再構成（三）

$f = d - 2c$ なる関係を用いて変形した。

草文末尾の割注のなかは，まず

「もしも $(c+f')c$ が $(c+d-2c)c = (d-c)c = a^2/4$ に等しいならば」

という条件をあげる。これは§3の式③と同値であるから，「$f'=f$ ならば」という条件と同じである。これは虚径 f' が離径 f と一致することを示し，c, d, f', a が同一円に属することを意味する。そうすれば必然的に虚湾 b' と環背 b とは同一円周上にならび，§15（ぬ）の立円旁環という特別な場合に相当することになる。

なお「両規相合す」の規とは原義では「ぶんまわし」つまりコンパスを意味する。関は，今日のわれわれから見れば，規という一字に微妙な意味を含ませて用いるのであるが，円周の一部分（関の用語で弧背や湾）が扱われる文脈においては，「曲線の曲り方，曲り具合」に解すればよく，結果的に「同一円周に属するか，否か」が論ぜられることになる。「相合す」はもちろん「同一円周に属する」である。

「解にいう。〔甲〕これ弧壔周旋の形なり。虚湾をもって環背の規に合するものを，界となす。しかして立円旁の環より起して，これを求む。（仮訳。これは切口が弓形である柱を曲げて，輪のような形に変形したものである。そこで〔上記の割注で述べたように〕虚湾 b' と環背 b の曲り具合が合致して同一円周上にならぶ場合が典型的な形である。したがってこの特別な立円旁環の場合から，計算をはじめる。）

〔乙〕旁円の径 d を立円（球）の径と見なして，体積 $V_1 = (\pi/6)d^3$ を求めることができる。環高 a を旁径 d から引いて半分にした長さ $(d-a)/2$ が，立円欠矢（球帽の矢）e である。旁径 d から環矢の二倍 $2c$ を引いた余りが欠弦（球帽の弦）f である。〔e と f に§9（と）の公式⑰を用いて〕欠積（球帽の体積）V_2 を求めることができるから，これを二倍して，上下の球帽の体積 $2V_2$ となる。また欠弦 f を壔径（円柱の径）と見なし，環高 a を壔高（円柱の高さ）と見なして，〔§5（は）の公式⑤を用いて〕円壔積（円

柱の体積）V_3 を求めることができる。V_3 と $2V_2$ を合併して全立円積 $(\pi/6)d^3$ から引けば，余りが立円旁周の弧環積（円孔をくりぬいた球，つまり指輪の体積）T である。

〈この体積 T は，環高 a の再自乗に立円積法を掛けた数 $(\pi/6)a^3$ と合致する。〉」

解文甲の部分は，立円旁環を典型の形として，この体積から計算を開始する旨を述べている。解文乙の部分が，その計算に相当する。しかし，内容は欠矢 e，欠弦 f の求め方がていねいに述べられている以外は，§15（ぬ）の立円旁環の解文と同一である。なお欠矢，欠弦の名称は，立円**欠**（球帽）に由来する。この『求積』編の（る′）全体の文脈から見れば，乙の部分はつぎの丙の部分への《補題》として扱われる。乙の末尾の割注のなかでは，体積 T が環高 a だけで定まることを淡々と述べるだけであり，この関の態度については §15 で詳論した。

「〔丙〕上の体積 T を弧積 M で割り〈T/M を中心周 πg と言う〉，また円周法 3.1416 で割り〈これは立円旁環の中心径 g である。これはまた $a^3/6M$ に相当する〉，これから欠弦 f を引いた余り $g-f$ が中矢の二倍 $2i$ であると考え，虚径 f' を加え〈$g-f+f'=2i+f'$ がすなわち環の中心径 g' である〉，円周法 3.1416 を掛けたものを環の中心周 $\pi g'$ とし〈弧壔（切口が弓形の柱）の正高になぞらえ〉，弧積 M〈すなわち底面の面積〉を掛ければ，環積 T' が求まる。」

われわれは，虚径 f'，欠弦 f，立円旁環の中心径 g，環の中心径 g' の間に

㉖ $\qquad f'-f=g'-g, \quad g'=f'+2i, \quad g=f+2i$

なる関係があることを知っている。ここで弓形の「中心」の位置は，弦 a から内側に中矢 i の長さだけ入った点である。関はこの関係式㉖が成立することは，

17 関の求積問題の再構成 (三)

読者にとっては自明なものと予想し，

$$T' = \frac{\pi}{6}a^3 + \pi M(f'-f) = \pi gM + \pi M(g'-g) = \pi Mg' = \pi M(f'+2i)$$

なる式の変形を，途中の過程は省略して，草文の公式㉕から導いている．

ここで重要なことは，**一般公式**

㉔′ $\qquad T' = M \times \pi g'$

の成立を，自明なこととして扱っている態度である．厳密にいえば，(ぬ)立円旁環（円孔をくりぬいた球）の場合が証明されている（解文乙を参照）だけであり，環としての虚径 f' が一般化された場合においても一般公式㉔′が成立することは，類推によってそう期待しているのにすぎない．今日の立場からいえば，それは《証明を要する》．

平山氏 (3., p. 123) は，公式

㉕ $\qquad T' = \frac{\pi}{6}a^3 + \pi M(f'-f) = T + \pi M(f'-f)$

について，

「この関係を孝和は何んらの説明もなしに使っている．孝和以後の和算家でこれを説明した人もいない．」

と評価された．

§18. レモンの体積

(る′) 外正弧環（第48問）の解文の続き．

「〔丁〕この形〈正弧なるゆえに環高と旁弦と等し〉，倍矢と環高と相対し，均しきを限となし，ゆえに半円環をもって極となす．また虚径尽きば限となし，すなはち上下の鋭なるものをもって極となすなり．〈すなはち 立円積法および円周法，みな不尽を収めて，これを用ふるは，要は乗除を易からしむるためなり．その余の円積法，および矢・弧・周・背などの諸数に畸零あら

ば，みな収去して，用ふるところ，各々五位を超えず。これ求積にことごとく微差あるゆえんなり。〉」

後半の割注の内容は，§15（ぬ）で引用した『変形草』第61問の草文の割注と，ほぼ同じである。畸零とは「数のあまり，単位以下の端数」を意味する（13., p. 5-6）。具体的には「各々五位を超えず」であるから，小数5桁までで丸めることを指している。関の実際家としての側面については，§3（い）で触れたとおりである。

前半の割注では，この形は（偏弧環でなく）正弧環であるから，環高 a と旁弦 a とが等しい，という。偏弧環の場合は環高 h が旁弦 a よりも小さくなるのに対比して，正弧環の場合の特徴に注意を与えたのである（詳細は後文）。

さて前半は二つの極形を指摘する。その一，2倍の矢 $2c$ と環高 a とが対応するから，半円環の場合が極形である，という。半円環については，すでに§13（り）で扱った。その二，虚径 f' が短かくなり，ついに零になった極限が「上下の鋭なるもの」である。これは立体としてのレモン形である。縦に真二つに切れば図のような平面としてのレモン形であり，§3（ろ）で，関が欖と名付けたことを見た。

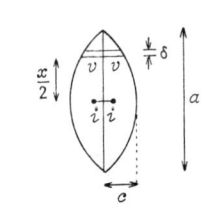

立体としてのレモン形を，二様に分析してみよう。まず，§13で球を多くの実(み)の袋から成る蜜柑であると考えたように，レモンも同様に考えれば，切口が弓形の回転体である。その体積は，前節（る）の公式㉕において，$f'=0$ とおいた

$$T'=\frac{\pi}{6}a^3-\pi Mf=\frac{\pi}{6}a^3-\pi M(g-2i)=\frac{\pi}{6}a^3-\pi Mg+\pi M\cdot 2i$$

に等しい。ところで $\pi g\times M$ は $(\pi/6)a^3$ に等しいから，けっきょく

㉕′ $T'=2\pi iM,\quad g=2i$

となり，中心周が $2\pi i$ なる回転体であることを表わしている。

17 関の求積問題の再構成（三）

つぎに，レモンの体積を径 $2v$，厚さ δ なる円板を積み重ねたものと解釈する。それは

$$T' = \sum \frac{\pi}{4}(2v)^2\delta = \pi\sum v^2\delta$$

と表わせる。上記の体積 $T' = 2\pi i M$ と比べて，

$$2iM = \sum v^2\delta$$

となる。ところで弓形の面積 M は，長さ v，幅 δ なる短冊の和と考えることができるから，

$$M = \sum v\delta$$

となる。これから重要な**公式**

㉗　　$i = \dfrac{\sum v^2\delta}{2\sum v\delta}$

が出る。この公式の意味は，§20．蹄の体積のところで明らかになる。

　レモン形と密接な関係にあるのが，『変形草』第66問「弧環加錐」（どんぐり形）である。その内容は要するに，上述のレモン形「上下鋭者」を真横に半分に切った形である。題文には，底径 $p=4$，高 $q=4$ が与えられているが，このどんぐり形を縦に真二つに切った切口は，平面としてのレモン形の半分であり，これから弧（弓形）を復元すれば，満径 $d=10$，矢 $c=p/2=2$，弦 $a=2q=8$，離径 $f=6$，弧積 $M=11.1825$ となる。これは前節（る）外弧環（第62問）と数値まで一致する。よって公式㉕で $f'=0$ とおいた

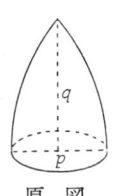

$$T' = \frac{\pi}{6}a^3 - \pi f M$$

に数値を入れ，2で割れば半分の体積 $T'/2 = 28.648774$ が求まる。

　このどんぐり形は，§14で述べたように「ふくらんだ円錐」と考えることが

原 図

できる。「弧環加錐」なる名称も，それを示唆する。関の意図は，おそらくこの体積 $T'/2$ から内接する円錐積

⑥ $\qquad V=\dfrac{\pi}{12}p^2q=\dfrac{\pi}{12}(2c)^2\dfrac{a}{2}=16.7552$

を引いて，偏弧環の特別の場合（筆者は洋傘と名付ける）の体積を求めることにあったと推測される。「洋傘」の体積は，

$\qquad T'/2-V=11.893574$

となる（後文で再考の予定）。

全集への訂正

『全集』(1.) 本文に誤りがある。p. 255「弧環加錐」の草文のうち，「…列高，再自乗，四之，…」の「四之」は誤りであり，「半之」または「以二約之」と訂さねばならない。

§19. 指輪の体積（続）

(を) 内正弧環（ふくらみが内側を向いた指輪）……『求積』第50問

煩わしいので原文紹介の形を略し，その要点を記すことにする。§17（る′）の解図と対比すればすぐ分かるように，弧背（弓形のふくらみ）が内側を向いた指輪の体積を問題としている。

矢 $c=2$, 高 $a=8$, 虚径 $f'=11$ が与えられているので，c と a から旁円径 $d=10$ と弧積 $M=11.1825$ が「別得」できる。草文で関が与えた**公式**は，要約すれば

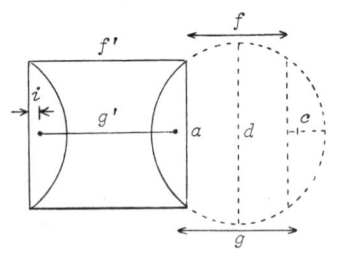

原図（中矢 i の解釈を改めた。原図には中心周 $\pi g'$ が描かれているが，中心径 g' に改めた。旁円径 d の位置を変え，離径 f と立円旁環の中心径 g を追加した。）

㉘ $\qquad T'=\pi M(f'+f)-\dfrac{\pi}{6}a^3=\pi M(f'+f)-T$

17　関の求積問題の再構成（三）

である。数値では $T'=329.142814$.

解文では「これも弧壔周旋の形であるから，外正弧環（§17（る'））と同様に，立円旁環（§15（ぬ））の場合から計算をはじめる」と言って，つぎの筋道を示している。（ただし，私意によりいくらか簡略な筋道に改めた。）諸径のあいだに，前節の式㉖と同様な関係が成立する。ただし差し引きの関係が上図により一部反対になるので，

㉙　　　　　$f'-g'=2i=g-f,\quad g'=f'-2i=f'+f-g$

となる。これと $g=T/\pi M=a^3/6M$ を用いて，一般公式⑳'に代入すれば

$$T'=\pi g'M=\pi M(f'+f-\frac{a^3}{6M})=\pi M(f'+f)-\frac{\pi}{6}a^3$$

がえられる。

なお原文では $d-g$ なる長さを「内弧中矢」とよんでいるが，

$$d-g=d-f-2i=2(c-i)$$

であるから，これまで中矢が弦 a の側から測られた慣例とも異なり，また $c-i$ の2倍になっているので，この名称は不適切といわねばならない。

解文の末尾で
「この形は，旁径 d が虚径 f' より大きければ，倍矢 $2c$ と虚径 f' が対応し，等しいとき $(2c=f')$ が限界であり，ゆえに両旁背が相合した形が極形となる。」
と述べている。「両旁背相合」の極形は，図のような形である。関がその体積を示していないので，代わって計算すれば，式㉘で $f'=2c$ とおいた

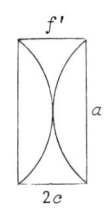

㉘'　　　　$T'=\pi M(2c+f)-\frac{\pi}{6}a^3=\pi dM-\frac{\pi}{6}a^3$

を用いればよく，（を）の題文にある矢 $c=2$，高 $a=8$，旁円径 $d=10$ などを代入して $T'=83.22622$ が得られる。

以上は『求積』編における扱い方である。『変形草』では，これと異なる行き方をとる。まず補題として

（わ） 双弧環（切口がレモン形の指輪）……『変形草』第64問

を求めている。これは§12で述べたように，切口が縦線にたいして左右相称の形だから，（ち′）浮輪と同様な考察によって体積 T が求められる。すなわち切口の面積が $2M$，上虚径が f' であるから，

公式

㉚　　$T = 2M \times \pi f'$

が成立する。題文で与えられたのは§17（る）と同様に $M = 11.1825$，$f' = 11$ などであるから，これを式㉚に代入して $T = 772.880724$ が求まる。

つぎに，この T から§17（る）外弧環積 T_1' を引けば，残欠に相当する

（を′） 内弧環（ふくらみが内側を向いた指輪）……『変形草』第65問

の体積 T_2' が求まる理屈である。題文で与えられた M や f' などは，（わ）（る）（を′）で共通の値が与えられているから，

$$T_2' = T - T_1' = 772.880724 - 443.73791 = 329.142814$$

が求まる。『変形草』の解文は，以上を

「双弧環積のうち外弧環積を減ずれば，余りすなはち内弧環積なり。」

と述べている。

（を）内正弧環の極形「両旁背相合」と密接な関係にあるのが，『変形草』第67問「弧環減錐」（鉾形）である。これは，「両旁背相合」を横に真二つに切った形を，外接する円柱から引き去った残形として説明されている。

「円墻積のうち内半弧環積を減ずれば，余りすなはち弧環減錐積なり。」

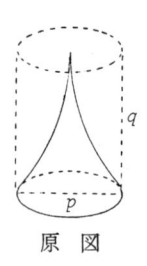

原　図

底径 $p=2c=4$, 高 $q=a/2=4$ が与えられているから,弧(弓形)を復元すれば,満径 $d=10$, 矢 $c=2$, 弦 $a=8$, 弧積 $M=11.1825$ となり,両旁背相合の体積は上記の ㉘′ とまったく同じ $T'=83.22622$ であり,その半分は $T'/2=41.61311$ となる。外接円柱の体積は

⑤ $\qquad V=\dfrac{\pi}{4}p^2q=\dfrac{\pi}{4}(2c)^2\cdot\dfrac{a}{2}=50.2656$

であり,求める鉾の体積は

$$U=V-T'/2=8.65249$$

となる。

この鉾の形は,§14 で述べたように「へこんだ円錐」と見なせるから,前述のどんぐり形のときと同様に外接円錐(その体積は先と同じ $V'=16.7552$)から引き去ることにより,残欠の体積

$$V'-U=8.10271$$

を得る。これは「ふくらみが内側に向いた《すぼめた》洋傘」のような形である。

§20. 蹄の体積

一見したところ回転体とは無関係に思われ,しかも解法のなかに必然的に立円旁環つまり§15(ぬ)円孔をくりぬいた球が使われる奇妙な立体が,本節の主題である。関はこれを円柱を斜めに削ぎ落とした形と考えたが,私はむしろパスカル(後文)[#141]が考えたように,厚い辞書の爪かけ(onglet)の形もしくは馬の蹄の形に似ていると思う。この問題の解文のなかに一個所難解なところがあり,従来の解釈には疑問をさしはさむ余地があった。

(か) **円壔斜截**(蹄形)……『求積』第52問

「かりに円壔(円柱)があって,径 $d=10$, 高 $h=12$, 上矢 $c=2$〔のところ〕より,下径の右旁に至るまで(円柱の底面,円径の右下隅のところまで)

斜めにこれを截る。截積（切り取られた蹄形の体積）を問う。

　　答にいう。截積は 54.715.

草にいう。〈別に離径 $f=6$, 弦 $a=8$, 弧積 $M=11.1825$ を求めておく。〉　弧積 M に離径 f を掛けて, 67.095 が求まる。これを六倍して得る数（402.57）を, 弦 a の再乗冪 512 から引いた余り（109.43）に, 高 h を掛けて, 分子とする。十二倍の矢 $12c(=24)$ を分母として, 割り算すれば, 截積 V が求まる。〈もしも，〔上矢 c が半径 $d/2$ に等しい場合〕半径〔のところ〕より斜めにこれを截れば, 壔径巾 d^2 に高 h を掛けて, 六で約すことによって, 截積 V が求まる。〉」

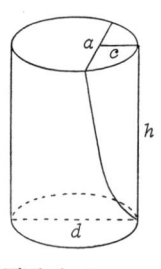

原図（d と h の位置を移し, 弦 a を追加した）

以上の草文では, **公式**

㉛　　　$V=\dfrac{h}{12c}(a^3-6fM)$

を与え, さらに矢 $c=d/2$ なる特別の場合には, **公式**

㉜　　　$V=\dfrac{1}{6}d^2h$

を与えている。

「解にいふ。〔甲〕これ弧環を伸ばし, 中の弧壔を去らば, すなはち両旁適 (まさ) にこの形を作る。ゆえに立円旁環より起こしてこれを求む。（甲の部分の解釈は後文。下線は筆者による。）

〔乙〕弦の再自乗 a^3 を六倍の 弧積 $6M$ で割り, 答えから離径 f を引いて, 余りを二で割れば $(a^3/6M-f)/2$, これが中矢 i 〈つまり立円旁環の中矢〉に相当する。壔高 h を掛け, 截矢 c で割れば ih/c, 中心高 j が求まる。弧積 M を掛けて jM, 截積 V が求まる。

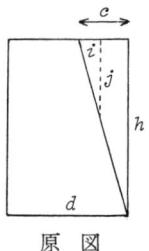

原　図

17 関の求積問題の再構成（三）

〔丙〕くもしも，問題が上矢 c と下矢 e を与えて〔斜めに截る云々〕と言うならば，上矢 c と壔高 h と掛け合わせ，上下の矢の差 $c-e$ でこれを割り $ch/(c-e)$，これを虚実の共高 k と考える。〔この k と c, d を用いて〕草文のように計算して，虚実の共積 V_1 を求める。また壔高 h を共高 k から引いた余り $k-h$ を虚高 h' と考えて，虚積 V_2 を求めることができる。そこで，虚実の共積 V_1 から虚積 V_2 を引けば，余り V_1-V_2 が截積 V になる。〉」

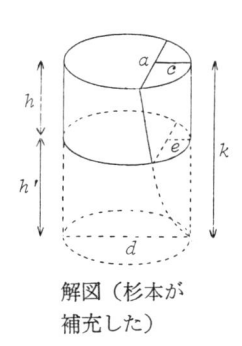

解図（杉本が補充した）

順序を逆にして，〔丙〕から検討する。筆者が補った解図を見れば，高さ k なる実線・点線の両方を含めた蹄形が虚実の共積 V_1 であり，公式㉛によって計算できる。また高さ h' なる点線部分の蹄形が虚積 V_2 であり，これも公式㉛によって計算できる。求める実積 V は，明らかに下部が欠けた蹄形（実線の部分）を指すから，§5（ほ）円錐台積を求めたときとまったく同じ論法によって，$V=V_1-V_2$ として求まる。なお虚実の共高 k は，比例関係によってつぎのように必然的に求まる。

$$k:h=k:(k-h')=c:(c-e) \quad \therefore k=ch/(c-e)$$

〔乙〕の部分は，藤原氏（2., 二巻 p.249）が正しく解説しておられる。その趣旨は曲げず，記号を一部改めて同所の解図とともに再録する。

「孝和当時の智識では，次のやうに考へても不自然ではあり得ない。孝和がかくして出したのではなからうかと考へるは，想像である。

△CDE に平行な平面で n 箇の薄片に截り，そのおのおのの厚さを δ とすれ

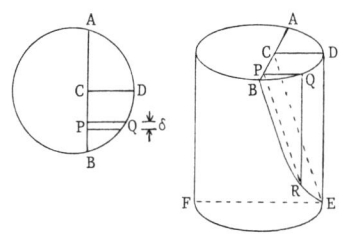

AB=a, CD=c, DE=h, FE=d,
PQ=x, QR=y　（藤原氏）
（中矢 i と中心高 j は関の解図を参照）

ば，各片は △CDE に相似なる三角形（△PQR）を一面とし，厚さ δ の三角台（三角板）をなす。故にその体積は

$$\delta \cdot \frac{1}{2}xy = \frac{1}{2}\delta \cdot x^2 \times \frac{h}{c}.$$

これの総和を取れば

$$\frac{1}{2} \cdot \frac{h}{c} \Sigma \delta \cdot x^2.$$

しかるに $\pi\Sigma\delta \cdot x^2$ は弓形 ABD を（軸）AB のまはりに廻転して生ずる弧環の体積に等しい。故に（弧環積 T，弧積 M，中心周 πg，中矢 $i=g/2$，中心高 j とおくとき）

$$\text{截積} = \frac{1}{2\pi} \cdot \frac{h}{c} \times T = \frac{1}{2\pi} \cdot \frac{h}{c} \times M \times \pi g = \frac{h}{c} \times M \times i$$

$$= M \times \frac{h}{c} \cdot i = M \times j. 」$$

ほとんど補足の必要もないが，「弓形 ABD を軸 AB のまわりに回転して生ずる弧環」とは，まさに§18．レモン形であるから，公式㉕' により中心径 g が中矢の2倍 $2i$ に等しい。中心高 j は，関の解図の比例関係

$$j:i=h:c$$

から出る。

草文末尾の割注のなか，矢 c が半径 $d/2$ に等しい場合を補う。この場合，弓形 ABD は半円，軸 AB は直径 d に等しいから，回転によって生ずる弧環とはじつは球である。これは，§13（り）外半円環の極形として考察した球の場合にほかならない。中矢 i は $2d/3\pi$ に等しいのであった。藤原氏による式の変形の途中を用いて，$M=(\pi/8)d^2$，$c=d/2$，$i=2d/3\pi$ を代入すれば，

$$V = \frac{h}{c} \times M \times i = h \times \frac{2}{d} \times \frac{\pi}{8}d^2 \times \frac{2d}{3\pi} = \frac{1}{6}d^2h$$

17 関の求積問題の再構成（三）

となり，式㉜が得られる。

　筆者の感想を一言はさむ。さきに§13で述べたように，半円環は円環（切口が円）と弧環（切口が弓形）とをつなぐ中間の推論（ミシング・リンク）であった。これと同様に，関はおそらく矢 $c=d/2$ なる特別の場合において蹄形の体積を考察し（それは§16「重心」のところで触れたように，十字環の丙積を求めるとき必要である），その達成ののちにこれを一般の矢 c の場合に拡張しようとしたのではあるまいか。『求積』編をまとめるさいには，こうした思考の順序は無視され，数学者の好む洗練された（エレガントな）順序，すなわち一般の場合の矢 c から矢 $c=d/2$ の場合へ特殊化する，という書き方になったのであろう。『求積』編を読むさい私の困難に感ずる点は，関の思考過程が洗練された順序の裏に隠れ，飛躍した論理の筋道を解きほぐさねばならないことである。

　さて残るところは〔甲〕の解釈である。藤原氏（2., 二巻 p. 248）は，つぎのようにお考えになった。

　「ここに是伸弧環面*去中之弧墻，則両旁適作此形とあるは，円弧の廻転して生ずる弧環をのばして図のごとく中央を切り去ったものを意味するのであらうと思はれるが，しかしこれから上述の関係式〔式㉛，㉜〕が如何にして出るかわからない。」（*面は『全集』（1.）のように而に改めるのが適切であると，私は考える。）

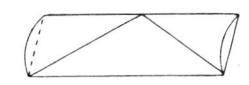

　筆者も，この原文の解釈には半年ほど悩んだ。先駆者のご苦心には感謝しなければならないが，ひとたび上のような解図を提出されてしまうと，その呪縛から抜け出すことがひじょうに困難である。ルーチンス（19.）は，問題解決のさい，人が予断的に抱く特定傾向の作用（それは妨害的にはたらく）を実験的に明らかにした。上図は私に見当違いの方向への摸索をうながした。

　ときには苦しまぎれに，所の異体「所」が而に似ているので而を所におきかえて，「（截積は）これ中の弧墻を去るところの弧環を伸ばさば，すなはち両旁まさにこの形を作る。」と読んでみた。（図形としては，球から偏心円柱を取り去った弧環を考えた。）しかし同

僚の井上泰山助教授（中国語・中国文学）に伺ったところ，「而を所におきかえた読み方では，伸という動詞一字に対して弧環所去中之弧壔という八字の長い目的語が来るので，中国語としてバランスが悪い。さらにこの八字の部分は，修飾語『弧環去所』プラス被飾語『中之弧壔』の関係が意識されるから，『弧環が去る所の中の弧壔』としか読みようがなく，これでは何のことか全く意味をなさない。やはり而を所と読みかえることは，中国語としても漢文としても難点がある。」と否定的なご教示であった。結果として，解文〔甲〕に示した読み方に落ち着いた。

藤原氏による上図も，理解に苦しむ。「図のごとく中央を切り去ったもの」を文字通りに考えれば，奇妙な立体を切り取ることになり，それがなにを意味するか分からない。藤原氏の解図は忘れ去ることが必要であった。

筆者がようやく到達した解釈は，§15（ぬ）円孔をくりぬいた球の体積を，さまざまな角度から考え直すことによって得られた。分かってみれば，関は案外単純明解な考え方をしていたのである。

<u>筆者による復元はつぎのとおり</u>。まず，$h:c$ が一般の比をもつ場合でなく，$h:c$ が $1:1$ なる特別な比をもつ場合を考える。このとき截面は底面にたいして半直角（45度）の角度をもつ。

さて「立円旁の弧環（円孔をくりぬいた球）を伸ばす」作業を，つぎのような順序で徐々におこなう。イ図の弧環を横に伸ばしていって，ロ図を経て，ついに偏平なハ図にいたる。

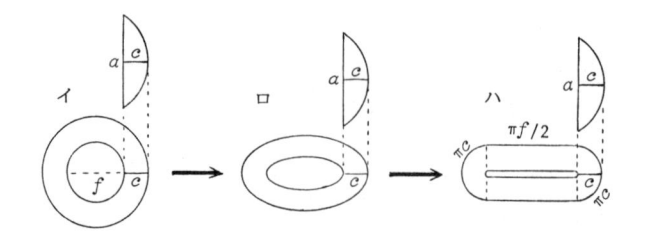

このハ図を点線のところで切ってつなぎ直してニ図とし，さらに全体の長さを π で割ってホ図とする。（関の原文には「π で割る云々」が欠落している。）

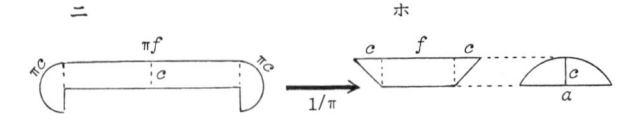

17 関の求積問題の再構成（三）

さいごに得られたホ図を立体的に描けば，下図左の形であり，これから下図右「中の弧牆（底面が弓形の柱）を去らば，両旁（両側の傍らにある立体）はまさにこの（半直角の角度をもつ蹄の）形を作る。」伸ばす作業の始まりに戻って考えれば，「立円旁環より起こしてこれを求むる」のは当然である。

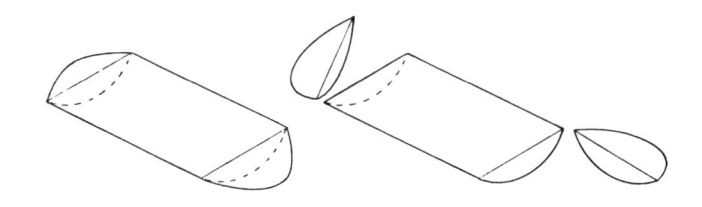

こうして得られた蹄形の体積 V を求めてみよう。まずイ図は§15（ヌ）立円旁環であり，その体積 T は式㉓で表わされた。これと等積なニ図は，長さ πf なる弧牆（弓形の柱）の両側に，縦に真二つに切った半レモン形を一つつつ付けた形である。§18の式㉕′も用いて

$$T = \frac{\pi}{6}a^3 = \pi V + \pi f M + \pi V = \pi i M + \pi f M + \pi i M$$

と書ける。この全体を π で割ったのがホ図であり，

$$\frac{T}{\pi} = \frac{1}{6}a^3 = V + fM + V = iM + fM + iM$$

となる。よって，求める蹄形の体積は

$$㉛' \quad V = iM = \frac{1}{2}\left(\frac{1}{6}a^3 - fM\right) = \frac{1}{12}\left(a^3 - 6fM\right)$$

となり，式㉛で $h:c = 1:1$ なる特別の場合が導かれた。

この体積 V を直接求めるには，解文〔乙〕にたいする藤原氏の解図で半直角の場合，つまり $PQ = v = QR$ とおいた三角板の体積の和

$$V = \frac{1}{2}\sum v^2 \delta$$

を考えればよい。また蹄形の底面は弧（弓形）であり、その面積 M は§18で考察したように、長さ v, 幅 δ なる短冊の和

$$M = \sum v\delta$$

に等しい。よって i を掛けて V に等値した

$$i\sum v\delta = iM = V = \frac{1}{2}\sum v^2\delta$$

が成立し、直ちに§18で指摘した重要な公式

㉗ $\qquad i = \dfrac{\sum v^2\delta}{2\sum v\delta}$

が得られる。言葉では「中矢 i は蹄形の体積を底面の弓形の面積で割った値である」と述べられ、これが式㉗の意味であった。

　$h:c$ が $1:1$ でない一般の場合を考えることは、もはや容易である。半直角の角度をもつ蹄形を、$h:c$ の比率に応じて上下の方向に引き伸ばすかまたは縮めればよい。明らかに体積は h/c 倍され、関が草文で述べた公式

㉛ $\qquad V = \dfrac{h}{12c}(a^3 - 6fM)$

が導かれた。以上が、一般の場合の蹄形の体積の導き方についての、関の考え方の復元である。

　関の思考過程をいま一度**まとめ**てみよう。蹄形を特殊から一般へならべてみると、

（1）底面が半円で、截面が半直角な形（$h:c=1:1$）

（2）底面が一般の弓形で、截面が半直角な形（$h:c=1:1$）

（3）底面が一般の弓形で、截面が一般の角度をもつ形（$h:c$ が一般の比）。

関は、おそらく第57問「十字環」の丙積（後文）を解く必要から、（1）を考察せざるをえなかった。半円の「中心」の位置、したがって中矢 i は具体的に

17　関の求積問題の再構成（三）

$2d/3\pi$ と計算できる（§13）から，まだしも半球と（1）との関係を把握しやすい。つぎに（2）に考察を進めると，中矢 i は弦 a と矢 c から直接に求めにくく，関はここで本質的な困難に直面した。しかし半直角（$h:c=1:1$）の場合は，幸いに立円旁環と密接な関係があり，それはまたレモンの体積（§18）とも絡んでいる。苦心のすえ，かれはこの関係を見抜き，筆者が復元したような弧環の変形に到達したものと思われる（解文の甲の部分）。ひとたび（2）が解ければ，これを（3）に拡張することは容易である。

いまわれわれが見る『求積』編の順序は，もっとも一般な（3）が一連の回転体（第47〜51問）の直後に第52問としておかれていて，唐突な印象を与える。これは本来の順序ではあるまい。筆者は

　　　　　十字環——→（1）——→（2）——→（3）

のような思考の流れが自然であり，おそらく関もこの順序をたどったものと推測する。

　一連の回転体のうち，偏弧環についての考察は次回にまわさざるをえない。これは蹄形までで，予定枚数をはるかに超過したためである。主題は次回に直接接続する。

〔文献は651頁〕

　　　　　　　　　　　　　　　　　　　　　　　　　　　（1985年11月11日記）

18　関の求積問題の再構成（四）

§1．序……………………… 426
§2．『求積』編の構成……… 428
§3．円と弓形の面積……… 433
§4．錐率三分の一………… 440
§5．錐率三分の一（続）… 446
　　　（以上，第一回）
§6．半球の体積…………… 450
§7．括要立円積術………… 457
§8．増約術………………… 463
§9．球帽の体積…………… 466
§10．球帽の別解…………… 472
　　　（以上，第二回）
§11．浮輪の体積…………… 478
§12．左右相称な切口……… 481
§13．切口が半円の指輪…… 485

§14．『変形草』の構成……… 488
§15．円孔をくりぬいた球… 491
§16．「中心」概念の発生…… 496
§17．指輪の体積…………… 500
§18．レモンの体積………… 505
§19．指輪の体積（続）…… 508
§20．蹄の体積……………… 511
　　　（以上，第三回。以下，今回）
§21．正弧から偏弧へ……… 520
§22．正弧から偏弧へ（続） 525
§23．斜めの弓形…………… 527
§24．帽子のつば形………… 533
§25．帽子のつば形（続）… 538
補遺．炉縁から円環へ…… 544

　前回に引き続き，偏弧環を考察する。関孝和が『変形草』の後半をもって偏弧環への準備と考えていた，というのが筆者の見解である。この立場から，『求積』編との関係および正弧環と偏弧環との平行関係を，詳細に論ずる。補遺において円環を再考する。

§21．正弧から偏弧へ

　『変形草』の9問題（§14の一覧表を参照）[#142]のうち7問題を§17〜19の各所で扱った。このうち66．弧環加錐と67．弧環減錐が，外・内偏弧環への補題に相当する，との推定により，円錐と差し引きして「洋傘」（§18末）[#143]と「すぼめた洋傘」（§19末）[#144]の体積を求めた。これらの回転体は，関が「上稜の合する極

形」つまり上方が閉じた特別の形と見なした場合（後文§25）に相当する。#145

　残る二つの回転体を扱おうと思うが，これらは解図にも誤りがあり，草文・解文ともに初見のさいは意図がつかみにくい。解図の誤りについて，『全集』の編集者は，

　　「この書〔変形草〕の伝写本は十数部手にしたが，図は全部不完全であったために，図は原本のままにして手を加えないことにした。」（1.，解説 p. 141）

と言われた。本稿においては原文再録の方法は避け，あらかじめ関の意図を図によって示し，ついで文字式で解析し，さいごに数値を当てはめる，という行き方をとる。

（よ）　弧環加台（ふくらんだ円錐台）……『変形草』第68問

　右のような回転体（充実図形）が目標である。まずイ図のように，大きい正弧環（円孔をくりぬいた球）の上半について，孔の径を u から u' に縮めたものを考え，孔を円柱で埋めた充実図形を作る。つぎにロ図のように，小さい正弧環の上半について，孔の径を v から v' に縮めたものを考え，孔を円柱で埋めた充実図形を作る。さらにイ図からロ図を引き去った残形がハ図であり，これが目標の弧環加台である。これは，いわば頭を平らに削ぎ落とした饅頭の形と見ることもできる。

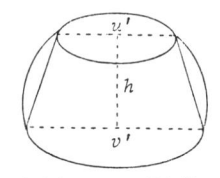

原図（ただし，『求積』第49問の図により，さらに点線を付加した。）

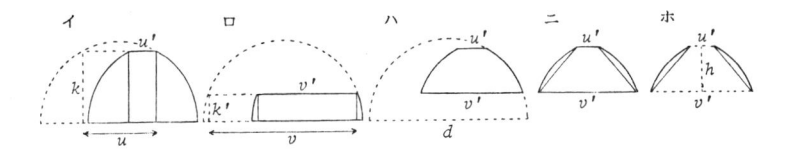

　イ図は半高 k なる半弧環 A に，高 k，径 u' なる円柱 C を加えた図形で，「弧環加台虚実共積」$A+C$ と呼ばれる。ロ図は半高 k' なる半弧環 B に，高 k'，径 v' なる円柱 D を加えた図形で，「弧環加台虚積」$B+D$ と呼ばれ

る。よって求める弧環加台の体積 V は，明らかに

㉝ $\quad V=(A+C)-(B+D)$

となる。高 h は $=k-k'$.

さて題文は

「上径 u'，下径 v'，高 h，弓形から復円した球径が d なるとき，この弧環加台の体積 V を求めよ。」

という趣旨である。答と草文の中間に「別得」として，球に内接する弧環加台の場合の

「半弧環 A の半高 k，総離径 u，半弓形の面積 $M/2$，また半弧環 B の半高 k'，虚離径 v，半弓形の面積 $M'/2$」

を与えている。しかし，与件 u', v', h, d から別得の u, v, k, k' を求めるまでの筋道が示されていない。関はどのようにして求めたのか？——これは偏弧環の解法における重要な論点である。後文§23において詳論することとし，ここでは相互の関係

㉞ $\quad v-u=2t=v'-u'$, $h=k-k'$

のみを指摘しておく。

イ図とロ図の半弧環積 A および B は，§17（る）外弧環積の公式㉕に，u, u', k および v, v', k' を当てはめて，その半分を考えれば，

$$A=\frac{1}{2}\left\{\frac{\pi}{6}(2k)^3-\pi M(u-u')\right\}, \quad B=\frac{1}{2}\left\{\frac{\pi}{6}(2k')^3-\pi M'(v-v')\right\}$$

となる。イ図とロ図の円墻積 C および D は，§5（は）の公式⑤に当てはめて，

$$C=\frac{\pi}{4}u'^2k, \quad D=\frac{\pi}{4}v'^2k'$$

となるから，目標の弧環加台の体積 V は，上の式㉝にこれらを代入すればよい。じっさい関が解文に述べた内容は，これに相当する。

ところで，A, B, C, D を式㉝に代入してから，同類項を括るなどして整理すれば，

㉝′ $\quad V = \dfrac{\pi}{12}\Big\{(3u'^2 k + 8k^3) - (3v'^2 k' + 8k'^3) - 12(u-u')\Big(\dfrac{M}{2} - \dfrac{M'}{2}\Big)\Big\}$

$\qquad\quad = \dfrac{\pi}{12}\big\{E - F - G\big\}$

となる。式の変形の途中で㉞の関係 $v - v' = u - u'$ を用いた。整理された式㉝′の $\{\ \}$ のなかは，E から $(F+G)$ を引く形になっていて，関が草文のなかで述べた計算法は，まさしくそのようになっている。

すでに§3で指摘したことではあるが，解文と草文の違いが鮮やかに表われている。すなわち解文の式㉝は，イ図と口図からハ図を導く筋道に沿って，《図形に密着した式の組立》になっている。ところが草文では式の組みたて方は無視して，《同類項は括れるだけ括ってしまう》のが，関の流儀である。そのため，草文においていきなり式㉝′の計算を示されたわれわれは，式の脈絡がつかめず，途方にくれることになる。関の草文は与件から答を算出する最捷径を示すだけであり，数学的な意味づけは解文によらねばならない。

関が題文でじっさいに与えた数値は，

$\qquad u'=4,\ v'=7.6,\ h=2.6,\ d=10$

であり，これから後文§23の方法によって

$\qquad k=4,\ u=6,\ M/2=5.59125;\ k'=1.4,\ v=9.6,\ M'/2=0.1825$

が求まる。立円積法 $\pi/6 = 0.5236$，円積法 $\pi/4 = 0.7854$ などは，§15(ぬ)で述べた略数を用い，これらの数値を代入すれば，

$\qquad A = 98.910658,\ B = 4.5689336,\ C = 50.2656,\ D = 63.5105856$

が得られ，これを式㉝に代入して

$\qquad V = 81.0967388$

が求まる。以上は解文の方法である。草文の方法によれば，

$$E = 704.0, \quad F = 264.544, \quad G = 129.69$$

を式㉝′に代入して，式㉝による答と同じ V が求まる。

なお，一言注意を与えれば，ロ図の正弧環は
径 $d=10$，離径 $v=9.6$，弦 $2k'=2.8$，矢 $c=0.2$，弓形 $M'=0.375$
であって，これは§16で指摘した壬図になっている。(p.497)

こうして求めた弧環加台（ハ図）は，「ふくらんだ円錐台」（§14）と考えられるから，ニ図のように内接する円錐台の体積 V' を引き去れば，「麦わら帽子のつばのような形」をしたホ図の偏弧環の体積 T' が求まる。円錐台は，上径 $u'=4$，下径 $v'=7.6$，高 $h=2.6$ だから，§5（ほ）の公式⑧に当てはめれば，

$$V' = \frac{\pi}{12}(u'^2 + u'v' + v'^2)h = 70.8996288 \quad \therefore \quad T' = V - V' = 10.19711$$

となる。これは後述（た）の『求積』第49問の結果と一致する。

筆者は，§14で指摘したように，(よ) 弧環加台（ハ図）は偏弧環（ホ図）のための補題であると考える。「偏弧環に円錐台を加えた形」という名称それ自身がそのことを示唆する。さらにふくらんだ円錐台という形は中間的な立体であって，『求積』編を通覧するとき感ぜられる《関が典型的と考える図形》の概念には該当しないように思われるからである。

それにしても『変形草』の考え方，つまり二つの半正弧環を円柱で埋め，その差を求め，偏弧環を導く筋道（イ→ロ→ハ→ニ→ホ）は回りくどい思考形式である。『変形草』第63問で外弧環（環径が小）が求めてあった（§17）から，たまたまそれを利用した，というアド・ホックな行き方である。おそらく関自身，その方法に嫌気をおぼえたであろう。『変形草』が弧環加台・減台までで中断していることが，なによりの証拠である。目標を偏弧環（ホ図）におくならば，二つの球帽の差を考えるほうが，よほどすっきりとした解法である。すなわち，大きな球帽（ヘ図）から小さな球帽（ト図）を引き去った残形（チ図）

18　関の求積問題の再構成（四）

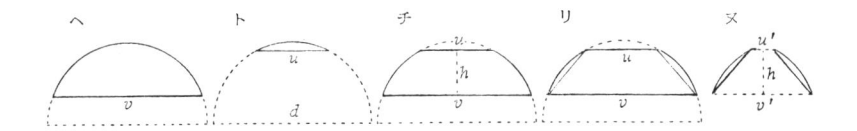

を考え，これから内接する円錐台を引き去った偏弧環（リ図）を導く。ここまではすべて一定の球（径 d）の内部での操作であるから，各体積は容易に計算できる。そして最後の段階で上径を u から u' に，下径を v から v' に縮めれば（ただし $u-u'=v-v'$），目標の偏弧環（ヌ図）が得られる。これが『求積』第49問の立場であり，後文§24でそれを見るであろう。

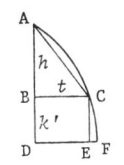

なお，ホ図またはヌ図の弓形の面積 N を計算してみよう。目標は弧 AC の上に立つ弓形である。これは大きな半弓形 ADFC から，小さな半弓形 CEF を引き，さらに □BDEC と △ABC を引いたものである。よって

$$N=\frac{M}{2}-\frac{M'}{2}-k't-\frac{ht}{2}, \quad t=\frac{v'-u'}{2}$$

これに数値を入れて $N=0.54375$ が得られ，『求積』第49問の 別得の弧積と一致する。後文 §24 末で，もっと簡単な方法を与える予定。(p.536)

§22. 正弧から偏弧へ（続）

（よ'） 弧環減台（へこんだ円錐台）……『変形草』第69問

右のような回転体（充実図形）が目標である。そのため §19（を'）内弧環（ふくらみが内側を向いた指輪）の下半を二つ考え，その差をとって目指す立体を求めようとしている。ル図は高 k，径 v' なる円柱 C から，半高 k なる内半弧環 A を引き去った残形 $C-A$ を考えている。ヲ図は高 k'，径 u' なる円柱 D から，半高 k' なる内半弧環 B を引き去った残形 $D-B$ を考えている。

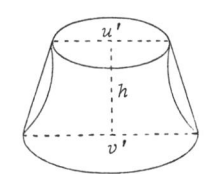

原図（ただし，『求積』第51問の図により，さらに点線を付加した。）

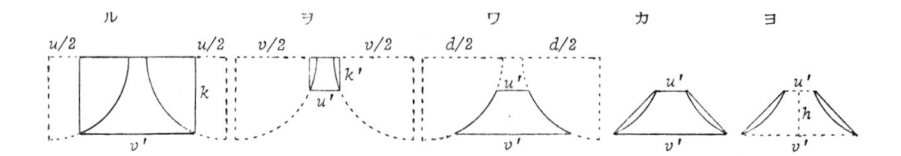

それぞれの残形は富士山のような姿をしている。この二つの残形どうしをさらに差し引きすれば，目指す弧環減台（ワ図）の体積 V が求まる。すなわち

㉟ $\quad V=(C-A)-(D-B)=(B+C)-(A+D)$

となる。関は実際計算においては，右辺のように $B+C$ から $A+D$ を引く式を採用している。§19（を）内正弧環の公式㉘により，その半分を考えれば，

$$A=\frac{1}{2}\left\{\pi M(v'+u)-\frac{\pi}{6}(2k)^3\right\},\ B=\frac{1}{2}\left\{\pi M'(u'+v)-\frac{\pi}{6}(2k')^3\right\}$$

となり，各円柱は§5（は）の公式⑤により，

$$C=\frac{\pi}{4}v'^2 k,\quad D=\frac{\pi}{4}u'^2 k'$$

となる。これらを式㉟の右辺に入れたものが，関の解文の公式に相当する。

　この解文の公式について，同類項を括るなどして整理すれば，

㉟′ $\quad V=\dfrac{\pi}{12}\left\{(3v'^2 k+8k^3)-(3u'^2 k'+8k'^3)-12(v'+u)\left(\dfrac{M}{2}-\dfrac{M'}{2}\right)\right\}$

$\qquad\qquad =\dfrac{\pi}{12}\{E-F-G\}$

となる。式の変形の途中で，u, v と u', v' との相互の関係

㊱ $\quad v'+u=u'+v$

を用いている（ル図，ヨ図より明らか）。この式㉟′が関が草文で与えた公式であり，初見のさいには式の脈絡がつかみにくい。

　関が題文で与えた数値は，（よ）と（よ′）で共通であり，

$$u'=4,\ v'=7.6,\ h=2.6,\ d=10.$$

別得により

$k=4$, $u=6$, $M/2=5.59125$; $k'=1.4$, $v=9.6$, $M'/2=0.1875$

が求まることも同様。これらの数値を代入すれば，

$A=104.8488056$, $B=2.2640464$, $C=181.458816$,
$D=17.59296$.

よって解文の公式㉟による体積 V は

$V=61.2810968$

となる。一方，草文の計算方法によれば，

$E=1205.12$, $F=89.152$, $G=881.892$

から，上と同じ V が求まる。

このようにして求めた弧環減台（ヲ図）は，「へこんだ円錐台」（§14）と考えられるから，カ図のように外接する円錐台の体積 V' から引き去れば，「麦わら帽子のつば状で内側にへこんだ形」をしたヨ図の偏弧環の体積 T' が求まる。円錐台は，上径 $u'=4$，下径 $v'=7.6$，高 $h=2.6$ で，前節とまったく同じであるから，

$T'=V'-V=9.618532$

が得られ，この結果は『求積』第51問の答（た'）と一致する。

（よ'）も，前節末の考察と同様に，大・小二つの球帽の差を考えるほうが，すっきりしている。これが『求積』第51問の立場である。

§23. 斜めの弓形

関は，偏弧環を解くために，つぎの**問題**を解かねばならなかった。

「球に内接しない一般の円錐台で，高 h，上径 u'，下径 v' なるものが与えられたとき（次図右），高 h と上・下径の半差 $t=(v'-u')/2$ を保ったまま，径 d なる球に内接させたい（次図左）。そのとき円錐台の上径 u と下径 v を，どれほどにとればよいか？」

ここで「半差を保つ」とは, §21の式

㉞　　　$v'-u'=2t=v-u$

が成立することを意味する。さて高 h と半差 t から, 旁弦 $AC=a$ が

$$a=\sqrt{h^2+t^2}$$

と定まり, 径 d と a から離径 f が

$$f=\sqrt{d^2-a^2}=\sqrt{d^2-h^2-t^2}$$

と定まることに注意しておく。§18(る')〔丁〕の割注にあったように, 偏弧では環高 h が旁弦 a よりも小さい。また f は図中で, 旁弦 AC の中点 M と旁弦 $C''A''$ の中点 M'' を結ぶ長さである。上の問題を解く

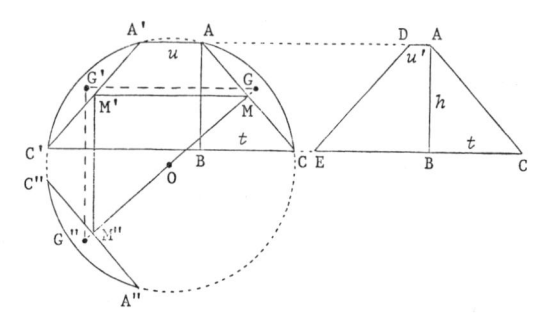

$A'A=u$, $DA=u'$, $C'C=v$, $EC=v'$, $AB=h$,
$BC=t$, $M'M=p$, $MM''=f$, $G'G=q$, $GG''=q$,
$AC=A'C'=C''A''=a$

ための補題は, つぎのように述べられる。

「下径 v（未知）と上径 u（未知）との平均 $p=(v+u)/2$ を「正中径」と名付けると, p は旁弦 AC の中点 M と旁弦 $A'C'$ の中点 M' とを結ぶ長さである。このとき二つの直角三角形が相似になる：

　　　　$\triangle MM'M''\infty\triangle ABC.$　　　　　　　　」

この補題は, 関の立場からすれば, 図によって明白であり, 説明の必要を感じなかったであろう。じじつ『求積』第49問, 外偏弧環の解文〔乙〕と〔丙〕では, 当然のごとく既知としている（後文 §24）。ただちに比例関係
#150

$$p:f=h:a$$

によって, f, h, a から正中径 p が, したがって上径 u, 下径 v が

㊲　　　$p=fh/a,\quad u=p-t,\quad v=p+t$

として求まる。内偏弧環の場合も，ほぼ平行した考察により，球に内接する円錐台の上径 v，下径 u が求まり，前節の㊱は条件式である。u, v, h が得られれば，式㉞の $h = k - k'$ の関係によって，k と k' も求めることができる。

上図のなかの三つの弓形は合同である。弓形の重心（関の用語では「中心」）G は，旁弦の中点 M から一定の長さ（中矢 i）だけ弓形の内側に入った点である。したがって G, M, M″, G″ は一直線上に並び，GM = M″G″ = i である。そこで**補題の系**が，つぎのように導かれる。

「三つの弓形の各中心を G, G′, G″ とするとき，二つの直角三角形が相似になる：

$$\triangle GG'G'' \backsim \triangle ACB.$$ 」

図中で弦 AC と弦 C″A″ を高 a とする正弧環を考えれば，その中心径 g は GG″ に等しい。そこで偏弧環の中心径を仮りに q とおけば，G′G に等しい。ここでは，§11の一般公式⑳が，斜めの位置におかれた弓形の場合にも成立することを予想している。補題の系により，比例関係

$$q : g = h : a$$

が成立するから，ただちに

㊳ $$q = \frac{gh}{a}, \quad q = p + \frac{h}{a}(g - f)$$

なる関係が出る。関はこの関係式も〔丁〕で説明なしに使っている。

上に見た，補題およびその系は，偏弧環の解法を著しく簡易にする。弓形が斜めの位置におかれた偏弧環（旁弦 AC と旁弦 A′C′ をもつ）を解くことは，これと対応する正弧環（上記）を解くことに帰着する。正弧環，とくに立円旁環（円孔をくりぬいた球）の場合，体積は $(\pi/6)a^3$ とただちに求まる（§15）。その中心径 g は，弓形の面積を N とするとき，

$$g = (\pi/6)a^3/\pi N = a^3/6N$$

として求まる（§16）。そこで，球の一部である偏弧環（円錐孔をくりぬいた球）の中心径 q は式㊳による gh/a を用いることにする。偏弧環の体積 T は，類推により

㊴ $\qquad T = N \times \pi q = N \times \dfrac{\pi g h}{a}$

として求まる。幸いにも「立円旁の偏環」（円錐孔をくりぬいた球）の場合には，体積 T を，§21後半で述べた ヘ→ト→チ→リ の筋道で直接に計算できるから，式㊴の成立を確証することが容易である。以上が，『求積』第49問で関がたどった思考方法である。次節で見ることにしよう。

じつは，われわれはすでに，上記の考察を裏付ける二つの例をもっている。まず§6．半球の体積を求める途中に出てきた「旁錐」は，「洋傘」（§18）の例と考えることができる。旁錐とは，右図の径 d なる半球から中錐 ABC を取り去った残欠として定義された。その体積 V は式⑪により $V = (\pi/24)d^3$ である。弦 $AC = a = d/\sqrt{2}$ を張る弓形の面積を N とすれば，

$$N = \dfrac{1}{2}(\text{半円} - \triangle ABC) = \dfrac{1}{2}\left(\dfrac{\pi}{8}d^2 - \dfrac{1}{4}d^2\right)$$
$$= \dfrac{d^2}{8}\left(\dfrac{\pi}{2} - 1\right)$$

である。中心径 $G'G = q$ は

$$q = V/\pi N = \dfrac{\pi}{24}d^3 \Big/ \pi \dfrac{d^2}{8}\left(\dfrac{\pi}{2} - 1\right) = \dfrac{d}{3} \Big/ \left(\dfrac{\pi}{2} - 1\right).$$

一方，これに対応する正弧環は，$AC = a = BE$ を弦とし，$AB = a$ を離径とする立円旁環であるから，その体積 T は $T = (\pi/6)a^3 = (\sqrt{2}/24)\pi d^3$ となり，その中心径 $GG'' = g$ は

$$g = T/\pi N = \dfrac{\sqrt{2}}{24}\pi d^3 \Big/ \pi \dfrac{d^2}{8}\left(\dfrac{\pi}{2} - 1\right) = \dfrac{\sqrt{2}}{3}d \Big/ \left(\dfrac{\pi}{2} - 1\right)$$

となる。つまり上記の q とこの g の間に

$$q = \dfrac{1}{\sqrt{2}} \cdot g = \dfrac{AO}{AC} \cdot g$$

なる関係が成立している。

つぎは§9．球帽の体積の末尾，小字の部分で触れたように，途中に出てきた「旁錐」

が「洋傘」の第二の例になっている。図で BC$=a$, AD$=c$
である。弦 AC を e とおけば,
$$e=\sqrt{c^2+a^2/4}=\sqrt{4c^2+a^2}/2$$
よって旁錐の体積 V は, 同所で述べたように
$$V=(\pi/24)(4c^2+a^2)c=(\pi/6)e^2c$$
となる。弦 AC を張る弓形の面積を N とおけば, 洋傘の中心径 G$'$G$=q$ は
$$q=V/\pi N=\frac{\pi}{6}e^2c/\pi N=\frac{e^2c}{6N}$$
である。対応する立円旁環の体積を T, その中心径 GG$''$ を g とすれば,
$$T=\frac{\pi}{6}e^3, \quad g=T/\pi N=\frac{\pi}{6}e^3/\pi N=\frac{e^3}{6N}$$
となり, q と g の間に
$$q=\frac{c}{e}\cdot g=\frac{\text{AD}}{\text{AC}}\cdot g$$
なる関係が成立している。

この二つの例から, いま一つ重要な**結論**

「偏弧環の体積 V と, これに対応する正弧環の体積 T との比も, 同じく
環高／旁弦 になっている。」(第一例: $V=T/\sqrt{2}$, 第二例: $V=(c/e)T$)

が得られる。そこで

「正弧環の場合に, もはや球の一部としてではなく一般の場合においても,
環積＝弧積×中心径 なる一般公式が成立するのであるから, 一般の偏弧環
の場合においてもこの公式は成立し, 後者の中心径は前者の中心径に体積比
（環高／旁弦）を掛けたものになるであろう。」

という**予想**が立つ。

じつは, この予想を裏付ける実例を, われわれはすでにもっている。§18末の「洋傘」および§19末の「すぼめた洋傘」がその例である。前者のみ, 少し詳しく観察してみよう。『変形草』第66問の方法によれば, AE$=a=$A$'$E$'$ を弦とする立円旁環の離径 A$'$A$=f$ を f' と一般化し, さらに f'

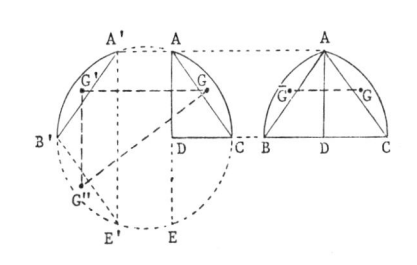

を縮めた限界 $f'=0$ がレモン形であり，その上半が図右の「どんぐり形」である。レモンの体積 T' は §17の公式㉕で $f'=0$ とおいて求まるから，どんぐりの体積 $T'/2$ は，大きな弓形 AEC の面積を M として

$$\frac{T'}{2}=\frac{1}{2}\left(\frac{\pi}{6}a^3-\pi Mf\right)=\frac{\pi}{12}(a^3-6fM)$$

となる。どんぐりから引き去るべき円錐 ABC は，高 $a/2$, 底径 $d-f=2c$ であるから，§5(に)の公式⑥を用いて，その体積 V' が

$$V'=\frac{\pi}{12}(2c)^2\cdot\frac{a}{2}=\frac{\pi}{12}\cdot 2ac^2$$

となり，洋傘の体積 V は

$$V=\frac{T'}{2}-V'=\frac{\pi}{12}(a^3-6fM-2ac^2)$$

となる。洋傘としての切口の弓形は，弦 $AC=e=\sqrt{c^2+a^2/4}=\sqrt{dc}=\sqrt{c(2c+f)}$ を張り，その面積を N とすれば，$2N=M-ac/2$. これらを上式に入れて整理すれば，( )のなかは

$$a^3-2ac^2-6fM=a^3+4ac^2-6ac^2-6f(2N+ac/2)$$
$$=4ae^2-3ac(2c+f)-12fN=ae^2-12fN$$

となる。よって

$$V=\frac{\pi}{12}(ae^2-12fN)$$

が得られた。洋傘としての中心径 $\bar{G}G=q'$ は，

$$q'=V/\pi N=\frac{ae^2}{12N}-f$$

となる。

一方，上図左の正弧環としての中心径 $GG''=g$ は，$e^3/6N$ に等しい。偏弧環としての中心径 $G'G=q$ は，これに比率 $a/2e$ を掛けたものに等しいから

$$q=\frac{a}{2e}\cdot g=\frac{a}{2e}\cdot\frac{e^3}{6N}=\frac{ae^2}{12N}$$

となる。そこで上記の q' との間に

$$q'=q-f$$

なる関係が成立することが分かった。つまり一般公式が，第三例の洋傘の場合にも成立することが確かめられた。

第四例の「すぼめた洋傘」の場合も，平行して扱えるので省略する。

　こうした数々の偏弧環の実例において，環積＝弧積×中心径　という一般公

式⑳が成立することを見れば，《類推によって》斜めの位置におかれた弓形の場合にも，すべて一般公式が成立すると期待できる。<u>関は，このように，偏弧環に取りかかるまえに，多くの実例をもち，偏弧環への移行を困難とは思わなかったであろう。</u>これが筆者による推測である。

§24. 帽子のつば形

『求積』では，前節までの考察が総合されて，もっとも一般な形で外・内偏弧環が扱われる。

（た）　外偏弧環（帽子のつば形）……『求積』第49問……原図は（よ）と同じ

「かりに外偏弧環があって，上虚径 $u'=4$，下虚径 $v'=7.6$，旁円径 $d=10$，高 $h=2.6$，積を問う。

　答にいう。積は 10.19711.

草にいう。〈別に，旁離径 $f=9.4869$，旁弦* $a=3.1623$，弧積 $N=0.54375$ を求めておく。〉

上・下の虚径の和 $u'+v'=11.6$ に，旁弦 a を掛けて $a(u'+v')=36.68268$ となる。これを2倍の高と旁離径との積 $2hf$ から引いて，余り $w=2hf-a(u'+v')$ に3倍の弧積を掛け，$3Nw=20.6340075$ を求めて，脇に取りおく。旁弦の再自乗と高の積 $a^3h=82.2198$ から，脇に取りおいたものを引き，余り a^3h-3Nw に立円積法（0.5236）を掛け，旁弦 a で割れば，積 T' が求まる。

〈すなわち，
$$u'^4+8u'^2h^2+v'^4+8v'^2h^2+16h^4=2u'^2v'^2+16d^2h^2$$
なる場合は，環背（弓形の円弧）と上虚湾（上虚径 u' の上に張られる円弧）の曲り具合が一致するから，立円旁の偏環（円錐孔をくりぬいた球）という特別な場合に当たる。〉」（原文の*弦を旁弦に改めた。）

草文の終りまでで一区切とする。与件 u'，v'，d，h から f，a，N を別得

する筋道は，前節の通り。草文は全体として，**公式**

$$\text{㊵} \quad T' = \frac{\pi}{6a}\left\{a^3h - 3N(2hf - a(u'+v'))\right\}$$

を述べている。これは，あとで解文〔丁〕で得られる一般公式㊶を，括れるだけ括ったものである。

なお，こまかい点であるが，$a^2 = t^2 + h^2 = 1.8^2 + 2.6^2 = 10$，∴ $a = \sqrt{10} = 3.162277\cdots$ を丸めて，$a = 3.1623$ としている。しかし，草文中 a^3 を求めるときは，$10 \times 3.1623 = 31.623$ と計算したものと思われる。

二行割注のなか（漢文表現を数式表現にまとめた）は，上径 u'，下径 v'，高 h なる一般の円錐台が，球に内接するための条件を述べている。内接する特別の場合の上径を u，下径を v とおけば，前節で述べた比例関係 $p : f = h : a$ が成立する。そこで $h^2 f^2 = a^2 p^2$ と書きなおして，$f^2 = d^2 - a^2 = d^2 - h^2 - t^2$ および $p = (v+u)/2$，$t = (v-u)/2$ を代入して整理すれば，割注内の条件式が出る。

解文は長いので，便宜のため甲，乙，丙，丁，戊の五部に分け，戊は次節にまわす。

「解にいう。〔甲〕これ傾弧周旋の形なり。前のごとく，立円旁の偏環より起して，これを求む。（仮訳。これは斜めにおかれた弓形を，中央の軸のまわりに回転させた形である。正弧環のとき立円旁の環を考えたのと同様に，典型的な立円旁の偏環の場合から計算をはじめる。）」

目標は，解図 ADEC なる偏弧環（一般の場合の回転体）である。しかし，（る′）一般の正弧環のときに，典型的な立円旁環（円孔をくりぬいた球）から計算をはじめたのと同様に，こんども立円旁の偏環（円錐孔をくりぬいた球）AA'C'C の場合から計算をはじめる，と宣言している。この典型的な立体は，〔丙〕では立円旁周の偏弧環とも呼ばれる。この典型の場合は，一般公式㊳を

前提とせず，〔乙〕〔丙〕の考察によって，直接に体積が計算できる（§21，ヘ→ト→チ→リ）。以下では，この球の切口を旁円と呼び，必要な長さに旁の字を冠している。

「〔乙〕旁円径 d を立円径と見なし，離径 f と環高 h との積を旁弦 a で割ったもの (fh/a) を，立円欠（後述）に内接する円錐台の正中径 p と見なす。p から，上・下の虚径の半差 $t=(v'-u')/2$ を引いた余り $(p-t)$ を立円小欠（高 e なる球

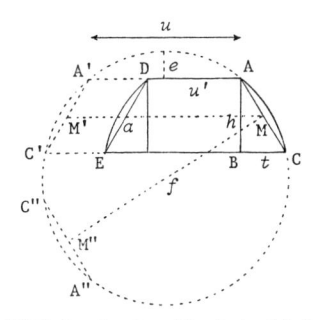

原図（いくつかの線，および中心Gなどの位置を省略した。原図には，$C'C=v$，$EC=v'$，$M'M=p$ などが，図中に書きこまれている。）

帽）の弦 u とすれば，これはまた円錐台の上径とも見なせる。u に $2t$ を加えて $(u+2t=p+t)$，立円大欠（高 $e+h$ なる球帽）の弦 v とすれば，これはまた円錐台の下径とも見なせる。環高 h を円錐台の高と見なして，円錐台の体積 $W=(\pi/12)(u^2+uv+v^2)h$ を求めることができる。」

前節で見たように，v'，u' と v，u との間には，㉞ $v'-u'=2t=v-u$ なる関係が成立するから，立円欠に内接する円錐台の v，u を知ることができる。〔乙〕では，この事実を述べている。さてここにいう「立円欠」とは「球欠」と同じであるが，§14『変形草』の由来のところで考察したように，この場合は球帽を指すのではなく，「ふくらんだ円錐台」AA'C'C を指している，と考えるのが妥当であろう。関は「球欠」なる名称でもって「球に欠けたもの一般」を指した，というのが筆者の見解である。それにたいして，同じ文中の立円小欠，立円大欠は明らかに小・大の球帽を指している。論点の立円欠は，この二つの球帽の差に相当する立体（§21チ図）である。

「〔丙〕半差 t と離径 f の積を旁弦 a で割り $(s=tf/a)$，環高 h と共に旁円径 d から引いて半分にしたもの $(d-s-h)/2$ を小欠（球帽）の矢 e と見なして，小球帽の体積 $V=(\pi/24)(4e^2+3u^2)e$ を求めることができる。ま

た環高と小欠の矢との和 $(h+e)$ を大欠（球帽）の矢と見なして，大球帽の体積 $U=(\pi/24)\{4(e+h)^2+3v^2\}(e+h)$ を求めることができる。U から V と W を引いた余り $(U-V-W)$ が立円旁周の偏弧環の体積 T である。〈この体積 T は，旁弦巾 a^2 と環高 h と立円積法（0.5236）を掛け合わせた数 $(\pi/6)a^2h$ に等しい。〉」

上の解図で M'M'' の長さを s とおけば，前節の補題にいう二つの直角三角形の相似によって，$f:s=a:t$ となり，$s=tf/a$ が出る。そこで小球帽の矢 e が $(d-s-h)/2$ に等しいことは，図により明らか。〔丙〕では，e の求め方を具体的に述べ，これによって大・小球帽の体積 U,V が得られること述べている。$U-V$ が「ふくらんだ円錐台」に相当するから，さらに円錐台 W を引けば，残欠 T が立円旁の偏環の体積なることは明らか。関はこのように，典型的な「円錐孔をくりぬいた球」の場合には，一般公式を経由せず具体的に体積を求めうることを示したのである。

前節後段で説明したように，偏弧環と正弧環の体積比は 環高／旁弦 に等しい。そこで円孔をくりぬいた球の体積 $(\pi/6)a^3$ に h/a を掛ければ，立円旁の偏環の体積 $T=(\pi/6)a^2h$ となる。二行割注のなかでは，この事実を説明ぬきで述べたのである。

「〔丁〕上の体積 T を弧積 N と円周法 π で次々に割り $(T/\pi N)$ 〈これが立円旁の偏弧環の中心径 q である〉，これから小欠の弦 u を引き，上虚径 u' を加えたもの $(q-u+u')$ が，〔目標とする一般の偏弧〕環の中心径 q' である。〈〔割注内は誤りを含むので，後述する〕〉q' に円周法 π と弧積 N を掛け合わせて $(\pi q'N)$，〔一般の場合の〕偏弧環の体積 T' を求めることができる。」

弓形が斜めにおかれていても，$q=T/\pi N$ とおいて中心径 q が求まる。球の一部分をなす場合（円錐孔をくりぬいた球）は，〔乙〕〔丙〕によって T が具

体的に計算できるので，この方法は妥当である。環積＝弧積×中心周 なる一般公式が，一般化された偏弧環の場合にも成立すると仮定すれば（そしてじっさい関はそう仮定している），そのときの中心径 q' が求まればよい。関は，前節での考察を暗黙のうちに認めて，§21の式㉞から派生する関係

㉞′ $\qquad q-q'=p-p'=u-u'=v-v'$

を用いて，q から q' に移行した。〔丁〕では $q'=q-u+u'$ として q' を導いているが，これは $q'=q-p+p'$ とおくほうが，より妥当であろう。こうして，解文において関が到達した一般の偏弧環の**公式**は

㊶ $\qquad T'=\pi N q'=\pi N(q-u+u')=\pi N(q-p+p')$

である。われわれはすでに，一般の正弧環の場合に，§17（る）の公式

㉕ $\qquad \bar{T}'=\dfrac{\pi}{6}a^3-\pi M(f-f')=\pi M(g-f+f')=\pi M g'$

の成立を見た。ここに g' は一般の正弧環の中心径である。上の式㊶とこの式㉕が著しい平行関係にあることは見やすい。その理由は，偏弧環と正弧環が，一般の場合においても比例係数 h/a によって結びつけられるからである。じっさい $q'=(h/a)g'$ など。これから見れば，式㊶はほとんど必然であることが分かる。

式㊶から草文の式㊵への移行は容易である。式㊶に

$$q=\frac{h}{a}\cdot g=\frac{h}{a}\cdot\frac{a^3}{6N},\qquad p=\frac{h}{a}\cdot f,\qquad p'=\frac{u'+v'}{2}$$

を代入して整理すれば，式㊵が出る。

〔丁〕の二行割注のなかに「何かの誤」が含まれることは，つとに藤原氏が指摘された（2,，第二巻 p. 258 脚注）。筆者は，原文に下線の部分を補入すれば，意味が通ずると考える。

〈若遽求者、置旁弦再乗羃、環高相乗、以六段弧積<u>与旁弦重除</u>之、得<u>立円</u>旁偏環之中心径也。〉

（仮訳。もしも直接に求めようとするならば、旁弦の再乗巾に環高を掛け合わせ（$a^3 h$），

6倍の弧積と旁弦で次々に割り（$a^3h/6Na=a^2h/6N$），立円旁の偏環の中心径 q が求まる。）

つまり，$T=(\pi/6)a^2h$ を πN で割って q とする代りに，a^3h を $6Na$ で割るのが早道だと主張しているのである。

関が採用した数値例

関が本節の外偏弧環で扱った数値例では，弦 AC= $a=\sqrt{10}$ の上に立つ弓形を考えた。ところで解法の途中に出てきた立円小欠（小球帽）において，図中の弦 PA を計算してみれば，矢 PQ=1，半弦 QA=3 であったから，PA=$\sqrt{1^2+3^2}=\sqrt{10}$ となり，PA=a=AC なることが分かる。ところで，大・小球帽の切口の弓形 PC'C, PA'A を見れば，C'C=9.6, A'A=6 だから，大弓形は癸図，小弓形は甲図に属する（§16）。このように見れば，AC=a の上に立つ弓形の面積 N を求めるのに，§21末で述べたような複雑な道をたどらずに，甲図の弓形の面積 M=4.0875 と △PA'A を用いて $(4.0875-1\times3)/2=0.54375$ と計算するのが早道であった。

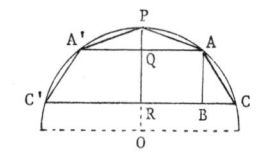

　ここに関の考え方の特色が表われている。彼は偏弧環のような新たな図形に取りかかるさいに，数値例はできるかぎり熟知の甲図や癸図にとどめておこうとする。新たな図形の諸部分の関係式を導くさい，抽象的に扱おうとするのは困難をともなう。（例えば，一般公式：環積＝弧積×中心周 は，球の一部をなす場合にのみ具体的に計算できるのであり，一般の場合は《仮定によって》成立が期待されるにすぎない。）熟知の数値例の範囲内で考えれば，計算が少なくてすむ。それよりもなお好都合なことに，数値の裏付けによって《発見的に》諸関係を《見抜く》ことが可能になる。（関にかぎらず，当時の和算家に共通な態度は，つねに具体的な数値例によって，図形の面積や体積を求めていた。）例えば，上文〔乙〕の「離径と環高を相乗じ，旁弦をもってこれを除き，立円欠内の円台の正中径となす。」のような抽象的な表現は，筆者が解説のさいに行なってきたように，「fh/a を正中径 p とおく」のような文字式に翻訳できる。しかし，このような抽象的な表現は，具体的な数値計算の裏付けが先にあって，それを解文にまとめるさいに抽象化したものであろう。関の解文は，発見的な計算のいわば《後始末》にすぎない，とも考えられる。関も含めた当時の和算家が，立体図形の直観的な把握によって諸関係を見通したことは十分考えられるが，公式を導くときに，はたしてすべてを抽象的に扱ったであろうか。それはどうも疑問である。

§25. 帽子のつば形（続）

　（た）外偏弧環の解文の続き。ここではいくつかの極形が論ぜられる。

18 関の求積問題の再構成 (四)

「〔戊の一〕この形は，上・下の虚径 u', v' が対応し，均しいとき $(u'=v')$ が限界である。ゆえに正弧環が極形である。」

ほとんど解説を必要としない。

「〔戊の二〕また旁円心の所在に依り，背規屈伸して，環の上稜と背中は互いに高低の異ありと雖も，変とせず。ゆえに旁弦と円径相対し，等しきを限となして，半円環をもって極となす。

〈乃ち，解く毎に必ず旁円を右に図し，ゆえに，上虚径冪一段，下虚径冪一段，環高冪四段を併はせたる，上下の虚径の相乗二段，旁円径・環高の相乗四段を併はせたるよりも少きは，円心，環高の左にあり。ゆえに規は伸びて，環の上*稜高く，背中おのずから低し。多きは，円心，環高*の右にあり。ゆえに規は屈して，環の上稜低く，背中却って高きなり。〉」（二行割注内は，松永の訂正を採用した。原文の*稜を上稜と訂した。また，原文の*環之右を環高右と訂した。）

この部分には解図も付されず，内容も理解しにくいためか，従来，解説されていない (1., 2., 3.)。そこで筆者の解釈（試案）を示そうと思う。この部分を理解する鍵は，二行割注のなかの条件式の意味を考えることである。これは

$$u'^2+v'^2+4h^2 \leqq 2u'v'+4dh$$

を表わしている。これを書きなおせば

$$(v'-u')^2=4t^2 \leqq 4h(d-h)$$

であるが，不等号でなく等号の場合，すなわち

$$t^2=h(d-h)$$

を考えれば，これは t, h, $d-h$ が径 d なる円に内接するための条件を表わす（上図）。

① $t'^2 < h(d-h)$ なる場合

解図（杉本）

このとき t' は円内に縮む（上図）。偏弧環としての関係は，下のイ図のごとく t' が短いため，円の中心 O は環高 h の左側にある。（もちろん，関の言うように，旁円は必ず右側の弓形の弧背 b を通るように描くもの，と決めておかねばならない。）このとき「規」，詳しくは「背規」（つまり円弧 b の曲り具合）は「伸びて」（弦 a の傾きが垂直方向に近づいて，つまり立って），「環の上稜」（点 A が描く軌跡の円，これは環の上側の縁をなすので上稜という）は高く，「背中」（円弧 b の描く曲面，これは環の外側の背中をなす）は，自然に上稜よりも低くなる。（以上は，下のイ図における諸関係を指している。）

㋺ $t''^2 > h(d-h)$ なる場合

このとき t'' は円外に伸びる（上図）。偏弧環としての関係は，下の口図のごとく t'' が長いため，円の中心 O は環高 h の右側にある。このとき背規は「屈して」（弦 a の傾きが水平方向に近づいて，つまり寝て），「環稜」のほうが低く，「背中」のほうがかえって高くなる。（以上は，下の口図における諸関係を指す。）

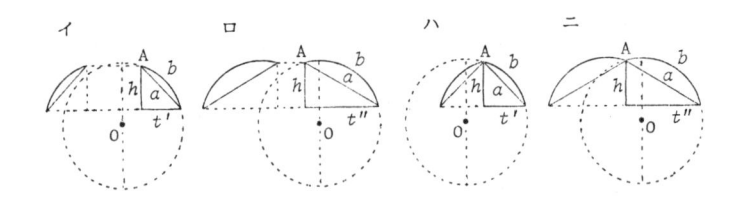

イ　　　　ロ　　　　ハ　　　　ニ

ここで，「背中」という言葉の意味に迷ったのであるが，文脈から判断して和臭の強い「せなか」の意味であろうと考えた。割注内は，このように，環稜つまり環の上側の縁と，背中つまり環の外側の曲面との高低の関係を論じ，高低のための条件式まで提出している。（関の追及の執念は驚くばかりである。）

〔戊の二〕の本文のほうは，「割注内に述べるような高低の異なる二形を区別することが可能ではあるが，偏弧環としての二つの変形とは見なさない」という趣旨を述べている。その続き「旁弦 a と円径 d が対応し，等しいとき（a

$=d$)が限界であって,半円環が極形である。」と述べている。ここにいう「半円環」とは,切口が斜めの位置におかれた半円をなすような環,と考えられなくはない。しかし,それならば「偏半円環」とでも呼ぶはずである。さらに割注内の④,回の二形の分類から判断すれば,口図の弦 a が寝ていった極限の形とは考えにくく,むしろイ図の弦 a が立っていった極限の形と考えるほうが,関の趣旨に適うものと考えたい。筆者は,ここの「半円環」は§13(り)で扱った外半円環を指すのであろう,という見解を表明しておく。

「〔戊の三〕もし上稜の合するをもって限となさば,上*虚径無きゆえに,上の鋭・窊の二形をもって,極となすなり。

〈下虚径冪一段と環高冪四段を併はせたる,円径・環高の相乗四段より少きは,円心左にありて,環の上稜高し。ゆえに鋭あり。多きは心右にありて,環の上稜低し。ゆえに窊あり。〉」(原文の *虚径を上虚径と訂した。)

この部分は,藤原氏による解説 (2., 第二巻 p.258) がある。しかし割注の内容について,「これが生ずるための条件を詳細に論じてゐる。」と述べるのみであり,条件についての解説はない。筆者がそれを補おうと思う。ここでは,筆者が「洋傘」と名付けた形,つまり「上稜」が一点に縮まって,上虚径 $u'=0$ となった場合が扱われている。二行割注のなかの条件は,

$$v'^2+4h^2 \leqq 4dh, \qquad v'^2/4 \leqq h(d-h)$$

を述べている。不等号でなく等号の場合,すなわち

$$t^2=v'^2/4=h(d-h)$$

は,$t=v'/2$, h, $d-h$ が径 d なる円に内接するための条件を表わす(筆者の解図で t を $v'/2$ と読みかえた場合を考えればよい)。

　㈧　$t'^2<h(d-h)$ なる場合

これはハ図であり,円の中心 O は環高 h の左にある。上端は A 点(これは環の上稜が一点に縮まったもの)で,環の背中よりも高い。よって上端は

「鋭」（とがった）形であり，全体として洋傘の形になっている。

㈢　$t'^{/2} > h(d-h)$　なる場合

これは三図であり，円の中心 O は環高 h の右にある。上端の A 点は，環の背中よりも低い。よって「窊」（くぼんだ）形である。たとえばリンゴの上端を考えればよい。ケプラーは，レモン形（正弧環の極形）とならんで，リンゴ形（優弧の回転体）も扱った（後述の予定）。

〔戊の三〕の本文は，以上の二種類の極形のあることを述べている。これで（た）外偏弧環の解文が終る。

（た′）　内偏弧環（ふくらみが内側を向いた帽子のつば形）……『求積』第51問……原図は（よ′）と同じ

外偏弧環と平行して扱われているので，いくらか簡略に論じたい。

題文は（た）外偏弧環と数値まで同じく

$$u' = 4, \quad v' = 7.6, \quad d = 10, \quad h = 2.6$$

を与え，

答　$T' = 9.618532$

を求めようとする。別得として，（た）と同じく（数値も同じく）

$$f = 9.4869, \quad a = 3.1623, \quad N = 0.54375$$

を与えている。草文は全体として公式

㊷　　$$T' = \frac{\pi}{6a}\left\{ 3N(a(v'+u') + 2hf) - a^3 h \right\}$$

を述べている。これは式㊵と比べてみれば，二，三の符号が変更されたものにすぎないことがわかる。

解文は，まず

「これ偏弧周旋の形なり。外偏弧環のごとく，立円旁の偏環〈乃ち倒形なり〉より起して，これを求む。」

18 関の求積問題の再構成（四）

とある。立円旁の偏環が，図のように倒立形になる以外は，（た）と同様である。

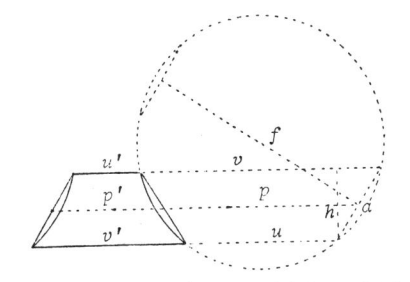

つぎの部分は，（た）と比べるとかなり簡略であり（大・小の球帽の差から円錐台を差し引いて，立円旁の偏環を求めるなどの議論は省略され），

原図（いくつかの線，および中心 G などの位置を省略した。）

$$u = p - t = hf/a - (v' - u')/2, \qquad q = (\pi/6)a^2h/\pi N$$

を求め，q を立円旁の偏環の中心径としている。ついで§22の式

㊱ $\qquad v' + u = v + u' = p' + p = q' + q$

を既知として，一般の内偏弧環 T' の中心径 q' が

$$q' = v' - (q - u) = p' - (q - p)$$

と表わされることを述べ，一般公式：環積＝弧積×中心周 の成立を仮定して

㊸ $\qquad T' = \pi N q' = \pi N(p' - q + p)$

を導いている。

さいごの部分では，やはりいくつかの極形を扱う。

〔その一〕 $u' = v'$ なる極形として，内正弧環をあげる。

〔その二〕 旁円心の位置と「規」（円弧の曲り具合）との関係を，（た）と同様に論じ，半円環を極形としている。

〔その三〕「両背相合」として，二形をあげる。「稜合」（図左）は，筆者のいわゆる「すぼめた洋傘」である。「稜離」（図右）は，環背は接触し，環の上端が開いた形である。ここでも詳細に条件式が論ぜられているが，（た）の〔戊〕と解説が重複するので省略する。

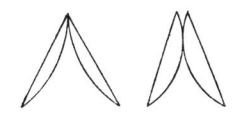

以上で関が扱った回転体のすべてを終る。各立体とも，驚くほど詳細に論ぜ

られていて，関の『求積』編の綿密周到さが伺える。

補遺． 炉縁から円環へ

さきに§12．左右相称な切口のところで，筆者は，関が（ち）円環（浮輪）[#154]
の体積公式：

⑲′　　$T = \dfrac{\pi}{4} d^2 \times \pi g$

をどのような思考過程によって導いたかを考察した。$(\pi/4)d^2$ は切口円の面積，πg は中心周を示す。

このたび小林龍彦氏より，関の先行者 村瀬義益の『算法勿憚改』寛文十三年（1673）のなかに，つぎの（甲）炉縁術と（丁）輪術があり，「関以前にこのような算法があったのは注目すべき事実です。」（私信）とのご指摘をいただいた。この（甲）と（丁）は，藤原氏『明治前』（2., 第一巻 p. 368-370）にも詳細に引用・解説されている。

筆者は，この（甲）と（丁）を吟味するうちに，つぎの（乙）と（丙）を補えば円環の体積公式にいたるミッシング・リンクが埋められることに気がついた。小林氏に感謝を申し上げ，ここに私案を提出する。なお，村瀬の原文をそのまま再録することは省略し，要点を簡潔に記す。

（甲）「炉縁の太さを知る」

図のように外枠が p 四方の炉縁の体積 V を知って，（切口の正方形の）太さ d を求めよ，とある。炉縁は長さ $p-d$，切口 d 四方の棒が4本から成るので，方程式

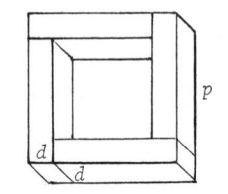

$$V = 4d^2(p-d)$$

を d について解かねばならない。（村瀬は，方程式の解法について，逐次近似法二つと直接解法を述べているが，ここでは略す。） $p = 14$，$V = 192$ が与

えられ，答は $d=2$ となる。

(丁) 「輪の太さを知る」

図のように外径が p なる輪（円環）の体積 T を知って，（切口の円の）太さ d を求めよ，とある。法（解法）に，T を円法 $0.7854(=\pi/4)$ で2度割ると，前問の V になるから，炉縁術を用いる，とある。つまり村瀬は

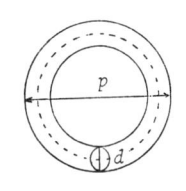

$$T=\left(\frac{\pi}{4}\right)^2 V=\frac{\pi}{4}d^2\times\pi(p-d)=\text{円面積}\times\text{中心周}$$

なることを知っている。$p=14$, $T=118.43580672$ が与えられるから，

$$T\div 0.7854\div 0.7854=192=V$$

となる。この続きは前問（甲）により，答 $d=2$ が出る。

筆者は（甲）と（丁）のあいだに，つぎの二つの図を補えば，（甲）から（丁）への移行が滑らかに行なわれる，と考える。

(乙) 「切口が□なる環」

外径が p，内径が $q=p-2d$，切口が d 四方の正方形なる環の体積 U を考える。これは§12（い，系）穴明円の面積公式

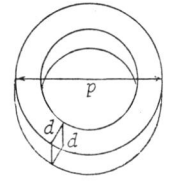

$$Q=\frac{\pi}{4}(p-q)(p+q)=\frac{\pi}{4}\cdot 2d(2p-2d)=\pi d(p-d)$$

を既知とすれば，これに厚 d を掛けて，

$$U=\pi d^2(p-d)=d^2\times\pi(p-d)=\text{方面積}\times\text{中心周}$$

が出る。

(丙) 「切口が◇なる環」

外径・内径は（乙）と同じ，切口が◇の向きの正方形なる環の体積 W を考える。切口面積が（乙）の半分だか

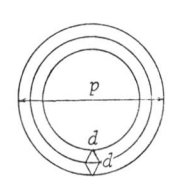

ら，明らかに

$$W = \frac{1}{2}d^2 \times \pi(p-d) = 方面積 \times 中心周$$

となる。

さて（乙）（丁）（丙）の三つの切口を比べてみれば，右図のように切口円は二つの正方形□と◇の中間にあるから，（丁）の体積もまた（乙）と（丙）の中間にあると考えられる（類推）：$U > T > W$. さらに好都合なことに，円積法 $\pi/4 = 0.7854$ は，1 と 0.5 の中間にあるから，中間の体積 T に掛けるべき係数は 0.7854 とするのが尤もらしい（類推）。こうして（丁）の体積公式

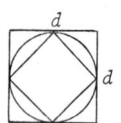

$$T = (\pi/4)d^2 \times \pi(p-d)$$

が自然な思考の流れによって得られた。

なお，切口が□から◇へ移行するとき，もう少し厳密に扱おうとすれば，§10の圭梁術のように，短冊を積み重ねた形を考えればよい。その思考方法から自然に，切口が円のときも短冊を積み重ねた形と考える§12（い′）の論法が出てくる。

筆者は，関が確かにこのように考えたか否かは判断できない。しかし，円環積公式の正当化にあたっては，いくつかのリンクをつないだであろうと想像し，ここに私案を提出した次第である。

（1986年6月26日記）

〔文献は651頁〕

19 関の求積問題の再構成（五）

§1. 序 …………………… 426
§2. 『求積』編の構成 ……… 428
§3. 円と弓形の面積 ……… 433
§4. 錐率三分の一 ………… 440
§5. 錐率三分の一（続）… 446
　　（以上，第一回）
§6. 半球の体積 …………… 450
§7. 括要立円積術 ………… 457
§8. 増約術 ………………… 463
§9. 球帽の体積 …………… 466
§10. 球帽の別解 …………… 472
　　（以上，第二回）
§11. 浮輪の体積 …………… 478
§12. 左右相称な切口 ……… 481
§13. 切口が半円の指輪 …… 485
§14. 『変形草』の構成 ……… 488
§15. 円孔をくりぬいた球 … 491
§16. 「中心」概念の発生 …… 496
§17. 指輪の体積 …………… 500
§18. レモンの体積 ………… 505
§19. 指輪の体積（続）…… 508
§20. 蹄の体積 ……………… 511
　　（以上，第三回）
§21. 正弧から偏弧へ ……… 520
§22. 正弧から偏弧へ（続）525
§23. 斜めの弓形 …………… 527
§24. 帽子のつば形 ………… 533
§25. 帽子のつば形（続）… 538
補遺．炉縁から円環へ …… 544
　　（以上，第四回。以下今回）
§26. 円柱の切口と側円 …… 547
§27. 傾いた蹄形 …………… 551
§28. 二つの側円の一致 …… 558
§29. 傾いた蹄形（続）…… 562
§30. 円錐台の斜截面 ……… 572

　今回の主題は，従来の評価によると，いわゆる「円錐曲線論」ということになる。しかし，筆者は「関孝和の場合は，あくまで円錐台の斜截という枠をこえていない」と考え，従来説を批判する立場から再構成しようと思う。また§28「円柱斜截と円錐台斜截による二つの側円の一致にかんする関の認識」は，1985年5月26日，日本数学史学会の総会で要旨を口頭発表した内容を詳細に文章化したものであり，筆者の原著である。

§26. 円柱の切口と側円

　藤原氏によれば，

「楕円が論ぜられたのは、わが国では孝和をもって初めとする。」(2., 第二巻p. 239)

関自身の用語で「側円」すなわち楕円は、『解見題之法』(1., p. 128)と『求積』編第19問、第53・54問に登場する。

側円の側とは、「かたむく」または「そばだてる」の意味であり、側円が円柱の斜截面として得られるところから来たのであろう。楕と櫺は同じ、円くて細長い器をさす。矩形の両側に半円を付けた形は関のいわゆる「帯直円」(『求積』第18問)であり、すでに『塵劫記』(20., p. 120)に出ている。これとは異なる形として、円錐台の斜截面および周を考えたのは、たとえば磯村吉徳『算法闕疑抄』五巻45問 (21., p. 406) である。解答を付さない磯村の遺題にたいして、回答を与えたのが関の『闕疑抄答術』であり、その第45問に周の近似解を示した (1., p. 26-27)。ここではまだ解図の欄外に「截面周自然之卵形也」と注記しただけであり、側円の名称はない。『解見題之法』にいたって初めて側円と呼び、帯直円とは異なるこの形を正しく扱ったのである。藤原氏のお説のように関が和算における最初といえる。

『解見題』と『求積』とは、ほぼ同じ内容をもつので、後者を引用する。

(れ) 側円 (楕円) ……『求積』第19問

「かりに側円 ABCD があって、長径 $AC=e=30$、短径 $BD=d=13$、積 (面積) を問う。

答にいう。積は $306\frac{69}{226}$.

術にいう。長径に短径を掛け合わせて $ed=390$ を求め、周率 (355) を掛け、四倍の径率 (452) で割り、余りの分数を二で約して積を得る。」

術文では、側円の面積 S を求める**公式**

㊹ $\quad S = \dfrac{\pi}{4}ed \quad \left(\dfrac{\pi}{4} = \dfrac{355}{452}\right)$

を与え、じっさいの計算は

$$\frac{30 \times 13 \times 355}{4 \times 113} = \frac{138450}{452} = 306\frac{138}{452} = 306\frac{69}{226}$$

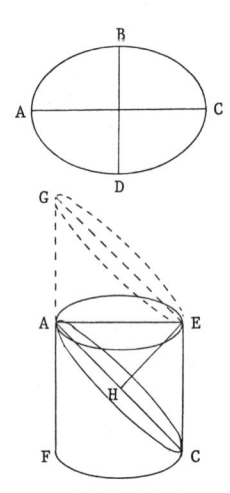

原図 (文字記号を補った)
$AF=EC=GA=h$,
$BD=AE=d$,
$AC=e$, $EH=j$.

としている。『解見題』の筋道もほぼ同じ。

「解にいう。これ全円攲側して成す所なり。円墻上より下に至るまで斜にこれを截らば、その面すなはちこの形なり。(仮訳。これは完全な円を傾かせたときに出来る形である。円柱を左上Aから右下Cにかけて斜めに切ったとき、切口の面がこの形になる。)円柱の径dを短径BDと見なし、斜高eを長径ACと見なし、柱径dと柱高hを掛けて斜高eで割れば(dh/e)、側円墻(傾いた楕円柱)の正高j(=EH)が得られる。jで円柱の全体積V〈それは傾いた楕円柱の体積に相当する〉を割れば(V/j)、切口の面積Sとなり、Sは同時に側円の面積になっている。この形は長径と短径が対応していて、等しいときが限界であり、ゆえに全円がその極形である。」

解文の第一段は、側円を(イ)円を斜めに傾かせた形、(ロ)円柱を斜めに切った切口の形と二様に述べている。

攲は欹の異体字であり「かたむく」の意味。攲側は「かたむきよる」の意味。

厳密にいえば、(イ)円を斜めの方向から見れば円径dが長径になり、(ロ)円柱の斜めの切口では円径dは短径になり、両図形は同じではない。斜めの角度を調整してはじめて(イ)と(ロ)は《相似》となる。関はそこまで言及しないで、直観的に両図形を同視している。

解文第二段では(ロ)の立場に立って、円柱AECFと傾いた楕円柱GECAの体積が等しいことを根拠にとる。これはカヴァリエリの原理(後文)を用い#155たというよりは、円柱AECFをAからCにかけて斜めに切ったとき、切口面の上下の立体が等しいことから、下側の立体ACFを点線GEAの位置に移して、上側の立体AECと合体させたと考えている。傾いた楕円柱GECAは、§4で引用した『求積』第27問の割注 (p.440)

〈もし墻形傾かば、またかくの如く、下面積をもって、正高に乗じ、積を得るなり。のちこれに倣ふ。〉

にならって、その体積を

$$円 \times 柱高 = 円柱 = 傾いた楕円柱 = 楕円 \times 正高$$

としている。鮮やかな考え方である。その正高 j は，二つの直角三角形の相似：

$$\triangle \text{EAH} \backsim \triangle \text{ACF}$$

から，

$$\text{EH} : \text{AE} = \text{AF} : \text{AC}, \quad j : d = h : e, \quad \therefore \quad j = dh/e$$

と求めている。これを

$$\frac{\pi}{4}d^2 \times h = V = Sj$$

の j に代入して両辺を整理すれば，公式㊹ $S=(\pi/4)ed$ が得られる。なお柱高 h は，『解見題』において「勾股術に依って」と述べているように，

$$h = \sqrt{e^2 - d^2} \quad (=\sqrt{30^2 - 13^2} = \sqrt{731} = 27.037\cdots)$$

として導かれるのであるが，上記の「両辺を整理する」過程で約されてしまい，h を計算する必要はない。

ともかく『求積』第19問において，側円が「円壔斜截面」として《定義された》のであるが，これと第53問で定義される「円台斜截面」とがはたして一致するか否かが，§28での重要な論点となる。

いま一つの論点は，関の考え方の特色が《面的》なることである。つまり，円柱を斜めに切った切口の周が楕円と称する曲線である，という認識（西洋流）からは遠く，あくまで切口が側円という面であり，ただちにその面積が問われている。この関の立場からは，「楕円は二つの焦点からの距離の和が一定なる点の軌跡である」という曲線としての重要な性質の発見（西洋流）には結びつかない。

上記のように，関も『闕疑抄答術』第45問で側円の周を求めようとした。『解見題』第12問では，その根拠を説明さえしている。しかし，関が与えた公式は，全周 l にたいして

$$l = \sqrt{\pi^2 ed + 4(e-d)^2}$$

19 関の求積問題の再構成（五）

であって，これは近似公式にすぎない。それも当然であり，西洋流でも第二種完全楕円積分の値が精密に計算されるようになったのは，はるかに後世のことである。楕円は面積を求めるに 易く（関の鮮やかな解法を見よ），周長を求めるに難い（ファニャーノ，オイラー，ルジャンドルたちの苦心を見よ）。

第三の論点は，関が斜めに切り取られた立体の体積に 興味 をもつことである。（れ）円壔斜截における上下の立体は，それぞれ円柱の半分の体積をもつことが自明であり，興味は少い。しかし§20（か）[#156] で扱った蹄形と並べてみると，その興味の持ち方が鮮明に浮び上る。子図は本節（れ）で扱った場合であり，左上から右下にかけて端から端まで 斜截 する。（か）蹄形の 解文乙が 丑図 であり，左上は途中から右下は端まで斜截している。同じく解文丙が寅図であり，左上も右下も途中の点どうしを結んで斜截する。丑図の切り方を統制するのは上矢 c であり，寅図の切り方を統制するのは上矢 c と下矢 c' である。このように《上矢と下矢による統制》という関の特色が，次節以降で扱う円台斜截の場合にも明瞭に認められることを，予告する。

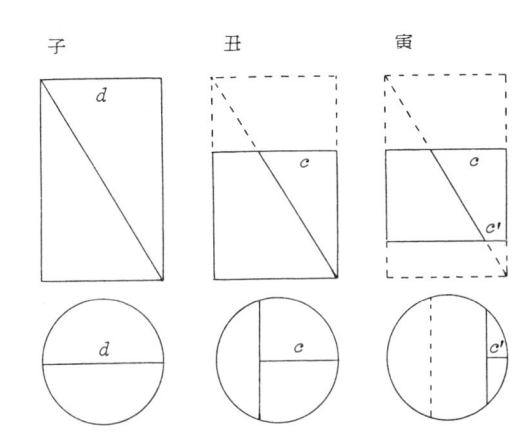

かれが上矢と下矢による統制を重視する理由は，筆者の推測によれば，切り取られた立体の体積を考えるのに，つねに底面と平行な水平面による切口（円およびその一部としての弓形）の面積を根拠にするからである。この点についても，次節で詳論する。

§27. 傾いた蹄形

前節末で再検討した，§20（か）「円壔斜截による截形」は蹄(ひづめ)の形に見立てる

ことができた。本節で扱う「円台斜截による截形」は、同じ比喩により傾いた蹄形と考えられる。形として考えれば（か）蹄形よりも（そ）傾いた蹄形のほうが歪みを伴うだけ複雑な印象を与えるのであるが、求積の立場からすればかえって簡単である。関は二つの錐の差として体積を求めた。

（そ）円台斜截（傾いた蹄形）……『求積』第53問

「かりに円台（円錐台）があって、上径 $u=10$、下径 $v=20$、高 $h=12$ とする。上径の左旁（左端）から下径の右旁（右端）まで斜めにこれを截る。截積（切り取られた立体の体積）を問う。

答にいう。截積は 574.416.

草にいう。〈別に截面の濶 $d=14.1421$ を求めておく。〉下径と截面の濶を掛け合わせ（vd）、それから上径巾を引いた余り（$vd-u^2$）に上径を掛けて $u(vd-u^2)=1828.42$ を求め、高 h を掛け、さらに円積法 0.7854 を掛け、得る数 $(\pi/4)hu(vd-u^2)$ を分子とする。上・下の径の差の三倍 $3(v-u)$ を分母として、分子を割って、截積 V が求まる。」

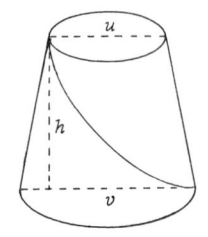

原図（点線を補うことにより、上径 u、下径 v、高 h の位置を明確にした。）

草文はまとめて**公式**

㊺ $$V=\frac{\pi}{4}\cdot\frac{hu(vd-u^2)}{3(v-u)} \qquad \left(\frac{\pi}{4}=0.7854\right)$$

を与えている。濶 d の別得の仕方は、あとで解文丙に出てくる。公式どおりに計算すれば $V=574.4164272$ となる。関の答は小数3桁までで丸めてある。

解文は便宜のため甲、乙、丙の三部に分かつ。乙は円錐台を垂直または斜めの面で切ったときの切口の分類を述べた重要な部分である。しかし、丙で取り上げるのはその分類のうち、截面の長が有限であって側円の長径に等しくなる場合のみである。

19 関の求積問題の再構成（五）

「解にいう。〔甲〕台形はもと錐に起るゆえに，截る所の斜直を論ぜず，みな高を上に仮りて円錐を作り，これを求む。（仮訳。台形はもともと錐形の頭を切り取った残形であるから，切り方が斜めでも垂直でもいずれの場合においても，みな台形の上方に仮りの高さを測って円錐の形になおしてから，截形の体積を求めるのである。）

〔乙〕〔割注内の検討は，あらためて後文§30で行なうことにする。〕(p.572)

〔丙〕すなわち，上径より，台の準に応じて高を仮らば，すなわち錐を成す。（仮訳。上径の高さのところから上方に，円錐台の水平はばが下径から上径にかけて変化する割合に応じて，仮高 j を定めれば，円錐 LFC が生ずる。）ゆえに，上径 u と台高 h を掛け合わせ，上・下の径差で割れば $uh/(v-u)$，仮高 j が得られ，〈これが虚円錐 LAE の高さに相当する〉。上・下の

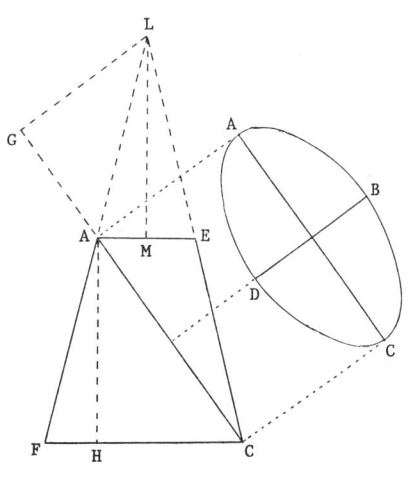

原図（ただし，側円 ABCD を斜め上方に別掲とした点が原図と違う。）
AC=e, BD=d, AE=u, FC=v,
AH=h, LM=j, LG=k.

半径の和の巾と台高の巾を加えたものを開平すれば $\sqrt{(u+v)^2/4+h^2}$，截面の長 e が得られ，〈これが側円の長径に相当する〉。また上・下の径の積を開平すれば $\sqrt{uv}$，截面の中潤 d が得られ，〈これが側円の短径に相当する〉。上径と下径と台高を掛け合わせ，上・下の径差と截面の長との積で割れば $uvh/e(v-u)$，側円錐（底面が楕円なる傾いた錐 LAC）の正高 k が得られる。よって，截面の長と潤と正高を掛け合わせ，また円積法を掛けて三で約せば，側円錐の体積 $U=(\pi/4)edk/3$ が得られ，〈これが虚実の共積である〉。ま

た上径〈これが虚円錐の径に相当する〉の巾と仮高を掛け，さらに円積法を掛けて三で約せば，虚円錐の体積 $W=(\pi/4)\,u^2 j/3$ が得られる。虚実の共積UからWを引けば，余り $U-W$ が截積（傾いた蹄形の体積）Vにほかならない。」

まず甲では，台形は（底面が四角でも円でも）すべて錐形の頭を切った残形である，という《一般論》を述べ，円錐台の場合は上方に延長して円錐になおしてから截面で切る，と考えている。この部分は，第54問（そ′）をも含めた一般論である，と理解すべきである（後文§29）。所截之斜直については，あとまわしにした乙と密接に絡むので，その考察は§30にゆずる。(p.572)

さて，丙の冒頭の応台之準（台の準に応じて）の一句の解釈に困惑した。前後の文脈から何をいわんとするかは分かるのであるが，完全に訳そうとすると行き詰る。準とは「みずもり」すなわち水平を意味する。しかし台の準とは何であろうか？

小林・田中両氏の論文（22., p.150右段）によって，関の『八法略訣』(1., p.371-376) を参照すべきことを教示された。そこには

「準，もって正平を知るべし。準は平となすの器なり。すなはち板を用ひ，板面に水の渠を穿ち，水を渠の中に注ぎ，もって平を取るなり。」(1., p.376)

とある。これは，まさしく今日の大工も使用している水平の測り方であり，それを測る器（道具）が準である。転じて「水平」の意味にもなった。

関が「準」なる言葉を用いた文脈を列挙すれば，つぎのとおり。

〔第一群〕
　　第53問，円台斜截〔乙〕「截面長の準，斜高の矩より屈さば，…」
　　第54問，円台斜截〔乙〕「上下の矢より，截面の準に応じて，下に至り，…」
　　第54問，円台斜截〔丙〕「その截矢，上下均きは，截面長と斜高と同準なり。」
〔第二群〕
　　第53問，円台斜截〔丙〕「上径より，台の準に応じて，高を仮らば，…」
　　第54問，円台斜截〔甲〕「前のごとく，台の準に応じ，高を仮りて…」
　　第57問，十字環〔丁前半〕「湾径の準に応じ，左右を截りて，刃を作る。」
　　第57問，十字環〔丁後半〕「全円の心より小背の両旁に至り，準に応じて外径に至り，欠環を作る。」

このうち第一群の準は，本来の意味に解釈して，「水平」または「水平さ加減」，転じて

19 関の求積問題の再構成（五）

「水平からの傾き」とすればよい。例えば「彼と此と同準なり」は「同じ傾きをもつ」と考えればよい（§29丙）。(p.567)

ところが第二群の「台の準に応じて」などは，「何々の水平に応じて」と解釈しても，前後が通じない。筆者は，この数カ月悩んだのであるが，いま到達した解釈はつぎのとおり。

古代中国に「版築（はんちく）」という土木工法がある。土壇などを築くのに，板で枠をつくって土を盛り，一層ずつ杵でつき固めていく。したがってその断面は《層状》の土の積み重ねになる。

関が何の形状を想い浮べていたかは分からないが，円台（円錐台）を円板が層状に積み重なった形のように考えていたことは，尤もありうる。「台」は，かれによれば，下底が広く上底が狭い立体である（立積編の小序などは，最終回に補う予定）。その中間の層を考えれば，水平のよこはばが下から上へかけて次第に小さくなる。

そこで「台の準に応じて」を「台の準の変化に応じて」と補って解釈してみる。円錐台の場合は，下底から上底にかけて各層の円板のよこはばが次第に小さくなるから，その「変化の割合に応じて」上方に延長すれば，上端に「鋭」をもつ「錐」の形が復元される。この考えにしたがって，上記の解文丙の仮訳を行なった。

この解釈について，ご教示を賜われば幸いに思う。

丙の残りの部分では，目標とする傾いた蹄形の体積Vを，二つの錐UとWの差によって求めようとしている。U（虚実の共積）は，底面が長径e，短径dなる側円で，正高が$LG=k$なる傾いた側円錐である。W（虚積）は，底面が径uなる円で，仮高が$LM=j$なる円錐である。そこで，与件u以外の値e, d, k, jを求めなければならない。

仮高$LM=j$は，△LAEと△LFCとの相似の関係から出る。それはすでに§5（ほ）円台のところに出ていた。記号を本問（そ）に合わせて再記すれば，

$$\frac{u}{v}=\frac{j}{j+h}, \quad \therefore j=\frac{u}{v-u}\cdot h.$$

円錐台の斜截面（関によれば，それは側円であるという——次節で詳論する）を統制するのは，截面長$AC=e$と截面濶dである。まずeは，直角三角形△AHCに勾股弦の術（ピタゴラスの定理）を適用すればよい。ところでHC

は，台高の半分の高さ $h/2$ での水平面による切口円の径 PQ に等しい。§23．斜めの弓形のところでしばしば用いた論法[#157]によって，HC ＝ PQ ＝ $(u+v)/2$ である。
そこで第一の関係式

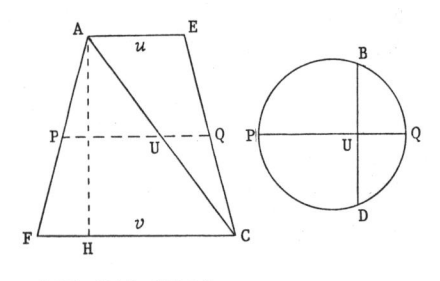

㊻ $\qquad e = \sqrt{\left(\dfrac{u+v}{2}\right)^2 + h^2}$

解図（杉本が補う）
AP＝PF, EQ＝QC, PQ＝$(u+v)/2$,
$AC=e$, BD＝d, AH＝h.

が成立する。e は同時に側円の長径に相当する。

截面中濶 d とはなにか？——それは側円の長径 AC＝e の中点 U において直交する弦 BD に等しい。円錐台に戻って考えれば切口円（図右）と截面（側円）との交線 BD にほかならない。§25．帽子のつば形（続）のところで，関がしばしば用いた論法[#158]により，BU^2＝PU・UQ であり，しかも PU＝$v/2$, UQ＝$u/2$ であるから，これと BU＝$d/2$ と組みあわせて $(d/2)^2 = (v/2)\cdot(u/2)$．よって第二の関係式

㊼ $\qquad d = \sqrt{uv}$

が成立する。

なお，次節で必要となる第三の関係式を導いておく。FH＝$(v-u)/2$ は明らかだから，勾股弦の術により，斜高 EC＝AF＝l が

㊽ $\qquad l = \sqrt{\left(\dfrac{v-u}{2}\right)^2 + h^2}$

と表わされる。（次節では，式㊼が式㊻と式㊽から導けることを示す。）

残るところは正高 LG＝k である。関はここで，はなはだ巧妙な論法を用いた。「傾いた錐の正高 k は，錐の切口である傾いた △LAC の正高 LG を考えればよい。しかも LG＝k は，△LAC の2倍の面積を底辺 AC＝e で割って求まる。」（原図を参照）

19 関の求積問題の再構成（五）

$$\triangle \text{LAC} = \triangle \text{LAE} + \triangle \text{ACE} = uj/2 + uh/2 = u(j+h)/2$$
$$\therefore k = 2\triangle \text{LAC}/e = u(j+h)/e$$

かれはここに先の $j = uh/(v-u)$ を代入して，

$$k = \frac{u}{e}\left(\frac{uh}{v-u} + h\right) = \frac{u}{e}\left(\frac{uh + vh - uh}{v-u}\right)$$

∴ ㊾ $\quad k = \dfrac{uvh}{e(v-u)}$

を導いた。見事な技巧である。

　これで必要な長さがすべてそろった。前節の公式㊹により，側円の面積 $S = (\pi/4)ed$. よって§4. 錐率三分の一の一般論により，虚実の共積 U は

$$U = \frac{1}{3}Sk = \frac{\pi}{4}\cdot\frac{edk}{3},$$

虚積 W は §5.（に）により

$$W = \frac{1}{3}Oj = \frac{\pi}{4}\cdot\frac{u^2 j}{3},$$

そこで目標とする立体（傾いた蹄形）の体積 V は **公式**

㊺′ $\quad V = U - W = \dfrac{\pi}{4}\cdot\dfrac{edk - u^2 j}{3}$

によって求まる。

　式㊺′から草文の公式㊺への移行は，分子に k と j の式を代入して変形すればよい：

$$edk - u^2 j = \frac{ed\cdot uvh}{e(v-u)} - \frac{u^2\cdot uh}{v-u} = \frac{uh}{v-u}(dv - u^2).$$

これに係数 $(\pi/4)/3$ を掛ければ式㊺となる。それにしても，関の計算能力には，目を見張るばかりである。

§28. 二つの側円の一致

前節の推論において，その基礎に重要な論点が横たわっていた。関は（れ）側円において，「側円は円柱を斜めに切った切口の形」と述べ，（そ）円台斜截において，「側円は円錐台を斜めに切った切口の形」と再述した。はたして，この二つの定義は一致するであろうか？

§26.で見たように，関は『闕疑抄答術』第45問の欄外に「截面の周は自然の卵形なり」と注記した。ごく素朴に考えてみても，円錐台は上から下に行くにつれて太さが広がる立体であるから，これを斜めに切った切口はイ図のように下のほうがふくらんだ卵の形になりそうな予感がする。円柱は太さが一定だから，斜めの切口がロ図のような側円になるのは当然である。円錐台の切口がイ図でなくロ図に一致してしまうとは，思えば不思議なことである。そこになんらかの説明（西洋流なら証明）がなければ，納得できないであろう。

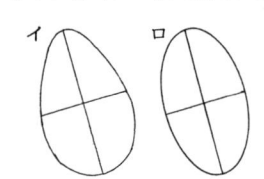

藤原氏はこの論点について

「〔関は〕さきに円壔の切口と考へ，ここでは円錐の切口もまた側円であると考へてゐるが，両者の一致することについてはなんらの記述がない。後世の和算家の内には，この一致を示さんと企てた人も1，2あるが成功してゐない。」(2.，第二巻 p. 240)

と正しく疑問を投げかけられた。平山氏もまた

「…孝和は，円柱の切り口も，円錐の切り口もどちらも側円であることを認めているが，その証明も説明もない。」(3.，p. 115)

同じく『全集』の解説に

「孝和は側円を，円の射影と言い，円壔の切口と言い，円錐の切口とも言っているが，この三つが同じ側円であることは何処にも説明がない。後の和算家でもこれを説明した人はなかった。」(1.，解説 p. 135)

と指摘された。

19 関の求積問題の再構成（五）

　筆者は，前節までの関の論法を，できるだけ原文に即して理解しようと努めるなかで，関は二つの側円の一致についての十分な確信をもっていたはずである，との結論を得た。西洋流の厳密な立場から見れば，なるほど《どこにも証明はない》。しかし，和算には和算固有の論法があった（4.，論叢313号，p.4-5）。当面の論点についていえば，前節までで関は証明に必要な根拠をほぼ一揃いもっている。それらをつなぎ合わせて望みの証明を完結させることは，たやすい。その立場からすれば，それは自明であって，わざわざ言及する必要を感じなかったのであろう。西洋流の証明が残されていないことから，かれがあやふやな論拠に立っていた，と批判することは酷である。以下《おそらく関の頭のなかに存在したはずの証明》を**復元**する。虚心に証明の筋道をたどられれば，意外に単純な推論の積み重ねであることがご理解いただけるであろう。

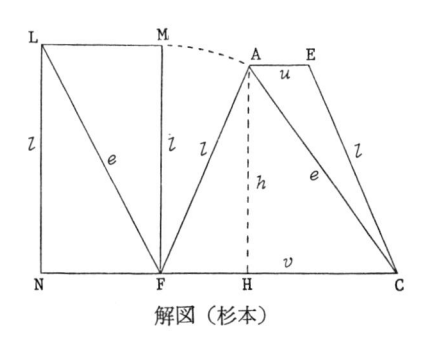

　図右のように，上径 $AE=u$，下径 $FC=v$，高 $AH=h$ なる円錐台をAからCにかけて斜めに切り，截面長ACを e とおこう。ここでは前節（そ）の推論がそのまま成立するから，

解図（杉本）

㊻　　$e=\sqrt{\left(\dfrac{u+v}{2}\right)^2+h^2}$

となる。さらに斜高 $AF=EC=l$ も，前節で求めておいたとおり

㊽　　$l=\sqrt{\left(\dfrac{v-u}{2}\right)^2+h^2}$

となる。

　この公式㊽は筆者の思い付きではない。§24.（た）外偏弧環の草文において，関は上虚径 u'，下虚径 v'，高 h が与えられたとき，旁弦 a を別得した。この a は本問の斜高 l

にほかならない。§23. に解説したように，上・下径の半差 $t=(v'-u')/2$ と高 h から，$a=\sqrt{t^2+h^2}$ が別得されたのであって，これが上の式㊺と同一の内容なることは明らか。

さて，円錐台のすぐ脇に（図左），高 LN が l に等しく，截面長 LF が e に等しいような円柱 LNFM をおく。l と e が与えられたこの円柱の底面の径 NF $=d$ は，どんな長さであろうか？——それは簡単な計算によって求まる。

$$d^2=e^2-l^2=\left(\frac{v+u}{2}\right)^2+h^2-\left(\frac{v-u}{2}\right)^2-h^2=\frac{2uv}{4}-\left(-\frac{2uv}{4}\right)=uv,$$

∴ ㊼　　$d=\sqrt{uv}.$

再び式㊼が導かれた。u と v から長さ d を作図するには，$u+v$ を径とする円において，u を矢，v を補矢とする弦 $2d$ を描けばよい。——関が愛用した論法にすぎない。

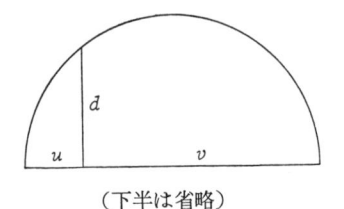

（下半は省略）

斜高 AF 上に任意の点 P をとって，AF$=l$ を
　　　AP$=m$, PF$=n$
に分かつ。このとき円柱の高 MF$=l$ のほうも，対応点 T によって等しく
　　　MT$=m$, TF$=n$
に分かたれる。そこで円柱，円錐台をそれぞれ対応点 T, P の高さのところで，底面に平行な面で横に切れば，切口はそれぞれ ST, PQ を径とする円になる。（径 ST$=$NF$=d$ が一定であるのにたいして，径 PQ は P 点の高さに

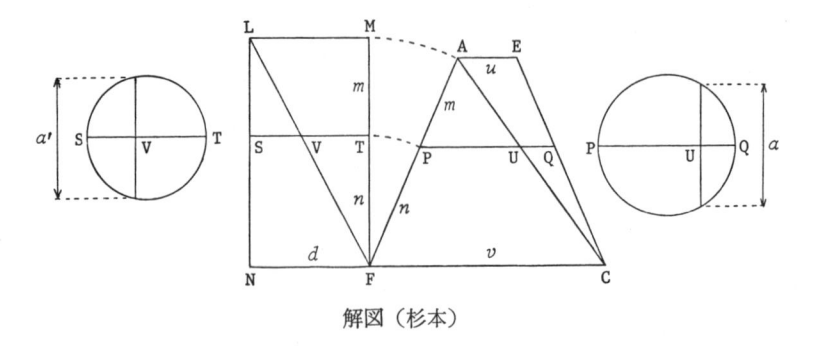

解図（杉本）

19 関の求積問題の再構成（五）

したがって変化することに注意する。）

STとLFの交点をV，PQとACの交点をUとおけば，三角形の相似によって

$$SV = \frac{dm}{l}, \quad VT = \frac{dn}{l}, \quad PU = \frac{vm}{l}, \quad UQ = \frac{um}{l}$$

が容易に分かる。それぞれの切口円において，Vを通る弦の長さをa'，Uを通る弦の長さをaとおけば，周知の弦と矢の関係により，

$$a' = 2\sqrt{\frac{dm}{l} \cdot \frac{dn}{l}} = 2\frac{d}{l} \cdot \sqrt{mn}$$

$$a = 2\sqrt{\frac{vm}{l} \cdot \frac{un}{l}} = 2\frac{\sqrt{uv}}{l} \cdot \sqrt{mn}$$

となる。しかるに式㊼によって $d = \sqrt{uv}$ であるから，

㊿ $\quad a' = a$

が成立する。とくに $m = n = l/2$ のときは，弦a'，a が円柱径dに等しいことは明らか。このdが同時に側円の短径に等しいことは，前節で見たとおりであるが，その事実が再び示された。さて截面長LF，ACはともに等しく$=e$となるように作図してあった。そのLF，ACを対応点V，Uが

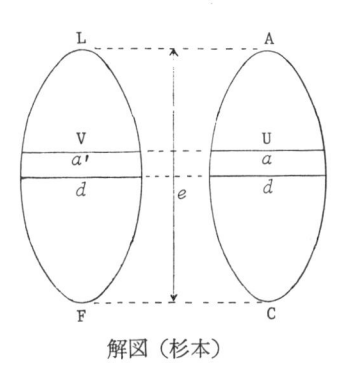

解図（杉本）

$$LV = \frac{em}{m+n} = AU, \quad VF = \frac{en}{m+n} = UC$$

のように等しく分かつことは明らかである。こうして

「円柱の斜截面と円錐台の斜截面は一致して側円になる。」

ことが証明された。

前節のように，関が（そ）円台斜截の解文で閃かせた幾何学的な直観力と，草文で発揮した計算能力からすれば，筆者による復元の過程はすべてかれの掌中にあったはずである。前節「台の準」のところで考察したように，関は，円柱の場合も円錐の場合も，つねに底面に平行な面で切った切口円を《層状》に積み重ねた立体と考えていた。したがって斜めの切口（斜截面）の形を考えるときも，水平な切口円とこの斜めの切口との交線，つまり截面長と直交する《よこはば》a, a' に焦点をしぼればよい。かれにとって斜めの切口は《面的》であり，側円とは，いわば横線 a が沢山引かれた《草鞋》のような図形であった，と推測される。それぞれの対応点V，Uにおいて《よこはば》が一致すれば，全体として草鞋の形は一致せざるをえない。

　関の頭のなかに存在した《証明》は，おそらくこのようなものであったろう。その核心は，円錐台と円柱を横に並べ，円錐台の斜高 l と円柱の高 l とを，同じく m と n に分かつ高さのところで水平に切ることである。明かされてみれば手品の種のようにたあいないものであるが，その水平面の高さが両者で異なるところが盲点となる。のちの和算家も，失礼ながら今日の和算研究者も，関の論法をその原文に即して把握しようとしなかったため，手近かにあった《一致の証明》に気がつかなかったのではあるまいか。ことに西洋流の先入観も妨げになるであろう。

§29. 傾いた蹄形（続）

前々節では，円錐台を左上隅から右下隅まで斜めに切ったのにたいして，本節では円錐台を途中から斜めに切った場合が主題となる。しかし§27（そ）の繰りかえしが多いので，原文紹介は要所にとどめ，あとは文字式を用いて圧縮する。

　（そ′）**円台斜截**（傾いた 蹄形）……『求積』第54問

「かりに円台があって，上径 $u=10$, 下径 $v=15$, 高 $h=6$, 上矢 $c=2$ のと

ころから，下径の右旁まで斜にこれを截る。截積を問う。

答にいう。截積29.36664.

草にいう。〈別に截面長$f=7.5$，上弧積$M=11.1825$，側円欠積 $N=46.3104$（松永によれば 46.317519強）を求めておく。〉計算は，$Nvc=1389.312$ と $Muf=838.6875$ を求め，$h(Nvc-Muf)$ を分子とし，$3f(v-u)$ を分母として，割算すれば截積Vが求まる。」

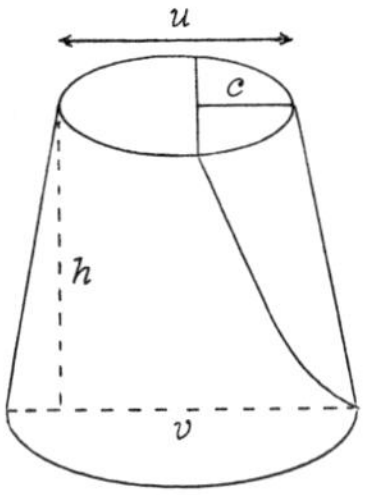

原図（上径uの位置を外におき，下径vと高hは点線で示した。）

草文をまとめれば，**公式**

(51)
$$V=\frac{h\,(Nvc-Muf)}{3f\,(v-u)}$$

を与えている。松永によるNの値は，後記の検算に見るように誤差が大きく，関のNのほうが近い。そこで関の 46.3104 を用いて計算すれば $V=29.36664$ となり，上の答が出る。

解文は便宜のため甲，乙，丙，丁の四部に分かつ。

「解にいう。〔甲〕前のごとく台の準に応じ，高を仮りて錐を作る。その鋭より斜めに上矢に至らば，すなはち弧錐ありて，適（まさ）に虚実の側円欠錐を作る。（仮訳。前問と同様に，円錐台の水平はばの変化に対応して，仮高 LM $=j$ を定めて円錐を作る。

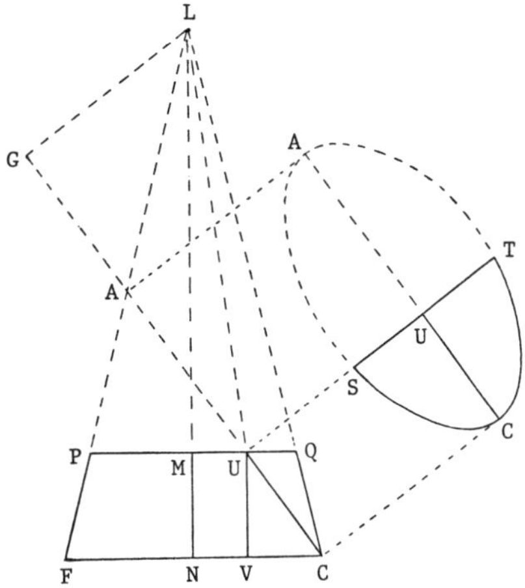

原図（ただし，側円を斜め上方に別掲とした点が違う。）

LM$=j$, MN$=h$, PQ$=u$, FC$=v$, UQ$=c$, VC$=g$, UC$=f$, AC$=e$, LG$=k$.

その頂点Lから上矢 UQ の端Uまで斜めに切ると，弓形 TUSQ を底面とする〔虚〕弧錐Wがある。〔さらに斜高LQを点Cまで伸ばして截面 UC と交わらせば，〕側円欠（楕円の一部）TUSC を底面とする傾いた錐Uができて，Uは虚実の共積である。〕

ゆえに $uh/(v-u)$ が仮高 LM=j であり，〈それは虚弧錐Wの高に相当する〉。上・下径の半差 $t=(v-u)/2$ 〔=WV〕と上矢 UQ=c との和 $c+t$ が下潤(したばぅ) VC=g だから，截面長UC=f は $\sqrt{g^2+h^2}$ となる。WC=$g+t$ とおき，$fv/(g+t)$ が側円長径 AC=e となる。$\sqrt{v^2c/(g+t)}$ が側円短径 d となる。$vhc/f(v-u)$ が側円欠錐Uの正高 LG=k となる。$c'=fd/e$ を仮矢とし，d を仮円径として，弧術によって仮弧積 N' を求める。$N'e/d$ が側円欠積

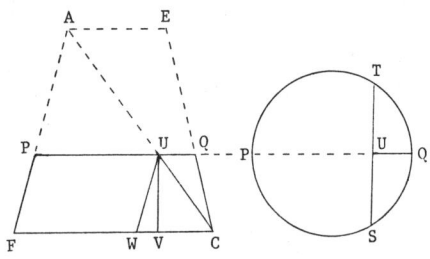

解図（杉本が補う）
UQ=c, FC=v, AE=v', WV=t,
VC=$g=c+t$, WC=$g+t$, UC=f.

N となる。$U=Nk/3$ が側円欠錐積であり，〈また虚実の共積に相当する〉。また上弧積Mによる$W=Mj/3$ が虚弧錐積であり，〈また虚積に相当する〉。$V=U-W$ が截積（傾いた蹄形の体積）となる。」

甲は文字式を用いて圧縮したが，それでもなお複雑である。大筋は仮訳した部分に書かれているように，二つの錐の差$U-W$として截積Vを求めようとする。U（虚実の共積）は，底面が楕円の一部を切り取った面（側円欠と呼ぶ）TUSCで正高が LG=k なる傾いた錐である。W（虚積）は，底面が弓形TUSQで仮高が LM=j なる傾いた錐である。

なお，この仮訳した部分の原文には脱落があると思われる。筆者はたとえば「…すなはち虚弧錐あり。截面の長，斜高の矩に交はりて，適に虚実の側円欠錐を作る。」と下線部を補えば，意味が通ずると考える。仮訳は，これらの語句を補ってある。

19 関の求積問題の再構成（五）

　これら二つの錐の体積を求めるためには，各部分の長さや面積が必要になる。関の解図に不足する諸関係を，筆者の解図で補った。仮高 $LM=j$ は，§27.（そ）とまったく同じ考察により $j=uh/(v-u)$ と出る。正高 $LG=k$ も，同じく，ただし分子 u を c に，e を f に読みかえて $k=cvh/f(v-u)$ と出る。

　$V=U-W=(Nk-Mj)/3$ から式�51への変形は容易である。

　必要な f はつぎの考察による。筆者の解図のように $PF /\!/ UW$ なる点 W をとれば，$PU=FW$ であるから，上・下径の半差は $WV=t=(v-u)/2$ となる。よって下濶 $VC=g=c+t$，$WC=g+t$ となり，二つの梯形が相似になる：

$$\square\, AFCE \backsim \square\, UWCQ.$$

これを使えば見通しがよくなる。すなわち截面長 $UC=f=\sqrt{g^2+h^2}$ は $\triangle UVC$ が直角三角形なることから直ちに出る。長径 $AC=e$ は，上の相似から比例：

$$AC:UC=FC:WC \quad \text{つまり} \quad e:f=v:(g+t)$$

によって $e=fv/(g+t)$ と出る。上虚径 $AE=u'$ も同じく比例：

$$AE:UQ=FC:WC \quad \text{つまり} \quad u':c=v:(g+t)$$

によって $u'=vc/(g+t)$ と出る。

　そこで短径 $BD=d$ を求めるには，§27.の式㊼で，u を u' に読みかえて，

$$d=\sqrt{u'v}=\sqrt{v^2c/(g+t)}$$

とすればよい。これで必要な長さがすべてそろった。

　つぎに側円欠の面積 N が必要となる。関は（れ）で側円を円柱斜截によって定義した。そこで「側円は径 d なる円の d をそのまま短径として，長径 e は d に一定の比率 $e:d$ を掛けて引き伸ばした形である」と考え，側円 $ABCD$ をいったん径 $BD=d$ なる仮円に戻して，仮弧積 N'（仮矢が $c'=fd/e$ になるような弓形の面積）を計算し，しかるのちに e/d 倍して側円欠積 $N=N'e/d$ を求めた。

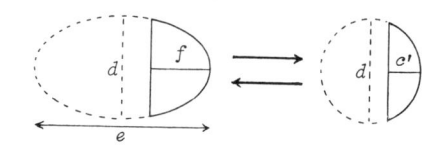

関が別得した f, M, N を**検算**してみよう。M は上径 $u=10$ なる円で、上矢 $c=2$ をもつ弓形の面積であるから、§16. の乙図に属し、$M=11.1825$ でよい。
$g=c+t=2+2.5=4.5$ から $f=\sqrt{g^2+h^2}=\sqrt{4.5^2+6^2}=\sqrt{56.25}=7.5$ で、別得の f と一致する。$e=fv/(g+t)=112.5/7$, $d=\sqrt{v^2c/(g+t)}=\sqrt{450/7}=15\sqrt{2/7}$, 仮矢 $c'=fd/e=\sqrt{14}$.

#159
ところで関の求弧背術（筆者は別の論文を準備している）を適用するときは、仮円の径を10とし、仮矢もそれに応じた値にすると計算しやすくなる。そのためには、あらかじめ長軸方向は $e/10$ で割り、短軸方向は $d/10$ で割っておいて、弧積 N' を計算し、あとから $ed/100$ 倍して N に戻すのが具合よい。仮矢は $c'=f\cdot(10/e)=7.5\times 70\div 112.5=14/3$ となる。関の補間公式を用いて c' に対応する弧長を求めれば 15.04080、そこで $N'=35.93904$ となる。$ed/100=(112.5/7)\times(15/100)\times\sqrt{2/7}=(135/56)\times\sqrt{2/7}=1.288581$、そこで $N=N'ed/100=46.310364$ となり、関が別得した 46.3104 が裏付けられた。松永の 46.317519 強は、この値から遠い。

〔乙〕もし題中に上下の矢と云はば、上下の矢より截面の準に応じて、下に至り、斜高と截面長の交はる所をもって、界となす。（仮訳。もし上矢 c と下矢 c' を与えて云々という場合は、上矢の端 U と下矢の端 U′ を結ぶ截面の水平さ加減（傾き）に応じて、下の方に伸ばして、斜高 QQ′ の延長と截面長 UU′ の延長との交点 C を、考察すべき円錐台の界と見なす。）
$c'h/(c-c')=h'=$M′N が下虚高、$h+h'$ が虚実の共台高、$v+h'(v-u)/h=v'=$FC が虚下径となる。$g=c'+c'(v-u)/2(c-c')$ から $f'=\sqrt{g^2+h'^2}$ とおいて、$f'=$U′C 虚面長を求める。$f'(h+h')/h'=f=$UC が虚実の共面長である。ここで仮円錐 LFC について、さきの〔甲〕のように必要な諸数を求める。

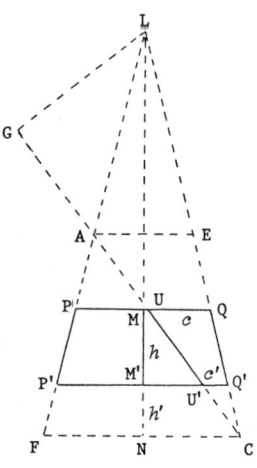

解図（杉本が補う）
$PQ=u$, $P'Q'=v$, $FC=v'$,
$UC=f$, $U'C=f'$.

$$\text{虚実共積 UCQ = 側円欠錐積 LUC - 上虚弧錐積 LUQ}$$

19 関の求積問題の再構成（五）

　　下虚積 $U'CQ'$ ＝下側円欠錐積 $LU'C$ －中虚弧錐積 $LU'Q'$
これから
　　截積 $UU'Q'Q$ ＝虚実共積 UCQ －下虚積 $U'CQ'$
が求まる。」

乙は甲の下側がさらに水平に切り取られた円錐台 $PP'Q'Q$ を考え，これを斜めに切ったときの截積 $UU'Q'Q$ を求めようとしている。斜截面を統制するのは，上矢 $UQ=c$ と下矢 $U'Q'=c'$ である。解文は文字式によって圧縮しても，さらに複雑である（一種の執念すら感ぜられる）。しかし乙は甲の応用にすぎず，二つの截積 UCQ と $U'CQ'$ との差によって截積 $UU'Q'Q$ を求めようとするのである，とその意図を理解すれば驚くには当たらない。関のいう下虚積（下方に延長した点線の部分）における諸数も，甲と同様な考察によって求まる。今日の私たちなら，長さ UC などと文字記号で区別するものを，虚実の共面長などといちいち名称を与えており，その名称もおおむね妥当である。

「〔丙〕その截矢，上下均きは，截面長と斜高と同準なり。（仮訳。その斜截面を決める上矢 c と下矢 c' が等しい場合は，截面長と斜高の水平さ加減が同じ（つまり平行）である。）
〈すなはち，截面長をもって濶に乗じ，三分の二を取り，截面の積を得る。（仮訳。截面長に濶〔後述〕を掛けたものの2/3が截面積 S を与える。）〉」

西洋流の円錐曲線論を知るわれわれにとっては，ここにいう截面が放物線と線分で囲まれた切片であること，昔アルキメデスが搾り出し法によって面積を求めたことなどを思い出す。じっさい，藤原氏は

「$SXYT = \dfrac{2}{3} UV \times$ 濶　とある。濶は何を指すか説明がないが，現今の方法で計算すれば

　　（＊）　　　$SXYT = \dfrac{2}{3} UV \times \dfrac{SU^2 + SU \cdot XV + XV^2}{SU + XV}$

となる。故に 濶 ＝ $\dfrac{SU^2 + SU \cdot XV + XV^2}{SU + XV}$ に当る。しかし孝和が如何にしてこ

解図（杉本）

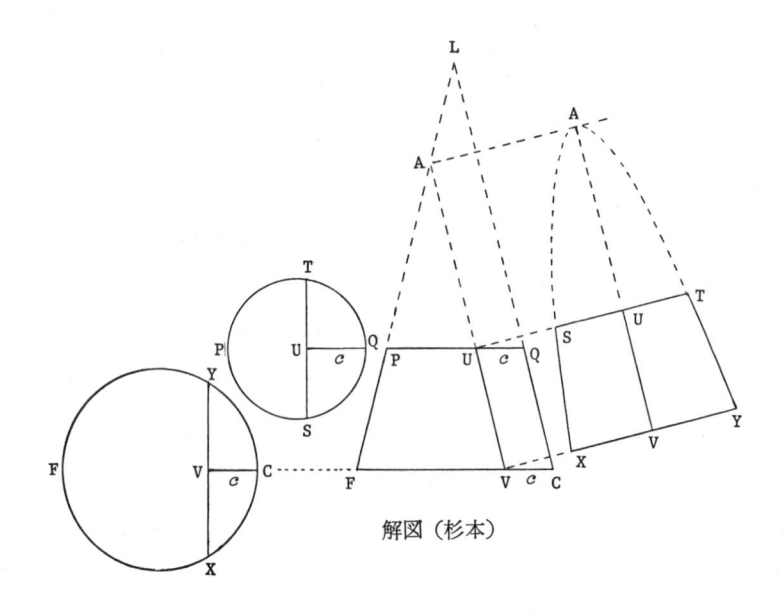

れを出したか不明である。」(2., 第二巻 p.242)
と述べておられる。藤原氏の式（*）は SU を ST に，XV を XY に読みかえるべきである。さもなければ，半分の面積しか求まらない。氏は「現今の方法」つまり積分によって復元されたので，半分の面積になってしまった。しかも「濶は何を指すか」分からない。

　西洋流とは無縁であったと思われる関の場合，どのように考えて割注内の結論に到達したのであろうか？——筆者はこれまで繰りかえし述べたように，「関はつねに円錐台を底面に平行な水平面で切って，切口円を考えていた」と推測する。したがって「斜截面と切口円との交線，すなわち弦の長さが決め手となる。」$PQ=d$ を径とする切口円において，弦 $ST=a$ と矢 $UQ=c$ のあいだには，§3（ろ）の関係式

　③　　　$a^2 = 4c(d-c)$

が成立する。（§27, §28. で関の論法としてたびたび引用した。）

19 関の求積問題の再構成（五）

截面 SXYT を考えるよりも，もっと基本的な図左の截面 AST の面積 S を考えよう。斜高 AU=l と補矢 PU=$d-c$ とは比例するから，$d-c=kl$ とおけば，式③は

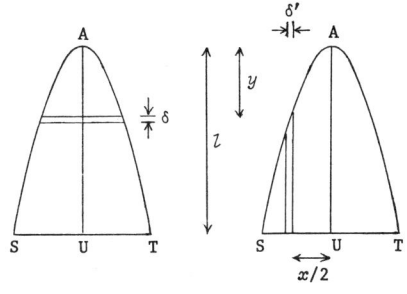

㉛ $\quad a = 2\sqrt{ck}\sqrt{l}$
$\quad\quad = 2m\sqrt{l} \quad (\sqrt{ck}=m$ とおいた$)$

と書き直せる。面積 S を求めるときの関の常套手段は，短冊の和を考えることである。斜高 y のところにある弦 x の長さは，式㉛と同様に $x = 2m\sqrt{y}$ であるから，これに短冊の幅 δ を掛けた和

$$S = \sum x\delta = 2m\sum \sqrt{y}\,\delta$$

が目指す面積となる。

しかし平方根を含む和 $\sum\sqrt{y}\,\delta$ は考えにくいので，パスカル（後文）[#161]が愛用した「切り方の変更」を行なう。図右のように，AU に平行な短冊で，長さ $l-y$，幅 δ' なるものの和を考える。

$$S = 2\sum(l-y)\delta' = 2l\sum\delta' - 2\sum y\delta'$$

ここで第一項は明らかに長さ l，幅 a なる矩形の面積 la に等しい。第二項は $-(2/m^2)\sum(x/2)^2\delta'$ と書き直すと，§5（に）円錐積再考のところ，および§16.の式㉔での考察がそのまま流用されて $\sum(x/2)^2\delta' = \overline{SU}^3/3 = (a/2)^3/3$ となる。そこで

$$S = la - \frac{2}{m^2}\cdot\frac{1}{3}\left(\frac{a}{2}\right)^3 = la - \frac{1}{3}\cdot\frac{a^2}{4m^2}a = la - \frac{1}{3}la = \frac{2}{3}la$$

となる。こうして

㉜ $\quad S = \sum x\delta = 2\sum(l-y)\delta' = \dfrac{2}{3}la$

が得られた。

　藤原氏と同様に考えるため，AU がさらに AV にまで延長された，先の解図（杉本）の場合，$AV=l'$，$XY=a'$ とおけば，目標とする截面SXYT の面積は $S'-S$ となり，計算の結果，

$$S' - S = \frac{2}{3}(l'-l) \cdot \frac{a'^2+a'a+a^2}{a'+a}$$

が得られる。この $(a'^2+a'a+a^2)/(a'+a)$ が濶ということになるが，はたしてその幾何学的な意味はなんであろうか？

　筆者はいろいろと迷ったあげく，つぎの結論に到達した。関は一般的な截面SXYT を考えていたのではなく，基本的な截面 AST を考えたのにすぎない。濶とは上記のように複雑な分数式をさすのではなく，単純に $ST=a$ をさしている。つまり原文の二行割注は，上矢 c がA点における円径AEに一致した場合を考えているにすぎず，截面長は $AU=l$ であり，したがって截面積Sは式㊾のように $(2/3)\,la$ に等しい。

　関の原文は，これまでしばしば見たように，文章の圧縮が多く，ときには省略または（書写のさいの）脱落が含まれている。恣意的に原文を変更して読むことは，極力避けるべきである。しかしそれとは逆に，省略または脱落をつい深読みして，関が考えてもいない場合にまで考察を及ぼすことも，関の真意を歪めることになるであろう。関がはたして放物線の性質をどこまで深く追求したかは，『全集』(1.) の当該箇所を読むかぎり定かではない。筆者は，かれが基本的な截面 AST の面積を $(2/3)la$ と促えたことを高く評価するとともに，これを二行割注としてささやかに述べた態度から考えて，そこまでが追求の限界であったのではないか，と考える。

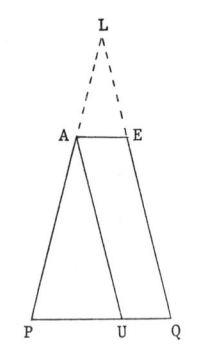

　黒田孝郎氏の近著 (23.) には，啓発されるところが多い。アルキメデスの「直角円錐

19 関の求積問題の再構成（五）

の切り口の面積」についての解説は，第三章Ⅱ（p.234-256）に詳しい。なお，今日慣用の「放物線」なる名称は不適切でパラボラと呼ぶべきである，とのお説（p.263）も傾聴に値する。

「〔丁〕〔ハ〕もし，下矢多きは，截る所の斜正を論ぜず，その形みな圭面の円を作るなり。〈〔ホ〕ただし，下矢，上矢と上下径差を併はせたる数より多きは，すなはち截面かえって側円を作る。〔ヘ〕または上径下矢の相乗と下径上矢の相乗の両数等しきは，截面まさに圭をなすなり。〉」

説明のために，六つの図を掲げる。イ図は上述の乙に対応し $c>c'$ なる場合，ロ図は上述の丙に対応し $c=c'$ なる場合である。ここ解文丁では，截面

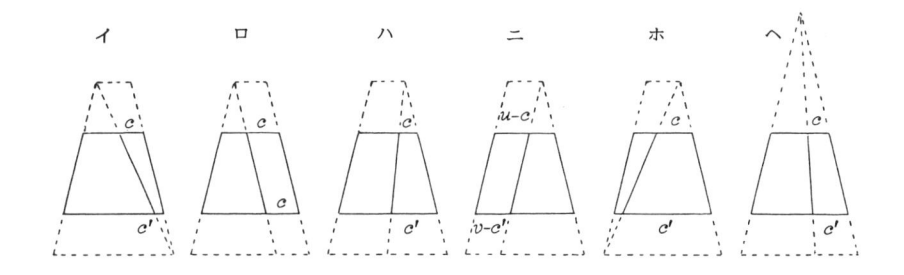

イ　　ロ　　ハ　　ニ　　ホ　　ヘ

の統制を西洋流に斜高となす角度で捉えず，上矢 c と下矢 c' による統制に頼っているため，はなはだ煩瑣におちいっている。丁の本文と二行割注〈 〉内を続けて，それをハ，ホ，への三部分に分かつ（ニは筆者が補う）と，丁は全体として $c<c'$ なる場合を扱っている。そのうちハ図は $c'<c+(v-u)$ なる場合，ホ図は $c'>c+(v-u)$ なる場合に相当する。しからばその中間に，ニ図のように $c'=c+(v-u)$ なる場合（これは $u-c=v-c'$ となるから，ロ図と同じ結果になる）があるが，関はこれを見落している。

ヘ図は $uc'=vc$ なる場合と関が述べているが，書きかえて $u:c=v:c'$ であるから，截面は頂点を通り，その形は圭（二等辺三角形）になる。

ではハ図の「圭面の円」とはなにか？——それは次節であらためて考察する。

§30. 円錐台の斜截面

残るところは関による円錐台の斜截面の分類である。§27（そ）であとまわしにした二行割注の乙の部分を，その直前の甲とともに再録する。(p.553)

「〔甲〕台形はもと錐に起るゆえに，截る所の斜直を論ぜず，みな高を上に仮りて円錐を作り，これを求む。

〔乙の一〕〈およそ円錐を直截せば，上規下に通ぜず。ゆえに截形は圭面の円を作る。〉

〔乙の二〕〈もし斜截するに，上尖より起きなば，上下の規相通ず。ゆえに截面は定りて圭を作る。〉

〔乙の三〕〈〔もし斜截するに〕旁より起き，截面*長の準，斜高の矩より屈さば，すなはち下に至*りて遂に交はることを得。ゆえに長自から限りありて，截面は定りて側円を作る〉

〔乙の四〕〈〔もし斜截するに，旁より起き，截面長の準〕斜高の矩より伸びなば，すなはち遂に交はることを得ず。ゆえにその長は窮りなくして，截面は圭面の円を作るなり。〉」（原文の*截長之準を，藤原氏（2., 第二巻 p. 240 脚注）にならって截面長之準と訂した。（そ'）乙には截面之準という用例があるので，このほうが適切かもしれない。また原文の*圭下は，『全集』（1., p. 250）の訂正にしたがって至下に改めた。）

従来，この部分は，関による《円錐曲線の分類》であると評価され，その線にそった解釈がなされてきた。

　林鶴一氏「…是レ不完全ナガラ直円錐ノ種々ノ截リ口ヲ分類セルモノニシテ…」(24., 上巻 p. 450)

　平山氏「…それ故，孝和は三つの円錐曲線を認めたと言うことができる。」(3., p. 125)

　『全集』「昭和のはじめになって林鶴一がこの文章を解釈するまでは誰も気が

付かなかった。…とにかく孝和は円錐の切口に四種（二等辺三角形を含めて）生じることを認めている。」(1., 解説p.136)

また最近の論文において，小林・田中両氏「…まず最初に注意を払っておかなければならないのは，関が円台斜截問題とは別途に，その截面としての円截曲線を論じていることである。その意図するところは，…割注として円錐を直截あるいは斜截することによって得られる截面を，一般的に表現することにあったと考えられる。…」(22., p.150左。下線は引用者による。)

筆者はこれらのご意見とは異なる見解をもつ。今日の評者たちがそれほど重視する「円錐曲線の分類」を，なぜ関は二行割注の形で小字によって指摘するのみにとどまったのであろうか？《画期的》なはずの「円錐曲線論」を，なぜ堂々と独立の問題として提起しなかったのか？──§2.の一覧表をご覧いただきたい。その平積編25問のうち，曲線を含むものは11問ある。15.円，16.環，18.帯直円，19.側円，22.弧などは，なかんずく基本的な図形である。それに反して，17.火塘，21.車輞，24.錠などは（当時の日用品との関連を反映したにせよ），図形としては派生的なものにすぎない。立体を斜截してえられる面を平積編に納めるのが先後不同だというならば，側円が立積編39.円堡塔に先立って扱われた例がある。少なくとも54.円台斜截の解文丙（そ'）に扱われた放物線の切片の面積 $(2/3) la$ などは，独立の問題として提出し，どのように導かれるかを説明すべきであった。「乃」（すなはち）の一字で済ませたのでは，関の弟子たちも困惑したであろう。──小林氏たちのご指摘によれば，「関孝和以後の和算家で，円錐曲線について研究を残したものは少ない。」(22., p.151右) その理由は隠蔽的な師の態度に帰す，と筆者は考える。なお上記の，小林氏たちからの引用文のなかで，「別途に」という意味が筆者には分からない。──筆者は，関が円台斜截の「序でに」（ついでに）截面に触れた，と考えている。筆者自身の見解は，本節末にまとめて述べる。

上に再録した乙の部分には，難解な語と表現が含まれ，従来の解釈には修正

の余地が認められる。小林氏たちの論文（22.）は，多くの新見を含み，関の原文の解釈を前進させたものとして高く評価したい。筆者はさらに一歩を進めて，私見を提出する。まず**語釈**から始めよう。

　直截。藤原氏の「これは円錐を底面に直角に切れば（直截）……」（2.，第二巻 p.241）にしたがう。

　平山氏は，乙の一を無理に放物線に分類せんがために，直截を「母線〔斜高〕に平行なる平面で切ったことに解釈」された（3.，p.125）。これは小林氏たち（22.，p.150右）のご指摘のとおり誤りである。『求積』編第55問に，「かりに球欠あり。矢2，弦8，右旁より縄に截るに矢1。截積を問う。」とある。これは§9（と）で取りあげたのと同形同大の球欠（球帽）を水平におき，右端から内側に入ったところで底面に垂直な面で切ったら，その切口の高さ（截面上矢）が1になった云々，という問題である（後文で詳論の予定）。関は『八法略訣』において

「**縄**，もって端直を知るべし。縄は直となすの器なり，すなはち線を用ひて錘を端に繋ぎ，これを懸け，もって直を取るなり。」（1.，p.376）

と述べた。これも今日の大工がいまだに用いている，竪柱の垂直を測る方法そのものである。直截と縄截が同義なることは，この文により明らか。

　規，矩。規は円または円弧の「曲り具合」を，矩は直角の「かど」を，転じて鋭った「かど」をさすものと解釈する。

　関の『八法略訣』には

「**規**，もって体円を知るべし。規は円となすの器なり。」（1.，p.376）

「**矩**，もって函方を知るべし。矩は方となすの器なり，すなはち曲尺なり。」（同）

とある。古代中国の絹布に描かれた伏羲（右）がもつのが矩（曲尺＝直角定規）であり，女媧（左）がもつのが規（ぶんまわし）である。

　規はこれから転じて円および円弧をさすと考えられる（小林氏たちと同意見）。しかし，関は文脈に応じて多様な意味に用いている。筆者はそれら全体を通じて，円または円弧の「曲り具合」と解

トルファン地方出土の絹布の絵を模写した。

釈すればよいと考える。すでに§17（る′）において，「虚湾と環背の両規が相合するゆえに…」「虚湾をもって環背の規に合するものを…」などの原文を，「虚湾 b' と環背 b の両方の曲線の曲り具合が合致して…」と仮訳した。結果的に「両者が同一円周上に並ぶ」ことになるが，そのように言い切るのはあまりに今日的な解釈になりすぎる。

矩は，関の原文を直解すれば，「矩は直角を定めるための道具であり，曲尺のことである」となる。つまり与えられた《かど》に曲尺を当てがってみて，直角であるか否かを調べる，今日の大工の技法そのままを示している。関は『求積』平積編と立積編の初めにそれぞれ小序を付した（最終回に補う予定）。そこには平面図形を分類して，

「これ平積は直と尖の両矩なり。」（このように平積には直と尖の二種類の角をもつものがある。）（1., p. 221）

立体図形を分類して，

「これ立積は壔と錐と両矩なり。」（このように立積には壔と錐の二種類の角，つまり下から上まで同じ形で直角なものと，上が鋭っているものがある。）（1., p. 230）

と述べている。これらを総合すれば，小林氏たち（22., p. 151左）のように，円錐の場合に矩を「斜辺（母線）と底面のなす**角度**」と解釈するのは，あまりに今日的な考えのように思われる。筆者は，円錐の下方の「かど」または「すみ」と解釈すればよい，と考えたい。

<u>上規不通于下</u>。<u>上下規相通</u>。これを「上での曲り具合と下での曲り具合は，それぞれ全円周にたいする割合が共通でない。」および「……両者の曲り具合は共通である。」と解釈する。

従来，この句を，たとえば藤原氏は「この意味が明らかでない。」（2,，第二巻p. 241）とされ，平山氏（3.）は解釈を省略された。小林氏たち（22., p.150右, p.151左）は，この解釈のために『八法略訣』など多くの傍証をあげられ，「…同一円周上の共通円弧として一致しているとする使い方」さらに「…規を拡大解釈して，同心円の比例を含む意味をもつとすれば一致することとなる」などと，苦心を払われた。

筆者は，上記のように，規を一般的に「曲り具合」と考え，さらに「通ふ」とは「共通の比をもつ」「共通の寸法をもつ」と考える。そして，当該の文脈において関がなにを言わんとしているかを考えてみた。まず「上下の規，相通ず」（乙の二）は，図左のように截面が円錐の頂点を通るときである。円錐をどの高さで水平に切っても，「切口円の円径 d と矢 c とはつねに同じ比率をもっていて，したがって全円周 πd にたいする円弧 b の割合はつねに同じ割合をもっている。」これにたいして「上規，下に通ぜず」（乙の一）は，図右のように斜高の途中から底面にたいして直角に切ったときである。円錐をいろいろな高さで水平に切ると，「上方の切口円における円弧 b は全円周にたいして小さな割合しかもたないのに比べて，下方の切口円における円弧 b は次第に半円に近づいてい

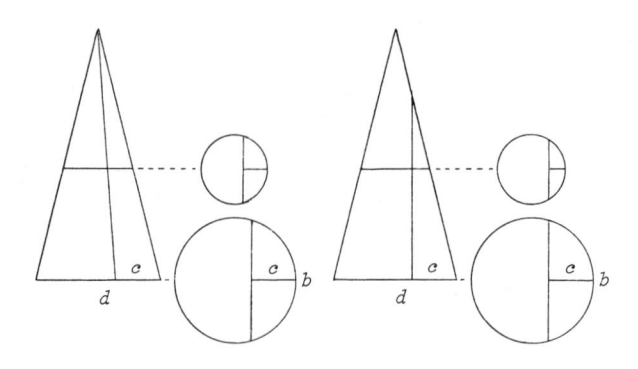

て，全円周にたいして大きな割合をもっている。つまり，上での曲り具合と下での曲り具合とは，全円周にたいする円弧の割合が，共通ではない。」

なお，関は「相似の意味において同じ」場合を単純に「同じ」と考えた，と推定される。その一例を§26（れ）側円の解文の考察のさいに指摘した。(p.548～)

<u>圭面之円</u>。藤原氏の「二等辺三角形に丸味をつけたものといふ意味から来た語」(2., 第二巻 p. 242)「双曲線と抛物線とを併称するものである」(同 p. 241) にしたがう。筆者は「之」は同格の用法であり，「圭面でしかも円なるもの」と考えたい。

平山氏は「母線〔斜高〕に平行なる平面で切ったことに解釈すると〔乙の一〕は放物線とみることができる。」(3., 125) と解釈されたが，上述のように「直截」の解釈がすでに誤りなので，必然的に「放物線とみる」ことも誤りである。平山氏は西洋流の円錐曲線の分類法を，この解文乙の全体に当てはめたい強い意向をおもちなので，どうしても放物線を必要とし，このような無理な解釈に陥られたのであろう。

関が双曲線から分離して放物線（ただし特別の名称はない）に言及したのは，前節（そ'）円台斜截の解文丙の一カ所のみである。切片の面積 (2/3) la を明確に述べていることからして，上矢と下矢が等しい場合の截面が不等な場合の截面一般から区別されるという，明瞭な認識はもっていたに相違ない。しかしながら，おそらくは双曲線の切片について明確な特徴づけに成功しなかったためであろうか，放物線と双曲線に個別の名称を付けるまでには至らなかった。これが筆者の推測である。

なお，<u>定りて</u>の用法が，この推測の傍証となる。圭（乙の二）と側円（乙の三）の場合は，「截面は定りて圭，側円を作る」と表現しているのにたいして，圭面の円（乙の一，四）の場合は，「截面，截形は圭面の円を作る」と単純に述べるのみであり，関にとって圭面の円はどうも形としていまだ「定らず」ということらしい。双曲線の切片の求積に

19 関の求積問題の再構成（五）

は対数が必要だから，関の時代に公式が得られなかったのも当然である。藤原氏のように，圭面の円を「双曲線と放物線を併称する」と考えるのが，妥当ではなかろうか。

<u>截面長之準，屈于斜高之矩。伸于斜高之矩。</u>これを「截面の長軸方向の水平さ加減が，斜高の右下のかどを越えず，かがんでいる。」「…斜高の右下のかどを越えて，伸びている。」と解釈する。

従来，この一句の解釈が難しかった。斜高が円錐の母線をさすことに異論はない。しかし，句全体を逐語的に訳すとなると問題がある。藤原氏（2.，第二巻p.241）の解釈は「図のごとき位地にある…」とあいまいである。平山氏（3.，p.125）は「矩が伸びて交わらない…」と意味不明である。小林氏たち（22.，p.151左）は詳細な考察を加えられ，

「準は水平を意味し，矩は直角をあらわしていることになり，両者を拡大解釈して，角度について言いあらわしているものと理解される。これから上記の文を判断すると，斜辺より平面をもって，底面と平行な角度より大きく，斜辺と底面のなす角より小さい角度で斜截すれば，截面長は斜辺と平行な角度を必ず越えて，斜辺と必ず交わるということで，…」

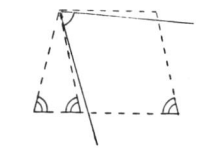

と解釈された。つまり截面が図のごとき△なる角度の範囲にあるとき，必ず斜辺（母線）と交わる，とのお考えである。これは従来の解釈を一層明確にされたものといえよう。

筆者の意見は，結論としてはほぼこれに近いのであるが，個々の語釈については異論をもつ。「截面長の準」は§27.で関の用例を調べて，第一群の意味と判断したように，「截面の長軸方向の水平さ加減」である。「斜高の矩」とは，上記の矩の意味の検討によって，「斜高（母線）と底面が交わる**かど，すみ**」である。（そ′）円台斜截の解文乙（前節）のように，円錐台の下側がさらに水平に切り取られた場合は，同所で下方に点線で補った部分も含めた円錐台についての「右下すみ」を考える。小林氏たちのように「角度」とまで意訳することは，あまりに今日流の考えに近づけすぎたうらみがあり，筆者としては賛成しにくい。「于」は「に」または「より」と読めるが，ここでは「より」を採用する。「屈す」は「かがむ，寝る」，「伸ぶ」は「のびる，立っている」と解釈したい。こうして，一句を全体として，上述のように訳したいと思う。

甲と乙の**仮訳**を示せば，つぎのとおり。

〔甲〕台形はもともと錐形の頭を切り取った残形であるから，切り方が斜めでも垂直でもいずれの場合においても，みな台形の上方に仮りの高さを測って円錐の形になおしてから，截形の体積を求めるのである。

〔乙の一〕一般に円錐を底面に直角な平面で切った場合は，上での弧の曲り具合（全円周にたいする弧の割合）が，下での曲り具合と共通ではない。ゆえに截面は圭面の円（上方に丸みをつけた二等辺三角形）の形になる。

〔乙の二〕もしも底面に斜めな平面で切るのに，頂点を通って切る場合は，弧の曲り具合（上記）が上と下とで共通になる。ゆえに截面は一定して圭（二等辺三角形）の形になる。

〔乙の三〕〔もしも底面に斜めな平面で切るのに〕円錐の左の斜高（母線）の途中から切った場合，截面の長軸方向の水平さ加減が寝ていて，斜高の右下のかどを越えなければ，下方で斜高と交わることができる。このとき截面の長さは有限であり，截面は一定して側円の形になる。

〔乙の四〕〔もしも底面に斜めな平面で切るのに，円錐の左の斜高の途中から切った場合，截面の長軸方向の水平さ加減が〕立っていて，斜高の右下のかどを越えてどこまでも伸びれば，ついに斜高と交わることができない。それゆえ，截面の長さは無限であって，截面は圭面の円（上記）の形になる。

円錐曲線論を既知とするわれわれにとっては，上の四つの場台が，

　（一）双曲線，（二）二等辺三角形，（三）楕円，（四）双曲線と放物線

に対応することは明白である。従来の各氏の解釈も，（平山氏による乙の一の解釈を除き）おおむね同様である。

　しかし筆者には，原文を即自的に読むとき，従来の解釈はあまりに西洋流の目による《読み過ぎ》の傾向が強い，と思われる。筆者が捉えた関の**特色**は，つぎのように**まとめ**られる。

(1)　円錐「曲線」ではなく，あくまで円錐台の「截面」を考えていて，はなはだ《面的》な傾向が強い。

(2)　円錐台を斜截したときの「截形の体積」を問題にしていて，截面の形（幾何学的な性質）への興味は，むしろ乏しいように思われる。

(3)　斜截（その一部として直截も含む）の分類方法は，§26. で述べた円柱斜
#163

19 関の求積問題の再構成（五）

截の分類と密接な関係がある。円柱の場合，

（子）左肩から右裾にかけて，（丑）左上は上矢から右裾にかけて，（寅）左上も右下も上矢と下矢を結んで

であった。円錐台の場合もまったく同様である。図のようにまず大きく（子）（丑）（寅）に三分類し，その各々の場合を，截面と斜高の関係によって小分類する。（前節の六つの図イ，ロ，…へを参照）関は乙の二の場合はじっさいに円錐を斜截するが，それは頂点を通る必要からである。それ以外は（円錐を截るといいながら），実質は円錐台の斜截である。

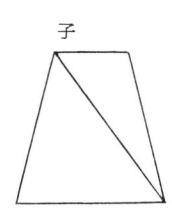

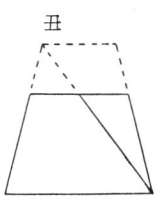

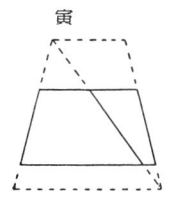

(4) 斜截を決定するのは，（円錐曲線論が母線と截面のなす《角度》であるのにたいして），上矢と下矢である。その結果，分類がはなはだしく煩瑣になったことは，前節に見たとおり。

(5) （そ′）丙において，放物線の切片の面積を正しく論じたが，アルキメデスのようには深く追及せず，むしろ《付け足り》の扱いしかしていない。関が面として興味をもつのは側円（楕円）であるが，この形を円の変形（一方向への伸・縮）として論ずるのみであり，「二焦点からの距離の和が一定なる点の軌跡」というギリシア人の重要な発見には気付いていない。

アルキメデスやアポロニウスについては，例えば黒田氏の近著（23.）を参照。

このように，関が円錐台の斜截問題を，初めて正しく扱った功績は十分高く評価すべきである。その反面で，関が和算の伝統の流れにどっぷり身を浸していることも考慮すべきであろう。円錐台の斜截という問題提起は，たとえば磯村吉徳『算法闕疑抄』（21.）による。関はこれに応える必要から，この問題に深く没入せざるをえなかった。さらに，関にあっては円柱斜截（蹄形）が『求

積』第57問「十字環」(後文)を解くための補題に相当するのと同様に，円錐台斜截(傾いた蹄形)は『勿憚改答術』第91問「円台三角空」(補説で詳論の予定)および，『求積』第55・56問「球欠直截・斜截」のための補題に相当する(後文)。これらの問題を解くには，截面の形よりもむしろ截積(切り取られた立体の体積)が重要な手掛りとなる。

　関にたいする期待が大きいことから(そして実際この期待に多く応えているが)，かれが「円錐曲線論」を所持して西洋流に対抗できたと考えるのは，期待過剰であろう。関およびそれを含めた和算，またその源流としての中算には，固有の思考形式がある。それが必ずしも西洋流のそれと一致しないのも，止むをえないことであろう。

(1986年12月22日記)

〔文献は651頁〕

20 関の求積問題の再構成（六）

§1. 序 …………………… 426
§2. 『求積』編の構成 ……… 428
§3. 円と弓形の面積 ……… 433
§4. 錐率三分の一 ………… 440
§5. 錐率三分の一（続）… 446
　　（以上，第一回）
§6. 半球の体積 …………… 450
§7. 括要立円積術 ………… 457
§8. 増約術 ………………… 463
§9. 球帽の体積 …………… 466
§10. 球帽の別解 …………… 472
　　（以上，第二回）
§11. 浮輪の体積 …………… 478
§12. 左右相称な切口 ……… 481
§13. 切口が半円の指輪 …… 485
§14. 『変形草』の構成 ……… 488
§15. 円孔をくりぬいた球… 491
§16. 「中心」概念の発生 …… 496
§17. 指輪の体積 …………… 500
§18. レモンの体積 ………… 505
§19. 指輪の体積（続）…… 508
§20. 蹄の体積 ……………… 511
　　（以上，第三回）

§21. 正弧から偏弧へ ……… 520
§22. 正弧から偏弧へ（続） 525
§23. 斜めの弓形 …………… 527
§24. 帽子のつば形 ………… 533
§25. 帽子のつば形（続）… 538
補遺. 炉縁から円環へ ……… 544
　　（以上、第四回）
§26. 円柱の切口と側円 …… 547
§27. 傾いた蹄形 …………… 551
§28. 二つの側円の一致 …… 558
§29. 傾いた蹄形（続）…… 562
§30. 円錐台の斜截面 ……… 572
　　（以上、第五回。以下今回）
§31. 球の表面積 …………… 582
§32. 球帽の表面積 ………… 584
§33. 指輪の表面積 ………… 585
§34. 球欠直截の焦点 ……… 588
§35. 近似公式の解明 ……… 590
§36. 球欠直截の原文 ……… 591
§37. 球欠直截の原文（続） 596
§38. 数値の跡づけ ………… 598
§39. 球欠斜截の場合 ……… 601
§40. 数値積分との比較 …… 602

　今回の主題は，球や球欠などの表面積，関孝和のいわゆる「冪積」（べきせき）の問題である。このなかで，とくに「球欠直截」の表面積すなわち「截（旁）冪積」の問題に含まれる近似公式は，従来，どのような考えから出てきたのか不明とされてきた。筆者はようやくその復元に成功したので，ここに原著として発表する。それは，じつは，第

一回から第五回までに述べてきた各種の求積問題を総動員してはじめて復元できるものであって，関の底知れぬ智慧に畏敬の念を禁じえない。

§31. 球の表面積

本節と次節で扱う内容は『求積』編・立積の部の最終問題である。しかし，内容としてわりあいに簡単であり，しかも「球欠直截」の考え方の原形に相当し，また補題として用いられるので，順序を変えて先に述べる。なお，球の表面積については，『求積』編とは違った扱い方が可能であり，それ自身興味があるので，本節の後半で論ずる。

(つ) **全球冪積（球の表面積）**……『求積』第58問

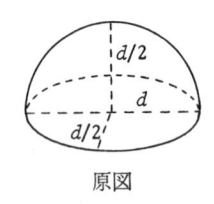

「かりに全球があって，径 $d=10$，冪積（表面積）を問う。

答にいう。冪積は $314\frac{18}{113}$。

術にいう。d の自乗に円周率(355)を掛けて35500を求め，円径率(113)で割れば，冪積が求まる。

解にいう。半径 $d/2$ を界とし，円錐と見る。＜すなわち中心を尖とし，球径を錐径とし*，球の半径を高と見なす。＞半球積 $\frac{\pi}{12}d^3$ を求め，錐積と見なし，これを三倍して円柱積と見なし，錐高＜すなわち球の半径＞で割り，円面平積（円板の面積）を求め，これを半球の冪積と見なす。これを二倍すれば，全球の冪積が求まる。」

 * §6(ヘ) 立円の解文によれば，同じく半球について，球径 d を中錐の径と見なして，中錐の体積を $\frac{\pi}{24}d^3$ とおいた。したがって，ここの「球径を錐径とし」は誤りである。$\sqrt{2}d$ を錐径としなければ，半球積 $\frac{\pi}{12}d^3$ が出てこない。(p.450)

術文では，全球の冪積を S とおくとき，公式

㊽ $\qquad S=\pi d^2 \qquad (\pi=\frac{355}{113})$

を与えている。

関は周知の考え方，球が半径を高さとする小円錐の集まりであるという見方に立っている。理論的には，はじめから全球を考えてもよい。しかし，おそらく全球では半径が「あらわ」に見えないので，半球（中心と半径が切口に現われる）を考えたのであろう。「中心を尖とする」は，小円錐の頂点が球の中心に集まったと考えている。各小円錐の底面の集まりが半球の表面積に相当するので，3倍して半径で割って「円板の面積」を求め，これを半球の表面積と見なす，という丁寧な述べ方をしている。

さて，球の体積と表面積は密接な関係をもち，どちらか一方が先に求まれば（先に求めるものは難しいが），他方はその系題として求まる。関は，

　甲　体積を既知として（§6（ヘ）を参照）表面積を求める立場。

である。この甲にも二つある，というのが村田全氏のお説である（25., 第1回 p. 73-74）。氏の直観的な比喩を引用すれば，

　甲の一　「薄皮饅頭論法」——ごく近い直径をもつ二つの球のうち，大球（薄皮と餡から成る）から小球（餡だけから成る）を引きされば皮が残るから，皮の厚さ（直径の差の半分）で割れば皮の面積が出る，という論法。磯村吉徳『増補算法闕疑抄』（1684）（26, 頭書p. 125-127）に始まり，建部賢弘『綴術算経』（1722）も採用した。

　甲の二　「いちじく割り論法」——いちじくを割って展げると生花の剣山の形になるから，小三角錐の集まりと考えて，3倍して球の半径で割るという論法。上記の関のがこれに相当する。（底面の円と三角の違いには触れない。）

　乙　表面積を既知として体積を求める立場。

後文§33で述べるように，体積から独立に表面積を求めることができる。ひとたび公式㊿が手に入れば，

$S = \pi d \times d$

と書きかえることにより，「球の表面積 S は外接する円柱の側面の表面積を一

個所切って展げた矩形（横πd，縦d）の面積に等しい」と解釈することができる。

「覓」の意味。原文は覓の字を用いる。覓は覔（べき）または覗（べき）の俗字。前者は「さがす，もとめる」の意味。後者は「ながしめにみる，ひそかにみる」の意味。「覓積」が表面積を表すことは明らかだが，筆者には，関がいかなる意味でこの字を用いたか，分からない。

§32. 球帽の表面積

(ね) 頂覓積（球帽の表面積）……『求積』第59問

「かりに球欠があって，矢 $c=1$，弦 $a=6$，頂覓積を問う。

答にいう。頂覓積は $31\frac{47}{113}$。

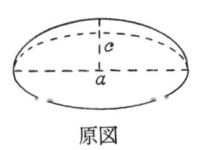

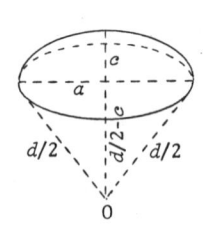

術にいう。c の自乗を四倍し，a^2 に足しこみ，計40を求め，円周率（355）を掛けて14200を求め，四倍の円径率（452）で割れば，頂覓積が求まる。

解にいう。欠面（球欠の切口）から球の中心まで結んで円錐を作る。＜すなわち球心を尖とし，弦 a を錐径とし，矢を球の半径から引いて，余り $d/2-c$ を錐高*と見なす。＞ 錐の体積の三倍を求め，また球欠の体積を求めて三倍し，両者を併せた数を円柱の体積と見なし，錐高*＜すなわち半径＞で割り，錐面平積（円板の面積）を求め，これを頂覓積と見なす。」

原図

原図（O：球心）

*錐高が二度出てくるが，意味が違うことに注意すべきである。前者は部分立体である円錐についての錐高 $d/2-c$，後者は全立体についての錐高 $d/2$ である。

術文では，頂覓積を Y とおくとき，公式

㊴　　$Y=\dfrac{\pi}{4}(4c^2+a^2)$　　$\left(\dfrac{\pi}{4}=\dfrac{355}{452}\right)$

を与えている。

　解文は，(つ)とまったく同じ考え（いわゆる「いちじく割り論法」）に立って，球帽と円錐を併せた全立体を小円錐の集まりと見ている。しかし，算法に引きずられたためか，両者を三倍してから併せているが，論理的には両者を併せてから三倍すべきであろう。

　式⑭に，これまでたびたび用いた§3.(ろ)の公式（p.436）

③　　　　$a^2 = 4cd - 4c^2$

を代入すれば，式⑭は次のように簡単な形になる。（後文§36の乙を参照）

⑮　　　　$Y = \pi dc.$

　論理的に，または整合性からいって，全球の覓積のほうが球欠の頂覓積よりも先に来べきであろう。しかし，発見的な立場からすれば，どうも順序が逆のように思われる。球面のごく狭い範囲を球の中心と結びつけたとき，球面はほとんど平面と区別できないから，そこにできる立体は小円錐と見なされる。球面の範囲を少し広げると，球欠を球心に結びつけた形の立体ができあがる。そこからごく自然に小円錐の集まりという考え方に導かれる。いわゆる「いちじく割り論法」は，このような発見的思考から生じた，というのが筆者の推測である。この意味においては，球欠の頂覓積のほうが先に来べきである。

§33. 指輪の表面積

　(ね)の系題として，球の一部分をなす指輪（§15.(ぬ)立円旁環）の表面積を扱う。関はこれを取りあげていないのであるが，後文の近似公式のためには，ぜひ必要なミッシング・リンクである。

(な)　指輪（立円旁環）の表面積……復元

　「径が d なる球から円孔をくりぬいて，高（円孔の長さ）が a，虚径（円孔の直径）が f なる指輪を作り，その表面積を S' とおけば，

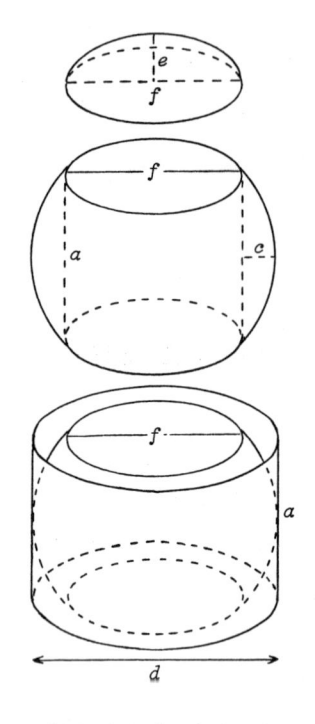

$$\text{㊴} \qquad S' = \pi da$$

となる。」

まず計算によって式㊴を示そう。S' は球の表面積（つ）から上下の球帽の表面積（ね）（つまり Y 二つ）を引いたものである。ただし，（ね）の公式㊱において，c を $e=(d-a)/2$ に，a を f におきかえたものを使う。それよりも公式㊵において c を e におきかえたものを使うほうがより簡単である。

$$S' = \pi(d^2 - 2de) = \pi d(d-2e) = \pi da$$

公式㊴は，前々節と同様に，S' が指輪に外接する円柱状の筒（ただし高 a）の面積に等しいことを示す。したがってまた「指輪の表面積 S' は筒の一部を切って展げた矩形（横 πd，縦 a）の面積」に等しいと解釈することができる。（この解釈が重要な意味をもつことは，後文で明らかになる。）

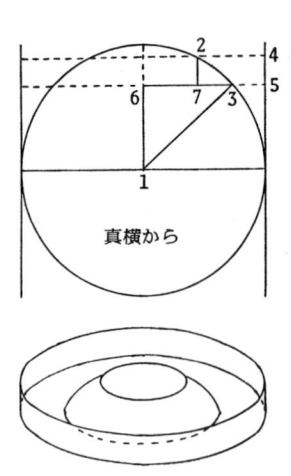

計算にもよらず，また体積から離れて，直接，球や指輪の表面積を求めるには，昔アルキメデス（10., p.391-435）が考えたように，球の表面を細く輪切りにして，帽子のつば状の各リボンの面積を測り，総和すればよい。

このとき，球に円柱状の筒を巻きつけ，球の表面といっしょに，同じ平面で水平に切るのが，巧妙な工夫である。相似関係 △136 ∽ △327 によって，二つのリボンの幅 $\overline{23}$ と $\overline{45}=\overline{27}$，二

つのリボンの直径 $\overline{63}$ と $\overline{65}=\overline{13}$ の間に，比例式 $\overline{23}:\overline{45}=\overline{13}:\overline{63}$ が成立するから，二つのリボンの面積は等しくなる。よって，すべてのリボンにわたり総和すれば，「球の表面積が外接円柱の表面積に等しい」ことが示された。

この証明の仕方は，そっくり指輪の場合に当てはまる。公式㊺が指輪の高 a にのみ依存していたことの意味が，明瞭になる。球帽の場合も，伏せた蓋の位置において c を e におきかえて考えれば，公式㊹はやはり矢 e にのみ依存している。こうして，公式㊷, ㊹, ㊺は同じ形になる。もちろん球径 d は一定と仮定している。

（な′）　指輪（立円旁環）の切片の表面積……復元

「指輪の一部分を中心軸を通る二つの平面で切りとる。二平面のなす角度は（自由に選べるのであるが，あとの応用のために），指輪の高 a に等しい弦長 a を張るところの弧長 b とおく。（関は b を仮背とよぶ。）このとき切り取られた指輪の切片の表面積を Z とおけば，

㊼　　　$Z = ba$

となる。」

指輪が全周 πd の場合には，表面積は式㊺のように $S' = \pi d a$ であった。弧長 b の場合には，面積が b に比例するから，式㊼になるのは明らか。

関は，ここで述べたような事実をどこにも書いていない。しかし，後文「球欠直截」にでてくる近似公式を考察すれば，基礎にこのような考え方があったことを強く予想せざるをえない。一連の正弧環・偏弧環・円錐台などの記述が詳細，綿密であったのに引きかえて，覓積についての記述は簡略にすぎる。後者にはなんらかの脱落があるの

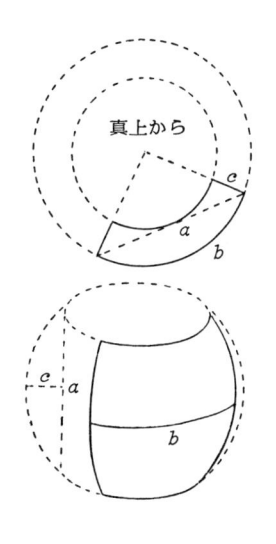

ではないか，と筆者は考える。

§34. 球欠直截の焦点

『求積』第56問「球欠直截」の原文は，はなはだ複雑であり，原図も混み入っていて，一読しただけでは内容がつかめない。原文紹介は後回わしにして，関がなにを求めているか，その焦点を単刀直入に紹介する。

まず球帽を水平におく。その一部分を垂直な平面で切り取る。（直截の直は §30の語釈のところで考察したように，垂直の意味である。）しかも切り取り方は水平と垂直の二つの切口の面が等しい（関の表現では弧の矢が等しい）ような特別な場合である。

#164

これからあとの考察においては，元の球と一緒にして，しかも切口面の交線が垂直になる向きに置くのがよい。（適宜，真上から見た図とも真横から見た図とも解釈する。）この求める立体「球欠直截」を B と名づけ，その体積も同じく B で表す。

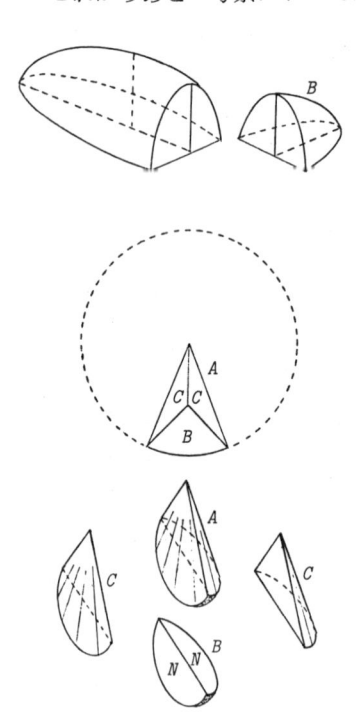

関は B を求める問題を，順々に次のように転換していった。B の表側の曲面のところを球の中心と結んで，立体 A を作る。A は落下傘のような形である。その体積 A は，もしもその表面積 X が求まれば，例のように小円錐の集まりと考えて求まる。ふたたび B に戻り，切口面 N（その一方）を球の中心と結んで，立体 C を作る。左右同形の二つができる。立体 C は，§32（ね）頂覚積の解文に登場した「球帽の切口面を球心と結んで得られる円錐」の一部

（底面は弓形の切口面 N）にほかならない。したがって，その体積 C は直ちに求められる。こうして，求める体積 B は $B = A - 2C$ として得られることになる。

ところで「もしも B の表面積 X が求まれば」という仮定があった。つまり，関は体積 B を求める問題を，表面積 X つまり「截（旁）覓積」を求める問題に転化したわけである。しかしながら，この転化した先の問題がはなはだ困難であり，その解決のために関は焦点となる近似公式を考案したのである。

この近似公式を明確な公式の形で取りだされた，藤原氏『明治前…』から引用しよう。ただし，記号は筆者のそれに合わせる。真上から見た図において，外周は球面，内周は「中心周」を示す。（指輪としての孔の周がさらに内側にあるが，省略されている。）球の中心を 1，立体 B における二面の交線を 8，8 において孔の周に接する面を $\overline{24}$ とおく。ここで四つの弧を，

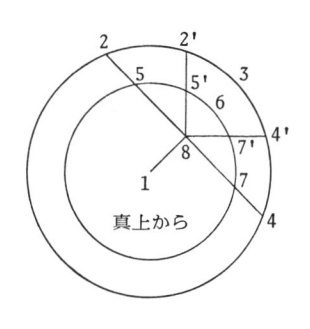

仮背 $\widehat{234} = b$，中心背 $\widehat{567} = b'$，截旁背 $\widehat{2'34'} = p$，旁心背 $\widehat{5'67'} = p'$

と名づけ，また，これまでどおり，頂覓積を Y，截（旁）覓積を X と呼ぶ。関は，「求める截球欠の表面積 X（截旁覓積）を

㊿　　$X = Y \times \dfrac{p+p'}{b+b'}$

としてゐる。これは一種の仮定であって，その論拠が何処にあるかは不明である。」（2., 第 2 巻 p. 246）

式㊿が焦点の近似公式であり，藤原氏のあと，どなたも関の考えがどこから出てきたか，解釈できなかったのである。なお，これまでしばしば近似公式と述べてきたが，藤原氏は解説の終わりのところで，

「要するにこの問題は正確には解かれてゐないが，この困難な問題を近似的

に処理してゐる考へ方は注意するに足るものがある。」(2., 上記 p.247)
と評価された。

§35. 近似公式の解明

筆者は，関の考えをたどり，ぜひともその論拠を明らかにしたいと思った。ここに，筆者の模索の跡を記すのも無意味ではあるまい。

<u>手掛かり</u>。原文および先達として藤原氏の解説 (2., 第2巻 p.244-247) のなかから，手掛かりを探した。

まず，截冪積 X と頂冪積 Y の面積比
$$X:Y=(b+p'):(b+b')$$
が問題になっていることに注目する。しかも「球欠直截」のみならず，一般の「球欠斜截」の場合（そのとき切口面の交角は一般角になる）にも，截(旁)冪積 X' と頂冪積 Y の面積比について上記の公式が成立する。（じつは，藤原氏の解説は この一般の場合についてであった。）

つぎに，球の周（b と p）のみならず「中心周」（b' と p'）が使われているから，「回転」に関係がありそうなことが分かる。しかし，図のように交線を軸として弓形面を回転させても，角度によって形（もちろん面積も）が変わってしまうから，うまくゆかない。むしろ，中心周から強く示唆されるのは，回転体としての 指輪である。(この示唆は 後述のように 有効であった。)

真上から

いま一つ，$b+b'$ や $p+p'$ のような弧長の和が出てくるのは，なぜだろうか？（この疑問も有効であった。）

<u>数値実験</u>。ともかく近似の程度を試すため，一方で数値積分し，他方で近似公式により計算し，結果を付き合わせてみたところ，意外に当てはまりがよかった（§40を参照）。関が，でたらめな近似公式を作ったのではないことが分かる。

<u>一歩前進</u>。以下，球径 d は一定と仮定している。

Y，それは球帽の表面積である。球帽は蓋のように水平においたときが有効（矢 e で決まる）であり，ここでのように（樽の側面に貼ったラベルのように）横向きにおいたのでは，回転とのきれいな関係は出てこない。しかし，球帽の表面積そのものは，向きに関係なく決まり，横向きの場合は矢 c によって決まる。

回転角に比例するのは，むしろ指輪であり，「指輪の切片の表面積 Z」がまさに弧長 b に依存する。そこで，Y と Z の関係を考えてみることにした。Y は Z の一部分である。その違いは，四隅の三角状の部分の有無にある。曲面のままでは考えにくい。外

接する円柱の表面に写せば，Z は矩形（横 b，縦 a）に，Y は長丸（楕円とは限らない）に写る。

ひらめき。 長丸は，元の曲面のままなら球帽の表面積だから既知の Y であるが，平面の場合の簡単な面積公式がほしい。関は，このようなとき，しばしば近似式におきかえる。（後文で扱う予定の「十字環」にその例がある。）近似でよければ，簡単な形は図のような六角形であり，面積 Y は梯形二つから成る。x を未知数として，

$$Y = a \times \frac{b+x}{2}.$$

そこで既知の Y に等しくなるような x を数値として求めたら，中心周の一部である b' にほぼ等しくなった。つまり x は b' で近似される！

（数値実験としては，原文の矢の値以外でも試みて，矢が小さいとき，ほぼ近似のよいことを確かめた。§40 を参照。）

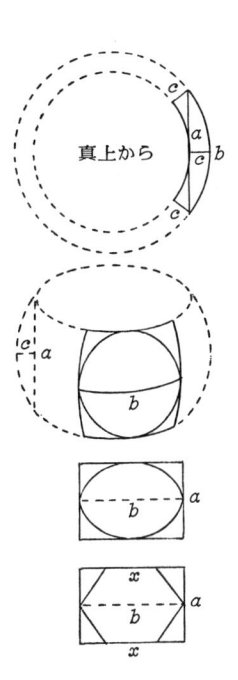

こうして頂覓積 Y の近似公式

(59) $\qquad Y = a \times \dfrac{b+b'}{2}$

が手に入った。あとは類推によって，截覓積 X の場合にも近似公式が

(60) $\qquad X = a \times \dfrac{p+p'}{2}$

となることは考えやすい。p と p' の意味は前節のとおり。（上の「手掛かり」のところで述べたように，一般角の場合にも通用する。）式(59)の両辺で式(60)の両辺を割って，整理すれば，目ざす近似公式(58)が出る。

以上が筆者による，関が考えたであろう筋道の，尤もらしい復元である。できるだけ単純な推論を組み合わせるよう心がけた。

§36. 球欠直截の原文

（ら）　**球欠直截**……『求積』第55問

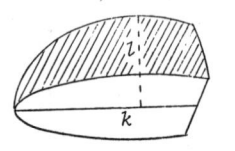

「かりに球欠があって、矢 $l=2$, 弦 $k=8$, 右旁より縄に截り、矢が $e=1$（なるとき）, 截積を問う。

答にいう。截積 B は 1.5894。」

原図（総矢 l を追加した）

題文は、球欠（矢 $l=2$, 弦 $k=8$）を水平におき、右端より内側に入ったところで垂直な平面で切ったら、切口の弓形の矢が $e=1$ になった、と述べている。「縄截」は、§30 の語釈のところで考察したように、垂直に切る意味である。もちろん、ここでは切り方が問題でなく、切り取られた立体「球欠直截」の体積が問われている。解文で明らかになるように、この立体の下面も同じく弓形であり、その矢は同じく $e'=1$ になる。§34 で述べた、二つの弓形が等しく、二つの矢が等しい特別な場合の立体である。(p.588)

草文には、新しい言葉（各部分の名称）がつぎつぎに出てきて、一々説明するのは煩わしい。それらは、解文のなかで順々に説明されるので、草文は後回しにする。

解文は便宜のため甲、乙、丙、丁、戊の五部分に分かつ。

「解にいう。〔甲〕総矢 l の冪と総半弦 $k/2$ の冪を併せて総矢 l で割ると、全球径 $d=(l^2+(k/2)^2)/l$ が求まる。d から二倍の矢 $2l$ を引いて二で割って、経（たて）の半離径 $h/2=(d-2l)/2$ とする。截縄矢（切口の弓形の矢）e を截面の上矢と見なし、総矢 l から e を引いた余り $l-e$ を小矢 j とする。全球径 d から j を引いた余りに小矢 j を掛けた $j(d-j)$ を、緯（よこ）の半離径 $h'/2$ の冪とし、開平して得た数＜すなわち緯の半離径 $h'/2$＞を総半弦 $k/2$ から引いた余り $k/2-h'/2$ を截面の下矢 e' と見なす。＜e' は截面の上矢 e と一致するから、両面（二つの球欠の切口面）の弦径 k,k' および経緯（たてよこ）の離径 h,h' もそれぞれ等しい。＞総弦 k を截面上

下の両径（二つの球欠の切口面に共通の弦径）と見なす。」

解の原図は混み入っているので，解文甲の部分に関係する長さのみ描けば，図のようになる。ここでは，立体「球欠直截」についての三つの与件，総矢 l，総弦 k，截縄矢 e から，全球径 d，二つの離径 h, h'，縦向きの球欠の弦径 k' などを求めている。截面の下矢 e' は截面の上矢 e と一致する，と述べているが，これは数値によったものである。（むしろ一致するような数値を選んだ結果である。）解文は一貫して $e \neq e'$ なる一般の場合を目指している。使っている公式は，§3（ろ）の

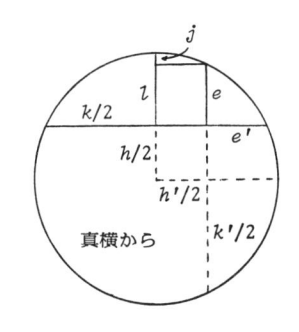

③ $\quad d^2 = a^2 + f^2, \quad a + 2e = d = f + 2c$

および，それを書きかえた

③′ $\quad (a/2)^2 = c(d-c)$

を，ここでの場合に読みかえたものだけである。小矢 j は，緯の半離径 $h'/2$ を導くためにのみ使われている。ここまでの数値は

$$d = 10, \ l = 2, \ k = 8 = k', \ h/2 = 3 = h'/2, \ e = 1 = e'$$

となる。

「〔乙〕経緯（たてよこ）の半離径 $h/2$ と $h'/2$ の冪の和を開平し（式は下記），球心から截面＜上下＞の両稜（二つの切口面の交線）までの潤（はば）$f/2$ を求めて，仮半離径（仮球欠の半離径）と見なす。球の半径 $d/2$ から $f/2$ を引いて，余り $d/2 - f/2$ を截中矢 c とし，また仮球欠の矢と見なす。c と球径 d を掛けあわせ，また円周法（π）を掛けあわせば，仮球欠の頂冪積 Y が求まる。截中矢 c と球径 d に，弧法を適用して，截面の両弦（二つの切口面の交線）a，（仮球欠の）仮背 b，仮弧積 M が求まる。」

ここでも，解文乙の部分に関係する長さのみ描けば，図のとおり。球欠直截を

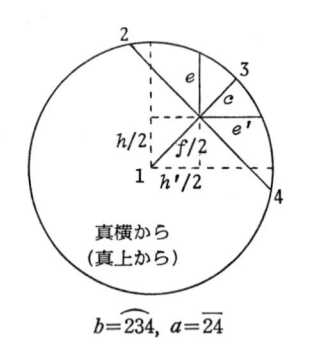

その一部として含むような第二の球欠，関が「仮球欠」と呼ぶ立体を構成する。甲でも，また乙でも，真横から見た図として説明しているが，乙では真上から見た図と考えれば，前々節，前節で考察した立体と一致する。

仮半離径 $f/2$ は，勾股弦の定理によって次のように求めている。

$$f/2=\sqrt{(h/2)^2+(h'/2)^2}=3\sqrt{2}=4.24264.\text{（推定）}$$

截中矢 c は，

$$c=d/2-f/2=5-3\sqrt{2}=0.75736.$$

仮球欠の頂覓積 Y は §32 の式㊼を用いている。

$$Y=\pi dc=(355/113)\times 10\times 0.75736=23.793.\text{（推定）}$$

関は（ね）頂覓積においては，式㊼からこの式㊼への変形について，なんら注意を与えていない。にもかかわらず，ここでは式㊼を当然のように使っている。§33末に述べたような脱落がある，と思われる。また §34冒頭に注意したように，（ね）頂覓積は（ら）截覓積の補題として用いられている。

「截中矢 c と球径 d に弧法を適用して仮背 b，仮弧積 M を得る」とは，§3（ろ）弧（弓形）で述べたように，「求弧背術」を指している。本稿では，それを基本定理として扱う立場をとっているので，結果のみ記す。

$$b=5.576,\quad M=(bd-af)/4=2.715.\text{（推定）}$$

ただし，截面の両弦（二つの切口面の交線）a は，次のとおり。

$$a=2\sqrt{c(d-c)}=2\sqrt{7}=5.2915.$$

「〔丙〕截面の両弦 a を両自乗（三乗）し，六倍の仮弧積 M で割って，中心径 $g=a^3/6M$ を得る。これを二で割り，仮半離径を引いた $g/2-f/2$ を中心矢 i とする。弧法を適用して中心背 b' を求める。截面の＜上下の＞矢 e に，

20 関の求積問題の再構成（六）

経緯（たてよこ）の半離径 $h/2$ を掛け，仮半離径 $f/2$ で割って，得る数 eh/f を截中矢 c から引いた余り $c-eh/f$ を旁小矢 i' ＜図中に截小矢という＞と見なす。弧法を適用して截旁背 p を求める。p に中心矢 i を掛け，截中矢 c で割り，旁心背 $p'=pi/c$ を得る。」

ここでも，解文丙の部分に関係する長さのみ描けば，図のとおり。はじめ中心径 g を求めるため，§17（る′）の解文丙に明瞭に記された，中心径の補題を用いている。

$$g=a^3/6M=5.2915^3/(6\times 2.715)$$
$$=9.09526.\text{（推定）}$$

中心矢 $i=\overline{86}$ と中心径 $g=2\times\overline{16}$ に弧法を適用すれば，中心背 $b'=\widehat{567}$ が求まる。

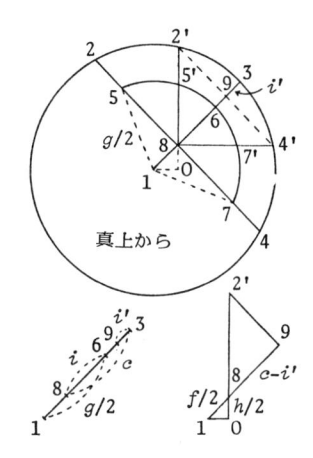

$$i=0.305,\qquad b'=3.35.$$

次は二つの直角三角形の相似（△810 ∽ △82′9）を用いて $c-i'=\overline{89}=eh/f$ を求めている。よって

$$i'=c-eh/f=(5-3\sqrt{2})-1\times 6/6\sqrt{2}=0.05025.\text{（推定）}$$

旁小矢 $i'=\overline{93}$ と球径 d に弧法を適用すれば，截旁背 $p=\widehat{2'34'}$ が求まる。

$$p=1.419.$$

さいごに，旁心背 $p'=\widehat{5'67'}$ のために，比例関係 $p':p=i:c$ を用いて，

$$p'=pi/c=1.419\times 0.305/0.75736=0.57145.\text{（推定）}$$

と計算している。ところが，この比例関係は誤りである。すなわち，交点8が中心1と一致するとき以外は，この比例関係は成立しない。筆者には，関がそのことを知ったうえで近似的な意味で用いたのか，または錯覚によって成立すると思ったのか，判断できない。（これと同じ種類の誤りが，後文で扱う予定の「十字環」の丁積にも見られる。）(p.620)

§37. 球欠直截の原文（続）

「〔丁〕（旁心背 p' に）截旁背 p を加え，ともに得る数 $p+p'$ に球欠の頂覓積 Y を掛けて，分子とする。仮背 b と中心背 b' を併せて $b+b'$，これを分母として割り算して，截覓積 X が求まる。球半径＜これは錐高＞ $d/2$ を掛け，三で約して，錐積 $A=(d/2)X/3$ とする。脇に取りおく。」

ここで，§34で解明した，あの近似公式 (p.589)

⑱ $$X = Y \times \frac{p+p'}{b+b'}$$

を用いて，截覓積 X を求めている。これを球心と結びつければ§34で考察したように，落下傘の形をした立体 A ができる。これを小円錐の集まりと考えて，体積 A を求めている。これまで求めておいた数値を入れれば，

$p+p'=1.419+0.57145=1.99045$，（推定）

$b+b'=5.576+3.35=8.926$,

$X\ =23.793\times1.99045/8.926=5.30571$，（推定）

$A\ =5\times5.30751/3=8.8429$,

となる。

「〔戊〕また，（球欠の総弦 k を径とする円において）截面＜上下＞の径矢 e に弧法を適用して，（截面の両背 q および*）截面の弧積 N を求め，経緯（たてよこ）の半離径 $h/2$ を，両方の弧錐 C の高と見なし，$h/2$ に截面の弧積 N を掛けて，三で約し，得る数 $C=(h/2)N/3$ を二倍して，上下の両弧錐の積 $2C$ と見なす。これを（丁で）脇に取りおいた A から引けば，余り $A-2C$ がすなわち截積 B である。」

　　*原文には，「截面両背及」が脱落しているので，補った。

はじめ，与件の球帽に戻り，球帽の切口面（円）を規準にとって，その一部である截面（弓形）の弧背 q および弧積 N を求めている。結果は，

$$q=5.782, \quad N=(qk-ah)/4=3.62675.$$

この截面（弓形）を球心と結びつければ，§34で述べたように，円錐の一部である立体 C ができる。C の二倍を，落下傘状の立体 A から引けば，目指す球欠直截 B が求まる。これまでの数値を用いて計算すれば，

$$C=3\times 3.62675/3=3.62675,$$
$$B=8.8429-2\times 3.62675=1.5894,$$

このさいごの $B=1.5894$ が，答文の値であった。

後回しにした草文を掲げる。

「草にいう。＜別に，球径 $d=10$，離径 $h=6$，截面の下矢 $e'=1$，截中矢 $c=0.75736$，截旁背 $p=1.419$，截面の両弦 $a=5.2915$，両径 $k=8$，両背 $q=5.782$，仮背 $b=5.576$，中心矢 $i=0.305$，中心背 $b'=3.35$ を求めておく＞ 截中矢 c と中心矢 i を併せて $c+i$，截旁背 p を掛け，球径 d の冪を掛け，また円周法（π）を掛けて，473.5927 が求まり，分子とする。仮背 b と中心背 b' を併せて $b+b'$，六倍して，53.556 が求まる。これを分母として割り算し，$(A=)8.8429$ が求まり，脇に取りおく。截面の両背 q から，両弦 a を引いた余り $q-a$ に，両径 k を掛けて，$k(q-a)=3.924$ が求まる。また両弦 a と截面の両矢 e を掛けあわせ，これを二倍して，$2ae=10.583$ を求める。$k(q-a)$ と $2ae$ を併せて，球離径 h を掛け，一十二で割り，$(2C=)7.2535$ が求まる。これを，脇に取りおいた A から引いた余り $A-2C$ が，截積 B である。」

すでに§2で指摘したことではあるが，関は草文（解文）において，与件および別得の数値から，元の式における論理的な結びつきは無視して，括れるものはすべて括ってしまう。この草文は，いかんなくその特色を表している。

別得の数値は，すべて解文の甲から丙までに記した方法で求めたのである。体積 A を導く式は，

$$A = \pi d^2 p(c+i)/6(b+b')$$
としている。これが解文丁の式
$$A = (d/2)X/3 = (d/6)X = (d/6)Y(p+p')/(b+b')$$
と一致することは，次のように示される。
$$p' = pi/c, \quad Y(p+p') = \pi dc(p+p') = \pi d(pc+pi) = \pi dp(c+i).$$
また，体積 $2C$ を導く式は，
$$2C = h[k(q-a)+2ae]/12$$
としている。これが解文戊の式
$$2C = hN/3$$
と一致することは，次のように示される。
$$4N = qk-ah = qk-a(k-2e) = qk-ak+2ae = k(q-a)+2ae.$$
なお，関の解文の原文には，数値がまったく示されていない。筆者が解説のなかで示した数値は，草文に示された関自身の値またはそれから直ちに計算できる推定値を用いた。筆者による検算は次節の主題となる。

§38. 数値の跡づけ

与件 $l=2, k=8, e=1$ から，解文甲のように
$$d=10, h=6, j=1, h'=6, e'=1, k'=8$$
を導く過程には，何ら紛れはない。

解文乙で導いた。
$$f/2 = 3\sqrt{2} \quad = 4.24264 \quad (4.2426406\cdots)$$
$$c = 5-3\sqrt{2} = 0.75736 \quad (0.7573593\cdots)$$
$$a = 2\sqrt{7} \quad = 5.29150 \quad (5.2915026\cdots)$$
はいずれも平方根しか含まない。括弧内の正しい数値と比べて，関の値は有効数字5〜6桁合っている。以下の検算では，このように括弧内の値と比較し，関の値がほぼ正しければ，この値を出発値にとり，次の段階を検算する，とい

うやり方で進める。また，関は π として密率 355/113 を用いるので，これにしたがう。Y は

$$Y = \pi cd = 23.793 \quad (23.793168\cdots) \quad (有効数字5桁合う)$$

解文丙で，「求弧背術」によって仮背 b を求めるには，筆者『補説』(27.)で引用した，関の補間公式を用いる。$d=10, c=0.75736$ を代入して計算すれば（ ）内のようになる。また，三角法により，$b = d\arcsin(a/d)$ として計算すれば〔 〕内のようになる

$$b = 5.5760 \quad (5.575991\cdots) \quad [5.575985\cdots] \quad (有効数字5桁合う)$$

これから M を計算する。b さえ求めておけば，あとは弧術は必要でなく，ふつうの計算である。

$$M = (bd - af)/4 = 2.7150 \quad (2.715035\cdots) \quad (有効数字5桁合う)$$
$$g = a^3/6M \quad\quad = 9.09526 \quad (9.095264\cdots) \quad (有効数字6桁合う)$$
$$i = g/2 - f/2 \quad = 0.3050 \quad (0.30499) \quad\quad (有効数字4桁合う)$$
$$i' = c - eh/f \quad = 0.05025 \quad (0.050253\cdots) \quad (有効数字4桁合う)$$

径 g と矢 i に，また径 d と矢 i' にそれぞれ関の補間公式を適用して（ ）内の，また，それぞれ三角法（逆余弦関数）を用いて〔 〕内の b' と p を計算すれば，次のようになる。

$$b' = 3.3500 \quad (3.350002\cdots) \quad [3.349947\cdots] \quad (有効数字4桁合う)$$
$$p = 1.419 \quad\quad (1.41893\cdots) \quad\quad [1.41893\cdots] \quad\quad (有効数字4桁合う)$$

ここまでの関の計算はほぼ正しいことが分かる。じっさいは，各段階で四捨五入しているので，誤差が累積している。しかし，「ほぼ正しい」とは，上述のように，前の段階の値を出発値として次の段階の値を検算したときほぼ正しい，という意味である。

次の段階で，§36末に指摘したように，誤った比例関係 $p':p=i:c$ に基づく $p'=pi/c$ が用いられている。そのまま計算すれば，

$$p' = pi/c = 0.57145 \quad (0.571452\cdots)$$

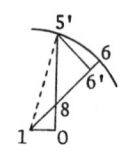

（有効数字5桁合う）

と計算そのものは正しい．もしも理論的にも正しい方法によるならば，図の幾何学的関係を用いて，

$$\overline{5'8} = \overline{5'0} - \overline{80} = \sqrt{(g/2)^2 - (h/2)^2} - h/2 = 0.417738\cdots$$

$$\overline{86'} = \overline{5'6'} = \overline{5'8}/\sqrt{2} = 0.2953859\cdots = u/2 \quad (\text{とおく})$$

$$p'' = g\arcsin(u/g) = 0.5911881\cdots$$

つまり，正しい方法によれば，ほぼ $p'' = 0.5912$ となり，関の方法による $p' = 0.57145$ よりも大きい．

この違いは，同じ Y にたいして同じ近似公式を適用したときの X の値，したがってまた A の値にたいして影響を与える．（ただし，関は A のために，X を経由しない草文の公式を用いているので，X の値は書いていない．）

$$X = Y \times (p+p')/(b+b') = 5.305711\cdots \quad （関の値の推定値）$$

$$X' = Y \times (p+p'')/(b+b') = 5.358356\cdots \quad （正しい方法）$$

$$A = dX/6 = 8.8429 \quad (8.8428517\cdots) \quad （有効数字5桁合う）$$

$$A' = dX'/6 = 8.9305938\cdots \quad （正しい方法）$$

径 k と矢 e に関の補間公式を適用して，また三角法 $k\arccos(h/k)$ をもちいて，q を計算すれば，次のようになる．

$$q = 5.782 \quad (5.781874\cdots) \quad [5.781873\cdots] \quad （有効数字4桁合う）$$

それから N と $2C$ を求める．

$$N = (qk - ah)/4 = 3.62675 \quad (3.62675)$$

$$2C = hN/3 = 7.2535 \quad (7.2535)$$

この $2C$ を上の二つの A と組み合わせて B を求める．

$$B = A - 2C = 1.5894 \quad （関の答）$$

$$B' = A' - 2C = 1.6771 \quad （正しい方法）$$

このように，二つの B には二つの p', p'' の違いに対応する違いが生じた．

§40で示すように，数値積分によって求めた X と B は，

$X = 5.3054406\cdots$

$B = 1.5894130\cdots$

であって，一見したところ関の答のほうが当てはまりがよい。しかし，これは一種の怪我の功名であり，<u>誤った比例式 $p':p=i:c$ による誤差と近似公式 $X = Y \times (p+p')/(b+b')$ による誤差</u>が，偶然に相殺した結果にすぎない。

§39. 球欠斜截の場合

（ら′） 球欠斜截……『求積』第56問

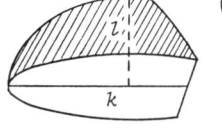

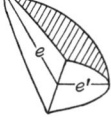

「かりに球欠があって，矢 若干，弦 若干，右旁より，下矢 若干，上斜矢 若干に截る（とき），截積を問う。

答に言う。截積 若干を得る。」

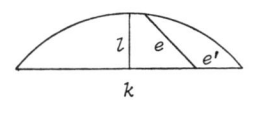

原図（総矢 l を追加した）

題文は，球欠（矢 l，弦 k）を水平におき，右端より内側に入ったところで下矢 e'，上斜矢 e になるように切った，と述べ，切り取られた立体「球欠斜截」の体積が問われている。切口の上斜面も下面も同じく弓形であり，切り方は上斜矢 e と下矢 e' によって統制される。

草文は，「括術繁多，故略之」（式を括った表現は煩雑多岐にわたるから，一々説明することを省略する。）と述べて，すべて削除されている。解文は，丁寧に書かれているが，本稿では原文紹介を省略する。というのは，本質的に，（ら）球欠直截と変わらず，球欠の切り方が直角から斜めに一般化されただけであるから。ただし，斜めの線分どうしの関係が複雑なため，式（関にとっては計算）がかなり混

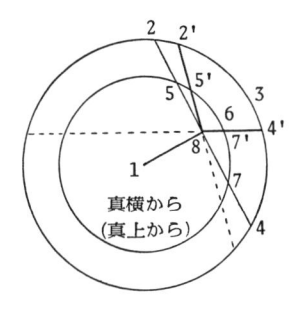

601

み入ってくる。また，引き去るべき立体 C も左右が異なる形である。

図のなかで，四つの弧背は，

仮背$\widehat{234}=b$，中心背$\widehat{567}=b'$，截旁背$\widehat{2'34'}=p$，中心旁背$\widehat{5'67'}=p'$

と名付けられている。このうち，b, b', p の三つは弧術を適用して正しく求められている。第四の p' は§36（丙）と同様に，誤った比例関係によって求めている。頂覓積 Y から截旁覓積 X を求めるためには，§37（丁）とまったく同様に，近似公式

㊳　　$X = Y \times (p + p') / (b + b')$

を使用している。

このように，関の『求積』における態度は一貫している。（ら）球欠直截においては，上矢と下矢が等しい特別な場合しか扱われなかったが，（ら'）球欠斜截における一般化によって，不等の場合も扱えるようになった。

§40. 数値積分との比較

§35で述べた数値実験について，簡単に補足する。

数値積分のためには，三角関数を使う関係で，球の直径を2に縮めておき，あとから 5 の自乗または三乗を掛けて直径10の場合に戻す方法をとった。截覓積 X を求めるためには，

$$u = 0.6, \quad v = \sqrt{1 - u^2} = 0.8$$

とおき，

$$X = 2 \int_u^v \arccos(u / \sqrt{1 - x^2})\, dx$$

を計算し，あとから25を掛けて直径10の場合に戻した。同じく，球欠直截 B のためには，

$$B = \int_u^v (1 - x^2) \arccos(u / \sqrt{1 - x^2}) dx - u \int_u^v \sqrt{v^2 - x^2}\, dx$$

を計算し，あとから125を掛けて直径10の場合に戻した。数値積分はシンプソンの公式を用いた。収束を早めるための工夫をしたが，詳細は省略する。

直径 10 の場合に戻した値で結果を示すと，
$$X=5.3054406\cdots, \quad B=1.5894130\cdots.$$

また，§35 で述べた数値実験では，まず $d=10, e=1$ を与件として，
$$c=5-3\sqrt{2}=0.75736, \quad a=2\sqrt{7}=5.2915,$$
$$Y=\pi cd=23.793, \quad b=d\arcsin(a/d)=5.5760$$
を求めた。つぎに，Y,a,b を既知として，x を未知数とする式
$$Y=a(b+x)/2$$
から逆算すれば，$x=3.4169$ となった。一方，正しい中心径 g と三角法による b' は 3.3500 となる。両者がかなり近い値であることが分かる。

これと同様な数値実験のため，$d=10$ と固定しておき，（e ではなく）c を変化させて試みた。

$c=0.3,$	$x=2.0432,$	$b'=2.1585,$	$c=0.8,$	$x=3.5289,$	$b'=3.4353,$
0.4,	2.3856,	2.4798,	0.9,	3.7680,	3.6246,
0.5,	2.6970,	2.7584,	1.0,	4.0370,	3.8003,
0.6,	2.9878,	3.0062,	1.5,	5.2433,	4.5291,
0.7,	3.2637,	3.2303,	2.0,	6.4350,	5.0828.

c が小さいとき，近似の程度がよいこと，また，0.6 と 0.7 の間で x と b' の大小が逆転することが分かる。関が用いた $c=0.75736$（これは $e=1$ から導かれた）の場合に，近似公式がかなり有効であった理由が，この実験から判明した。$p+p'$ への流用に，多少の疑問が残るとはいえ。

関は，はたして正しい X や B の値を知っていて，この近似公式を考案したのであろうか？——筆者の判断では，どうもそれは信じがたい。というのは，この X や B の求積のためには，逆正弦関数を多数回用いなければならないが，これに相当する関の補間公式がはなはだ使いにくいのである。有効数字 1〜2

桁ならともかく，X や B の多くの桁を計算するのは絶望的である。

(1987年9月5日記)

〔文献は651頁〕

21　関の求積問題の再構成（七）

§1．序 …………………… 426
§2．『求積』編の構成 ……… 428
§3．円と弓形の面積 ……… 433
§4．錐率三分の一 ………… 440
§5．錐率三分の一（続）… 446
　　（以上，第一回）
§6．半球の体積 …………… 450
§7．括要立積術 ………… 457
§8．増約術 ……………… 463
§9．球帽の体積 …………… 466
§10．球帽の別解 ………… 472
　　（以上，第二回）
§11．浮輪の体積 ………… 478
§12．左右相称な切口 …… 481
§13．切口が半円の指輪 … 485
§14．『変形草』の構成 …… 488
§15．円孔をくりぬいた球 … 491
§16．「中心」概念の発生 … 496
§17．指輪の体積 ………… 500
§18．レモンの体積 ……… 505
§19．指輪の体積（続）… 508
§20．蹄の体積 …………… 511
　　（以上，第三回）
§21．正弧から偏弧へ …… 520
§22．正弧から偏弧へ（続）525
§23．斜めの弓形 ………… 527
§24．帽子のつば形 ……… 533
§25．帽子のつば形（続）… 538
補遺．炉縁から円環へ …… 544
　　（以上，第四回）

§26．円柱の切口と側円 …… 547
§27．傾いた蹄形 ………… 551
§28．二つの側円の一致 … 558
§29．傾いた蹄形（続）… 562
§30．円錐台の斜截面 …… 572
　　（以上，第五回）
§31．球の表面積 ………… 582
§32．球帽の表面積 ……… 584
§33．指輪の表面積 ……… 585
§34．球欠直截の焦点 …… 588
§35．近似公式の解明 …… 590
§36．球欠直截の原文 …… 591
§37．球欠直截の原文（続）596
§38．数値の跡づけ ……… 598
§39．球欠斜截の場合 …… 601
§40．数値積分との比較 … 602
　　（以上、第六回。以下今回）
§41．十字環の概略 ……… 606
§42．甲，乙，丙積 ……… 608
§43．戊積の原文 ………… 610
§44．戊積の批判 ………… 614
§45．丁積前半の原文 …… 617
§46．丁積前半の批判 …… 619
§47．丁積後半の原文 …… 621
§48．丁積後半の批判 …… 624
§49．草文と各積の関係 … 626
§50．近似の程度 ………… 630

この連載の始めに述べたように，筆者は本稿においては，関孝和の『求積』およびその周辺にある二三の著作に含まれる求積問題のうち，曲線と曲面にかんする問題のみを扱い，直線的な問題は省略することとした。この意味においては，今回の「十字環」が関の本文の検討の最終回である。「十字環」については，すでに先行者の研究がある。筆者はとくに，従来の研究に欠けていた，本文中に含まれる貫通体の体積にかんする関の近似公式の近似の程度について詳論する積もりである。次回は，第一回から今回までにたいする各種の補足を行なう予定である。

§41. 十字環の概略

十字環の問題は，関以前に提出され，その解への試みが二三ある。ここでは小林・田中両氏の論文 (28., p. 154-159) と『明治前…』(2., 一巻 p. 249, 361) を参照して，まとめておく。

榎並和澄『参両録』（承応2年序，1653）下巻に第15問「方円卵」として，

> 輪の外周三尺六寸。同ふとさ四寸八分、
> 周中の太さ同。
> 　此輪環（たまき）のはしなきがごとし。
> 問云、此図に寸坪何ほど有ぞ。

が遺題（読者への挑戦問題）の形で与えれた。「たまき」とは，古代の装身具で，玉・鈴などを緒に貫いて，ひじにまとった腕飾り。「輪環の端無きが如し」の譬がある。この遺題では，図のように，輪と十字型の組みあわさった立体をさしている。その形から，のちに十字環とよばれ，すこぶる難解な問題なので，多くの和算家が取りくんだ。

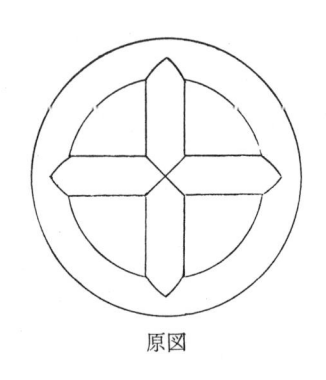

原図

村瀬義益『算法勿憚改』（寛文13年序，1673）の遺題にも同じ問題が提出された。これに解を試みたのは，山田正重『改算記』（万治2年，1659）と前田憲舒『算法至源記』（寛文13年）である。前者は答えのみ86坪3375を与え、後者は答え85坪1039679と解法を与えているが、後述のように約2637坪になるは

21 関の求積問題の再構成（七）

#169
ずであり，いずれも見当外れである。

続いて関孝和が登場する。その解法は後文に見るとおり，(か)蹄形の体積を巧妙に組み合わせて，「近似的」に求める。この十字環の問題の困難さは，(a)中央で同じ太さの円柱が直角に貫通していること，(b)四ヵ所で同じ太さの外輪と円柱が貫通していることである。問題(a)は，かれの蹄形の体積に帰着するので，正確に求まる。かれにとって困難なのは問題(b)（これは今日でも楕円積分を必要とする）であり，近似解に止まったのも止むを得ない。

概算の一方法

すでに，第四回の末尾，補遺「炉縁から円環へ」において，村瀬『勿憚改』に出ている炉縁術と輪術を紹介した。その論法を使えば，近似的に十字環の体積を求めることができる。関がこのように考えて，あらかじめ概算をしたか否かは分からない。しかし，十分かれの思考圏内にある。

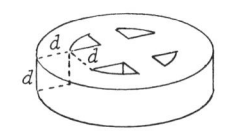

平面に輪と十字を描き，それに厚さ d を掛ければ，上記の炉縁に相当する。この炉縁は，切口が d 四方の正方形であるから，全体に円積法 $\pi/4$ を掛ければ，切口は径 d の円になり，求める十字環になる。

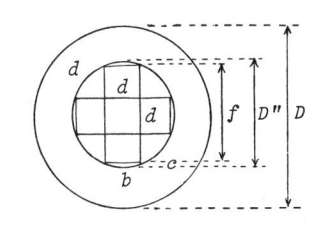

後記の記号を先取りする。まず穴明円の面積は，中心径を $D'=D-d$ とおけば，$\pi dD'$ である。また $D''=D-2d$ とし，離径を f，小矢を c とおけば，$f=\sqrt{D''^2-d^2}$, $c=(D''-f)/2$ となる。四隅の弓形の弧背を b とおけば，（関は求弧術を用いたが）$b=D''\arcsin(d/D'')$ となる。弓形の面積 M の四倍は，$4M=bD''-df$ である。四つの弓形を除いた十字形の部分の面積は，中央の重なり d^2 を引いたものだから，$T=2fd-d^2$ となる。

以上の三種類の面積の和 S は，$S=\pi dD'+4M+T$ である。これに厚さ d を掛けた dS が，炉縁に相当する。さらに円積法 $\pi/4$ を掛けて，切口を正方形から円に直せば，$(\pi/4)dS$ が十字環の体積になる。

関の場合，$\pi=3.1416, d=1, D'=9, D''=8, f=\sqrt{63}=7.93725, c=0.03137, b=1.00262, 4M=0.08373$，などを用いて概算すれば，体積は 33.95491 となって，かれの答え 34.321019035 に極めて近い。

また，『参両録』の場合は，$d=4.8, D'=31.2, D''=26.4, f=25.96, c=0.22, b=4.827, 4M=2.825$，などを用いて概算すれば，体積は 2637 となって，山田や前田の答え 86.3 や 85.1 などは，まったく見当外れなことが分かる。
#170

§42. 甲，乙，丙積

題文と答文は，つぎの通り。

「かりに十字環があって，外径 D が10、輪径 d が1〔なるとき〕，積〔体積〕を問う。

　　答にいう。積は 34.321019035。」

草文はあと（§49）で扱う。原図は『参両録』と同じなので，省略する。

解文は，大きく甲，乙，丙，丁，戊の五つに分かれる。筆者は，丁をさらに前後二つに分けるのが都合がよいと思う。この節では，始めの三つを扱う。

「解にいう。〔甲〕外径 D のうちから，輪径 d を引いた余り $D'=D-d$〈これは外環の中心径 g である〉に，円周法 π を掛けあわせたもの〈すなわち中心周 πg〉を円壔の高と見なし，輪径の冪 d^2 を掛けあわせ，さらに円積法 $\pi/4$ を掛けあわせれば，〈これは円壔の体積である，〉甲積が求まる。」

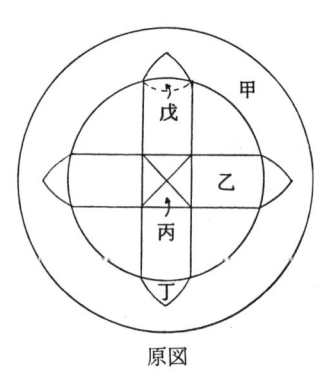

原図

この解文は，§11の（ち）浮輪の体積そのままであり，一般公式

⑳　　　　環積＝面積×中心周

を用いている。まとめれば

㉑　　　甲積 $=\pi D' \times \dfrac{\pi}{4}d^2 = \pi(D-d) \times \dfrac{\pi}{4}d^2$

である。中心径 $g=D'=D-d$ なる理由は，外径が D，内径が $D''=D-2d$ であることから分かる。

数値では，$d=1, D=10, D'=10-1=9, \pi=3.1416$ であるから，22.20671376 となる。

21 関の求積問題の再構成（七）

「〔乙〕二倍の外径 $2D$ のうちから，輪径〈六個〉と小矢〈四個〉とを引いた $2D-6d-4c$ を，乙の四カ所の通長と見なす。〈これまた四個の円壔の高である。〉輪径の冪 d^2 を掛けあわせ，さらに円積法 $\pi/4$ を掛けあわせれば，乙積が求まる。〈これは，円壔四個の体積である。〉」

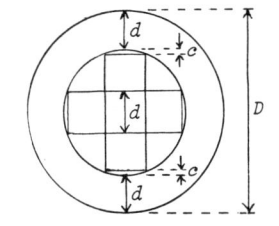

この解文は，図のなかで，十字部分のうち，中心の貫通部分と，外輪に接する部分四つ（小矢 c によって統制され，あとで戊積として扱われる部分）を除いた体積を求めている。これは，明らかに四本の円柱から成る。四本の円柱を一本の長い円柱と考えたときの長さが「通長」である。$D-3d-2c$ が，縦の二本の円柱の長さの和であることは，図から明らか。その二倍が通長になる。

こうして，全部をまとめて，

㉒　　$乙積 = (2D-6d-4c) \times \dfrac{\pi}{4}d^2$

となる。

数値では，$f=\sqrt{63}=7.937254$ から，$c=D''-f=8-f=0.031373$ を求めた（草文の値）。これと，$D=10,\ d=1$ を用いて，10.89703858 となる。

「〔丙〕輪径 d を円壔の径と見なし，輪の半径 $d/2$ を高さと見なす。径の半ば $d/2$ のところから，左右に斜めにこれを截れば，すなわち，丙の一カ所の形ができる。ゆえに輪径の自乗 d^2 に，輪の半径 $d/2$ を掛けあわせ，さらに円積法 $\pi/4$ を掛けあわせれば，円壔の体積 $(\pi/4)d^2(d/2)$ が求まる。〈これは虚実の共積である。〉輪径の冪 d^2 に輪の半径 $d/2$ を掛けあわせ，三でこれを約し，斜截された左右の共積 $(1/3)d^2(d/2)$ が求まる。〈これは虚積である。〉これを円壔の体積から引けば，余りが丙の一カ所の体積となる。〈これは実積である。〉これを四倍し

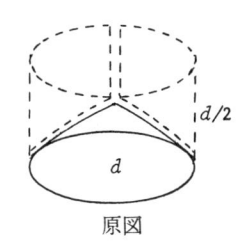

原図

て，丙の総体積が求まる。」

この解文は，中心の貫通部分を求めている。直径がdで高さが$d/2$なる円柱を平らにおいて，上面の直径（原文では，径の半ば）のところから，両側に斜めに削ぎおとした残りの立体が，丙の一カ所の形であると述べている。

さて，斜めに削ぎおとすべき片側の立体をよく見れば，これは§20（か）の#172
蹄形にほかならない。そこで，上記の円柱を，虚と実の共通の体積と考えて，これから二つの蹄形（虚の体積）を引き去れば，残りの形が丙の形であり，その体積（実の体積）が求まる，という論法を用いている。関こそ，蹄形の体積を，はじめて正しく求めた人であり，早速ここで応用している。じつは，筆者の推測では，順序が逆で，十字環の問題を解く必要から，蹄形の体積の正確な公式を考察したのであろう。（§20の末尾を参照のこと。）(p.518-519)

ここで必要とする形は，筆者の分類によれば，(1)「底面が半円で，截面が半直角な場合」である。その体積は，$c=d/2$なるときの公式

㉜　　　$V = \dfrac{1}{6}d^2 h$

において，$h=d/2$なる特別の場合であり，$(1/12)d^3$となる。二つ分で$(1/6)d^3$となる。よって，一カ所の丙積は，円柱の体積$(\pi/4)d^2(d/2)$から$(1/6)d^3$を引けばよい。こうして，まとめて

㊳　　　丙積$= 4 \times \left(\dfrac{\pi}{8}d^3 - \dfrac{1}{6}d^3\right)$

となる。

数値では，$d=1$を用いて，0.90413333となる。

§43．戊積の原文

原文とは順序を変えて，戊積を先に扱う。

（む）十字環戊積（円柱レンズ）……『求積』第57問

「〔戊〕輪径dをもって，上の正径〈また下の経緯の正径〉となし，小背bをもって，上の湾径となし，小矢cをもって，高となす。〈すなはち，上の経

21 関の求積問題の再構成（七）

が正，緯が湾にて，下が正なる円壔にして，上は大壔を，小矢 c をもって，半高 $d/2$ より，上下に斜めに截るの状なり。下は小壔を，半径 $d/2$ より，左右に斜めに截るの状なり。これ戊一所の全形なり。〉」（仮訳は後文）

関の原文は，ここで問題としている立体が，どんな形状であるかを知らなければ，直観的に理解しにくい。筆者は，眼鏡のレンズのうち，乱視の補正に用いる「円柱形のレンズ」を考える。それは，円柱の一部を縦に裂いたカマボコ形を平らにおき，上から円孔をもつ筒で，円形にくり抜いた部分である。

関自身の説明は，（筆者のとは向きが違って）まず大円柱を縦におき，その一部である弓形の柱と，これに直交する横向きの小円柱を貫通させる。このときできる貫通体を「戊」とよぶ。原図の真ん中の，大きな図がそれである。

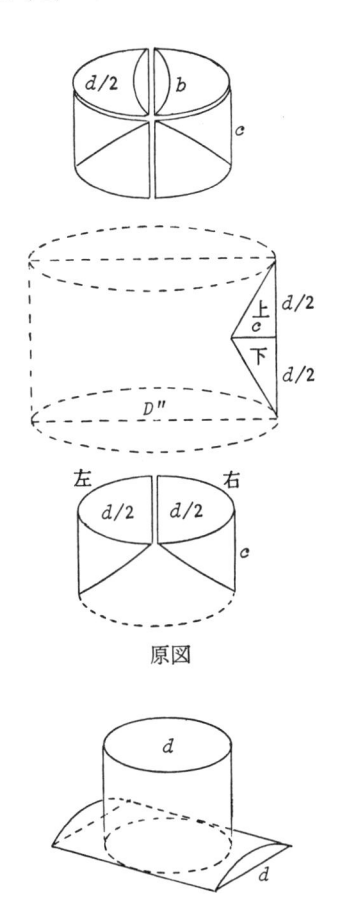

円柱の径が等しいときは，丙のところで見たように，蹄形に帰着されるが，径が大と小の二つの場合は，四次の交線をもつ立体になり，関は近似的に二種類の蹄形の和に置きかえた。図が描きにくいので，その四分の一の立体について説明する。イ図が四分の一の立体の全体。かれの用語を，仮に半分の長さに置きかえて説明すれば，$\overparen{EB}$ が輪，$\overparen{CB}$ が湾径，CAが小矢 c である。CDが上の正径，AEが下の経の正径，ABが下の緯の正径，いずれも輪径 d の半分の長さをもつ。全体を直線ABと，頂点Dとを結ぶ平面で斜めに切る。上側

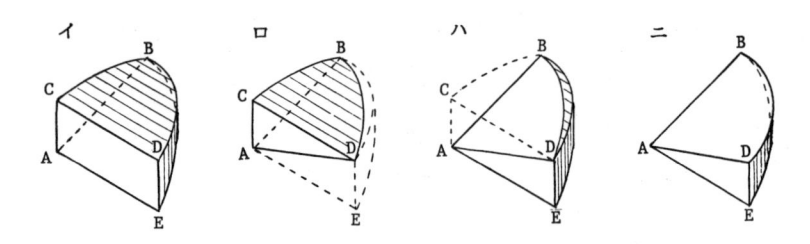

のロ図は考えやすい。それは大円柱を斜めに切ったものに相当し，蹄形の半分である。下側のハ図は四次の交線をもつ立体であるから，直接には考えにくい。かれはハ図を，小円柱を斜めに切った立体ニ図に置きかえて，近似した。ニ図は蹄形の半分にほかならない。ニ図とハ図の区別は，次節で詳述するように，庇(ひさし)の有（ニ）・無（ハ）である。

（仮訳。〔これは，小円柱が，大円柱の湾曲した側面なる上底と，平面なる下底で切り取られた形である。筆者の図のように，立体を平らに置いて，上と下の言葉を用いる。〕小円柱の径 d が上底の正径に相当する。〈また同時に下底の経・緯の正径に相当する。〉小背 b が上の湾径に相当し，小矢 c が小円柱の高さに相当する。〈すなわち小円柱は，上底の円柱面が，経が真っ直ぐであり，緯が湾曲していて，下底が平面である。〔この小円柱を斜めの平面で切り離す。〕その一（上積）は，大円柱の一部である弓形の柱を，小矢 c のところから，半高 $d/2$ まで，斜めに切り取った一対の蹄形である。その二（下積）は，小円柱を，半径 $d/2$ のところから，左右の端まで，斜めに切り取った一対の蹄形である。これが，戌の一ヵ所の全体の形である。〉）

ともかく二種類の蹄形ができれば，（か）蹄形の公式によって計算できる。#173
「〔その一〕すなわち輪径 d の二倍を外径 D から引いて，余り $D''=D-2d$ が環の虚径である，大円柱の径と見なす。輪径 d を高さと見なし，小矢 c を截矢と見なす。半高 $d/2$ に従って，〔D点から，直線ＡＢまで〕上下に斜めにこれを切れば，すなわち戌の上の立体である。ゆえに六倍の小弧積 M で，

輪径の再乗冪（三乗）を割り（$d^3/6M$），中心径gとする。環の虚径D''〈すなわち大円柱の径〉からgを引いた余りの半分 $(D''-g)/2$ を，小矢cから引いた余りを，中矢 $i=c-(D''-g)/2$ と見なす。iに輪径d〈すなわち円柱の高〉を掛けて，小矢cで割れば，中心高jが求まる。jと小弧積Mを掛けあわせれば，大円柱の半高$d/2$に従って，上下に切り取った体積V_1が求まる。〈これが戊の上積である。〉」

この解文はごたごたしているが，関の原図のうち，大きな図を参照する。目標は，上下の蹄形の体積である。ここで，§20 の（か）の解文〔乙〕#174と，そこの図を上下二つ重ねた原図を考える。まず，中心径gは，$=d^3/6M$である。つぎに，（か）では中矢iを，離径fを介在させて，$=(g-f)/2$ と求めるのにたいして，ここでは，$=c-(D''-g)/2$ としている。離径fが，$=D''-2c$ であるから，これでよい。さらに中心高jは，三角形の辺の比例によって，$j=id/c$ となるから，これでよい。さいごに，$V_1=jM$ として，蹄形の2倍の体積が求まる。

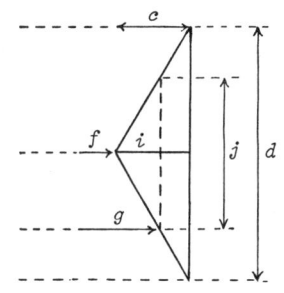

ここまでをまとめると，

$$V_1 = jM = \frac{2id}{2c}M = \frac{d}{2c}M\{g-(D''-2c)\}$$

$$= \frac{d}{12c}\{d^3-6M(D''-2c)\}$$

となる。関は，じっさい草文のなかで，

$$4V_1 = \frac{d}{3c}\{d^3-6M(D''-2c)\}$$

を与えている。（§49を参照）(p.626)

「〔その二〕また輪径dを小円柱の径と見なし，小矢cを高と見なす。半径$d/2$のところから，左右に斜めにこれを切れば，すなわち，戊の下の立体で

ある。ゆえに，輪径d〈すなわち小円柱の径〉の冪に小矢c〈すなわち小円柱の高〉を掛けd^2c，三でこれを約せば，小円柱を半径のところから，左右に切り取った体積V_2が求まる。〈これが戊の下積である。〉」

(か) 蹄形の公式㉜において，$h=c$ なる場合を考え，左右に二つあるから，$V_2 = 2 \times (1/6)d^2c = (1/3)d^2c$ となる。

「二位を合わせてV_1+V_2，戊の一カ所の体積と見なす。これを四倍して，戊の総体積が求まる。」

以上をまとめて，

㉞　　　戊積$=4 \times (V_1+V_2)$

$$= \frac{d}{3c}\{d^3 - 6M(D''-2c)\} + \frac{4}{3}d^2c$$

となる。数値の検討は，§49, 50にまわす。

戊積が解文の最後であるから，そのあとに

「五つの体積を全部合わせて，十字環全体の体積が求まる。」

の一行がくる。

§44. 戊積の批判

藤原氏は，『明治前』(2., 二巻 p.251-2)で戊積を解説しておられる。ただし，氏の公式は，分母・分子の係数2が処々落ちているので，筆者のように訂正する必要がある。さいごに，丁積と戊積をふくめて，

「これは上述の経路から明らかなごとく，正確な答ではないが，円壔斜截の公式をうまく利用して，近似解を出したのである。」

と評価された。

和算の歴史を通じて穿去題の変遷をたどるという新しい立場から，関の戊積を批判したのが，小林・田中両氏である (28., p.154-156)。その第2節は，「関孝和の穿去題研究——その成功と失敗——」と題して，つぎのように述べておられる。

「丙は……円柱斜截の方法を用いて求めたもので正しい。ところが，戊については，……大円柱と小円柱が直交した共通部分に，(円柱斜截の方法を用いて求めたから）正しくないのである。……

関はこれら交線の状態が等円柱の場合も，異なる場合も同じとみなしてしまったのである。ゆえに，関の円柱斜截それ自身の考えは正しいものの，これを第3図〔大円柱と小円柱が直交した図〕の場合で使用しては正しい答は得られないのである。つまり，関は「円柱ニ小円ヲ穿ツ」場合は失敗したのである。にもかかわらず，後世の和算家はこれに気づくことなく使用するのである。すなわち，安島直円以前の一般的方法として，根深く継承されていったのである。」

筆者は，両氏の関批判について，一部賛成し，一部反対である。

まず，関の『求積』の何ヵ所かにおいて，正確な公式と近似公式を混用している。近似公式を使うこと自体は許される。しかし，どの公式が正確で，どれが近似であるかを述べない。(さきに見た球欠直截の近似公式が，その典型的な例である。）いま，十字環の場合，丙積は正確な公式で，戊積は近似公式であるが，両氏が批判されるように，なんの断りもない。関自身は近似公式の積もりで使用したかもしれない。しかし，表向きはそのことに触れない。

筆者がいささか弁護すれば，これは関にかぎらず，和算家に共通の態度であり，それは中国から伝来した態度である。つまり中算・和算の伝統では，<u>ともかく答えが（正確にではなく）精密に求まればよい</u>。正確とは，ユークリッド幾何のような理論的な立場である。精密とは，答えの桁数が多ければよい，という実際的な立場である。筆者は密かに，藤原氏と同様に，関が実際的な立場にたって，近似公式の積もりで使用したであろうと考えている。それは，円錐台斜截などに発揮したかれの鋭い幾何学的な直観を高く評価し，この場合が近似にすぎないことを熟知しつつ計算したと推測するからである。

小林・田中両氏は，関の戊積は正しくない，穿去題に失敗した，と評価され

た。しかし，そのどこが誤りなのか，また，近似解だとして，どの程度までの近似であるかは指摘していない。以下の論述は，この点にたいする筆者の検討結果であり，（両氏に私信で知らせたほか，未発表の）原著である。

まず，関の「その一，戌の上積」は，幾何学的に正しい。その理由は，D点と直線ABを結ぶ平面は，四次の交線 $\widehat{DFB}$ よりも $\widehat{CB}$ に近い側で，小円柱を切るからである。つまり，正確な意味で円柱斜截になっている。

これにたいして，「その二，戌の下積」は正確にはハ図の立体であるべきものを，ニ図の立体で代用したので正しくない。ハとニの違いは，（立体としての微妙な違いなので，透視図では示しにくいが），突出の有無である。いま，「イ＝ロ＋ハ」と「ホ＝ロ＋ニ」を，それぞれCAを通る平面CFGAおよび平面CIHGで切った断面を示そう。ホ図にはごらんのように，庇（ひさし）と名付けるべき突出部分がある。この部分だけ，ニ図の立体はハ図の立体よりも過剰である。近似の程度とは，この突出部分の評価である。

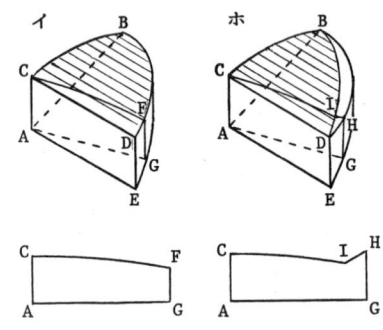

その分析の詳細は§50にゆずる。#175 結論を先取りすれば，楕円積分をふくむ定積分によって求めた正しい戌積は 0.0739694261 である。一方，関の近似公式をそのまま用いて計算した戌積は 0.0753328993 であり，明らかに積分値よりも 0.0013634732 過剰である。この過剰分がホ図の庇（突出部分）の体積に相当する。相対誤差では，約1.8パーセントの過剰である。

こうして，関の近似公式による戌積は，たしかに過剰な答えを導くが，楕円積分の発達よりもはるかに昔の時代としては，巧妙な方法であり，かなりよい近似値と言わねばならない。小林・田中両氏の言われるような「失敗」という

評価は，時代背景を無視して，厳しすぎるのではあるまいか。

§45. 丁積前半の原文

(う) 十字環丁積前半（船の舳先(へさき)）……『求積』第57問

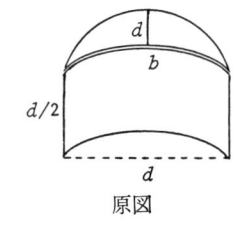

「〔丁積前半〕輪径dをもって，円墻の経(たて)の正径となし，小背bをもって緯の湾径となし，輪半径$d/2$をもって，高となす。〈これ円墻の緯経，上下に均しく円規を承(う)くるの形なり。〉」

ここで取り上げられた立体は，径dなる円柱を横におき，一定の湾曲bをもった刃で上から下に，二度切り取った形である。刃と刃の間隔は$d/2$をとっている。別の表現では，瓦のように湾曲bをもった板を平らにおき，上から円孔をもった筒で，円形にくり抜いた部分である。解文にでてくる上下とは，この第二の表現に当てはまる。正と湾，経と緯の意味は，戊積と同様である。「均しく円規を承くる」とは，§17（る[176]）と§30（乙の二[177]）の語釈で詳しく考察したように，「同じ円弧の曲がり具合をもつ」という意味である。

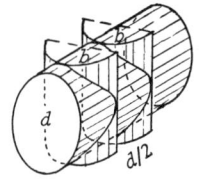

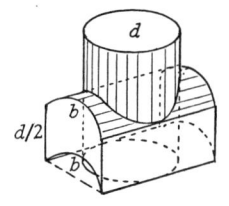

（仮訳。小円柱の径dが円柱の経の正径に相当し，小背bが緯の湾径に相当し，半径$d/2$が高さに相当する。〈これは，小円柱の上面と下面が，緯経の方向に同じ円弧の曲がり具合をもった立体である。〉）

このように，立体としての形が定まれば，その体積が求められる。関の考え方は，第二の瓦のたとえによれば，瓦の凸面を切り取って凹面に埋めた立体，つまり上下が平らな底面をもつ円柱に直している。

「輪径の冪d^2に，輪の半径$d/2$を掛けあわせ，さらに円積法$\pi/4$を掛けあわせ，円柱の体積$(\pi/4)d^2(d/2)$が求まる。〈これは虚と実の共通の体積で

ある。〉」

「その正径の半ば $d/2$ より，湾径の準に応じ，左右を截りて，刃を作る。その形の上下はおのおの同じ規なるがゆえに，これを伸ばさば，すなはち壔の半径 $d/2$ より左右を斜めに截るの状を作るなり。〈これ丙積を求むるに同じ。〉」

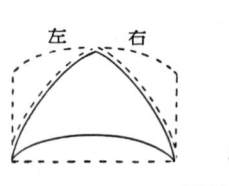

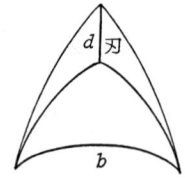

ここで作られる立体は，直観的には船の舳先を考えるのがよい。関はそれを「刃」と呼んでいる。さてそこに至る過程を理解するためには，むしろ四角な瓦の形で考えたい。しかも瓦が，湾曲した薄板の層状に積み重なった形と考える。上面の半ばから，左右を斜めに削ぎ落とそうとする。ここで「湾径の準に応じ」が鍵である。すでに§27（そ）で詳しく検討したように，「湾曲した薄板の変化の割合に応じて」である。湾曲した薄板の積み重ねであるから，下から何層目であるかにしたがって，切り取るべき幅が変化する。湾曲した薄板を平らに伸ばしたとき，切口が斜面になるような幅である。この過程を，上で作った「同じ円弧の曲がり具合をもった円柱状の立体」にほどこす。

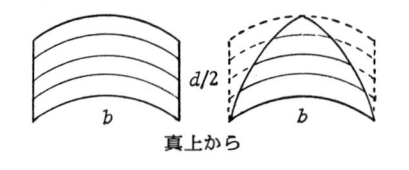

　（仮訳。その正径の方向で，上面の半ば $d/2$ のところから，〔層状の〕湾曲した〔薄板の〕変化の割合に応じて，右側と左側を斜めに切り取って，刃の形の立体を作る。その形の上面と下面の曲がり具合が同じであるから，これを伸ばしたとき，円柱を半径 $d/2$ のところから，左右を斜めに切り取った形になるような立体である。〈これは丙積を求めたときと同じである。〉）

　さて，この立体の体積を求めるため，関は「ずらし」の論法を用いる。つまり，こんどは円柱を軸方向に層状の薄板の積み重ねと考えて，湾曲した底面が

平らになるところまでずらし，結果的に
丙積と同じ立体になるようにする。その
体積は，丙積とまったく同じで，円柱か
ら蹄形の二倍を引いたものである。

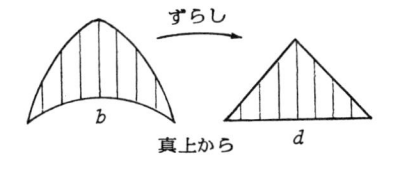

「輪径の冪 d^2 に輪の半径 $d/2$ を掛けあわせ，三で割れば，切り取るべき左右の虚の体積 $(1/3)d^2(d/2)$ が求まる。これを円柱の体積から引いて，刃型の円柱の体積 $(\pi/8)d^3-(1/6)d^3$ が求まる。〈これはまた虚と実の共通の体積である。〉」

ここでふたたび，「虚実の共積」が出てきて，混乱している印象を与える。しかし，丁積が全体として，二段階の差引きをしていることを理解すれば，これでよい。（イ）上下に湾曲した底面をもつ円柱（瓦を円孔でくり抜いた形），（ロ）同じく湾曲した蹄形（虚積）が二つ，（ハ）丁積後半に登場する欠環の欠所，の三つの体積を考える。（イ）から（ロ）を引く過程が，これまでたどってきた丁積前半であった。結果として，刃墫（筆者が船の舳先と名付けた立体）ができる。（イ）と（ロ）の差である刃墫から，さらに（ハ）を引く過程が，あとで述べる丁積後半であり，その結果，一カ所の丁積ができるのである。

§46. 丁積前半の批判

丁積について，藤原氏（2., 二巻 p.250-251）は解説するのみ，小林・田中両氏は触れない。以下は，筆者の原著である。

#179
まず瓦を円孔でくり抜いた形について，「上下に均しく円規を承くるの形」（上面と下面が同じ円弧の曲がり具合をもつ立体）という表現は，厳密には正しくない。その理由は，上面は径 $D'=D-d$ の円弧，下面は径 $D''=D-2d$ の円弧であるから。図のように，微妙な

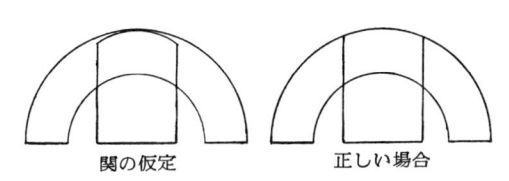

違いながら，二つの円弧は異なる。

すでに，これと同種の誤りを，§36（ら）の末尾で見た。#180 そこで指摘したように，関がそのことを知っていて近似的な意味で用いたのか，または錯覚によって成立すると思ったのか判断できない。

つぎに，「湾径の準に応じ」（湾曲した薄板の変化の割合に応じて）とは，精密にいうと，「どんな変化の割合」であろうか？ 関は，そのあとに「これを伸ばさば，左右を斜めに截るの状を作る」（これを伸ばしたとき，左右を斜めに切り取った形になる）と付記することにより，その割合を示した積もりであろう。しかし，その表現は曖昧である。その曖昧な理由は，§29（そ′）の丙で#181 詳論したように，関が放物線の曲線としての性格を十分に把握していなかったからである，と考える。これも当時としては止むをえなかった。

太さが同じで，一方が曲がった円柱，他方が真っ直ぐな円柱が直角に貫通したとき，その交線の形を問題にしている。十字環を真上から見た図において，筆者は「交線が放物線である」と主張する。じっさい，二つの円柱の交線は，両方の円柱の嶺の交点から始まる。それは，半径 $D'/2$ の円弧$\stackrel{\frown}{\text{NUL}}$と半径ONとの交点Nである。交線$\stackrel{\frown}{\text{NQM}}$上の任意の点をQとすれば，両方の円柱の太さが等しいことから，図のVQとQUは等しい。ところで VW＝OU＝$D'/2$ は明らか。よって，QWとOQも等しい。さて，図は横向きではあるが，Oを焦点，LWを準線と考えれば，QW＝OQとは放物線の性質を示す。（証明終わり） この考察により，刃擣（船の舳先）の斜めの線は（外側に凸な）放物線であることが分かった。

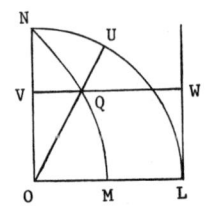

そこで第三に，刃擣の体積を求めるときの「ずらし」の結果が問題になる。関は真上から見た図において，二等辺三角形になると述べている。しかし，厳密にいえば，正しくない。ずらした結果は右図のように，斜辺が少し膨らむ。立体としては，ずらしたあとの斜面が膨らむことになる。したがって，体積は

関の主張よりも増加する。その詳しい考察は§50にまわす。結論を先取りすれば，一カ所の刃擶積の四倍は 0.90506697 であり，丙積 0.90413333 よりも 0.00093364 だけ大きい。相対誤差で，約0.103パーセント。この場合の近似は，はなはだ良好といわねばならない。

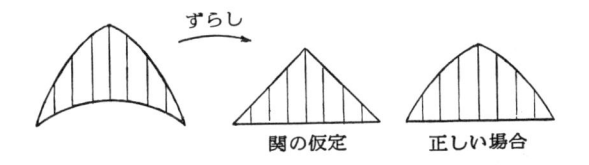

ずらし

関の仮定　　正しい場合

§47. 丁積後半の原文

後半に入るまえに，真っ直ぐな二本の円柱が丁の字型に貫通した場合を考察する。その共通な貫通部分は，二通りの説明が可能である。(1)刃擶（船の舳先）を横から丸ノミで，半円状の丸い孔をくり抜く，と考える。(2)円柱を横たえて，上からくの字型の彫刻刀で，角型の孔をくり抜く，と考える。

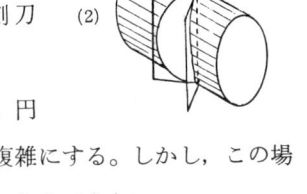

(1)

(2)

丁積の場合は，丁の字の横棒が真っ直ぐでなく，円環（浮輪）の一部分になっているところが，話を複雑にする。しかし，この場合も(1)と(2)の二つの考えかたが可能であるのは，いうまでもない。

（ゐ）十字環丁積後半（削いだ牛の角と馬の鞍）……『求積』第57問

「〔丁積後半〕再びその刃の正径 d より，左右を両旁に至るまで，経緯各々円規を承けて，これを回截せば，すなはちその余りは丁一所の形をなす。」

解文中この部分は，上記のくり抜き方のうち，(1)を指していると考えられる。「経緯各々円規を承けてこれを回截する」過程が鍵である。経緯が丁の字の縦棒の円柱を指すか，横棒の曲がった円柱を指すか，表現が曖昧であるが，「刃

の正径」の語もあることから，前者であると解釈する。そうすれば「円規を承けて」は，前半の始めの二行割注のなかと同じ意味になる。「回裁する」は，まさに「丸ノミを回旋させつつ孔をくり抜く」意味にほかならない。

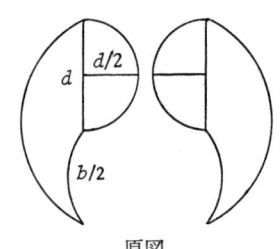

　（仮訳。ふたたび，その刃の〔先端の〕真っ直ぐな d のところから，右側と左側を両方の端のところまで，経緯が同じ円弧の曲がり具合をもって，丸ノミを回旋させた孔を切り取れば，その残積として一カ所の丁の立体ができる。）

「これまた経緯が同規なるゆえに，全円の心より小背 b の両旁に至り，準に応じて，外径に至るまで欠環を作る。しかる後，形を伸ばさば，すなはち両面傾くの円壔，上下は各半径 $d/2$ より，半小高 $b/2$ に至るまで，両を斜めに裁るの状をなす。〈輪径 d を正径となし，小背 b を小高となす。〉」
<u>原図は文意を汲んで，いささか改めた。上図は湾曲を加え，下図は斜裁の位置を変えた。</u>（丁積後半は，はなはだ理解しにくいので，おそらく筆写を重ねるうちに，関の原図から歪んでしまったのかもしれない。）また原文にも錯謬があると思われる。しかし一度手をつければ，筆者にとって都合のよい文に改めることになるので，原文尊重を旨とした。（そのため，解釈のうまく行かない語句が残ったのは，止むを得ない。）

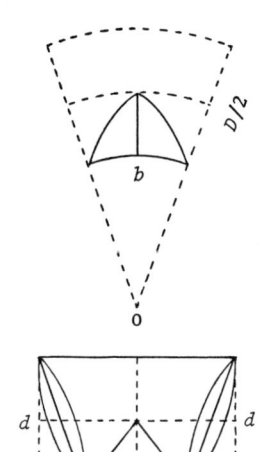

　この部分は「これまた」とあるので，上記のくり抜き方のうち，(2)を指しているのではあるまいか。こんどの「経緯が同規なるゆえに」は，おそらく円環の曲がり具合を指している，と思われる。そのつぎの「全円の心より小背 b の

21 関の求積問題の再構成（七）

両旁に至り，準に応じて，外径に至るまで」なる一文が，はなはだ解釈に苦しむところである。（あるいは，筆者の読み下し方に誤りがあるかもしれない。または，原文の錯謬かもしれない。）「準に応じて」は，前半で解釈したように，「湾曲した薄板の変化の割合に応じて」である。それは結果として，（真上から見たとき放物線の一部になるような）関のいう刃の形を作ることは同様である。それ以外の部分をふくめて，筆者のいま到達した解釈は仮訳のなかに示して，ご批判を仰ぎたいと思う。

「欠環」は，「環であって欠所をもつもの」と考えたい。（§14で，「球欠」を #182「球に欠けたもの一般」と解釈した。）欠環それ自身および欠環から切り取るべき立体は，むしろ関が述べているように，伸ばしたときの形から逆に考えるほうが，理解しやすい。まず欠所を埋めた欠環は，「両面傾くの円壔」になるものと，関は考えている。切り取るべき立体は，半円柱を横たえて，左右に斜めに切り取った形であり，これは結局，蹄形を二つくっつけた立体にすぎない。ふたたび欠環にもどるため，いま作られた真っ直ぐな立体を，その両側を徐々にたわめていって，小背 b の湾曲になるまで曲げる。曲げたときの欠所の形は，いわば牛の角二本を半分の厚さに削いだような形である。

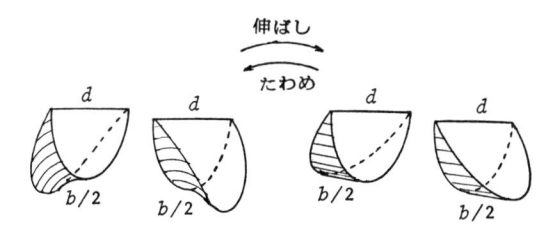

（仮訳。これはまた，〔円環（浮輪）の〕経緯が等しいゆえに，十字環全体の中心から，回転の幅は小背 b の両端まで，円柱としての太さは小背から外径までにわたり，円環としての湾曲の変化に応じた欠所をもつ環（つまり欠環）を作る。この欠環を伸ばしたとき，両面が傾いた円柱になる。〔欠所の形は〕上下がそれぞれ半径 $d/2$ の高さから，横はそれぞれ半小高 $b/2$ の長さまで，

二つとも斜めに切り取った形に相当する。⟨輪径 d が正径であり，小背 b が小高である。⟩」

関は以上の過程を踏んで，「削いだ二本の牛の角」の形の立体（§50で述べるように，当時としては殆ど積分不可能）を，ともかく扱える範囲の立体に置きかえることに成功した。それは，はなはだ巧妙な技法である。もちろん，近似的な扱い方ではあるが，真っ直ぐな円柱を，両側に斜めに切り取った立体は，たびたび出てきた二つ分の蹄形である。上底は径 d の半円，高さは $b/2$ が両側にあるから，合計して b となる。

#183

「よって，輪径の冪 d^2 に，小背 b を掛けあわせ，六で約して，切り取るべき曲がった虚の体積 $(1/6)d^2b$ が求まる。これを刃壔の体積から引けば，その残積は一ヵ所の丁積（$(1/4)$丙積 $-(1/6)d^2b$）に相当する。これを四倍して，丁全体の体積が求まる。」

以上を公式としてまとめれば，

⑥ 　　　丁積＝丙積 $-\dfrac{2}{3}d^2b = \dfrac{\pi}{2}d^3 - \dfrac{2}{3}d^3 - \dfrac{2}{3}d^2b$

となる。

なお，さいごに得られた残積の形は，いわば「馬の鞍」の形に近い。関が立体をおいた向きについていえば，馬の背が湾曲 b であり，人が跨がる部分を横から見たとき，径 d なる半円の形である。

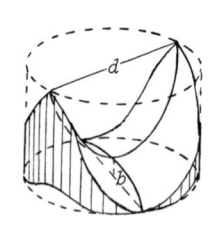

§48. 丁積後半の批判

まず，円環（浮輪）が「同じ円規を承ける」と述べているが，これは§46で批判したとおり，正しくない。(p.619)

その曲がった円柱を，十字環全体の中心から小背 b の両端までの回転の幅で切り取り，これを伸ばしたとき，切口が斜めの円になる，という主張も誤りで

21 関の求積問題の再構成（七）

#184

ある。その論法は§11（ち）の「円環の体積は真っ直ぐな円柱に置きかえられる」という主張と矛盾する。正しくは，切口が軸方向と直交すべきである。（ただしここでは，切り取られた円柱そのものでなく，欠所の形および体積が問題になっているので，この誤りは，結果に影響を与えない。）

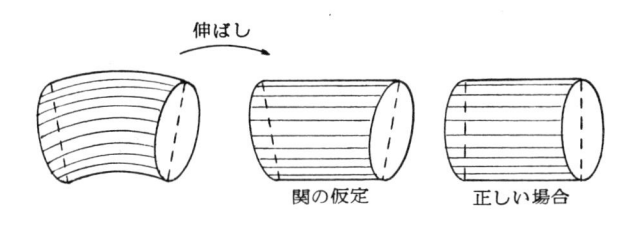

つぎに，欠所の形および体積を求めるとき，「伸ばし」をほどこした結果が問題になる。関は真上から見た図において，二等辺三角形になるかのように述べているが，厳密には正しくない。右図のように斜辺は少し凹む。立体としては，伸ばしたあとの斜面が凹むので，体積は関の主張よりも減少する。§50で詳論するように，正しい体積が 0.66732088 なのにたいして，関の方法では 0.66841510 となり，0.00109422（約0.16パーセント）だけ超過する。これも関の意図を推測して，近似と考えれば，かなり良好ではあるが。

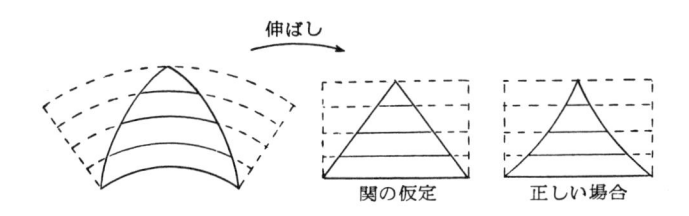

関による立体図形の表示

『求積』編の「立積」の部には，多くの立体図形が登場する。透視図法のなかった時代のことであるから，今日の目から見るとかなり奇妙な図形がある。しかし，立体を平面的な紙の上になんとかして表現しようとする努力が，随所に伺われる。そのいくつかの例を見てみよう。

(は) 円柱。上下の底は楕円が正しいが，円弧二つで描かれている。

　(へ) 立円（球）。球の丸みを陰影で表現する技法がないため，半球として表現し，それに径を添えている。

　(と) 球欠（球帽）。矢と弦を添える。底面の形は，やはり楕円が正しい。

　十字環の各部分は，立体図形の宝庫。

　(む) 十字環戊積（円柱レンズ）。これは透視図法でも描きにくい。関は円柱らしき図形に，正径のほか，円弧を描き湾径の文字を添えて，これを表現しようとする。

　(う)(ゐ) 十字環丁積。(a)二重円弧の下側が瓦の形，上側が円柱としての断面の円である。これは，顔の正面と側面を同一の画面に描く，ピカソの立体派的な表現と考えられる。(b)刃壔積（船の舳先）の図の刃の部分の表現も立体派的である。(c)削いだ牛の角は，勾玉の左側が曲がった円環の一部，右側が断面の半円を示す。（立体を既知としたときにのみ，理解可能である。）

§49. 草文と各積の関係

　まず草文を，そのまま紹介する。

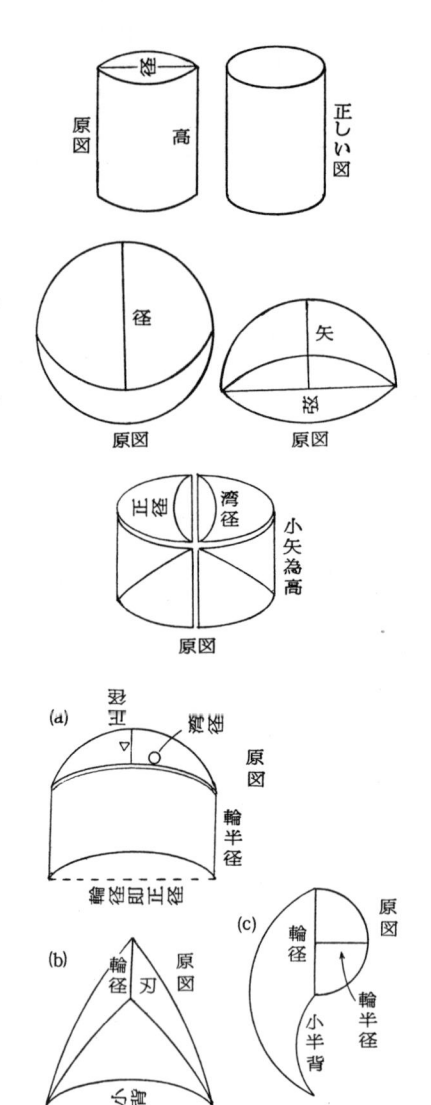

「草にいふ。〈別に，小矢 $c=0.031373$，小背 $b=1.0026227$，小弧積 $M=0.0209277$ を得る。〉外径 $D=10$ をおき，うち輪径 $d=1$ を減じ，余り $D'=9$ に円周法（3.1416）を相乗じ，28.2744 を得る。倍する外径 $2D(=20)$ のうち，輪径〈二箇〉$2d(=2)$ と，小矢〈四箇〉$4c(=0.125492)$ を減ずる余りは 17.874508。二位を相併はせ（46.14908），輪径の冪 $d^2(=1)$ を相乗じ，また円積法（0.7854）を相乗じ，〔巳〕36.2453523432 を得て，位に寄す。

外径 $D(=10)$ のうち，輪径〈二箇〉$2d(=2)$ と，小矢〈二箇〉$2c(=0.062746)$ を減ずる余り（7.937254）に，小弧積 $M(=0.0209277)$ を相乗じ，これを六し，0.9966508232148 を得，輪径の再乗冪 $d^3(=1)$ より減ずる余りは 0.0033491767852，輪径 $d(=1)$ を相乗じ，三箇の小矢 $3c(=0.094119)$ にてこれを除き，〔庚〕0.035584491816 を得て，位に寄せたるに加入し，ともに〔巳＋庚〕36.2809368350 を得て，再び寄す。

輪径〈四箇〉$4d(=4)$ と小背〈二箇〉$2b(=2.0052454)$ を併はせたるを列し，得る（6.0052454）うち小矢〈四箇〉$4c(=0.125492)$ を減ずる余りに，輪径の冪 $d^2(1)$ を相乗じ（5.8797534），三にてこれを約め，〔辛〕1.9599178 を得る。再び寄せたるより減ずれば，余り〔巳＋庚－辛〕($=34.3210190350$) すなはち積なり。」

草文では，三つの積

$$巳積=\frac{\pi}{4}d^2(D'\pi+2D-2d-4c)$$

$$庚積=\frac{d}{3c}[d^3-6M(D-2d-2c)]$$

$$辛積=\frac{d^2}{3}(4d+2b-4c)$$

から，十字環積

㊿　　十字環積＝巳積＋庚積－辛積

を求めている。これと，前節までに検討した甲，乙，…戊積との関係を明らかにしなければならない。ところが

(61)　　甲積$=\frac{\pi}{4}d^2\times\pi(D-d)=\frac{\pi}{4}d^2\times D'\pi$

(62)　　乙積$=\frac{\pi}{4}d^2\times(2D-6d-4c)$

(63)　　丙積$=\frac{\pi}{4}d^2\times 2d-\frac{1}{3}d^2\times 2d$

(65)　　丁積$=\frac{\pi}{4}d^2\times 2d-\frac{1}{3}d^2\times 2d-\frac{1}{3}d^2\times 2b$

(64)　　戊積$=\frac{d}{3c}\{d^3-6M(D-2d-2c)\}+\frac{1}{3}d^2\times 4c$

であった。この五つの積の「同類項をまとめ」れば，それは容易な代数的変形にすぎず，上の式(66)と，ぴたりと一致する。(われわれは，文字式を用いるから容易であるが，関の時代には代数的変形は困難であったろう。)

いずれにせよ，近似的な扱いではあるが，関は十字環全体を（か）円壔斜截（蹄形）一種類のみを用いて解いた。この複雑な貫通体を，単純な立体だけを組み合わせて解いた技倆には感服させられる。『求積』編全体の構成から見れば，第52問（か）円壔斜截の応用問題であり，そのつぎに並べることも可能であった。

草文に示された値を検算する。この節では，すべて関の計算したとおりの公式（戊積と丁積は近似式）を用いる。〔　〕内は精密な値を示す。

f の復元（c から逆算）7.937254　〔$f=\sqrt{63}=7.9372539332$〕

$c=0.031373$　〔0.0313730334〕

$b=1.0026227$　$b'=1.00262213$　〔$b''=1.0026226493$〕

この草文に示された値は，（関にしては珍しく）種々の誤りがある。まず小背 b として，1.0026227 が与えられているが，これは不思議な値である。筆者の『補説』(27.) で引用した関の補間公式に，$D''=8$，$c=0.031373$ を代入して求めると，$b'=1.00262213$ となり一致しない。また，逆正弦関数を用いて

21 関の求積問題の再構成(七)

8 arcsin (1/8) を求めると, $b''=1.0026226493$ となり, むしろこのほうがかれの b に近い(しかし, どうやって b を計算したかが不明である)。

草文に示された小弧積の値 $M=0.0209277$ がまた不思議である。公式

② $\qquad M=(bD''-df)/4$

によって, 関の値 b から正しく計算した値は, $M^*=0.0209319$ となる。補間公式によって求めた b' を用いれば, $M'=0.02093076$ となる。正しい b'' からは, $M''=0.0209318154$ となる。いずれにしても, かれの M は不足値である (M^* に比べて 0.0000042 の不足, M' に比べて 0.00000306 の不足)。

したがって, b や M を含まぬ値については, 検算する価値がある。b や M を含む値についてはあまり益がないが, 戊積と丁積の値については検討を省略してきたので, 補充として示すことにする。

まず, b と M を含まぬ公式は, 甲, 乙, 丙および己である。前三つはすでに §42 に復元値を示したが, 再記する。

(甲) 22.20671376, (乙) 10.89703858, (丙) 0.90413333,
(己) 36.2453523432

である。このうち己積が草文の値と一致することから, 関が個別に計算したと仮定すれば, 甲, 乙, 丙の各積もほぼこの位の値であったと考えられる。

丁と辛は b のみ含む。b, b', b'' に対応して, $'$ などをつけて示せば,

(丁) 0.2357182, (辛) 1.9599178,
(丁') 0.2357185771, (辛') 1.9599174229,
(丁'') 0.2357182338, (辛'') 1,9599177662

である。このうち, 辛積が草文の値と一致することから, 関の丁積もほぼこの位の値と考えられる。

戊と庚は M のみ含む。M, M^*, M', M'' に対応して, $*$ などをつけて示せば,

(戊)	0.07741515848,	(庚)	0.035584491816.
(戊*)	0.07528998927,	(庚*)	0.033459322602,
(戊′)	0.07585403827,	(庚′)	0.034023371604,
(戊″)	0.07533280511,	(庚″)	0.033502138442

である。このうち，庚積が草文の値と一致することから，関の戊積もほぼこの位の値と考えられる。しかし，かれの答えは，そのほかの（正しい値に近い）値に比べて，かなり大幅な誤差を含んでいる。

かれの己，庚，辛をそのまま公式

⑯　　　十字環積＝己積＋庚積－辛積

に代入すれば，もちろん答文の値 34.321019035 になる。しかし，<u>関がもしも途中で間違えず，正しく計算したと仮定すれば</u>，b', M' を用いた庚′や辛′を代入して，<u>34.3194582919</u> となったはずである。蹄積のみを用いた巧妙な十字環の近似公式に到達しながら，計算に誤りがあることは惜しまれる。

§50. 近似の程度

これから，関の近似公式の近似の程度を検討する。前節に見たように，かれの計算には誤りも含まれているから，比較の対象には出来ない。そこで以下では，<u>数値は π も $\sqrt{63}$ も $b=8\arcsin(1/8)$ も正しい値を代入して近似公式をそのまま用いた計算結果</u>と，定積分で求めた結果と比較する。

いま，§43のイ図を再掲し，戊積一ヵ所の1/4の体積 U を求めよう。A点を原点として，AB方向を x, AE方向を y, AC方向を z の各変数で表す。（行きがかり上，x-軸，y-軸が通常と逆になった。）AB=AE=r=0.5 とおく。中心をO，$\widehat{CB}$ を円弧とする大円柱の半径 CO を $R=D''/2=4$ とおき，AO の長さを $l=\sqrt{R^2-r^2}$ =$\sqrt{63}/2$ とおく。x に対応する y, z は，

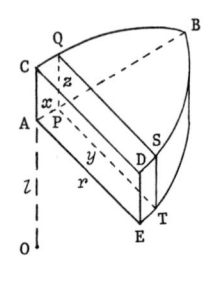

21 関の求積問題の再構成（七）

$$y=\sqrt{r^2-x^2}, \quad z=\sqrt{R^2-x^2}-l$$

となる。そこで求める定積分は，矩形 PQST を考慮して

$$U=\int_0^r zy\mathrm{d}x$$
$$=\int_0^r \sqrt{R^2-x^2}\sqrt{r^2-x^2}\,\mathrm{d}x-l\int_0^r \sqrt{r^2-x^2}\,\mathrm{d}x$$

となる。第二の積分は易しい。第一の積分は完全楕円積分にまで変形できるのであるが，省略する。もちろん，このままで数値積分もできる。結果は

$$U=0.0046230891, \quad 16U=0.0739694261$$

である。$16U$ が，正しい戌積である。

一方，円柱斜截のみ用いる関の近似公式㊽によれば，

$$V=0.0753328993, \quad 差=0.0013634732（過剰）$$

であり，この差（過剰）が前述の庇と称する突出部分の体積である。

つぎに丁積の検討である。定積分を求めるには，関のいう刃墻積の代わりに，刃墻積と戌積の和（仮りに壬積とよぶ）および，関のいう虚積（仮に癸積とよぶ）を考えるのが適切である。いずれも一カ所の 1/4 の体積とする。

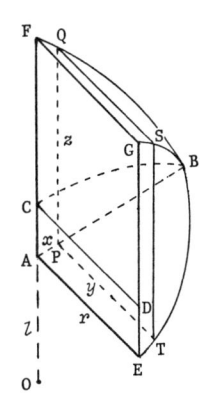

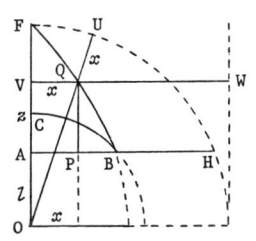

図の曲線 $\widehat{\mathrm{FQB}}$ が§46で考察した放物線の一部である。AB方向を x，AE方向を y，AF方向を z の各変数で表す。（x-軸，y-軸が通常と逆になった。）AB=AE=r=0.5 とおき，大円の中心をOとする。下図で，$\widehat{\mathrm{FUH}}$ を円弧とする大円の半径OUを $R=D'/2=4.5$ とおく。R の意味は変わったが，長さとしてはまえと同様に，AOの長さを $l=\sqrt{R(R-2r)}=\sqrt{63}/2$ とおく。x に対応する y はまえと同様に

$$y=\sqrt{r^2-x^2}$$

となる。z は，放物線の性質（Qから焦点までと準線までの距離の一致）

$$OQ=QW=OU-QU=R-x=\sqrt{x^2+(z+l)^2}$$

から容易に求まり，

$$z=\sqrt{R(R-2x)}-l$$

となる。そこで求める壬のために定積分は，矩形 PQST を考慮し

$$W=\int_0^r zy\,\mathrm{d}x$$
$$=\int_0^r \sqrt{R(R-2x)}\sqrt{r^2-x^2}\,\mathrm{d}x-l\int_0^r\sqrt{r^2-x^2}\,\mathrm{d}x$$

となる。（楕円積分への変形は省略する。）結果は

$$W=0.0611897745, \qquad 16W=0.9790363913$$

である。$16W$ が，正しい壬積である。これから $16U$ を引いた

$$16W-16U=0.9050669652$$

が刃壔積である。一方，円柱斜截と「ずらし」のみ用いる関の近似公式は丙積 ㊳と一致し，π として正しい値を用いて計算すれば

$$V=0.9041296601, \qquad 差=0.0009373051（不足）$$

である。前述のように，関の刃壔積の，「ずらし」の結果として斜辺が直線になるという仮定が，この差（不足）をもたらした。

さいごに，癸積（関のいう虚積）はQ点を通る円弧の一部 $\wideparen{JQ}$ の長さを t と

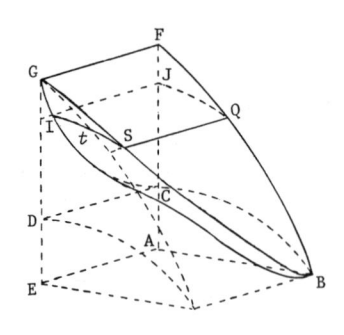

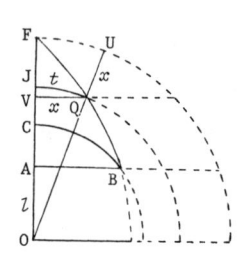

おけば，OQ$=R-x$ を用いて
$$t=(R-x)\arcsin(x/(R-x))$$
となる。そこで高さが SQ$=$IJ$=y$
$$y=\sqrt{r^2-x^2}$$
なる円柱の側面の一部であるような，長さ t をもつ曲がった矩形 JQSI を作る。体積は曲った矩形の積み重ねと考えて，
$$T=\int_0^r yt\mathrm{d}x$$
$$=\int_0^r \sqrt{r^2-x^2}(R-x)\arcsin(x/(R-x))\mathrm{d}x$$
が求める癸のための定積分となる。結果は，
$$T=0.04170755488, \qquad 16T=0.6673208781$$
である。$16T$ が，正しい癸積である。一方，円柱斜截と「伸ばし」のみ用いる関の近似公式は
$$V=0.6684150996, \qquad 差=0.0010942215 （超過）$$
を与える。前述のように，関の虚積の，「伸ばし」の結果として斜辺が直線になるという仮定が，この差（超過）をもたらした。

癸積 $16T$ を刃壔積 $16W-16U$ から引いた
$$16W-16U-16T=0.2377460871$$
が丁積である。関の結果は，
$$V=0.2357145605, \qquad 差=0.0020315266 （不足）$$
である。超過を引けば不足になるから，関の丁積は二重の不足をもつ。

十字環全体では，甲，乙，丙は正しい π を用いた 甲積$=22.2066099204$，乙積$=10.8970129963$，丙積$=0.9041296601$ を共通に用い，

正しい体積$=34.3194680900$，

関の体積　$=34.3188000366$，　　差$=0.0006680534$（不足）

となる。戊積と丁積の不足が相殺して，意外に良好な結果が得られた。

環径が小さい場合の例

　関の近似公式の近似の程度を論ずるには，たとえば輪径 d は同じで環の外径 D がもっと小さい場合を試してみるのがよかろう。そこで，外径 $D=4$，中心径 $D'=3$，内径 $D''=2$，輪径 $d=1$ なる場合を例にとって計算してみる。

$$f = \sqrt{D''^2 - d^2} = \sqrt{3} = 1.7320508076,$$
$$c = (D'' - f)/2 \quad = 0.1339745962,$$
$$b = 2\arcsin(1/2) \quad = 1.0471975512,$$
$$M = (bD'' - df)/4 \quad = 0.0905860737$$

などを用いて，関の公式をそのまま使った場合と，定積分による場合を比較する。途中の経過は省略して，結果のみ示そう。

	関の公式	定積分	差
甲　積	7.4022033008	同じ	0
乙　積	1.1499027196	同じ	0
丙　積	0.9041296601	同じ	0
刃堣積	0.9041296601	0.9179770045	−0.0138473444
虚(癸)積	0.6981317008	0.6760453185	+0.0220863823
丁　積	0.2059979593	0.2419316860	−0.0359337267
戊　積	0.3244363252	0.3193809300	+0.0050553952
十字環積	9.9866699651	10.0175482965	−0.0308783314

　これを見ると，丁積における誤差（二重の不足）が，環の外径 D が小さい場合に，より大きく十字環積に影響していることが分かる。D が小さければ，環の曲がり方が相対的にきつく，「ずらし」と「伸ばし」の結果として斜辺が直線になるという仮定が，大きな二重の不足をもたらすのであろう。

（1988年10月10日記）

〔文献は651頁〕

22　関の求積問題の再構成（八）

§1. 序 …………………… 426
§2. 『求積』編の構成 ……… 428
§3. 円と弓形の面積 ……… 433
§4. 錐率三分の一 ………… 440
§5. 錐率三分の一（続）… 446
§6. 半球の体積 …………… 450
§7. 括要立円積術 ………… 457
§8. 増約術 ………………… 463
§9. 球帽の体積 …………… 466
§10. 球帽の別解 …………… 472
§11. 浮輪の体積 …………… 478
§12. 左右相称な切口 ……… 481
§13. 切口が半円の指輪 …… 485
§14. 『変形草』の構成 ……… 488
§15. 円孔をくりぬいた球… 491
§16. 「中心」概念の発生 …… 496
§17. 指輪の体積 …………… 500
§18. レモンの体積 ………… 505
§19. 指輪の体積（続）…… 508
§20. 蹄の体積 ……………… 511
§21. 正弧から偏弧へ ……… 520
§22. 正弧から偏弧へ（続）525
§23. 斜めの弓形 …………… 527
§24. 帽子のつば形 ………… 533
§25. 帽子のつば形（続）… 538
補遺．炉縁から円環へ ……… 544
§26. 円柱の切口と側円 …… 547
§27. 傾いた蹄形 …………… 551
§28. 二つの側円の一致 …… 558

§29. 傾いた蹄形（続）…… 562
§30. 円錐台の斜截面 ……… 572
§31. 球の表面積 …………… 582
§32. 球帽の表面積 ………… 584
§33. 指輪の表面積 ………… 585
§34. 球欠直截の焦点 ……… 588
§35. 近似公式の解明 ……… 590
§36. 球欠直截の原文 ……… 591
§37. 球欠直截の原文（続）596
§38. 数値の跡づけ ………… 598
§39. 球欠斜截の場合 ……… 601
§40. 数値積分との比較 …… 602
§41. 十字環の概略 ………… 606
§42. 甲，乙，丙積 ………… 608
§43. 戊積の原文 …………… 610
§44. 戊積の批判 …………… 614
§45. 丁積前半の原文 ……… 617
§46. 丁積前半の批判 ……… 619
§47. 丁積後半の原文 ……… 621
§48. 丁積後半の批判 ……… 624
§49. 草文と各積の関係 …… 626
§50. 近似の程度 …………… 630
　（以上、第七回まで。以下今回）

§51. 序文の改訳 …………… 636
§52. 平積と立積の小序 …… 639
§53. 平面直線図形 ………… 643
§54. 立体直線図形 ………… 646
　文献 …………………………… 651

連載第七回（1989年1月）の後，個人的事情から長らく中断した。予告したように，今回は各種の補足を行ない，連載の締めくくりとしたい。その間に筆者の考えも変わり，予定した補足の内容の一部は切り離して，次の「補説」にまとめるのが適当と判断した。
(1)　西洋流の求積法(26号論文)。連載の途中で参照した内容を，主題別にまとめた。
(2)　円理とは何か(27号論文)。併せて加藤平左ヱ門氏の『算聖関孝和の業績』のなかの，求積にかんする項目を引用する。
(3)　楕円の周の長さ(28号論文)。『求積』篇と主題が多少ずれているので，別稿とした。
第一回§1.，§3.(ろ)などで予告した「求弧背術」は，つぎの別稿にまとめた。
　『関の求弧背術の限界』(29号論文)
　全体にわたる要旨は，文献の後に掲げる。

§51. 序文の改訳

　連載第一回§2で『求積』編の序文にたいして，読み下し文と仮訳を掲げた。以来，本文に詳しい解釈を施して来た今から見ると，読み違いや不適切さなどが認められる。改めて『全集』(1.)に基づいて原文を掲げ，語釈を与え，読み下し文と仮訳を改訂する。原文は誤りを含むかもしれないが，筆者は今それを訂す術をもたないので，できるだけ原文に沿って解釈した。

　　積者、謂相乗之総数也。形者、本計縦横高相通之総。故依形変、其理自有隠見矣。是以其技皆辨形勢之所原、以截盈補虚、為要。又平立各両矩相具、而能施通変之形 俗謂之坪積 也。凡、奇形異状之属、雖無窮、審其源、則皆帰于方円之二理。惣方輙求得、故雖変其理、自易暁。円逮難得、故変則有其理隠者。是以分平立之二篇、与方円之次序、毎解其所起、以相対之限釈形極、而為求積之法式也。

　　〔語釈〕「相乗之総数」　縦・横・高さの寸法すべてを掛け合わせた数。
　「相通之総」　通ふとは，共通の比（寸法）をもつの意。縦・横・高さ

に共通する寸法すべて。「隠」と「見」の区別は,『解○題之法』の○に見・隠・伏の入る三部抄の意味を参考にすれば,平山氏は『全集』(1.)の解説で,「見は図形に見(あらは)れた題,隠は方程式に隠れた題,伏は方程式に伏(ふ)せられた題」を扱う,と述べた。これから推すと,隠は方程式の中の未知数に隠(かく)れる場合,見は図形の表面に見(あらわ)れる場合を指すのであろう。後出の「変則有其理隠者」を参照のこと。

「辨形勢之所原」 形の根源となる所を見極める。

「截盈補虚」 凸出した所を切り取り,凹欠した所を補完する。

「平立各両矩相具」 平積と立積はおのおの二種類の角(かど)をもつ類型(平積は直と尖の二型、立積は壔と錐の二型)が備わる。なお次節の小序を参照のこと。

「通変之形」 は分かりにくいので,この意味の関連箇所を調べる。後文§53(ハ)「勾股」に,「…その余の平形の積を求むる諸術は,<u>所為之変</u>(なす所の変)、約率の異なるは、みなこの直と尖の両矩より起るなり。」§54(ル)「方錐」に,「…<u>其余諸形之変術</u>(その余の諸形の変術)、約法などは、みなここより起るなり。」とある。これらから類推して,「通変之形」は(形の変化に応じて、約率で割る方法一般)を指すと考えられる。

「<u>坪積</u>」 面積や体積などの単位を「坪」と言う。「坪の積もり」とは,『塵劫記』(20.)などを参照すると,必要な量を単位で見積もる,の意味のようである。例えば,屏風を貼るのに金箔が何単位の面積要るのかを見積もる,材木を割って板を作り,屋根を葺くのに何単位の体積要るのかを見積もる,などとある。「属」ともがら,たぐひ。

「方円之二理」 正方形と円の二つの基本形の理論。

「輒(てふ)」 は輙の俗字、たちまち。

「円速難得、故変則有其理隠者」 円にかんする求積は,〔周長も面積も〕

簡単な式で表しにくい。ゆえに円を変形した求積の場合は，その術理が〔方程式の未知数に〕隠れてしまう場合がある。

「以相対之限釈形極」　対応する部分を変化させた限界として、極限の形を説明する。(例として第二回§9,(と)#185「球帽の一般の場合，矢は半弦より短いが，矢と半弦が対応するから，矢と半弦が等しい場合の半球を極限の形とする」とあった。)

〔読み下し文〕積は，相乗の総数を曰ふなり。形は，もと縦，横，高に相通の総てを計る。ゆえに形によりて変じ，その理おのずから隠と見あり。これをもってその技みな形勢の所原を辨じ，もって盈を截り虚を補ふを要とす。また平と立各々両つ(ふた)の矩を相具して，よく通変の形〈俗にこれを坪積と言ふ〉を施すなり。およそ奇形と異状の属は，無窮と雖も，その源を審(ただ)さば，すなはちみな方円の二理に帰す。すべて方は輒(たちまち)求め得，ゆえにその理を変ずと雖も，おのずから暁(さと)り易し。円は速かに得難し，ゆえに変ぜばすなはちその理隠(かく)るる者あり。これをもって平と立の二篇を分ち，方円の次序を与へ，解くごとにその起こる所，相対の限をもって形の極を釈(と)きて，求積の法式となすなり。

〔仮訳〕面積・体積は各長さを掛け合わせた総数であり，形は本来縦・横・高さに共通する寸法のすべてを掛け合わせた数を計る。ゆえに形ごとに術理は異なり，その術理には隠伏と顕在とがある。それゆえに，これを解く技法はみな形の有り様の根源をよく見極め，凸出した所を切り取り，凹欠した所を補完することが重要である。平積・立積には，おのおの二種類の角(かど)をもつ類型（平積は直と尖の二型、立積は墻と錐の二型）が備わっているから，形の変化に応じて約率で割る方法〈これを俗に坪の積もりという〉を施すのがよい。およそ奇形や偏った形の仲間は無限にあるが，その根源を求めれば，みな正方形と円の二つの基本形に帰着する。正方形はすべて立ちどころに求められ，変形していてもその術理

は理解しやすい。円は〔周長も面積も〕すぐには得られない。それゆえ変形していれば，その術理は隠れてしまう場合がある。こうして，〔全編を〕平積・立積の二篇に分け，次にそれぞれ正方形・円の順序に並べ，解くたびにその基本形と対応する部分を変化させた限界として，極限の形を説明し，求積の法式とするのである。

§52. 平積と立積の小序

平積と立積はそれぞれ小序をもつ。原文は松永らの訂正に従い，読み下し文と仮訳を与える。語釈すべき項目は前節とほぼ共通するので略す。

平積小序

平積者、平之状也。其形直者、正縦横相乗、則得積。尖者、二約而後得積。是平積直尖之両矩也。諸形悉本于此、而求其積也。按古以平積為量田地之法、今解形変截補之要而悉便于理、是以不必論田疇之段畝也。

〔読み下し文〕平積は平の状なり。その形直なるは、正(まさ)に縦横を相乗ぜば、すなはち積を得。尖なるは二にて約して後に積を得。これ平積は直と尖の両(ふた)つの矩なり。諸形 悉(ことごと)くこれに本(もと)づきて、その積を求むるなり。〈古(いにしへ)を按ずるに平積をもって田地を量るの法となすを、いまは形を変・截・補の要にて解きて悉く理に便じ、これ以って必ずしも田疇の段畝を論ぜざるなり。〉

〔仮訳〕平積は平らな形状である。その形が直角なら，すぐに縦横を掛け合わせれば面積が得られる。鋭角なら，二で約してから面積が得られる。このように平積は直と鋭の二種類の角(かど)をもつ形がある。そのほかの形はすべてこの典型にならって面積を求める。〈昔を省みると，平積をもって田畑の面積を測るための技法としたが，今では形を変形・切除・補完の要領によって解いて，すべてを理論に頼る，それゆえ田畑の面積を

測る実際は論じない。〉

〔補注〕『塵劫記』(20.)の「検地の事」には、「検地のつもりやう、大かた図にあり。此の田地いかほどぞといふ。」と、目的が述べられている。

立積小序

立積者、立起之状也。上下同形者、曰墻。上小下大者、曰台。上鋭者、曰錐。有刃者、曰楔。周旋者、曰環。此五者、悉冒于平形、而立形全備矣。乃墻者、以下面平積乗正高、即得積。錐者、三約、而後得積。是立積墻錐之両矩也。其余所為、皆起於此、相通于平積之両矩、而用之、各随形勢、推変、而求之、得積也。

〔読み下し文〕立積は、立起の状なり。上下の同形なるは、墻と曰ふ。上が小にて下が大なるは、台と曰ふ。上が鋭なるは、錐と曰ふ。刃有らば、楔と曰ふ。周旋なるは、環と曰ふ。この五者は、悉く平形を冒(おほひ)て、立形すべて備(とと)ふ。よって墻は、下面の平積に正高を乗ずれば、すなはち積を得。錐は、三にて約して後に積を得。これ立積は墻と錐の両(ふた)つの矩なり。その余となすところは皆これより起こり、平積の両つの矩に相通(かよ)ひて、これを用ひ、各々形勢に随ひて、変を推して、これを求め、その積を得るなり。

〔仮訳〕立積は、立ち上がった形状である。上下の底面が同形なものを墻と言う。上底面が小で下底面が大なものを台と言う。上が鋭(とが)ったものを錐と言う。刃があるのを楔と言う。回転して出来るのを環と言う。この五つの形は、ことごとく平形で覆うことにより、立形の形がすべて備(とと)う。よって墻は下底面の面積に垂直な高さを掛けて、体積が得られる。錐は、三で約してから体積が得られる。このように立積には墻と錐の二種類の角(かど)をもつ形がある。そのほかの形はみなこの両形から出発し、平

積が二種類の角(かど)をもつのと平行した関係にあり，両形を用いる。それぞれの形の有り様に応じて，変化の具合を推定して計算し，その体積を求めるのである。

〔補注〕「冒干平形」を訳せば「平形で覆う」となるが，意味が捕捉しにくい。筆者は次のように考えてみた。例えば円錐台は，連載第五回§27（そ）#186の小字の部分に述べたように，上底面の小円板から下底面の大円板まで直径が漸増する円板を層状に積み重ねた形と考える。体積公式を考えるには，このように「輪切り状の円板の積み重ね」と見ることが肝要である。しかし出来上がった立体を外側から見れば，扇状の紙で上方が小，下方が大なる筒を作り，上底面と下底面で蓋をした形となる。これが「平形の側面と上・下の底面で覆う」という意味であろう。なお関は『闕疑抄答術』(1.)第41問，『勿憚改答術』(1.)第94問，いわゆる「具利加羅巻(ぐりからまき)」#187 すなわち円錐面に糸を巻き付けたときの長さを測る問題で，側面の扇状を展開した形を考えたようである。これを見れば，筆者の考え方もさほど見当外れではないと思われる。(p.435)

その他，本文中の随所に，多くは割注で，小序と似た一種の図形哲学を述べた部分がある。まとめの意味で（引用済みも含め），同様に扱おう。

連載第一回§3（い）円積問題の末尾。

「乃求積者、時以事理之速為要。不必択究術之精粗与数之疎密、故円術皆以常率求之。其余変形之属、或直乗円積法或収去不尽也。是以答数各有微差矣。」

〔読み下し文〕すなはち積を求むるは，時に事理の速かなるをもって要とす。必ずしも究術の精粗と数の疎密を択ばず。ゆえに円術みな常率を

もってこれを求む。その余は形の属を変じ、あるひは直ちに円積法を乗ずるか、あるひは収めて不尽を去るなり。これをもって答数おのおの微差あり。

〔仮訳〕面積を求めるのに，ときには便宜的に速算することが肝要である。かならずしも算法の精確さと数の精密さを選ぶほどの必要はなく，円にかんする計算には 3.1416 のような略数を用いる。そのほか正方形から円に形の種類を変えるため，直ちに円積法π/4を掛けたり，あるいは端数を丸めて縮めたりする。それゆえ，答えの数に微差が生ずることになる。

連載第三回§18（る'）第48問「外正弧環」の末尾。§15（ぬ）『変形草』の第61問「外弧環」の末尾にもほぼ同文あり。

「乃立円積法及円周法皆収不尽而用之要令乗除易為也、其余円積法及矢弧周背等之諸数有奇零者皆収去而所用各不超于五位是故所求積悉有微差矣。」

〔読み下し文〕すなはち立円積法および円周法、みな不尽を収めて、これを用ふるは、要は乗除を易からしむるためなり。その余の円積法および矢・弧・周・背などの諸数に奇零あらば、みな収去して、用ふるところ各々五位を超えず。この故に積を求むるところにことごとく微差あり。

〔仮訳〕すなわち立円積法 π/6 および円周法πなど、みな端数を丸めてこれを用いるのは、要するに乗除を容易にするためである。その他の場合、円積法π/4および矢・弧・周・背などの諸数に小数の末位があるときは、みな端数を5桁を超えない範囲に丸めて用いる。その結果、求めた体積に微差が生ずるのである。

§53. 平面直線図形

連載第一回§2の冒頭で，「本稿の目標は，関の円や球に関連する求積問題がどんな着想と推論によるものかを明らかにすることにある。…〔中略〕…本稿は…直線的な図形の考察は省略することにした。」と宣言した。しかしすでに第一回～第七回を書きおえた今，第一回においても立方，方堡壔，方錐などを扱っており，直線的な図形を故意に除外する必然性はなくなった。むしろ関の『求積』編全体への注解を全うさせるためには，直線的な図形を簡略に補充すべきであろう。

連載第一回§2に掲げた『求積』編の一覧表のうち直線的な図形を再掲する。(p.431)

1．平方（正方形）見
2．直（矩形）見
3．勾股（直角三角形）見
4．圭（二等辺三角形）
5．稜（菱形）見
6．三斜（一般三角形）
7．四斜（一般四角形）見
8．三角（正三角形）
9．梯（等脚梯形）見
10．箭翎（野球の本塁）
11．鼓（上下の梯の和）
12．三広（同上，異形）
13．曲尺（L字型）
14．抹角（角欠正方形）

26．立方（立方体）見
27．方堡壔（正方形の柱）
28．直堡壔（直方体）
29．方錐（正方形の錐）見
30．直錐（矩形の錐）
31．方台（29の台）
32．直台（30の台）
33．楔（くさび形）
34．両刃楔（四面体）
35．菽麦（正四面体）見
36．切籠（十四面体）見
37．方台斜截
38．直台斜截

〔見は『解見題之法』と共通図形である。そこでは35.を蕎麦形と呼ぶ。〕

関（または和算）は対称性の高い図形を尊重し，非対称な図形から区別し，特別扱いをする。平方→直・梭→梯→四斜，三角→勾股→三斜，立方→方堡壔→直堡壔→方台→直台，などの系列は，先頭が対称性の高い図形であり，後に行くほど非対称な図形となる。例えば第一系列を《四角形》でくくり，面積を一般的に論ずるのは，西洋流の考え方であろう。

（イ）**平方**。「是平形之首也。其縦横各等。」

〔読み下し文〕これ平形の首なり。その縦横おのおの等し。

〔仮訳〕正方形は平らな形の基本である。その縦横の長さはおのおの等しい。

（ロ）**直**。「或長濶、均偏于上下左右、或均承于円規、其形雖異、截補之理同。故皆以正長、乗正濶得積也。」

〔読み下し文〕あるひは長濶、上下左右に均偏なり、あるひは均しく円規を承く、その形異なると雖も、截補の理は同じ。ゆえに皆正長をもって、正濶に乗じて積を得るなり。

〔仮訳〕矩形はあるときは長辺と短辺が異なっていても上下と左右はそれぞれ等しい。あるときは円を内接させて〔長辺と短辺が〕等しい。その形は異なっていても，截〔凸出箇所を切り取る〕と補〔凹欠箇所を補完する〕の術理は同じである。ゆえに長辺に短辺を掛けて面積を得るのである。

（ハ）**勾股**。「是斜截之半直也。勾股相乗、為虚実共積、折去虚積一半、則得実積、故以二、為尖積約法。其余平形求積諸術、所為之変、約率之異者、皆起于此直尖両矩也。此形勾股相対、等者為限、故以半方、為極也。」

〔読み下し文〕これ斜截の半直なり。勾股を相乗じ、虚実の共積となす。虚積の一半を折去せば、すなはち実積を得、ゆえに二をもって、尖積の

約法となす。その余の平形の積を求むる諸術は、なす所の変、約率の異なるは、みなこの直と尖の両矩より起るなり。この形勾股は相対し、等しきは限となす、ゆえに半方をもって、極となすなり。

〔仮訳〕直角三角形は、矩形を斜めに半分に切った形である。勾〔高さ〕と股〔底辺〕を掛け合わせたものを虚積と実積を合わせた面積と考える。そこから半分の面積の虚積を引き去れば、実積が得られる。それゆえ、二をもって尖った角をもつ面積の約法とするのである。その他の平面図形を求める術理は、変形し、約率が異なるのは、みなこの直角と鋭角の二種類の角をもつ形から生ず。直角三角形は、勾と股とが対応していて、等しいときが極限である。ゆえに半方〔正方形を対角線で切った二等辺直角三角形〕が極限の形である。

以上の三つの形が、関にとっての基本図形である。残りの平面図形は、簡略に扱うことにする。

なお『解見題之法』においては、一般的な方法論として、「加減」〔長さの下方と減法〕、「分合」として「分術、合術」〔面積の分割と併合〕などが述べてある。いま一つ注目すべきは、「三平方の定理」が、図の巧妙な貼り合わせによって《証明》されていることである。『求積』においては、「三平方の定理」の《証明》はなく、既定事実のように用いられる。

　（ハ）勾股を二つ合わせて（ニ）圭〔二等辺三角形〕を作り、さらに圭を二つ合わせて（ホ）梭〔菱形〕を作る方法は、つぎつぎに後者の形の性質を自然に導く優秀な論法である。これは、角術にかんする論文(3.)§３で論じた。(p.75)

　三斜と四斜は、大きさの異なる勾股をつなぎ合わせて作る。『解見題之法』においては、四斜を「分合」の例として掲げ、勾股をつなぎ合わせて作る。

　　（ヘ）**三角**。　　（正三角形）「是形圭、而其濶与面相均、故以中径、乗面、

折半、即圭積也。」

〔読み下し文〕この形は圭にして、その濶と面は相均し、ゆえに中径を以て面に乗じ、折半すればすなはち圭積なり。

〔仮訳〕この形は圭〔二等辺三角形〕であって，その濶〔斜辺〕と面〔底辺〕とは等しい形である。ゆえに中径〔高さ〕を面に掛けて，半分にすれば圭の面積を得る。

題文は面〔一辺〕を 24 とした。草文に，別に中径〔高さ〕2.07846097微強を得る，とある。$\sqrt{3}/2=0.866025404$ のように端数を四捨五入した値を 2.4 倍すれば 2.0784609696 となるから，微強は微弱と改めるべきであろう。関においては，濶は《はば》の意味をもつが，ここでは文意から考えて斜辺の意味に用いられている。

（ト）梯。 （等脚梯形）は，小頭〔上辺〕と大頭〔下辺〕と長〔高さ〕を与えて面積を求める。その解文は，梯の形と天地を逆にした梯の形の和，すなわち平行四辺形を作り，後で半分にする論法を用いる。

続く 10.～14. は応用的な図形であるから省略する。平面直線図形には，上で取りあげた注釈以外に特記すべき点は殆どないように思われる。

§54. 立体直線図形

前述のように，立積の始めの部分は平積の始めと同様に，対称性の高い図形から非対称な図形に移行する順序に並べている。

（チ）立方。 「是立形之始、壔之首也。縦横高各等。」

〔読み下し文〕これ立形の始め、壔の首なり。縦横高おのおの等し。

〔仮訳〕立方体は立ち上がった形の始まり，柱状の形の基本である。縦横高の長さはおのおの等しい。

（リ）方堡壔。 「是上下方無大小、而各均、故曰壔。」

〔読み下し文〕これ上下の方に大小なくして、おのおの等し、ゆえに壔

といふ。

〔仮訳〕これは上下の面が正方形であって，〔形に〕大小の違いがなくおのおのが等しいので，〔正方形の〕柱と呼ぶ。

すでに連載第一回§4#188で取り上げたが，<u>一般論を述べた重要な割注</u>を含む。

「若壔形傾者、亦如此、以下面積、乗正高、得積也。後傚之。」

〔読み下し文〕もし壔形傾かば、またかくの如く、下面の積をもって、正高に乗じ、積を得るなり。後もこれに傚ふ。

〔仮訳〕もしも柱状の形で斜めに傾くものがあるならば，またこれと同様に，下面の面積に正高〔垂直な高さ〕を掛け合わせて，体積を得るのである。以下においても，これの方法にならう。

同所で詳論したように，術理を述べただけであって，《証明》は与えない。

（ヌ）直堡壔。「此形長濶相対、等者、為限、故以方壔、為極形。」

〔読み下し文〕この形の長濶は相対し、等しきは限と為す。ゆえに方壔をもって、極形とす。

〔仮訳〕この形の〔上面の〕長〔長辺〕と濶〔短辺〕は長さが違う。等しいときが極限の形であって，正方形の柱となる。

この項の末尾に<u>重要な割注</u>が付随する。

「凡、立形之属、大率高下不論長短、故其形必有高低之過不及也。其余錐台楔之形各無高下之極限、故悉畧之也。」

〔読み下し文〕およそ立形の属は、大率高下（おほむね）は長短を論ぜず。ゆえにその形は必ず高低の過ぐると及ばざるとあるなり。その余の錐と台と楔の形はおのおの、高下の極限なし。ゆえにことごとくこれを略すなり。

「高下」の意味を「たかひく」と解釈する。日常の用具で，高さが濶〔短辺〕より短いとき「薄い箱」，高さが濶と長〔長辺〕の中間のとき「厚い箱」と呼ぶ。高さが長を越えれば「柱」と呼ぶであろう。<u>関のものの考え方</u>に迫れたか否か，いささか自信がないが，一応このように解釈してみた。

〔仮訳〕およそ立体の仲間は，一般に高か低くの長短を論じない。それゆえこの種類の立体には必ず高さが長を越える場合と，高さが濶より不足する場合がある。その他の錐形と台形と楔形の三形には高さの極限がない。それゆえこの扱いを全て略すこととする。

（ル）方錐。　（正方形の錐）「〔方堡壔積〕、以錐法三、約之、得積也。」

〔読み下し文〕方堡壔の積を、錐法の三を以て、これを約し、積を得るなり。

〔仮訳〕正方形の錐は，正方形の柱の体積を，錐法の三で約して体積を得る。

なぜ正方形の柱を錐法3で約すのか，どこから3が来たのか，これは《証明》すべき点である。連載第一回§4[#189]で詳細に論じたように，『求積』においては，特殊な場合，立方体を六分割した方錐（高さは立方体の辺の半分）の体積として導き，すぐにそれを一般化して，次のように述べる。

「故以三錐積之約法、是立積壔錐之両矩形也。其余諸形之変術、約法等、皆由斯、而起立也。」

〔読み下し文〕ゆえに三を以て錐積の約法とす。これ立積は壔と錐の両矩の形なり。その余の諸形の変術、約法等は、みなここより起るなり。

〔仮訳〕ゆえに3を錐の体積の約法とするのである。その他の立体の場合に生ずる変術や約法などは，みなここから始まる。

『解見題之法』は，小方錐Aと相似比 1：2 の大方錐C（体積はAの8倍）およびCからAを引き去った方錐台Bを考え，Bについては後述の（カ）のように幾つかの立体に分割して求める，という，回りくどい方法を用いた。筆者は，第一回§4で，これを簡易化した 1/4 の図形で導く方法を提案した。

ここにはまた重要な割注が付随する。

「若錐尖傾倒者同之、以下面積、乗正高、以錐法約之得積也。」

648

22 関の求積問題の再構成（八）

〔読み下し文〕もし錐尖傾倒せばこれと同じく、下面積をもって正高に乗じ、錐法をもってこれを約して、積を得るなり。

〔仮訳〕もしも錐形の頂点が傾いている場合はこれと同様に、下面積に（斜めの高さでなく）垂直な高さを掛け、錐法3で約して体積を得る。

しかしここには，なぜそうしてもよいのか，妥当性の説明がない。

（ヲ）直錐。 （矩形の錐）。下面が正方形から，長〔長辺〕と濶〔短辺〕をもった直（矩形）に一般化される。

やはり，直堡擣を錐法3で約すことの妥当性は説明されていない。

（ワ）方台。 （方錐の台）。上方に延長して方錐を作り，方錐と方台の差に相当する虚錐（点線で描く）を介在させた論法で，方台の体積を導く。

筆者は，第一回§5 [#190]で，円錐台の場合を詳細に論じた。同所の公式⑧を導く過程はまったく同じで，円錐台における「円積率π/4」を除去すれば出る。

（カ）直台。 （直錐の台）。前問と同じく，上方に延長して直錐を作り，虚錐を引き去った，という論法を述べている。

筆者はしかしながら，これに続く（ヨ）や（タ）にも通用する論法を用いたのではないか，と推測する。与件は，上面の辺すなわち上長 a, 上濶 b, 下面の辺すなわち下長 c, 下濶 d, および高さ h である。直台を4種類の立体に分割する。Eは中央の矩形柱で，体積は abh，Fは長辺側の三角柱で，体積は $ah(d-b)/4$ が2個，Gは短辺側の三角柱で，体積は $bh(c-a)/4$ が2個，Hは四隅の四角錐で，体積は $(d-b)(c-a)h/12$ が4個。これらの和，すなわち E$+2$F$+2$G$+4$H を整理すると，$(2ab+2cd+ad+bc)h/6$ となる。これは関が術文で述べた式と一致する。

（ヨ）楔。 （くさび形）。「長」とあるのは「高」に変更すべきである。前問のF2個とH4個を合わせた立体である。その和を整理すると，ただし「横」$f=(d-b)$ を用いて，$(2c+a)fh/6$ となり，関の術文と一致する。

（タ）両刃楔。 （四面体）。前問を斜めの面で削ぎ落とした立体である。

前問の体積から，（ヲ）の直錐，ただし下面の辺が，広刃 c，狭刃 f の場合であるから，体積 $cfh/3$ を引けばよく，整理して体積は，$afh/6$ となる。

　　（レ）苡（蕎）麦。「是毎面、斜高同数之三角錐。」

　　〔読み下し文〕これ毎面、斜高と同数の三角錐なり。

　　〔仮訳〕蕎麦の実の形は，各辺が斜めの高さと同じ長さをもつ三角錐である。〔すなわち正四面体である。〕

関は，（ヘ）正三角形の高さを中径と呼んだ。さらに正四面体の頂点から底面へ垂線〔関は高または正高と呼ぶ〕を下ろせば，垂足が底面である正三角形の重心と一致し，中径を 2：1 に分かつ点である性質を《証明》なしに用いる。この性質を使えば「高」が1辺の $\sqrt{2/3}$ 倍であることは，簡単な計算で出る。彼はこの計算結果も無断で用いる。題文で1辺 $l=1$ とおいた。解文の論法は，正三角形が内接する矩形＝1辺×中径＝$l \times l \times \sqrt{3}/2$ を底面とし，高さが上記の $l \times \sqrt{2/3}$ であるような矩形柱を作り，「尖積の約法」2と「錐法」3で割る。正四面体の体積＝$l \times l \times \sqrt{3}/2 \times l \times \sqrt{3}/2 \div 2 \div 3$（これを整理して）＝$l^3 \times \sqrt{2}/12 = l^3 \times 0.11785113020 = l^3 \times 0.11785113$ 微強を得る。ところが彼は，途中に出てくる平方根を避けるために，矩形^2＝$l^4 \times 3/4$ と高$^2 = l^2 \times 2/3$ を掛け合わせてから二種類の法の平方で割り，正四面体^2＝$l^6 \times 1/2 \div 4 \div 9 = l^6 \times 1/72$ とするような強引な計算を行なう。1/72 の開平は「72 を以て廉法となし，開平法にてこれを除く」と称する。$-1 + 72x^2 = 0$ なる方程式の数値解法を意味する。これを解くと $x = 0.11785113019775\cdots$ を得るので，彼の答えは正しい。

36.〜38. は応用的な図形であるから省略する。

(1999年7月7日記)

文 献

1. 関孝和著・平山諦・下平和夫・広瀬秀雄編著：関孝和全集，全1巻．大阪教育図書，1974．
2. 藤原松三郎（日本学士院編）：明治前日本数学史，全5巻，岩波書店，第1巻，1954．第2巻，1956．新訂版，全5巻，野間科学研究資料館，1979．
3. 平山諦：関孝和，恒星社厚生閣，初版1959，増補改訂版1974．
4. 杉本敏夫：関の角術の一解釈（正・続），明治学院論叢，第313・328号，総合科学研究10・12，1981・1982．
5. 杉本敏夫：ガウスと関の開平（正・続），明治学院論叢，第302・308号，総合科学研究8・9，1980．
6. ヒルベルト＝コーン・フォッセン著，芹沢正三訳：直観幾何学（原著，1932），みすず書房，1966．
7. H. ステインハウス著・遠山啓訳：数学スナップショット（原著，1948），紀伊国屋書店，初版1957．改訂1976．
8. 村田全：数学史散策，ダイヤモンド社，1974．
9. 村田全：日本の数学 西洋の数学——比較数学史の試み，中公新書，1981．
10. 佐藤徹訳：アルキメデス「球と円柱について 第一巻」，伊東俊太郎編『アルキメデス』，科学の名著9，朝日出版社，1981．
11. 杉本敏夫：ブラウンカーの連分数（予報）（正・続）．明治学院論叢，第334・354号，総合科学研究13・17，1981・1984．
12. 高木貞治：近世数学史談，共立出版，初版1937，3版1960．
13. 杉本敏夫：関の零約術の再評価，明治学院論叢，第340号，総合科学研究14，1983．
14. 平山諦：円周率の歴史，大阪教育図書，改訂新版，1980．
15. F. カジョリ著・石井省吾訳注：数学史（上・中・下）（原著1913年版），津軽書房，1970・1971・1974．
16. 沢口一之：古今算法記，全七巻，寛文十一年（1971），日本学士院蔵．
17. G. Polya: Mathematics and Plausible Reasoning, Vol. I & II, Princenton Univ. Press, 1953. 柴垣和三雄訳：数学における発見はいかになされるか，1，2巻，丸善，1959．
18. J. Piaget et A. Szeminska: La Genèse du Nomble chez L'Enfant. Delschaux & Niestlé S. A., 1941. 遠山啓・銀林浩・滝沢武久訳：数の発達心理学，国土社，1962．

19. A. S. Luchins: Mechanization in problem solving: the effect of Einstellung, *Psy, Monogr.*, 1942. 54. No. 248, 1-95.
20. 吉田光由著・大矢真一校注：塵劫記，寛永四年（1627）初版．寛永廿年（1643）より翻刻，岩波文庫，1977．
21. 磯村吉徳著・松崎利雄解題：算法闕疑抄，万治二・三年（1659・60）版の影印，勉誠社，1978．
22. 小林龍彦・田中薫共著：関孝和の円錐曲線の研究について――特に「測量全義」と比較して――，科学史研究，第Ⅱ期第24巻（No. 155），1985．
23. 黒田孝郎：文明における数学――粘土版・算木・パピルスはかたる――，三省堂，1986．
24. 林鶴一：和算研究集録（上・下），東京開成館，1937．
25. 村田全：建部賢弘の数学とその思想，数学セミナー，1982年8月号～1983年1月号，日本評論社．
26. 磯村吉徳著・小谷静枝読解編纂：（増補）頭書　算法闕疑抄，貞享元年（1684），活字版1985年，私家版．
27. 杉本敏夫：円錐台に三角孔――関の求積問題への補説，明治学院論叢，第408号，総合科学研究27，1987．
28. 小林龍彦・田中薫共著：和算における穿去題について――関孝和の穿去題の研究とその継承――，科学史研究，第Ⅱ期第22巻（No, 147），1983．
29. 杉本敏夫：西洋流の求積法――，……補説，本論文集26号論文，新稿
30. 杉本敏夫：円理とは何か――，……補説，本論文集27号論文，新稿
31. 加藤平左衛門：算聖関孝和の業績，槙書店，1972．
32. 杉本敏夫：楕円の周の長さ――，……補説，本論文集28号論文，新稿
33. 杉本敏夫：関の求弧背術の限界，本論文集29号論文，新稿
34. 杉本敏夫：眉の作図――，……補説，明387，総23，1986．
35. 杉本敏夫：球切片の定積分――，……補説，明431，総31，1988．
36. 三上義夫：関孝和の業績と京坂の算家並に支那の算法との関係及び比較，東洋学報，第20巻～第22巻，1932．

〔要旨〕関の求積問題の再構成

第一回（序，全体の構成，円と弓形，錐率三分の一）

1）関は『闕疑抄答術』(1.)や『勿憚改答術』(1.)においても求積問題を扱った。関の著書としては『解見題之法』(1.)，『求積』(1.)，『毬闕変形草』(1.)の三編において求積問題に正面から取り組んでいる。筆者は，この三編のうち直線的な図形の考察は一時保留し，円，円柱，円錐，球とその一部分をなす図形，それらを変形した図形にかんする問題を扱った。その後，直線的な図形の考察は第八回で改めて取り上げ，注解を補った。文献はp.651。

2）曲線的な図形の考察を主として取り上げた理由は，『求積』の序文に見るように，関が「図形の根源を求めれば，みな正方形〔直線図形〕と円〔曲線図形〕の二つの基本形に帰着する。正方形は容易に求められるのに対して，円はすぐには求められない。」と述べたことによる。西洋流に言えば，曲線図形の求積には逆正弦関数が必要となるが，関の時代の和算の状況では，関自身の努力にもかかわらず求弧長の公式は複雑な形の近似式であり，「別に得る」と処理せざるを得なかった。別にとは『求弧背術』を意味し，本連載では「基本定理」であるかのように扱う。別稿『関の求弧背術の限界』(33.)を参照のこと。例題は径 10，矢 2，弦 8 で，弧背 9.272952強 のような乙定背の場合が多い。かかる不自由な状況で，関がどれほど図形の本質に迫る洞察をなしたかを分析することが，本連載を通じての筆者の狙いである。

3）筆者は関の解法を跡づけ，彼の思考の筋道を明らかにし，その底流を探り，体系的な記述を試みた。特に，藤原氏(2.)，平山氏(3.)が「意味不明，これまで明確な解釈がない」と説明を保留した問題に対して，可能な限りの分析を行ない，幾つか新見解を与えた。以上を§1で述べた。

4）『求積』編の序文，平積・立積の小序の他，各問題に付された図形哲学の部分に，詳細な注，読み下し文，仮訳を試みた。この試みは本稿が初めてであろう。第一回の§2の序文の解釈は，第八回§51で訂正して，語釈を補充し，さらに§52で，小序などに対する解釈を追加した。

5）『求積』編の問題を一覧表として示した。「題文，答文，術文・草文，解文」の意味は従来の見解をまとめた。術文と草文の違いも従来説を踏襲した。

6）円の面積は§3（い）で，関が正多角形の「極まるところ（極限）」と考え，圭（二等辺三角形）に置き換えたことを述べた。圭の高さを半径，底辺を直径のπ倍としたのは当然だが，周径率πを如何に扱ったかが興味深い。粗雑な 3.1416 とより精密な近似分数 355/113 を使い分ける理由は，解文末の割注にある。§3と§52で注釈を与えた。なお「円積率$\pi/4$」とは式①の係数であって，「直径の平方を円積（円の面積）に変換する率」である。応用として，環（穴明円），扇，車輗（車の泥よけ）が扱われた。

7）弧（弓形）の面積は§3（ろ），関が扇の面積から圭の面積を引いて求めた。扇形には弧長が必要であり，関は2項と同様に「別に得る」と処理した。弓形の面積公式は式②である。例題は2項の乙定背の場合が用いられた。

8）弓形の応用として，檸（レモン），錠，眉が扱われた。レモンは補説（29.）のケプラーの項で，眉は補説（34.）で詳細に補う。錠の例題では，求弧背術の甲定背の場合の，径 10，矢 1，弦 6，弧背 6.435011強 が用いられた。関が図形に付けた具体物の名称は甚だ適切である。今日に通用しない名称は別途の考慮が必要。二等辺三角形なる長い名称は，圭の簡潔さに及ばない。

9）円柱と円錐は「錐率三分の一」で結びつく。方柱（正方形の柱）と方錐の「錐率三分の一」が平行する。筆者は，関連する立体図形を関がどのように扱ったかを，詳細に検討した。まず方柱は「底面積×高さ」とする。柱形が傾いたときは，第28問の割注などにより「正高」（垂直な高さ）を掛ける。

〔要　旨〕

第29問の方錐は，高さが特殊な立方体の六分割の場合から，「三を以て錐積の約法」を導いた。第30問の矩形底の直錐は，「底面積×高さ」に「錐法の三を以て約す」と述べて一般化するのみ。<u>一般の錐形も「錐法の三を以て約す」ことの妥当性の《証明》はない。錐形が傾いたとき「正高」を掛ける理由づけも見当たらない</u>。この辺りに，関のみならず<u>和算一般に通ずる欠陥が存在</u>する。円柱への移行の際，関の論法が「円柱の体積＝円の面積×高さ」ではなく，「正方柱の体積：円柱の体積＝正方形の面積：円の面積」という論法によることを，<u>筆者は新たに復元した</u>。以上を§4で述べた。

10) (は) 円堡壔（円柱）と（に）円錐は前項の復元の延長で，錐法三は暗黙のうちに使われた。筆者は6項の円の面積の「正多角形の極まるところ」の扱いから，円錐の体積も「正多角形底の錐の極まるところ」と<u>関が類推した可能性</u>を述べた。

11) (ほ) 円台（円錐台）を，二つの円錐（大円錐と小円錐）の差として導く関の論法は常識に近い。「虚実の総錐積（点線と実線で描く大円錐の体積）から虚錐積（点線で描く小円錐の体積）を引く」という述べ方は，『求積』編を通ずる関の論法である。なお<u>関の術文は，式を構成する部分をそのまま残すことをせず，約せるものは約し，括れるものは括った扱いをしている。或る種の便宜主義の匂いを感ずる</u>。以上を§5で述べた。

第二回　　（半球，特に旁錐，球帽）

12) 立円（球）の体積を（へ）で取り上げた。径の三乗に立円積法 $\pi/6=0.5236$ を掛ければよい。ここで<u>長らく「意味不明」とされてきた「旁錐」という難題に直面す</u>る。関の解文を要約すると，「半球＝中錐＋旁錐」となる。解図を再掲した。「中

錐」は半球に内接する円錐（底面は大円，高さは半径）で紛れはない。ところが関が「旁錐」に言及したのは（甲）「旁錐の径＝左の旁弦＋右の旁弦」，（乙）「旁錐の径巾＝２×矢×円径」，（丙）「旁錐の半径＝解図の中錐の母線の長さ」および甲，乙，丙に共通して「旁錐の高さ＝中錐の高さ」である。仮に乙の解釈に従い旁錐の体積を求めれば，＝中錐の体積，となって論理的に整合である。解図の「界弦＝中錐の径」に従えば「旁弦＝旁錐の径」となるべきであり，甲と丙は内容が矛盾し，その原文に従って「旁錐の体積」を求めればいずれも乙の体積の２倍となって論理的に非整合となる。関の原文は本人の校閲なしに下版されたので，誤りを含む可能性がある。筆者は建部賢弘の解釈を参考にし，新たに「半旁錐」なる立体，丙の「旁錐の半径」を「半旁錐の径」と解釈し，高さを「中錐の高さ」とする立体を提案した。このように解釈したとき初めて整合性をもち，「旁錐の体積＝左の半旁錐の体積＋右の半旁錐の体積」という合理的な解釈が得られることを示した。甲の原文はこの内容であったと推測される。

13）筆者は，半球から「中錐」を引き去った残欠の体積を，穴明円板（厚さδをもつ）の積み重ねと見る。穴明円板の体積は保存したまま，二つの帯状の輪（厚さδ）に分解する。帯状の輪を重ねると，《筍の頭》のような立体になり，「極まるところ」は上記の「半旁錐」となる。これを二つ併せた体積が「旁錐」の体積となる。関にとっては，「旁錐」はかくのごとき明確な意味をもった，というのが，筆者の新解釈である。この新解釈に基づき，関の解文を新たに読み直した。本文を参照のこと。以上を§6で述べた。

14）筆者による前項の解釈は，円積率π/4を棚上げすれば，底面が正方形なる角錐すなわちピラミッドの体積の変換，という明快な解釈に置き換えられる。挿図なしには説明しにくいので，本文に譲る。「円積率π/4を棚上げする」論法は関が実際に次項（ヘ′）で用いたので，筆者の空想の産物ではない。

15）（ヘ′）で，『括要算法』巻四の「求立円積術」を取り上げた。これは半

〔要　旨〕

球を底面に平行な（厚さδの）円板の積み重ねと見る。ここで，半球を外側からと内側からと挟み，両者の平均を取る論法にも注目したい。さらに半球の代わりに，円積率π/4を棚上げした正方形の板を，真横から半円と見えるように変化させて積み重ねた立体——仮に《角型半球》と呼ぶ——と見なした。また板の厚さを変化させて三つの体積を求めた（次項）。これに円積率π/4を掛け，二倍して球の体積を求めのが関の方法である。<u>筆者の推測によれば，関は初め括要立円積(1.)の方法で半球の体積を求めて，それが中錐の二倍に　等しいことを認識した後，『求積』編に見られる奇妙な論法「半球の体積＝中錐の体積＋旁錐の体積」の着想に達したのであろう</u>。以上を§7で述べた。

16) 関は括要立円積術で板を作るとき，25, 50, 100 枚と切り方を変えて積み重ねた立体の体積を初積，中積，後積と呼んだ。これは $n, 2n, 4n$ 枚と一般化できる。円積率π/4を棚上げした角型半球では，径 d の代わりに，これに外接する正方柱（高さは径の半分）の体積との比 p を考えればよい。関は初積，中積，後積の三つに対して，括要円周率術 (1.) と同様な《増約術》を適用して，極限に相当する「約積」を得た。増約術は補外法とも加速法とも言える。括要立円積術の場合は，藤原氏 (2.) が n に無関係に約積が得られると指摘した。筆者はこれを 1, 2, 4 枚なる最簡の場合に，数値実験の形で示した。三つの体積比は $a=1/2, b=5/8, c=21/32$，各差は $b-a=1/8, c-b=1/32$，公式 $p=b+(b-a)(c-b)/((b-a)-(c-b))$ に代入して直ちに正確な $p=2/3$ が出る。一般の n でも簡単な式計算で証明される。関は上記の数値によりこの事実を知ったのであった。以上が§8。

17) 関は球の一部を平面で切った立体を「球闕（球欠）」と呼んだ。筆者はケプラーに倣って《球帽》と呼ぶ (29.)。§9 (と)で球帽の体積を取り上げた。この解文も従来は難解とされてきた。筆者は，<u>関の考え方に沿った復元に成功した</u>。それは 12 項で述べた（ヘ）半球の体積の解文から自然に出

る。実は（へ）の解文には余計な字句（半球には不要な「矢」や「弦」）が含まれていたが，本来は（と）を目指したものである。（へ）と（と）の間への別の主題の混入も，両者の関連を見にくくした。中錐も半旁錐も共通の矢を錐高とし，中錐の径は弦とし，半旁錐の径＝中錐の母線＝半旁錐の弦とすれば，「球帽の体積＝中錐の体積＋旁錐の体積」および，「旁錐の体積＝左の半旁錐の体積＋右の半旁錐の体積」なる関係も，全く同様に成立する。また「半旁錐の径巾＝矢×円径」も周知の関係である。「旁錐＝球帽－中錐」なる残欠の体積を穴明円板の積み重ねと見なす論法は，13項と同じ議論が成立するので，詳細は本文に譲って略す。

18) 『解見題之法』（1.）に，（と´）球帽の体積の「別解」がある。その方法の本質は，球帽に「容立円」（内接する小球）を容れた解図に示される。しかし解図の下方に二つの半球が描かれたため，藤原氏（2.）は，「…結果は正しいが，理由は不明」とした。<u>筆者は，下方の半球は「通高」なる長さを図形として表現するための技巧にすぎない，と批判した</u>。関の別解は，これまでと同様に球帽と小球を底面に平行な平面で切り，球帽－小球なる残欠に対応する穴明円板と小球の截面なる円板を考えるものであった，と<u>復元</u>した。その際『括要算法』巻一の「圭朶」（二等辺三角形の面積を「短冊の和」と見なして求める方法）が暗黙のうちに使われている。以上を§10で述べた。

19) <u>付記</u>　として，小林龍彦氏の教示により，「題，答，術，草，解」の意味を補足し，「五巧之編」に幾何図形に「截，接，容，載，繞」の五つの「術」すなわち技巧が施される旨の記述があることを紹介した。

第三回　（回転体，特に一般公式，「中心」概念，蹄，正弧環）

20) 関の用語は一貫し，回転体を一般に「環(かん)」と呼ぶ。切口が円なる回転体を「円環(えんかん)」，切口円を「輪(りん)」と呼ぶ。筆者は直観性のため，俗に《浮輪》と呼ぶ。§11（ち）の浮輪の体積 T で，関は浮輪の外周 p と内周 q から公式

〔要 旨〕

$T=(1/32\pi)(p-q)^2(p+q)$ を与えた。(本文の式⑳の横の図を参照)通常は p/π が外径, q/π が内径である。切口の円径を d, 中心径を g とする。術文は $p-q$ は切口円の「通周」の2倍 $2\pi d$, $p+q$ は「中心周」の2倍 $2\pi g$ に等しいと言う。<u>中心周は浮輪の中心の回りに切口円が描く円の周</u>, <u>中心径</u>はその径を指す。11項で指摘のように, 関の術文は約せるだけ約し, 括れるだけ括る。そのため, 上の公式の意味が把握しにくくなった。

21) 切口円の面積と中心周は $(\pi/4)d^2=(1/16\pi)(p-q)^2$ と $\pi g=(p+q)/2$. 公式を書き直せばギュルダンの定理 (29.) に相当して,「環積＝切口の面積×中心周」なる一般定理を意味する。解文に,「これは円柱を回転させて, 丸い輪の形を作る。それゆえ, 切口円の径を円柱の径と見なし, 中心周を円柱の高さと見なして, 切口円の面積にこの高さを掛ける。壔術では一般に, 環積＝面積×中心周 と計算する」と主張するが, <u>その理由づけも証明もない</u>。9項に述べた関および和算一般に通ずる傾向である。

22) <u>筆者は, 関が特殊例から一般定理を帰納したと考えて, 関の推論過程を復元した</u>。§3で省略した「環」(穴明円)の面積は, 大円－小円と求まり, 大円と小円の径の差半を h, 径の和半を g とおけば,「環面積＝切口幅(h)×中心周(πg)」の一般定理が成立する。円の面積は6項の「正方形×($\pi/4$)」の代わりに,「短冊の和」と見なせる。この二つを補題として浮輪の体積を「穴明円板の和」と見なせば前項の一般定理は容易に導かれ, 関の思考圏内にあった。この論法は「切口が左右相称な環」に一般化できる。以上が§12。

23) 次に「切口が左右非相称な環」に一般化するため, <u>「切口が半円」の場合を取り上げる。関は扱わないが, 筆者がミシング・リンクとして推測した</u>。指輪の形をした（り）「外半円環」⊃…⊂, および曲面が内側にくる（り´）「内半円環」⊂…⊃ を考察しよう。論法は半円を短冊の和と見なし, 環の体積を穴明円板の和と見なせばよいが, どうしても半円の重心（関の用語で中心）の概念が必要になる。切口が半円の場合は幸い, 外半円環の極限の形として

球（径 d）を考えれば，「球の体積÷半円の面積＝$(4/3)d$」を中心周 πg に等しいとおき，中心径 $g=(4/3\pi)d$ を得る。関はその半分の長さ $i=(2/3\pi)d=0.21221d$ を「中矢」と名付けた。一般の環は，外半円環の内側の距離$+2i$，内半円の外側の距離$-2i$ を一般の中心径とすることさえ承認すれば，「環積＝切口の面積×中心周」の一般定理が成立する。以上が§13。

24）§14では一連の回転体の体積を扱う『毬闕変形草』(1.)を概観した。『求積』と『変形草』を表の形で比較した。従来は「正弧環」の問題のみを扱い，「草」すなわち「未完成の草稿」という評価であった。筆者の批判的な意見では，毬闕は球欠の雅語であり，単に球帽のみならず第四回の「偏弧環」も含む。『変形草』は『求積』と重複するが偏弧環の補題も含み，その狙いは「切口面積×中心周」なる一般定理により一般の回転体を概括する著述であった。残された現状の形から見れば「草」のまま未完成に終わっているが。

25）（ぬ）『求積』の立円旁環（円孔をくり抜いた球）と『変形草』の外弧環は同じ立体を指し，弧（弓形）を切口とする環のうちの特別の形である。球の中心を通る切口（大円）の径 d，両側の弓形の弦＝孔の高さ（深さ）a，矢 c，孔の径＝虚径（離径）f，虚径を弦とする球帽の矢＝虚矢 e，後で決まる中心径 g とおく。解文は「球から径 f，高さ a の円柱と，弦 f，矢 e の球帽（上下で二つ）を取り去れば，求める体積を得る」と言う。ところが計算すれば，残積（残りの体積）はなぜか $(\pi/6)a^3$ で，孔の高さ a を径とする球の体積に等しい。球の径 d とは無関係に，孔の高さにのみ依存する，この不思議な関係に対して，関は何の注釈も与えない。

26）ポリア (17.) は「d と a の両方が必要だと納得したのに，d が不必要とは到底信じられない。だが a を一定にしたまま d が変われば，くり抜かれた球は形を変え，横幅が広がる（体積が増す）傾向と，外表面が平たくなる（体積が減る）傾向が釣り合って，体積は一定になろうとは予想できなかっただけだ」と巧妙に説明した。d と a が一致した極限は，孔が消えて球になる。

〔要　旨〕

筆者はピアジェ（18.）の実験を引用してこの間の心理を説明した。さらに筆者は「孔を大きく明けた場合に，径が孔の高さ a と等しい小球を同心の位置におき水平面で切れば，切口の穴明円と小円の面積が等しいことが容易に示せる」と，一つの復元の仕方を提案した。以上が§15。

27）しなやかな弧環（指輪）を切って伸ばせば，切口が弓形の柱になるが，その高さがどう決まるかは分からない。「切口の面積×中心周」の一般定理も，切口の弓形の重心（関の中心）の位置が分からない。関は第一回7項「弧」により，矢と弦と径のうち二つを与えれば，弓形の面積が求められた。筆者は関の思考過程を推測によって辿り，次の一般定理に至る筋道を復元した。

　イ）切口が半円の場合は，23項で「中矢」i の概念を抽出して，成功した。

　ロ）円孔をくり抜いた球の場合，25項に見たように体積 T は求まった。そこで d と a を与えれば，切口の弓形の矢 c と切口の面積 M が求まる。（種々の数値例を，本文の表に示した。）$T \div M = \pi g$ を「中心周」と定め，π で割った長さ g を「中心径」とおく。g は球径 d と離径 f の中間の長さになる。$(g-f)/2 = i$ が弓形の「中矢」である。

　ハ）もっと一般の外弧環の場合，a と c で定められる弓形ごとに中矢 i が定まり，しかもロで求めた中矢と一致すれば，一般定理が得られる。

28）半円の場合に中矢を直接求めるには，力学による重心の位置の決定（テコの原理により，半円を縦に割いた短冊のモーメントの和を計算し，面積で割る方法）による。力学やモメントを離れて，純粋に幾何学の枠内で重心の位置を求めるには，半円を底面とする柱を径の所で半直角に交わる平面で切った《蹄状の立体》を考えて，中矢 i を得る。詳細は本文を参照。一般の弓形　の場合は，33項の「蹄の体積」で扱う。関は次項以下の多くの立体の体積の　考察から，重心（関の中心）の概念に到達したらしい。以上が§16。

29）§17で（る）外正弧環（一般の指輪）◖…◗ の体積を扱った。『変形草』にも『求積』にも載っていて，後者が詳しい。解文の中の割注を読み下

せば,「もし矢と虚径を併せ,矢を乗じて得る数,環半高冪に適合せば,虚湾と環背の両規が相合するゆえに,すなはち立円旁環なり。」とある。「もしも $(c+f)c=a^2/4$ ならば」という条件は, $a^2=d^2-f^2=(f+2c)^2-f^2$ なる関係に他ならないから, 弓形が径 d の円に内接する条件である。このとき,上下の球帽の切口の弓形も同じく円に内接する。球帽の切口の弓形の円弧が虚湾であり,球の切口円の一部分が環背である。両者の規(曲がり具合)は明らかに相合(一致)し,立円旁環(円孔をくり抜いた球)の場合となる。

30) 解文はかなり込み入っている。25項に加え,環背が b', 弓形の弧背が b, 虚径が f', 一般の中心径が g' である。解文を整理すると,

イ) 与件から,特別の場合である立円旁環の体積 T を求める。

ロ) 与件から,環の切口の面積 M を求める。

ハ) $T \div M = \pi g$ で中心周,順に中心径 g, 中矢 $(g-f)/2=i$ を得る。

ニ) $f'+2i=g'$ で一般の中心径,π倍して一般の中心周 $\pi g'$ を得る。

ホ) 面積 M に $\pi g'$ を掛ければ,一般の場合の体積が得られる。

これらの過程は「環積＝切口の面積×中心周」という一般定理を承認しさえすれば妥当である。関は,暗黙のうちに承認している。以上が§17。

31) §18で(る)外正弧環の応用(特別の場合)として「レモンの体積」を扱った。虚径 f' が零になった極限の立体であり,前項ニの段階で $g'=2i$ とすればよい。レモンの半分がドングリの形であるが,省略する。

32) (を)内正弧環すなわち D…C の体積は,一般定理を認めれば30項ニで, $g'=f'-2i$ とおけばよい。(わ)切口が平面としてのレモン形(面積 $2M$) は,22項末で述べた「切口が左右相称な環」の場合である。以上が§19。

33) (か)円壔斜截(蹄形)は,一見して正弧環と無関係に思われる。しかし28項で述べたように,重心(関の中心)の位置との関連で,密接に係わる。ここで解文の初め「是伸弧環、而去中之弧壔、則両旁適作此形、故起於立円旁環求之。」の解釈が焦点となる。恐らく,この文全体が如何なる図形を

〔要　旨〕

指すのか不明のため，従来は種々の解釈がなされた。藤原氏（2.）は「而」を「面」と改め，本文に引用の図を提出した。筆者は，この解釈は誤りである，と批判した。平山氏（3.）は，この文の解釈を避けた。筆者が初めて次項の妥当な解釈を提出したと自負している。

34) 筆者は解文を文字通りに読み下せばよい，と主張する。「これ弧環を伸ばして、中の弧墥を去らば、すなはち両旁適(まさ)にこの形を作る。ゆえに立円旁環　より起こしてこれを求む。」（本文の図を参照し）（ぬ）立円旁環（円孔をくり抜いた球）（イ）から出発し，これを次のロを経てハまで伸ばして，つなぎ直してニとする。ここで「πで割る」を補いホを得る。（さらに本文の図により）この立体は切口が弓形の柱の両側を，半直角に切り落とした形である。中の弧墥（切口が弓形の柱）を除去すれば，まさに両側に「この形」（蹄形）が二つ残る。ゆえに（イ）から出発した蹄形の体積 V は，弦に平行な平面の切口（矩形）の和としても，弦に直交する平面の切口（直角二等辺三角形）の和としても求められる。これを弓形の面積 M で割ったものが i である。

35) 末尾で，蹄形を，特殊から一般へとならべ，十字環を含めた関の思考の流れを推測した。33項からここまでを§20で述べた。

第四回　（偏弧環，特に斜めの弓形の補題，種々の変形）

36) これまでの立体は，◗…◖ または ◖…◗ のように弓形の弦が平行であった。関はこれらの図形を「正」弧環と呼んだ。これに対して，弓形の弦が斜めに向き合う図形は「偏」弧環と呼ばれる。『変形草』（1.）は正弧から偏弧への移行の形とも思われる「充実図形」を扱う。§21の（よ）弧環加台（ふくらんだ円錐台）の出発図形は半球の頭を水平面で削り落とした形であり，これを変形して一般の図形を得る。「加台」とは後の41項の一般の偏弧環に円錐台を加えた充実図形の意味，その体積を得るために後の39項で述べる「斜めの弓形」の補題が必要となる。筆者は，この図形は二つの球帽の差と考え

るのが自然なこと，充実図形から円錐台を引き去る考え方は不自然であることなどを指摘し，『変形草』が中断した理由を推定した。

　§22の（よ´）弧環減台（へこんだ円錐台）も，一般の充実図形である。上記との類推で，扱われた図形が分かるので，省略する。

　37）正弧環を扱ったとき，出発の図形は25項（ぬ）立円旁環（円孔をくり抜いた球）であった。球，円孔，上下の球帽の四つの体積が個別に求まるので，（ぬ）の体積が得られ，これを弓形の面積で割って中心周が得られた。

　切口が「斜めの弓形」の場合も，（ぬ）に対応して（た前半）立円旁偏環（球の一部分をなす帽子のつば形）から出発する。これは，大球帽（弦 v，矢 $e+h$）から小球帽（弦 u，矢 e）を削ってふくらんだ円錐台を作り，円錐台（上虚径 u，下虚径 v，高さ h）を抜き去れば得られる。球，大小の球帽，円錐台の四つの体積が個別に求まるので，立円旁偏環の体積が求まる。

　38）すでに第三回25～26項で，（ぬ）立円旁環の体積の著しい性質：球の径 d とは無関係に，孔の高さ a だけで体積 $(\pi/6)a^3$ が決まることを見た。この（た前半）立円旁偏環の場合も，同様の著しい性質をもつ。こんどは弓形の弦（円錐台の母線）を「旁弦」と呼び a で表し，円錐台の高さ「環高」を h で表すとき，体積は球の径 d とは無関係に $(\pi/6)a^2h$ となる。関はこの事実を割注で淡々と述べたのみである（後の41項ハの先取り）。

　39）球の一部分である場合に，弓形の重心の位置は，正弧環でも偏弧環でも不変なことが示せる。その際「斜めの弓形」の補題（本文の図）が必要となる。

　「左右の弓形の弦（旁弦）の中点，右上の弓形の対心点の位置にある弓形のの中点を考え，三点を結んで実線の直角三角形を描く。同様に三つの弓形の重心（関の中心）を結んで点線の直角三角形を描く。さらに環高 h と半差 t と旁弦 a から成る第三の直角三角形を描く。明らかにこれら三つの直角三角形は相似である。」この補題により，左右の斜めな弓形の重心間の距離である

〔要　旨〕

立円旁偏環の中心径は，立円旁環の中心径の h/a 倍となり，重心の位置は正弧環でも偏弧環でも変わらない。関が暗黙のうちに使っている関係を，筆者が補題として取り出した。

40) 関はすでに半球から中錐を抜き去った残欠の「旁錐」を考えた（第二回12～13項）。さらに球帽から中錐を抜き去った残欠の「旁錐」を考えた（17項）。これらはいま考えている図形の特別の場合である。関は類推によって，立円旁偏環を考えることができたであろう。以上を§23で述べた。

41) 一般の図形である（た）外偏弧環（帽子のつば形）は，二つの斜めの弓形がもっと一般の位置に置かれた場合である。しかし，関は弓形の弧背を決める「旁円径」（球の切口としての大円の径）d，「上虚径」（抜き去るべき円錐台の上径）u'，「下虚径」v'，（円錐台の）「高」h の四つを与件としたために，解文は甚だ長大になってしまった。解文を幾つかの段階に分ける。

イ) 目標は斜めの弓形を回転させた図形だから，立円旁偏環から出発する。

ロ) イの上虚径 u と u' の差，またはイの下虚径 v と v' の差を求める。

ハ) 二つの球帽の差から円錐台を抜き去り，立円旁偏環の体積を求める。

〔実は径差の半分 $(u'-u)/2$ と高 h から旁弦 a を求めれば，体積は直ちに $(\pi/6)a^2$ となる。〕

ニ) ハの体積を弓形の面積を割り，π で割り，出発図形の中心径を求める。

〔実は（ぬ）立円旁環の中心径を h/a 倍すればよい。〕

ホ) 出発図形の中心径にロの差を加減して，一般の場合の中心径を得る。

π を掛けて中心周，さらに弓形の面積を掛けて，一般の場合の体積を得る。

42) 以上を見ると，関はホで，弓形が斜めの位置に置かれた場合にも一般定理「体積＝弓形の面積×中心周」が成立することを暗黙のうち認めている。斜めの位置に置かれた切り口は，左右非対称であるから，一般定理は証明すべき事項である。正弧環でも偏弧環でも弓形の重心は位置が変わらないこと

も証明すべき事項である。しかし，どこにも《証明》は見当たらない。

43) 従来，ホの段階の原文の割注に「何かの誤」があると指摘された。筆者は字句を補入して復元した。詳細は本文にゆずる。

弓形の例題では，関は二三の典型，甲（径 10，矢 1，弦 6，弧背 6.435，弧積 4.0875），癸（径 10，矢 3.6，弦 9.6，弧背 12.8700，弧積 25.4551）などを繰り返し用いた。弧背の計算に手間がかかることにもよるが，恐らく彼は数値によって図形の内部の関係を確かめていたので，熟知の数値例によるのが，見通しや発見を助けたのであろう。以上を§24で述べた。

44) 一般の図形，（た）外偏弧環（帽子のつば形）の続きで，関は上虚径 u' と下虚径 v' を変えて得られる種々の極形を説いた。（本文の図を参照）

イ) $u'=v'$ なる場合は，旁弦が平行になり，正弧環となる。

ロ) 次に上虚径 $u'>0$ なる場合は，解文が難解で，従来解説されなかった。筆者が初めて解釈した。読み下せば「旁円心の所在により背規屈伸して，環の上稜と背中は互いに高低の異ありと雖も，変とせず。ゆえに旁弦と円径相対し，等しきを限とし，半円環をもって極となす。」続く割注が難解の最大原因である。筆者の解明した内容を示す。割注内の条件式を整理すれば $(v'-u')^2/4=t^2$ と $h(d-h)$ の大小比較に帰する。旁円とは弧背の規（曲がり具合）が一致するような円（径 d）を指す。一致する場合は立円旁偏環そのものであって，t と h の間に $t^2=h(d-h)$ が成立して「円心 O と環高 A は左右にずれない。」$t'^2<h(d-h)$ の場合は「円心 O が環高 $A-h$ の左にあり。」イ図を円心軸の回りに回転させると「規は伸びて（弧背 b は垂直方向に立った形となり），環の上稜（A の描く円）は高く，背中（弧背 b の描く曲面）はおのずから低し。」 $t''^2>h(d-h)$ の場合は「円心 O が環高 A の右にあり。」ロ図の回転体の「規は屈して（弧背 b は水平方向に寝て），環の上稜は低く，背中は却って高し。」

〔要　旨〕

ハ）第三は $u'=0$ なる場合である。「上稜の合するを限とせば、…上（の形）の鋭（尖った形）と窊（凹んだ形）の二形をもって極となす。」ハとニの図によって，両形の特徴は明らかであろう。

45）（た´）内偏弧環（ふくらみが内側を向いた帽子のつば形）は，（た）外偏弧環と平行して扱われる。関は幾分か省略したものの執念とも思われるほど詳しく扱った。筆者は図形内部の関係を類推により考えれば（た）と殆ど同じだと考えて簡略に扱った。<u>関は和算に正負の符号を含めた「代数的扱い」を導入した人であるにも拘わらず，『求積』にはその思想が浸透していない。図形ごとに正と負の場合を区別して，別個の扱いをしている。</u>そのために，内偏弧環にも外偏弧環に匹敵する分量の記述が費やされたとも言える。

46）（た´）の解文で，出発図形は外偏弧環と同様に立円旁の偏環とする，と言うが，割注で「すなはち倒形なり」を付した。その意味は図から明らか。末尾で外偏弧環と同様に幾つかの極形を扱った。そのうち「両背相合」は，弓形の弧背が接触した図形である。その二形のうち，「稜合」は図のように「すぼぼめた洋傘」に似る。「稜離」も図に示した。以上を§25で述べた。

第四回末　補遺　炉縁から円環へ

47）小林龍彦氏より，村瀬義益『算法勿憚改』に，（甲）炉縁術（正方形の切口をもつ真四角な環の求積）と（丁）輪術（円環すなわち浮輪の求積）がある旨のご教示を得た。筆者は，<u>この二つの図形の中間に，（乙）「切口が□なる環」と（丙）「切口が◇なる環」（いづれも丸い環）を補えば，第三回20〜22項の（ち）円環の体積が自然な延長として出てくる</u>，と考えた。

その後，（丙）を円錐台の差として求める方法を思いついた。別稿『西洋流の求積法－関の求積問題への補説』(29.)の「ギュルダンの定理」を参照。

第五回（円柱，円錐台の斜截，円錐曲線，特に側円）

48) §26で（れ）側円（和算で楕円の名称）を扱った。『解見題之法』(1.)にもあるが，『求積』(1.)を引用した。長径 e，短径 d の側円の面積 S は，$S=(\pi/4)ed$，$(\pi/4=355/452)$ である。解文は「これは完全な円を傾かせて作られ，円柱を上から下まで斜めに切った切口の面がこの形である。」求積の実際は，切った円柱の上半と下半をつなぎ直して，切口が側円である斜めに傾いた柱を作り，元の柱と等値させる。傾いた柱の体積のためには第一回§4の「底面積×正高」の一般原理を適用して，上の公式を出した。実質は「円×柱高＝円柱＝傾いた側円柱＝側円×正高」という論法をとっている。

その後，（丙）を円錐台の差として求める方法を思いついた。別稿『西洋流の求積法－関の求積問題への補説』(29.) の「ギュルダンの定理」を参照。

49) 筆者は，関の考え方の特色が《面的》なることに注目したい（後の54項を参照）。円錐を斜めに切った周を楕円《曲線》と呼ぶのは西洋流の見方である。関には「二焦点から距離の和が一定な軌跡」なる観念はなく，切口の面積を問題とする。さらに，円柱を上から下まで，途中から下まで，途中から途中まで斜めにに切って，それぞれの《体積》に興味をもつ。

なお周長については，別稿『楕円の周の長さ』(32.) に詳述する。

50) §27で（そ）円台斜截（傾いた蹄形）を扱った。上径 u，下径 v，高 h の円錐台の体積は $V=(\pi/4)hu(vd-u^2)/3(v-u)$，$(\pi/4=0.7854)$ となる。

解文イ)「台形はもともと円錐の頭を切り取って作られる。ゆえに切り方が斜めでも垂直でも，同じくみな台形の上方に頂点まで仮りの高さを測り，円錐に直してから体積を求める。」

続く解文ロの部分は《円錐曲線の分類》として重要なので，58項に譲る。

51) 解文ハ)「上径より上方に，台の準に応じて仮りの高さを定めれば，すなわち円錐が生ずる。」ここでは「準」の意味の確定が難しい。漢和辞典では「みずもり」で水平を指す。小林・田中両氏(22.)の教示により関の『八法略訣』(1.)を見ると「準、以て正平を知るべし。準は平となすの器なり。」

〔要　旨〕

とあり，板に溝を彫り水を張って水平を測る，今日の大工も用いる方法と道具を説明する。筆者はさらに関の「準」の用例を列挙し，「水平または水平さ加減」の意味と上例の「台の準に応じて」の使い方とを指摘した。最後に筆者は「古代中国の《版築(はんちく)》なる土木工法は，板で枠を作り土を盛り，一層づつ杵で築き固め，土壇を築いた。断面は《層状》の土の積み重ねとなる。関は恐らくこれから，広い底面から横幅が漸減する層状の板を積み重ねて，狭い上面に至る形状を想像した」と考えた。解文ハは「円錐台の準の変化に応じて，上方に延長して頂点までの仮りの高さを定め…」の意味であろう。

52) 解文ハ)の続き（本文の丙の図）「j だけ上方に仮りの頂点を定め，切口の側円（長径 e，短径 d）の面積 S に正高 k を掛けて傾いた円錐の体積を求める。それから円錐台の上面（径 u なる円）に仮高 j を掛けた円錐の体積を引けば，求める傾いた蹄形の体積が得られる」と述べる。与件の上径 u，下径 v，高 h から，必要な長径 e，短径 d，仮高 j，正高 k を求めるため，関は図中の諸関係を巧妙に利用して $j=uh/(v-u)$，$e=\sqrt{(u+v)^2/4+h^2}$，$d=\sqrt{uv}$ を導いた。まとめて，50項の傾いた蹄形の体積 V が得られる。

ついでに，次項で使う円錐台の斜高 l の式 $l=\sqrt{(u-v)^2/4+h^2}$ も求めておく。これは円錐台の母線の長さ l に相当する。

53) §28で，（れ）円柱斜截の切口と（そ）円台斜截の切口が，一致するか，共に側円になるか否かを検討した。従来は，藤原氏(2.)も「両者の一致することについてはなんらの記述がない。後世の和算家も…成功してゐない」，平山氏(3.)も「…孝和は，…どちらも側円であることを認めているが，その証明も説明もない」と述べた。筆者が，初めて和算の枠内で証明を提出した。それは恐らく関の頭の中に存在したはずの証明の復元である。要点のみ記す。

前項の記号を踏襲し，前項の l が高さ，長径 e が斜截の長さに等しい円柱を作る。その隣に，上径 u，下径 v，高 h の円錐台を置けば，斜高（母線）は l に等しい。円柱の高さを $m:n$ に分割し，円錐台の斜高も $m:n$ に分割し，

それぞれの高さでの切口円を比べる。両円の径は異なるが，両円それぞれ斜截面との交線である弦を比べると，簡単な計算により両弦は等しい。$a=a'$両斜截面において各弦が等しいから，斜截面も全体として一致する。

54）筆者による前項の証明は，関の思考圏から一歩も出ていない。51項で述べたように，彼の円柱は一定の円板の，円錐台は「台の準の変化に応じて」次第に横幅が狭くなる円板の，層状の積み重ねである。斜めな切口の面は，例えば横線が多数引かれた《草鞋》のような図形である。そこで対応する二つの切口面における各横幅が等しければ，面全体も一致する。

今日の和算研究者は西洋流の数学の素養から，とかく先入観により和算を見ようとする。筆者の上記の証明を気づきにくくさせた理由であろう。

55）§29で，さらに複雑な（そ´）円台斜截（傾いた蹄形）を扱った。これは50項（そ）の基本問題に対する応用であり，円錐台の上面の途中から底面の端まで，または上面の途中から底面の途中まで，斜めに切った場合である。

筆者は，関と和算全般に見られる「一つの基本問題が得られると，過剰に条件の複雑な応用問題を提出する」傾向に，いささか閉口する。関の『闕疑抄答術』(1.)や『勿憚改答術』(1.)は，礒村吉徳や村瀬義益が基本問題の後，挑戦的に提出した「遺題」への解答である。『求積』編も同じ傾向をもつ。

56）しかし（そ´）の解文に，重要な論点が二つある。

イ）途中で，側円を弦で切り取った部分形として「側円欠」の面積が必要になる。関の論法は，側円が円を長径方向に引き伸ばしたのに応じて，側円欠の面積も「円欠」（弓形）の面積に引き伸ばし率を掛ければよいと言う。54項の《草鞋》が多数の短冊から成るという考え方からして妥当である。

ロ）斜截の特別な場合として，斜高（母線）に平行な切り方がある。解文に「その截矢，上下均きは，截面長と斜高と同準なり。」とある。関は円錐台を切るとき，上面，底面それぞれの端から截面までの長さ「截矢」

〔要　旨〕

によって切り方を統制する。その理由はつねに切口円の弦と矢の関係を用いるからである。截矢が上下とも等しいとき截面長と斜高が平行になる。それを「同準なり」と言う。「準」とは「水平方向の具合すなわち長さ」を指すと考えればよい。西洋流なら直ちに，截面は《放物線》と言うであろうが，関は単に《圭面の円》と呼ぶのみ。もちろん截面が側円とは種類が違うという認識はもっていた。《曲線》よりも《面積》に興味があったのだ。

57) 前項の続き。解文の割注に，圭面の円の面積は「截面長を以て潤(はば)に乗じ、三分之二を取り、截面の積を得。」とある。截面長は明らかだが潤の意味が不明である。従来は説明省略か，強引な計算の末の数式による意味づけしかなかった。筆者は長らく迷った後に，「ここで扱われた図形は一般の場合ではなく，截面が円錐台の上面の端から始まる基本図形の場合であり，潤とは単に底面における交線の長さを指す」という結論に到達した。

こう解釈すれば，関の考え方はごく自然であり，《草鞋》の面積が多数の短冊から成る，と考える論法が当てはまる。水平な切口円の径は準に応じて下に行くほど広がるが，切口面との交線を弦とする弓形の截矢は一定である。円径 d，弦 a，矢 c の間の，周知の $a^2=4c(d-c)$ なる関係により，短冊の面積（長さ a×幅 δ）の和を求めればよい。このとき平方根を避けるため，パスカル(29.) 愛用の「切り方の変更」により，截面長の方向の短冊の和を考える。こうして基本図形の場合，截面長 l と「新たに定めた潤」k の面積は $S=(2/3)lk$ という周知の公式に落ちつく。

58) 50項で後置した解文のロの部分を扱う。ここは従来《円錐曲線の分類》として，多くの研究者により高く評価された。a)「台形本起于錐、故不論所截之斜直、皆仮高于上作円錐、求之。」これはすでに50項で解説した。

b)「凡円錐直截者、上規不通于下、故截形作圭面之円。およそ円錐を直截せば、上規は下に通ぜず。ゆえに截形は圭面の円を作る。」直截は，藤原

氏(2.)の「底面に直角に切る」に従う。「上規…」は後述。「圭面の円」も藤原氏の「丸味をつけた圭（二等辺三角形）」なる解釈に従う。その内容は，西洋流を周知の我々には《双曲線》だが，関にとっては《圭面の円》であった。平山氏(3.)は円錐曲線の三分類に従わせて放物線とするために，強引にに母線（斜高）に平行な切り方としたが，これは明らかに誤りである。

59）続き。c）「若斜截起於上尖者、上下規相通、故截面定作圭。もし斜截するに、上尖より起きなば、上下の規は相通ず。ゆえに截面は定まりて圭を作る。」明らかに，頂点を通る切り方ならば，斜めに切ったとしても，截面は二等辺三角形に定まる，でよい。「上下の規…」は後述。

d）「起於旁者、截面長之準、屈于斜高之矩、即圭［至］下遂得交、故長自有限、而截面定作側円。〔もし斜截するに〕旁より起き、截面長の準、斜高の矩より屈さば、すなはち下に至りて遂に交はることを得。ゆえに長おのずから限りありて、截面は定まりて側円を作る。」51項の，関の『八法略訣』(1.)において，対として説明された「規」と「矩」が揃った。古代中国の絵にも出るように「規」は「ぶんまわし（コンパス）」であり，「矩」は「曲尺（L字型の直角定規）」である。規は円または円弧の「曲がり具合」を指し，矩は「直角か直角でないかの具合」を指す。当所dで「上下の規は相通ず」は「上と下とで曲がり具合が共通である」，前項のbはその否定で「共通でない」と解釈する。d全体の内容は，もしも円錐の母線の途中から切るとき，截面の長軸方向の水平さ加減が寝ていて，母線の右下のかどに届かなければ，下方で〔右側の〕母線に交わるので，截面の長さは有限となり，截面は一定して側円（切口に有限な楕円）になる，と解釈できる。

60）続き。e）「伸于斜高之矩、則遂不得交、故其長無窮、而截面作圭面之円也。〔もし斜截するに、旁より起き、截面長の準〕斜高の矩より伸びなば、すなはち遂に交はることを得ず。ゆえにその長は窮まりなくして、截面は圭面の円を作るなり。」もしも円錐の母線の途中から切るときに，截面の長軸方

〔要　旨〕

向の水平さ加減が立っていて，母線の右下のかどよりも下方にどこまでも伸びれば，ついに母線と交わることができない。截面の長さは無限であり，截面は圭面の円になる。西洋流を知る我々には，圭面の円は明らかに《双曲線》と《放物線》の両方を含むが，関は区別せず《圭面の円》とのみ言う。和算に固有の思考形式であろう。原文に即する限り，筆者の解釈以上の内容はない。54項で指摘したように，西洋流の立場から過剰な期待をもっ て深読みするのは避けるべきであろう。以上を§29〜§30で述べた。

第六回　（球，球帽などの表面積，球帽断片の体積）

61) §31で，（つ）全球覓積（全球の表面積）$S=\pi d^2$，（$\pi=355/113$）を扱った。解文は球を，底面が s，高さが球半径 $d/2$ である小円錐の集まと見なす。第一回9項と第二回12項を用いて，$S=\Sigma s$，体積 $V=(\pi/6)d^3=\Sigma(sd/6)=(d/6)\Sigma s$ から出る。

62) S と V は密接な関係にあり，どちらか一方が先に得られれば，他方は系題として直ちに得られる。村田氏（25.）は，V から S を求めるとき，

イ）薄皮饅頭論法（薄皮と餡から成る大饅頭から餡だけの小饅頭を引き去れば薄皮が残る，という比喩で，大球と小球の差として S を求める方法）

ロ）いちじく割り論法（いちじくを割って展げると，表面積の上に無数の小三角錐が立った形になる，という比喩で，球と三角錐の和を等値する方法）

の二つがあると述べた。建部賢弘の方法の論考であるが，関もロを用いた。

63) §32で，（ね）頂覓積（球帽の表面積）$Y=(\pi/4)(4c^2+a^2)=\pi cd$，（$c$：球帽の矢，$a$：球帽の弦）を扱った。解文は，球帽と円錐（頂が円心，底面が球帽の底面）の体積の和 $(\pi/24)(3a^2+4c^2)c+(\pi/12)a^2(d/2-c)=(\pi/6)cd^2$，いちじく割り論法により，体積の和は $Yd/6$ に等しい。よって $Y=\pi cd$ である。周知の $a^2=4cd-4c^2$ を代入して，上記が出る。

論理的には，（つ）が先（ね）が後であろうが，発見的にはごく狭い範囲

の表面積（ね）を考えるとき小円錐と見なされ，ごく自然に面積の範囲が広げられ，最後に全球の表面積（つ）に至ったのであろう。

64) 関は扱わなかったのであるが，ミシング・リンクとして，筆者は§33で，（な）指輪（立円旁環）の表面積 $S' = \pi da$（a：孔の高）を扱った。それは，全球の表面積 πd^2 から，上下二つの球帽（e：矢，f：弦）の表面積 $2 \cdot (\pi/4)(4e^2+f^2)$ を引き，$2e=d-a$, $f=d-2c$ を代入すればよい。

もっと直接の方法は，アルキメデス(10., 29.)が示した，球表面を細く輪切りにした帽子のつば状のリボンと，これに対応する，球の外接円柱の曲面から切り取った箍状のリボンとの等面積を示すことである。本文を参照。

65) （な′）指輪（立円旁環）の切片の表面積 V は，切り取るべき切片を大円上の弧長 b で表すとき，$Z=ba$ となる。（関は扱わなかった。）

筆者は，『求積』の正弧環，偏弧環，円錐台の体積の詳しさに比べ，容易な筈の覚積の記述が簡略なことは，何らかの脱落が示唆される，と考えた。

66) 関が『求積』で扱った「球欠直截」（球帽を底面に垂直な面で切った部分）の体積 B は，甚だ複雑であり，図も込み入って分かりにくい。筆者は§34で，関の論法は，イ) B に対応する球面上の表面積（截旁覚積）X，ロ) X を球心と結んだ落下傘状の立体の体積 A，ハ) A と B の差に相当する二つの弧錐（球欠直截の切口上の斜錐）の体積 $2C$ に還元することであった，と指摘した。体積 C は55項（そ′）の方法で求まり，体積 A は62項のいちじく割り論法で求まる。残るは截旁覚積 X である。（図は本文参照）

さて，藤原氏(2.)は X は頂覚積 Y に或る比率を掛けたたものであって，「これは一種の仮定であって，その論拠が何処にあるかは不明である。…要するにこの問題は正確に解かれてゐないが，この困難な問題を近似的に処理している…」と指摘した。筆者も近似公式であることに同調する。

67) 筆者は§35で，筆者自身の模索の跡を記すと共に，関が考えたであろう筋道を復元した。（本文の図を参照）先に63項で得た頂覚積の公式 $Y=\pi cd$

〔要 旨〕

を近似公式に置き換えよう。球帽の弦 a に対応する弧長「仮背」を b とし，弧（弓形）の重心（関の中心）を通る中心周を考え，b に対応する部分的な長さ「中心背」を b' とする。b' は最下図の近似六角形の辺 x に相当し，数値実験すれば $Y \fallingdotseq a(b+b')/2$ が確かめられる。截旁冪積 X は球帽の表面積を一部切り取ったものである。b に対応する部分の長さ（截旁背）を p，b' に対応する中心周上の長さ（旁心背）を p' とすれば，<u>類推によって</u> $X \fallingdotseq a(p+p')/2$ となり，$X \fallingdotseq Y(p+p')/(b+b')$ なる<u>近似公式</u>が導かれる。

68）§36で，（ら）球欠直截（66項）を扱った。（本文の図を参照）総矢 l，総弦 k の球欠の，「右旁より縄に截り，矢が e（なるとき），截積 B を問う。」「<u>縄</u>」も第五回51項，関の『八法略訣』（1.）に出る。「端直を知る」ための器（道具）であり，今日の大工も行なっているように，紐の端に錘を吊るし，竪柱の垂直を測る。要するに<u>垂直な切り方</u>を言う。

69）解文は五つの部分から成る。詳細は本文に譲る。

イ）与件 l，k から截矢 e を求める。截矢は一般に上方向と右方向で異なる筈であるが，l，k の与え方によって，e が等しい場合を扱う。

ロ）イで得られた立体は，截矢 e を等しくとったので，左右対称な形である。この立体の稜（直角に交わる面の交線）に接し，球心方向と直交する面で球を切ると，問題の立体を含む第二の球欠「仮球欠」が得られる。

ハ）仮球欠の矢を c，仮球欠の中心矢（稜と重心間の距離）を i とおくとき，関は，截旁背 p と旁心背 p' との間に比例関係 $i:c=p':p$ が<u>成立することを説明もなく用い</u>，$p'=pi/c$ を導く。<u>この比例関係は誤りである</u>。彼が近似の意味で用いたか，それとも錯覚か，判断できない。

70）§37は解文の続き。66項に述べた筋道で，体積 B を求めようとする。

ニ）67項の近似公式 $X \fallingdotseq Y(p+p')/(b+b')$ を用いて，Y から X を求める。いちじく割り論法で，X と球心を結ぶ体積 A を求める。

ホ）弧錐（球欠直截の切口上の斜錐）の体積 C を求め，$B=A-2C$ を得る。

71) §38では，関の与件 $l=2$, $k=8$, $e=1$ から，関の計算過程を辿り，検算した。詳細は本文に譲り，主要な検算結果は，69項のイ，ロ，まで，直前の数値から次の数値を求めるとき「ほぼ正しい」。しかし各段階で誤差が累積するので，後の段階ほど正しい値からは離れることは止むを得ない。ハの段階で，誤った比例関係を用いたため，$p'=0.57145$ となった。三角関数を用いた幾何学的に正しい値は $p=0.5912$ である。それまで有効数字約4桁合ってきたのと比べると，誤差は大きい。70項ニで近似公式により Y から X を求めたため，さらに誤差が拡大する筈であるが，結果は誤差が相殺されて$X=5.30571(5.30544)$，$B=1.5894(1.58941)$ となった。括弧内の数値は，次項で述べる西洋流の数値積分による値であり，意外によく一致した。

72) §39で，(ら′)球欠斜截を扱った。これは（ら）球欠直截と比べると，切り方が斜めになった分だけ，一般化された。それに応じて解文も図も複雑になった。しかし，本質的には，截旁背 p, 旁心背 p' が球欠から切り取られる長さが異なるだけであって，近似公式 $X\fallingdotseq Y(p+p')/(b+b')$ はそのまま用いられる。筆者の本文においても，大半を省略した。

§40で，西洋流の数値積分を述べた。ここで扱った内容は，その後改良して，補説『球切片の定積分』(35.)にまとめた。

第七回　（十字環）

73) 第一回で，関の『求積』には三つの大きな目標があった，という見解を述べた。（もちろんそれ以外にも幾つかの目標が認められるのではあるが。）

イ) 一連の回転体の体積。これは本稿の第三～四回で，詳細に扱った。

ロ)「十字環」の体積。第七回はこれに捧げられる。

ハ)「円台三角空」，これは補説『円錐台に三角孔』(27.)で扱った。

74) §41，十字環の問題は，榎並和澄『参両録』(1653)に「方円卵」の名前で「遺題」として提出された。浮輪に十字形の丸管を組み合わせた立体で，

〔要　旨〕

すこぶる難解であり，関の先駆者たちの挑戦も正解からは程遠かった。難解の原因は，十字の交差箇所に穿去（貫通）の形を含み，さらに環と直管の交差箇所に甚だ困難な貫通を含むからである。第一の貫通は丙の体積に帰し，関は正しく解いた。第二の貫通は丁と戊の体積に帰する。さすがの彼も丁と戊は直線的な立体の貫通に置き換えて，近似的に解かざるを得なかった。

　筆者の目標は，『求積』編の集大成として，十字環における彼の図形に対する鋭い直観と各部分の巧妙な組み合わせ方を，客観的に評価する事である。

75）筆者は，47項，第四回補遺「炉縁から円環へ」の方法で，切口が□なる場合の十字環の体積に円積法 $\pi/4$ を掛けると 33.95491 を得て，切口が○なる本問の場合の，関が求めた 34.32102 をよく近似することを示した。

76）§42で，外径 $D=10$，輪径 $d=1$ なる十字環の体積を求める解文を，筆者は原図の甲，乙，丙，丁，戊に倣って，五つに区分して扱うことにした。

甲）第三回20項の「円環」に他ならず，「切口×中心周」の公式で求まる。

乙）中央の貫通部分および円環とのつなぎ目の戊の部分（矢の長さ c に依存する）を除けば，四つの直線円柱の体積であるから，直ちに得られる。

丙）中央の貫通部分を，「円柱－2×蹄形」の体積の四倍として求める。第三回33項で「円壔斜截（蹄形）」の体積を求めたが，これは実は丙のための補題であったとも考えられる。甲，乙，丙までは容易に解ける。

77）§43で，第一の難問に突き当たった。（丁より戊を先に扱うこととした。）（む）十字環戊積（円柱レンズ）は，大円柱（太い）と小円柱（細い）が直角に交わった貫通部分である。乱視の補正用の「円柱形のレンズ」に見立てる。大円柱を縦割きしたカマボコ状の板を小円柱面でくり抜いた立体とも，小円柱の先を大円柱面で削ぎ落とした立体とも見ることができる。

78）戊積を正しく考えれば四次の交線をもつ難しい立体なので，関は近似的な立体に置き換えた。彼の解文に即した読みくだし文と仮訳は要約が困難なので本文に譲り，直観的に説明する。径 $D''=D-2d=8$ なる大円柱を縦

割きしたカマボコ板から，一辺 d なる正方形を切り取る。断面は弓形で，弦が d に等しい。矢 c は $d^2=4c(D''-2c)$ から求める。カマボコ板の背の両端から，斜めに刃を入れてV字型に切り取る。これが近似的な「上積」であり，彼は二つの蹄形の体積として求めた。次に小円柱を，高さ c の薄板に切り取る。これに両上端から，斜め下に刃を入れて，V字型の立体を切り捨てた残積が近似的な「下積」であり，彼は二つの蹄形の体積として求めた。このようにして求めた上積と下積の和が，近似的な戌積となる。

79) §44で，戌積の批判を行なった。藤原氏(2.)は「…正確な答ではないが、円壔斜截の公式をうまく利用して、近似解を出した…」と述べた。小林，田中氏(28.)は「関は，直交した共通部分に，…等円柱の場合〔丙〕も，異なる場合〔戊〕も，同じと見なしてしまったのである。ゆえに円柱斜截それ自身の考えは正しいものの…正しい答は得られない…。つまり，関は「円柱ニ小円ヲ穿ツ」場合は失敗した…」と批判した。

筆者は，両氏の批判に一部賛成，一部反対である。関は『求積』の何箇所かで，正確な公式と近似公式を混用した。近似公式自身は許せるが，どれが正確な式で，どれが近似式であるかを明示しない点を批判したい。これは関のみならず中算・和算の伝統であり，ともかく答えが正確にというよりは，精密に求まればよい。彼が実際家の立場で，近似公式の積もりで用いたならば「失敗」とは言えない。むしろ幾何的な鋭い直観を高く評価する。

筆者はさらに，図形の本質に即した戌積の評価を行ない，立体のどの部分に過不足があるかを明示した。楕円積分を含む定積分と比較して，関の近似公式が 1.8 ％の過剰を含むことを指摘した。詳細は本文に譲る。

80) §45で，(う) 十字環丁積前半（船の舳先(へさき)）を扱った。小円柱（径 d）二つがT字型に交叉し，一方が環の一部として曲がっている。環の内側の湾曲を背 b とし，d を弦とする弧（弓形）が基本であり，小円柱を湾曲 b の二枚の刃で切った形とも，湾曲 b の瓦を小円柱でくり抜いた形とも言える立

〔要　旨〕

体を作る。解文の「均(ひと)しく円規を承(う)く」は，第三回29項と第五回59項で述べたように，「同じ円弧の曲がり具合（湾曲）をもつ」の意味であるが，この状況に当てはまる。（本文の図を参照）湾曲 b，厚さ $d/2$ の瓦が「湾径の準に応じて」層状の断面をもつ。この瓦に断面が曲線的二等辺三角形なる立体（関が「刃壔」と呼んだ船の舳先状の立体）が食い込んでいる。断面が曲線的なこの二等辺三角形を，縦に層状な断面をもつ立体と考えてずらせば，下辺が d の二等辺直角三角形になる，と関は考えた。船の舳先状の立体を断面が三角形の立体に置き換えて体積を計算したことになる。最後の立体は，結果的に丙積の 1/4 と一致する。

81) §46で，丁積前半の批判を行なった。第一に，関が瓦を一定の湾曲と仮定したのは誤りである。実は環の内側の湾曲はきつく，外側に行くほど湾曲は緩くなる。第二に，湾径の準の応じてと言うが，船の舳先状の立体の，各層の横幅がどれほどであるかが明示されていない。各層を平らに伸ばしたとき，左右が斜めに切り取られた形になる，と曖昧に言うのみである。実は食い込んだ曲面は放物線状の面になる（次項）のだが，関にそこまで要求するのは酷であろう。第三に，刃壔（曲線的三角形）を縦にずらせば二等辺直角三角形になる，と仮定したのは誤りである。

82) （本文の図を参照）正方形に四分円を内接させ，円内の任意の点Qを通る横辺への平行線が $t=$VQ と $u=$QW に分かれ，Qを通る半径を $v=$UQ と $w=$QO に分かれたと仮定する。つねに $t=v$ ならば，Qの軌跡は放物線になることが示される。なぜならば，「一辺＝半径」ゆえに $u=w$ となり，u はQから右縦辺（準線WL）の垂足Wまでの距離で，w はQから円の中心（焦点）Oまでの距離であるから，放物線の特性によって題意の通り。十字環丁積の場合は，一辺と半径が $D'/2=(D-d)/2=4.5$ に等しければ，左縦辺は十字の小円柱の峰，四分円は環の小円柱の峰と見なされる。両小円柱の径が共に $d=1$ で等しいから，Qを両小円柱の交線上の点とすれば，両小円柱の

断面においてつねに $\iota=v$ となる。よって交線は放物線となる。関にとって放物線はあくまで《面積》の対象であり (56項)，「焦点距離＝準線距離」というような西洋流の《曲線》としての特性は念頭になかった。

83) §47で，(ゐ) 十字環丁積後半（削いだ牛の角と馬の鞍）を扱った。船の舳先状の立体は，環の一部としての曲がっ小円柱と重複がある。この重複部分が削いだ牛の角状の立体である。それは本文の立体図の左のような形であり，伸ばしときに同図の右のように蹄を二つ併せた形になる。関は実際に蹄の二倍の立体に置き換えて，近似的に体積を測った。そこで80項の船の舳先状の立体から，この重複部分の削いだ牛の角状の立体をくり抜けば，本文の図のような馬の鞍状の立体が得られる。この体積が十字環丁積である。

84) §48で，丁積後半を批判した。第一に，関は曲がった小円柱を伸ばせば環の外側の湾曲が緩く内側が急で，直な小円柱の両側を斜めに切った形になると考えた。第三回20項以来の，浮輪を切って伸ばせば直円柱になるという立場と矛盾し，誤りである。第二に，本文の図のように，曲がっ小円柱に食い込んだ船の舳先状の立体を，真っ直ぐに伸ばせば，関は斜辺が直線になると考えた。実際は斜辺は凹んだ曲線になるのであって，誤りである。

85) 関による立体図形の表示の仕方は今日から見ると奇妙であるが，透視図法のなかった時代に，(ピカソの絵のように) 側面を同じ平面に書き添えるための努力であったと考えられる。具体例は本文を参照のこと。

86) §49で，草文と各積の関係を扱った。76項以来この「要旨」においては，草文（同類項をまとめて扱う）と解文（甲，乙，…に分けて扱う）を原文に即して扱うやり方は避けて，立体図形に対する関の鋭い直観と，各部分の巧妙な組み合わせを評価する方針で扱ってきた。そこで詳細はすべて本文に譲る。一つ重要な結論は，関が，戊積と丁積に現れる複雑な曲面で囲まれた立体を，ただ一種類の立体，すなわち第三回33項の「円壔斜截（蹄形）」で近似したことである。このように，複雑な貫通体を既知の立体に置き換え

〔要　旨〕

ことにより，十字環の問題に解答を出した技量には感服させられる。

87）筆者は，関の方法，すなわち戊積と丁積に蹄形の公式を適用する方法により，十字環の全計算を追跡した。与件は外径 $D=10$，輪径 $d=1$ のみ。丙積と戊積の蹄形公式に必要な弧背は，環の内径 $D''=D-2d=8$ に対応する円弧の一部分で，弦 d を張る弧背 $b=8\ \arcsin(1/8)=1.00262265$ である。離径 $f=\sqrt{D''^2-d^2}=\sqrt{63}=7.93725393$，矢 $c=(D''-f)/2=0.03137303$ を用いて，弧（弓形）の面積 $M=(bD''-df)/4=0.02093182$ を得る。

これらの出発値から，忠実に関の計算経路を辿って筆者が求めた十字環の全積は 34.31945829 となる。関の草文に示された出発値は，多少の違いをもち，途中にも誤りを含み，答文の値は 34.321019035 であった。

88）§50で，定積分によって十字環の全積を求めた。（詳細は本文に譲る。）34.3194680900 は奇妙にも関の答文の値 34.321019035 に近い。その理由は，関の戊積と丁積の誤差が相殺した偶然の結果である。もしも環外径を $D=4$ のように輪径 $d=1$ に比べて環径を比較的小さくした場合には，定積分による値 10.01754830 よりも関の公式による 9.98666997 は小さくなる。

第八回　（各種の補足）

89）§51で『求積』編の序文を改定した。すでに第一回§2で読み下だしと仮訳を行なった（4項）。その後の知見により，新たに原文を掲げ，語釈と読み下だし文と仮訳を提出した。未詳の「坪積」などにも新解釈を加えた。

90）§52で，平積と立積の各冒頭の小序に対しても，序文と同様な注解を施した。「冒于平形」にも考察を加えた。さらに本文中の図形哲学の部分，すなわち算法における近似的な速算法と結果の数値のもつ誤差への言及を注解した。前項と本項における試みは，本稿が初めであろう。

91）§53で，これまで除外してきた直線的な図形に対しても，一覧表を掲げ，考察を追加した。本節では平面図形の基本であるイ）平方（正方形），ロ）

直（矩形），ハ）勾股（直角三角形）に読み下だしと仮訳を行ない，『解見題之法』と比較した。さらにヘ）三角（正三角形）とト）梯（等脚梯形）にも注解を加えた。ニ）とホ）は，角術の論文(3.)に譲った。

92) §54は続き。立体図形の基本，チ）立方（立方体），リ）方堡壔（正方形の柱），ヌ）直堡壔（矩形の柱）を取り上げ，特にリとヌでは「極形」について論じた。次いで，ル）方錐，ヲ）直錐に，錐法三の出てくる理由，ワ）方台，カ）直台の体積を導く論法などを考察した。応用図形であるヨ）楔，タ）両刃楔の体積の導き方も考察した。基本図形の筈が応用図形として扱われたレ）苡麦（正四面体）の体積の導き方には，図形の性質が使われたことを述べ，解文が平方根を避けるため強引な計算によった，と指摘した。

23　眉の作図——関の求積問題への補説

　　問題の所在‥‥‥‥‥‥‥‥‥ *683*　　　日食・月食の図‥‥‥‥‥‥‥ *689*
　　関の計算法‥‥‥‥‥‥‥‥‥ *684*　　　文献‥‥‥‥‥‥‥‥‥‥‥‥ *690*
　　作図可能性‥‥‥‥‥‥‥‥‥ *686*

問題の所在

　さきに「関の求積問題の再構成㈠」(1.)の§3 (ろ)において，関孝和が「弧積」(弓形の面積)の応用として，第25問で眉の面積を扱ったことを述べた。[#191]
『求積』編全体の流れから見れば，これはかなり特殊な応用問題であり，その場で詳論するのは脇道にそれることになる，と考えた。しかし，「関の与えた数値のままでは《作図不能》である」と口火を切った行きがかりで，ここに私説を補いたいと思う。

　まず『関孝和全集』(2.)の問題の個所に誤植がありはしないか，との筆者の問い合わせにたいして，下平和夫先生より懇切なご指教をいただいた。ここに感謝を申しあげ，その要点を再録したい。『全集』本文の校訂にさいし，p.220の解題にあるように，『求積』の底本は主として『大成算経巻之十三』を用い，穴沢長秀旧蔵書に記入された松永良弼による訂正を注記として付した，とのことである。さらに先生ご架蔵の『大成算経』より，当該個所の影印を頂戴したので，照合により，字体の違いは除き『全集』本文がこの影印とすべて一致することを確認した。

　問題の個所の原文は，つぎのとおり。

　「仮如，有眉，上湾九寸，下湾五寸，中広一寸，問積。

　　答曰，積〈若干〉。」

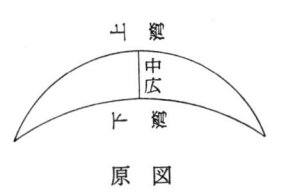

原　図

〈　〉内は，原文では二行割注，以下も同じ．筆者は前稿において，この数値九，五，一の組み合わせでは《作図不能》であると批判し，作図可能な数値として九，八，一の組み合わせを提案した．つまり原文の五寸は誤りで，八寸が正しいであろうとの推論である．前稿では，これらの根拠も示さなかったので，それを詳論することが本稿の主目標である．

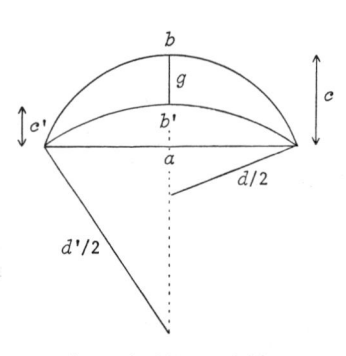

関の計算法

まず，必要な各部分の長さを文字記号で表わし，関の用語と対照させ，説明のためにこの記号を挿入しながら，草文を読み下そう．

上湾 b，実円径 d，実矢 c，
下湾 b'，虚円径 d'，虚矢 c'，
虚弦（共通弦）a，中広 g

「草に曰く．〈別に実円径 d，虚円径 d'，および虚弦 a を得〉，上湾 b を置き，うち虚弦 a を減じ，余りに実円径 d をもって相乗じ，倍広 $2g$ と虚弦 a を相乗ずる数を加入し，共に得る数 $(b-a)d$ $+2ga$ を位に寄す．下湾 b' を置き，うち虚弦 a を減じ，余りに虚円径 d' をもって相乗じ $(b'-a)d'$，もって位に寄せたるより減じ，余り四をもってこれを約せば積を得る．」

つまり

$$眉積 = \frac{1}{4}\{(b-a)d + 2ga - (b'-a)d'\}$$

なる**公式**を与えている．つづいて解文を読み下す．

「解に曰く．これ弧内欠弧の形なり．ゆえに実弧積 M を求め，うち虚弧積 M' を減ずる余り，すなはち眉積なり．この形，虚弦 a と下湾 b' と相対し，等しければ限となす．ゆえに全弧をもって形の極となす．また虚矢・中

23 眉の作図——関の求積問題への補説

広の和 $c'+g$ と，実円半径 $d/2$ と相対し，等しければ限となす。ゆえに上湾 b と実円半周 $\pi d/2$ 均しければ極となすなり。」

弧積 M の公式は，§3（ろ）に示したように，

②　　$M = \dfrac{1}{4}(bd - af)$

であった。これを用いて，

$$\text{眉積} = M - M' = \frac{1}{4}(bd - af) - \frac{1}{4}(b'd' - af')$$

さらに離径 f と矢 c の関係

③　　$f = d - 2c$

を用いて変形すれば，

$$\text{眉積} = \frac{1}{4}\{(bd - ad + 2ac) - (b'd' - ad' + 2ac')\}$$

$$= \frac{1}{4}\{(b - a)d + 2a(c - c') - (b' - a)d'\}$$

中広 g は $c - c'$ であったから，上記の関の眉積の公式が出る。

解文の後半では，二つの極形を説明している。a と b' は対応するから，$a = b'$ となる場合が一方の限界であって，そのとき b' は真すぐになり線分 a と一致し，全弧すなわち完全な形の弓形になる。また $c'+g=c$ と $d/2$ が対応するから，$c'+g=c=d/2$ となる場合が他方の限界であって，そのとき $b = \pi d/2$ となり上湾は半周と一致する。

　筆者は，関よりも眉の範囲を拡張解釈し，優弧（半周より大）と劣弧（半周より小）を組み合わせて，つぎの三類型を考えたいと思う。

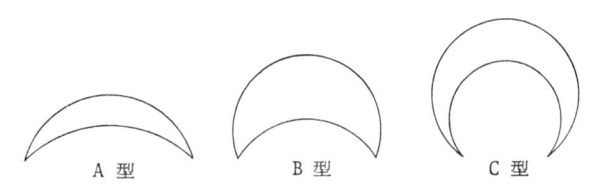

A 型　　　　B 型　　　　C 型

これから見れば，関は上湾 b が半周 $\pi d/2$ に等しいときを極形というから，かれは A型 のみを眉と認めていることが分かる。

作図可能性

眉が作図できるための条件は，

(☆) $\begin{cases} g = c - c' \\ a = d\sin(b/d) = d'\sin(b'/d') \\ a = 2\sqrt{c(d-c)} = 2\sqrt{c'(d'-c')} \end{cases}$

#192
である。もちろん関は正弦関数には到達しておらず，「求弧背術」によって a と d （詳しくは c と d）が与えられたとき弧背 b を計算することができた。草文に「別に d, d', a を得」とあるのは，与件 b, b', g から，条件（☆）により求弧背術を用いて d, d', a を求める，との意図であろう。（しかし，求弧背術は逆正弦に相当し，c, d から b を求める方向であるから，眉の場合 b, g（g に c が含まれる）から a, d を求める逆の方向を，いかに計算したかが気にかかる。）

さて，関は題文で $b=9, b'=5, g=1$ なる場合の眉の面積を問うている。筆者は，<u>この数値の組み合わせでは《作図不能》であると主張する</u>。

じつは，条件（☆）により，b, b', g を与件として，d, d', c, c' を求めることは，ひじょうに難しい。その原因は

$$a = d\sin(b/d) = d'\sin(b'/d')$$

を解くこと，もしくは方向を逆にして

$$b = d\arcsin(a/d), \quad b' = d'\arcsin(a/d')$$

を解くことが，一種の超越方程式であって，直接的な計算方法を見出しにくいからである。筆者は逐次近似法によってこれを求めようとし，プログラマブル電卓を用いて試算した。$b=9, b'=5$ と固定して，a を 5 から 0 まで変化させ，d, d', c, c', g を求めたのが，つぎの表である。

23 眉の作図——関の求積問題への補説

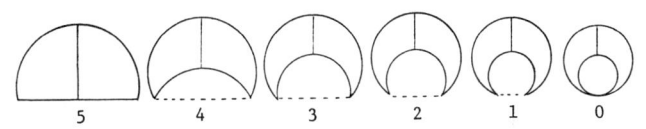

図の下の数は共通弦 a の値。縦線が中広 g を表わすが，数値は次表を参照のこと。上湾 $b=9$，下湾 $b'=5$ は定数。

a	5	4	3	2	1	0
d	5.09666	4.44790	3.94934	3.54129	3.18856	2.86479
d'	∞	4.42047	3.01199	2.35256	1.92623	1.59155
c	3.04228	3.19655	3.25893	3.23188	3.10813	2.86479
c'	0	1.26942	1.64021	1.79566	1.78628	1.59155
g	3.04228	1.92713	1.61872	1.43622	1.32185	1.27324

一方の極形は $a=5$ のとき（図の左端）であり，そのとき下湾 b' は線分 a と一致する。他方の極形は $a=0$ のとき（図の右端）であり，そのとき上湾 b も下湾 b' も閉じて円となる。中間で上湾 b は優弧である。下湾 b' は $a=d'=2\times 5\div\pi=3.18310$ のとき半周であり，ここを境として左側では劣弧，右側では優弧となる。そこで，眉は，この境の左側でB型，右側でC型となる。実矢 c は左端 3.04228 からわずかに増大し，$a=2.80$ の近くで極大値 3.26075 に達し，ついで減小して右端 2.86479 にいたる。虚矢 c' は左端 0 から増大し，$a=1.55$ の近くで極大値 1.81153 に達し，ついで減小して右端 1.59155 にいたる。c の極小値 2.86479 と c' の極大値 1.81153 との差は 1.05326 であり，中広 $g=c-c'$ が $=1$ とはならないことが確かめられた。じっさい表中の g の値の変化を見ても，それが裏付けられる。

では，作図可能な場合があるだろうか？——関の原文で，上湾 $b=9$ が正しいと仮定したとき下湾 b' は $5, 6, 7, 8$ の可能性があり，下湾 $b'=5$ が正しいと仮定したとき上湾 b は $9, 8, 7, 6$ の可能性がある。中広 g は原文では $g=1$ であるが，松永は「中広一寸当作二寸」と訂正意見を述べた。この訂正を考慮に入れれば $g=2$ の可能性も検討すべきであろう。プログラマブル電卓を用いて，探索的にこれらすべての組み合わせを検討した結果，つぎの表の

$g=1$ の場合

	b	b'	a	d	d'	c	c'	型
(イ)	9	8	7.63598	9.21531	15.20510	2.02823	1.02823	A
(ロ)	9	7	5.03075	5.12002	5.14364	3.03597	2.03597	B
(ハ)	9	6	1.23410	3.26761	2.32398	3.14661	2.14661	C
(ニ)	8	5	1.06285	2.89291	1.94937	2.79175	1.79175	C
(ホ)	7	5	3.73620	3.85242	3.89606	2.39575	1.39575	B
(ヘ)	6	5	4.87301	5.48508	12.75958	1.48359	0.48359	A

$g=2$ の場合

	b	b'	a	d	d'	c	c'	型
(ト)	9	7	6.93279	7.38670	29.12216	2.41862	0.41862	A
(チ)	9	6	5.62986	5.63195	9.76948	2.89264	0.89264	B
(リ)	9	5	4.16079	4.53996	4.85176	3.17814	1.17814	B
(ヌ)	8	5	4.78265	4.80407	9.72581	2.62859	0.62859	B
(ル)	7	5	4.99876	5.09810	129.41088	2.04829	0.04829	A

ように，11種類の眉が見出された。松永の訂正によれば（リ）の解があるが，これはB型であって関の考えた眉（A型）には該当しない。筆者はむしろ，（イ）と（ヘ）の場合が関の目指した眉（A型）であろうと推測する（前稿で（イ）の場合を提案した）。これらの場合，眉の面積は，

（イ）　　　眉積$=M-M'=10.88623-5.30951=5.57672$

（ヘ）　　　眉積$=M-M'= 5.16018-1.58332=3.57686$

となる。（ト）と（ル）はA型とはいえ，作図すれば分かるように《太眉》であって，関が目指した眉からはほど遠い形と思われる。

もしも，筆者の推測のように，関が考えたのが（イ）$b=9, b'=8, g=1$ の場合であったと仮定すれば，関はいったいどこからこの眉の作図の可能性を想いついたのであろうか？——筆者は，下湾 b' が円の内接正六角形から来たものと推定する。関はいわゆる「角術」のなかで，正六角形の諸関係を熟知している（3.）。円径 1 なら離径は $\sqrt{3}/2$ であるが，「零約術」により近似分数 13/15 におきかえると，矢は 1/15 となる。簡単のため円径 $d'=15$ とおけば，虚矢 $c'=1$，虚弦 $a=d'/2=7.5$，これに応ずる弧背 $b'=\pi d'/6=1775/226=7.854$ を下湾と考える。

23 眉の作図——関の求積問題への補説

虚弦 a は共通として，実矢 $c=2$ なる円を考える．§3（ろ）の公式により

③′ $\quad d = c + \dfrac{a^2}{4c} = 2 + \dfrac{7.5^2}{4 \times 2} = \dfrac{289}{32} = 9.031$

この a, c, d を用いれば，関は「求弧背術」（$b = d\arcsin(a/d)$ に相当）により，$b = 8.850$ を計算することができた．これが上湾に相当する．

b, b' が整数に近くなるように，全体に 1.018 を掛ければ，$a=7.635$, $d=9.194$, $b=9.009$, $c=2.036$, $d'=15.270$, $b'=7.995$, $c'=1.018$, $g=1.018$ となる．《微調整》により（イ）の眉が描ける，という見通しを関はもったのであろう．

日食・月食の図

筆者は，眉は特殊な応用問題にすぎないと考えたが，その天文における重要性について小林龍彦氏よりご指摘をいただいた．これは私の見落としであったので，感謝を申しあげ要点を記す．

日食や月食のさい，眉の形が現われる．関の『天文数学雑著』にそれらの図が見られる．眉の問題が『求積』編・平積の部の最後（第25問）におかれたのも注目される，とのご意見である．

さらに小林氏より眉の問題の継承について，ご教示をたまわった．朱世傑編撰，建部賢弘訓点『算学啓蒙諺解大成〈中本〉』第五丁ウラに，弧田（弓形）にかんしてつぎの記述がある．

「此術古法ナリ．弧田，眉田，牛角田等ハ古ヨリ真積ヲ得ルコアタハス．故ニ桐陵九章田形ノ歌ニ云ク，娥眉牛角無真数，更為弧矢勾桜評トアリ．…」
野沢定長『〈算法〉童介抄』巻之五（1664）には遺題として，55〜66問弧田，67〜73問半月（眉）があり，これを解いた佐藤正興『算法根源記』巻上次（1669）では，眉を「平円闕三ヶ月」と呼んだ．関はおそらく後者を読み，名称は『算学啓蒙』より得たのであろう，と．

（1985年8月8日記）

文 献

1. 杉本敏夫：関の求積問題の再構成㊀，明治学院論叢，第368号，総合科学研究20，1984．15号論文。
2. 関孝和著・平山諦・下平和夫・広瀬秀雄編著：関孝和全集，全1巻，大阪教育図書，1974．
3. 杉本敏夫：関の角術の一解釈（正・続），明治学院論叢，第313・328号，総合科学研究10・12，1981・1982．3，4号論文。

24　円錐台に三角孔——関の求積問題への補説

　　問題の所在……………………… *691*
　　関の原文………………………… *692*
　　数値の復元……………………… *699*
　　欠積の復元……………………… *704*
　　　文献…………………………… *710*

問題の所在

　筆者『関の求積問題の再構成』(1.) の第一回 §1 で述べたように，関孝和の「求積問題」の主目標の一つに，
　　「円台三角空」の問題——円錐台に正三角形の孔を突き通してあけ，残りの
　　体積を求める穿去問題
があった。延宝元 (1673) 年に村瀬義益が『算法勿憚改』を著し，巻三の巻末に遺題（解答を付さない問題）百問を提出した，その第九十一問が表記の問題である。村瀬の遺題百問を恰好の練習問題として取り組み，その解答を『勿憚改答術』にまとめたのが関であった。かれは与件の数値は変えたものの，この第91問を《幾何学的に正確》に解いた。そのとき，筆者第五回 §29（そ'）で解説した関の「円台斜截」の解法が有効に使われており，「円台斜截」は「円台三角空」のための補題であるとさえ思われる。(p.562)
　ところで『答術』（稿本）の執筆年代にかんして推定の対立がある。この点についてご指教をいただいた下平和夫先生に感謝を申し上げる。そのとき同時

に，ご架蔵の『答術』から第91問の影印をいただいた。その原文を『全集』(2., p. 96-97) と照合したところ，字体の違いは除き，語句も数値もすべて一致することを再確認した。あわせて報告する。

『全集』の前付の年表 p.(19), p.(21) によると，『勿憚改答術』は延宝二 (1674) 年ころ（村瀬著の翌年ころ）書かれ，『求積』は貞享二 (1685) 年ころに成ったとある。筆者は上述のように，後者の第54問「円台斜截」が内容的に前者の第91問の「補題」に相当する，と考えている。そうすれば，必然的に『答術』の（少くとも第91問の）執筆年代はずっと後に下げなければならなくなる。

下平氏の論文 (3., 4.) は，つぎの二つの理由から，『答術』の年紀を後に下げるべきである，と明快に論ぜられた。

(1) 関の『発微算法』は延宝二 (1674) 年に刊行されたが，それに比べて『答術』の方程式の立て方はより完全に論ぜられ，丁寧に書かれ，関が大成してからの著書と考えられる。

(2) 下平氏ご架蔵の善本は，『算法大成続録巻之五 勿憚改一百問答術』の表題と「貞享丙寅」——貞享三 (1686) 年の年紀をもつ。これは『算法大成』の続録として『答術』がこのころに完成したことを意味する。

筆者による上記の見解は，このお説を補強することになる。

『答術』第91問は，つとに小林龍彦・田中薫両氏が論文 (5.) において復元された。年代の推定についても，筆者と同じ見解を述べておられる。幾何学の側面にかんしては，両氏の復元に付加すべきことはないが，関の求めた数値の復元については，異論をはさむ余地がある。まず幾何学の側面は両氏との重複をいとわず，筆者第五回への補説として掲げる。数値の復元・欠積の復元の部分が，筆者による原著であり，「関の示した数値の隠された部分を掘りおこす方法」の一つの《典型》として，ここに提出する。

なお，公式の番号は，筆者『再構成』(1.) から引用の場合は，○付の数を用い，本稿で参照する場合は□付の数を用いる。

関の原文

『全集』(2., p. 96-97) の原文・原図を読み下して掲げる。ただし，あとの

24 円錐台に三角孔——関の求積問題への補説

解説を簡明にするため，(1) 文字記号を補い，(2) 数値は寸単位を省略して，洋数字で表わし，(3) 関が示した計算の途中経過は文中では…とし，あとに甲表としてまとめて示す，などの変更を加えた。

「**第九十一** いま円台あり，上径 s 14，下径 t 19，高 h 10。ただ云ふ，図のごとく，上径より 2 下に，面 3 の三角空を突き通す。残積いくばくかを問ふ。

答に曰ふ。残積 V 2094.657246 強。

別に，去空高 j …，三角の中径 i …，側円欠積 N …，円欠積 M …，を得。

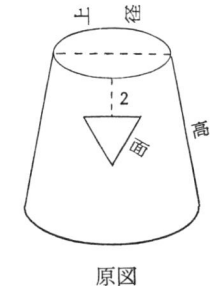

原図

術に曰ふ。側円欠積 N を列し，うちこれを倍する円欠積 $2M$ を減ぜしめ，余り〔$L=N-2M$〕…。去空高 j をもって相乗じ，〔$S=jL$〕…を得。また側円欠積 N を列し，三角の中径 i をもって相乗じ，〔$T=iN$〕…を得，二

甲表

		関の示した数値	〔末位の奇零表現の意味〕
	j =	30 〔整〕	
	i =	2.598076 強	〔…0761 ≦ i < …0765〕
	N =	46.65309 微弱	〔…3089 ≦ N < …3090〕
	M =	22.349088 微弱	〔…0879 ≦ M < …0880〕
$L=N-2M$	=	1.954914 弱	〔…9135 ≦ $N-2M$ < …9139〕
$S=jL$	=	58.647413 弱	〔…4125 ≦ S < …4129〕
$T=iN$	=	121.208283 弱	〔…2825 ≦ T < …2829〕
$S+T$	=	179.855695 強	〔…6951 ≦ $S+T$ < …6955〕
$U=(S+T)/3$	=	59.951898 強	〔…8981 ≦ U < …8985〕
$P=s^2+t^2+st$	=	823 〔整〕	
$Q=355Ph$	=	2921650 〔整〕	
$R=113\cdot 12$	=	1356 〔整〕	
$W=Q/R$	=	2154.609145 弱	〔…1445 ≦ W < …1449〕
$V=W-U$	=	2094.657246 強	〔…2461 ≦ V < …2465〕

位を相併せ，ともに〔$S+T$〕…を得て，三をもってこれを約づめ，空積 U …を得て，位に寄す。上径の自乗 s^2，下径の自乗 t^2，上下径の相乗 st の三位を相併せ，ともに〔P〕…を得，高 h をもって相乗じ，また円周率 (355)をもって相乗じ，〔Q〕… を得て，実とす。円径率 (113) を列し，一十二をもってこれに乗じ，〔R〕…を得て，法とす。実を法のごとく一にして，全円台積 W… を得。うち位に寄せたる〔U〕を減ぜしめ，余り〔$W-U$〕に残積 V を得て，問に合す。」

実を法のごとく一にして云々とは，実（分子）Q を法（分母）R で割ることを意味し，商として $W=Q/R$ が得られる。

表のなかの奇零表現とは，末位の端数を丸めたあとに付す「強，弱，微強，微弱」のことであり，その意味は〔 〕内に掲げた。——『全集』(2.) の『天文数学雑著』の p.491，「定不尽之強弱」を参照。なお，関が円周と円径の比 $\pi=3.14159265\cdots$ の代りに，円周率／円径率$=355/113=3.14159292\cdots$ を用いていることにも注目すべきである（後文）。三角の中径 i とは，面（一辺）が 3 なる正三角形の高さ $\sqrt{27}/2$ を意味する。

関は『答術』第59問 (2., p.75) で，直角を挟む二辺が未知の x, y なる三角形に，図のように，一辺 3 なる正三角形を内接させ，面積 $xy/2=10$ を与えて x を問うている。

x は，『全集』解説 p.91-93 のように，四次方程式

$$9x^4-240x^3+1600x^2-10800=0$$

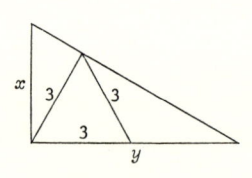

〔原図を簡略にした〕

を解いて得られ，関は答として $x=3.535624$ 微弱〔$\cdots6239\leqq x<\cdots6240$〕を与えた。ところで，根号を用いて x を表わせば，$x=2(10-\sqrt{100-45\sqrt{3}})/3$ であるから，$i=\sqrt{27}/2=x-3x^2/40$ となる。これから逆算するために，〔 〕内の不等式による x を代入すれば，$2.59807617<i<2.59807622$ が得られる。しかし，関は当該の『答術』第91問では，もっと精密な $i=2.59807621$ を用いたことが明らかにされる。（後文を参照）

上記の術文は，全体として

24 円錐台に三角孔——関の求積問題への補説

①
$$\begin{cases} V = W - U \\ W = Q/R = 355(s^2+t^2+st)h/113\cdot 12 \\ U = (S+T)/3 = (jL+iN)/3 = \{j(N-2M)+iN\}/3 \end{cases}$$

を表わしているが,関はこの公式をどのように導いたか？

円錐台

上径 $s=14$,下径 $t=19$,差 $t-s=5$,この差に台高 $h=10$ が対応するから,頂点 L まで延長した円錐は,底辺：高$=1:2$ の比をもつ。よって,上径から L までの高は $2s=28$,正三角孔の上辺から L までの高は $j=28+2=30$. この j が去空高である。これに三角の中径 i を加えた $j+i=30+\sqrt{27}/2$ が,正三角孔の下頂から L までの高となる。

さて,円錐台の体積 W は,筆者第一回 §5
#193
(ほ)により,与件 s, t, h から

⑧
$$W = \frac{\pi}{12}(s^2+st+t^2)h \quad \left(\pi = \frac{355}{113}\right)$$

解図（杉本）

として求まる。これが公式①第二式の W であった。W の分子 $Q=2921650$, 分母 $R=1356$ までは,すべて整数計算であって,甲表のとおり。割算の結果 $W=2154.60914454\cdots$ となるが,関はこの下線部を丸めて <u>5弱</u> とおいたのである。以上で, s, t, h は用済みとなる。

円錐台斜截

三角孔の上辺を通る水平面による切口を図のごとく $P'PP''$ とし,三角孔の下頂 Q を通る切口を $Q'QQ''$ とする。底辺：高$=1:2$ の比を用いて,径

695

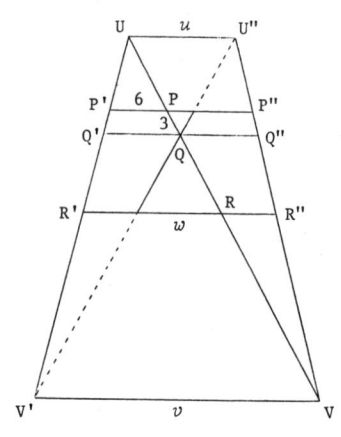

P'P''=$p=j/2=15$, よって上矢 PP''=9, 補矢 P'P=6 となる。また径 Q'Q''=$q=(j+i)/2=15+\sqrt{27}/4$, よって下矢 QQ''=Q'Q=$q/2=15/2+\sqrt{27}/8$ となる。

#194
筆者第五回，§29（そ'）解文乙の方法により，P と Q を結ぶ斜面を上下に延長して左右の斜高との交点 U, V を求め，円錐台 UU''VV' を作る。その上径 UU''=u, 下径 V'V=v, 側円の截面長 UV=e などが定まる。ところで

$$\triangle UU''Q \backsim \triangle VV'Q \backsim \triangle 孔$$

解図（杉本）
P'P''=p, Q'Q''=q, UV=e,
UQ=UU''=u, QV=V'V=v,
UR=RV=$e/2$, QR=w.

が正三角形なることから，UQ=u, QV=v, よって $e=u+v$ となる。u と v は比例式

②　　$\dfrac{u-3}{6}=\dfrac{u}{q/2}, \quad \dfrac{v+3}{9}=\dfrac{v}{q/2}$

を解いて

③　　$\begin{cases} u=\dfrac{3}{13}(77-16\sqrt{3}), \quad v=\dfrac{3}{13}(83+24\sqrt{3}), \\ e=u+v=\dfrac{24}{13}(20+\sqrt{3}) \end{cases}$

となる。

截面長 UV の中点 R を通る水平面による切口を R'RR'' とおき，径 R'R'' なる切口円の R を通る弦の長さを d とおけば，筆者第五回，§27（そ）解文丙の考察により，(p.553)

㊼　　$d=\sqrt{uv}=\dfrac{3}{\sqrt{13}}(20+\sqrt{3})$

が得られ，d は同時に側円の短径となる。

また QR$=w$ とおけば，やはり正三角形の性質により，

4$\quad w=\frac{1}{2}(v-u)=\frac{3}{13}(3+20\sqrt{3})$

が得られる。

筆者は上のように，すべて $\sqrt{3}$ を含む式の形に書いたが，関がはたしてそのように導いたか否かは分からない。もしも関がすべてを数値によって計算したのだと仮定すれば，$j=30$（整）と後述の推定値 $i=\sqrt{27}/2=2.59807621$ から出発し，

$\quad q=(j+i)/2=16.299038105$

とおいて，式2〜4に代入して

5$\quad \begin{cases} u=11.37396625, \quad v=28.74674292, \quad w=8.686388335, \\ e=40.12070917, \quad d=18.08215927, \end{cases}$

などを求めたのであろう。これらの数値は，$\sqrt{3}$ を含んだ式による計算と比較して，末位までほぼ一致する。ただし，関はこれらの数値を原文のどこにも掲げていない。ただ，これらの数値を用いて「別得」した側円欠積 N（甲表を参照）を掲げるのみである。その計算過程の復元は，後文で詳論する。

二つの錐

小林・田中両氏によると，村瀬義益の弟子三宅賢隆も『具応算法』（元禄十二（1699）年）に，この「円台三角空」の解法を公にしたが，三宅は大変複雑な計算をしたにもかかわらず，正しい答は得られなかった，という（5., p. 21）。関は筆者第五回，§29（そ′）解文乙に見たように，二つの錐の差を考えることによって，初めて三角孔の半分の体積を正しく求めることができた。そして，この考え方こそ《幾何学的に正確》であり，三角孔と円錐台との貫通によって出来る複雑な立体の体積を過不足なく捉えうるのである。

三角孔の上辺の中点を M，截面長 UV の延長上に頂点 L から下した垂足を N とおく。第一の錐は，P′P″ を径とする円を底面とし，LM=j を仮高とする円錐を考え，その一部分として，イ図の二つの弦で狭まれた円欠（面積 M）を底とする錐である。その体積は明らかに $jM/3$。第二の錐は，UV=e を長径とし，前記の R を通る弦を短径 d とする側円を底とし，LN=k を仮高とする傾いた側円錐を考える。この側円錐の一部分として，平面 LP と平面 LQ で切り取られた残積，つまりロ図の二つの弦で狭まれた側円欠（面積N）を底とする錐が第二の錐である。

$$\triangle QPM \infty \triangle QLN$$

が正三角形の半分の形であるから，

$$k=LN=LQ/2=q=(j+i)/2.$$

よってその体積は，$kN/3=(j+i)N/6$ となる。

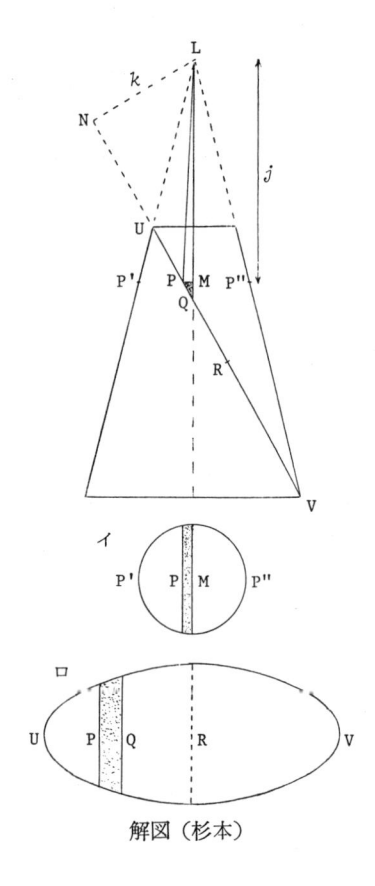

　求める孔の半分の体積は，第二の錐から第一の錐を引いたものに等しい。よって，孔全体の体積 U はこの二つの錐の差の二倍であり，

$$U=\frac{1}{3}\{(j+i)N-2jM\}=\frac{1}{3}\{j(N-2M)+iN\}=\frac{1}{3}(jL+iN)$$

となり，術文の公式 1 の第三式が得られた。

　この『答術』第91問の解法においては，正三角孔の半分の体積を正しく捉えるところに核心がある。筆者の推測によれば，関の『求積』第53・54問「円台

24 円錐台に三角孔——関の求積問題への補説

斜截」はこの三角孔の問題を解くために考究されたのだ，ともいえる。筆者が冒頭「問題の所在」のところで述べた，『答術』の執筆年代の推定は，ここに根拠をもっている。

数値の復元

筆者が関の数値の復元を思いたった動機は，小林・田中両氏の論文（5.）p.26 注（7）に

「$T=iN=121.208283$弱の 8 は 7 が正しい。」

なる趣旨の記述があり，これに疑問を抱いたことによる，おそらく両氏は，関の示した（甲表の）$i=2.598076$ 強，$N=46.65309$ 微弱の強や微弱を無視して，単純に

$$2.598076 \times 46.65309 = 121.20827345\cdots$$

と計算したものであろう。しかし，これは後述の筆者の推定による復元値を用いて，

$$i=2.59807621, \quad N=46.65308972 \text{ から } iN=121.20828252\cdots$$

と計算されるから，関の 121.208283弱 はまったく正しい。（私信によって，両氏にそのことを知らせた。）

筆者はさきに論文（6., 7.）において，関の奇零表現の裏側に隠された数値を掘り起こす方法を創案した。この『答術』第91問においても，関の示した数値のみを与件として，強，弱などの奇零表現によって隠されてしまった数値が，さらに1～3桁復元できるのである。（p.45～53; p.139～150）

関の与件を不等式によって再記する。甲表の一部を取りだしたのが乙表であり，これだけを原資料として以下の推論を組み立てようとする。丙表は結論の先取りであり，復元の結果として得られるものであるが，比較しやすいように並べておく。

乙表（甲表の一部を再記）　　　　　丙表　杉本による復元値

$2.5980761 \leqq i < 2.5980765$　　　$i = 2.59807\underline{621}$
$46.653089 \leqq N < 46.653090$　　　$N = 46.65308\underline{972}$
$22.3490879 \leqq M < 22.3490880$　　$M = 22.34908\underline{798}$
$1.9549135 \leqq L < 1.9549139$　　　$L = 1.95491\underline{376}$
$58.6474125 \leqq S < 58.6474129$　　$S = 58.64741\underline{280}$
$121.2082825 \leqq T < 121.2082829$　$T = 121.20828\underline{252}$
$179.8556951 \leqq S+T < 179.8556955$　$S+T = 179.85569\underline{532}$
$59.9518981 \leqq U < 59.9518985$　　$U = 59.95189\underline{844}$

復元のためには，

[1]　　　$L=N-2M,\ S=jL,\ T=iN,\ U=(S+T)/3$

の計算の順序を逆にした，

[6]　　　$3U=S+T,\ N=T/i,\ L=S/j,\ 2M=N-L$

などの関係を巧みに用いるのである。

まず与件 U の不等式の両辺の3倍から，$S+T=3U$ が逆算できる：

　　　　$179.8556943 \leqq 3U < 179.8556955.$

しかし，これに比べて与件（乙表）の $S+T$ の不等式のほうが範囲が狭いので，与件のほうを採用する。

以下，乙表の $S+T$ から逆算して $i,\ N,\ M$ を推定し，乙表の不等式と比較する。そのさい筆者の用いる**論法**はこうである。

「推定された不等式と与件の不等式を比較して，不等式の範囲の狭いほうを採用すれば，より精密な推定値が得られることになる。推定された不等式といっても，それは与件の不等式から必然的に導かれるものであるから，与件と同等の資格をもつ。それは統計学でいうような確率論的な意味の推定値ではなく，不等式の両辺に四則演算をほどこして得られる不等式の変形にすぎない。」

さて，与件の $S+T$ から与件の T を引いて S が求まる。すなわち T の不等号の向きを変えて，辺々の引算をすれば S の不等式が得られる。

24 円錐台に三角孔——関の求積問題への補説

$$179.8556951 \leqq S+T < 179.8556955$$
$$\underline{121.2082829 > \quad T \quad \geqq 121.2082825}$$
$$58.6474122 < \quad S \quad < 58.6474130$$

この S を与件（乙表）の S と比べれば，与件のほうが範囲が狭いので，与件のほうを採用する。

復元のさいの有力な手段は，不等式の両辺を共通な数で割ることである。こうすれば，与件よりもさらに下の桁まで求まることになり，推定値が精密化されるからである。その第一の適例として，式⑥の $L=S/j$ を用い，与件の S の不等式の両辺を $j=30$ で割れば，

⑦ $\quad 1.95491375 \leqq L < 1.954913764$

が得られる。これを与件（乙表）の L と比べれば，⑦のほうが不等式の範囲が狭いので，推定値⑦を採用する。

⑦の不等式と与件（乙表）の M の不等式の辺々を合併して $N=L+2M$ を求めると，

$$46.65308955 \leqq N < 46.653089764.$$

この N は与件の N よりも精密化されている。そこで $i=T/N$ を用いて，与件（乙表）の T の不等式の両辺を，この N の不等式の向きを変えた両辺で割ると，

$$2.598076207 < i < 2.598076228$$

が得られる。この i は与件の i より精密化されている。ところで関は，与えられた数値の平方根を望むまで何桁でも計算できたのであるから，

$$i=\sqrt{27/2}=\sqrt{6.75}=2.5980762113\cdots$$

はかれの掌中にあったはずである。これと上の i の不等式を考慮して，小数8位までの

⑧ $\quad i=2.59807\underline{621}$

を用いたであろう，と推定することは，さほど的外れではあるまい。

第二の適例は，この確定した⑧の i を用いて，与件（乙表）の T の不等式の両辺を割ることである．式⑥の $N=T/i$ により

$$46.65308971 < N < 46.65308987.$$

これと上記の N の不等式を組み合わせ，それぞれ狭いほうを採用して

⑨　　$46.65308971 < N < 46.653089764$

を得る．

この範囲の狭ばまった⑨の N を用いれば M が復元され，それから逆に再び N が復元されるのである．$M=(N-L)/2$ を用い，⑨から⑦の不等式の向きを逆にして辺々差し引きし，さらに両辺を2で割れば M が得られる．

$$46.65308971 < N < 46.653089764$$
$$1.954913764 > L \geq 1.95491375$$
$$\overline{}$$
$$44.698175946 < 2M < 44.698176014$$
$$22.349087973 < M < 22.349088007$$

これを与件の

$$22.349087900 \leq M < 22.349088000$$

と比べれば，与件よりも左側の不等式が精密化されたことになる．M として，小数8位までを採用すれば，M は二つの値しか取りえない：

⑩　　$22.34908798 \leq M \leq 22.34908799$

こうして，関が用いたはずの M の値が復元された．

M から逆に⑨よりも精密な N が復元される．そのために $N=2M+L$ を用い，⑩の両辺の2倍と⑦の辺々を加えて

$$44.69817596 \leq 2M \leq 44.69817598$$
$$1.95491375 \leq L < 1.954913764$$
$$\overline{}$$
$$46.65308971 \leq N < 46.653089744$$

これを

9   46.65308971< N <46.653089764

と比べてみれば，左側は9のほうが狭く，右側は新しい不等式のほうが狭いことが分かる。M と同じく小数8位までを採用すれば，N は三つの値しか取りえない：

11   46.65308972≦ N ≦46.65308974.

こうして，関が用いたはずの N の値が復元された。

以上により，M は10の二値，N は11の三値を取りうる。そこでこれらを組み合わせて $L=N-2M$ は六通りの値を取りうる。しかし，復元された8の i と11の N を用いて7の L をさらに精密化しておけば，六通りのうち四通りが除外されるのである。

まず $S+T$ は与件（乙表）の不等式をみたす。これから $T=iN$，すなわち11の両辺に8の i を掛けた不等式の向きを逆にしたものを引き（$S=S+T-T$），さらに両辺を $j=30$ で割れば L についての条件が出る。まず

$$\begin{array}{rcl} 179.8556951 & \leq S+T < & 179.8556955 \\ 121.208282577 > & T & > 121.208282524 \\ \hline 58.647412523 < & S & < 58.647412976 \end{array}$$

つぎにこの S の不等式から，$L=S/j$ により

12   1.9549137507< L <1.9549137659

が得られた。

さて，N と M の六通りの組み合わせを作って，$L=N-2M$ を求めるとつぎのとおり。

	$M=22.34908798$	$M=22.34908799$
$N=46.65308972$	$L=1.95491376$ ○	$L=1.95491374$ ×
$N=46.65308973$	$L=1.95491377$ ×	$L=1.95491375$ ×
$N=46.65308974$	$L=1.95491378$ ×	$L=1.95491376$ ○

12の条件と比べてみれば，第一と第六の組み合わせが合格することが分かる。ではこの二つの組み合わせのうち，関が用いた値はどちらであったか？——それは，筆者の復元方法の限界であって，どちらとも決めがたい。いくらか恣意的であるが，第一の組み合わせを採用することにした。

こうして，

13　　　$N = 46.65308972,\ M = 22.34908798,\ L = 1.95491376$

が定められたので，$S = jL = 30 \times L = 58.64741280$ および $T = iN = $ 8 $\times N = 121.20828252$ が定まる。$S + T$，および $U = (S+T)/3$ はただちに求まる。

以上，復元できた数値を上掲の丙表に**まとめ**た。下線部は乙表の不等式で表現した関の奇零表現と合致し，さらに精密化されている。

欠積の復元

関のいわゆる円欠積 M および側円欠積 N は，どのような計算によって導かれたのであろうか？——この復元は，前項までのそれに比較して，より大きな困難を伴う。その原因は，M や N の計算には，どうしても筆者第一回，§3（ろ）弓形の面積公式が関連してくるからである。以下 d は前項までと意味を変え，一般に円径を示すこととする。円欠積 M についていえば，図の M は，まず弓形の面積 M' を

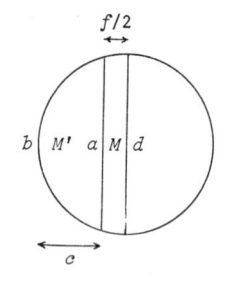

②　　　$M' = \dfrac{1}{4}(bd - af)$

によって求め（b は弧背，a は弦，f は離径），それを半円の面積 $O/2$ から引いて求まる：

14　　　$M = \dfrac{O}{2} - M' = \dfrac{\pi}{8}d^2 - \dfrac{1}{4}(bd - af).$

この式のうち，a と f は与件の径 d と矢 c とから，§3（ろ）の公式

24 円錐台に三角孔——関の求積問題への補説

③″ $\quad a = 2\sqrt{c(d-c)}, \quad f = \sqrt{d^2 - a^2}$

により求まる。しかし，弧背 b は c と d を関の補間公式に当てはめて計算しなければならない。

筆者は，別稿『関の求弧背術の限界』[#197]を準備しており，関の補間公式をそこで詳細に分析する予定である。本稿では，関の補間公式それ自体の検討は棚上げし，

「関は径 d と矢 c が与えられれば，補間公式によって弧背 b を求めることが出来た。」

ものと**仮定**して，話を進める。

とはいっても，筆者がじっさいに計算した方法を伏せたままでは，復元が空論に終る。当該の補間公式は，『全集』(2.) の解説 p.188 または平山氏『関孝和』(8.) の p.169 に見られるように，分数式

⑮ $\quad b^2 = \dfrac{1}{B_8(d-c)^5}(B_1 cd^6 - B_2 c^2 d^5 + B_3 c^3 d^4 - B_4 c^4 d^3 + B_5 c^5 d^2 - B_6 c^6 d - B_7 c^7)$

の形をしている。b^2 を求め，開平して b を得る。係数 $B_1, B_2, \cdots B_8$ については，関による元の数値と，松永・藤田による三カ所の修正値とがある。筆者は私見（別稿で詳論の予定）により，あえて関の元の数値：

⑮′ $\begin{cases} B_1 = 51076, \quad B_2 = 238354.13, \quad B_3 = 434702.4, \\ B_4 = 379974.29, \quad B_5 = 150470.62, \\ B_6 = 15010.25, \quad B_7 = 2812.9, \quad B_8 = 12769. \end{cases}$

を用いることにした。

筆者は，関の補間公式⑮の適用にあたって，一つの仮定をおいた。それは，公式の各項がたとえば $c^3 d^4$ のような形をしていて，c も d も端数をもつ場合には c と d の冪乗が共にはなはだ煩瑣になる。どちらか一方を整数にしておけば，つまりじっさいには $d = 10$ と換算しておけば，煩瑣なのは c の冪乗だけになる。関はおそらく，そのように計算したであろう。

関は補間公式の適用にあたり

「あらかじめ径 d を径 10 なる場合に換算し，それに伴い矢 c も $d/10$ で割った値に換算して，弧背 b を求めた。」

と**仮定**する。当面の M の計算においては，$P'P'' = p = 15$ が円径であるから，

あらかじめ p, c, a, f などを 1.5 で割っておけば,径 10 なる円にかんする値になる。公式⑭によって M を計算し,得られた面積 M をあとから $1.5^2=2.25$ 倍すれば,径 $p=15$ なる場合に戻る。

円欠積 M の復元

径 $P'P''=p=15$ なる円において,弓形を考えるときの変数 c は $P'P=6$ であった。それぞれを 1.5 で割って,径 $d=10$ なる円で矢 $c=4$ をもつ弓形を考える。当面は M も M' もあらかじめ 2.25 で割った面積を,あらためて M と M' とおいて,推論することにする。そこで,円欠積 M は,関の値の復元値(丙表)を 2.25 で割った

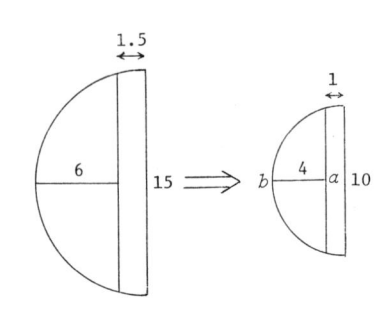

⑯ $\qquad M=22.34908798\div 2.25=9.932927991$

を推定値とし,この⑯を得ることを復元の目標とする。

図右により,$f=2$,$a=2\sqrt{4\times 6}=9.797958971$ となる。ところで,$d=10$,$c=4$ なる弓形は,『全集』(2.) p.356 の「括要,求弧背術」の丁定背に相当する。したがって,ここでは補間公式⑮を経由せず直接に

⑰ $\qquad$ 丁定背 $b=13.69438406$

が得られたものと仮定する。以上の b, d, a, f を式②に入れて,弓形の面積

$$M'=(bd-af)/4=29.33698066$$

を得る。これを半円 $O/2$ から引けば円欠積 M が得られるはずである。ところで関は『答術』第91問の原文のところで見たように,円周／円径$=\pi$として,一貫して祖沖之の密率(関はこの名称を用いないが実質として)355/113 を用いている。そこで式⑭により

$$M=\frac{O}{2}-M'=\frac{355\times 10^2}{113\times 8}-M'=39.26991150-29.33698066$$

24 円錐台に三角孔——関の求積問題への補説

$$=9.93293084$$

この値は，目標の⑯の M の値よりも明らかに大きい。つまり，半円から弓形を引くという方法によっては，目標値⑯は得られない。

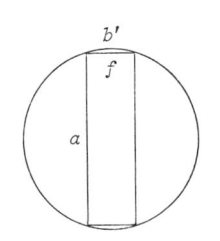

そこで考え方の方向を転ずる。図のように，円欠積 M の2倍を直接求める方法を考える。半円周 $\pi d/2$ から弧背 b を引いて得られる補弧背を b' とおく。$2M$ は，小弓形（補弧背 b' をもつ）二つと矩形 af を合わせた形の面積である。そこで $2M$ の半分の面積は，補弧背 b' があらかじめ得られれば，**公式**

⑱ $$M=\frac{af}{2}+\frac{b'd-af}{4}=\frac{b'd+af}{4}$$

によって直接求まる。

その b' を得る一つの方法は，半円周から丁定背 b を引くことである：

⑲ $$b'=\frac{\pi d}{2}-b=\frac{355\times 10}{113\times 2}-b=15.70796460-13.69438406$$
$$=2.01358054$$

この b' を式⑱に入れれば

$$M=(b'd+af)/4=9.932930836$$

となり，やはり目標の⑯の M の値より大きい。この方法も不適格である。

第三の方法として，関が補矢 $c'=(d-a)/2=5-\sqrt{4\times 6}=0.101020514$ と $d=10$ を補間公式⑮に入れて，直接補弧背 b' を求めたのだと仮定する。じっさい計算すると，$b'=2.013579294$ となるから，公式⑱に入れて

$$M=(b'd+af)/4=9.93292772$$

を得る。これを目標値⑯ 9.932927991 と比べれば，かなり近い値が得られたことが分かる。

ここまでの試行錯誤の**結論**として，

「関は，円欠積 M を求めるのに，

(イ) 弧背 b を用いて式②により弓形 M' を求め，半円 $O/2$ から引いて M を求める——式⑭の方法

(ロ) 公式⑲により，弧背 b を半円周 $\pi d/2$ から引いて補弧背 b' を求め，これを公式⑱に入れて M を求める第二の方法

のいずれも採用しなかった。その代り，

(ハ) 補矢 $c'=(d-a)/2$ から補間公式によって直接補弧背 b' を求め，これを公式⑱に入れて M を求める第三の方法

を採用した，と推定される。」

あとは，第三の方法（ハ）を用いて，関の復元値である目標の⑯の値と末位まで一致するような計算は，どのように再現されるかを試みることである。

しかし，そのためには目標値⑯しか与えられていないのだから，$a=4\sqrt{6}$ や $c'=5-2\sqrt{6}$ の末位の丸め方にはかなりの恣意性をまぬかれない。さきの復元の場合は，途中経過の L, S, T, U などが手掛りとして利用できたが，こんどは手掛りがない。a や c' の末位の選び方によって望みの M の値が得られる，ともいえる。しかし，a や c' は平方根 $\sqrt{6}$ の値に依存するので，むやみに変更はできない。丸めるべき小数位を8位〜9位と制限すれば，選択の余地は狭ばまり，おのずから少数の値の組み合わせに制限されるのである。

筆者が試行錯誤の結果，ようやく突きとめた《尤もらしい》計算は，つぎのとおり。まず $a=4\sqrt{6}=9.79795895$ を採用する。この a の値を用いて $c'=(d-a)/2$ により c' を計算すれば，$c'=0.101020525$ となり，これらを補間公式⑮に入れて補弧背 b' を求めれば，$b'=2.013579404$ が得られる。さいごに公式⑱に入れて円欠積 M を求めれば

$$M=(b'd+af)/4=9.932927\underline{985}$$

が得られ，目標値⑯ 9.932927<u>991</u> にきわめて近い。さいごに2.25倍した値

24 円錐台に三角孔——関の求積問題への補説

$$9.932927985 \times 2.25 = 22.349087\underline{966}$$

が,丙表の M の復元値 22.34908798 に相当する。おそらく関は,計算の中間段階で,なんらかの丸めを適当に行なったから,丙表の復元値に到達したのであろう。

側円欠積 N の復元

ここでもつぎの**仮定**をおく。関は計算の負担を軽減するため「あらかじめ長径方向は $e/10$ で割り,短径方向は $d/10$ で割り,径 10 なる仮円に直しておく。円欠積 N' が求まったら,あとから $ed/100$ 倍することにより,側円欠積 N に戻した。」

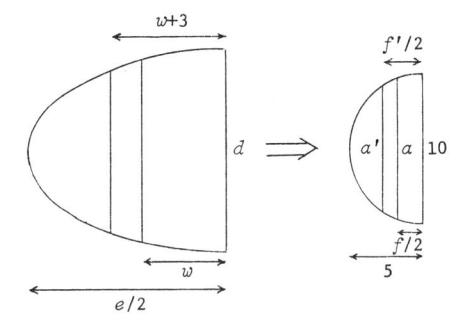

丙表の復元値 N を $ed/100$ で割って N' とおき,これを目標とする。

[20] $N' = 100N/ed = 46.65308972 \div 7.254690532 = 6.430748426$

円欠積 N' は,二つの円欠積の差として得られる。第一は図右の M' すなわち半離径 $f'/2$,弦 a' によるもの(これは側円の長径上,PR$=w+3$ に由来する)であり,第二は図右の M すなわち半離径 $f/2$,弦 a によるもの(側円の長径上 QR$=w$ に由来する)である。(M' は先と意味を変えた。)

必要な長さは,

$$\begin{cases} f' = 2(w+3)/\dfrac{e}{10}, \ f = 2w/\dfrac{e}{10}, \ a' = \sqrt{100 - f'^2}, \\ a = \sqrt{100 - f^2}, \ c' = (10 - a')/2, \ c = (10 - a)/2 \end{cases}$$

に,式[2]〜[4]を用いて求めてあった[5]の値

$$w = 8.686388335, \quad e = 40.12070917$$

を代入して得られる。円欠積 M' と M はそれぞれ公式[18]を用いて求める。

筆者が試行錯誤の末に得た《尤もらしい》計算は，つぎの通り：

$$\begin{cases} f' = 5.8256141, & f = 4.3301270, \\ a' = 8.1278669, & a = 9.0138782, \\ c' = 0.93606655, & c = 0.4930609, \\ b' = 6.21876591, & b = 4.47832443, \\ M' = 27.38436878, & M = 20.95362042. \end{cases}$$

こうして

$$N' = M' - M = 6.43074836$$

が求まり，目標値の[20] 6.430748426 にきわめて近い値が得られた。

さいごに N' を $ed/100 = 7.254690532$ 倍して

$$N = N' \times \frac{ed}{100} = 46.65308924$$

となるが，これは丙表の復元値 46.65308972 にほぼ近いことが分かる。

(1987年1月5日　記)

文献

1. 杉本敏夫：関の求積問題の再構成(一)，明治学院論叢，第368号，総合科学研究20，1984；同(五)，同，第406号，総合科学研究26，1987．
2. 関孝和著・平山諦・下平和夫・広瀬秀雄編著：関孝和全集，全1巻，大阪教育図書，1974．
3. 下平和夫：関孝和の著作について，前橋市立工業短期大学研究紀要，第9巻，1975．
4. 下平和夫：関孝和の初期の著作について，科学史研究，第Ⅱ期第17巻（No. 128），1978．
5. 小林龍彦・田中薫：関孝和の「勿憚改答術」における穿去題について，桐生史苑，第21号，1982．
6. 杉本敏夫：関の求円周率術考（正・続），明治学院論叢，第302・308号，総合科学研究8・9，1980．1，2号論文．
7. 杉本敏夫：関の角術の一解釈（正・続），明治学院論叢，第313・328号，総合科学研究10・12，1981・1982．3，4号論文．
8. 平山諦：関孝和，恒星社厚生閣，初版1959，増補訂正版1974．

25 球切片の定積分──関の求積問題への補説

問題の所在……………………… 711
積分の公式……………………… 711
誤差の原因……………………… 715
公式の改良……………………… 716
文献……………………………… 718

問題の所在

さきに「関の求積問題の再構成（六）」（1.）の§40で，截覓積 X と球欠直截 B を数値積分によって求める，と述べた。しかし，加藤平左ヱ門氏の「関孝和の業績」（2.）p. 268-271 を見ると，B をいわゆる積分法の範囲で巧妙に解いておられる。加藤氏の積分計算は正しいが，さいごの数値を入れたところにわずかな誤差がある。本稿では誤差の原因を探り，これを正し，さらに，氏の積分法はいささか変形できること，また同様なやり方で X も求まること，などを補う。積分法については，森口繁一氏ほか「数学公式Ｉ，Ⅱ」（3.）および一松信氏「解析学序説　上」（4.）を参照した。式の変形の過程は要所ごとに示すが，どの教科書にも書かれている積分公式は，そのまま引用した。

加藤氏の著書（2.）は「関の求積問題の再構成」の連載の始めから参照すべきであった。最終回でまとめて問題ごとに引用して，筆者の本文と比較する予定である。

積分の公式

截覓積 X と球欠直截 B を元の形で書くと，つぎの通り。$a=5,\ b=4,\ c=3$

であり, $a^2 = b^2 + c^2$ ($b > c$) が成立すれば以下の計算は通用する.

$$X = 2a \int_c^b \arccos \frac{c}{\sqrt{a^2 - x^2}} dx,$$

$$B = \int_c^b (a^2 - x^2) \arccos \frac{c}{\sqrt{a^2 - x^2}} dx - c \int_c^b \sqrt{b^2 - x^2} dx.$$

いま仮に $A = \dfrac{c}{\sqrt{a^2 - x^2}}$ とおけば

$$\frac{d}{dx} A = \frac{cx}{(a^2 - x^2)\sqrt{a^2 - x^2}},$$

$$\sqrt{1 - A^2} = \sqrt{\frac{a^2 - c^2 - x^2}{a^2 - x^2}} = \sqrt{\frac{b^2 - x^2}{a^2 - x^2}}.$$

これを用いて $C = \arccos A$ を微分すれば

$$D = \frac{d}{dx} C = \frac{-1}{\sqrt{1 - A^2}} \cdot \frac{d}{dx} A = \frac{-cx}{(a^2 - x^2)\sqrt{b^2 - x^2}}$$

を得る. そのほか周知の積分公式を引用すれば,

$$E = \int \frac{dx}{\sqrt{b^2 - x^2}} = \arcsin \frac{x}{b},$$

$$F = \int \frac{x^2 dx}{\sqrt{b^2 - x^2}} = -\frac{x}{2} \sqrt{b^2 - x^2} + \frac{b^2}{2} E,$$

$$G = \int \sqrt{b^2 - x^2} dx = \frac{x}{2} \sqrt{b^2 - x^2} + \frac{b^2}{2} E.$$

X に必要な積分は

$$H = \int \frac{dx}{(a^2 - x^2)\sqrt{b^2 - x^2}}$$

とおくとき

$$\int x D dx = c \int \frac{-x^2 dx}{(a^2 - x^2)\sqrt{b^2 - x^2}} = cE - ca^2 H,$$

また B に必要な積分は

25 球切片の定積分——関の求積問題への補説

$$-\int\left(a^2x-\frac{x^3}{3}\right)Ddx = \frac{c}{3}\int\frac{3a^2x^2-x^4}{(a^2-x^2)\sqrt{b^2-x^2}}dx$$

$$= \frac{c}{3}F - \frac{2}{3}a^2\int xDdx$$

$$= -\frac{cx}{6}\sqrt{b^2-x^2} + \frac{c}{3}\left(\frac{b^2}{2}-2a^2\right)E + \frac{2}{3}ca^4H$$

と,いずれも技巧的に変形できる.

これを用いて,まず定積分 X は部分積分により

(*1) $\quad X = 2a[xC]_c^b - 2a\int_c^b xDdx$

$\quad\quad\quad = 2a[xC - cE + ca^2H]_c^b.$

つぎに定積分 B は部分積分により

(*2) $\quad B = \left[\left(a^2x-\frac{x^3}{3}\right)C\right]_c^b - \int_c^b\left(a^2x-\frac{x^3}{3}\right)Ddx - c[G]_c^b$

$\quad\quad\quad = \left[\left(a^2x-\frac{x^3}{3}\right)C - \frac{c}{3}(b^2+2a^2)E - \frac{2}{3}cx\sqrt{b^2-x^2} + \frac{2}{3}ca^4H\right]_c^b.$

いずれの場合も,積分 H が必要になる.これを既知の初等関数に帰着させるのは,さほど容易でない.まず部分分数への分解

$$\frac{2a}{a^2-x^2} = \frac{1}{a+x} + \frac{1}{a-x}$$

を用いて

$$H = \frac{1}{2a}\left(\int\frac{dx}{(a+x)\sqrt{b^2-x^2}} + \int\frac{dx}{(a-x)\sqrt{b^2-x^2}}\right) = \frac{1}{2a}(I+J)$$

と書き直す.ここで定跡通りの置換

$$t = \sqrt{\frac{b+x}{b-x}}, \qquad p = \sqrt{\frac{a+b}{a-b}}$$

をほどこし,

$$dx = \frac{4btdt}{(t^2+1)^2}, \qquad \sqrt{b^2-x^2} = \frac{2bt}{t^2+1},$$

$$a+x=\frac{a-b}{t^2+1}(p^2t^2+1), \qquad a-x=\frac{a+b}{t^2+1}\left(\frac{t^2}{p^2}+1\right)$$

などを I や J に代入すれば，

$$I=\frac{2}{a-b}\int\frac{dt}{p^2t^2+1}=\frac{2}{a-b}\cdot\frac{1}{p}\arctan pt,$$

$$J=\frac{2}{a+b}\int\frac{dt}{t^2/p^2+1}=\frac{2}{a+b}\cdot p\arctan\frac{t}{p}$$

となる。ところで

$$(a-b)p=\sqrt{a^2-b^2}=c=\sqrt{a^2-b^2}=\frac{a+b}{p}$$

の成立が容易に分かるので，結局

(*3) $\qquad H=\dfrac{1}{ac}\left(\arctan pt+\arctan\dfrac{t}{p}\right)$

が得られた。（p や t は上記の置換により，x, a, b の式に戻すべきであるが，式が複雑になるので略記した。）

加藤氏の計算は，式 (*2) に式 (*3) を入れた式を用いたと推察される。じっさい $a=5, b=4, c=3$ を代入し，

$\qquad \arcsin 0 = \arccos 1 = 0,$

$\qquad \arcsin 1 = \arccos 0 = \arctan \infty = \dfrac{\pi}{2}$

などに注意して整理すれば（途中の計算は略す），

(*4) $\qquad B=\dfrac{151}{3}\pi+6\sqrt{7}+66\left(\arcsin\dfrac{3}{4}-\arccos\dfrac{3}{4}\right)$

$$-\frac{250}{3}\left(\arctan 3\sqrt{7}+\arctan\frac{\sqrt{7}}{3}\right).$$

となる。この式 (*4) は加藤氏の式 (p. 271) と一致し，氏は「この計算に誤りなければ 1.5639 となる」とされた。関数電卓 HP-41 による筆者の計算では，1.589413 となる。

誤差の原因

加藤氏の「1.5639」は，いささか誤差（0.0255不足）を含んでいる。その原因は氏の用いられた当時の「数表」にある，と筆者は推測する。当時は関数電卓などという便利なものがなかったので，関数の値は数表から求めるのが通例であった。（氏がどの数表を用いられたかは分からない。）ここでは試みに，吉田洋一氏ほか「数表」(5.) を見てみよう。

π や平方根の値に，さほど問題はない。

$$\frac{151}{6}\pi + 6\sqrt{7} = \frac{151}{6} \times 3.14159 + 6 \times 2.64575 = 174.00120.$$

逆三角関数の場合，引数の刻みが粗いのは，当時としては止むをえなかった。逆正弦・逆余弦の場合は，幸い引数が 0.75 であるから，表値として小数5位まで出ている。そこで，

$$66(\arcsin 0.75 - \arccos 0.75) = 66(0.84806 - 0.72273) = 8.27178.$$

逆正接の場合，困難に直面する。引数が $\sqrt{7}$ を含むので，

$$3\sqrt{7} = 7.93725 \to 7.94, \quad \frac{\sqrt{7}}{3} = 0.881917 \to 0.882$$

のように丸めた値を引数とせねばならない。ところが引数は，7.94 の近くは 7.9 から 8.0 へ飛び，0.882 の近くは 0.88 から 0.89 へ飛んでいる。簡単のため一次補間した値を求め，その和に倍数を掛ければ，

$$\frac{250}{3}(\arctan 7.94 + \arctan 0.882) = \frac{250}{3}(1.44550 + 0.72277)$$

$$= 180.68917.$$

そこで B は全体として

$$B = 174.00120 + 8.27178 - 180.68917 = 1.58381$$

となり，むしろ正しい値 1.589413 に近い値が得られた。途中いくらかの丸めによる誤差が入りこむだけであるから，これも当然と言えよう。

加藤氏の計算はどうもこのやり方ではなかったらしい。そこで氏が逆三角関数表を使わず，三角関数の真数表のみを使ったと仮定してみる。正弦・余弦表により

$$\sin 48°35' = 0.74992 = \cos 41°25',$$
$$\arcsin 0.75 - \arccos 0.75 = 7°10' = 7.1667°,$$
$$7.1667 \times \frac{\pi}{180} \times 66 = 8.25528.$$

正接表により

$$\tan 82°49' = 7.9344, \qquad \tan 41°25' = 0.88214,$$
$$\arctan 7.9344 + \arctan 0.88214 = 124°14' = 124.2333°,$$
$$124.2333 \times \frac{\pi}{180} \times \frac{250}{3} = 180.69083.$$

そこで B は全体として

$$B = 174.00120 + 8.25528 - 180.69083 = 1.56565$$

となり，加藤氏の「1.5639」に近い値得がられた。これが筆者による尤もらしい復元である。

公式の改良

ここまでは加藤氏の積分計算の検討にすぎない。すでに前節後半の計算のさい，

$$\arcsin \frac{3}{4} = \frac{\pi}{2} - \arccos \frac{3}{4}$$

および，

$$\arctan \frac{\sqrt{7}}{3} = \arccos \frac{3}{4}, \qquad \arctan 3\sqrt{7} = 2\arccos \frac{3}{4}$$

なる関係が成立していることが示唆された。じっさい，公式集を見れば，

$$\arcsin x = \frac{\pi}{2} - \arccos x, \qquad \arctan x = \arccos \frac{1}{\sqrt{1+x^2}},$$
$$\arccos x = 2\arccos \sqrt{\frac{1}{2}(1+x)}$$

25 球切片の定積分——関の求積問題への補説

が出ている。第一式はそのまま当てはまる。第二，三式を使って，

$$\arctan\frac{\sqrt{7}}{3}=\arccos\frac{3}{4}, \quad \arctan 3\sqrt{7}=\arccos\frac{1}{8}=2\arccos\frac{3}{4}$$

が出る。これらの関係をすべて式（*4）に代入して整理すれば（途中は略す）

(*5) $\quad B=\frac{250}{3}\pi+6\sqrt{7}-382\arccos\frac{3}{4}$

と簡略化される。数値では，1.589413 となる。

　筆者はさらに，式（*3）が，加法公式によって簡略化されることを指摘する。式（*3）に直接加法公式を適用しようとすれば「括弧のなかの和の絶対値」$\leq\frac{\pi}{2}$ なる制約がある。そこで，あらかじめ

$$\arctan pt+\arctan\frac{t}{p}=\arctan pt-\mathrm{arccot}\frac{t}{p}+\frac{\pi}{2}$$

と書き直してから，加法公式

$$\arctan x-\mathrm{arccot}\, y=\arctan\frac{xy-1}{x+y}$$

を適用する。$x=pt,\ y=t/p$ を代入して，

$$\frac{pt\cdot t/p-1}{pt+t/p}=\frac{x\sqrt{a^2-b^2}}{a\sqrt{b^2-x^2}}=\frac{cx}{a\sqrt{b^2-x^2}}$$

を考慮すれば，結局

$$H=\frac{1}{ac}\left(\arctan\frac{cx}{a\sqrt{b^2-x^2}}+\frac{\pi}{2}\right)$$

となる。さらに

$$\arctan y=\arcsin\frac{y}{\sqrt{1+y^2}}$$

を用いて書き直せば，$y=\frac{cx}{a\sqrt{b^2-x^2}}$ を代入し，

$$\sqrt{1+y^2}=\frac{b}{a}\sqrt{\frac{a^2-x^2}{b^2-x^2}}$$

を考慮して

(*6)　　$H = \dfrac{1}{ac}\left(\arcsin\dfrac{cx}{b\sqrt{a^2-x^2}} + \dfrac{\pi}{2}\right)$

となる。公式はかなり簡略化された。

式 (*2) に式 (*6) を入れて，$a=5, b=4, c=3$ を代入し，式 (*4) の中央の括弧のなかを

$$\arcsin\dfrac{3}{4} - \arccos\dfrac{3}{4} = 2\arcsin\dfrac{3}{4} - \dfrac{\pi}{2}$$

とまとめれば，

(*7)　　$B = 132\arcsin\dfrac{3}{4} - \dfrac{250}{3}\arcsin\dfrac{9}{16} + 6\sqrt{7} - \dfrac{73}{3}\pi$

となる。数値では，1.589413 となり，上記の結果と一致する。(p.603)

截覚積 X についても，同様にして式 (*1) に式 (*6) を入れて，数値を代入すれば，

(*8)　　$X = 60\arcsin\dfrac{3}{4} - 50\arcsin\dfrac{9}{16} - 5\pi$

となり，数値では 5.305441 となる。これらの定積分 B と X の値は，筆者の論文 (1.) の §40で求めた数値積分と一致する。(p.603)

(1988年6月21日記)

文　献

1. 杉本敏夫：関の求積問題の再構成（六），明治学院論叢，第424号，総合科学研究 30, 1988.
2. 加藤平左ェ門：算聖　関孝和の業績（解説），槙書店，1972.
3. 森口繁一・宇田川銈久・一松信：数学公式 I, II（全書），岩波書店，1956, 1957.
4. 一松信：解析学序説　上，裳華房，1962.
5. 吉田洋一・吉田正夫：数表（新数学シリーズ），培風館，1958.

26　西洋流の求積——関の求積問題への補説

　西洋流との比較……………… 719　　カヴァリエリの原理………… 727
　アルキメデスと球…………… 721　　ギュルダンの定理…………… 728
　ガリレイの椀………………… 723　　パスカルの三線図形………… 731
　ケプラーの樽とレモン……… 725　　　文献…………………………… 733

西洋流との比較

　この連載(1.)は，関孝和(2.)の求積問題における関の解法を解明し，再構成することを目的とする。その中でしばしば西洋流の求積法に言及し，「後にゆずる」とした。これらに注を付け，さらに二三の補充をするのが本稿の目的である。しかし西洋流の原文を引用しつつ，その主張をまとめれば長文になる。筆者の意図は，あくまで「補説」の枠内に止まり，西洋流の考え方と関孝和のアイディアの比較に限定しようと思う。便宜上，主題ごとにまとめる。

　原文は入手しにくいものが多いので，その際は原文抜粋(3., 4.)，詳しい数学史(5., 6., 7., 8.)，科学者伝記(9.)における引用・紹介などに頼った。

　十七世紀を中心とすれば，洋の東西を問わず似たようなアイディアが同時期に現れる点が興味深い。その幾つかの例を次項以下で取り上げる。

　古代の例を挙げると，西洋流は古代ギリシャ(10.)に，和算は古代中国(11.)に遡る。時代がずれるが，円周率πを考えよう。以下，円の直径を1と仮定する。アルキメデス (Archimedes，前3世紀) は，円に内接・外接する

正六角形から次第に辺数を増し，正96角形の周に至り，$223/71<\pi<22/7$ を得たと言われる(5., 6., 10., 12., 13., 14.)。一方で，祖沖之（5世紀）は正12288角形の面積の4倍に対応する $v=3.14159251$ と，正24576角形の面積の4倍に対応する $w=3.14159261$ から，劉徽（3世紀）が導いたといわれる不等式 $w<\pi<w+(w-v)$ を利用して，π を挟む $3.1415926<\pi<3.1415927$ を得，さらに近似分数「約率 22/7」と「密率 355/113」を得た。これが銭宝琮（11.）の意見である。筆者は旧稿（15.）においてもこれに触れた。祖の密率はその後忘れられ，17世紀に我が国に輸入された『算学啓蒙』（13世紀）や『算法統宗』（16世紀）では祖の「約率 22/7」を「密率」と誤ったため，関にも「密率 22/7」が引き継がれ，「355/113」には名称がない (16.)。

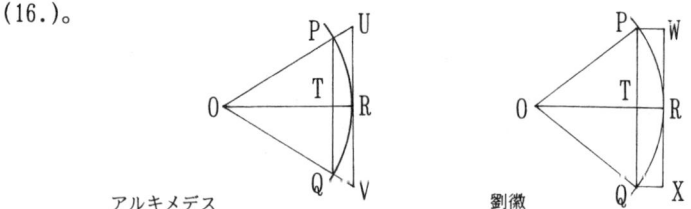

アルキメデスの不等式（10., 12.）と劉徽の不等式（11.）は，似たような幾何学的考察から導かれた。要点を記す。アルキメデスは，左図において，正 n 角形の弧背 $\overline{PRQ}$ が内接正 n 角形の辺 PQ と外接正 n 角形の辺 UV によって挟まれる，と考えた。n 倍すれば全形についての不等式「内接多角形の周 $<\pi<$ 外接多角形の周」が得られる。

劉徽は，右図において，正 n 角形に対応する扇形 OQRP の面積 l と，正 $2n$ 角形の要素の二つ分に相当する凧形 POQR の面積 m のほかに，第三の形として正 n 角形の要素である二等辺三角形 POQ（面積 k）に張出しの矩形 PQXW（面積は $m-k$ の2倍）を加えた五角形 POQXW（面積 $k+2(m-k)=m+(m-k)$ ）を考えた。これら三者の間には，不等式 $m<l<m+(m-k)$ が成立し，これらの辺々を $4n$ 倍すれば全形についての不等式 $w<\pi<w+(w-v)$ が得られる。

例えばアルキメデスの内接正六角形の周は 3，外接正六角形の周は $2\sqrt{3}=3.4641\cdots$ である。劉徽の場合，内接正六角形の面積の4倍は $3\sqrt{3}/2$ であり，内接正十二角形

の面積の4倍は3であるから，$3<\pi<6-3\sqrt{3}/2=3.4019\cdots$ となる。アルキメデスでは外接正六角形の周の計算が必要であり，劉徽では内接正十二角形の面積の4倍を必要とするから，単純に両者を比較することは妥当性を欠くかもしれないが，3.4641… よりも 3.4019… のほうがπに一歩近づいている。

　アルキメデスの内接・外接の正多角形で円を挟むという考え，すなわち連載第五回§29で触れた「搾り出し法（取り尽し法，method of exhaustion）」は，両側の不等式が互いに入れ子になって極限値に迫るという，その論理的な整合性が高く評価されている(5., 6., 10., 12.)。

　劉徽の不等式も幾何学的な考察から得られ，外接形が便宜的な嫌いはあるがπの近似値計算という実際目的には叶い，祖沖之もこれを適用した(11.)。

　アルキメデスと関孝和を比べてみよう。両者は共に正多角形の周を考える。出発図形の正六角形と正四角形の違いはさておき，本質的な内容として，前者が内接・外接の正多角形で円を挟むという考えをもつのに対して，後者にはそれがない。それに対して，前者にはない「増約術」(16., 17.)を後者が持つ点が大きな違いであろう。いま一つ計算の実際において，アルキメデスの方法の特色を挙げれば，内接正多角形の周と外接正多角形の周は密接な関係を有するので，正 n 角形から正 $2n$ 角形へ移項する際，開平は一度ずつ行なえばよい。関の方法では，移項の際，開平を少なくとも二度ずつ行なわなければならない。この辺の詳細は筆者の『関の求円周率術考』(16.)で述べた。

アルキメデスと球

　連載第六回§33で，アルキメデスの球の表面積を扱った。「リボン（帽子のつば）」を用いる論法の本質的な内容は，同所に尽きると考える。ところで彼は自分の墓に直円柱に内接する球の図を彫るように頼んだ，と言われる。この逸話は，自著『球と円柱について』(5., 6., 12., 13.)を好んだことを物語る。いま半球とこれに外接する半円柱，半円柱と同底・同高の円錐，この

三つの立体を考えるとき，その体積比が3：2：1になる，というのがアルキメデスの赫々たる成果である。そこでは力学的なテコの釣り合いの原理が巧妙に使われる点も見逃せない。以下に球の体積を扱うが，連載第二回§7[#202]で詳しく述べるのが適切であった。改めてここに補う。

ポリア(20.)は，アルキメデスの最も目覚ましい仕事は「球の体積を求める方法」である。球は回転する円により生成され，円は二つの座標軸から一動点までの距離についての或る関係によって特徴づけられる。この関係を今日の記号で書いても，アルキメデスの考え方を歪曲せず，むしろ記号によるほうが暗示的である，と述べた。筆者はこのポリアの行き方を踏襲する。ただし，後のガリレイの項との連絡を考えて，上記の半球，半円柱，円錐の三つの立体を扱うことにする。そのことによってもアルキメデスの考え方の本質は保存される，と思う。

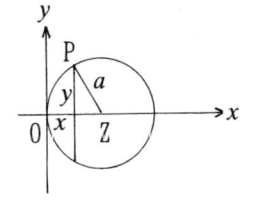

x 軸上に中心 Z をもち，円周の左端 O が y 軸に接し，半径が a なる円の，円周上の動点 P の座標を x, y とする。$a^2 = (a-x)^2 + y^2 = a^2 - 2ax + x^2 + y^2$ から，

① $x^2 + y^2 = 2ax$

なる関係が成立する。両辺に $\pi a/2$ を掛けて整理すれば，

② $(a/2) \cdot (\pi x^2 + \pi y^2) = x \cdot \pi a^2$

が得られ，この式の「力学的な」解釈が問題の焦点となる。

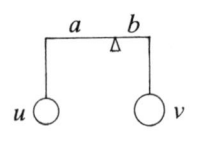

アルキメデスの「テコの原理」は，支点の一方，距離 a に重さ u の錘を吊るし，支点の他方，距離 b に重さ v の錘を吊るしたとき，連載第三回§16[#203]で扱ったように，左右の モーメント＝距離×重さ が等しい（$au = bv$）ときに釣り合う，と主張する。

本題に戻る。図の CPOQD を半径が a なる半球の断面，ABDC を半球に外接する半円柱（高さ a）の断面，COD をこれに内接する円錐（高さ a）の断面とする。いまこの三つの立体を AE＝BF＝x の所で，半円柱の底面に平行な平面で切った切り口 EF, PQ＝$2y$, GH＝$2x$ を考えると，いずれもプライムを付した円板である。円板の面積は，大円板 E′F′ が πa^2，中円板 P′Q′ が πy^2，小円板 G′H′ が πx^2 である。

722

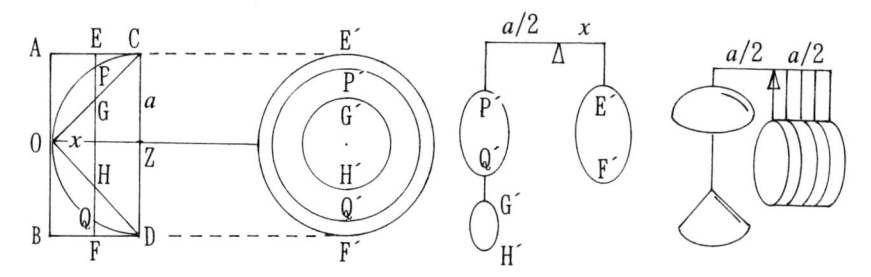

26 西洋流の求積——関の求積問題への補説

この三枚の円板を，中図のように支点の両側に吊るす。ただし，中円板 P′Q′ と小円板 G′H′ は一定の距離 $a/2$ の所に縦につなげて吊るし，大円板 E′F′ は変化する距離 x の所に吊るす。各円板の重さは面積に比例すると考え，テコの竿も吊るす糸も重さは無視できるほど軽い，と考える。各モメントを考えれば，

③ 中は $(a/2) \cdot \pi y^2$，小は $(a/2) \cdot \pi x^2$，大は $x \cdot \pi a^2$

であるから，式②によって釣り合い，中+小=大 となる。

x を変化させても常に釣り合うから，x を 0 から $a/2$ まで変化させたときの充実図形の場合にも，図のように 半球+円錐 と 半円柱 とは釣り合う。

連載第六回 §31[#204]で，球の体積と表面積は密接に関係し，どちらか一方が求まれば他方はその系題として求まる，と述べた。アルキメデスが，どちらの側からも他方を求めることができて，球と外接円柱の体積比はそれぞれの表面積比の３：２に等しい，と述べたとき，彼はこうした体積比と表面積比の相互関係を十分に承知していたのである。関の場合は，球の表面積を独立には求めず，球の体積を既知として表面積を求める立場をとった。

なお第五回 §30[#205]で触れた，アルキメデスの「搾り出し法」による放物線の切片の求積は余りに有名である。高木『解析概論』(12.) にも詳しく紹介された。

ガリレイの椀

連載第二回 §6[#206]で，半球の体積を取り上げたとき表記を引用すべきであっ

た。この図形は，原氏(7.)によれば，ヴァレリオ (1604) に由来するようであるが，ガリレイ(G. Galilei, 1564-1642) の『新科学対話』の中の，サルヴィアチの話し方が印象的である。ストルイク(4.)と岩波文庫(21.) を参照して要約する。

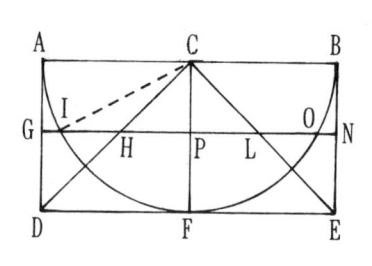

　図の $\overparen{AFB}$ を C を中心とし半径を $CA=CF=CB=1$ とする半円, ADEB を外接する矩形，C から CD, CE なる直線を引く。図形全体を C から DE への垂線 CF を軸として回転させると，円柱 ADEB, 円錐 CDE, 半球 AFB ができる。円柱から半球を除いた残部 $AD\overparen{EBF}A$ を「椀」，椀の上端を適切にも「円剃刀」と呼ぶ。ガリレイの意図は，むしろ円錐の頂点である「点」と，円剃刀の刃先である「線」とが等しいことを説明することにあった。

　しかし，ここでは椀の体積が円錐の体積に等しく，結局半球の体積が円錐の体積の２倍に等しいことの証明を引用する。椀の底面に平行な，任意の高さの平面 GIHPLON による切り口を考える。ガリレイは図形の性質を使って証明するが，ここでは簡単のため，数式を用いる。$CP=x$ とおけば，$=HP=PL$ であるから HL を直径とする円の面積は πx^2 である。直角三角形 CIP における $IP^2=CI^2-CP^2$ に注目する。GN を直径とする円の面積すなわち円柱の底面積 $\pi 1^2$ から，IO を直径とする円の面積 $\pi(1^2-x^2)$ を引けば，椀の切口は穴明円となる。よって，上記の HL を直径とする円の面積 πx^2 に等しい。(それぞれの面が厚みをもつと仮定して）充実図形としての椀の体積は円錐の体積に等しい。

　関は，「旁錐」などという難解な立体を持ち出したが，その原因は半球と円錐を同じ底面の上に置いたからである。ヴァレリオやガリレイの巧妙な点は，半球を逆さにし，円柱から半球を除いた残部の「椀」を考えたところにある。

26 西洋流の求積——関の求積問題への補説

ケプラーの樽とレモン

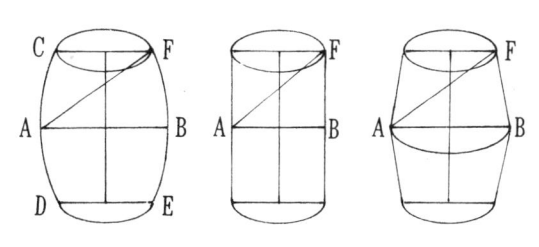

連載第一回§3，第四回 #207 §25で表記の図形，特に回転体としてのレモン，リンゴなどに言及した。天文学の業績で著名なケプラー(J. Kepler, 1571-1630)は，立体の求積においても重要な業績を残した。それは『葡萄酒樽の新立体幾何』(1615)に論じられた(6., 7.)。

彼は，オーストリー産の葡萄酒の商人が樽の容積を知るのに，Aの穴から底の端Fまで棒を差し込み，長さを測るのを見て，その簡単さに驚いた。そこで，樽をより簡単な円柱で近似したとき，距離 AF を一定に保ったままの容積の最大値は AB：AC$=\sqrt{2}$：1 ≒ 3：2 であるという。次に樽を二つの円錐台で近似して考えた。かかる最大値を考えるとき，「最大値の近くでは，どちらの側の減少も始めは感知されない」と，微積分における重要な法則を述べた。これらは『葡萄酒樽…』の後半にある。

『葡萄酒樽…』の第一部は，アルキメデス以来の求積を論ずる。円周は，中心を頂点とする二等辺三角形の底辺の無限の集まりと見る。球は中心を頂点とする無限の円錐の集まりと見る（「いちじく割り論法」に相当）。そこで，球の表面積が既知ならば，直ちに体積が出る。このように彼の論じ方は直観的である。さらに例えば円を一定の軸の回りに回転させて出来る立体，すなわち円環（浮袋）を論ずる。「それは，円の中心が軸の回りに描く長さに等しい柱の体積に等しい」と言う(これはギュルダンの定理を先取りしている)。その理由として，円環は小さな円板に分割される。円板は等しい厚さでなく，軸に近いほうが薄く，軸から遠いほうが厚い。しかし薄い側と厚い

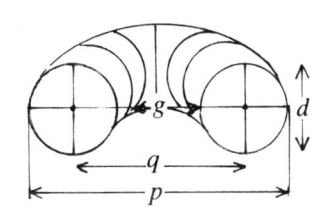

側を重ねれば，円板の中央の厚さの２倍になるから，全体は上記の如き長さの円柱になる，と言う。ケプラーは数値で例を挙げるが，公式として取り出せば，第三回[#208]§11で述べた関のそれと本質は等しい。(同所と p, q の意味を変えて) 円の直径を d，円環の外径を p，内径を q，中心径を g とおくと，

$$p-q=2d, \quad p+q=2g.$$

円環の体積を T とおくと，

$$T=\frac{1}{4}\pi^2 d^2 g = \frac{1}{32}\pi^2(p-q)^2(p+q).$$

上は一般に $g>d$ の場合であるが，ケプラーは g と d を特殊化した回転体を考えた。$g=d$ の場合を「閉じた円環」と呼んだ。切口が半円(面積 $\pi d^2/8$)の場合，半円の重心から回転軸への距離は $2d/3\pi$，中心径を $g=4d/3\pi$ とすれば，体積は「球」の $\pi d^3/6$ と等しくなる。閉じた円環と球の中間に，切口が優弧をもつ回転体で，重心から軸への距離 $d/2>g/2>2d/3\pi$ なる場合を「リンゴ Apfel」と呼んだ。球より縦長の，切口が劣弧をもつ回転体で，重心から軸への距離が $2d/3\pi>g/2>0$ なる場合を「レモン Zitrone」と呼んだ。このように重心から回転軸への距離の段階的な変化に応じて論じた点，および果物の名前を付けた点が興味深い。

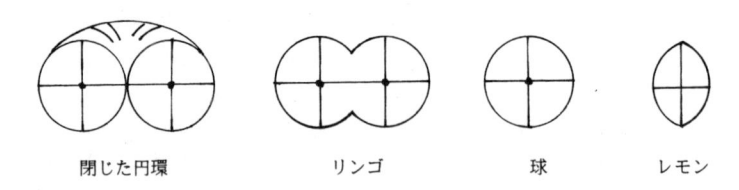

閉じた円環　　リンゴ　　球　　レモン

ケプラーのレモンは，関による正弧環の「上下に鋭なるもの」(レモン) と同じであり，後者の体積は第三回[#209]§18で扱った。また第四回[#210]§25で，関が「偏弧環」の極形の二種に「鋭」と「窊」を挙げたが，後者を「くぼみ」のある形と名付けたことが，ケプラーと同様な形の見立てとして興味深い。

26　西洋流の求積——関の求積問題への補説

カヴァリエリの原理

　連載第一回§4，第二回§7，第五回§26[#211]などで，しばしば表記の原理に言及した．西洋では，どうもカヴァリエリ(B. Cavalieri, 1598-1647)による「不可分 indivisibles」の概念が論争の焦点であったようだ．彼は『連続体の幾何学』および『幾何学演習』(4., 5., 6., 7., 8.)の中で，

　　「平面は平行な糸で織られた織物，立体は薄い紙を積み重ねた書物のよう
　　なものだ」

と述べた．糸に太さがあれば面積が生じ，紙に厚さがあれば体積が生ずるが，

　　「線は大きさのない点の運動により，面は幅のない線の運動により，立体
　　は厚さのない面の運動により生ずる」

と主張したとき，同時代人から

　　「大きさのない点，幅のない線，厚さのない面をそれぞれ無限に加えても，
　　長さ，面積，体積は生ずる筈がない」

と批判されても止むを得なかった．いまから省みれば，「無限小」の概念，または「極限」の概念が哲学的に確立されていなければ，辛辣な批判に対抗することができなかったのも無理はない．

　この点を除けば，「カヴァリエリの原理」は至極当然のことを主張しているにすぎない．中算や和算では実用を旨とし，「無限小」の哲学をむきになって論争しようとしなかったので，「自明の原理」として用いた，と言える．

　　「二つの平行線 α，β の間に挟まれた〔△RPQの〕面積 S と〔曲線図形
　　rpqの〕面積 s において，基準線(regula) α に平行に引いた線 γ から常に
　　等しい線分〔AB=ab〕が切り取られるならば，S と s は等しい．」

　穴明図の場合，議論の本質は変えずに，原図と原文を簡略化して説明しよう．

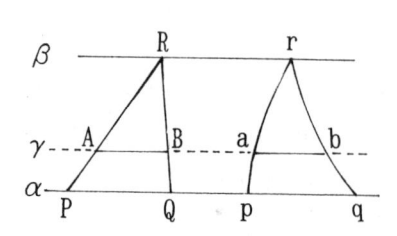

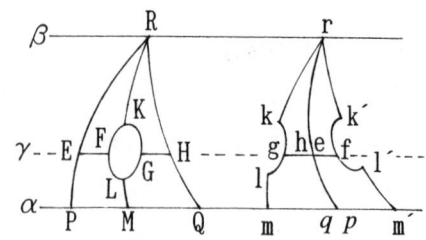

「曲線図形 RPQ の内部に穴 KFLG が含まれる（面積 S）。截線 RK と LM によって二つの図形 REPMLFK と RHQMLGK に分ける。ここで右のように貼り合わせた図形 rkglmm′l′fk′（面積 s）において、基準線 α に平行な切り口 γ を考え、もしも常に EF＋GH と gh＋ef が等しいならば、二つの面積 S と s は等しい。」

立体の場合は、「基準面 α とこれに平行な面 β に挟まれた二つの図形において、基準面に平行な面 γ による二つの切り口の面積 AB と ab が常に等しいならば、二つの体積は等しい」となる。（類推によって明らかなので、説明を簡略にした。）立体の場合の典型は、連載第一回§4で扱ったようなカードの山を斜めの方向にずらした形であろう。

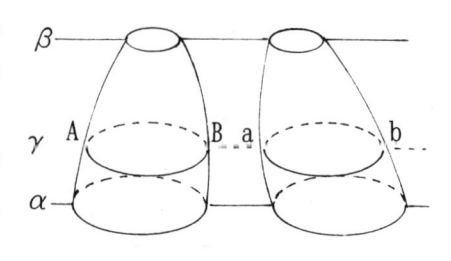

関は、初めに指摘した各所で、実際家の立場から縦横にこの原理を用いた。それが証明すべき原理であるとは、毛頭考えなかったようである。

ギュルダンの定理

連載第三回§11で、表記の定理に言及した。アレクサンドレイアのパッポス（Pappos, 4世紀）は『数学集成』（3., 10.）において、

「もしも立体が一つの軸の回りの平面図形による完全回転によって生ずる

ならば，この立体の体積の比(ratio)は，平面図形の面積の比と平面図
　　　形の重心から回転軸まで，等しい角度において引かれた直線の比との積
　　　である。」
と述べた。これに続けて，不完全回転の場合についても，回転した角度に応
ずる長さの比により……，と述べているが，省略する。
　カヴァリエリと同時代のギュルダン（P. Guldin, 1577-1643）は，『重心につ
いて』（1635-41）において，
　　「もしもいかなる平面図形も，それを同じ平面内にある外側の軸の回りを
　　　回転させたとすれば，生成される立体の体積は，その図形の面積とその
　　　図形の重力の中心によって描かれる距離との積に等しい。」(9. Guldin,
　　　6., 7.)
と述べた。パッポスとの余りの類似により剽窃の疑いがもたれたが，文献批
判によればギュルダンの独創性は疑えない，とされた。彼は形而上学的な推
論によって，この定理の証明を企てた。しかし，カヴァリエリは彼の証明の
弱点を指摘し，自身の「不可分 indivisibles」によって証明した。
　さて，筆者はこの定理の要衝は「平面図形の重心」であると考える。平面
図形がもしも金属の薄板ならば，薄板を異なる方向から吊るすという力学的
な考察により，その重心の位置が確かめられる。そこで薄板の全質量が重心
に集中していると考えて，回転軸の回りにこの重心を回転させればよい。も
しも力学的な考察を離れて，純粋な幾何学の立場から考えるとき，「重心」の
概念が問題となる。筆者は連載第三回 §16 [#214] で，この問題を論じた。正三角形，
正方形，円のように対称性の高い図形は，重心が中心に一致する。同所で扱
った半円の場合は，⌒の方向ならばよいが，Dの方向ならば（同所の短冊の
扱いを参照）どうしても「モメント」の如き力学的な概念を免れ難い。
　筆者は純粋な幾何学の立場から，ギュルダンやカヴァリエリまたは我が関
が考えたかもしれない「発見的な推論」を復元してみた。それは第四回の末

尾の補遺「炉縁から円環へ」#215 に述べた。それに一歩手前として，平面図形としての「穴明円」（第三回 §12い系）#216 を補おう。関は外径が p，内径が q なら，差半は穴明円の幅 h，和半は中心径 g と考えている。穴明円の面積は，明らかに $\pi g h$ であり，d で割った πh が「中心周」（即ち幅の中点が回転中心の回りに描く円の周）である。次に立体に移れば補遺#217に述べたように，（乙）「切り口が□なる環」，（丙）「切り口が◇なる環」を経て，目的である（丁）「円環（浮輪）」すなわち「切り口が○なる環」に至る。

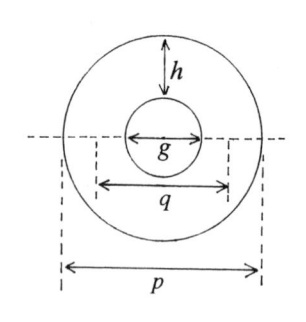

筆者が同所で，（丙）「切り口が◇なる環」の体積Wを（乙）「切り口が□なる環」の体積Qの半分であると述べたとき，これは直観的な述べ方であり，「証明」からは遠かった。今回，「◇の面積×中心周」の公式を用いずに，（丙）の体積の半分の $W/2$ を「切り口が△なる環」として，直接に導く方法に気がついたので，それを補う。

まず復習を兼ねて，（乙）の体積 Q を求める。外径 p，内径 q 切り口□を d 四方とする。このとき $g=p-d$ とおく（g は実は中心径なのであるが，今は補助の長さとしておく）。 $p=g+d$, $q=g-d$ となる。目的の（乙）の体積 Q は，高さは共通の d で，直径がそれぞれ p, q である二つの円柱の差であるから，

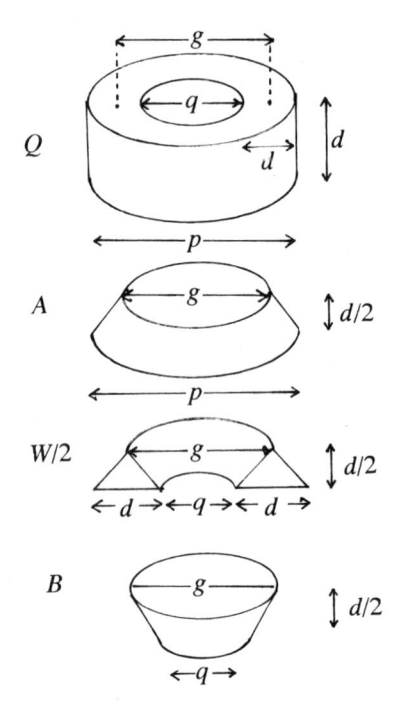

$$Q=(\pi/4)\cdot d\cdot(p^2-q^2)$$
$$=(\pi/4)\cdot d\cdot((p+q)\cdot(p-q))$$

$$=(\pi/4)\cdot d\cdot 4gd=d^2\cdot\pi g.$$

g は中心径となり，Q は面積 d^2 の面□が，中心周 πg だけ回転した形になっている。

次に（丙）の半分の体積 $W/2$ を，関が愛用した二つの円錐台の体積の差として求めよう。そこで補題として連載第一回 §5 に述べた円錐台の体積が必要である。[#218] 記号は同所と少し変えて，上径 e, 下径 f, 高さ h とすれば，体積 V は，

$$V=(\pi/12)\cdot(e^2+ef+f^2)\cdot h$$

であった。さて切り口が △ である（丙）の半分の体積 $W/2$ は，高さは共通の $d/2$ で，一方は上径 g, 下径 p なる円錐台（体積 A），他方は上径 q, 下径 g なる円錐台（体積 B）の差を作ればよい。切り口◇の（丙）の体積 W は，この差の2倍である。

$$\begin{aligned}W=2(A-B)&=2\cdot((\pi/12)\cdot((g^2+gp+p^2)-(q^2+qg+g^2))\cdot d/2\\&=(\pi/12)\cdot(p^2+g(p-q)-q^2)\cdot d=(\pi/12)\cdot((p-q)\cdot(p+q+g))\cdot d\\&=(\pi/12)\cdot 2d\cdot(2g+g)\cdot d=(\pi/12)\cdot 6dg\cdot d=d^2\cdot\pi g/2\end{aligned}$$

となって，W が Q の半分であることが示された。

こうして切り口の〇が，外側の□と内側の◇で挟まれた。もっと〇に近づけるには，外側と内側を例えば正八角形で挟めばよい。正八角形は正方形の四隅を欠いた形であるから，正八角形の環はやはり円錐台を差し引きして得られる。計算が複雑になるため結果だけ示すと，外側の正八角形の面積は $2(\sqrt{2}-1)\cdot d^2=.82842\cdots>.78539\cdots=\pi/4$，内側の正八角形の面積は $(\sqrt{2}/2)\cdot d^2=.70710\cdots<.78539\cdots=\pi/4$ となり，円の面積に迫ることが分かる。環の体積もこれらに中心周 πg を掛けた値である。

パスカルの蹄形

第三回 §16 で，《異なった方向から切り直す方法》として，パスカル（ B. Pascal, 1623-62）の『直角三線図形とその蹄形の理論』(22.)を引用した。[#219] ここで直角三線図形(triligne rectangle)とは直角三角形の斜辺が曲線（円弧，楕円弧等）に置き換えられた図形であり，パスカルは輪転曲線の場合を扱った。△ABC を直角三線図形とし，底 AC と平行な DF を軸の縦線，軸 AB と平行な EG を底の縦線

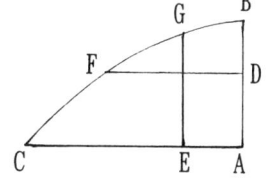

と呼ぶ。次の命題が成立する。

　命題 I. 底の縦線の和は軸の縦線の和と同じである。

　これは EG(に幅δを掛けた)の和 $\Sigma EG\cdot\delta$ と DF(に幅δ'を掛けた)の和 $\Sigma DF\cdot\delta'$ がともに直角三線図形△ABC の面積に等しいことを言う。同じ面積を直交する底と軸の二方向から考えているので，直観的にほとんど明らかである。微積分の知識によれば，DF$=x$, EG$=y$, AC$=a$, AB$=b$ とおくとき，
$$\int_0^b x\,dy = \int_0^a y\,dx$$
を表している。

　命題 II. 底の縦線の平方の和は，軸の各縦線と底までの距離とに囲まれた矩形〔の和〕の二倍である。

　これを理解するには，左図の底面を上記の△ABC と等しくとり，△AHC を底辺 AC が共通な第二の直角三線図形とし，△BHA および切り口△GIE も直角二等辺三角形になるような立体，すなわち蹄形(onglet)の半分を考える。BA$=$BH および GE$=$GI ととるから，底の縦線 EG の平方の和とは，これら直角三角形の面積（に幅δを掛けた）和の二倍$\Sigma EG^2\cdot\delta$，すなわち当該の立体の体積の二倍を指す。ここで<u>異なった方向から切り直そう</u>。右図のように，底面に矩形□ADFK を作り，底辺 DF の上に□DJIF を作る。明らかに□ADFK≡□JDFI．軸の各縦線 DF と底までの距離 FK とに囲まれた矩形とは□ADFK のことであり，これは軸の各縦線 DF と高さ FI とに囲まれた矩形□JDFI に等しい。そこで矩形（に幅δ'を掛けた）和とは$\Sigma DF\cdot FI\cdot\delta'$ のことであり，当該の立体の体積を指す。微積分の知識によれば，DF$=$JI$=x$, EG$=$GI$=$FK$=$FI$=y$, AC$=a$, AB$=b$

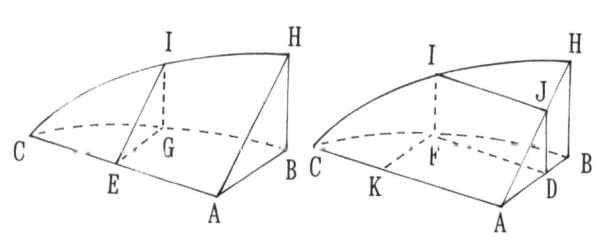

26　西洋流の求積——関の求積問題への補説

とおくと，
$$\int_0^b xy\,dy = \frac{1}{2}\int_0^a y^2\,dx$$
を表している。いわゆる「部分積分」の典型的な例である。

　関は，この命題IIに相当する内容は当然成立する事実と考えていたらしく，それとは断らず，随所で用いている。

(1999年5月5日記)

文　献

1. 杉本敏夫：関の求積問題の再構成（一）～（七），明治学院論叢，第368号～第438号，総合科学研究20～32，1984～1989．
2. 関孝和著・平山諦・下平和夫・広瀬秀雄編著：関孝和全集，大阪教育図書，1974．
3. M. R. Cohen and L. E. Drabkin (eds.) : A Source Book in Greek Science, Harvard U. P., 1948.
4. D. J. Struik (ed.) : A Source Book in Mathematics 1200-1800, Harvard U. P., 1st ed., 1969; 2nd ed., 1986.
5. C. R. Boyer and Uta C. Merzbach : A History of Mathematics, 2nd ed., J. Wiley, 1989. (1st ed. 1968)　加賀美鉄雄・浦野由有訳，数学の歴史（原著初版による），全5冊，朝倉書店，1983-1985．
6. F. カジョリ著・石井省吾訳注：数学史（上・中・下）（原著1913年版），津軽書房，1970・1971・1974．〔特に石井氏の補注〕
7. 伊東俊太郎・原亨吉・村田全：数学史，筑摩書房，1975．〔特に原亨吉：第・部，近世の数学－無限概念をめぐって－〕
8. 武隈良一：数学史，培風館，1959．
9. C. C. Gillispie (ed. in chief) : Dictionary of Scientific Biography, Vol.1～Vol.16, C. Scribner's Sons, 1970～1980．〔Eight-volume edition, 1981〕
10. T. L. ヒース著・平田寛他訳：ギリシア数学史（上・下），（原著1931年），共立全書，1959・1960．

11. 銭宝琮：中国数学史，北京，科学出版社，1981．川原秀城訳：中国数学史，みすず書房，1990．
12. 佐藤徹訳：アルキメデス「球と円柱について　第一巻」，伊東俊太郎編『アルキメデス』，科学の名著9，朝日出版社，1981．
13. 佐藤徹訳・解説：アルキメデス方法，東海大学出版会，1990．
14. 伊達文治：アルキメデスの数学，森北出版，1993．
15. 杉本敏夫：関の零約術の再評価，明治学院論叢，第340・号，総合科学研究14，1983．
16. 杉本敏夫：関の求円周率術考（続），1999．〔旧稿，ガウスと関の開平（続）1980，の改稿，本論文集〕
17. 杉本敏夫：関の求弧背術の限界，1998．〔本論文集〕
18. 村田全：建部賢弘の数学とその思想，数学セミナー，1982年8月号〜1983年1月号，日本評論社．
19. 高木貞治：解析概論，岩波書店，改定第三版，1961．（初版，1943）
20. G. Polya：Mathematics and Plausible Reasoning, Vol.1, Princeton U. P., 1954．柴垣和三郎訳：数学における発見はいかなされるか，1　帰納と類比，丸善，1959．
21. ガリレオ・ガリレイ，今野武雄・日田節次訳：新科学対話，岩波文庫，1937, 1948．
22. B. Pascal．パスカル全集（全3巻），伊吹武彦・渡辺一夫・前田陽一監修，人文書院，1959．〔特に，第一巻，原亨吉：数学論文集〕

27　円理とは何か——関の求積問題への補説

円理の範囲 ……………… 735
円理の限定 ……………… 736
綴術の本質 ……………… 738
円理の一般化 …………… 739
連載への補充 …………… 740
　文献 …………………… 744

円理の範囲

　本連載(1.)では，関孝和の『求積』編の問題のうち，円（円弧）に関係する主題を取り上げてきた。じっさい本編では直線に関係する主題に比べて，円に関係する部分の比重が大きい。これは，円に関係する問題が甚だ扱いにくく，それ故に関がこれを重視したことを物語る。

　本稿は連載への補説として，「円理」をめぐる話題をまとめる。そのとき，
　Ⅰ．円理という言葉はいつ和算に現れ，いつ頃から盛んに用いられたか。
　Ⅱ．円に関係する図形とは，どの範囲の図形を指すか。
　Ⅲ．円理は，特に「無限小解析」に匹敵する方法を含むか。
の三点が鍵になる。

　この問題を考えるとき，三上義夫氏(2., 3.)，藤原松三郎氏(4.)，加藤平左エ門氏(5.)の三著が参考になるので，それぞれの要旨をまとめることにした。本稿はむしろ筆者の覚え書きに近く，新たな見解を付する余地は少ない。

　さらに加藤氏の著書は，この連載の途中で引用すべき箇所がありながら果たせなかったので，それを補うことを第二の目的とする。

円理の限定

Ⅰの点については，三著者はほぼ共通して，沢口一之『古今算法記』(1670)を円理という言葉の初出としている。ところが，和算でいつ頃から盛んに用いられたかについては，三上説は独自である。それはⅢの点とも密接する。

三上論文のうち『円理の発明…』(2.)は，長年の論争相手であった林鶴一氏との確執が全面に出ているので，むしろ『関孝和の業績…』(3.)の中から27項「円理」における主張の要旨を引く。

「…江戸の算家、関流の中で此名称が用ひられたのは、…亨保13年(1728)編の『円理発起』が初見であり，建不休先生撰と云はるる『円理綴術』…も亦前後のものと思はれ、…（中略）…

今云ふ意味での円理は、普通に関孝和の発明であらうと言はれて居るが、私は其所伝の根拠を掴む事が出来ないで、却って建部賢弘から始まったものであらうと見る。…（中略）…

けれども『円理綴術』等の求極限法の原則は，関孝和の定周、定背、定積等と呼べる術文を得べき算法中に寓せられ，其算法を関孝和が知って使ったであらう事は、…充分に推定し得られる。故に此の求極限法を以て円理と称し得べしとするならば、其意味に於ては関孝和が円理の創始者なりと謂っても、固より不都合ではない。併し普通に言ふのは、此を指さずして『乾坤之巻』等に見る所の出来上った算法を言ふものなりとすれば、其れは建部賢弘から始まったであらうと云ふのが、私の見解である。

然らば此の如き意味での円理とは如何なる原則に依って出来たものであらうか。…（中略）…『円理綴術』に於いては…支那の算木に依る方程式解法の仕方を一般の二次方程式へ理論的に適用して、解析的の公式を作る事を工夫したのであって、…此算法は後には普通に綴術と呼ばれたもので

27 円理とは何か——関の求積問題への補説

あるが，…斯くして得られたる級数を次の二次方程式に入れて，更に同様の仕方で級数に展開し，それから次々に同様に行ふのであるが，此算法は無限に押し進める事は出来ないので，数ヶ条の級数を得たる上は，其諸項の係数の比較研究によって一般の公式を推定し，之に基づいて極限に於ける級数を得る事にしたのである。…（下略）… 」

　三上説はⅡの点すなわち円理の範囲について，関の『括要算法』の定周（円周率の精密計算），定背（弦と矢から弧背を求める公式），定積（球の体積の計算）の三つを，円理の主要主題と考えている。その方法は，各対象を二等分し，四等分し，… 最後に n 等分，$2n$ 等分，$4n$ 等分に至り，「増約術」#220によって一挙に精密な値を得る，という点で共通している。これが三上説の言う「求極限法」であり，「その意味においては関を円理の創始者なり，と言っても不都合でない」と主張する。

　ところが，n 等分から $2n$ 等分に移行する際，二次方程式が生ずる。関は各段階で数値的にのみこれを解いたのである。しかるに「建部は二次方程式の解を級数で表した。これが綴術と呼ばれる算法である。次の二次方程式にこの級数を入れ，再び級数に展開し，…と歩を進めるが，各項の係数が複雑になる。そこで或る項と次項の係数を比較して，一般の項の公式を推定し，極限の級数を得た。」これが建部の『円理綴術』などに見られる円理である。このように三上説はⅢの点について，普通に円理というときは関の円理すなわち「求極限法」の段階ではなく，松永良弼の『乾坤之巻』等に見られる完成した形の解析的な級数表示まで含むものを指す。「その意味では関は円理の創始者ではなく，むしろ建部がそれである」と主張した。

　筆者は，この三上説における限定の仕方に，かなりの共鳴を覚える。しかし一般には，円理という言葉は便宜的にもっと広範囲に用いられている。

737

綴術の本質

　代表的な藤原氏『明治前…』(4.)に散見する見解を引く。

第一巻，1章8節(19)，「関孝和直後の時代に、円理と名づけられたものは、円、円闕、球、球闕に関する算法に限られてゐた。後にもっと広い範囲の曲線、曲面の求積問題、したがって積分に相当する高い程度にまで、その対象が拡充されたが、それははるか後年のことであった。」

6章8節，「沢口一之の『古今算法記』…円理の語もこの書が初見である。…円理は円，球に関する術理をいひ、…円闕に関する16問は、ことさらこれを記さずと断ってゐる。」

第二巻2章2節(7)，「括要算法巻貞は求円周率術、求弧矢弦率術、求立玉積率術、の三つより成る。孝和の円理の中核をなすものである。円理の語は孝和の用ひるところでないが、その後は専ら円理の語が用ひらるるにいたった。…孝和の円理は専ら円および球に関する算法に限られてゐるが、この狭義の円理も後にはその範囲を拡大して、曲線の長さおよび面積、曲面の表面積、体積を求むる算法を総称するにいたった。」

3章2節(3)，「建部賢弘は亨保7年(1722)綴術算経を著す。…（中略）…綴術なる字面は祖沖之より得来ったのであるが、賢弘は綴術をもって何を意図してゐるのであるか、…（中略）…賢弘のいふ綴術とは、…総合帰納して、一般の場合の法則を探究する方法を意味すると考へられる。…この方法には…推理によるものと、数値によるものとあり。…一つの級数の係数を支配する法則を探究するに…〔多数項を取って〕これより帰納すれば、遂には隠れたる法則を発見するを得ることを…断言してゐる…（後略）…」

3章2節(5)，「円理綴術と呼ばれる書は…（中略）…一方では建部不休先生製作也といひ、他方では関孝和先生の遺書なりと矛盾せる文章は、後世の人をしてすこぶる混乱に陥らしむるものである。…（中略）…　編者〔藤

原〕は本書が賢弘の著なることを信じて疑わないものである。」
4章2節(2),「松永良弼の業績に、…（中略）…関流の最高の秘書と称せらるる円理乾坤之巻なるものあり。…乾之巻は巻頭に次の問題を提起してゐる。」乾之巻の内容は求弧背術であり，各矢を級数で表すことが主題である。「次に坤之巻では…」求弧背術の級数展開の係数の法則を導いている。

以上，藤原説の要点を見たが，Ⅱの図形の範囲は通説を代表し，Ⅲの級数展開の有無に関しても本質は三上説に近い。

円理の一般化

一般に「和算では円理が云々」と言うときは，広い意味で用いられる。その代表として，加藤説(5.)を紹介する。第5章の要点は次の通り。

「和算の円理という言葉は始めは極限の考えを使った円や球に関する算法，即ち円周，円の面積，弧長，弧積または球の体積，表面積，球闕の体積，表面積等に関する算法につけられた名称である。ところが極限の考えが次第に発達し，これをいろいろの方面に利用するようになると，円理は円や球に関する算法に限らず，楕円やその他の曲線で囲まれた図形の面積，または弧の長さ，その他，立体の体積，表面積，空間曲線の長さ等，およそ現今の微積分の知識を要する算法はすべてこれを円理とよぶようになるのである。
　　　　…（中略）…
円周率や弧背を求める算法は古くから論ぜられているが，充分なる結果を得ていない困難な算法である。円理なる語は，初めはこの算法に潜む真理を指したものと思われるが，この算法が確立され普及するようになってからは，転じてこの算法を指すようになったものである。

和算ではこれらの算法には多く無限級数展開を利用する。この無限級数展開に関する算法を綴術という。…前の項からつぎにくる項を探り求め，さらにそれからつぎにくる項を探り求めて，次第々々に級数を綴りゆくのである。

これからまた円理綴術という語を生ずる。円理に必要なる綴術という意である。」

加藤説が，IIの図形の範囲として述べたのは，筆者がこの連載で取り上げてきた関の『求積』編の範囲とほぼ重なる。別稿「楕円の周の長さ」(6.)で言及した楕円の周長，円錐に糸を巻き付けたときのアルキメデスの匝線に相当する長さまで含めれば，関は楕円や空間曲線にまで対象を広げていた。ただし，求積の困難な問題に対しては，筆者が連載第七回§42，§44，§46，§48で述べたように，関は或るときは体積を図形の本質に則し精密に計算し，或るときは図形を既知の図形に置き換えて概算するという折衷的な方法を用いた。当時としては，止むを得なかった。しかしながら，関が極限の概念をもち，図形の本質に迫っていったことは事実である。

ところがIIIの「現今の微積分の知識」という中には，図形の本質に沿った解析的表示（無限級数展開）が含まれる。関の場合，そこまでは到達しなかったことは事実である。円理という言葉は便利なので，無限定に「関の円理云々」と述べれば，通説のように「関は微積分に到達していた」かのごとき誤解の原因になる。三上説が，円理という言葉の限定的な使用を強調したのは，まさにこの点であった。

連載への補充

連載の本文および補説ですでに加藤氏(5.)に触れた箇所は省略し，その他，筆者の論説にとって重要と思われる項目を参照し，補充する。

27 円理とは何か——関の求積問題への補説

1. 球欠（球帽）の体積

筆者は連載第二回§9（と）球欠で、『求積』編の解文の難解な箇所、すなわち「球欠積A＝中錐積B＋旁錐積D」の関の考えに沿った復元を行った。記号は同所と変えて示す。§10（と′）球欠別解 #223 で『解見題之法』の容立円（球欠への内接小球）の体積Cを用いる関の方法を復元した。加藤氏は第5章2節4項で、「求積の解には立円積のように両円錐の和として求むとある。…ところが旁錐積を求める方法はどこにも述べてなく…」と関の解文の不備を指摘し、「解見題の解術や求積中の解の書振りから察すると、矢を径とする球積〔C〕と旁錐積〔D〕との間に存在する関係を知っていたもののようにも思われる。」と述べている。

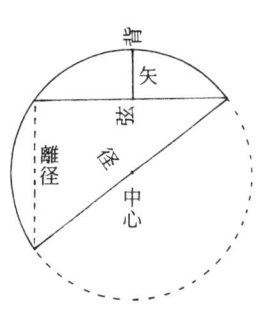

その続きを筆者流に書き直す。大球の径を d とし、球欠の底面に平行な面で、上から任意の高さ x で切った切口円の各半径を図中の α, β, γ とすれば、 $a^2/4 = c(d-c)$, $\alpha^2 = x(d-x)$, $\gamma^2 = x(c-x)$ などが成立する。$\beta^2 = (\frac{a}{2} \cdot \frac{x}{c})^2 = \frac{a^2}{4} \cdot \frac{x^2}{c^2} = \frac{d-c}{c}x^2$ により、

$$\delta^2 = \alpha^2 - \beta^2 = \frac{x}{c}(cd - cx - dx + cx) = \frac{d}{c}x(c-x)$$
$$= \frac{d}{c} \cdot \gamma^2, \quad \pi\delta^2 = \frac{d}{c}\pi\gamma^2.$$

ここに δ^2 を $\alpha^2 - \beta^2$ で定義したが、π 倍が穴開円の面積に相当し、δ は結局旁錐の半径に等しい。後の式は旁錐Dと円Cの切口の面積が $d:c$ の比をもつことを意味し、x について 0 から c までの和を考えれば、体積の比も $D:C = d:c$ を意味し、$D = (d/c)C$ となり、$A = B + D = B + (d/c)C$ となる。なお、旁錐は第四回§23～24 #224 で述べた立円旁偏弧環のうち上が閉じた、

筆者が洋傘と名付けた立体である。加藤氏は，切口円の面積比からDとCの体積比を考える論法は，すでに『九章算術』の劉徽の註に現れる，と指摘した。筆者は初めて教えられた。しかし，(と′)の球欠別解[#225]で関が述べたのは，はなはだ自然な考えにより，

$$A = \frac{\pi}{24}(4c^3 + 3ca^2) = \frac{\pi}{6}c^3 + \frac{\pi}{8}ca^2 = \frac{\pi}{6}c^3 + \frac{\pi}{12}\left(\frac{3c}{2}\right)a^2 = C + E$$

と分解したのに相当する論法である。Eは球欠Aから小球Cを引いた残積であるが，関はEを中錐Bの高さ c が1倍半（通高）$3c/2$ になった円錐と考えた。筆者は劉徽の註に結び付ける必要を認めない。加藤氏は，$A = B + (d/c)C$ と導く論法のためにCを介してDを導いているが，球Cの体積公式のためすでに「中錐積＋旁錐積」を適用して求められたから，「求積に示されたこれらの術はけっきょく循環論法たるを免れ得ない」と述べた。この指摘は正しいと思う。

2．「草」の意味

筆者は第三回§14で[#226]，『毬闕変形草』の「草」の意味を平山氏(7.)の見解「未完成の草稿と做していた」に従った。加藤氏は第5章7節2項で，要約すれば「術も解も立派で，問題の配列も整然とし，決して未完成品でも草稿でもない」とし，「本術の計算に必要な数のため，既知の事項を援用するとき，いちいち引用を略し『別得』とした。『草曰』はこのような所で使う」と述べた。筆者も実は連載第一回§2で[#227]，後文と同じ趣旨を記した。今回加藤氏の見解を受け容れ，筆者の§14を捨て，§2の趣旨に戻ることにする。なお筆者の「毬闕」の解釈は§14で述べた[#228]見解を保持する。

3．回転体と重心

加藤氏は第5章7節1項で，「毬闕変形草には9種の回転体を取扱っているが，その求積には一貫してこの定理〔ギュルダン〕を使用している。…和算では重心に関する問題は、徳川の末期に至ってようやく取扱われるようになり、…関の2書、求積および毬闕変形草は古いことおよそ百数十年であり，

…〔この〕重要な定理を十分に使いこなして誤らなかったことは誠に驚嘆に値する」と評価した。さらに「関はこの重心に関する定理をどうして得たか，…どこにも記されていない…単に推測によって得たものとは考えられぬ。おそらく個々の体積を別の方法で算出し，その結果から回転体の体積はすべてこのような同一法則で処理し得ると帰納したもののように思われる。」との推測を提出した。筆者はこの推測に全面的に同調する。

4．正・偏弧環の体積

加藤氏は第5章6節4項で，関が立円旁弧環の場合「球－2×球欠－円墻」として体積を求め，墻の底とみるべき弓形の面積で割って，高さと見るべき中心周を得て，中心Gの位置を定めた。一般の場合も「底面積×高さ」という法則に合わせようとして，一般のGの相互の距離から一般の中心周を求めた，という趣旨を述べた。筆者が連載第三回§15～§17で述べたことと同趣旨である[#229]。さらに立円旁偏弧環の場合も，関は「球欠－小球欠－円錐台」として体積を求め，底の弓形の面積で割って中心周を得て，中心Gの位置を定める，という手数をわざわざ費やしている。「このような手数をかけているのは，正弧環のGと偏弧環のGを初めから同一物と見てかかるのは宜しくない，と考えたからであろう。…Gの位置よりも中心径というものを重視している」と指摘した。筆者も第四回§23～§25[#230]において，関の立円旁弧環の解文を細部に至るまで復元した。しかし加藤氏による「Gの位置よりも中心径を重視している」との指摘にまでは至らなかった。加藤氏の見解を尊重したい。

5．円墻斜截積

筆者は連載第三回§20[#231]において，蹄形の体積としてこの問題を扱った。加藤氏は第5章6節6項で，「中心高の説明はどこにもなく…解〔文〕を読んでもこの解法を理解することはほとんど不可能である。…必ずや積分の考えを使っているものと思われる。」と述べ，その線に沿って計算を行なった。計算それ自身は正しいが，「是伸弧環、而去中之弧墻、則両旁適作此形」[#232]の解釈に

は触れていない。これに対する筆者の復元を保持する。

6．円錐斜截面

加藤氏は第5章5節3項で，円壔斜截面としての側円（楕円），4項で円錐の種々の截面（西洋流の円錐曲線）を取り上げた。側円の面積については，筆者の連載第五回§26～§27での解説を越えていない。藤原氏(4.)が不明とした「潤」の解釈は，筆者と一致する。5項の側円の周長については，筆者は別稿(6.)で詳細に扱い，加藤氏の解釈もそこで紹介した。

さらに筆者が§28で示した，「円壔斜截面と円錐斜截面が一致して側円になる」ことの証明については，加藤氏は言及しない。円錐斜截面の分類について，4項での加藤氏の解釈は，筆者の§29～§30の解説よりも簡略である。特に，「上下規相通」の加藤氏による解釈「上下底の截口の玄〔弦〕が比例すること，通ぜずは比例しないことを意味し」は傾聴に値する。筆者は自説を保留するが，「截長之準、屈（伸）于斜高之矩」の加藤氏の解釈「截面長と底とのなす角が斜高と底とのなす角より小（大）なればということであり」も成立すると思う。ただし加藤氏が矩を底とのなす角とするのはよいが，準の意味が曖昧のまま残る。筆者の復元を保持する。

7．十字環

加藤氏は第5章6節8項でこの問題を扱った。筆者の連載第七回§41～§50がこれに対応する。問題の焦点は戊積と丁積である。加藤氏は，関が曲面で囲まれたそれぞれの立体を平面で切った立体に置き換えたり，湾曲を引き伸ばした立体に置き換えたりして，近似的に体積を求めたことを解説した。近似の程度などの解説はなく，筆者よりもかなり簡略である。筆者は自説を保留したい。

（1999年8月8日記）

27 円理とは何か——関の求積問題への補説

文 献

1. 杉本敏夫：関の求積問題の再構成（一）〜（七），明治学院論叢，第368・号〜第438号，総合科学研究20〜32，1984〜1989．本論文集 15号〜21号論文．
2. 三上義夫：円理の発明に関する論証— 日本数学史上の難問題—，史学雑誌，第四十一編第七・十・十一・十二号，1930年，7・10・11・12月．
3. 三上義夫：関孝和の業績と京坂の算家並に支那の算法との関係及び比較，東洋学報，第二十巻第二・四号，第二十一巻第一・三・四号，第二十二巻第一号，1932年7月〜1935年1月．—数学史研究，第2巻第10号(1964・年7月〜9月)・第11号(1964年10月〜12月)に復刻．
4. 藤原松三郎（日本学士院編）：明治前日本数学史，全5巻，岩波書店，1954〜1960．新訂版，全5巻，野間科学医学研究資料館，1979．
5. 加藤平左エ門：算聖関孝和の業績，槙書店，1972．
6. 杉本敏夫：楕円の周の長さ−関の求積問題への補説．本論文集 28号論文．
7. 平山諦：関孝和，恒星社厚生閣，初版1959，増補改定版1974．

28 楕円の周の長さ——関の求積問題への補説

問題の所在・・・・・・・・・・・・・・・・・ 746
従来の評価・・・・・・・・・・・・・・・・・ 746
側円的六角・・・・・・・・・・・・・・・・・ 747
第一案（円角率）・・・・・・・・・・・ 749

第二案（弧背術）・・・・・・・・・・・ 749
第三案（展開図）・・・・・・・・・・・ 750
公式の由来・・・・・・・・・・・・・・・・・ 752
文献・・・・・・・・・・・・・・・・・・・・・・・ 753

問題の所在

「関の求積問題の再構成（五）」(1)において，関孝和による側円（楕円）の形状の分析を行なったが，周については触れなかった。実は楕円の面積が容易に扱えるのにたいして周の長さは難しく，西洋でも楕円積分の発達によりようやく可能になった。関は長径 a，短径 b にたいする周 F を近似する

① $\quad F^2=(355/113)^2ab+4(a-b)^2=\pi^2ab+4(a-b)^2$

という公式を与えた。「再構成（五）」の記号 e, d を通用の a, b に変える。355/113 と π の差は，後述の⑦に見るように公式の適用に殆ど影響しない。

$a=2, b=1$ のとき，関の公式①による値は 4.87229 となる。$j=b/a=.5$ なら離心率（母数）の自乗は $k^2=1-j^2=.75$ で，これに対応する完全積分による楕円の周の値(2)は，4.84422 である。こんな粗雑な公式①にもかかわらず近似度がよいのは意外である。そこで本稿は，次の二点を問題としたい。

（い）関は公式を作る前，かなり精密な値を知っていたのではなかろうか？

（ろ）この公式は，どんな着想から得られたか？

従来の評価

関は側円の周を「闕疑抄答術第四十五」「勿憚改答術第九十五」「解見題之法」(3)の三ケ所で，円錐台斜截の文脈で扱い式①を与えた。上径 u，下径 v，高 h

なら,「再構成(五)」(1)に述べたように,長径 a, 短径 b は,

② $a=\sqrt{(u+v)^2/4+h^2}$, $b=\sqrt{uv}$

と表される。しかし側円は,長径 a を直径とする円を上下に短径 b の幅まで圧縮した形と考えるのが普通である。加藤氏は『算聖…』(4)において,

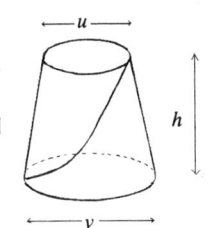

「式①とあるが,これは甚だ理解しにくい。和算では側円は円壔を斜めに切った截口と考えるから,正視するとはこれを上より見たことか,それにしても $\pi^2 ab$ は何を意味するか。傾視すれば二線とは,横から見れば2本の直線に見えるということか,そして $4(a-b)^2$ は何を意味するか。別々に考えるとまったく理解できないが, $\pi^2 ab+4(a-b)^2$ は $b\to a$ のとき側円は円となり第2項は消えて $\pi^2 a^2$ に近づくから円周冪となる。また $b\to 0$ のとき側円は2本の直線となり,第1項は消えて $4a^2$ すなわち $2a$ の冪となる。それゆえこれをもって側円周冪としたものか。」

と述べた。公式①の由来を十分説明したとは言えない。平山氏の『全集』における解説・も,ほぼ同様である。平山氏はさらに『関孝和』(5)において,

「楕円の周を①としている。これは直観的に見た近似値である。」

と述べている。筆者は「<u>近似値というからには,関はどこか別の所で精密な値を知っていたはずだ</u>」と考えた。

側円的六角

筆者は,関にも計算可能な範囲で,側円周の近似値を求める方法を三つ考えた。その第一案と第二案は,周知の「角術」に基づいて上下に圧縮された六角(<u>側円的六角</u>とよぶ)を基礎におく。筆者は,八角,十二角,十六角,二十角についても数値実験をしたが,六角という粗雑な場合でも意外によい近似値が得られるので,この場合を述べる。原理は八角その他にも適用できる。

六角の場合は,図のように甲形・乙形の二種類がある。これを上下に .5 倍

（一般には $1>j>0$ なる j 倍）に圧縮する。半径を1とすれば，辺も1である。甲形では，上の圭（二等辺三角形）の高 .5，底辺 $\sqrt{3}$，斜辺 1 は圧縮される。右横の 1 を底辺とし，高を $1-\sqrt{.75}$ とする圭も圧縮され，変換は

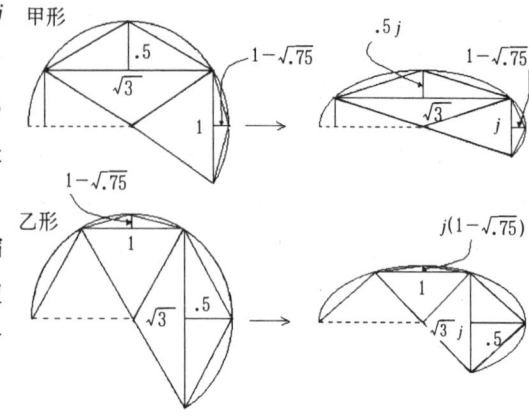

③ $\begin{cases} (.5, \sqrt{3}, 1) \longrightarrow (.5j, \sqrt{3}, \sqrt{.25j^2+.75}), \\ (1-\sqrt{.75}, 1) \longrightarrow (1-\sqrt{.75}, 1j) \end{cases}$

となる。第2式の斜辺は省略する。$j=.5$ なら，第1式の斜辺は $\sqrt{.8125}=.90139$ となり，右横の圭の辺は j となる。そこで，側円的六角の周 G は，

④ $\quad G = 4(\sqrt{.25j^2+.75}+.5j)$

となる。$j=.5$ なら，周は $G = 4 \cdot 1.15139 = 4.60555$ となる。

乙形では，上の圭の高 $1-\sqrt{.75}$ は j 倍に圧縮され，底辺1は圧縮後も変わらない。斜辺は省略する。右方の横向きの圭は，高 .5，底辺 $\sqrt{3}$，斜辺 $\sqrt{.75+.25}$ が，圧縮後は高 .5 は変わらず，底辺 $\sqrt{3}$ が j 倍され，変換は

⑤ $\begin{cases} (1-\sqrt{.75}, 1) \longrightarrow (j(1-\sqrt{.75}), 1) \\ (.5, \sqrt{3}, 1) \longrightarrow (.5, \sqrt{3}j, \sqrt{.75j^2+.25}) \end{cases}$

となる。$j=.5$ なら，斜辺は $\sqrt{.4375}=.66144$，側円的六角の周 G は，

⑥ $\quad G = 4(.5+\sqrt{.75j^2+.25})$

である。$j=.5$ なら，周は $G = 4 \cdot 1.16144 \cdot = 4.64575$ となる。

楕円の周の完全積分による値は，上記のように 4.84422 であった。側円的六角の周のままでは，目標値よりも明らかに不足するから，直線図形を膨らまして丸みを付けて側円に近づけたい。——ただし，これは筆者の立場である。

関はまだ目標の値を知らないのだから,そう考えたとは言えない。しかし,少なくとも直線図形のままでは不足する,と直観的に考えた可能性は高い。

側円的六角に丸みを付けるために,筆者は二種類の方法を考えた。

第一案(円角率)

直径2の円に内接する六角の周は6であり,これを円周 2π に直すには

⑦　　$\pi/3=1.04719755$,　$355/339=1.04719764$,　$\fallingdotseq 1.04720$

倍(これを仮りに円角率とよぶ)すればよい。小数5桁まで扱うかぎりでは,π と $335/113$ の差は影響しない。両者を π で代表する。G に倍率・を掛けて,

⑧　　$F=(\pi/3)G$.

甲形の場合,$4.60555 \cdot 1.04720 = 4.82292$,　乙形の場合,$4.64575 \cdot 1.04720 = 4.86502$. いずれも完全積分による 4.84422 にかなり近い値が得られた。

円弧をつなげても側円周はできないが,こんな素朴な方法で近似できるのは驚きである。一般の j の場合は,後掲の表に示す。

第二案(弧背術)

関は,圭の高(矢)c と底辺 a を与えるとき,「弧背術」を用いて,この圭に外接する円弧 b を求めることができた。(この項にかぎり a と b の意味を変える。)本稿は数値実験の立場から,面倒な関の補間公式の代わりに,西洋流に計算する。a と c と直径 d との関係 $a^2=4c(d-c)$ から,

⑨　　$d=c+a^2/4c$

により d を求め,半円弧 $b/2$ を

⑩　　$b/2=d \cdot \arctan(2c/a)$

として得る。ただし右の横向きの圭が(イ)底角 $<$ 半直角 なら横向きのまま,(ロ)底

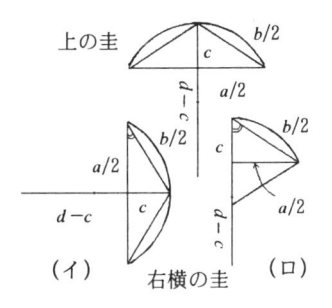

角＞半直角のときは圭を上向きに考えなければならない。一般に j が小さいときは，上向きに考えることが必要になる。

　$j=.5$ の場合，甲形では，上の半円弧 .91336，右横の半円弧 .29541，半円弧の和の4倍は 4.83507 となる。乙形では，上の半円弧 .50596，右横の半円弧は(ロ)の上向きに考えた .72112，半円弧の和の4倍は 4.90832 となる。いずれも完全積分による 4.84422 にかなり近い。

　次に，$j=.1\sim.9$ に対応する各値を示す。左の四つの値は，近似の良し悪しに差はあっても，完全積分から求めた側円の周にかなり近いことが分かる。

j	甲円角率	甲弧背術	乙円角率	乙弧背術	関の公式	完全積分
.1	3.84308	4.05614	4.21997	4.04072	4.11191	4.06397
.2	4.07058	4.21165	4.31089	4.16017	4.25860	4.20201
.3	4.30993	4.41339	4.45466	4.35113	4.43661	4.38591
.4	4.56084	4.60716	4.64234	4.60389	4.64235	4.60262
.5	4.82292	4.83509	4.86502	4.90833	4.87229	4.84422
.6	5.09573	5.08857	5.11497	5.22152	5.12319	5.10540
.7	5.37873	5.36275	5.38600	5.45357	5.39211	5.38237
.8	5.67137	5.65457	5.67330	5.71150	5.67651	5.67233
.5	5.97305	5.96191	5.97327	5.98945	5.97416	5.97316

第三案（展開図）

　関は「解見題之法」(3)で，円錐に糸を巻き付けたまま，<u>円錐面を平面に展開したときの腕背</u>（アルキメデスの匜線）の長さを，図解入りで詳細に述べた。

　筆者は，この着想を側円の周に応用してみた。円錐台 CABD を斜めに切った切口を DA とする。左は正面図であり，切口 DA を面として考えれば側円になる。CA と DB を頂点Pまで延長上して圭を作り，Pから底辺 AB への垂足をQ，CD の中点をR，RQ と DA の交点をSとする。その下に底面の一部をなす半円を描いた。中は円錐面の展開図であり，対応する点には ′ を付けた。

　半円の周を8等分し，正面図の AB 上への正射影を い，ろ，は，に=Q，ほ，へ，とする。関は角術により，点Qまでの距離を計算できた。以下関の数値で具体化し，上径 CD=8，下径 AB=12，高 RQ=9 とする。PQ=27 となる。式②によ

28 楕円の周の長さ——関の求積問題への補説

り，長径 $a=\sqrt{181}$，短径 $b=\sqrt{96}$ となる．さて正射影 い,ろ,は,に,ほ,へ,と と頂点Pを結び，切口 DA との交点を イ,ロ,ハ,ニ=S,ホ,ヘ,ト とする．これらの点の展開図における対応点には ′ を付ける．展開図の い′,ろ′,… と′ は，円弧 A′B′ を8等分した点であるから，関は弧背術によりその直交座標を計算できた．い′,ろ′,… と′ と頂点 P′ を結ぶ線上に点 イ′,ロ′,…ト′ が作図できさえすれば，折れ線 A′イ′ロ′…ト′D′ の長さが側円の半周を近似する．

距離 P′イ′，P′ロ′，… P′ト′ を求めることが，<u>この方法の難所である</u>．正面図に戻って，Pイ，Pロ，… Pト を PQ 上に正射影し，さらに比 PA/PQ を掛けて母線上の長さに直せば，距離 P′イ′，P′ロ′，…P′ト′ が得られる．いま AB 上の例えば ろQ の長さを z とし，右の図のロから PQ への垂足をTとし，ロT=y，PT=x を求めよう． PQ=27, PS=21.6, SQ=5.4 である．二つの直角三角形における比例を考えて，$y:x=z:27,\ y:(x-21.6)=6:5.4$ から，

⑪　　$x=648/(30-z)$

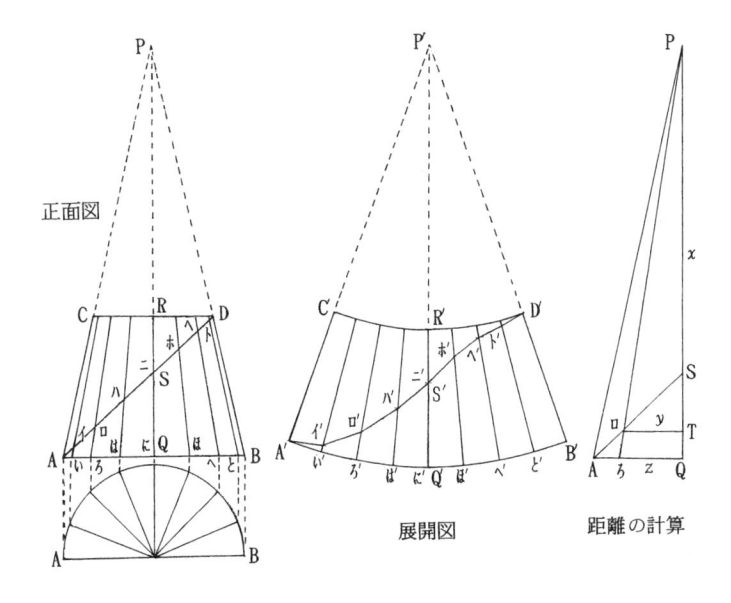

正面図　　　　　　　　　　展開図　　　　　　　　距離の計算

を求め，これに比 PA/PQ=$\sqrt{765}/27$ を掛けて Pロ の母線上の長さ P′ロ′=p

⑫　　$p=24\sqrt{765}/(30-z)$

を得る。他の点も同様。これらの計算は，すべて関の思考圏内にあった。

　結果を次の表に示す。ただし変則的ながら，P′から Q′への方向を x の正とし，P′Q′の左を y の正，右を負とした。直線距離 A′D′=17.68378，折れ線 A′ニ′D′=17.82799，折れ線 A′ロ′ニ′ヘ′D′=18.19693，折れ線 A′イロ′…ト′D′=18.32894，これらの2倍は 35.37476, 35.65598, 36.39386, 36.65788 となる。$j=b/a=\sqrt{96/181}$，$k^2=1-j^2=(181-96)/181=85/181=.46961$ の完全積分は 1.36579，これに $2a=2\sqrt{181}$ を掛けて，精密な側円の周=36.74956 を得る。上記の折れ線による周が次第にこの精密な値に近づくことが見てとれる。

点	座標(x, y)	P′への距離 p	種々の点間の距離			
A′	(26.06835, 9.24344)	27.65863				
イ′	(26.26056, 6.86132)	27.14212	A′イ′ 2.38987	A′ロ′ 4.91961		
ロ′	(25.39841, 4.36966)	25.77155	イロ′ 2.63660		A′ニ′ 10.04869	
ハ′	(23.87390, 2.03871)	23.96079	ロ′ハ′ 2.78522	ロ′ニ′ 5.45863		
ニ′	(22.12691, 0.0)	22.12691	ハ′ニ′ 2.68483			
ホ′	(20.47925, -1.74883)	20.55379	ニ′ホ′ 2.40274	ニ′ヘ′ 4.46510		
ヘ′	(19.10472, -3.28687)	19.38540	ホ′ヘ′ 2.06274		ニ′D′ 7.77930	
ト′	(18.06944, -4.72166)	18.67603	ヘ′ト′ 1.76889	ヘ′D′ 3.35359		
D′	(17.37890, -6.16230)	18.43909	ト′D′ 1.59804		A′D′ 17.68738	

公式の由来

　以上，三つの案を示した。関はいずれの方法も計算できたが，筆者の勘では，第二案が関の思考様式に近いと思われる。しかし関がどの方法で計算したかは決め手を欠く。とはいえ，冒頭の問題（い）関は公式・を作る前，かなり精密な値を知っていた，という予想について一応の回答が得られたと思う。

28 楕円の周の長さ——関の求積問題への補説

次に問題（ろ）公式①はどんな着想から得られたか？ にたいしては，適切な回答が見つからない。以下，一つの私案を示そう。図のように二つの半円の間に側円の半周を挟む。明らかに

⑬　　　$\pi a > F > \pi b.$

算術平均でなく幾何平均を用いれば，

⑭　　　$F^2 = \pi a \cdot \pi b + E$

となる。幾何平均は式②の $b^2 = uv$ にも出た。$j=.2, a=2, b=.4$; $j=.5, a=2, b=1$; $j=.8, a=2, b=1.6$ の三つの場合を例にとる。第二案の甲形・乙形の弧背術による周の平方と $\pi^2 ab$ との差 E を求めると，9.842〜9.411; 3.639〜4.352; 39〜1.039 となる。一方，上図から $a-b$ との関連性を探ると，$4(a-b)^2$ が 10.24, 4, .64 となって，差の E に近い。もちろん，他の j の値にたいしても同様な結果を得る。関は，恐らくこのような考察を経て，公式①に到達したのではあるまいか。

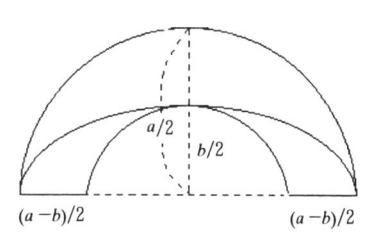

#239

（1998年9月25日記）

文　献

1. 杉本敏夫：関の求積問題の再構成（五），明治学院論叢，第406・号，総合科学研究26, 1987. 本論文集，19号論文.
2. 安藤四郎：楕円積分・楕円関数入門，日新出版，初版1960，再版1978.
3. 関孝和著・平山諦・下平和夫・広瀬秀雄編著：関孝和全集，大阪教育図書，1974. 二．闕疑抄答術，三．勿憚改答術，五．解見題之法，平山氏の解説を含む.
4. 加藤平左エ門：算聖　関孝和の業績（解説），槙書店，1972.
5. 平山諦：関孝和，恒星社厚生閣，初版1959，増補改定版1974.
6. 『関孝和全集』，十八．角法並演段図.
7. 『関孝和全集』，十九．求弧術.

29 求弧背術の限界——関の求積問題への補説

§1. 序 …………………… 754
§2. 弧矢弦の由来 ………… 755
§3. 関の辿った道(一) …… 757
§4. 関の辿った道(二) …… 759
§5. 求弧背術の公式 ……… 760
§6. πの近似公式 ………… 762
§7. 精密な弧背の値 ……… 763
§8. 発見の縁にいた関 …… 764
§9. 相互参照の欠如 ……… 764
§10. 種々の補間公式 ……… 765
§11. 径矢差で割る理由 …… 766
§12. 復元の方法 …………… 767
§13. 復元の結果 …………… 771
§14. 加速法 ………………… 775
§15. 結語 …………………… 776
　文　献 ………………… 778

§1. 序

　筆者は一連の関孝和研究に区切りをつけるため、求弧背術すなわち逆正弦公式を取り上げる。本稿の実質的内容は，1981〜83, 1986 および 1989〜90年頃に断続的に取り組んだのであるが，「関の求積問題の再構成」(1.)の連載(1984〜90)が予想外に長引いたため，最終稿を仕上げる機会を逸した。今回これをまとめるに当たり，従来と同じ密度で書けば長大になってしまう。主題そのものの解説は，藤原氏『明治前…』第2巻(2.)および平山氏『全集』の解説(3.)に詳細になされているので，その繰り返しは避けたい。筆者が特に強調したい点を詳論しようと思う。

　まず弧矢弦の由来を述べ，関がその旧い公式を逐次補正して，関独自の補間公式に辿りつくまでの道を追う。これを計算の便宜のため変形したのが「求弧背術」の冒頭にある公式である。次に筆者は，この関の著述の随所に見られる疑問点を指摘した。例えば，何故πの近似分数を用いるのか，何故正三角形を用いず，何故補弧を用いないか，など。また，発見の縁にいたこと，他の研究

分野を参照しないことなど指摘した。さらに種々の補間公式のうち，関の公式の独自性を検討した。最後に，弧背に内接接線で迫る精密計算を検討し，隠された数値を掘り起こす復元の方法とその結果を詳述し，増約術にも触れた。

§2. 弧矢弦の由来

上で引用した両氏と筆者では記号の使い方が違うので、まとめておく。直径 $AC=d$, 弧$\overparen{BA}=b$, 弦$BA=a$, 矢$DE=c$, 離径$BC=f$ とおけば，d, c, a 三者を結ぶ径矢弦の関係 $f=d-2c, a=\sqrt{d^2-f^2}=\sqrt{4c(d-c)}$ は正しい式であり、和算家が愛用した。これに対して b, c, a 三者を結ぶ弧矢弦の関係は，半円の場合を除き近似式にすぎず、和算家が苦心した所である。それらは超越関数 $b=d\arcsin(a/d)$ で結ばれるから，当然のことであった。

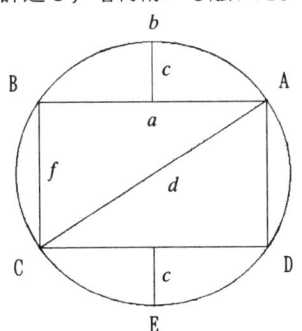

筆者は，これまで何度か弧矢弦の関係に言及したことがある（4., §8 ; 5., §7; 1., (一), §3 (ろ)）。それらの内容と多少の重複はあるが、弧矢弦の関係の由来をまとめておく。和算については、『明治前…』(2.) 第一巻を参照した。

和算の源流，中国の数学でよく用いられたのは，沈括（北宋）が『夢渓筆談』(11世紀) の中で「会円術」と称して述べた，いわゆる<u>沈括の公式</u>
$$(*) \quad b=a+c^2/d$$
である。のち『授時暦』（元, 1280）編集のさい，これは三角関数に相当する公式に変形されて、縦横無尽に応用された。関が授時暦に含まれる天球の球面三角法の数理をいかに消化したか，さらに『授時発明』において，みずからどのような計算を実行したか。これらは筆者の論文(5.)において詳細に述べたので、参照されたい。

沈括の公式 (*) は b と a が一次の関係で結ばれているのに対して、後述の和算で用いられた公式 (1) または (2) は b と a が二次の関係で結ばれている。いつ、誰の手で二次の関係に変わったのか、この論点に注目したい。

余談ではあるが、中国では明代に宣教師が持ち込んだ西洋流の三角法が主流となり、『崇禎暦書』（明末, 1643）にまとめられて、沈括の公式は廃れた。わが国では『算学啓蒙』（朱世傑, 元, 1299）と『算法統宗』（程大位, 明, 1533）からの影響が強く、中国の古い算法が和算の基礎となった。

江戸時代，『豎亥録』（今井知商，1639）の公式

(1) $b^2=a^2+6c^2$

は，直径 d の円周を B とおくとき，$B^2=10d^2$ を変形したものと思われる。今村は円周率πを近似的に$\sqrt{10}=3.162$ と考えていたから，上の式はよい。以下，式の変形は田崎氏(6.)からヒントを得た。半周を $b=B/2$，半円の矢を $c=d/2$ とおくとき，$b^2=B^2/4=(5/2)d^2=2d^2+d^2/2$。ここで誠にご都合主義ながら，部分的に $c=d/2$ を代入して変形すれば，$=4cd+2c^2=4cd-4c^2+4c^2+2c^2=a^2+6c^2$ が出る。途中で径矢弦の関係を用いた。『算法闕疑抄』（磯村吉徳，1661）も同様であった。

その後πの値が向上するにつれて式(1)も改善された。『算俎』（村松茂清，1663）はπを 3.1402 とし，『算法勿憚改』（村瀬義益，1673）は 3.1416 とした。ここで両者をπで代表させれば，円では$B^2=\pi^2d^2$，半円で $b^2=B^2/4=\pi^2d^2/4=2d^2-d^2-d^2+\pi^2d^2/4$。これに上記と同様な代入により，$=4cd-4c^2-4c^2+\pi^2c^2$ を得る。径矢弦の関係を用いて，半円の場合に精密な値を与える公式

(2) $b^2=a^2+A_0c^2,\ A_0=\pi^2-4$

に到達した。A_0 の値はπが3.1402 なら 5.8609（算俎），3.1416 なら 5.86965056（勿憚改）となる。因みに，のちに関が愛用したπの近似分数 355/113 を用いれば，$(355^2-4\cdot113^2)/113^2=5.869606077$ となるが，これは話の先取りである。

なお『豎亥録』には径矢弦の変形 $d=a^2/4c+c$ に対応する $d=b^2/4c-c/2$ が出てくるが，これは式(1)を $b^2=4cd-4c^2+6c^2=4cd+2c^2$ とおいて，両辺を $4c$ で割ればよい。また『算俎』の公式 $b^2=4c(d+c/h),\ h=2.1495$（弧法）は，$4cd+4c^2/h=a^2+A_0c^2=4cd-4c^2+A_0c^2$ と変形して，両辺を比べると $A_0-4=4/h$ となり，$h=4/(A_0-4)$，ここに $A_0=5.8609$ を代入して $h=2.14949\cdots$ が得られる。

なお，式(2)は半円のときのみ正しいが，これを一般の弧 b または一般の矢 c のときに用いれば，もちろん誤差を伴う近似式にすぎない。『算俎』において村松はそのことを正しく認識しており，「径矢弦ハ委細ニアフナリ。弧矢弦ハ算数シゲキ故ニ大凡ヲ記ナリ。」（径矢弦は正確に合致する。弧矢弦は数の関係が複雑に込み入るので概略の計算法を示す。）と指摘した。

いま試みに $d=1$ と仮定して，c が 1/2 より小さい値を取るときの，A_0 の変化について考察する。三角法によれば $a=\sin b,\ c=(1-\cos b)/2$ であるから，式(2)は

(2′) $b^2=\sin^2b+A_0(1-\cos b)^2/4,\ A_0=4(b^2-\sin^2b)/(1-\cos b)^2$

となる。$b=\pi/2$ なら上記 $A_0=5.8696\cdots$ であり，$\pi/3$ なら $A_0=16(\pi^2/9-3/4)=5.5459\cdots$；$\pi/4$ なら $A_0=(24+16\sqrt{2})\cdot(\pi^2/16-1/2)=5.4484\cdots$；$\pi/6$ なら $A_0=(112+64\sqrt{3})\cdot(\pi^2/36-1/4)=5.3831\cdots$ などとなる。b が小さいときは A_0は級数 $=16/3+(8/45)b^2+(13/945)b^4+(23/28350)b^6+\cdots$ で表されるので，$b\to0$ ならば $A_0\to16/3=5.3333\cdots$ となる。これは式(2)の形式はそのままにしておいて，係数 A_0 のほうを変化させて，半円以外の場合にも適用させようとする考え方であり，筆者の試みにす

ぎず，次節に述べる関のとった道とは，方向が異なる。

初めに提出した，和算では何故 b と a を一次の関係ではなく，二次の関係で結んだのか，という論点を考察する。実は『授時暦』で使用された一種の三角関数は，沈括の公式の一次の関係のままでなく，それを変形して四次の方程式を導き，関の窮商(ニュートン法)に相当する方法で解き，数表まで作ったのである。b と a とは超越関数で結ばれるから，一次の関係では到底及ばないのは当然であろう。関が最初に『授時暦』を研究したのであるから，関以前の和算家はその間の事情を知らなかった。そこで公式の精度を高めようとの意図から，不完全ながらも二次の関係に導かれたと想像される。中でも近似式であることを自覚した村松は炯眼であったと言える[#240]。

§3．関の辿った道(一)

以下では直径 $d=1$ とおく。1以外ならば最後に全体を d 倍すればよい。関の出発点は，『竪亥録』の径矢弦の公式

　　(1)　　　$b^2 = a^2 + 6c^2$

を精密化することであったと考えられる。式(1)は半円（$a=1$, $c=.5$）のときすでに当てはまらない。『勿憚改』では係数6の代わりに改良した係数による

　　(2)　　　$b^2 = a^2 + A_0 c^2$, $A_0 = \pi^2 - 4$

とおいた。$A_0 = 5.86965056$ なら確かに半円のとき $b^2 = 2.46741264$ となって，正しい値 $\pi^2/4 = 2.4674011002\cdots$ とよく合う。

しかし，矢 c がその他の値をとるときは表1のように誤差を含む。

表1　正しい背巾，公式(2)による背巾と誤差

c	a	正しい c^2	公式(2)による b^2	誤差 E（+ は超過）
.1	.6	.4140936770 18	.4186960440 11	+.0046023669 93
.2	.8	.8598764213 29	.8747841760 44	+.0149077547 15
.3	.9165…	1.3439289144 36	1.3682643960 98	+.0243354816 62
.4	.9797…	1.8753615478 40	1.8991367041 74	+.0237751563 34
.45	.9949…	2.1627493780 84	2.1785948912 21	+.0158455131 36

もちろん補正項 $-E$ を用いて

　　(3)　　　$b^2 = a^2 + A_0 c^2 - E = b^2 + (\pi^2 - 4)c^2 - E$

とすればよいが，$-E$ は不定で c によって変化する。c の関数で簡単なのは，

(4)　　　$-E = A_1'' c^2 (c - c_0)$

であるが、因子 $(c - c_0)$ を入れたのは，すでに半円のときに式(2)で合っていたから，c が $c_0 = .5$ のときに補正項 $-E$ が0になるようにするためである。

さらに式の同次性に注目すれば，分母に d を入れて

(5)　　　$-E = A_1' c^2 (c - c_0)/d$

とすればよかろう。

しかし関は分母に d の代わりに径矢差 $d-c$ を入れて

(6)　　　$-E = A_1 c^2 (c - c_0)/(d - c)$

とおくことにした。分母を $d-c$ とすることの妥当性は，§11で論ずる。この補正項を加えた公式は

(7)　　　$b^2 = a^2 + A_0 c^2 - E = a^2 + c^2 \{ A_0 + A_1 (c - c_0)/(d - c) \}$

となる。式(7)は半円のとき，すなわち c が $c_0 = .5$ のとき正しい。そして A_1 という不定な係数を入れてあるから，必要に応じてさらに精密化の余地がある。

公式(7)を，例えば c が $c_1 = .1$ のときにも当てはまるようにするには，係数 A_1 をうまく定めればよい。$c_1 = .1$ に対応する弦 $a_1 = .6$，弦巾 $a_1^2 = .36$，弧 $b_1 = .64350\cdots$，弧巾 $b_1^2 = .41409\cdots$ などを代入すれば，この場合の補正項は表1の最上段の $c_1 = .1$ に対応する誤差 $E_1 = .0046023\cdots$ に等しいから $= -A_1 (c - c_0)/(d - c)$ となり，逆に解いて $A_1 = 1.035532\cdots$ を得る。この数値を入れた式(7)は c が $c_0 = .5$ のときにも，$c_1 = .1$ のときにも当てはまる。

しかしその他の c の値のときは再び表2の左側のように誤差 F を含む。

表2　公式(7),(10)による背巾と誤差（－は不足，＋は超過）

c	公式(7)による b^2	誤差 F	公式(10)による b^2	誤差 G
.2	.8592511874 43	$-.0006252338\ 85$	—	
.3	1.3416364156 40	$-.0022924987\ 95$	1.3440863116 81	$+.0001573972\ 46$
.4	1.8715225022 18	$-.0038390456\ 22$	1.8759686098 48	$+.0006070620\ 08$
.45	2.1595316779 38	$-.0032177001\ 46$	2.1634380979 17	$+.0006887198\ 33$

§4. 関の辿った道（二）

前節末まで来れば，あとは<u>類推によって</u>進められる。補正項$-F$を付けて，

(8) $\qquad b^2=a^2+c^2\{A_0+A_1(c-c_0)/(d-c)\}-F$

とし，$-F$ の形としては式(6)からの類推で，

(9) $\qquad -F=A_2c^2\{(c-c_0)/(d-c)\}\{(c-c_1)/(d-c)\}$

とする。結局公式は

(10) $\qquad b^2=a^2+c^2[A_0+A_1(c-c_0)/(d-c)$
$\qquad\qquad\qquad +A_2\{(c-c_0)/(d-c)\}\{(c-c_1)/(d-c)\}]$

となる。この式が $c_2=.2$ のときも当てはまるようにするには，弦巾 $a_2^2=.64$，弧巾 $b_2^2=.85987\cdots$，および表2の左側最上段 $c_2=.2$ に対応する誤差 $F_2=-.0006252\cdots$ から逆に A_2 を定めればよく，$A_2=-.33345\cdots$ が得られる。この数値を入れた式（10）は，c が $c_0=.5$ のときにも，$c_1=.1$ のときにも，$c_2=.2$ のときにも当てはまる。

しかし式（10）による b^2 の値は，表2の右側の誤差 G をもつ。そこで同様に進めて，$c_3=.3$ のときにも，$c_4=.4$ のときにも当てはまる第四，第五の公式（省略）による b^2 の値と，そのときの誤差 H と I を表3に示した。

表3　諸公式による背巾と誤差（− は不足，＋ は超過）

c	第四公式による b^2	誤差 H	第五公式による b^2	誤差 I
.4	1.8753021005 24	−.0000594473 16	—	—
.45	2.1626395448 83	−.0001098332 01	2.1627560941 67	+.0000067160 83

この様に歩を進めて，最後に関が到達したのは，c が $c_0=.5$ および $c_1=.1$ から $c_4=.4$ まではもちろんのこと，$c_5=.45$ のときにものときにも当てはまる次の公式である。

(11) $$b^2=a^2+c^2\Big\{A_0+A_1\cdot\frac{c-c_0}{d-c}+A_2\cdot\frac{c-c_0}{d-c}\cdot\frac{c-c_1}{d-c}+\cdots \\ +A_5\cdot\frac{c-c_0}{d-c}\cdot\frac{c-c_1}{d-c}\cdot\frac{c-c_2}{d-c}\cdot\frac{c-c_3}{d-c}\cdot\frac{c-c_4}{d-c}\Big\}$$

係数の値は次の通り。

(12) $A_0 = 5.8960440109$, $A_1 = 1.03553257336$, $A_2 = -.33345807225$,
$A_3 = .14996459794$, $A_4 = -.08025387720$, $A_5 = .05087039776$.

筆者の求めた係数は，A_0 以下は『全集』(3.) の値を 2 倍してある。それを修正したとしても，なお末位が『全集』の値と一致しない。その理由は，筆者のは円周率として $\pi = 3.14159265358979$（関の定率より精密）を用いてあるが，関のは §6 で解説する近似分数 355/113 を絡めた操作がしてあるから。

式(11)は藤原氏(2.)や平山氏(3.)が掲げた補間公式である。しかし藤原氏が再度述べているように，「〔式(11)を〕最初において，順次に $c = c_0$, c_1, … とおいて係数 A_0, A_1,…を出す経路は勿論原文にはない。原文では……〔次々の数値を〕定義しているだけで…その形からして〔経路が〕推測される。」のである。平山氏(7.)も「孝和はこれを材料として補間公式を作り，その係数を決定しようと意図したのであった。孝和の著書には何処にもこの補間公式は書き表してない。ただその係数を計算する方法だけが克明にのべられている。ために多くの和算家には，孝和がかかる思想に達したことは気付かれなかった。」と述べた。

しかし藤原氏も平山氏も数学者流に，推測された式(11)を冒頭において順次係数を定める解説法をとっており，筆者のように，関が他の矢 c にも当てはまるように式(1)に補正項を継ぎ足して行き，最後に式(11)に到ったようには書いてない。筆者の復元のほうが，関の辿った道に迫っているであろう。

§5. 求弧背術の公式

関の「求弧背術」の原文は，松永と藤田による訂正(3.)に従ったほうが適切と思われる。

「イマ円アリ。径 1 尺，側(ソバ)メテ小弧ヲ截(キ)ル。ソノ矢 2 寸，截ル所ノ背幾何ナルカヲ問フ。」（いま直径 1 の円の側方から，小弧を切り取り，その矢が

.2 ならば,切り取られた弧の長さは如何ほどかを問う。)
として,術文に計算方法があるが,要するに次の公式

(13) $$b^2 = \frac{B_1 cd^6 + B_2 c^2 d^5 + \cdots\cdots + B_6 c^6 d + B_7 c^7}{(d-c)^5}$$

を用いている。この変形は,藤原氏(2.)や平山氏(3.)などが解説で示した式とは,二つの点で異なる。

一つは,両氏の分母の B_8 を分子の B_1 や B_2 などと約分してある。すなわち筆者の B_1 は両氏の B_1/B_8 に,筆者の B_2 は両氏の B_2/B_8 に相当する,など。(実際両氏の B_1/B_8 は 5107600/1276900=4 であるが,筆者の B_1 も 4 である。) 二つは,筆者は係数の符号を+に統一した。両氏のは関に倣って, B_2 や B_4 や B_6 や B_7 の絶対値に符号-を付けてあるが,筆者は符号を係数の中に含めた。

式(13)は,前節で得られた式(11)の分母を通分し,各項の括弧を外して $c^2 d^5$ のような同次式の項に係数 B_2 を掛けた形に直すことにより,式(11)の係数 A_0 などをこれに吸収したものである。西洋流にやれば代数的な変形によって導ける。原文は次々に漢字で表現された述語を用いて,和算流に導いていくので甚だ分かりにくい。また B_8 が出てくるのは,代数的な変形の成り行きによるものであって,本質的に分母に B_8 が必要なわけではない。(関は,和算に初めて負の数を導入した段階なので,文字と符号を巧みに使い分ける西洋流と比較するのは厳しすぎる。)

筆者が計算した係数は,

(14)
$B_1 = 4$,　　$B_2 = -18.6666362412\ 9$,　　$B_3 = 34.0436926394\ 7$,
$B_4 = -29.7580900190\ 5$,　　$B_5 = 11.7853133553\ 5$,
$B_6 = -1.1770632477\ 6$,　　$B_7 = -.2195248825\ 8$

であって,もちろん関とは経路が異なっているので,数値は違う。例えば,関では $B_2 = -22385413/1276900 = -17.8834779544\ 2$ である。

関が術(計算方法)として式(13)を提案したのは,あくまで計算の便宜のためであろう。前節で得られた式(11)のままでは,分子の各項を計算し,それらを掛け合わせて分母の $(d-c)^3$ などで割り,それに係数を掛けて加える計算が必要である。式(13)は d は実質的に $=1$ としたから, c についての多項式の形で式の分子を求め,それを分母の $(1-c)^5$ で割った形にしたと考えられる。

関は式(13)を用いて,この式に $c=.2$ を入れて対応する $b=.9272953$ および $c=.1$ を入れた $b=.64350116$ を得ている。筆者の計算では, $c=.2$ に対応して $b^2=.8598764213\ 287$, $b=.9272952180\ 016$ となり,これは arcsin .8 を級数で求めた値と一致する。また $c=.1$ に対応して $b^2=.4140936770\ 182$, $b=.6435011087\ 933$ となり,これは arcsin .6 と一致する。

§6. πの近似分数

関の「求弧背術」の理解をさらに妨げるのが, π の近似分数 355/113 の使用である。彼はすでに『求円周率術』において,かなり精密な π の値を求めて「3.14159265 359微弱 を得て,定周となす」と述べた。筆者の復元(8.)によれば 3.14159265 35897932 の 16 桁までは正しかったが,その値を照合する手段がなかったので,本人は正否を知らない。彼はさらに「求周径率」と称して近似分数を求め,「周 355, 径 113 に至」ったのであった。

「求弧背術」では,§12で述べるような方法で,甲定背(b_1),乙定背(b_2),丙定背(b_3),丁定背(b_4),戊定背(b_5) が求まると,各定背に 355/113 を掛けて π で割った値,すなわち 定背×355/(113・π) をもって「報背」と呼んだ。藤原氏(2.)は「報背の字義は不明である」と言う。筆者は『諸橋大漢和』(9.)および白川静『字統』,『字通』(10.)によって,その意味を考えた。「報」字の甲骨文字は図のように,手かせ(左)に手を挟まれた人(右)が上から(右の手 又 にて)抑えられた形である。すなわち扁の幸は「手かせ」,旁の 𠬝 は「人を上から抑えて,服

従させる」意味。まとめて「人に手かせを加えて抑え，刑罰に服させること」
であり，報復の処罰を引き当てるから「報いる」意味になる。用例：「報李」
とは贈り物に対して返礼として李を贈る意味。これから筆者は推定して，「報
背」とは，「後で，π で割る代わりに 355/133 で割る簡便計算」を実行可能に
するため，予め定背 b に「その報いとして 355/(113・π) を引き当てておく
意味である」と主張する。

その意味が確定したとして，「求弧背術」で「報背」をもちいることによって，
すなわち定背 b に 355/(113・π)＝1.0000000849 13786584 を掛けて計算す
ることが，どれほど計算を簡易化するであろうか？ これが「求弧背術」に内
在する第一の疑問点である。実情は b^2 を π^2 で割った値が必要な時に，
355/113 の分子・分母の平方を分離しておけば，355^2 で割り，113^2 を掛ける計
算が可能になる点であろう。

筆者の意見では，さほど簡便化されたとは思えない。むしろ計算の見通しが
悪くなった印象を与える。

§7. 精密な弧背の値

§3～§4 で述べたような $a^2+A_0\cdot c^2\cdots$ の形の近似式によって b^2 に迫るた
めには，誤差 $E, F, G \cdots$ の検出を可能にするような精密な b_1, b_2 などの値
が必要になる。「求弧背術」に対する筆者の第二の疑問点は，「関は何故 c が
.25 に等しいときの値を用いなかったか？」である。これは正三角形に外接す
る円から，一辺 $a=\sqrt{3}/2=.866025\cdots$ に対する弧背 $b=\pi/3=1.047197\cdots$ を
切り取ればよい。定周を精密に知っていた関にとっては，計算はただ 3 で割
るだけで，定周に匹敵する精度の弧背を得た筈である。

筆者の第三の疑問点は，「関は何故一つの弧背を得たときに，補弧を考えな
かったのか？」である。一番明瞭な例は $c_1=.1$ および $c_2=.2$ に対応する b_1
と b_2 が $b_1+b_2=\pi/2$ で結ばれ，一方を求めれば他方は引き算だけで得られ

る。$b_1=.64350110879$ (松永の訂正による)と $b_2=.927295218$ は，前者が11桁，後者が9桁であり，まるで桁数が違う。後者を補弧として求めたならば，もっと精密な $\pi/2-b_1=.92729521801$ が得られた筈であったのに。

§8. 発見の縁にいた関

筆者の<u>第四の疑問点</u>は，「関は何故，矢 c として .1, .2, .3, .4, .45 のように半円に近い側のみを探求し，小さい弧背の側の矢を考えなかったのか？」である。特に $c_5=.45$ の弧背 $b_5=1.47062890563$ から補弧に移れば，補矢 $c=(1-\sqrt{.99})/2=.0025062\cdots$，補弦 $a=.1$ の補弧 $b=\pi/2-b_5=.10016742116$ が得られる。.1 と b の関係を眺めれば，$b \fallingdotseq .1+.0001666\cdots =.1+.1^3/6 \fallingdotseq a+a^3/6$ が示唆される。さらに $b-(.1+.1^3/6) \fallingdotseq .00000075450\cdots \fallingdotseq .1^5\cdot(3/40)$ を見れば，a と b の関係に直して，$b=a+a^3/6+a^5\cdot(3/40)+\cdots$ なる級数に到達することも可能であった。

関は「弦が小さな値のとき，弧背 b は弦 a の級数として表される」という発見の縁にいながら，それを見逃した。関は級数展開という思想に乏しい。西洋流の「或る規則的な係数をもつ級数を探す試み」が，当時の和算には乏しかった。それよりも，『竪亥録』以来の問題意識「弧矢弦の関係の探求」に呪縛されていた，と言える。この呪縛からの脱却は，彼の高弟のために残された。ただし，それは b と a との関係ではなく，b^2 と c との関係であり，それも全く別の経路であった。（筆者は上の $b=a+a^3/6+\cdots$ の両辺を平方し，さらに $a^2=4c-4c^2$ を代入して求めたが，それは和算流のやり方ではない。）

§9. 相互参照の欠如

関の『全集』全体を通じて，筆者が<ruby>歯痒<rt>はがゆ</rt></ruby>く思う所の<u>第五の疑問点</u>は，「求円周率術」「求弧背術」「角術」などの諸研究を相互に参照する意欲が欠如している点である。西洋流の代表オイラーは，いま研究している主題が他の分野と何

らか予想外の関連性がないかと，絶えず鵜の目・鷹の目で探っていた。有名な公式 $e^{\pi i}+1=0$ は，異質の三分野：「対数」「三角法」「代数」を結び付ける。それと比べてわが関は，いま取り組んでいる分野にのみ没頭し，他の分野に目を向けようとしない。彼にとって<u>一つの分野は，それ自体で完結している</u>。

例えば「角術」と「求円周率術」では，前者の正八角形，正十六角形について，それぞれ角径式すなわち直径と一辺を結ぶ方程式を得て，その根の数値まで計算していながら，後者の八角，十六角の弦とは照合していない。さらに後者の計算で，三十二角の弦 $a=.0980171403\ 30$ を得た。これを弧背 $b=$ 定周$/32=.0981747704\ 25$ と比べれば，$b-a=.0001576300\ 95 \fallingdotseq .1^3/6$ から示唆されて $a^3/6$ を求めれば，$a^3/6=.0001577060\ 78$ を得，再び級数展開 $b=a+a^3/6+\cdots$ を得ることができる。

これまで筆者が提出した五つの疑問は，「求弧背術」に余りに多くの労力が払われ，かつ見事な成果が得られていることから，望蜀の願いである。

§10. 種々の補間公式

西洋流で代表的な補間公式は，ニュートンによるものと，ラグランジュによるものが周知である。後者については言及しない。関の補間公式(11)は，その本質はニュートンのそれに近い。すなわち，予め関数値 $y_0=f(c_0)$，$y_1=f(c_1)$，$y_2=f(c_2)$ などが知られているとき，補間のために多項式

(15)　　　$f(x)=A_0+A_1(x-c_0)+A_1(x-c_0)(x-c_1)\cdots$

を仮定し，c_0，c_1，$\cdots$ を順々に入れて，係数 A_0，A_1，A_2 $\cdots$ を定めていくのがニュートンの方法である。§3〜4 の関の方法の本質はこれに似ている。

式(15)は，その括弧をほどき，x の乗巾の多項式の形

(16)　　　$f(x)=B_0+B_1x+B_2x^2\cdots$

に直すこともできる。和算では，関の「累裁招差之法」(3.)が，階差を次々に作り，式(16)の形の係数 B_0，B_1，B_2 $\cdots$ を求める方法を詳述している。

ところで，§4で見たような，「求弧背術」で提出された関の補間公式(11)は，式(15)と違い，分母に $(1-x)$, $(1-x)^2$, … が含まれている点が異なる．

§11. 矢径差で割る理由

関は何故，分母に $(d-c)^n$ を含む補間の公式(11)の形にしたのか？

藤原氏(3.)によれば，古くは，建部賢弘が『綴術算経』の中で次を述べた．「〔式(16)の形の補間公式を求める〕原術は，矢が相当小なる場合には逐差の数が減少すること速かであるから，容易に真数を求め得るが，矢が大になれば，逐差の減少が遅く，したがって，多くの差を取らねばならぬ．故に別に簡単な術(捷径の術)を探るに c/d を累乗する代わりに $c/(d-c)$ を累乗するときは，逐差の減少度は速になるが，未だ充分でない．故にさらに深く探って $c/(d-kc)$ の形をもって累乗するとき捷径の術が得られるといふのである．」

田崎氏(6.)は，「〔 $A_1(c-c_0)/(d-c)$, $A_2(c-c_0)(c-c_1)/(d-c)^2$ … などは〕補正項であるから，次数の高くなるほど影響が少なくなるようにした方が合理的であると考えられる．」と述べた．平山氏(3., 7.)は触れていない．

示唆に富むのは，三上氏が『関孝和の業績と京阪算家』(11.)で述べた説である．一部の語句を変えて引く．「各項の $(c-c_0)$, $(c-c_0)(c-c_1)$,… を d, d^2 …で割ったものとして試みても，一通りの公式は得られる筈であり，… d なり $d-c$ で割るのは，諸項が凡て同次式になるようにする必要に基づくことは言うまでもない．矢 c_1 の場合，… $d-c$ で割る代わりに d で割ったものとすれば，…〔誤差の〕絶対値が大きく且つ負になる．矢 c_1 に就いては恰も適合することは両者同一であるけれども，矢 c_2 以下に関しては $d-c$ で割る方が誤差が少ないのであり，その方が精密なりと謂わねばならぬ．故に径除を用うるよりも径矢の差で除する方が，一層目的に適わしいのである．」

筆者が行った<u>数値実験</u>は，(a) 分母が $1-c$ の場合と，(b) 分母が1の場合

を比較した。A_1 の場合は，(a)1.035532…，(b)1.150591… で，$c=.2$ のとき，b^2 の誤差は (a)$-.000625$，(b)$+.001107$ で，絶対値で $.000625<.001107$ となる。先の方へ行って A_4 は(a)$-.08025…$，(b)$+1.0634…$ で，$c=.45$ のとき，b^2 の誤差は (a)$+.00000672$，(b)$+.00000952$ となり，(a)<(b) とはいえ，<u>大差ない</u>という結果になった。

　<u>上に紹介した諸説</u>はいずれも観念的であり，検討が充分であるとは思われない。筆者は，どうも分母に $d-c$ を入れる理由が解明されていない，と思う。

§12. 復元の方法

　「求弧背術」の第一「求甲截背」には，関が計算した二斜から三万二千七百六十八斜までの勾，弧，弦，背の一覧表が載っている。関がどのように計算し，どの程度まで正確であるかを調べるため，計算過程を復元しようと思う。筆者による復元方法はすでに「求円周率術」[#242]に記し，また和算研究会(12.)において口頭で述べたことがある。しかし，いささか複雑な論法を含んでいるので，理解を得にくいことを恐れる。改めて詳しく説明を試みたいと思う。

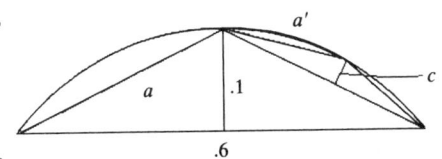

　直径 $d=1$ （以下 1 に固定するので d は用いない）の円から，その一部を切り取った弧背 b を求める。「求甲截背」は，矢(代わりに勾を用いる)が$=.1$ の場合，その弦が$=.6$ なる弧背 $b=\arcsin.6$ を求めることが目標である。その長さは$=.643501187…$になる筈であるが，いまは未知の値である。しかも実際に得られるのは，この<u>弧背に内接する折線</u>（関の言葉で三万二千七百六十八斜$=2^{15}$斜）の長さである。

　次に弧背 b の 2 等分点を頂点とし，底辺が弦$=.6$，高さが勾$=.1$ なる二等辺三角形の斜辺 $a=\sqrt{.1}=.316227766…$を得る。この斜辺を 2 倍したものが関の言葉で二斜すなわち $A=2a=.632455532…$である。さらに，次弦 a' と

四斜すなわち $A'=4a'$ に行くために関が用いた公式は，

(17)　　$c'=(1-\sqrt{1-c})/2$,　　　　$a'=\sqrt{c'}$,　　$A'=2^n a'$

の三つである。これ等の公式は，直角三角形の性質によって直ちに得られる。(a, a'などのプライムの付け方は，§2のとは1つずつずらした。)

注意　「求甲截背」の原文の<u>股についての考察を一切省略する</u>。その理由は，例えば四斜の股は二斜の弦の半分であるというように，股とは直前の弦の半分に過ぎないから。関は，式(17)の中の式を $a'=\sqrt{c'^2+a^2/4}$ と計算したためか股の値を残した。検算をする筆者の立場では $a'=\sqrt{c'}$ で充分である。

さて，このような計算は常に有限の桁数を用い，絶えず最後の桁の次の数値を四捨五入して次の段階で用いるので，どうしても<u>誤差の累積</u>が避けられない。このことを示すため，一つのモデルとして極端に桁数が少ない場合，具体的には有効数字5桁の場合を表4に作ってみた。

		表4	モデル
二斜	勾	.1	.1
	弦	.31623	.31622 7766
	背	.63246	.63245 5532
四斜	勾	.02566	.02565 8351
	弦	.16019	.16018 2243
	背	.64076	.64072 8972
八斜	勾	.00645 5	.00645 62711 8
	弦	.08034 3	.08035 09252 0
	背	.64274	.04280 7402

対比して，12桁の電卓で精密計算した結果を<u>四捨五入</u>して右側に示したが，12桁を用いればこの範囲では誤差は累積しない。関の計算を模倣した左側の計算では，各段階ごとに常に有効数字を5桁に保つため，四捨五入の原則を貫く。例えば二斜から四斜へ行こうするときは，

$(1-\sqrt{1-.1})/2=(1-\sqrt{.9})/2=(1-.94868\underline{3}\cdots)/2=(1-.94868)/2$
　　　　$=.05132/2=.02566$;

$\sqrt{.02566}=.16018\underline{7}\cdots=.16019$;　　$.16019\times4=.64076$

のように，下線の所で四捨五入している。四斜から八斜への移項は，

$(1-\sqrt{1-.02566})/2=(1-\sqrt{.97434})/2=(1-.98708\underline{6}\cdots)/2$
　　　　　　$=(1-.98709)/2=.01291/2=.006455$;

$\sqrt{.006455}=.08034\underline{30}\cdots=.080343$;　　$.080343\times8=.64274\underline{4}=.64274$

29 求弧背術の限界——関の求積問題への補説

のようにする。誤差は累積し，右側の精密な数値から懸け離れた値になった。

この例はあまりに乱暴で，あまりに極端すぎるかもしれない。だが，桁数が多い場合でも，端数処理の仕方は本質的には<u>これと同様に実行している</u>のである。有効数字を20桁から17桁の範囲に止めつつ計算をした関の場合は，次節の表6に見られる通りである。

いま一つ，関が「求甲截背」の一覧表に示した奇妙な<u>結果の表示の仕方</u>を説明する。例えば上の表4の八斜の場合，表面5桁しか表示せず，四捨五入して四捨ならば強，五入ならば弱の語を付した（表5）。

表5	強弱表示	
八斜	勾	.00646 弱
	弦	.08034 強
	背	.64274 強
		(.64274 4)

この表5だけが示されれば，特に勾と弦の値について，関が一体どんな計算をしたのか全く分からない。それ故，筆者は新たに「<u>隠された数値を掘り起こす方法</u>」を開拓し，それによって関の一覧表の裏側に潜んでいる実際の計算がどのように行われたかを復元した。

モデルとして，表5の八斜の場合を例にとる。「強・弱」は不等式で表すことができる。背の値の「強」の意味は，不等式

$$.642745 > .64274強 > .642740$$

で表されるから，これを凡て 8で割ると，弦についての不等式

$$.642745/8 = .080343125 > .64274強/8 > .642740/8 = .0803425$$

が得られる。さらに之を凡て平方すると，勾についての不等式

$$.0064550177\cdots > (.64274強/8)^2 > .0064549173\cdots$$

が得られる。ここまで来れば，隠された元の勾の値が .006455 であったこと，開平すれば隠された元の弦の値が .080343 であったこと，8倍して元の背の値が .642744 であったことが判明する。表5だけ示された場合，筆者の方法により，表4の八斜の値が凡て復元されることがお分かり頂けたであろうか。

この例は余りに乱暴で，余りに極端すぎると思われるかもしれない。しかし，もっと桁数が多い場合でも，端数処理の仕方は本質的にこれと同様に実行して

いる。有効数字を20桁から 17桁の範囲に止めつつ計算をした関の場合は，次節の表6の通りである。

その紹介の前に，「四捨五入」の精密化について一言しよう。通常の四捨五入とは，強弱の次の桁が±5 の範囲の誤差を持つことを意味する。関はさらに，「零捨九入」ともいうべき末位の表示を用いた。これは次の桁が±1 の範囲の誤差を持つことを意味し，例えば，.640728… なる数値を2桁まで表示すれば .64微強 という。これは末位 4 に続く 07… を繰り上げることを意味し，不等式では .641 ＞.64微強＞ .640 を意味する。また，3.141592… を 4 桁まで表示すれば 3.1416微弱 という。これは末位 5 に続く 92… を繰り上げることを意味し，不等式では 3.1416＞3.1416微弱＞3.14159 を意味する。このような和算独自の表現方法（<u>奇零表現</u>）は，恐らく計算の精度に対する執念を表すのであろう。次に述べる如く，筆者のように計算の復元を目指す者にとっては，次桁の誤差の範囲がさらに限定されるので，大いに役に立つ。

次節の表6「求甲截背」から実例 32768斜 を取る。数値は原文では 19 桁と強弱を表示している。途中 <u>0 が n個続くことを0^n</u> で表すことにする。

  勾 .0000000003 856547894弱
  弦 .0000196380 953598609強
  背 .6435011087 519227208強

背の値を，…強を不等式で表して 32768 で割り，平方すれば
  $(.643\cdots72085/32768)^2 \to (.0^41963\cdots77502)^2 \to .0^9385\cdots111001192$
  $(.643\cdots72080/32768)^2 \to (.0^41963\cdots75977)^2 \to .0^9385\cdots110995306$

上下の数値を見比べて，勾 c が .0^{9}385…111 であることが推測され，この桁までの数値であったことが推測される。これを基にして勾 c を開平して弦を求めると，
$$\sqrt{.0^938565478936299111} = .0000196380\ 9535986092\ 2877196$$
となり，上の弦の数値と比べて，末位が …2877 であったことが推測される。さらにこれを 32768倍すると，
  .0000196380 9535986092 2877・32768＝.6435011087 5192272083 35
となり，関の …7208強 が …72083 の末位の 3 を切り捨てたことが判明した。

いまの復元方法が，言わば計算の順序に従うものであったのに対して，筆者はもう一つの強力な復元方法を開発した。それは<u>計算の順序を逆に辿る</u>。32768斜から一つ前の16384斜を推定する。式(17)の公式

29　求弧背術の限界——関の求積問題への補説

　　(17)　$c' = (1 - \sqrt{1-c})/2$
を逆に解けば，
　　(18)　$c = 4c'(1-c')$
を得る。公式(18)を用いれば，勾 c' から一つ前の勾 c が得られる。
　　　$c' = .0000000003\ 8565478936\ 299111,$
　　$1-c' = .9999999996\ 1434521063\ 700889$
両者を掛け合わせ，4倍すれば，
　　　　$c = .00000000015\ 4261915685\ 704597$
を得て，これは別途に 8192斜から復元した値（表6の16384斜の勾）
　　　　$c = .00000000015\ 4261915685\ 7046$
と一致する。

　この復元方法は，一見して桁数の推測の仕方が恣意的であると思われるかも知れない。しかし実際に 斜 A → 弦 a → 勾 c と逆向きに辿ると，勾 c の値は不等式の両側が …2911100 と …2911099 となり，自ずから関の値が …29111 であったことが浮かび上がるのである。

　さらに傍証がある。関の「求円周率術[#243]」の同様な復元(8.)において得られた知見によれば，関の勾では小数約26位まで，有効数字18桁程度であり，弦では小数約24位まで，有効数字20桁程度であった。いまお目に掛けた 32768斜の勾が小数約24位まで，有効数字20桁程度であったから，両者は符合する。

§13. 復元の結果

　表6に関の「求甲截背」の一覧表に対する<u>筆者の復元結果</u>を示した。元の数値は『全集』(3.) 十九、括用算法四の求弧術の本文を参照されたい。

　このさい「外部検証」と「内部検証」を区別しておく必要がある。表7には、プログラム電卓ＨＰ－48ＧＸ（ヒューレット・パッカード社製）に，自作の約25桁の精密計算用のプログラムを組んで実行した結果を示す。この精密計算用の結果を基にして関から復元した表6の数値を比べれば，随所に食い違いが見出せる。表6のイタリックは，精密な計算との食い違いの個所を示す。特に

表6 関の「求甲截背」の復元

2斜	弦	.3162277660 1683793319	99
	背	.6324555320 3367586639	98
4斜	勾	.0256583509 7474310020	02
	弦	.1601822430 0696722420	1
	背	.6407289720 2786886980	*4*
8斜	勾	.0064562711 8125163543	8
	弦	.0803509252 0470212630	5
	背	.6428074016 3761701044	0
16斜	勾	.0016166814 5423738396	21
	弦	.0402079774 9498703599	4
	背	.6433276399 1979257590	*4*
32斜	勾	.0004043338 4942113370	25*6*
	弦	.0201080543 4200767477	5*26*
	背	.6434577389 4424559280	*83*
64斜	勾	.0001010936 8228788194	88*6*
	弦	.0100545354 0885315838	57
	背	.6434902661 6660213668	5
128斜	勾	.0000252740 5935004651	6*9*
	弦	.0050273312 3536201032	*96*
	背	.6434983981 2633732218	*9*
256斜	勾	.0000063185 5476164590	514
	弦	.0025136735 5908556772	5*7*
	背	.6435004311 2590533777	*9*
512斜	勾	.0000015796 4118567775	1774*3*
	弦	.0012568377 7221953023	79*3*
	背	.6435009393 7639948182	*0*
1024斜	勾	.0000003949 1045237370	333376
	弦	.0006284190 1019439516	76
	背	.6435010664 3906065162	
2048斜	勾	.0000000987 2762284056	9346*0*
	弦	.0003142095 2060777748	8*14*
	背	.6435010982 0472829*571*	
4096斜	勾	.0000000246 8196031933	88360*15*
	弦	.0001571047 6224271126	*79*
	背	.6435011061 4614 535*332*	
8192斜	勾	.0000000061 7047661790	9490*0*
	弦	.0000785523 8136370844	*614*
	背	.6435011081 31499*59078*	
16384斜	勾	.0000000015 4261915685	7046
	弦	.0000392761 9071214832	*05*
	背	.6435011086 27838*08307*	
32768斜	勾	.0000000003 8565478936	2991*11*
	弦	.0000196380 9535986092	*2877*
	背	.6435011087 51922*72083*	

29 求弧背術の限界——関の求積問題への補説

表7 関の「求甲截背」に対する精密計算

2斜	弦	.3162277660 1683793319 988935
	背	.6324555320 3367586639 977871
4斜	勾	.0256583509 7474310020 0165968
	弦	.1601822430 0696722420 136615
	背	.6407289720 2786886980 546459
8斜	勾	.0064562711 8125163543 80562370
	弦	.0803509252 0470212630 5038035
	背	.6428074016 3761701044 030428
16斜	勾	.0016166814 5423738396 21282150
	弦	.0402079774 9498703599 425818
	背	.6433276399 1979257590 921309
32斜	勾	.0004043338 494211370 255502650
	弦	.0201080543 4200767477 5136791
	背	.6434577389 4424559280 437731
64斜	勾	.0001010936 8228788194 885522172
	弦	.0100545354 0885315838 5460720
	背	.6434902661 6660213666 948608
128斜	勾	.0000252740 5935004651 6887569088
	弦	.0050273312 3536201032 83723689
	背	.6434983981 2633732203 166322
256斜	勾	.0000063185 5476164590 514003388 6
	弦	.0025136735 5908556772 56670516
	背	.6435004311 2590533777 076520
512斜	勾	.0000015796 4118567775 1774421804 6
	弦	.0012568377 7221953023 467981
	背	.6435009393 7639948184 469781
1024斜	勾	.0000003949 1045237370 33337608463 24
	弦	.0006284190 1019439516 762126098
	背	.6435010664 3906065164 417124
2048斜	勾	.0000000987 2762284056 9346151825 867
	弦	.0003142095 2060777748 838168937
	背	.6435010982 0472829620 569982
4096斜	勾	.0000000246 8196031933 8836094574 836
	弦	.0001571047 6224271126 815260405
	背	.6435011061 4614535435 306617
8192斜	勾	.0000000061 7047661790 9490715811 4562
	弦	.0000785523 8136370845 0693096235
	背	.6435011081 3149962807 784436
16384斜	勾	.0000000015 4261915685 7046542055 2092
	弦	.0000392761 9071214832 7458696591
	背	.6435011086 2783819708 328494
32768斜	勾	.0000000003 8565478936 2991252072 41541
	弦	.0000196380 9535986092 6494462142
	背	.6435011087 5192283937 053547

2048斜の辺りから食い違いが目立つようになる。これが前節で述べた誤差の累積によるものである。このように，関から復元した数値と精密計算とを照合して検証することを「外部検証」と呼びたい。普通，検証と言うときは，この意味である。「関の円周率計算の検算」と称する研究は，この立場である。

これに対して筆者が重点をおくのは，関の内部だけに注目し，公式(17)と公式(18)を用いて「隠された数値を掘り起こして」，関の計算が実際にどのように為されたかを復元することであり，これを「内部検証」と呼ぶ。

表６の一覧表における復元値は，前節に詳述した合理的な方法により，なるべく妥当な数値を算出した。関の「求甲截背」の数値に相当するのは，下点を付した桁までを表示し，次の桁を四捨五入したときには強・弱なる奇零表現，零捨九入したときには微強・微弱なる奇零表現を施したものである。

なお『全集』(3.) に注記された松永による「32768斜の背の訂正」は，その通りであることが実証された。さらに筆者はいま一つ「4096斜の背の訂正」を追加する。すなわち同書割注の部分の「一四四五三五三強」は衍字の四を削り（表６の同個所の△印），強の前に三を補い，「一四五三五三三強」とすべきである。

上述の内部検証の立場から述べれば，関においては，「誤差の伝播」という観念に乏しい。これは関に限らず，当時の和算家に共通しているから，関だけを責めるわけにはいかない。

人為的なモデルを例に取り，このことを示そう。勾を開平して弦を得るとき，$\sqrt{.000012345}=.00351354522$；$\sqrt{.0000123451}=.00351355945$；差 $.0^71423$ であるが，この誤差は$(.0^91)/(2\cdot.00351354522)$ に相当する。すなわち10桁目にあった単位 1 の誤差は 8 桁以下に 1423 として反映する。その 256 倍は，

$.00351354522\cdot 256=.89946757586$；$.00351355945\cdot 256=.89947121889$

となり，この二つの背の差 $.0^5364303$ は上記の差 $.0^71423$ の 256 倍に相当する。すなわち背を得るため弦を 256 倍すれば，8 桁目にあった誤差は実に 6

774

桁目に反映するのである。

　関はこれ等の事情に全く気付いていない。そこで誠に大らかに(無頓着に)，予め決めておいたらしい桁数の範囲で開平したり，2^n倍して，勾→次勾 および 勾→弦→背 の計算を繰り返した。このやり方は 1024斜の辺りまでは末位にさほど目立つ効果を及ぼさない。特に勾と弦の値について表示された数値は，関が実際に計算に用いたよりもずっと上の桁で四捨五入したものであるから，全く影響を受けない。2048斜の背からは，表示された数値の範囲に誤差が出現する。表6のイタリックの個所を見よ。

　現代の誤差論の立場から数百年前の計算を批判するのは、公正とは言えない。しかし，ソロバンの名手，関の計算が，何処まで正しいかを知りたい。筆者が「隠された数値を掘り起こす」復元を始めた動機は，誤りが生じた原因を究明するためであり，内部検証の方法を始めた。世のコンピュータを用いた検算(外部検証)に筆者が満足しないのは，隔靴掻痒の感があるからである。

§14. 加速法

　関は，三つの背，8192斜の背 A，16384斜の背 A'，32768斜の背 A'' が得られると，これに「求円周率術」(8.)と全く同じ「増約術」を適用して，より詳細な甲定背 b_1 を計算した。増約術については既に詳細に論じてあるので，ここでは直ちにその適用を計算する。

　(19)　　$b_1 = A' + ((A'-A) \cdot (A''-A')) / ((A'-A) - (A''-A'))$

に，筆者の得た復元値を入れると

　　$A' = .6435011086\ 2783808307$,　$A'-A = .0^4\ 9633849229$,

　　$A''-A' = .0^5 1\ 2408463776$,　$(A'-A) - (A''-A') = .0^5 3\ 7225385453$,

を代入して，

　　$b_1 = .6435011087\ 9328427328$.

を得る。これは勿論，関の（松永による）甲定背 $= .6435011087\ 9$ とも符合し，

『全集』にある，松永が訂正する前の 甲定背=.6435011087 932843868 とも小数 15 桁まで合う。松永は 9 の次の 32843868 を「原書無之」と訂正したが，その「原書」で何故 9 の次の 3284 を採用しなかったのか，疑問が残る。

実は関の「求弧背術」は，第一が前節の表6の一覧表「求甲截背」であり，第二が増約術を述べた「求甲定背」，第三が結果のみ表示した「求乙丙丁戊定背」である。乙定背～戊定背を b_2, b_3, b_4, b_5 で示せば，b_1 を含めて，

(20) b_1=.6435011087 93284, b_2=.9272952180 0, b_3=1.1592794807 3,
b_4=1.3694384060 1, b_5=1.4706289056 3.

である。10桁目に空白を入れてみれば，いずれも小数11桁まで計算した，と考えられる。b_2 については9桁の後に 00 を補ってみた。b_4 の11桁目を藤田は 0 と訂正したが，この訂正は正しい。こうした訂正と密接な関係をもつ「求円周率術」の定周は，奇零表現を伴っていて，π=3.1415926535 9 微弱であった。(筆者は11桁以下を 8979 と推定した。) π も11桁目までの表示と言える。ところで b_2 が仮に .9272952180 01612 まであったものと仮定して，$2(b_1+b_2)$を計算すれば 3.1415926535 89792 になるが，関は恐らくそれは試していない。

関は b_1 を，筆者が復元した少なくとも 15 桁までの値 .6435011087 93284 まで求めた可能性はあるが，今や関の直筆を見ることは不可能である。いずれにせよ，筆者が§6の冒頭に「関はかなり精確な値を求めても，照合すべき根拠がないので，成否を知らない」と述べたのと同様な事情が，ここにもあったと推察される。

§15. 結語

関は『勿憚改』の公式(2)の精度を高めるため，補正項を継ぎ足して行き，遂に非常に精度の高い公式(11)に到達した。その際下敷きにしたのは，「累裁招差之法」であったと思われる。一つ異なる点は，分母に $d-c$ を入れたことである。この公式に辿り着くだけでも抜群の成果であるが，さらに使用上の便

宜のため，式(11)を苦労して変形して「求弧背術」冒頭の公式(13)を導いた。これらの遂行における創意と努力は高く評価すべきであろう。

　しかし細部を検討するとき，幾つかの疑問点がある。(1) いわゆる報背（その字義を明らかにした）の絡むπの近似分数 355/113 の使用は，筆者の意見では，さほど計算を簡便化したとは思えない。(2) 関は補正のための誤差を検出するために，矢 .1, .2, .3, .4, .45 に対応する弧背を個別に，後述の「求甲截背」の方法で，大変な手数を掛けて計算した。もしも正三角形を用いたならば，対応する弧背はπを 3 で割るだけで得られたはずなのに，それに気付かない。(3) 補弧を用いれば，矢 .1 に対応する弧背を$\pi/2$ から引くだけで矢 .2 に対応する弧背が得られた筈なのに，そのようには運ばない。(4) さらに補弧を用いれば，矢 .45 に対応する弧背から矢 .0025062⋯ が得られ，弦 .1 との視察から弧背を弦で表す級数が得られたはずなのに，この発見を見逃した。(5) 諸術の相互関係，すなわち「角術」，「求円周率術」と相互参照すれば得られたはずの諸関係も見逃している。かかる結果になったのは，出発点の「弧矢弦の公式」に拘泥しすぎたことに原因がある。なお，上記の分母に $d-c$ を入れた点については，諸説を検討した。筆者の数値による実験では，分母に d を入れた場合と大差ない，という結果になった。径矢差 $d-c$ で割る理由は，依然として不明である。

　後半で筆者が重点をおいたのは，関の「求甲截背」の勾，弦，背についての一覧表の検討であった。この一覧表で困るのは，関が実際には計算に用いた勾と弦の値を，かなり高い桁で四捨五入していることである。筆者は，背の値から逆に遡って「隠された数値を掘り起こす方法」を新たに開拓して，勾と弦の値の推定を可能にした。詳細は本文を参照されたい。この方法による復元の結果は表6に見るとおりである。表7の精密な計算による数値と比べるとき，関の2048斜の背から後の背の数値には，末位に食い違いが目立つようになる。その原因は，筆者の復元によって，勾と弦の丸めによる誤差の累積に依存すること

が明らかにされた。関の時代には「誤差の累積」という観念が全く無かったのであるから，やむを得ない。

このように「求弧背術」は関の業績の中でも特筆すべき傑作と言えるが，或る限界を越えられなかったのも事実である。席の弟子たちは，ここを出発点として「求弧背術」の洗練に立ち向かった。

(2000年5月5日記)

文 献

1. 杉本敏夫：関の求積問題の再構成，明治学院論叢に連載，(一) 1984年12月、(二) 1985年10月，(三) 1986年3月，(四) 1986年10月，(五) 1987年3月，(六) 1988年3月，(七) 1989年1月．本論文集 15号～21号論文．
2. 藤原松三郎（日本学士院編）：明治前日本数学史，新訂版，全5巻，野間科学医学研究資料館，1979，「求弧背術」については，第2巻，16～17；183～189．
3. 平山諦他：関孝和全集，全1巻，大坂教育図書、1974．「求弧背術」については，本文，352～361；注，368～370；解説，(後ろより) 1882～192．「累載招差之法」については，本文，273．
4. 杉本敏夫：関の角術の一解釈(続)，明治学院論叢，第328号，総合科学研究12，1982．本論文集 4号論文．
5. 杉本敏夫：関の授時発明への注意，明治学院論叢，第347号，総合科学研究16，1983．本論文集 9号論文．
6. 田崎中：江戸時代の数学，総合科学出版，1983．
7. 平山諦：関孝和，恒星社厚生閣，初版1959，増補訂正版1974．
8. 杉本敏夫：関の円周率考，旧稿「ガウスと関の開平」(明治学院論叢，1980年4月)をこの論文集にて改稿 1986年4月，補訂1995年8月．本論文集 1号論文．
   杉本敏夫：関の円周率考(続)，旧稿「ガウスと関の開平(続)」(明治学院論叢，1980年11月)をこの論文集にて改稿 1986年4月，補訂1995年8月．本論文集 2号論文．
9. 諸橋轍次：大漢和辞典，全十三巻，1955．11～1960．5．，大修館書店．
10. 白川静：字統，全一巻，1984 ； 字通，全一巻，1986，平凡社．
11. 三上義夫：関孝和と京阪算家並びに支那の算法との関係及び比較，数学史研究，第2巻，第10号，1964；第2巻，第11号，1964
12. 杉本敏夫：関孝和の円理（特に，隠れた数値を掘り起こす方法），和算研究会，日本女子大学桜楓館，1990年9月30日．

〔要旨〕関の求積問題への補説

連載「関の求積問題の再構成」にたいする補説を六編書いた。これら補説の概要をまとめる。引用文献は原論文を参照のこと。

眉の作図（第23論文）

連載第一回§3，（ろ）の「眉」の面積への補足である。筆者が弧（弓形）の応用すなわち径の違う二つの弧の差を求める特殊な問題に過ぎない，と述べたのに対して，小林龍彦氏より，日食，月食の際現れる天文学上の重要な問題である，とのご指摘をいただいた。筆者も「関が例題として与えた上湾9，下湾5，中広1では，眉は作図不能」と口火を切った手前，では如何なる条件ならば作図可能となるのか，補うことが必要になった。

論議に必要な各部分の長さと関の名称は，本文の図に譲る。眉積の公式

$$ 眉積 = ((b-a)d + 2ga - (b'-a)d')/4 $$

の導き方は補説の本文に譲る。筆者は，関が考えた図（A型）を一般化して，三類型を考えた。B型とC型は優弧が組み合わされ，日食，月食の図を含む。

作図が可能な条件とは，大円と小円が交わることであり，式では

$$ (☆) \begin{cases} g = c - c' \\ a = d\sin(b/d) = d'\sin(b'/d') \\ a = 2\sqrt{c(d-c)} = 2\sqrt{c'(d'-c')} \end{cases} $$

と表される。簡単のため正弦関数で表した。条件（☆）の下，b, b', g を与件として d, d', c, c' を求めることは，一種の超越方程式を解くことであって難しい。関は「求弧背術」により近似的に逆正弦関数に相当する計算が出来たが，恐らくその方法では不可能に近かったであろう。筆者は関数電卓を用いて

逐次近似法により解いた。具体的に，$b=9$，または $b'=5$ と固定し，a を 5 から 0 まで変化させて $d,\ d',\ c,\ c'$ と中広 $g=c-c'$ を求めた。計算結果は同所の数表を参照。その結果，どの組み合わせによっても $g=1$ とはならないことが示された。すなわち，関の例題の数値では，眉は作図不能である。

松永は「中広一は二とすべきだ」と訂正した。そこでこの可能性も含めて，$g=1$ と $g=2$ の場合に可能な b と b' の組み合わせを作って，探索的に調べた。計算結果は同所の数表を参照。その結果，A 型図の範囲で，（イ）$b=9$，$b'=8$，$c'=1.02823$ と（ヘ）$b=6$，$b'=5$，$c'=0.48359$ の二つが，関の考えに近いことが判明した。松永の訂正は（イ）に該当する。関の（イ）の場合の着想は，「角術」の正六角形であったろう，という推測を述べた。

円錐台に三角孔（第24論文）

連載第一回§1で，関の「求積問題」の目標の一つは「円台三角空」（表題の内容に相当する）であったろう，という予想を述べた。しかし「求積」編にはなく，『勿憚改答術』第九十一問「円錐台に正三角形の孔を突き通してあけ，残りの体積を求める穿去問題」がこれである。小林龍彦・田中薫両氏がつとに問題を復元された。幾何学の側面には両氏の研究に付加すべきことはないが，数値の復元に対しては異論をはさむ余地がある。この補説は，幾何学の側面に対しては連載第五回§27（そ）と§29（そ'）への補足となること，数値の復元の側面において「関の示した数値の隠された部分を掘り起こす方法」（筆者の原著）を示すことを目標とした。（図は補説本文を参照）

「円錐台の体積」——これは連載第一回§5（ほ）の式⑧に要約される。

「截面を底とする錐の体積」——正三角形の孔▽を突き通してあけると，円錐台の底面に平行な切り口は，円 P'P を平行な弦 P' と弦 M で切った「円欠」になる。これを底面とする錐 LPM（円錐の一部分）の体積を考えるのは易しい。

「斜截面を底とする錐の体積」——円錐台を斜めに切ったときの切り口は

〔要　旨〕

U と V を長軸の両端とする楕円面となり，正三角形の孔▽の斜め方向の切り口は弦 P と弦 Q とで挟まれた形「側面円欠」となる。この形を底面とする錐 LPQ（高さを LN とする傾いた円錐 LUV の一部分）の体積は甚だ難しい。

「正三角形の孔▽の体積」——上記の二つの錐の差の二倍となる。関が問題の立体を《幾何学的に正確に》捕らえた力量には，驚くべきものがある。

「円錐台の体積」——これは連載第一回§5（ほ）の式⑧に要約される。

「截面を底とする錐の体積」——正三角形の孔▽を突き通してあけると，円錐台の底面に平行な切り口は，円 P'P を平行な弦 P と弦 M で切った「円欠」になる。これを底面とする錐 LPM（円錐の一部分）の体積を考えるのは易しい。

「斜截面を底とする錐の体積」——円錐台を斜めに切ったときの切り口は U と V を長軸の両端とする楕円面となり，正三角形の孔▽の斜め方向の切り口は弦 P と弦 Q とで挟まれた形「側円欠」となる。この形を底面とする錐 LPQ（高さを LN とする傾いた円錐 LUV の一部分）の体積は甚だ難しい。

「正三角形の孔▽の体積」——上記の二つの錐の差の二倍となる。<u>関が問題の立体を《幾何学的に正確に》捕らえた力量には，驚くべきものがある。</u>

球切片の定積分（第25論文）

連載第六回§40で，球欠直截（球帽を底面に垂直に切った立体の体積）B と截覚積（球欠直截の表面積）X の数値積分に触れた。加藤平左エ門氏は，B の定積分に巧妙な変形を施して，逆正弦，逆正接による表示に達した。

$$B = \int_3^4 (25-x^2)\arccos(3\sqrt{25-x^2})dx - 3\int_3^4 \sqrt{64-x^2}dx$$
$$= 151\pi/3 + 6\sqrt{7} + 66(\arcsin(3/4) - \arccos(3/4))$$
$$- (250/3)(\arctan 3\sqrt{7} + \arctan(\sqrt{7}/3)) = 1.589413$$

<u>同氏の答え 1.5639 は誤りで，上記に訂正する。</u>筆者はさらに変形を続け，

$$B = 250 \cdot (\pi/3) + 6\sqrt{7} - 382\arccos(3/4) = 1.589413$$

<u>に到達した。</u>関の答え 1.5894 は良い値だが，誤差の偶然な相殺によるもの。

筆者は同様なやり方で，Xも積分法の範囲で解けることを示した。
$$X = 10\int_3^4 \arccos(3/\sqrt{25-x^2})dx$$
$$= 60\arcsin(3/4) - 50\arcsin(9/16) - 5\pi = 5.305441$$

西洋流の求積法（第26論文）

連載中の各所で，関が求積問題に与えた解法とそれに対応する西洋流の求積法に言及した。この補説は数学史一般ではなく，もっぱら関との比較に限定した立場で，西洋での研究を取り上げた。

西洋流との比較

古代のアルキメデスと3，5世紀の劉徽，祖冲之は，共に幾何学的な考察により，円を正多角形で近似した。前者は，内接・外接正多角形の周で円周を挟み，「搾り出し法」を用いたのが特色である。後者は内接正多角形と便宜的な外接形によって円を挟み，面積についての不等式を導いた。円周率πの計算という目標に変りはない。関には内接・外接形で挟むという観点が欠ける。しかし「増約術」によって或る段階までの計算結果を用いて，一挙に精密な値に到達した点が特色である。

アルキメデスと球

アルキメデスは球と円柱と円錐の体積比を，力学的なテコの原理を応用して求めた。筆者はこれを半球と外接半円柱と円錐の体積比に置き換えて示した。球の体積と表面積は，どちらか一方が求まれば，他はその系題として求まる。アルキメデスはこの双方を示した。関は，球の体積から表面積を求める道を示した。

ガリレイの椀

関は半球の体積を求めるのに，旁錐という難解な立体を持ち出した。それは半球と〔内接〕円錐を同じ底面の上に置いたからである。ガリレイの方法は，外接円柱から半球を抜き去った立体を椀と名付け，これと倒立させた円錐とを

〔要 旨〕

比較する巧妙な技法であった。本文の図は上下を逆にしてある。

ケプラーの樽とレモン

ケプラーは葡萄酒の樽の容積を，円柱および二つの円錐台を重ねた立体で近似して測ろうとした。その際，最大値の近くで変化が感知しにくい，という微積分の法則を予見した。さらに，円環（浮輪）の体積を薄い円板の積み重ねに置き換えて，「切口円×中心周」（中心周の言葉は使わない）の公式に到達した。その重心から回転軸への距離の変化により，球およびリンゴやレモンと名付けた立体の体積に及んだ。関の研究と，どこか共通点が認められる。

カヴァリエリの原理

カヴァリエリの「不可分」の概念は，西洋で論争点であった。その哲学的な装いを除けば，いわゆるカヴァリエリの原理は当然の内容を主張している。穴明き図形への適用は，特徴のある論法を用いる。立体において，直柱と斜柱の等積を主張する考え方は，関の場合と共通している。

ギュルダンの定理の内容

ケプラーも持っていた「切口円×中心周」の公式を一般化したものが，いわゆるギュルダンの定理であり，古代ギリシャのパッポスも同じ内容を主張した。したがって，定理の内容でなく証明（もしくは合理的説明）の仕方が焦点になる。その観点から見ると，ギュルダンのは説得性があるとは言えない。関も合理的説明なしに使っている。筆者は，「平面図形の重心」に薄板の全重量が集中して軸の回りを回転することが，説得的に説明できるかに掛かっている，と考える。筆者の「炉縁から円環へ」に，新たな証明を付け加えた。

パスカルの蹄形

パスカルは，直角三角形の斜辺が曲線の置き変わった直角三線図形の面積を測るのに，縦方向と横方向の二つの切り方を変えてその同値を示した。同様にこの図形の上に斜めに切った柱（蹄形の立体）を作り，その体積を同じく方向を変えて切り，その同値を示した。微積分の言葉では，部分積分に相当する。パスカル

はこの方法を一つの原理として抽出した点に，独創性が認められる。関の場合は，原理としては掲げず，実用的に利用していた。

円理とは何か（第27論文）

　この連載では，関の求積問題のうち，彼が重視した円（円弧）に関する問題を取り上げた。それは，直線に関する問題よりも甚だ扱いにくいからである。そこでいわゆる「円理」をめぐって，
　Ⅰ．円理はいつ和算に現れ，いつ頃から繁用されたか。
　Ⅱ．円に関係する図形とは，どんな範囲か。
　Ⅲ．特に「無限小解析」に匹敵する方法を含むか。
の諸点をあらためて考察した。

<u>円理を限定する立場</u>

　沢口一之『古今算法記』(1670)が円理という言葉の初出である。Ⅰの繁用の時期については，三上氏の説は独自である。要旨を紹介する。

　普通の意味の円理は関の発明と言われるが，氏は建部賢弘に始まると見る。関の定周，定背，定積等に含まれる求極限法の原則を円理と呼ぶならば，関が円理の創始者と言ってもよい。しかし普通の意味の円理は建部の『円理綴術』に始まる，と言うのが氏の見解である。二次方程式の解を解析的に表す算法が綴術であり，得られた級数を次の二次方程式に入れて級数で表し…，と進め，級数の諸項の係数の比較から極限の級数の公式を得るのである。三上氏は，求極限法の段階ではなく，極限の級数の法則性の段階，松永良弼『乾坤之巻』に見られる完成した段階をもって，円理の成立と見る。

<u>綴術の本質について</u>

　藤原氏の『明治前』では，Ⅱについて，円，円欠，球，球欠に関する算法から，後には広い範囲の曲線，曲面の求積問題を指すようになった，と述べる。Ⅲについて，綴術の言葉の起源は中国であるが，建部の綴術とは，一般法則を

〔要　旨〕

総合帰納する方法を指し，特に級数の係数を支配する法則を推理と数値によって帰納する方法を言う，と述べた。松永の『乾坤之巻』は求弧背術において，二次方程式の解を級数で表し，二次方程式を重ねた級数展開の係数の法則を導く内容，と紹介した。

<u>円理を一般化する立場</u>

　加藤氏は，円理は初め，円周，円面積，弧長，弧積，球積，球表面積，球欠等に関する問題の，極限の考えを用いた算法を指した。後には，楕円，その他の曲線に囲まれた面積，立体の体積，表面積，空間曲線の長さ等を含む算法すべてに及んだ，と述べた。さらに氏は，無限級数展開に関する算法は次々に級数を綴りゆくので綴術であり，円理に必要な綴術という意味で円理綴術という語が生じた，と述べた。円理という言葉は便利なので俗に「関の円理云々」と言うが，「関が微積分に到達していた」かの如き誤解の原因になる，と筆者は考える。三上説の狙いはまさにここにあった。

　筆者は最後に，加藤氏による関の求積問題への注記を引用し，この連載への補充とした。

楕円の周の長さ（第28論文）

　連載第五回§26で，関が側円（楕円）の全周の長さを求めたことに触れた。実は側円の面積が易しいのに，周の長さは難しく，西洋でも楕円積分の発達によりようやく可能になった。関の場合，次の近似公式であったことは，当時としては当然とも言える。彼は，長径 a，短径 b に対する周 F を

$$F^2 = (355/113)^2 ab + 4(a-b)^2 = \pi^2 ab + 4(a-b)^2$$

で与えた。$355/113$ と π の差は，小数点以下5桁で計算する限り無視できる。$a=2, b=1$ のとき，上の公式では 4.87229 となり，$j=b/a=.5$ のとき離心率の自乗 $k^2 = 1-j^2 = .75$ に対応する完全楕円積分による周は 4.84422 である。粗雑な公式の割りには，近似がよいのは意外である。

従来の評価の例として，加藤氏(31.)は，上の公式は「甚だ理解しにくい。和算では側円は円壔を斜めに切った截口と考える… $\pi^2 ab$ は何を意味するか… $4(a-b)^2$ は何を意味するか。別々に考えるとまったく理解できないが，… $b\to a$ のとき側円は円となり第2項は消えて $\pi^2 a^2$ に近づき… $b\to 0$ のとき側円は2本の直線となり第1項は消えて $4a^2$ となる」ので，上の公式にしたのであろう，と述べた。平山氏(3.)は，上の公式は「直観的に見た近似値である」と述べた。筆者は「近似値というからには，関はどこかで精密な値を知っていた筈だ」と考えて，彼にとって計算可能な範囲の方法を推測してみた。

1）側円的六角　円に正六角形を内接させたまま，短軸方向に .5 倍（一般には j 倍）に圧縮し，側円的六角と呼ぶ。六角形の頂点が真上に来るのを甲形，頂点が真横に来るのを乙形と呼ぶ。$j=.5$ のとき，甲形の周は 4.60555，乙形の周は 4.64575 となり，上記の積分による周 4.84422 に近い。

1-1) 円角率　側円的六角に丸みを付ければ，さらに近似がよくなるであろう。第一案は，直径1の円の周 π と六角形の周3との比（円角率）$\pi/3$ を掛ける。甲形の周は 4.82292，乙形は 4.86502 となり，近似の程度は遙によい。

1-2) 弧背術　関は弧背術(33.)によって，圭（二等辺三角形）の高（矢）と底辺（弦）を与えると，この圭に外接する弧背の長さを求めることができた。ただし圭の頂角が鋭角のときは方向を変えて，底辺の半分を矢とし，高の2倍を弦とする。第二案は，側円的六角に外接する側円を六つの曲線に分割し，円弧と見なしてこの方法で弧背の長さを計算する。甲形の周は 4.83509，乙形は 4.90832・ となって，近似の程度は非常によい。

筆者は，j が .1 から .9 にわたる値に対して，円角率，弧背術による値を計算した。その結果，どちらの方法もよい近似値を与えることが分かった。原文の数表を参照のこと。

2）関は，円錐に糸を巻き付けて曲面を展開し，その長さを測る問題を解いた。筆者はこれに倣って円錐に側円を描いたまま展開し，側円の周の長さを測

〔要　旨〕

った。側円の展開図を折れ線で近似して長さを測ると，分点の数が増すほど楕円積分による周の長さに近づいた。図と詳細な説明と数値例は原論文に譲る。

さて，筆者は側円周の長さを近似的に求める三つ（側円的六角を含めれば四つ）の方法を示した。その中で関の思考様式に近いのは，1-2)弧背術ではないかと想像する。いずれにしても彼が F^2 の公式を作る前に，かなり精密な周の値を知っていたであろうと，筆者は考える。原論文ではさらに，彼がどんな着想から公式を得たかについて，一つの私案を提出した。原論文に譲る。

関の求弧背術の限界（第29論文）

直径 d の円における弦 a と矢 c の関係式は簡単だが，対応する弧長 b は逆正弦関数（超越関数）によって与えられる。従って関が意図したような、数個の定点で精密な b の値を与えるような補間公式は、原理的に中間点で誤差をもつことは止むを得なかった。その意味で関の公式には限界があった。しかし中間点における近似値を与えるという意味では、実用性がある。

関は、和算初期の著者たちが用いた補間公式（以下 $d=1$ と仮定する）

(1)　　$b^2 = a^2 + 6c^2$

の係数 6 を、半円の場合（ $c_0=.5$ のとき）にも当てはまる公式

(2)　　$b^2 = a^2 + A_0 c^2$,　$A_0 = \pi^2 - 4$

に変形した。次に、公式（2）による b^2 の値と、定点 $c_1=.1$ における精密な値 b^2 との誤差 E を零とするような補正値を求め、

(7)　　$b^2 = a^2 + A_0 c^2 - E = a^2 + c^2 \{A_0 + A_1 \cdot \dfrac{c-c_0}{d-c}\}$

を得た（公式番号は本文を参照）。この改良によっても、他の定点 $c_2=.2$ ， $c_3=.3$ ， $c_4=.4$ ， $c_5=.45$ においては誤差を持つ。そこで第二の定点 $c_2=.2$ における公式（7）による b^2 の値と、精密な値 b^2 との誤差 F を 0 とするような補正値を求め、

(10) $\quad b^2 = a^2 + c^2 \{A_0 + A_1 \cdot \dfrac{c-c_0}{d-c} + A_2 \cdot \dfrac{c-c_0}{d-c} \cdot \dfrac{c-c_1}{d-c}\}$

を得た。

　ここまで来れば方法は確立されたので、順次他の定点でも当てはまるような補間公式

$$\begin{aligned}(11)\quad b^2 = a^2 + c^2 \{&A_0 + A_1 \cdot \dfrac{c-c_0}{d-c} + \cdots \\ &+ A_5 \cdot \dfrac{c-c_0}{d-c} \cdot \dfrac{c-c_1}{d-c} \cdot \dfrac{c-c_2}{d-c} \cdot \dfrac{c-c_3}{d-c} \cdot \dfrac{c-c_4}{d-c}\}\end{aligned}$$

に到達できる。この公式（11）が、多くの解説者が引用する所の「関の補間公式」である。係数 $A_0, A_1, A_2 \cdots$ の数値は本文を参照せよ。従来の解説は、関が公式に到達する過程を棚上げし、公式（11）を冒頭に置き、順次係数 A_0, $A_1, A_2 \cdots$ を定めて行く方法をとっている。これでは、関が公式（1）を出発して、公式を順次改良しつつ、最後の公式（11）に到達した思考の流れが辿れない。筆者は、その代わりに上記のように、関が一歩一歩公式を練り上げて行った過程を復元したのである。さらに松永と藤田による、原文の訂正を検討した。

　関の原文の理解を妨げるのは、「報斉」なる概念である。関は先に「求円周率術」（第2論文を参照）において、精密なるπの値 3.14159265359微弱（定周）を得ていたにも拘わらず、この「求弧背術」においては近似分数 $\dfrac{355}{113}=3.141592\underline{920353}\cdots$（下線は過剰）による公式に書き換えようとした。$c_1=.1$ に対応する甲定背 b_1 などが得られると、これを近似分数 $\dfrac{355}{113}$ に適合する公式に直すため、あらかじめ定背 b にその<u>報い</u>として $\dfrac{355}{113\cdot\pi}$ を<u>引き当て</u>るという意味であろうと推測される。

　本論文の後半において、筆者は関の方法論上の欠陥を指摘した。矢 .25 は正三角形と密接な関係を持ち、弧背は定周から $\pi/3$ と簡明に求められるにも拘わらず、上記の如き五つの矢を重視した。また、$c_1=.1$ に対応する b_1 と、$c_2=.2$ に対応する b_2 とは、$b_1+b_2=\pi/2$ という簡明な関係があり、一方が得られれば他方は煩瑣な計算をせずに求まる。しかし関は、この関係に無関心で

〔要　旨〕

ある。

　関の最大の欠陥は、後に建部賢弘によって指摘されたように、半円に近い $c_4=.4$, $c_5=.45$ 等の場合を探究し、$c_1=.1$ やそれよりも小さい $.05$, $.01$ などの場合を求めようともしなかった。そのため重要な級数展開に到達できなかった。（それは建部に残された。）

　筆者はさらに、関の研究態度の根幹に係わる欠陥を指摘した。すなわち彼が熱心に探求した「求円周率術」、「求弧背術」、「角術」の三分野には、相互に深い<u>内的な関係</u>がある。　関はそれぞれの分野ごとには徹底的な追及を行なったにも拘わらず、分野相互の比較参照をしなかった。その例として本論文では、正三角形のデータの相互参照の欠如を指摘した。他の例としては、「求円周率術」と「角術」の双方で同じ正八角形や正十六角形を扱いながら、それぞれ個別に得られたデータを全く相互参照しない。

　筆者はさらに、公式（11）における分数式の使用は、必然性がないことを指摘した。

　筆者の「求円周率術」（第2論文）で創始した「隠れた数値を掘り起こす方法」の有効性を検討し、さらに関の「加速法」を再び検討した。

訂正と補足

(各頁の行間の#印と数字による。頁付けは，論文集の通し番号である。)

#1 （ 1 頁）高瀬正仁訳：ガウス整数論，朝倉書店，1995．本書は翻訳史上の快挙である。
#2 （ 3 頁）筆者は，関が『算俎』から学んだ可能性は認める。ただ，学んだ結果が『規矩要明算法』に結実したという平山説には疑問をもつ。§7（8-9頁）を参照のこと。
#3 （10 頁）$\sqrt{23}$ を例題に選んだ理由は，ガウスの『整数論』（#1 を参照）の317 条の例題に由来する。
#4 （20 頁）旧稿を書いた 1980 年。
#5 （25 頁）#4 を見よ。
#6 （49 頁）この記述は 1980 年頃。筆者は 1986年には，この考えを捨てた。§7．p.9 を参照。
#7 （69 頁）本論文集で内容の一部を改稿し，1号論文『関の求円周率術』とした。
#8 （69 頁）現在まで未執筆。2008年秋のシンポジウムで，一部発表の予定。
#9 （71 頁）筆者はその後，小林龍彦氏より，これらの図を含む写本のコピーを頂戴した。『全集』(3.)や平山諦著『関孝和』(5.)に写真版で集録された写本である。『全集』に転載された図は，かなり忠実になぞらえている。筆者が本文で批判しているのは，いずれの図も関の本意を正しく伝えていない点である。
#10 （73 頁）本論文集15号以下の連載論文『関の求積問題の再構成』を参照のこと。
#11 （76頁）『規矩要明算法』の円周率計算に対する筆者の批判は，1号論文の§4（3 頁），§7（8-9 頁）を参照せよ。
#12 （85 頁）筆者は，日本数学史学会第37回総会・研究発表会(1998.5.24)において，**作図Ⅰと作図Ⅱ**の証明を改良したうえで口頭発表した。図は87頁とは変更し，次図を用いる。『関全集』の挿図は誤りで，筆者の図に訂正すべきである。証明は正十一角形について述べるが，そのままで正十三，十七，十九角形にも通用する。

作図Ⅰ

$KL = f_3 = b_3/2 + R = KJ' + J'L$ ……(1)

〔証明〕弦（面斜）KHと外接円半径 OD＝R の左側の交点をMとする。KMを底辺とし，圭（二等辺三角形）JOI と相似な圭を△KLM とすれば，作図Ⅰの関係式(1)は<u>この図形のなか</u>に含まれる。（原図とは頂点の方向を変えた。）いまJIを辺JKに沿ってKNまで平行移動すれば◇KNIJは梭(菱形)であるから，対角線JNは外接円半径JOと重なり，N

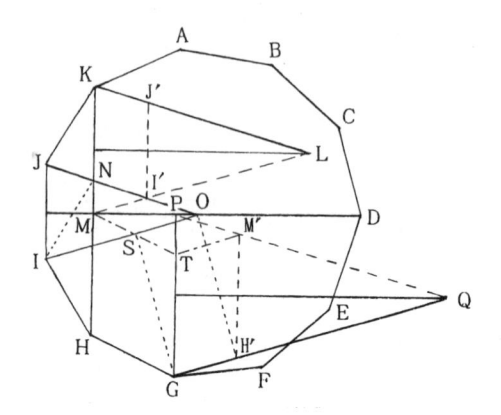

はJO上にある。JOとMLの交点をI′とすれば，△NI′Mも△MI′Oも圭であるから，I′はNOの中点である。よって，NI′=b_3/2=MI′=KJ ……(2)

さてKNを辺J′I′まで平行移動すれば，この二度の移動によって圭JOIは圭J′LI′に移されるから，R=JO=J′L ……(3)

(2)と(3)を加えて(1)が得られる。

作図II（正十九角形で用いられるが，便宜上正十一角形のなかで証明する。）

GQ=f_5=r_4+f_3=GH′+H′Q ……(4)

〔証明〕弦 AG と MO の交点を P とする。PG を底辺とし，圭JOIと相似な圭を△PQGとすれば，作図IIの関係式(4)はこの図形のなかに含まれる。（原図とは頂点の方向を変えた。）弦KGと半径IOとの交点をSとすれば，SO⊥SGかつSOの長さは r_4 に等しい。OからGQへの垂足をH′とすれば，SG∥OH′および SO∥GH′により，SOH′G は矩である。よって，SO=r_4=GH′ ……(5)

さてMH(=KM)を辺HGに沿ってTGまで平行移動する。さきのKGとIOの交点Sは，このMとTを結ぶ線上にある。なぜなら△KGHを考えれば，MはKHの中点，SはKGの中点であるからMS∥HGとなり，MSとMTは重ならざるを得ない。さらにTGを辺GQに沿ってM′H′まで平行移動すれば，▱TM′H′Gは平行四辺形である。圭PQGと圭M′QH′を相似にとる経緯から，M′はPQ上に来なければならない。さてKMを底辺とする圭KLM(作図Iの該当図形)はMHを底辺とする圭に等しく，二度の移動によって圭M′QH′に移された。よって，

KL=f_3=M′Q=H′Q ……(6)

(5)と(6)を加えて(4)が得られる。（以上の証明はユークリッド幾何の用語を用いた

訂正と補足

が，本文§3における関の論法に近づけることは容易である。)

#13 (*89*頁) 上記#10 に述べたように，その後小林氏よりコピーを頂戴した。それを見ても，筆者が本文89頁で述べた想像や推測は変わらない。

#14 (*101*頁) 本論文集15号以下の連載論文『関の求積問題の再構成』を参照のこと。

#15 (*103*頁)「弧矢接勾股の法」は「授時暦経」の数理を解説した「天文大成」（9号論文を参照）に出てくる言葉であり，右図を構成する線分や円弧の諸関係を指す。弧は半弧とも，勾は半弦とも言う。股と矢の和は半径である。直角三角形を形作る諸線分相互の関係は容易であるが，矢と弧（または勾と弧）の関係ははなはだ困難であり，中算家や和算家を悩ませた。多くの近似公式が提出された後，関が「求弧背術」（29号論文を参照）の中でかなり精密な補間公式を提出した。関の「弧矢接勾股の法」とはこの補間公式を指す。

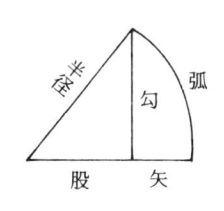

#16 (*103*頁) 1号論文の§2 (p.*2*) で，このことに触れた。

#17 (*104*頁) 29号論文の§3 (p.757〜) で，より詳細に扱った。

#18 (*105*頁)「弧矢弦の法」も#15 と同じ補間公式を指している。

#19 (*106*頁) グノーモンについては，本論文集p.*29* で矩尺として説明した。

#20 (*131*頁)「弧矢弦の法」も#15 と同じ補間公式を指している。

#21 (*135*頁) 戸谷氏の数値 2.24697960382 を筆者の検算による 2.24697960380228 に改めるのが適切である。

#22 (*150*頁) 筆者はその後（1998年頃），本文§16の内容に対して検算を行なって，各種の結論を概ね裏付けることができた。十四R は，末位…03802（…03太強）にも…03717（…03太弱）にも到達しうる，と言える。その他の収穫が，143頁で述べた一般方針「9桁目まで数値を残して，10桁目の数が 0 なら微強を付す，10桁目の数が9なら上桁を1増して微弱を付す」に対して，本文に述べた<u>例外規定</u>「9桁目の数が 0 なら微強を，9なら上桁を1増して微弱を付す」方針がとられること，<u>更なる例外規定</u>「8桁目の数が 0 なら微強を，9なら上桁を1増して微弱を付す」方針が存在することを再確認したことである。実例は，原文の十九R の 3.03776691微強が例外規定に相当し，九R の 1.4619022微強が更なる例外規定に相当する。角術においては，実例はこれだけであるが，範囲を「求円周率術」（2号論文），「求弧背術」（29号論文）に広げると（そこでは19桁目までが基本にとられている），例外規定および更なる例外規定とが存在することが確認された。

#23 (*152*頁) 筆者は本文の「関は小数第11位までの「定周」が必要であると考た」に対して，後に別の見解をもつに至った。11号論文『関の授時発明への注意（補）』p.*353-354* を参照のこと。

#24 (*160*頁) 5号論文は本論文集に再録された中で，和算関係の最初の論文である。こ

の前後に『ガウス復元(1)』(1979)と『同(2)』(1980)があるが，和算の内容と関係がないので本論文集に載せない。

#25(*160*頁) #1を参照。

#26(*164*頁) #24を参照。

#27(*166*頁) #24を参照。

#28(*173*頁)《準一般的》な推論の方法。例えば整数論において，一般の素数 p のもつすべての性質に依存しつつ定理を証明するのが普通の証明である。これにたいして，特定の素数7に固有な性質に依存して定理を証明しておき，後から「実は素数7の性質に依存する極小の点を除けば，定理は一般に証明されている」と論ずるのが《準一般的》な推論方法である。数学者にとっては気持ちがわるいかも知れないが，初学者が最初に学ぶときに有効であり，教育心理学の立場からは意味がある。

#29(*180*頁) 本論文の後に，『ガウスの復活祭公式』を明治学院論叢第318号，総合科学研究11(1981年7月)に書いた。本論文よりも一層《文化史的な観点》を強調しており，筆者としては捨てがたい。しかし，和算と関孝和から余りに離れているので，本論文集から割愛した。いずれガウス関係の論文集に採録する。

#30(*181*頁) #29を参照。

#31(*184*頁) 筆者はその後，29号論文(1998年5月)を書いた。

#32(*187*頁) 筆者は，青年関が『規矩要明算法』を書いたことには疑問をもつ。もちろん出版の1663年も疑わしい。本論文集，1号論文§7を参照のこと。

#33(*189*頁) #32を参照のこと。

#34(*189*頁) #32を参照のこと。したがって「環矩術」も疑わしい。

#35(*190*頁) 本論文集において改稿し，1号論文『関の求円周率術考』とした。

#36(*192*頁) #32を参照のこと。

#37(*194*頁) #31を参照のこと。

#38(*194*頁) #32を参照のこと。

#39(*221*頁) もちろん筆者の造語であり，誰も用いたことはない。

#40(*223*頁) 本論文集は関孝和が主題なので，ブラウンカー関係の論文は採録しない。

#41(*224*頁) 心理学者ピアジェ(J. Piaget)が提案した，子どもの認識の発達過程を論ずる立場。従来の経験論を否定し，子ども自身のなかに漸進的な認知の潜在的な能力を認めようとしている。筆者は本文において，「より素朴で緩慢な現象から，より快速な現象へ」と認識が展開してゆく状況をピアジェの理論になぞらえた。

#42(*225*頁) #41に述べた「発生論的な」立場から考察すれば，ここでは両極端の事例しか扱わないため，両者を繋ぐ理論(具体的には連分数の一般論)に到達しえなかった。

#43(*229*頁) 筆者はこの問題の重要性に鑑み，後に再び(2006年5月)に口頭発表し，『開立方のある難点の解決』，数学史研究 190号，2006年に再録された。

#44(*231*頁) 後の#48を見よ。

#45(*232*頁) この断定的な述べ方には独断が含まれる。後の#48を見よ。

訂正と補足

#46(233頁) 後の#48に述べる2006年の論文においては,算盤上の算木の動きを解説と共に完全に再現した。

#47(236頁) 補足#44の再記。次の#48を見よ。

#48(237頁) 公式⑤を用いるとき,一度より簡単な公式⑥で仮の商 b を求めておき,再び式⑤の分母に入れて精密な端数 β を求める方法を,筆者は「二段階方式」と呼ぶ。次の論文を見よ。『ガウスの発見と数値計算のはざまで――(3)代数方程式の数値解法――』,日本女子大学紀要,人間社会学部,第5号,1995,p.359-376. 筆者はさらに,補足#43に引用した『開立法のある難点の解決』(2006年)において,種々の数値例を用いて,次商 b を見つける別の方法があることを新たに述べた。

#49(238頁) #48を見よ。

#50(255頁) #43を見よ。問題の本質から「日に一倍問題」と呼ぶのが適切。

#51(268頁) #50を見よ。

#52(279頁) この算法の(ⅲ)は,さらに次のように二段階に分けるとよい。

(ⅲ) B と $3\alpha^2$ と比べて, $B<3\alpha^2$ ならば(i)へ進む。次に B と u と比べて, $B<u$ ならば同じく(i)へ進む。

初めは $3\alpha^2$ と比べ, $B>3\alpha^2$ のときは $3\alpha+1$ を加えた u と比較べる。初めの比較だけで用が足りる場合が多い。

#53(284頁) 前項#52と同様に,(ⅲ)を二段階に分けるとよい。

#54(286頁) 献呈の対象は教育学担当の教授。

#55(290頁) 関の「求弧術」については,29号論文『関の求弧背術の限界』を書き下ろした。研究が進むにつれ,「授時暦」そのものへの興味が湧いてきた。

#56(290頁) 最近,次の著書が出た。

藪内清・中山茂共著,『授時暦――訳注と研究――』,アイ・ケイコーポレーション,2006年2月。

1960年代に藪内清氏を中心にもたれた「授時暦研究会」の成果を,2003年に中山氏が主催した第2次研究会の成果を含めて,中山氏が出版した。関孝和については,藪内氏による一箇所(3頁)名前の引用があるだけで,まったく触れられていない。筆者は本稿との関連で幾つかの知見を加える余地があるので,そのつど参照する。

#57(291頁) 前記(#56)の著書では,「沈括の公式」と「古率」には触れていない。

#58(292頁) この結論は,

1987年夏,群馬県桐生市で開かれた「〔第1回〕漢字文化圏と近隣諸国の数学史・数学教育シンポジウム」(8月7~10日)

において,口頭発表した。

シンポジウムに先立って,日本数学史学会1987年6月14日で発表し(口頭発表一覧表を参照),下平和夫氏のお勧めにより,『数学史研究』(117号,1988年4~6月号)に「授時暦で用いられた沈括の逆正弦公式」として投稿した。『数学史研究』の論文は重複するので,本論文集には載せない。

#59(*292*頁) #58の論文が掲載され直後,清水達雄氏より手紙をいただいた.お詫びするとともに,『数学史研究』(119号,1988年10〜12月号)に,次の「補遺」を掲載した.
《本誌通巻 117号の拙稿「授時暦で用いられた沈括の逆正弦公式の精度」において,先行研究として清水達雄先生の「沈括の拆술術」(本誌通巻99号,1983年)を参照すべきでした.そこでは誤差解析をもとにして,清水氏は
　　「πは3でもよく,だから
　　　　　弧長・弦+(矢^2/半径)
　　は,実地に適切といえる.」
と結論しておられます.私の不明をお詫びし,ここに補遺として引用させていただきました.(昭和63年7月29日受理)》

#60(*302*頁) 関は29号論文の『求弧背術』において,区間 0 と 0.5 の中間の矢 c に対応する弧背 b を算出する補間公式を作り上げた.

#61(*304*頁) #59 で引用した清水達雄氏の論文において,詳細な誤差解析がなされている.

#62(*304*頁) #56 で紹介した藪内・中山共著『授時暦』には,どこを探しても授時暦を作成した郭守敬たちが《三角関数》に代わるいかなる計算方法を用いたか,記述が無い.これでは,例えば同書 p.14-16 の「黄赤道の換算率」,p.31-34 の「内外度」などがどう計算されたのか,また何処まで正しいのか知ることが出来ない.もちろん,沈括の名前も出て来ない.

#63(*318*頁) #62 で引用した著書では,かかる内容に全く触れていない.

#64(*319*頁) 関の数学研究の動機が,一つは暦学上の問題の解明にあったという広瀬氏のご指摘は深い示唆に富んでいる.従来の「関孝和研究」は,あるいは伝記についての瑣末に終始し,あるいは現代数学の目から見た解説にすぎず,関の研究の神髄には触れていない.

#65(*320*頁) 29号論文を参照.

#66(*321*頁) 弓形の面積は,15号論文の p.*436* で与える.

#67(*326*頁) #56 の藪内・中山著の中の「月の位置計算」(21頁)は,本文を元史「授時暦」に依り,和算では建部賢弘の「授時暦解義」に依っている.同書26頁では,この14度66分を計算の基礎に用いている.

#68(*331*頁) 文献1.全集 382頁,「白道ト赤道トノ差ヲ論ズ」のすぐ次の行に,「郭太子ハ,弧中に容ルル所ノ直ノ法を以ッテコレヲ求ム.」とある.筆者は,本稿 p.*331* では同書の図を指すものとした.本稿 p.*344* では楕円半周を円弧と見做す方法と解釈した.本稿 p.*345* では引用の必然性を述べた.

#69(*340*頁) 筆者は28号論文『楕円の周の長さ…』を書き下ろした.ただし,そこでは楕円の全周を扱っていて,本文のこの箇所における楕円の任意の弧長にまで言及したわけではない.

#70(*344*頁) #68を参照.

訂正と補足

#71(*345* 頁) #68を参照。
#72(*354* 頁) #56 の藪内・中山著では、113頁以下に「冬至、夏至の決定」として、「表（ノーモン）を立て、その陰を量ればよい。」などの観測方法が解説されている。
#73(*354* 頁) 29号論文を参照のこと。
#74(*357* 頁) #72を参照。
#75(*358* 頁) 29号論文を参照。
#76(*362* 頁) 29号論文を参照。
#77(*363* 頁) 15号論文以下の諸論文を参照。
#78(*364* 頁) 29号論文を参照。
#79(*364* 頁) 29号論文の主題、「関の求弧背術」において、関は五つの弧背（弓形の弧長）を扱った。（甲）矢0.1, 弦0.6；（乙）矢0.2, 弦0.8；（丙）矢0.3, 弦0.9175…；（丁）矢0.4, 弦0.9797…；（戊）矢0.45, 弦0.9949…。
　しかし、第15～22 論文、すなわち関の『求積』の中では、<u>一般の弧背</u>を扱っているにも拘わらず、数値例では専ら（甲）と（乙）を偏愛している。これはこの二つの場合は矢と弦の値が簡明なためと、（筆者の推測では）関自身がこの二つの特殊な例題の場合の弧長を計算して、一般の場合を推測していた。#28,《準一般的》な推論の方法の例と考えられる。
#80(*365* 頁) 29号論文を参照。
#81(*366* 頁) 29号論文を参照。
#82(*367* 頁) #56 の藪内・中山著では、141～142頁で北京の昼夜刻を論じている。
#83(*368* 頁) 29号論文を参照。
#84(*370* 頁) 29号論文を参照。
#85(*370* 頁) #82を参照。
#86(*373* 頁) 29号論文を参照。
#87(*373* 頁) #56 の藪内・中山著を参照。
#88(*379* 頁) 15号論文以下を参照。
#89(*389* 頁) #56 の藪内・中山著の31～34頁に掲載された表の内外度の数値は筆者の*338*頁の（ロ）d と一致する。筆者は本論文では、10 刻みの l に対する d しか表示していないが、筆者のノートの値に当たってみても同様である。
#90(*389* 頁) 29号論文を参照。
#91(*390* 頁) 29号論文を参照。
#92(*391* 頁) 29号論文を参照。
#93(*393* 頁) 29号論文を参照。
#94(*398* 頁) プトレマイオスについては、p.306 で触れた。
#95(*403* 頁) 1987年夏、群馬県桐生市で開かれた「〔第1回〕漢字文化圏と近隣諸国の数学史・数学教育シンポジウム」（8月7～10日）において、参加予定の中国人研究者に見せるつもりで作ったパンフレットが元になっている。本論文集12号論文『関の授

時暦立成の折衷性』の数カ所で,「元史暦志」「明史暦志」の「立成」を検算したことを述べた。本論文は具体的な訂正箇所を指摘した。ただし, 参加中国人研究者が古代史に興味をもたない人であったため, 筆者の意図は達せられなかった。

　　本論文の日本語訳は作らない代わりに, *411*頁の〔要旨〕を詳しくした。

#96(*408*頁)#56 の藪内・中山著の16頁の値は誤りである。筆者の訂正した74度 35分 39秒に訂すべきである。

#97(*409*頁)#56 の 31頁表の黄道積度4度に対応する内外度 23.8501 は筆者の検算した値に直されている。しかし, 9度, 51度, 52度に対応する三箇所の内外度は、筆者の検算した値に直すべきである。

#98(*410*頁)14号論文として印刷された。

#99(*412*頁)#95 で述べたシンポジウムで8月10日に発表した原稿を, 中国語に翻訳したパンフレットが元になっている。意図も同様である。内容は, 本論文集9号論文『関の授時発明への注意』(1983年12月) を主体として, 初めに掲げた四角の枠の図式を加えるなど, 新しい立場からまとめ直した。

　　付記の銭論文への批判は, この中文の中で初めて追加したものである。元の9号論文ですでに筆者は,「沈括の公式は古率3と組み合わせたとき逆正弦関数を一番よく近似する」という内容を発表している。このシンポジウムに参加した中国語に堪能なフランス人研究者マルズロフJean-Claude Martzloff(馬若安)氏が興味を示してくれ, さらに同氏の"Histoire des mathématiques chinoises", Masson, 1988, Appendice, p.339. に紹介してくれた。

　　本論文の日本語訳は作らない代わりに, *424*頁の〔要旨〕を詳しくした。

#100(*419*頁)この「付記」に述べた内容は, 日本語では未公表である。その要旨は *425*頁の下段を参照して頂きたい

#101(*426*頁)*436*頁で述べるように, 弓形を弧と呼ぶ。

#102(*426*頁)#32 にも述べたように, この書が関の著書であることは疑わしい。

#103(*427*頁)29号論文を参照。

#104(*428*頁)「本稿の目標」…筆者は当初「円や球に関連する求積問題のみを目標」としていた。その後, 連載第八回において直線的な問題にも注解を施したので,『求積』編の大半の問題を検討することになった。

#105(*429*頁)#104 を参照。

#106(*429*頁)『求積』編の序文は, 連載第一回で読み下しと仮訳を試みた。その後, 第八回§51 (p. *636*) に新たに語釈を付し, 読み下し文と仮訳を訂正したので, 第一回のこの部分は削除する。

#107(*432*頁)#102 を参照。

#108(*434*頁)#102 を参照。

#109(*434*頁)改稿して, 本論文集1号, 2号論文とした。

#110(*432*頁)29号論文を参照。

#111（*438* 頁）すぐ上の式のように，M を二つの面積の差の形にしておけば，弧積 M の論理構造を明確に表す。これを $(bd-af)\div 4$ のように括ってしまうのは，計算の便宜のためで，関も和算家にも共通の態度である。そこには，論理構造よりも方便を重視する和算の根本的性格が表れている。後文（p.*627-628*）の㊌の「同類項のまとめ」に，その典型が見られる。

#112（*439* 頁）29号論文を参照。

#113（*441* 頁）直接には p.*443*, *444* を指すが，筆者は 26号論文において，《カバリエリの原理》を再考した。

#114（*442* 頁）「正方形の柱に円積率を乗ずれば円柱の体積が出る」という論法は，関の「求積」編全体に通じる。その思想の意味は，#116 にも述べる。

#115（*442* 頁）「横に薄切りにした切片の積み重ね」という論法は，関の基本思想である。p. *447* の円錐積再考も参照。

#116（*442* 頁）#114 と同じ趣旨。第八回の「立積小序」（p. *640*）で再述する。

#117（*443* 頁）特殊例から一般の成立を推論する方法は，#28（p.*173*）の《準一般的》な推論である。関のみならず，和算全体に通じる。当所にかんする限りは，関は村瀬の『算法勿憚改』の方法を採用する。

#118（*448* 頁）関は『括要算法』巻一，「垜積術解」において，薄い方盤の累加によって方錐の近似を述べた。これは《微小部分の総和により全体の面積や体積を得る》西洋の《積分法》の考えに達している。しかし《論理的な積分概念》に至らぬ所に，関を含む初期の和算の限界があった。

#119（*456* 頁）何故二つの帯状の輪（タガ）に分解するのか？ 論理的には p.*456* に示した筆者の考え方が正しいが，敢えて一つの旁錐に拘るならば，係数 2 を { } 内に掛けて，一つの帯状の輪とすればよい。

#120（*456* 頁）#119 によれば，「笥の頭」は一つ出来て，旁錐と呼べる。 p.*457* の訳文もこれに従う。論文集を編集している現在（2008年4月）はその方がスッキリしているが，ここは執筆当時の考えを保存した。

#121，#122（*457* 頁）#119 の考えに従うことも可能である。

#123（*461* 頁）筆者は2000年，「記念祖沖之逝世 150 周年学術討論会」（河北省淶水）に参加した。この「真上から正方形，真横から半円に見える立体」は「祖沖之の合蓋」と呼ばれ，会場の学校にも模型が展示された。銭宝琮：中国数学史，北京，科学出版社，1981．川原秀城訳，みすず書房，1990．の該当頁を見よ。

#124（*462* 頁）本論文集 26 号論文，p. *722* を見よ。

#125（*463* 頁）本論文集 2 号論文，p. *53*〜 を見よ。

#126（*465* 頁）本論文集 15 号論文，p. *447* を見よ

#127（*468* 頁）p. *451-452.*

#128（*468* 頁）p. *451-452.*

#129（*469* 頁）p. *451.*

♯130（*471* 頁）p. *456*.
♯131（*471* 頁）後文 p. *508*, さらに p. *530*.
♯132（*473* 頁）p. *456* および p. *468*.
♯133（*476* 頁）短冊の積み重ねと同じ考えが，p. *447-448* の「平方垜」の場合にも用いられた。
♯134（*477* 頁）23号論文を見よ。
♯135（*481* 頁）以下 p. *488* 上段まで，所々に関自身の(『求積』編には載らない)考察を交え，筆者の《実験的再現》を示す。
♯136（*490* 頁）第四回を参照。
♯137（*495* 頁）筆者の《思考実験》の例として示す。
♯138（*498* 頁）26号論文で詳細に考察する。
♯139（*500* 頁）第七回を参照。
♯140（*500* 頁）26号論文を参照。
♯141（*511* 頁）26号論文で詳細に考察する。
♯142（*520* 頁）p. *488*.
♯143（*520* 頁）p. *508*.
♯144（*520* 頁）p. *511*.
♯145（*521* 頁）p. *541, 542*.
♯146（*522* 頁）p. *527*.
♯147（*522* 頁）p. *501*.
♯148（*523* 頁）♯111(p. *439*)において，関に見られるこの傾向を詳細に論じた。
♯149（*527* 頁）p. *488*.
♯150（*528* 頁）p. *535*.
♯151（*529* 頁）⑳ 環積＝面積×中心周.
♯152（*530* 頁）p. *451* の《旁錐》の概念は，従来難解とされた。
♯153（*530* 頁）p. *468* で指摘したように，球欠積の場合にも《旁錐》を必要とした。
♯154（*544* 頁）p. *481*.
♯155（*549* 頁）p. *727* 『西洋流の求積』の当該個所を参照。連載の初めにカバリエリと書いたが，原綴 Cavalieri に沿って カヴァリエリ と表記する。
♯156（*551* 頁）p. *511*.
♯157（*556* 頁）p. *527* ～.
♯158（*556* 頁）p. *538* ～.
♯159（*566* 頁）29号論文。
♯160（*567* 頁）p. *719* ～.
♯161（*569* 頁）p. *731* ～.
♯162（*573* 頁）p. *431*.
♯163（*578* 頁）p. *551*.

訂正と補足

♯164（*588* 頁）p. *574*.
♯165（*594* 頁）29号論文。
♯166（*595* 頁）p. *504*.
♯167（*597* 頁）p. *438*. および補足♯111の内容を参照。
♯168（*599* 頁）p. *595*.
♯169（*607* 頁）筆者の「見当外れである」を削除し、山田正重と前田憲の与えた86坪3375 もしくは 86坪1039679 なる値を「ほぼ妥当である」と評価する。これは小寺裕氏のご指摘による訂正である。筆者は、輪径 4.8 と外径 36 を、関孝和と同じ意味と理解して約2637坪と計算した。しかし「山田、前田の十字環の考え方では、$\pi = 3.16$ と仮定の上、輪径 $4.8/\pi$、外径 $36/\pi$ を与件とした」のであった。筆者の見落としである。詳細は京都大学数理解析研究所の考究録1444,「数学史の研究」165頁、第11節を参照して頂きたい。小寺氏に感謝する。
♯170（*607* 頁）♯169 と同じく「まったく見当外れ」の評価を削除する。
♯171（*608* 頁）p. *479*.
♯172（*610* 頁）p. *512*. 矢 $c=d/2$ なる特別の場合の公式㉜を用いる。
♯173（*612* 頁）♯172 と同じ。
♯174（*613* 頁）p. *512*.
♯175（*616* 頁）p. *630-631*.
♯176（*617* 頁）p. *502-503*.
♯177（*617* 頁）p. *575, 578*.
♯178（*618* 頁）p. *554-555*.
♯179（*619* 頁）p. *617* で考察した。
♯180（*620* 頁）p. *595*.
♯181（*620* 頁）p. *567-571*.
♯182（*623* 頁）p. *490-491*.
♯183（*624* 頁）p. *631-633*.
♯184（*625* 頁）p. *480-481*.
♯185（*638* 頁）p. *467-469*.
♯186（*641* 頁）p. *554-555*.
♯187（*641* 頁）1.『全集』25頁、および 98頁を参照。
♯188（*647* 頁）p. *440*.
♯189（*648* 頁）p. *443*.
♯190（*649* 頁）p. *448-449*.
♯191（*683* 頁）p. *438*.
♯192（*686* 頁）29号論文を参照。
♯193（*695* 頁）p. *448*.
♯194（*696, 697* 頁）p. *566*.

♯195（*699* 頁）p.*552~* ； p.*562~* .
♯196（*704* 頁）p.*436.*
♯197（*705* 頁）29号論文を参照。
♯198（*711*頁）p.*602-604.*
♯199（*711* 頁）筆者は，加藤氏の『算聖関孝和の業績』と拙稿「関の求積問題の再構成」との対応・比較を意図しながら，これを果たすことができなかった。この25号論文と後の27号論文が，その意図の一部である。
♯200（*721* 頁）p.*567.*
♯201（*721* 頁）p.*586.*
♯202（*722* 頁）p.*462.*
♯203（*722* 頁）p.*499.*
♯204（*723* 頁）p.*583.*
♯205（*723* 頁）p.*579.*
♯206（*723* 頁）p.*450.*
♯207（*725* 頁）p.*438* と p.*542.*
♯208（*726* 頁）p.*479-481.*
♯209（*726* 頁）p.*505.*
♯210（*726* 頁）p.*541-542.*
♯211（*727* 頁）p.*441, 458, 549.*
♯212（*728* 頁）p.*443-444.*
♯213（*728* 頁）p.*480.*
♯214（*729* 頁）p.*496-500.*
♯215（*730* 頁）p.*544.*
♯216（*730* 頁）p.*482-483.*
♯217（*730* 頁）p.*544-546.*
♯218（*731* 頁）p.*448.*
♯219（*731* 頁）p.*499-500.*
♯220（*737* 頁）2号論文 p.*53-62* を見よ。
♯221（*740* 頁）p.*608-610* ； p.*614-617* ； p.*619-621* ； p.*624-626.*
♯222（*740* 頁）連載第一回の p.*436*,(ろ)弧(弓形)で指摘すべき点をここに補う。p.*436* で原図として載せた筆者の図で，半径 *d/2* から矢 *c* を引いた長さを，筆者は<u>半離径 *f/2*</u> と置いた。しかし，全集(4.)の 229頁の図では<u>離径</u>と記されているが，<u>半離径に改めるべき</u>である。次頁の図は筆者の見解に基づいている。
♯223（*741* 頁）p.*472-475.*
♯224（*741* 頁）p.*530* ； p.*537-538.*
♯225（*742* 頁）p.*472.*
♯226（*742* 頁）p.*488.*

訂正と補足

#227（742 頁）p. 432.
#228（742 頁）p. 490.
#229（743 頁）p. 491-505.
#230（743 頁）p. 527-544.
#231（743 頁）p. 511-515.
#232（743 頁）p. 515-517.
#233（744 頁）p. 547-557.
#234（744 頁）p. 558-562.
#235（744 頁）p. 562-580.
#236（744 頁）p. 606-633.
#237（750 頁）本論文集3号，4号論文を参照。
#238（751 頁）本論文集 29号論文を参照。
#239（753 頁）筆者の三つの案にたいして，前橋工科大学の小林龍彦氏より，「関がそんなに複雑な考え方をしたはずがない。」とのご批判を受けた。代わりに，小林氏は次の論文において、もっと簡明な案を示した。
　　　小林龍彦「関孝和的楕円研究工作及其特徴」『数学史研究』，第七集，内蒙古師範大学出版社・九章出版社，2001年．
#240（757 頁）『授時暦』で多用された「沈括の公式」は，文献5．において詳論した。
#241（765 頁）筆者は，オイラーが逆平方数の和 $1+1/4+1/9+1/16+1/25+\cdots$ が全く想像外の円周率を含む和 $\pi^2/6$ に等しいことを発見した経緯を報告した。杉本敏夫：バーゼル問題とオイラー，「数学史の研究」集会，2007年8月23日．京都大学数理解析研究所講究録1583，2008年2月。
#242（767 頁）本論文集2号論文。
#243（771 頁）本論文集2号論文。

【全般的な補足】
　関孝和の著作のうち，《行列式》を扱った「解伏題之法」（『全集』143－158頁）は重要である。筆者は取り上げなかった代りに，次の精緻な研究を紹介したい。
　　　後藤武史・小松彦三郎：17世紀と18-19世紀西洋の行列式，終結式及び判別式（2003年8月発表）――京都大学数理解析研究所講究録1392，「数学史の研究」（2004年9月発行），117頁～。

初出一覧表

(「明」は明治学院論叢の,「総」は総合科学研究の,「教」は教育学特集の略である)

1.	関の求円周率術考	明 302号,	総 8,	1980年
2.	関の求円周率術考(続)	明 308号,	総 9,	1980年
3.	関の角術の一解釈	明 313号,	総10,	1981年
4.	関の角術の一解釈(続)	明 328号,	総12,	1982年
5.	孫子の算法	明 293号,	総 5,	1980年
6.	関の零約術の再評価	明 340号,	総14,	1983年
7.	塵劫記の開立問題の考察	明 345号,	総15,	1983年
8.	塵劫記の日に一倍問題の解明	明 346号,	教 5,	1983年
9.	関の授時発明への注意	明 347号,	総16,	1983年
10.	関の授時発明への注意(続)	明 355号,	総18,	1984年
11.	関の授時発明への注意(補)	明 364号,	総19,	1984年
12.	関の授時暦経立成の折衷性	明 375号,	総21,	1985年
13.	対授時暦的若干表格的訂正	明 415号,	総28,	1987年
14.	関于用于授時暦的沈括的逆正弦公式的精度	明 419号,	総29,	1987年
15.	関の求積問題の再構成(一)	明 368号,	総20,	1984年
16.	関の求積問題の再構成(二)	明 381号,	総22,	1985年
17.	関の求積問題の再構成(三)	明 391号,	総24,	1986年
18.	関の求積問題の再構成(四)	明 398号,	総25,	1986年
19.	関の求積問題の再構成(五)	明 406号,	総26,	1987年
20.	関の求積問題の再構成(六)	明 424号,	総30,	1988年
21.	関の求積問題の再構成(七)	明 438号,	総32,	1989年
23.	眉の作図——関の求積問題への補足	明 387号,	総23,	1986年
24.	円錐台に三角孔——関の求積問題への補足	明 408号,	総27,	1987年
25.	球切片の定積分——関の求積問題への補足	明 431号,	総31,	1988年

口頭発表の一覧表

1. 日本数学史学会第23回年回・総会（1984年5月27日）
   「関孝和の球欠公式の導き方」
2. 日本数学史学会第24回年回・総会（1985年5月26日）
   「関孝和による円台斜截面の認識について」
3. 日本数学史学会第25回年回・総会（1986年5月11日）
   「規矩要明算法の円周率計算 ——それは算俎から独立か？——」
4. 日本数学史学会第26回年回・総会（1987年6月14日）
   「授時暦で用いられた沈括の逆正弦公式の精度」
5. 〔第1回〕漢字文化圏と近隣諸国の数学史・数学教育国際シンポジウム（ＩＳＨＭＥ，1987年8月10日）
   「授時暦で用いられた沈括の逆正弦公式の精度」（英文）
6. 日本数学史学会第59回数学史講座（1987年12月12日）
   「関孝和の幾何学の特色」
7. 日本数学史学会第27回年回・総会（1988年5月22日）
   「球面切片にたいする関の近似公式の解明」
8. 日本数学史学会第61回数学史講座（1988年12月3日）
   「関孝和の円理をめぐって」
9. 日本数学史学会第28回年回・総会（1989年6月4日）
   「炉縁から円環・十字環へ」
10. 和算研究会「関孝和とその後継者たち」（1990年9月30日，目白）
    「関孝和の円理 —— 特に，隠れた数値を堀りおこす方法——」
    「関孝和の円錐曲線論 —— 原文解釈の一例—— 」
11. 日本数学史学会第37回年回・総会（1998年5月24日）
    「関の角術の或る補題の解明」
12. 日本数学史学会第5回研究発表会（1998年11月22-23日）
    「関の二つの答術における双股弦」
13. 日本数学史学会第6回研究発表会（1999年9月26日）
    「楕円の周の長さ ——関の求積問題」

その後の研究発表

14. 第4回 漢字文化圏と近隣諸国の数学史・数学教育国際シンポジウム（ＩＳＨＭＥ、1999年8月21日、前橋工科大学）
    「関孝和による逆正弦公式の構成過程——数学の各領域における各分野を分離して扱う傾向」（英文）
15. 記念祖沖之逝 1500 周年学術討論会（2000年10月10日、中国河北省淶水県）
    「祖沖之によるπの計算過程と銭宝琮による推定値の復元」（英文）
16. 第6回 漢字文化圏と近隣諸国の数学史・数学教育国際シンポジウム（ＩＳＨＭＥ、2005年8月6日、東京大学駒場校地）
    「祖沖之は彼の密率 355/113 を如何に発見したか？」（英文）
17. 数学史の研究・研究集会（2003年8月26日、京都大学数理解析研究所）
    「関孝和による球と球欠の表面積と体積の計算」数理解析研究所講究録、1392号、84-89頁、2004年9月
18. 数学史の研究・研究集会（2004年8月27日、京都大学数理解析研究所）
    「関孝和による十字環などの体積の計算」数理解析研究所講究録、1444号、161-168頁、2005年7月
19. 数学史の研究・研究集会（2005年8月25日、京都大学数理解析研究所）
    「関孝和の天文暦学研究」数理解析研究所講究録、1513号、104-111頁、2006年8月
20. 日本数学史学会総会・年会、研究発表会（2006年5月21日）
    「開立法のある難点の解決」数学史研究、190号(2006)に掲載
21. 日本数学史学会総会・年会、研究発表会（2007年5月20日）
    「循環小数のある難題の解法（上）」数学史研究、194号(2007)に掲載
22. 日本数学史学会研究発表会（2007年10月14日）
    「循環小数のある難題の解法（下）」数学史研究、196号(2008)に掲載
23. 日本数学史学会総会・年会、研究発表会（2008年6月1日）
    「循環小数のある難題の解法（補）」数学史研究に掲載の予定
24. 数学史の研究・研究集会（2008年8月5日、京都大学数理解析研究所）
    「関孝和の円周率の微増と限界」
25. 数学史シンポジウム（2008年10月の予定、津田塾大学、数学・計算機科学研究所）
    「関とガウスの正十七角形」

【註】巻末に載せた「その後の研究発表」の一覧表について一言する。この論文集は、序文に記したように私が明治学院大学に在職中に書いた論文を集めた。
　研究は継続し、「その後の研究発表」を続けている。14 は第 29 号論文の一部を口頭発表した。「その後の研究発表」の一部（17, 18, 19 等）は、この「論文集」の出版の見込みが立たなかった時期に、主催者のお勧めもあり、私の成果が埋もれぬようにとの願いから発表した。学術発表のルールからは拙いやり方だが、当時はやむを得なかった。他（20, 21, 22, 23）は、この論文集に載せた研究をさらに発展させた内容である。それらは「数学史研究」誌に掲載されたので、容易に参照できる。また今年は「関三百年祭」を記念して、夏と秋に 24 と 25 を発表する予定である。
　淶水発表(15)と東大発表(16)の二編は、英文で発表した。その研究集録は印刷される見込みがないので、この二つを和文に戻し、その後の研究も織り込んで、学術雑誌に投稿する予定である。

索引

【あ行】
厚さ一粒の壁 274
後始末 234
穴明円（一板）455，473，482
アルキメデス 30，462，466，567，579，586，720
イスラム天文学 306
礒村吉徳 579，756
今井湊 320
今井知商
今枡（の法）243，247，254
浮輪 478，483，608
馬の鞍 624
江戸の緯度 365
円 433
円角率 749
円環 479
円周率（一の歴史）1，18，24，150，223，306
円錐（一曲線論）440，446，573
円錐斜截面 744
円錐台（一の斜截面）448，572，695
円積法 435，469
円積率 458
円台（一三角空，一斜截）427，440，552，562，691
円柱 440，446
円柱レンズ 610
円壔斜截積 743
遠藤利貞 150
円の研究 319
腕背 750
円堡壔 440，446
円理（一綴術，一の一般化）319，735，736，739
オイラー 10，12，764
黄赤内外差 293
黄赤変換 290，293
大矢真一 97，240

【か行】
会円術 320，376
解見題之法 426，475，746
外弧環 491
外周 155
外正弧環 502
回転体（一と重心，の体積）427，742

外半円環 485
外部検証 4，774
解文 431
開分子方 237
開平（一の算譜）13，18，24
開方算式 21，298
開立法 230，239，270
カヴァリエリ（一の原理）441，727
ガウス 1，180
鍵 168
牆 75
角型半球 461
角径式 92，110，132
郭守敬 291，331，333，403，412
角（正多角形）433
角中径 78，131
角術（一の由来）69，100，149，219
角の概念（一の使用）72，97
何承天 197，208
数当て遊び 163
加速法 24，54，775
かたむいた蹄形 551，557
括要算法 16，149，186
加藤平左エ門 711，735
下法 14，29
矩尺 29，106
庚積 627
構え 22
通ふ 636
ガリレイの椀 723
環矩術 3，189
観象授時 173
関数電卓 714
環積 608
完全帰納法 73
規 574
規矩要明算法 3，189
起源解 58
帰納（法）57，73
球 450
求円周率術 36，434
弓形（一の面積）321，436
球欠 467，490
毬闕 488
球欠直截 588，591，596，601
球欠の体積 741
毬闕変形草 426，490
求甲截背 769

索 引

求弧背術　362, 364, 427, 686, 754, 776
求弧背術の公式　760
窮商　133
級数展開　11, 764
求積　101, 363, 379, 426
求積問題　426, 643
求定周　55
球の体積（一の表面）　451, 582, 721
球帽　467, 472, 490
球面三角法　306, 325, 337
ギュルダンの定理　725, 728
強　18, 45
極数　57
切り捨て原則　241, 246
奇零表現　774
金銀千枚　240
近似の程度　630
矩　574, 577
楔　649
グノーモン　106
黒田孝郎　570
圭（二等辺三角形）74, 433
計算まちがい　20
圭垛　474
圭面之円　576
径矢弦　756
夏至　358
ゲシタルト心理学　72
桁落ち　36, 49, 316
闕疑抄答術　746
月食　689
ケプラー（一の樽）438, 466, 725
権威者への依存　5
検算　4, 23
元史　398
検地（一の事）101, 640
原典尊重　140, 251
弦の表　306
弧　436
勾股（一の術）16, 74, 76, 644
庚午元暦　318
甲骨文字　762
公式の改良　716
黄赤道（一差, 一率）358, 378, 382
黄道（一傾斜, 一積度, 一矢度）314, 325, 365, 377
弧環加台　521
誤記　20

五巧之編　476
古今算法記　738
誤差関数　304,
誤差曲線　299, 302
誤差（一の原因, 一の相殺, 一の伝播, 一の累積）39, 311, 715, 774
五斜の術　107
弧積　436
弧中ニ容ルル　331, 344
弧の長さ　321
弧背術　749
小林龍彦　428, 544, 689, 692
小堀憲　16, 24
子持（一圭, 一半梭）106, 118
弧矢弦（一の法, 一の由来）103, 131, 755
古率3　297, 303, 311, 327

【さ行】
作業場所　233,
作図不能　686
沢口一之　738
三角　75
三斜　75
算俎　2, 8, 756
算盤　177
算譜　25
三部抄　429
算法闕疑抄　579, 756
算法統宗　220
算法勿憚改　444, 756
算木　177
巳　80
巳積　627
四捨五入　768
次商　231
実　14, 29
日景実測　352, 354, 362
下平和夫　277, 287, 683, 691
弱　18, 45
斜截面の一致　561
十字環　427, 606, 744
重心　498
菽麦　650
豎亥録　756
授時発明　290, 313, 324, 336, 347, 349, 350, 370
授時暦（一経）294, 311, 371, 412, 419
術文　431
準　554, 572, 577

809

商　14
牆　75
剰一　216
小角　231
上下規相通　575
上元積年　175, 179
招差術　302
商実法　10, 13, 21
小序　639
初商　231
所測就整　380
序文　429
諸約之法　186, 191, 215
沈括（一の公式）291, 297, 320, 327, 350, 372
磁鍼之測験　352, 353
秦九韶　176, 216
塵劫記　2, 13, 15, 30, 161, 228, 229, 240, 268
辛積　627
刃墻（一積）619, 631
錐積の約法　443
錐法三　453, 469
錐率三分の一　446, 448
数書九章　176, 178
数論考究　1, 180
杉本による復元　455
すぼめた洋傘　532, 543
ずらし　458, 618
正・偏弧環の体積　743
正奇数角形　120
正偶数角形　126
正弦の級数展開　38
正四面体　441
整数解　162
正多角形　69
西洋流（一の求積）719, 764
赤緯　293, 308
赤経の余弧　293, 308
関孝和　1, 20, 69, 290, 313, 352, 721, 746
赤道（一積度, 一半弧背）293, 325, 378
関の辿った道　757, 759
関の補間公式　364, 398
絶対桁数　49
折衷性　373, 396
切片の積み重ね　442
截面長　577
韜管術　186
全球覓積　582
穿去題　614

扇形　436
扇積　437
先入観　22
線分計算　80
銭宝琮　291, 414, 419
削いだ牛の角　623
双曲線　576
双弦股の術　76, 82, 106, 118
双弧環　510
相互参照の欠如　764
増修日本数学史　150
草の意味　742
草文　432
増約術　463, 775
側円（一的六角）548, 558, 576, 746, 747
祖冲之　185, 221, 356
蕎麦　650
ソロバン　13, 270, 271
孫子（一算径, 一の算法, 一問題）161, 171, 177, 220

【た行】
太陰　325
大衍求一術　179, 186
大円弧　347
大漢和辞典　188
代数学　10
大数の名　255
大成算経　63, 454, 683
大統暦法　374
題文　430
楕円（一の周の長さ）340, 347, 548, 746
高木貞治　203
建部賢弘　63, 454, 736, 738, 766
田崎中　766
棚上げ　459
田中薫　428, 692
短冊の和　569
地上矢　360
中国剰余定理　161
中国度　314, 327
中心概念　496
中心径　480, 484, 608
中心周　480, 484, 608
中錐　451, 469
調日法　197, 208
頂覓積　584
直　74

索 引

直線的な図形 643
直堡塿 647
直解主義 48
直濶ノ法 331, 344
直観偏重 73
ヂリクレ 203
通変之形 637
坪積 637
積み上げ方式 279, 285
爪かけ 511
定周 194
定率 362
テコの原理 722
綴術 738
綴術算経 63, 766
デリー 32, 53
展開図 750
天文数学雑著 352, 371
天文大成 290, 317, 324, 336, 349
天文暦法 173
東西数学物語 28
冬至（一円，一点）292, 354, 357, 359
同準 567
答文 431
同類項を括る 523
戸谷清一 136, 228, 261
どんぐり形 507

【な行】
内外度 378, 383
内弧環 210
内周 155
内正弧環 508
内半円環 487
内部検証 4, 774
内偏弧環 542
中濶 553
中村幸四郎 119
斜めの弓形 527
縄 574
二至 392
日食 689
二分 392
ニュートン（一法）12, 21, 53, 765
鋸びき算法 328, 345

【は行】
ハーディとライト 205

π（=3，一の近似分数，一の連分数）222, 291, 762
端数の処理 236, 239
白道（一赤経の極値）325, 327
梯 75
パスカルの蹄形 731
旗の公式 85
発見学 184, 270,
発見の縁にいた関 764
発生論的 224
八方略訣 554, 574
パッポス 728
濶 567
パプス＝ギュルダンの定理 480
林鶴一 185, 572
パラボラ 571
半九々 28
半弦の代用値 343
版築 555
半昼夜分 372, 389, 395
半日周弧 371
半旁錐 456
梭 75
ピアジェ 494
ピカソ 626
微強 18, 24, 45
庇 612, 616
微弱 18, 24, 45
ピタゴラスの定理 76
筆算法 10, 232
蹄（一形，一の体積）499, 511, 610, 732
一松信 386, 711
日に一倍の事 228, 255, 265, 268
百五減 163, 171, 220
表 357
平山諦 3, 9, 28, 150, 223, 228, 261, 285, 352, 428, 572
平山清次 395
比例関係 81
比例方式 248
広瀬秀雄 317, 324, 352, 371
ファレイ数列 205
不可分 729
復元（一の方法）44, 53, 767
藤原松三郎 28, 94, 428, 735
不尽 196
二つの側円の一致 558
復活祭の公式 180

811

勿憚改答術　580, 746
葡萄酒樽　725
プトレマイオス　306、375
プログラム電卓　25, 771
平均法　33, 54
平径式　95, 110, 132
平積　430, 639
平中径　78, 131
平方　74
平方根の連分数　210
平方梁　447, 465
へこんだ円錐台　525
觚先　617
別に得る　439
変形草　429, 520
ヘンリチ　25, 65
ホイヘンス　33
法　14, 80, 165
方式の一般化　282
帽子のつば形　533, 538
方斜術　191
旁錐　451, 456, 469
方程式の組立　89
報背　762
放物線（の切片）571, 576, 579, 620
方堡壔　646
ホーナー法　21
補間（一公式，一法）　302, 765
星型の図形　105, 107
北極出地　389
ポリア　494

【ま行】
前田憲舒　606
松永良弼　58
眉（一積）683, 688
丸めの誤差　35, 49, 316
三上義夫　150, 735, 766
蜜柑　486
密率　185, 221, 356, 414
昔枡（一の法）243, 254
報いる　763
夢渓筆談　297
村瀬義益　444, 606, 756
村田全　152, 459, 583
村松茂清　2, 756
明治前日本数学史　2, 28, 428, 738
メートル法　244

面　74
面積方式　248
面的　550, 578
モメント　499, 729
諸橋轍次　188

【や行】
矢径差で割る理由　766
箭翎　75
山田正重　606
ユークリッド幾何学　70
優弧　685
有効数字　49, 771
指輪　492, 500, 508
ユリウス積年　182
洋傘　471, 508, 520, 530
楊輝算法　132, 220
吉田光由　2, 13, 161, 228, 268

【ら行・わ】
ラグランジュの定理　213, 222
ラグランジュの補間公式　172
ラヂアン　296, 327
リーマンの定理　203
李儼　186, 197
离径　3
立円（一欠）　450, 472
立円旁の弧環　516
立積　430, 640
立体図形の表示　625
劉徽　196, 320, 720
輪径　609
リンゴ　726
累裁招差之法　765, 776
零捨九入　770
零約（術）　185, 188, 191, 212, 306
暦元　175
暦算　152
劣弧　685
レモン　505, 726
連立不定方程式　162
炉縁（から円環へ）　544, 607
ロンバーグの算法　65
論理の欠如　73

和算固有の論法　559
和算の性格　73, 209

著 者：杉本 敏夫（すぎもと としお）
　　　　1929年　東京に生まれる
　　　　1954年　東京大学文学部心理学科卒業
　　　　1956年　東京大学大学院修士課程修了
　　　　1956年　東京大学教養学部助手，専任講師
　　　　1968年　明治学院大学助教授，教授
　　　　1990年　日本女子大学教授
　　　　1997年　定年退職
　　　　1981年　財団法人モーレイ育英会理事，理事長，会長
　　　　2005年　日本数学史学会会計監査
　　　　　主著：『文科系の計算機入門』（ブレーン出版，1990年），『情報科学への招待』（培風館，1993年），『心理学』（共編著，東京大学出版会，1996年）『心理学のためのレポート・卒業論文の書き方』（サイエンス社，2005年）

解読・関 孝和──天才の思考過程
（かいどく　せき たかかず）

2008年 9月5日　第1刷発行

発行所：㈱海鳴社　　http://www.kaimeisha.com/
〒101-0065　東京都千代田区西神田2-4-6
電話：03-3262-1967　Fax：03-3234-3643
Eメール：kaimei@d8.dion.ne.jp　振替口座　東京00190-3-31709

発行人：辻　信　行
組　版：海 鳴 社
印刷・製本：㈱シナノ

出版社コード：1097
ⓒ2008 in Japan by Kaimei Sha
ISBN 4-87525-251-1

JPCA 日本出版著作権協会
http://www.e-jpca.com/
本書は日本出版著作権協会（JPCA）が委託管理する著作物です。本書の無断複写などは著作権法上での例外を除き禁じられています。複写（コピー）・複製，その他著作物の利用については事前に日本出版著作権協会（電話03-3812-9424, e-mail:info@e-jpca.com）の許諾を得てください。

落丁・乱丁本はお買い上げの書店でお取替え下さい

――――――――海 鳴 社――――――――

オイラーの無限解析

L. オイラー著・高瀬正仁訳／「オイラーを読め，オイラーこそ我らすべての師だ」とラプラス。「鑑賞に耐え得る芸術的」と評されるラテン語の原書第1巻の待望の翻訳。B5判356頁、5000円

オイラーの解析幾何

L. オイラー著・高瀬正仁訳／本書でもって有名なオイラーの『無限解析序説』の完訳！ 図版149枚を援用しつつ、曲線と関数の内的関連を論理的に明らかにする。B5判510頁、10000円

評伝 岡潔 星の章

高瀬正仁／日本の草花の匂う伝説の数学者・岡潔。その「情緒の世界」の形成から「日本人の数学」の誕生までの経緯を綿密に追った評伝文学の傑作。 46判550頁、4000円

評伝 岡潔 花の章

高瀬正仁／数学の世界に美しい日本的情緒を開花させた「岡潔」。その思索と発見の様相を、晩年にいたるまで克明に描く。「星の章」につづく完結編。 46判544頁、4000円

数の理論

A-M.ルジャンドル著・高瀬正仁訳／ルジャンドルが語るオイラーの数論。フェルマからオイラー、そしてラグランジュへと流れる17、8世紀の数論の大河。B5判518頁、8000円

ハミルトンと四元数　人・数の体系・応用

堀源一郎／幾何学や三体問題、剛体の力学、幾何光学、ローレンツ変換などに四元数を適用・展開……ここに具体的に例示し、四元数の入門書として、読者に供する。A5判360頁、3000円

本体価格